Álgebra Linear

PARA CIÊNCIAS ECONÔMICAS, CONTÁBEIS E DA ADMINISTRAÇÃO

Dados Internacionais de Catalogação na Publicação (CIP)
(Câmara Brasileira do Livro, SP, Brasil)

Sandoval Junior, Leonidas
Álgebra Linear : para ciências econômicas, contábeis e da administração / Leonidas Sandoval Junior. - São Paulo: Cengage Learning, 2010.

ISBN 978-85-221-0460-4

1. Álgebra Linear 2. Álgebra Linear - Estudo e ensino I. Título.

10-02206 CDD-512.507

Índice para catálogo sistemático:

1. Álgebra Linear : Matemática : Estudo e ensino 512.507

Álgebra Linear

Para Ciências Econômicas, Contábeis e da Administração

Leonidas Sandoval Junior

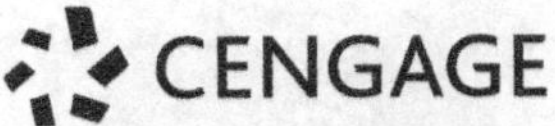

Austrália • Brasil • México • Cingapura • Reino Unido • Estados Unidos

Álgebra Linear – Para Ciências Econômicas, Contábeis e da Administração

Leonidas Sandoval Junior

Gerente Editorial: Patricia La Rosa

Editor de Desenvolvimento: Fábio Gonçalves

Supervisora de Produção Editorial: Fabiana Alencar Albuquerque

Copidesque: Fábio Larsson

Revisão: Luicy Caetano de Oliveira e Cristiane Mayumi Morinaga

Composição: Roberto Maluhy Jr. e Mika Mitsui

Capa: Souto Crescimento de Marca

ISBN 13: 978-85-221-0460-4
ISBN 10: 85-221-0460-3

Cengage Learning
Condomínio E-Business Park
Rua Werner Siemens, 111 – Prédio 11 – Torre A – Conjunto 12
Lapa de Baixo – CEP 05069-900 – São Paulo – SP
Tel.: (11) 3665-9900 – Fax: (11) 3665-9901
SAC: 0800 11 19 39

Para suas soluções de curso e aprendizado, visite
www.cengage.com

Impresso no Brasil
Printed in Brazil

A meu pai,
o economista
Leonidas Sandoval Neto.

Apresentação

Este livro preenche uma lacuna no mercado editorial brasileiro, que é oferecer um curso de álgebra linear direcionado aos alunos dos cursos de Administração, Economia e Ciências Contábeis. Ele foi concebido e aprimorado nas salas de aula do Insper (antigo Ibmec – São Paulo), da Universidade Presbiteriana Mackenzie e da UDESC (Universidade do Estado de Santa Catarina) e testado em diversas turmas ao longo de alguns anos.

Quando comecei a ensinar essa disciplina, eu sinceramente não imaginava que um administrador ou economista necessitasse de tanta álgebra linear. Conversando com professores de disciplinas como Econometria, Teoria dos Jogos e Análise Multivariada e sendo eu mesmo professor de Processos Dinâmicos, descobri que há uma demanda muito grande por conhecimento nessa disciplina e que as exigências são muitas e pesadas.

O livro é organizado em cinco módulos, relativamente independentes uns dos outros, e cada módulo é dividido em capítulos consistindo no material aproximado de uma aula. Ele se diferencia pelos seguintes aspectos:

- os capítulos foram escritos de modo a caberem em uma aula bem intensa, o que facilita muito a programação de um curso;
- sempre que possível, os capítulos começam com uma introdução a um tópico de interesse do aluno de economia ou administração;
- as Leituras Complementares, acessíveis via internet (na página do livro, no site www.cengage.com.br), trazem diversas aplicações nas áreas de economia e de administração, além de trazerem também uma maior formalização de alguns tópicos vistos no livro;
- os exercícios são organizados em três níveis de dificuldade, o que facilita o aprendizado para todos os tipos de alunos, desde os que necessitam de mais preparo até aqueles mais exigentes;
- há uma grande quantidade de material de apoio ao professor disponível na página do livro na internet.

Eu tenho que agradecer a muitas pessoas, mas começo agradecendo aos meus ex-alunos que, nesses muitos anos, serviram de motivação, laboratório e inspiração, dando sugestões, encontrando erros e mostrando a mim o caminho a ser seguido. Agradeço, também, à minha esposa, Nanci, de quem as horas dedicadas a este e a outros livros foram roubadas. Agradeço à minha família, em especial ao meu pai e à minha mãe, pelo apoio constante. Meu agradecimento também vai aos meus colegas professores do Insper, pelas sugestões sobre o material que precisava ser ensinado e pelas ideias quanto às aplicações da álgebra linear em suas diversas áreas.

Leonidas Sandoval Junior
São Paulo, fevereiro de 2010.

Sumário

Módulo 1 – Matrizes, determinantes e sistemas de equações lineares

Módulo 3 – Espaços vetoriais

Capítulo 5.2 – Cônicas, 383

Capítulo 5.3 – Cônicas e formas quadráticas, 399

Capítulo 5.4 – Quádricas e formas quadráticas, 411

Capítulo 5.5 – Quádricas e classificação de quádricas, 427

MÓDULO 1

Matrizes, determinantes e sistemas de equações lineares

1.1 Matrizes

Matrizes são objetos de suprema importância na elaboração de modelos econômicos mais complexos, além de serem utilizadas em diversas outras áreas do conhecimento humano. Neste capítulo, estudaremos o conceito de matrizes, mostrando alguns tipos especiais de matrizes e as operações matriciais.

1.1.1 Matrizes

Vamos começar este capítulo analisando uma tabela que traz as disciplinas para o primeiro e segundo semestres do programa de MBA (Master of Business Administration) da Harvard Business School (EUA).

Primeiro semestre	Segundo semestre
Finanças 1	Finanças 2
Marketing	Estratégia
Liderança e comportamento organizacional	Negociação
Apresentação de relatórios financeiros e controle	O administrador empreendedorista
Tecnologia e administração de operações	Negócios, governo e a economia internacional
	Liderança e prestação de contas corporativa

Fonte: www.hbs.edu/mba/academics.

Observe que esta tabela contém informações sobre as disciplinas que devem ser cursadas no primeiro ano do MBA, colocadas em forma ordenada. Podemos visualizar esta tabela composta por *linhas* e *colunas*: a tabela que acabamos de ver tem 6 linhas e 2 colunas. As linhas estão em posição horizontal e as colunas, na vertical.

linha 1 ⟶	a_{11}	a_{12}
linha 2 ⟶	a_{21}	a_{22}
...	a_{31}	a_{32}
...	a_{41}	a_{42}
...	a_{51}	a_{52}
linha 6 ⟶	a_{61}	a_{62}
	↗ coluna 1	↖ coluna 2

Note que uma determinada combinação de linha e de coluna determina a informação de somente um curso. Cada uma dessas combinações é chamada *célula*. A tabela ao lado mostra quantas células existem em uma tabela com 6 linhas e 2 colunas. A cada célula associamos o símbolo a_{ij}, onde i é o número da linha e j o número da coluna à qual ela corresponde.

Por exemplo, a célula a_{21} da primeira tabela contém a disciplina "Marketing"; a célula a_{32} corresponde à disciplina "Negociação"; já a célula a_{61} não contém informação.

É muito comum que tabelas contenham informações em forma de números. A tabela a seguir mostra os números do desemprego no Brasil de 1999 a 2002 em porcentagem da população economicamente ativa. Nela, temos informação em texto e informação numérica. Podemos extrair somente a informação numérica e escrever uma tabela mais compacta, que contenha somente a informação mais básica do que se tem a relatar (segunda tabela a seguir).

	1999	2000	2001	2002
Total	7,6	7,1	6,2	7,1
Homens	7,1	6,5	5,9	6,7
Mulheres	8,3	8,0	6,7	7,8

Fonte: www.ibge.gov.br.

$$\begin{pmatrix} 7{,}6 & 7{,}1 & 6{,}2 & 7{,}1 \\ 7{,}1 & 6{,}5 & 5{,}9 & 6{,}7 \\ 8{,}3 & 8{,}0 & 6{,}7 & 7{,}8 \end{pmatrix}$$

A primeira tabela tem 4 linhas e 5 colunas, contendo informações tanto em texto quanto em números; a segunda, com 3 linhas e 4 colunas, contém somente informação numérica. Ambas são exemplos de *matrizes*, que são tabelas planas (em duas dimensões) contendo linhas e colunas. Dizemos que a primeira, com 4 linhas e 5 colunas, é uma matriz 4×5, enquanto a segunda é uma matriz 3×4.

Em matemática, é mais comum operar com matrizes contendo somente dados numéricos, embora em computação seja muito frequente o uso de matrizes contendo tanto texto quanto números (*caracteres alfanuméricos*).

Definição 1

Uma *matriz*[1] é uma tabela contendo certo números de linhas e de colunas. Uma matriz com m linhas e n colunas é chamada *matriz* $m \times n$.

Em geral, matrizes são representadas entre dois parênteses ( ) ou entre dois colchetes [ ] e é bastante comum associar-se letras romanas maiúsculas a matrizes, como mostra o exemplo a seguir.

Exemplo 1. São matrizes

$$A = \begin{pmatrix} 1 & 2 \\ 3 & 4 \end{pmatrix}, \quad B = \begin{bmatrix} 0{,}1 & 2 & -4 \\ -3 & 0{,}6 & 8 \end{bmatrix}, \quad C = \begin{pmatrix} -1 & 2 & 0 \end{pmatrix},$$

$$D = \begin{bmatrix} -3 \\ 4 \\ -6 \end{bmatrix}, \quad E = (2).$$

Por padronização, usaremos neste texto somente a representação de parênteses para matrizes. O próximo exemplo mostra a classificação das matrizes do exemplo 1 quanto ao número de linhas e de colunas.

1. A palavra *matriz* vem do latim *matrix*, que significa "útero", ou algo que contém ou gera.

Exemplo 2. Classifique cada uma das matrizes do exemplo 1 quanto ao número de linhas e de colunas.

Solução. A matriz A é 2×2, pois tem 2 linhas e duas colunas; a matriz B é 2×3; a matriz C é 1×3; a matriz D é 3×1 e a matriz E é 1×1.[2]

1.1.2 Tipos especiais de matrizes

Alguns tipos de matrizes recebem nomes especiais, em geral por apresentarem particularidades que auxiliam em alguns tipos de cálculos ou na modelagem de certos fenômenos. Veremos agora alguns desses tipos.

(a) Matriz linha e matriz coluna

Definição 2
Uma *matriz coluna*, também chamada de *vetor* ou *vetor coluna*, é uma matriz composta por somente uma coluna (ou seja, é uma matriz $n \times 1$).

Exemplo 1. São matrizes coluna (vetores) as seguintes matrizes:

$$A = \begin{pmatrix} -3 \\ 2 \\ 6 \end{pmatrix}, \quad B = \begin{pmatrix} -1 \\ 3 \end{pmatrix}, \quad C = (7)$$

Definição 3
Uma *matriz linha*, também chamada *covetor* ou *vetor linha*, é uma matriz composta por somente uma linha (é uma matriz $1 \times n$).

Exemplo 2. São matrizes linha as seguintes matrizes:

$$A = \begin{pmatrix} 1 & 2 & -8 \end{pmatrix}, \quad B = \begin{pmatrix} 1 & 3 \end{pmatrix}, \quad C = (7)$$

(b) Matriz quadrada

Definição 4
Uma matriz é *quadrada* se tiver o mesmo número de linhas e colunas, isto é, se ela for do tipo $n \times n$.

Exemplo 1. São quadradas as matrizes

$$A = \begin{pmatrix} 1 & 2 \\ 3 & 4 \end{pmatrix}, \quad B = \begin{pmatrix} 1 & 3 & -4 \\ -3 & 4 & 8 \\ 2 & -1 & 0 \end{pmatrix}, \quad C = (7)$$

2. É muito comum associar uma matriz 1×1 numérica a um número real. No entanto, temos que salientar que $(3) \neq 3$, pois a primeira expressão da desigualdade é a matriz cujo único elemento é 3 e o lado direito desta é o número 3.

A faixa formada pelos elementos a_{ii} é chamada *diagonal principal* da matriz. Somente matrizes quadradas têm uma diagonal principal, como pode ser notado do exemplo a seguir.

Exemplo 2. Os elementos da diagonal principal da matriz A abaixo estão demarcados. Observe que não é possível estabelecer uma diagonal principal para a matriz B.

$$A = \begin{pmatrix} 1 & 3 & 2 \\ 1 & 2 & 7 \\ 3 & -1 & 4 \end{pmatrix}, \quad B = \begin{pmatrix} 4 & 5 & 2 \\ -1 & 3 & 9 \end{pmatrix}$$

(c) Matriz diagonal

Definição 5
Uma *matriz diagonal* é uma matriz quadrada, tal que todos os elementos fora da diagonal principal, isto é, os elementos a_{ij}, $i \neq j$, são nulos.

Exemplo 1. As seguintes matrizes são diagonais:

$$A = \begin{pmatrix} -1 & 0 \\ 0 & 3 \end{pmatrix}, \quad B = \begin{pmatrix} 3 & 0 & 0 \\ 0 & 4 & 0 \\ 0 & 0 & 5 \end{pmatrix}, \qquad C = (7),$$

$$D = \begin{pmatrix} 2 & 0 & 0 \\ 0 & -1 & 0 \\ 0 & 0 & 0 \end{pmatrix}, \qquad E = \begin{pmatrix} 3 & 0 & 0 \\ 0 & 3 & 0 \\ 0 & 0 & 3 \end{pmatrix}.$$

Observe da matriz D do exemplo anterior que, mesmo que a matriz tenha algum elemento nulo na diagonal, ela pode ainda ser uma matriz diagonal. Podemos representar matrizes diagonais de uma forma mais compacta, escrevendo diag $(a_{11}, a_{22}, \ldots, a_{nn})$ para representar uma matriz diagonal $n \times n$.

Exemplo 2. Represente, sob a forma diag$(a_{11}, a_{22}, \ldots, a_{nn})$, as matrizes do exemplo 5.

Solução. Podemos escrever[3]

$$A = \text{diag}\,(-1{,}3), \;\; B = \text{diag}\,(3,4,5), \;\; C = \text{diag}\,(7) \;\text{ e }\; D = \text{diag}\,(2,-1,0).$$

(d) Matriz identidade

Definição 6
A *matriz identidade* I_n é a matriz diagonal $n \times n$ tal que $a_{ii} = 1$ para $i = 1, \cdots, n$.

3. A matriz diagonal cujos elementos da diagonal principal são todos $a_{ii} = k$, onde $k \in \mathbb{R}$, é chamada **matriz escalar**. Um exemplo é a matriz E do exemplo 1.

Exemplo 1. $I_1 = (1)\,, \quad I_2 = \begin{pmatrix} 1 & 0 \\ 0 & 1 \end{pmatrix}, \quad I_3 = \begin{pmatrix} 1 & 0 & 0 \\ 0 & 1 & 0 \\ 0 & 0 & 1 \end{pmatrix}.$

As matrizes identidade, como veremos na próxima seção, fazem o papel do número 1 na multiplicação de matrizes.

(e) Matriz nula

Definição 7
A *matriz nula* 0_{mn} é a matriz $m \times n$ tal que todos os seus elementos são iguais a zero.

Exemplo 1. $0_{11} = (0)\,, \quad 0_{23} = \begin{pmatrix} 0 & 0 & 0 \\ 0 & 0 & 0 \end{pmatrix}, \quad 0_{33} = \begin{pmatrix} 0 & 0 & 0 \\ 0 & 0 & 0 \\ 0 & 0 & 0 \end{pmatrix}.$

As matrizes nulas, como também será visto na próxima seção, fazem o papel do número 0 na adição de matrizes. Observe que uma matriz nula não precisa ser quadrada (isto é, $n \times n$).

1.1.3 Operações matriciais

Como nos números reais, também podemos estabelecer algumas operações entre matrizes. Essas operações são a soma, o produto por um escalar e o produto entre matrizes. Veremos cada uma delas independentemente. Para simplificar parte da notação, chamaremos $A = (a_{ij})$ a matriz $m \times n$ cujos elementos são dados individualmente por a_{ij}, $i = 1, \cdots, m$ e $j = 1, \cdots, n$.

(a) Igualdade entre matrizes

Antes de definir as operações matriciais, precisamos estabelecer o critério de igualdade de duas matrizes. Esse é dado pela seguinte definição.

Definição 8
Duas matrizes $A = (a_{ij})$ e $B = (b_{ij})$, ambas $m \times n$, são iguais se $a_{ij} = b_{ij}$ para todos os valores de $i = 1, \cdots, m$ e $j = 1, \cdots, n$.

Exemplo 1. As matrizes

$$A = \begin{pmatrix} -1 & 8 \\ 4 & 6 \end{pmatrix} \quad \text{e} \quad B = \begin{pmatrix} -1 & 8 \\ 4 & 6 \end{pmatrix}$$

são iguais, pois todos os seus elementos são iguais. Podemos, então, escrever $A = B$.

(b) SOMA DE MATRIZES

Para ilustrar as operações matriciais, usaremos um exemplo simples de uma rede de lojas de música que está organizando seu estoque de compositores barrocos. A tabela a seguir mostra a quantidade de CDs de cada compositor disponíveis em cada loja.

	Corelli	Scarlatti	Vivaldi	Purcell	Bach	Händel
Loja Moema	3	6	10	7	21	12
Loja Paulista	4	4	8	10	25	14
Loja Eldorado	2	3	9	8	15	6

Nesta matriz estão representados os estoques de cada CD em cada loja, sendo que as linhas representam as lojas e as colunas representam os compositores.

Vamos supor, agora, que entre uma nova leva de CDs para complementar o estoque antigo. Por simplicidade, vamos representar o estoque atual pela matriz puramente numérica

$$E_1 = \begin{pmatrix} 3 & 6 & 10 & 7 & 21 & 12 \\ 4 & 4 & 8 & 10 & 25 & 14 \\ 2 & 3 & 9 & 8 & 15 & 6 \end{pmatrix}.$$

A nova leva de CDs é dada por

$$E_2 = \begin{pmatrix} 2 & 4 & 4 & 2 & 7 & 5 \\ 1 & 2 & 4 & 4 & 7 & 4 \\ 1 & 1 & 3 & 4 & 9 & 10 \end{pmatrix}.$$

O novo estoque, já incluindo a nova leva, fica dado pela soma dos elementos da matriz E_1 com os elementos da matriz E_2:

$$E_3 = \begin{pmatrix} 3+2 & 6+4 & 10+4 & 7+2 & 21+7 & 12+5 \\ 4+1 & 4+2 & 8+4 & 10+4 & 25+7 & 14+4 \\ 2+1 & 3+1 & 9+3 & 8+4 & 15+9 & 6+10 \end{pmatrix} = \begin{pmatrix} 5 & 10 & 14 & 9 & 28 & 17 \\ 5 & 6 & 12 & 14 & 32 & 18 \\ 3 & 4 & 12 & 12 & 24 & 16 \end{pmatrix}.$$

A matriz que representa o estoque final pode ser vista como a soma da matriz do estoque inicial (E_1) e da nova leva (E_2).

Dadas duas matrizes, A e B, com o mesmo número de linhas e colunas, podemos somá-las somando cada elemento a_{ij} de A ao respectivo elemento b_{ij} de B, como no exemplo a seguir.

Exemplo 1. Calcule a soma das matrizes

$$A = \begin{pmatrix} 3 & -1 \\ 2 & 4 \end{pmatrix} \quad \text{e} \quad B = \begin{pmatrix} -2 & 4 \\ 5 & 7 \end{pmatrix}.$$

SOLUÇÃO. A soma é dada por

$$A + B = \begin{pmatrix} 3+(-2) & -1+4 \\ 2+5 & 4+7 \end{pmatrix} = \begin{pmatrix} 1 & 3 \\ 7 & 11 \end{pmatrix}.$$

Generalizando, para quaisquer duas matrizes A e B do tipo $m \times n$, temos

$$A + B = \begin{pmatrix} a_{11} & a_{12} & \cdots & a_{1n} \\ a_{21} & a_{22} & \cdots & a_{2n} \\ \vdots & \vdots & \ddots & \vdots \\ a_{m1} & a_{m2} & \cdots & a_{mn} \end{pmatrix} + \begin{pmatrix} b_{11} & b_{12} & \cdots & b_{1n} \\ b_{21} & b_{22} & \cdots & b_{2n} \\ \vdots & \vdots & \ddots & \vdots \\ b_{m1} & b_{m2} & \cdots & b_{mn} \end{pmatrix}$$

$$= \begin{pmatrix} a_{11} + b_{11} & a_{12} + b_{12} & \cdots & a_{1n} + b_{1n} \\ a_{21} + b_{21} & a_{22} + b_{22} & \cdots & a_{2n} + b_{2n} \\ \vdots & \vdots & \ddots & \vdots \\ a_{m1} + b_{m1} & a_{m2} + b_{m2} & \cdots & a_{mn} + b_{mn} \end{pmatrix}.$$

Definição 9

Dada uma matriz $A = (a_{ij})$ e uma matriz $B = (b_{ij})$, sendo ambas $m \times n$, a *soma* de A e B é a matriz $S = A + B = (a_{ij} + b_{ij})$.

Exemplo 2. Calcule a soma das matrizes $C = (2 \quad 0 \quad 4)$ e $D = (-1 \quad 2 \quad 0)$.

SOLUÇÃO. A soma é dada por $C + D = (1 \quad 2 \quad 4)$.

Exemplo 3. Calcule a soma das matrizes $E = (2)$ e $F = (-3)$.

SOLUÇÃO. $E + F = (-1)$.

Observe que a soma de matrizes 1×1 acaba se reduzindo a uma forma equivalente à soma de números reais.

Dadas quaisquer matrizes numéricas A, B e C do tipo $m \times n$, temos as seguintes propriedades[4] da soma de matrizes:

S1) $A + B = B + A$ (comutativa);

S2) $(A + B) + C = A + (B + C)$ (associativa);

S3) para qualquer matriz A do tipo $m \times n$, existe uma matriz 0_{mn}, tal que $0_{mn} + A = A + 0_{mn} = A$ (existência do elemento neutro);

S4) para qualquer matriz A do tipo $m \times n$, existe sempre uma matriz $B = -A$, tal que $A + B = B + A = -A + A = 0_{mn}$ (existência do elemento inverso).

(c) PRODUTO POR UM ESCALAR

Voltemos a nosso problema do estoque das lojas de CDs. Considere que os donos das lojas decidam fazer uma liquidação de CDs de compositores barrocos que diminua o estoque pela metade. Podemos calcular o estoque

4. Todas as propriedades das operações matriciais expostas neste capítulo são provadas na Leitura Complementar 1.1.1.

final desejado, após a liquidação, multiplicando cada elemento da matriz E_3 por 0,5 (observe que alguns números acabam ficando não inteiros):

$$E_4 = \begin{pmatrix} 0{,}5\cdot 5 & 0{,}5\cdot 10 & 0{,}5\cdot 14 & 0{,}5\cdot 9 & 0{,}5\cdot 28 & 0{,}5\cdot 17 \\ 0{,}5\cdot 5 & 0{,}5\cdot 6 & 0{,}5\cdot 12 & 0{,}5\cdot 14 & 0{,}5\cdot 32 & 0{,}5\cdot 18 \\ 0{,}5\cdot 3 & 0{,}5\cdot 4 & 0{,}5\cdot 12 & 0{,}5\cdot 12 & 0{,}5\cdot 24 & 0{,}5\cdot 16 \end{pmatrix} = \begin{pmatrix} 2{,}5 & 5 & 7 & 4{,}5 & 14 & 8{,}5 \\ 2{,}5 & 3 & 6 & 7 & 16 & 9 \\ 1{,}5 & 2 & 6 & 6 & 12 & 8 \end{pmatrix}$$

Na linguagem de matrizes, frequentemente nos referimos aos números reais como *escalares*. O produto por um escalar é o produto de uma matriz por um número real, que se faz multiplicando cada célula da matriz pelo número k, como no exemplo a seguir.

Exemplo 1. Calcule o produto da matriz $A = \begin{pmatrix} 3 & -1 \\ 2 & 4 \end{pmatrix}$ pelo escalar $k = 2$.

SOLUÇÃO. O produto é dado por $k \cdot A = \begin{pmatrix} 2\cdot 3 & 2\cdot(-1) \\ 2\cdot 2 & 2\cdot 4 \end{pmatrix} = \begin{pmatrix} 6 & -2 \\ 4 & 8 \end{pmatrix}$.

De modo geral, dados uma matriz $A = (a_{ij})$ do tipo $m \times n$ e um escalar $k \in \mathbb{R}$, o produto da matriz A pelo escalar k é dado por:[5]

$$k \cdot A = k \cdot \begin{pmatrix} a_{11} & a_{12} & \cdots & a_{1n} \\ a_{21} & a_{22} & \cdots & a_{2n} \\ \vdots & \vdots & \ddots & \vdots \\ a_{m1} & a_{m2} & \cdots & a_{mn} \end{pmatrix} = \begin{pmatrix} ka_{11} & ka_{12} & \cdots & ka_{1n} \\ ka_{21} & ka_{22} & \cdots & ka_{2n} \\ \vdots & \vdots & \ddots & \vdots \\ ka_{m1} & ka_{m2} & \cdots & ka_{mn} \end{pmatrix}.$$

Portanto, para fazer o produto de uma matriz por um escalar, multiplicam-se todos os elementos da matriz por esse número.

Definição 10
Dada uma matriz $A = (a_{ij})$ e um escalar $k \in \mathbb{R}$, o produto de A pelo escalar k é a matriz $P = kA = (ka_{ij})$.

Exemplo 2. Calcule o produto da matriz $B = \begin{pmatrix} -2 & 4 \\ 5 & 7 \end{pmatrix}$ pelo escalar $k = 3$.

SOLUÇÃO. $kB = \begin{pmatrix} -6 & 12 \\ 15 & 21 \end{pmatrix}$.

Exemplo 3. Calcule o produto da matriz $C = \begin{pmatrix} 2 & 0 & 4 \end{pmatrix}$ pelo escalar $k = 0$.

SOLUÇÃO. $kC = \begin{pmatrix} 0 & 0 & 0 \end{pmatrix} = 0_{13}$.

Podemos combinar a soma de matrizes com o produto por um escalar, como mostram os exemplos a seguir.

---

5. É muito comum escrevermos kA em vez de $k \cdot A$. Esse tipo de notação será utilizado sempre que não trouxer confusão ao texto.

Exemplo 4. Dadas as matrizes $A = \begin{pmatrix} 3 & -1 \\ 2 & 4 \end{pmatrix}$ e $B = \begin{pmatrix} -2 & 4 \\ 5 & 7 \end{pmatrix}$, calcule $A + 2B$.

SOLUÇÃO.

$$\begin{aligned} A + 2B &= \begin{pmatrix} 3 & -1 \\ 2 & 4 \end{pmatrix} + 2 \cdot \begin{pmatrix} -2 & 4 \\ 5 & 7 \end{pmatrix} \\ &= \begin{pmatrix} 3 & -1 \\ 2 & 4 \end{pmatrix} + \begin{pmatrix} -4 & 8 \\ 10 & 14 \end{pmatrix} \\ &= \begin{pmatrix} -1 & 7 \\ 12 & 18 \end{pmatrix} \end{aligned}$$

Exemplo 5. Dadas as matrizes $A = \begin{pmatrix} 3 & -1 \\ 2 & 4 \end{pmatrix}$ e $B = \begin{pmatrix} -2 & 4 \\ 5 & 7 \end{pmatrix}$, calcule $A + (-1) \cdot B$.

SOLUÇÃO.

$$\begin{aligned} A + (-1) \cdot B &= \begin{pmatrix} 3 & -1 \\ 2 & 4 \end{pmatrix} + (-1) \cdot \begin{pmatrix} -2 & 4 \\ 5 & 7 \end{pmatrix} \\ &= \begin{pmatrix} 3 & -1 \\ 2 & 4 \end{pmatrix} + \begin{pmatrix} 2 & -4 \\ -5 & -7 \end{pmatrix} \\ &= \begin{pmatrix} 5 & -5 \\ -3 & -3 \end{pmatrix} \end{aligned}$$

Podemos definir a *subtração* de matrizes usando uma combinação da soma com o produto por um escalar, como foi feito no exemplo 5. Portanto, a subtração de matrizes não é uma operação fundamental, significando que ela pode ser expressa em termos das outras duas operações (soma e produto por um escalar) da seguinte forma:

$$\boxed{A - B = A + (-1) \cdot B}.$$

Dados uma matriz numérica A do tipo $m \times n$ e escalares $a, b \in \mathbb{R}$, temos as seguintes propriedades do produto de uma matriz por um escalar:

P1) $a(bA) = (ab)A$ (associativa);

P2) para qualquer matriz A do tipo $m \times n$, existe o número real 1 tal que $1 \cdot A = A \cdot 1 = A$ (existência do elemento neutro).

Podemos ainda enunciar duas propriedades que envolvem a soma de matrizes e o produto de uma matriz por um escalar. Dadas quaisquer matrizes numéricas A e B do tipo $m \times n$ e escalares $a, b \in \mathbb{R}$, temos as seguintes propriedades do produto de uma matriz por um escalar:

M1) $a(A + B) = aA + aB$ (distributiva 1);

M2) $(a + b)A = aA + bA$ (distributiva 2).

Essas propriedades (da soma, do produto por um escalar e mistas) são válidas para um grande número de conjuntos, como, por exemplo, o dos números reais.

(d) Produto de matrizes

Os donos das lojas de CDs têm uma tabela de preços para os diferentes compositores barrocos. Esses preços são dados a seguir:

	Corelli	Scarlatti	Vivaldi	Purcell	Bach	Händel
Preço (R$)	21	20	19	17	20	21

Podemos representar a parte numérica dessa matriz como

$$P = \begin{pmatrix} 21 \\ 20 \\ 19 \\ 17 \\ 20 \\ 21 \end{pmatrix}.$$

O motivo de representar esses preços em uma matriz coluna é a simplificação de contas futuras envolvendo essa matriz.

Se o gerente da loja Moema quiser calcular o valor total de seu novo estoque de compositores barrocos, ele deve multiplicar a quantidade disponível de CDs de cada compositor pelo preço do CD e somar o resultado para todos os compositores:

$$5 \times 21 + 10 \times 20 + 14 \times 19 + 9 \times 17 + 28 \times 20 + 17 \times 21$$
$$= 105 + 200 + 266 + 153 + 560 + 357 = 1.641.$$

Isso equivale a multiplicar os elementos da primeira linha da matriz E_1 dos estoques das lojas pelos elementos da matriz P na ordem em que eles aparecem em cada matriz:

$$E_3 = \begin{pmatrix} 5 & 10 & 14 & 9 & 28 & 17 \\ 5 & 6 & 12 & 14 & 32 & 18 \\ 3 & 4 & 12 & 12 & 24 & 16 \end{pmatrix}, \qquad P = \begin{pmatrix} 21 \\ 20 \\ 19 \\ 17 \\ 20 \\ 21 \end{pmatrix}.$$

De modo geral, se quiser saber o valor total do estoque novo de compositores barrocos de cada loja, a gerência geral deve fazer também os produtos entre a segunda e a terceira linhas da matriz E_3 pela matriz coluna P. O resultado fica

$$V = \begin{pmatrix} 1.641 \\ 1.709 \\ 1.391 \end{pmatrix}.$$

O valor de cada linha representa o valor total do estoque de compositores barrocos de cada loja.

O produto de duas matrizes tem uma formulação um tanto mais complexa que as duas operações já vistas. Ele foi construído principalmente de modo a torná-lo útil em aplicações práticas, como a que vimos agora. Por causa dessa complexidade, veremos primeiro um exemplo numérico.

Exemplo 1. Dadas as matrizes $A = \begin{pmatrix} 2 & -1 & 0 \\ 3 & 1 & 4 \end{pmatrix}$ e $B = \begin{pmatrix} -1 & 3 \\ 2 & 5 \\ 3 & 1 \end{pmatrix}$, calcule AB.

SOLUÇÃO. O produto das duas matrizes é a matriz $P = (p_{ij})$, cuja primeira célula, p_{11}, é dada pela soma do produto de cada elemento da linha 1 pelos elementos da coluna 2, da forma que se segue:

$$AB = \begin{pmatrix} \boxed{2 \quad -1 \quad 0} \\ 3 \quad\ \ 1 \quad\ 4 \end{pmatrix} \begin{pmatrix} \boxed{\begin{matrix} -1 \\ 2 \\ 3 \end{matrix}} & \begin{matrix} 3 \\ 5 \\ 1 \end{matrix} \end{pmatrix} = \begin{pmatrix} 2 \cdot (-1) + (-1) \cdot 2 + 0 \cdot 3 & \cdots \\ \cdots & \cdots \end{pmatrix} = \begin{pmatrix} -4 & \cdots \\ \cdots & \cdots \end{pmatrix}.$$

Para calcularmos a célula p_{12}, multiplicamos cada elemento da primeira linha da matriz A pelo elemento correspondente na segunda coluna da matriz B:

$$AB = \begin{pmatrix} \boxed{2 \quad -1 \quad 0} \\ 3 \quad\ \ 1 \quad\ 4 \end{pmatrix} \begin{pmatrix} \begin{matrix} -1 \\ 2 \\ 3 \end{matrix} & \boxed{\begin{matrix} 3 \\ 5 \\ 1 \end{matrix}} \end{pmatrix} = \begin{pmatrix} -4 & 2 \cdot 3 + (-1) \cdot 5 + 0 \cdot 1 \\ \cdots & \cdots \end{pmatrix} = \begin{pmatrix} -4 & 1 \\ \cdots & \cdots \end{pmatrix}.$$

O elemento p_{21} é calculado multiplicando a segunda linha da matriz A pela primeira coluna da matriz B:

$$AB = \begin{pmatrix} 2 \quad -1 \quad 0 \\ \boxed{3 \quad\ \ 1 \quad\ 4} \end{pmatrix} \begin{pmatrix} \boxed{\begin{matrix} -1 \\ 2 \\ 3 \end{matrix}} & \begin{matrix} 3 \\ 5 \\ 1 \end{matrix} \end{pmatrix} = \begin{pmatrix} -4 & 1 \\ 3 \cdot (-1) + 1 \cdot 2 + 4 \cdot 3 & \cdots \end{pmatrix} = \begin{pmatrix} -4 & 1 \\ 11 & \cdots \end{pmatrix}.$$

Por fim, o elemento p_{22} é calculado multiplicando a segunda linha da matriz A pela segunda coluna da matriz B:

$$AB = \begin{pmatrix} 2 \quad -1 \quad 0 \\ \boxed{3 \quad\ \ 1 \quad\ 4} \end{pmatrix} \begin{pmatrix} \begin{matrix} -1 \\ 2 \\ 3 \end{matrix} & \boxed{\begin{matrix} 3 \\ 5 \\ 1 \end{matrix}} \end{pmatrix} = \begin{pmatrix} -4 & 1 \\ 11 & 3 \cdot 3 + 1 \cdot 5 + 4 \cdot 1 \end{pmatrix} = \begin{pmatrix} -4 & 1 \\ 11 & 18 \end{pmatrix}.$$

Observe do exemplo 1 que a matriz que é o produto de duas outras tem o mesmo número de linhas que a primeira matriz e o mesmo número de colunas da segunda matriz.

Podemos agora generalizar esse algoritmo de multiplicação. Dadas duas matrizes, $A = (a_{ij})$ e $B = (b_{jk})$, onde $i = 1, \cdots, m$, $j = 1, \cdots n$ e $k = 1, \cdots, p$, podemos escrever a célula p_{11} do produto AB como

$$p_{11} = a_{11}b_{11} + a_{12}b_{21} + \cdots + a_{1n}b_{n1},$$

que pode ser representada de forma mais compacta usando a notação de somatória:

$$p_{11} = \sum_{j=1}^{n} a_{1j}b_{j1}.$$

Notação de somatória

É utilizada para representar somas de forma compacta. Por exemplo, podemos escrever

$$a_1 + a_2 + a_3 + a_4 + a_5 + a_6 = \sum_{i=1}^{6} a_i, \quad b_1 + b_2 + \cdots + b_n = \sum_{i=1}^{n} b_i.$$

A letra grega maiúscula *sigma*, Σ, é usada para designar essa soma.

De modo semelhante, podemos escrever

$$p_{12} = a_{11}b_{12} + a_{12}b_{22} + \cdots + a_{1n}b_{n2} = \sum_{j=1}^{n} a_{1j}b_{j2}$$

e, de modo geral,

$$p_{ik} = a_{i1}b_{1k} + a_{i2}b_{2k} + \cdots + a_{in}b_{nk} = \sum_{j=1}^{n} a_{ij}b_{jk}.$$

Sendo assim, o produto de A ($m \times n$) por B ($n \times p$) é dado por

$$AB = \begin{pmatrix} a_{11} & a_{12} & \cdots & a_{1n} \\ a_{21} & a_{22} & \cdots & a_{2n} \\ \vdots & \vdots & \ddots & \vdots \\ a_{m1} & a_{m2} & \cdots & a_{mn} \end{pmatrix} \begin{pmatrix} b_{11} & b_{12} & \cdots & b_{1p} \\ b_{21} & b_{22} & \cdots & b_{2p} \\ \vdots & \vdots & \ddots & \vdots \\ b_{n1} & b_{n2} & \cdots & b_{np} \end{pmatrix}$$

$$= \begin{pmatrix} \sum_{j=1}^{n} a_{1j}b_{j1} & \sum_{j=1}^{n} a_{1j}b_{j2} & \cdots & \sum_{j=1}^{n} a_{1j}b_{jp} \\ \sum_{j=1}^{n} a_{2j}b_{j1} & \sum_{j=1}^{n} a_{2j}b_{j2} & \cdots & \sum_{j=1}^{n} a_{2j}b_{jp} \\ \vdots & \vdots & \ddots & \vdots \\ \sum_{j=1}^{n} a_{mj}b_{j1} & \sum_{j=1}^{n} a_{mj}b_{j2} & \cdots & \sum_{j=1}^{n} a_{mj}b_{jp} \end{pmatrix}.$$

Definição 11

Dada uma matriz $A = (a_{ij})$ e uma matriz $B = (b_{ij})$, sendo A do tipo $m \times n$ e B do tipo $n \times p$, o *produto* AB é a matriz $P = AB = \left(\sum_{j=1}^{n} a_{ij}b_{jk}\right)$, do tipo $m \times p$.

Observe que só podemos efetuar o produto de uma matriz por outra se o número de colunas da primeira matriz for igual ao número de linhas da segunda matriz.

Exemplo 2. Dadas as matrizes $A = \begin{pmatrix} 3 & 1 \\ -2 & 4 \end{pmatrix}$ e $B = \begin{pmatrix} 1 & -2 \\ 1 & 3 \end{pmatrix}$, calcule AB.

SOLUÇÃO. Como A é 2×2 e B é 2×2, o produto pode ser feito:

$$AB = \begin{pmatrix} 3 & 1 \\ -2 & 4 \end{pmatrix}\begin{pmatrix} 1 & -2 \\ 1 & 3 \end{pmatrix} = \begin{pmatrix} 3 \cdot 1 + 1 \cdot 1 & 3 \cdot (-2) + 1 \cdot 3 \\ -2 \cdot 1 + 4 \cdot 1 & -2 \cdot (-2) + 4 \cdot 3 \end{pmatrix} = \begin{pmatrix} 4 & -3 \\ 2 & 16 \end{pmatrix}.$$

O próximo exemplo mostra que, mesmo quando os produtos AB e BA de duas matrizes A e B poderem ser feitos, eles dificilmente gerarão o mesmo resultado.

Exemplo 3. Dadas as matrizes $A = \begin{pmatrix} 2 & -1 & 0 \\ 3 & 1 & 4 \end{pmatrix}$ e $B = \begin{pmatrix} -1 & 3 \\ 2 & 5 \\ 3 & 1 \end{pmatrix}$ do exemplo 1, calcule BA.

SOLUÇÃO. Como B é 2×3 e A é 3×2, o produto pode ser feito:

$$\begin{aligned} BA &= \begin{pmatrix} -1 & 3 \\ 2 & 5 \\ 3 & 1 \end{pmatrix}\begin{pmatrix} 2 & -1 & 0 \\ 3 & 1 & 4 \end{pmatrix} \\ &= \begin{pmatrix} -1 \cdot 2 + 3 \cdot 3 & -1 \cdot (-1) + 3 \cdot 1 & -1 \cdot 0 + 3 \cdot 4 \\ 2 \cdot 2 + 5 \cdot 3 & 2 \cdot (-1) + 5 \cdot 1 & 2 \cdot 0 + 5 \cdot 4 \\ 3 \cdot 2 + 1 \cdot 3 & 3 \cdot (-1) + 1 \cdot 1 & 3 \cdot 0 + 1 \cdot 4 \end{pmatrix} \\ &= \begin{pmatrix} 7 & 4 & 12 \\ 19 & 3 & 20 \\ 9 & -2 & 4 \end{pmatrix}. \end{aligned}$$

Pode-se ver claramente que $AB \neq BA$.

Portanto, em geral, o produto de uma matriz por outra não é comutativo. Dissemos "em geral" porque há exceções, como no caso óbvio de uma matriz multiplicada por ela mesma ($AA = AA$). Podemos usar esses produtos de uma matriz por ela mesma para definir potências de matrizes (definição a seguir).

Definição 12

Dada uma matriz quadrada $A = (a_{ij})$, a matriz A^n será dada pelo produto $AA \cdots A$, efetuado $n - 1$ vezes.

Exemplo 4. Dada a matriz $M = \begin{pmatrix} 1 & -2 \\ 3 & 1 \end{pmatrix}$, calcule M^3.

SOLUÇÃO.

$$\begin{aligned} M^3 &= \begin{pmatrix} 1 & -2 \\ 3 & 1 \end{pmatrix}\begin{pmatrix} 1 & -2 \\ 3 & 1 \end{pmatrix}\begin{pmatrix} 1 & -2 \\ 3 & 1 \end{pmatrix} \\ &= \begin{pmatrix} -5 & -4 \\ 6 & -5 \end{pmatrix}\begin{pmatrix} 1 & -2 \\ 3 & 1 \end{pmatrix} \\ &= \begin{pmatrix} -17 & 6 \\ -9 & -17 \end{pmatrix}. \end{aligned}$$

Neste exemplo, utilizamos uma propriedade que vale para todos os produtos de matrizes: a propriedade associativa. Dadas quaisquer matrizes numéricas A, B e C, sendo A do tipo $n \times m$, B do tipo $m \times p$ e C do tipo $p \times q$, temos as seguintes propriedades do produto de matrizes:

P1) $(AB)C = A(BC)$ (associativa);

P2) para qualquer matriz A do tipo $m \times n$, existe uma matriz identidade I_n, tal que $A \cdot I_n = A$ (existência do elemento neutro).

Também temos propriedades conjuntas com as duas outras operações matriciais. Para quaisquer matrizes A e B, ambas do tipo $m \times n$, e C do tipo $n \times p$, e qualquer escalar $k \in \mathbb{R}$, temos:

P3) $(A + B)C = AC + BC$ (distributiva 1);

P4) $(kA)C = k(AC)$ (distributiva 2).

Observe que as matrizes identidade, I_n, fazem o papel do elemento neutro da multiplicação, de modo semelhante ao papel do número 1 nos números reais.

Exemplo 5. Dadas as matrizes $M = \begin{pmatrix} -1 & 2 \\ 0 & 4 \end{pmatrix}$ e $I_2 = \begin{pmatrix} 1 & 0 \\ 0 & 1 \end{pmatrix}$, calcule MI_1 e I_1M.

SOLUÇÃO.

$$MI_1 = \begin{pmatrix} -1 & 2 \\ 0 & 4 \end{pmatrix}\begin{pmatrix} 1 & 0 \\ 0 & 1 \end{pmatrix} = \begin{pmatrix} -1 & 2 \\ 0 & 4 \end{pmatrix} = M,$$

$$I_1M = \begin{pmatrix} 1 & 0 \\ 0 & 1 \end{pmatrix}\begin{pmatrix} -1 & 2 \\ 0 & 4 \end{pmatrix} = \begin{pmatrix} -1 & 2 \\ 0 & 4 \end{pmatrix} = M.$$

Não existe a operação de divisão (quociente) no conjunto das matrizes. Isto significa que não podemos escrever

$$\cancel{AB = C \Leftrightarrow B = \frac{C}{A}}.$$

No lugar de tal operação, usamos o conceito de *matriz inversa*, que será visto no próximo capítulo.

Resumo

- **Matriz:** uma matriz é uma tabela contendo certo números de linhas e de colunas. Uma matriz com m linhas e n colunas é chamada *matriz* $m \times n$.
- **Matriz coluna:** uma matriz coluna, também chamada de *vetor*, é uma matriz composta por somente uma coluna (é uma matriz $n \times 1$).
- **Matriz linha:** uma matriz linha, também chamada *covetor*, é uma matriz composta por somente uma linha (é uma matriz $1 \times n$).
- **Matriz quadrada:** uma matriz é quadrada se tiver o mesmo número de linhas e colunas, isto é, se ela for do tipo $n \times n$.
- **Matriz diagonal:** uma matriz diagonal é uma matriz quadrada tal que todos os elementos fora da diagonal principal, isto é, os elementos a_{ij}, $i \neq j$, são nulos.
- **Matriz identidade:** a matriz identidade I_n é a matriz diagonal $n \times n$ tal que $a_{ii} = 1$ para $i = 1, \cdots, n$.

- **Matriz nula:** a matriz nula 0_{mn} é a matriz $m \times n$ tal que todos os seus elementos são iguais a zero.
- **Igualdade de matrizes:** duas matrizes $A = (a_{ij})$ e $B = (b_{ij})$, ambas $m \times n$, são iguais se $a_{ij} = b_{ij}$ para todos os valores de $i = 1, \cdots, m$ e $j = 1, \cdots, n$.
- **Soma de matrizes:** dada uma matriz $A = (a_{ij})$ e uma matriz $B = (b_{ij})$, sendo ambas $m \times n$, a soma de A e B é a matriz $S = A + B = (a_{ij} + b_{ij})$.
- **Produto por um escalar:** dada uma matriz $A = (a_{ij})$ e um escalar $k \in \mathbb{R}$, o produto de A pelo escalar k é a matriz $P = kA = (ka_{ij})$.
- **Produto de matrizes:** dada uma matriz $A = (a_{ij})$ e uma matriz $B = (b_{ij})$, sendo A do tipo $m \times n$ e B do tipo $n \times p$, o produto AB é a matriz $P = AB = \left(\sum_{j=1}^{n} a_{ij}b_{jk}\right)$, do tipo $m \times p$.

Exercícios

Nível 1

Classificação

Exemplo 1. Indique a ordem da matriz $M = \begin{pmatrix} -1 & 3 & 2 \\ 4 & 0 & 5 \end{pmatrix}$.

Solução. A matriz M tem duas linhas e três colunas. Portanto, M é de ordem 2×3.

E1) Indique as ordens das matrizes abaixo:

a) $A = \begin{pmatrix} -1 & 2 \\ 3 & 0 \end{pmatrix}$. b) $B = \begin{pmatrix} -3 & 4 & 2 & 8 \\ 0 & -1 & 2 & 4 \end{pmatrix}$. c) $C = \begin{pmatrix} 0 \\ 4 \\ 2 \\ 1 \end{pmatrix}$.

d) $D = \begin{pmatrix} -1 & 0 & 3 \end{pmatrix}$. e) $E = \begin{pmatrix} 4 \end{pmatrix}$.

Exemplo 2. Identifique o elemento a_{31} da matriz $A = \begin{pmatrix} 2 & 0 & -1 \\ -1 & 1 & 2 \\ 4 & 2 & 3 \end{pmatrix}$.

Solução. É o elemento da 3ª linha e 1ª coluna, isto é, $a_{31} = 4$.

E2) Indique os elementos pedidos nas matrizes abaixo:

a) a_{21}, $A = \begin{pmatrix} -1 & 4 & 3 \\ 2 & -3 & 1 \end{pmatrix}$. b) b_{11}, $B = \begin{pmatrix} -1 \\ 2 \\ 3 \end{pmatrix}$.

c) c_{33}, $C = \begin{pmatrix} -1 & 4 & 2 \\ 3 & -1 & 4 \\ 0 & 2 & 1 \end{pmatrix}$.

Exemplo 3. Verifique se a matriz $M = \begin{pmatrix} 3 & -1 & 2 \\ 4 & 2 & 3 \end{pmatrix}$ é quadrada.

SOLUÇÃO. Matrizes quadradas são de ordem $n \times n$. M é de ordem 2×3 e, portanto, não é quadrada.

E3) Indique quais das matrizes abaixo são quadradas:

a) $A = \begin{pmatrix} -1 & 2 \\ 3 & 4 \end{pmatrix}$. b) $B = \begin{pmatrix} 3 \\ -1 \\ 2 \end{pmatrix}$. c) $C = \begin{pmatrix} 3 & 0 & 2 & 5 \\ -1 & 2 & 4 & 0 \end{pmatrix}$.

d) $D = \begin{pmatrix} -1 & 2 & 3 \\ 4 & 0 & 1 \\ 2 & -1 & 3 \end{pmatrix}$. e) $E = (0)$.

Exemplo 4. Verifique se a matriz $M = \begin{pmatrix} -1 & 0 & 0 \\ 0 & 2 & 0 \\ 0 & 0 & -3 \end{pmatrix}$ é diagonal.

SOLUÇÃO. M é diagonal, pois os únicos elementos não nulos da matriz estão na diagonal principal (são elementos a_{ii}).

E4) Indique quais das matrizes abaixo são diagonais:

a) $A = \begin{pmatrix} -1 & 2 & 0 \\ 0 & 3 & 1 \\ -1 & 0 & 3 \end{pmatrix}$. b) $B = \begin{pmatrix} -1 & 0 \\ 0 & 3 \end{pmatrix}$.

c) $C = \begin{pmatrix} 1 & 0 & 0 \\ 0 & 1 & 0 \\ 0 & 0 & 1 \end{pmatrix}$. d) $D = \begin{pmatrix} 0 & 0 & 0 \\ 0 & -1 & 0 \\ 0 & 0 & 3 \end{pmatrix}$. e) $E = (4)$.

Exemplo 5. Escreva a matriz nula de ordem 2×5.

SOLUÇÃO. $0_{2\times 5} = \begin{pmatrix} 0 & 0 & 0 & 0 & 0 \\ 0 & 0 & 0 & 0 & 0 \end{pmatrix}$.

E5) Escreva as matrizes nulas com as ordens pedidas:

a) 2×2. b) 3×3. c) 2×1. d) 3×4. e) 1×1.

Exemplo 6. Escreva a matriz identidade de ordem 4×4.

SOLUÇÃO. $I_{4\times 4} = \begin{pmatrix} 1 & 0 & 0 & 0 \\ 0 & 1 & 0 & 0 \\ 0 & 0 & 1 & 0 \\ 0 & 0 & 0 & 1 \end{pmatrix}$.

E6) Escreva as matrizes identidade com as ordens pedidas:

a) 3×3. b) 2×2. c) 5×5. d) 1×1. e) 3×2.

Operações com matrizes

Exemplo 7. Dadas as matrizes $A = \begin{pmatrix} 3 & -1 \\ 2 & 4 \\ 0 & 2 \end{pmatrix}$ e $B = \begin{pmatrix} -1 & 0 \\ 4 & 2 \\ 3 & 5 \end{pmatrix}$, calcule A + B.

Solução. $A + B = \begin{pmatrix} 3 & -1 \\ 2 & 4 \\ 0 & 2 \end{pmatrix} + \begin{pmatrix} -1 & 0 \\ 4 & 2 \\ 3 & 5 \end{pmatrix} = \begin{pmatrix} 3-1 & -1+0 \\ 2+4 & 4+2 \\ 0+3 & 2+5 \end{pmatrix} = \begin{pmatrix} 2 & -1 \\ 6 & 6 \\ 3 & 7 \end{pmatrix}.$

E7) Dadas as matrizes

$$A = \begin{pmatrix} 3 & -1 \\ 2 & 4 \end{pmatrix}, \quad B = \begin{pmatrix} 0 & -1 \\ 4 & 6 \end{pmatrix}, \quad C = \begin{pmatrix} 0 & 0 \\ 0 & 0 \end{pmatrix}, \quad D = \begin{pmatrix} 1 & 0 \\ 0 & 1 \end{pmatrix},$$

$$E = \begin{pmatrix} -1 & 4 & 2 \end{pmatrix} \quad \text{e} \quad F = \begin{pmatrix} 0 & 3 & 2 \end{pmatrix},$$

calcule:

a) $A + B$. b) $B + A$. c) $A + C$. d) $A + D$.
e) $E + F$. f) $A + F$.

Exemplo 8. Dada a matriz $A = \begin{pmatrix} 3 & -1 & 3 \\ 2 & 0 & 4 \end{pmatrix}$, calcule 3A.

Solução. $3A = 3\begin{pmatrix} 3 & -1 & 3 \\ 2 & 0 & 4 \end{pmatrix} = \begin{pmatrix} 3\cdot 3 & 3\cdot(-1) & 3\cdot 3 \\ 3\cdot 2 & 3\cdot 0 & 3\cdot 4 \end{pmatrix} = \begin{pmatrix} 9 & -3 & 9 \\ 6 & 0 & 12 \end{pmatrix}.$

E8) Dadas as matrizes

$$A = \begin{pmatrix} -1 & 2 \\ 0 & 3 \end{pmatrix} \quad \text{e} \quad B = \begin{pmatrix} 0 & 2 \\ 4 & 3 \end{pmatrix},$$

calcule:

a) $2A$. b) $-A$. c) $3B$. d) $2A + 3B$. e) $-A + B$.

Exemplo 9. Dadas as matrizes $A = \begin{pmatrix} -1 & 0 \\ 2 & 2 \\ 3 & 4 \end{pmatrix}$ e $B = \begin{pmatrix} 0 & 2 \\ -1 & 3 \end{pmatrix}$, calcule AB.

Solução. $AB = \begin{pmatrix} -1 & 0 \\ 2 & 2 \\ 3 & 4 \end{pmatrix} \cdot \begin{pmatrix} 0 & 2 \\ -1 & 3 \end{pmatrix} = \begin{pmatrix} -1\cdot 0 + 0\cdot(-1) & -1\cdot 2 + 0\cdot 3 \\ 2\cdot 0 + 2\cdot(-1) & 2\cdot 2 + 2\cdot 3 \\ 3\cdot 0 + 4\cdot(-1) & 3\cdot 2 + 4\cdot 3 \end{pmatrix} = \begin{pmatrix} 0 & -2 \\ -2 & 10 \\ -4 & 18 \end{pmatrix}.$

E9) Dadas as matrizes

$$A = \begin{pmatrix} -1 & 3 \\ 2 & 1 \end{pmatrix}, \quad B = \begin{pmatrix} 3 & 2 \\ -1 & 0 \end{pmatrix}, \quad C = \begin{pmatrix} 3 \\ 2 \end{pmatrix}, \quad D = \begin{pmatrix} 2 & 4 & 0 \\ 3 & -1 & 2 \end{pmatrix},$$

$$E = \begin{pmatrix} -2 \\ 4 & 0 \\ 3 & 2 \end{pmatrix}, \quad F = \begin{pmatrix} 1 & 0 \\ 0 & 1 \end{pmatrix} \quad \text{e} \quad G = \begin{pmatrix} -3 & 1 \end{pmatrix},$$

calcule:

a) AB. b) BA. c) AC. d) AD. e) AE. f) AF.
g) FA. h) DE. i) GC. j) ADE. k) A^2. l) B^3.

Nível 2

E1) Dado que $AB = \begin{pmatrix} -1 & 0 \\ 2 & 1 \end{pmatrix}$ e $AC = \begin{pmatrix} 2 & 1 \\ 0 & -1 \end{pmatrix}$, calcule $A(B+C)$ e $A(BAC)$.

E2) Determine o menor inteiro α tal que, dada a matriz

$$A = \begin{pmatrix} 0 & 0 & 1 \\ 1 & 0 & 0 \\ 0 & 1 & 0 \end{pmatrix},$$

tenhamos

$$A^k = \begin{pmatrix} 1 & 0 & 0 \\ 0 & 1 & 0 \\ 0 & 0 & 1 \end{pmatrix}.$$

E3) Mostre que qualquer matriz $X = \begin{pmatrix} 1 & 1/\alpha \\ \alpha & 1 \end{pmatrix}$ é solução da equação matricial $X^2 = 2X$.

E4) Um corretor da Bolsa de Valores recebe um pedido de compra de 400 ações da Vale do Rio Negro, 500 ações da Álcoolbras e 600 ações da Polifônica. Cada ação da Vale do Rio Negro custa 135 reais, cada ação da Álcoolbras custa 182 reais e cada ação da Polifônica custa 26 reais.

a) Por meio de uma multiplicação matricial, calcule o custo total da compra dessas ações.

b) Qual será o total de ganho ou perda se essas mesmas ações forem vendidas seis meses mais tarde por 137 reais, 186 reais e 24 reais, respectivamente?

E5) (Leitura Complementar 1.1.2) No início de cada semana, uma máquina que requer um alto grau de calibração pode estar em quatro possíveis condições: excelente, boa, aceitável ou ruim. Uma máquina em excelente estado dá um retorno semanal de R$ 100; uma máquina em bom estado dá um retorno de R$ 80; uma em estado aceitável dá um retorno de R$ 50 e uma que esteja em estado ruim dá um retorno de somente R$ 10. A tabela a seguir mostra a probabilidade estimada de a máquina mudar de um estado para outro em uma semana.

Estado da máquina	Excelente	Bom	Aceitável	Ruim
Excelente	0,7	0,3	0	0
Bom	0	0,7	0,3	0
Aceitável	0	0	0,6	0,4
Ruim	0	0	0	1

a) Monte uma matriz de transição para os estados possíveis da máquina em uma semana.

b) Usando cadeias de Markov, calcule as probabilidades de transição para um período de quatro semanas.

c) Se a empresa possui no momento 10 máquinas em excelente condição, 3 máquinas em condição aceitável e 1 máquina em condição ruim, calcule o retorno esperado dessas máquinas durante a semana (antes de ocorrer a primeira transição).

d) Assumindo que nenhuma máquina é recalibrada ou consertada, calcule o retorno semanal esperado das máquinas após quatro semanas de operação.

E6) (Leitura Complementar 1.1.2) Uma pesquisa estabeleceu uma relação entre os níveis de escolaridade de pais e filhos. Estabelecendo F para o ensino fundamental, M para o ensino médio e S para o ensino superior, foi elaborada a seguinte tabela indicando a probabilidade de pais com determinada escolaridade (linhas) terem filhos com determinada escolaridade (colunas). Nos casos de diferenças entre a escolaridade do pai e da mãe, escolheu-se a maior escolaridade entre eles e, em caso de mais de um filho por família, foi escolhida a escolaridade da maior parcela de filhos, dividindo os casos de empate aleatoriamente entre as duas escolaridades empatadas.

Escolaridade	F	M	S
F	0,6	0,3	0,1
M	0,2	0,4	0,4
S	0,1	0,1	0,8

a) Qual é a probabilidade de o neto de um casal que tenha completado até o ensino médio ter nível universitário?

b) O que se espera que aconteça a longo prazo se as condições presentes permanecerem as mesmas?

Nível 3

E1) Uma rede de comunicação tem cinco locais com transmissores de potências distintas. A matriz a seguir mostra a possibilidade de uma estação transmitir ou não diretamente para a outra. Se $a_{ij} = 1$, então a estação i transmite para a estação j; se $a_{ij} = 0$, então a estação i não transmite para a estação j. Como consideramos que uma estação não transmite para ela mesma, a diagonal principal só tem elementos nulos.

$$A = \begin{pmatrix} 0 & 1 & 1 & 1 & 1 \\ 1 & 0 & 1 & 1 & 0 \\ 0 & 1 & 0 & 1 & 0 \\ 0 & 0 & 1 & 0 & 1 \\ 0 & 0 & 0 & 1 & 0 \end{pmatrix}$$

a) Calcule A^2.

b) Qual é o significado de um elemento a_{ij} de A^2?

c) Qual é o significado de um elemento a_{ij} de $A + A^2$?

d) Qual é o número mínimo de estações retransmissoras necessárias para mandar uma mensagem da estação 5 para a estação 2?

e) Existe alguma estação que não pode ser alcançada por todas as outras por meio de retransmissões?

f) Qual é o número mínimo de retransmissões necessárias para se atingirem todas as estações?

E2) (Leitura Complementar 1.1.2) Renata Souza é uma economista do governo encarregada de estudar as tendências do mercado automobilístico nos próximos anos. Para isso, ela conta com um estudo feito com proprietários das quatro maiores marcas de automóveis no país: Volkswagen, GM, Ford e Fiat. O resultado do estudo (os dados são fictícios) está resumido na tabela a seguir, que mostra as tendências do mercado na mudança de marca, isto é, a probabilidade de que um proprietário de um automóvel de determinada marca mude para outra ao comprar um novo automóvel. Por exemplo: quem possui um automóvel da marca Ford tem uma probabilidade de 0,4 (40%) de permanecer com a marca Ford e uma probabilidade de 0,1 (10%) de comprar um automóvel da marca Fiat. As linhas representam a marca atual de automóvel e as colunas, as marcas de uma possível troca (por "Outra", entendam-se as outras marcas). A participação no mercado automobilístico das principais marcas (dados reais) são dadas na segunda tabela.

	Volkswagen	GM	Ford	Fiat	Outra
Volkswagen	0,3	0,2	0,2	0,2	0,1
GM	0,2	0,4	0,1	0,2	0,1
Ford	0,2	0,2	0,4	0,1	0,1
Fiat	0,3	0,1	0,2	0,3	0,1
Outra	0,1	0,1	0,2	0,2	0,4

Marca	Participação
Fiat	25,43%
GM	21,81%
VW	21,59%
Ford	12,35%
Honda	3,67%
Toyota	3,61%
Peugeot	3,23%
Renault	3,00%
Citroën	1,54%
Mitsubishi	1,49%
Outras	2,29%

a) A primeira missão de Renata é determinar qual será a matriz de tendência do mercado após duas trocas de automóveis. Qual será o resultado?

b) Após uma renovação da frota nacional, qual deverá ser a participação no mercado de cada uma das quatro grandes marcas?

c) Renata quer agora analisar os efeitos das mudanças de marca a longo prazo. Para isso, ela quer investigar se, mantidas as tendências atuais de trocas de marca, a participação de cada uma das empresas consideradas tenderá ou não a se estabilizar. Caso isso seja verdade, qual deverá ser a participação de cada empresa quando o equilíbrio for alcançado?

Respostas

Nível 1

E1) a) 2×2. b) 2×4. c) 4×1. d) 1×3. e) 1×1.

E2) a) 2. b) -1. c) 1.

E3) A, D e E.

E4) B, C D e E.

E5) a) $0_{2\times2} = \begin{pmatrix} 0 & 0 \\ 0 & 0 \end{pmatrix}$. b) $0_{3\times3} = \begin{pmatrix} 0 & 0 & 0 \\ 0 & 0 & 0 \\ 0 & 0 & 0 \end{pmatrix}$. c) $0_{2\times1} = \begin{pmatrix} 0 \\ 0 \end{pmatrix}$.

d) $0_{3\times4} = \begin{pmatrix} 0 & 0 & 0 & 0 \\ 0 & 0 & 0 & 0 \\ 0 & 0 & 0 & 0 \end{pmatrix}$. e) $0_{1\times1} = (0)$.

E6) a) $I_{3\times 3} = \begin{pmatrix} 1 & 0 & 0 \\ 0 & 1 & 0 \\ 0 & 0 & 1 \end{pmatrix}$. b) $I_{2\times 2} = \begin{pmatrix} 1 & 0 \\ 0 & 1 \end{pmatrix}$. c) $I_{5\times 5} = \begin{pmatrix} 1 & 0 & 0 & 0 & 0 \\ 0 & 1 & 0 & 0 & 0 \\ 0 & 0 & 1 & 0 & 0 \\ 0 & 0 & 0 & 1 & 0 \\ 0 & 0 & 0 & 0 & 1 \end{pmatrix}$.

d) $I_{1\times 1} = (1)$, e) Impossível, pois a matriz não é quadrada.

E7) a) $A + B = \begin{pmatrix} 3 & -2 \\ 6 & 10 \end{pmatrix}$. b) $B + A = \begin{pmatrix} 3 & -2 \\ 6 & 10 \end{pmatrix}$. c) $A + C = \begin{pmatrix} 3 & -1 \\ 2 & 4 \end{pmatrix}$.

d) $A + D = \begin{pmatrix} 4 & -1 \\ 2 & 5 \end{pmatrix}$, e) $E + F = (-1 \;\; 7 \;\; 4)$. f) Impossível.

E8) a) $2A = \begin{pmatrix} -2 & 4 \\ 0 & 6 \end{pmatrix}$. b) $-A = \begin{pmatrix} 1 & -2 \\ 0 & -3 \end{pmatrix}$. c) $3B = \begin{pmatrix} 0 & 6 \\ 12 & 9 \end{pmatrix}$.

d) $2A + 3B = \begin{pmatrix} -2 & 10 \\ 12 & 15 \end{pmatrix}$. e) $-A + B = \begin{pmatrix} 1 & 0 \\ 4 & 0 \end{pmatrix}$.

E9) a) $AB = \begin{pmatrix} -6 & -2 \\ 5 & 4 \end{pmatrix}$. b) $BA = \begin{pmatrix} 1 & 11 \\ 1 & -3 \end{pmatrix}$. c) $AC = \begin{pmatrix} 3 \\ 8 \end{pmatrix}$.

d) $AD = \begin{pmatrix} 7 & -7 & 6 \\ 7 & 7 & 2 \end{pmatrix}$. e) Impossível. f) $AF = \begin{pmatrix} -1 & 3 \\ 2 & 1 \end{pmatrix}$. g) $FA = \begin{pmatrix} -1 & 3 \\ 2 & 1 \end{pmatrix}$.

h) $DE = \begin{pmatrix} 14 & 4 \\ -1 & 10 \end{pmatrix}$. i) $GC = (-7)$. j) $ADE = \begin{pmatrix} -17 & 26 \\ 27 & 18 \end{pmatrix}$.

k) $A^2 = \begin{pmatrix} 7 & 0 \\ 0 & 7 \end{pmatrix}$. l) $B^3 = \begin{pmatrix} 15 & 14 \\ -7 & -6 \end{pmatrix}$.

NÍVEL 2

E1) $A(B + C) = \begin{pmatrix} 1 & 1 \\ 2 & 0 \end{pmatrix}$ e $A(BAC) = \begin{pmatrix} -2 & -1 \\ 4 & 1 \end{pmatrix}$.

E2) $\alpha = 3$.

E3) Basta calcular X^2.

E4) a) 160.600 reais. b) Ganho de 1.600 reais.

E5) a) $T = \begin{pmatrix} 0{,}7 & 0{,}3 & 0 & 0 \\ 0 & 0{,}7 & 0{,}3 & 0 \\ 0 & 0 & 0{,}6 & 0{,}4 \\ 0 & 0 & 0 & 1 \end{pmatrix}$, b) $T^4 = \begin{pmatrix} 0{,}2401 & 0{,}4116 & 0{,}2403 & 0{,}108 \\ 0 & 0{,}2401 & 0{,}3315 & 0{,}4284 \\ 0 & 0 & 0{,}1296 & 0{,}8704 \\ 0 & 0 & 0 & 1 \end{pmatrix}$,

c) R$ 1.160, d) R$ 755,882.

E6) a) 50%.

b) A longo prazo, a população tende a ser majoritariamente de universitários.

NÍVEL 3

E1) a) $A^2 = \begin{pmatrix} 1 & 1 & 2 & 3 & 1 \\ 0 & 2 & 2 & 2 & 2 \\ 1 & 0 & 2 & 1 & 1 \\ 0 & 1 & 0 & 2 & 0 \\ 0 & 0 & 1 & 0 & 1 \end{pmatrix}$,

b) a_{ij} significa o número de possibilidades de se transmitir da estação i à estação j usando uma estação intermediária.

c) a_{ij} significa o número de possibilidades de se transmitir da estação i à estação j diretamente ou usando uma estação intermediária.

d) No mínimo, duas estações intermediárias.

e) Não. Todas as estações podem ser alcançadas por meio de um número suficiente de retransmissoras.

f) O número mínimo de retransmissões necessárias é de três retransmissões.

E2) a) $\begin{pmatrix} 0{,}24 & 0{,}21 & 0{,}22 & 0{,}20 & 0{,}13 \\ 0{,}23 & 0{,}25 & 0{,}18 & 0{,}21 & 0{,}13 \\ 0{,}22 & 0{,}22 & 0{,}26 & 0{,}17 & 0{,}13 \\ 0{,}25 & 0{,}18 & 0{,}23 & 0{,}21 & 0{,}13 \\ 0{,}19 & 0{,}16 & 0{,}23 & 0{,}20 & 0{,}22 \end{pmatrix}$.

b) A participação da Volkswagen será de 22,821% do mercado, a participação da GM será de 19,938%, a da Ford de 20,291% e a da Fiat de 21,310% do mercado.

c) A participação da Volkswagen será 22,83% do mercado, a participação da GM será de 20,75%, a da Ford de 22,41% e a da Fiat de 19,73% do mercado.

1.2 Tópicos adicionais de matrizes

Alunos de economia e administração frequentemente têm de se aprofundar no estudo das matrizes mais do que alunos de outras áreas. Isto ocorre porque matrizes são amplamente utilizadas em disciplinas como Estatística Multivariada e Econometria. Veremos, neste capítulo, alguns tópicos sobre matrizes que são utilizados nesses cursos, junto com dois outros tópicos considerados mais essenciais: a transposição e a inversão de matrizes.

1.2.1 Matriz transposta

Consideremos novamente a tabela, vista no Capítulo 1.1, que mostra o percentual de desempregados no Brasil de acordo com o ano (fonte: IBGE). Essa tabela pode ser representada de duas formas distintas:

	1999	2000	2001	2002
Total	7,6	7,1	6,2	7,1
Homens	7,1	6,5	5,9	6,7
Mulheres	8,3	8,0	6,7	7,8

	Total	Homens	Mulheres
1999	7,6	7,1	8,3
2000	7,1	6,5	8,0
2001	6,2	5,9	6,7
2002	7,1	6,7	7,8

As duas tabelas mostram a mesma informação, mas organizada de formas diferentes. Extraindo o conteúdo puramente numérico de cada uma, ficamos com as matrizes

$$\begin{pmatrix} 7{,}6 & 7{,}1 & 6{,}2 & 7{,}1 \\ 7{,}1 & 6{,}5 & 5{,}9 & 6{,}7 \\ 8{,}3 & 8{,}0 & 6{,}7 & 7{,}8 \end{pmatrix}, \quad \begin{pmatrix} 7{,}6 & 7{,}1 & 8{,}3 \\ 7{,}1 & 6{,}5 & 8{,}0 \\ 6{,}2 & 5{,}9 & 6{,}7 \\ 7{,}1 & 6{,}7 & 7{,}8 \end{pmatrix}.$$

As duas matrizes podem ser transformadas uma na outra transpondo suas linhas pelas suas colunas. Dizemos que uma matriz é a *transposta* da outra.

A *matriz transposta*, A^t, de uma matriz A é conseguida trocando as linhas de A, em ordem, por suas colunas:

$$A = \begin{pmatrix} a_{11} & a_{12} & \cdots & a_{1n} \\ a_{21} & a_{22} & \cdots & a_{2n} \\ \vdots & \vdots & \ddots & \vdots \\ a_{m1} & a_{m2} & \cdots & a_{nm} \end{pmatrix}, \quad A^t = \begin{pmatrix} a_{11} & a_{21} & \cdots & a_{n1} \\ a_{12} & a_{22} & \cdots & a_{n2} \\ \vdots & \vdots & \ddots & \vdots \\ a_{1m} & a_{2m} & \cdots & a_{mn} \end{pmatrix}.$$

Observe que a transposta de uma matriz $m \times n$ é uma matriz $n \times m$. Outra forma comumente usada, principalmente em econometria, para a transposta de uma matriz A é A'. No entanto, para que não haja confusão com a notação de derivada, usaremos A^t para designar a matriz transposta neste livro.

Definição 1
Dada uma matriz $A = (a_{ij})$, $i = 1, \cdots, m$ e $j = 1, \cdots, n$, a sua *matriz transposta* é dada por $A^t = (a_{ji})$.

Exemplo 1. Escreva a transposta da matriz $A = \begin{pmatrix} 3 & -1 \\ 2 & 4 \\ 5 & 0 \end{pmatrix}$.

SOLUÇÃO. A transposta é dada por $A^t = \begin{pmatrix} 3 & 2 & 5 \\ -1 & 4 & 0 \end{pmatrix}$.

Exemplo 2. Escreva a transposta da matriz $B = \begin{pmatrix} 2 & 0 & 4 \end{pmatrix}$.

SOLUÇÃO. A transposta é dada por $B^t = \begin{pmatrix} 2 \\ 0 \\ 4 \end{pmatrix}$.

A seguir, listamos algumas propriedades de matrizes transpostas (as demonstrações encontram-se na Leitura Complementar 1.2.2). Dada uma matriz $A = (a_{ij})$ do tipo $n \times m$, temos a seguinte propriedade:

P1) $(A^t)^t = A$.

Exemplo 3. Dada a matriz $A = \begin{pmatrix} 2 & -1 & 4 \\ 3 & 2 & 0 \end{pmatrix}$, temos

$$A^t = \begin{pmatrix} 2 & 3 \\ -1 & 2 \\ 4 & 0 \end{pmatrix}, \qquad (A^t)^t = \begin{pmatrix} 2 & -1 & 4 \\ 3 & 2 & 0 \end{pmatrix} = A.$$

Para duas matrizes $A = (a_{ij})$ e $B = (b_{ij})$, ambas do tipo $n \times m$, temos a seguinte propriedade:

P2) $(A + B)^t = A^t + B^t$.

Exemplo 4. Dadas $A = \begin{pmatrix} 2 & -1 \\ 3 & 4 \end{pmatrix}$ e $B = \begin{pmatrix} 3 & 0 \\ -2 & 4 \end{pmatrix}$, temos

$$A + B = \begin{pmatrix} 2 & -1 \\ 3 & 4 \end{pmatrix} + \begin{pmatrix} 3 & 0 \\ -2 & 4 \end{pmatrix} = \begin{pmatrix} 5 & -1 \\ 1 & 8 \end{pmatrix},$$

$$(A + B)^t = \begin{pmatrix} 5 & 1 \\ -1 & 8 \end{pmatrix},$$

$$A^t + B^t = \begin{pmatrix} 2 & 3 \\ -1 & 4 \end{pmatrix} + \begin{pmatrix} 3 & -2 \\ 0 & 4 \end{pmatrix} = \begin{pmatrix} 5 & 1 \\ -1 & 8 \end{pmatrix}.$$

Para uma matriz $A = (a_{ij})$ do tipo $n \times m$ e um número real k, temos:

P3) $(kA)^t = kA^t$.

Exemplo 5. Dada $A = \begin{pmatrix} 2 & -1 \\ 3 & 4 \end{pmatrix}$, temos

$$2A = 2\begin{pmatrix} 2 & -1 \\ 3 & 4 \end{pmatrix} = \begin{pmatrix} 4 & -2 \\ 6 & 8 \end{pmatrix},$$

$$(2A)^t = \begin{pmatrix} 4 & 6 \\ -2 & 8 \end{pmatrix},$$

$$2A^t = 2\begin{pmatrix} 2 & 3 \\ -1 & 4 \end{pmatrix} = \begin{pmatrix} 4 & 6 \\ -2 & 8 \end{pmatrix}.$$

Para uma matriz $A = (a_{ij})$, do tipo $m \times n$, e outra matriz $B = (b_{jk})$, do tipo $n \times p$, temos a seguinte propriedade:

P4) $(AB)^t = B^t A^t$.

Exemplo 6. Dadas $A = \begin{pmatrix} 0 & -1 & 4 \\ 3 & 1 & 2 \end{pmatrix}$ e $B = \begin{pmatrix} 3 & 0 \\ -1 & 2 \\ 3 & 1 \end{pmatrix}$, temos

$$AB = \begin{pmatrix} 0 & -1 & 4 \\ 3 & 1 & 2 \end{pmatrix} \begin{pmatrix} 3 & 0 \\ -1 & 2 \\ 3 & 1 \end{pmatrix} = \begin{pmatrix} 13 & 2 \\ 14 & 4 \end{pmatrix},$$

$$(AB)^t = \begin{pmatrix} 13 & 14 \\ 2 & 4 \end{pmatrix},$$

$$B^t A^t = \begin{pmatrix} 3 & -1 & 3 \\ 0 & 2 & 1 \end{pmatrix} \begin{pmatrix} 0 & 3 \\ -1 & 1 \\ 4 & 2 \end{pmatrix} = \begin{pmatrix} 13 & 14 \\ 2 & 4 \end{pmatrix}.$$

1.2.2 Traço de uma matriz

Algumas vezes, é interessante classificar uma matriz utilizando um número para ela. Para matrizes quadradas, uma das formas mais simples de se obter um número a partir de uma matriz é calculando seu *traço*, que é a soma dos elementos da diagonal principal dessa matriz. O traço de uma matriz M é representado por $\text{tr}\, M$.

Exemplo 1. Calcule o traço da matriz $A = \begin{pmatrix} -1 & 4 & 6 \\ 8 & 2 & 1 \\ 0 & -3 & 4 \end{pmatrix}$.

Solução. $\text{tr}\, A = -1 + 2 + 4 = 5$.

A definição formal do traço de uma matriz é dada a seguir.

Definição 2
Dada uma matriz quadrada A cujos elementos são designados por a_{ij}, $i = 1, \cdots, n$ e $j = 1, \cdots, n$, seu *traço* é definido por $\operatorname{tr} A = \sum_{i=1}^{n} a_{ii}$.

Exemplo 2. Calcule o traço da matriz $B = \begin{pmatrix} 0 & 2 \\ 4 & -2 \end{pmatrix}$.

Solução. $\operatorname{tr} B = 0 - 2 = -2$.

A seguir, listamos algumas propriedades do traço de matrizes (as demonstrações encontram-se na Leitura Complementar 1.2.2).

Dadas duas matrizes quadradas $A = (a_{ij})$ e $B = (b_{ij})$ do tipo $n \times n$, temos a seguinte propriedade:

P1) $\operatorname{tr}(A + B) = \operatorname{tr} A + \operatorname{tr} B$.

Exemplo 3. Dadas as matrizes $A = \begin{pmatrix} 2 & -1 \\ 3 & 2 \end{pmatrix}$ e $B = \begin{pmatrix} 1 & 3 \\ 4 & 2 \end{pmatrix}$, temos

$$\operatorname{tr}(A + B) = \operatorname{tr}\begin{pmatrix} 3 & 2 \\ 7 & 4 \end{pmatrix} = 7,$$

$$\operatorname{tr} A + \operatorname{tr} B = \operatorname{tr}\begin{pmatrix} 2 & -1 \\ 3 & 2 \end{pmatrix} + \operatorname{tr}\begin{pmatrix} 1 & 3 \\ 4 & 2 \end{pmatrix} = 4 + 3 = 7.$$

P2) $\operatorname{tr}(kA) = k \operatorname{tr} A$, $k \in \mathbb{R}$.

Exemplo 4. Dada a matriz $A = \begin{pmatrix} 2 & -1 \\ 3 & 2 \end{pmatrix}$ e o escalar $k = 2$, temos

$$\operatorname{tr}(kA) = \operatorname{tr}\begin{pmatrix} 4 & -2 \\ 6 & 4 \end{pmatrix} = 8, \qquad k \operatorname{tr} A = 2 \operatorname{tr}\begin{pmatrix} 2 & -1 \\ 3 & 2 \end{pmatrix} = 2 \cdot 4 = 8.$$

P3) $\operatorname{tr} A^t = \operatorname{tr} A$.

Exemplo 5. Dada a matriz $A = \begin{pmatrix} 2 & -1 \\ 3 & 2 \end{pmatrix}$, temos

$$\operatorname{tr}(A) = \operatorname{tr}\begin{pmatrix} 2 & -1 \\ 3 & 2 \end{pmatrix} = 4, \qquad \operatorname{tr} A^t = \operatorname{tr}\begin{pmatrix} 2 & 3 \\ -1 & 2 \end{pmatrix} = 4.$$

P4) $\operatorname{tr}(AB) = \operatorname{tr}(BA)$ se A e B forem $n \times n$.

Exemplo 6. Dadas as matrizes $A = \begin{pmatrix} 2 & -1 \\ 3 & 2 \end{pmatrix}$ e $B = \begin{pmatrix} 1 & 3 \\ 4 & 2 \end{pmatrix}$, temos

$$\operatorname{tr}(AB) = \operatorname{tr}\begin{pmatrix} -2 & 4 \\ 11 & 13 \end{pmatrix} = 11, \qquad \operatorname{tr}(BA) = \operatorname{tr}\begin{pmatrix} 11 & 5 \\ 14 & 0 \end{pmatrix} = 11.$$

1.2.3

Matriz inversa

Pudemos ver no Capítulo 1.1 que o produto entre matrizes, além de não ter a propriedade comutativa (isto é, em geral, $AB \neq BA$), também não tem a da existência do elemento inverso. Para que tal elemento exista, devemos ter que, dada uma matriz A, exista uma matriz A^{-1} tal que

$$AA^{-1} = A^{-1}A = I_n,$$

sendo I_n alguma matriz identidade. Como I_n é do tipo $n \times n$, de acordo com as leis do produto de matrizes, A deve ser do tipo $n \times m$ e A^{-1} deve ser do tipo $m \times n$ se $AA^{-1} = I_n$. De forma semelhante, devemos ter A^{-1} do tipo $n \times m$ e A do tipo $m \times n$ se $A^{-1}A = I_n$. Isto só é possível se ambas as matrizes forem do tipo $n \times n$, isto é, se forem quadradas.

Portanto, uma matriz só pode ter inversa se ela for quadrada. Esta é uma condição necessária, mas não suficiente, para se ter inversa.

Definição 3
Dada uma matriz quadrada $A = (a_{ij})$ do tipo $n \times n$, a matriz A^{-1} será a *matriz inversa* de A se $AA^{-1} = A^{-1}A = I_n$.[1]

Exemplo 1. Verifique que $B = \begin{pmatrix} 1 & 1 \\ 0 & 1 \end{pmatrix}$ é a inversa de $A = \begin{pmatrix} 1 & -1 \\ 0 & 1 \end{pmatrix}$.

SOLUÇÃO.

$$AB = \begin{pmatrix} -1 & 1 \\ 0 & 1 \end{pmatrix}\begin{pmatrix} 1 & 1 \\ 0 & 1 \end{pmatrix} = \begin{pmatrix} 1 & 0 \\ 0 & 1 \end{pmatrix} = I_2,$$

$$BA = \begin{pmatrix} 1 & 1 \\ 0 & 1 \end{pmatrix}\begin{pmatrix} 1 & -1 \\ 0 & 1 \end{pmatrix} = \begin{pmatrix} 1 & 0 \\ 0 & 1 \end{pmatrix} = I_2.$$

Portanto, B é a inversa de A.

Exemplo 2. Calcule a matriz inversa de $M = \begin{pmatrix} -1 & 2 \\ 2 & 0 \end{pmatrix}$.

SOLUÇÃO. Se C tem uma inversa, ela deve ser uma matriz do tipo 2×2, que podemos escrever como

$$M^{-1} = \begin{pmatrix} a & b \\ c & d \end{pmatrix},$$

onde a, b, c e d são coeficientes que devem ser determinados. Pelas condições exigidas de uma matriz inversa, devemos ter, em primeiro lugar,

$$MM^{-1} = I_2 \Leftrightarrow \begin{pmatrix} -1 & 2 \\ 2 & 0 \end{pmatrix}\begin{pmatrix} a & b \\ c & d \end{pmatrix} = \begin{pmatrix} 1 & 0 \\ 0 & 1 \end{pmatrix} \Leftrightarrow \begin{pmatrix} -a+2c & -b+2d \\ 2a & 2b \end{pmatrix} = \begin{pmatrix} 1 & 0 \\ 0 & 1 \end{pmatrix}.$$

1. Caso tenhamos $A^{-1}A = I_n$, dizemos que A^{-1} é a inversa de A pela esquerda; quando $AA^{-1} = I$, então A^{-1} é a inversa de A pela direita. Somente quando A^{-1} for inversa de A pela direita e pela esquerda é que ela será a sua matriz inversa e somente nesse último caso ela terá que ser quadrada.

Como uma matriz só pode ser igual a outra se todos os elementos de uma forem iguais aos respectivos elementos da outra, isto significa que devemos ter

$$-a + 2c = 1, \quad -b + 2d = 0, \quad 2a = 0 \quad \text{e} \quad 2b = 1.$$

Das últimas duas equações, temos $2a = 0 \Leftrightarrow a = 0$ e $2b = 1 \Leftrightarrow b = \frac{1}{2}$. Substituindo nas outras duas equações, ficamos com

$$-a + 2c = 1 \Leftrightarrow 0 + 2c = 1 \Leftrightarrow c = 1/2$$

$$-b + 2d = 0 \Leftrightarrow 2d = b \Leftrightarrow 2d = \frac{1}{2} \Leftrightarrow d = \frac{1}{4}.$$

Portanto, devemos ter

$$M^{-1} = \begin{pmatrix} 0 & 1/2 \\ 1/2 & 1/4 \end{pmatrix}.$$

Para garantir que esta seja realmente a inversa da matriz M, é necessário verificar que $M^{-1}M = I_2$:

$$M^{-1}M = I_2 \Leftrightarrow \begin{pmatrix} 0 & 1/2 \\ 1/2 & 1/4 \end{pmatrix}\begin{pmatrix} -1 & 2 \\ 2 & 0 \end{pmatrix} = \begin{pmatrix} (1/2)\cdot 2 & 0 \\ -1/2 + 1/2 & (1/2)\cdot 2 \end{pmatrix} = \begin{pmatrix} 1 & 0 \\ 0 & 1 \end{pmatrix}.$$

Portanto, $M^{-1} = \begin{pmatrix} 0 & 1/2 \\ 1/2 & 1/4 \end{pmatrix}$ é a matriz inversa de M.

Exemplo 3. Calcule a inversa da matriz $C = \begin{pmatrix} 2 & -4 \\ -1 & 2 \end{pmatrix}$, caso ela exista.

SOLUÇÃO. Se C tem uma inversa, ela deve ser uma matriz do tipo 2×2, que podemos escrever como

$$C^{-1} = \begin{pmatrix} a & b \\ c & d \end{pmatrix},$$

onde a, b, c e d são coeficientes que devem ser determinados. Pelas condições exigidas de uma matriz inversa, devemos ter

$$CC^{-1} = I_2 \Leftrightarrow \begin{pmatrix} 2 & -4 \\ -1 & 2 \end{pmatrix}\begin{pmatrix} a & b \\ c & d \end{pmatrix} = \begin{pmatrix} 1 & 0 \\ 0 & 1 \end{pmatrix} \Leftrightarrow \begin{pmatrix} 2a - 4c & 2b - 4d \\ -a + 2c & -b + 2d \end{pmatrix} = \begin{pmatrix} 1 & 0 \\ 0 & 1 \end{pmatrix},$$

$$C^{-1}C = I_2 \Leftrightarrow \begin{pmatrix} a & b \\ c & d \end{pmatrix}\begin{pmatrix} 2 & -4 \\ -1 & 2 \end{pmatrix} = \begin{pmatrix} 1 & 0 \\ 0 & 1 \end{pmatrix} \Leftrightarrow \begin{pmatrix} 2a - b & -4a + 2b \\ 2c - d & -4c + 2d \end{pmatrix} = \begin{pmatrix} 1 & 0 \\ 0 & 1 \end{pmatrix}.$$

Como uma matriz só pode ser igual a outra se todos os elementos de uma forem iguais aos respectivos elementos da outra, isto significa que devemos ter

$$2a - 4c = 1, \quad 2b - 4d = 0, \quad -a + 2c = 0, \quad -b + 2d = 1.$$

Da segunda e terceira equações, temos $2b = 4 \Leftrightarrow b = 2d$ e $a = 2c$. Substituindo nas outras duas equações, ficamos com

$$2a - 4c = 1 \Leftrightarrow 4a - 4c = 1 \Leftrightarrow 0 = 1$$

$$-b + 2d = 1 \Leftrightarrow -2d + 2d = 1 \Leftrightarrow 0 = 1.$$

O fato de termos essas inconsistências, pois $0 \neq 1$, mostra que não é possível montar uma inversa para a matriz C dada.

Agora veremos algumas propriedades da inversão de matrizes (as demonstrações estão na Leitura Complementar 1.2.2). Dada uma matriz quadrada $A = (a_{ij})$ do tipo $n \times n$, temos a seguinte propriedade:

P1) $(A^{-1})^{-1} = A$.

Exemplo 4. Dada a matriz $A = \begin{pmatrix} 2 & -1 \\ 3 & 0 \end{pmatrix}$, temos $A^{-1} = \begin{pmatrix} 0 & 1/3 \\ -1 & 2/3 \end{pmatrix}$, pois

$$A^{-1}A = \begin{pmatrix} 0 & 1/3 \\ -1 & 2/3 \end{pmatrix}\begin{pmatrix} 2 & -1 \\ 3 & 0 \end{pmatrix} = \begin{pmatrix} 1 & 0 \\ 0 & 1 \end{pmatrix}$$

$$\text{e} \quad AA^{-1} = \begin{pmatrix} 2 & -1 \\ 3 & 0 \end{pmatrix}\begin{pmatrix} 0 & 1/3 \\ -1 & 2/3 \end{pmatrix} = \begin{pmatrix} 1 & 0 \\ 0 & 1 \end{pmatrix}.$$

De modo semelhante, A é a inversa de A^{-1}, pois, como já vimos, $AA^{-1} = I_2$ e $A^{-1}A = I_2$. Sendo A a inversa de A^{-1}, então $A = (A^{-1})^{-1}$.

Para uma matriz $A = (a_{ij})$, do tipo $m \times n$, e outra matriz $B = (b_{jk})$, do tipo $n \times p$, temos a seguinte propriedade:

P2) $(AB)^{-1} = B^{-1}A^{-1}$.

Exemplo 5. Dadas as matrizes $A = \begin{pmatrix} 2 & -1 \\ 3 & 0 \end{pmatrix}$ e $B = \begin{pmatrix} 1 & -1 \\ 0 & 2 \end{pmatrix}$, temos que

$$A^{-1} = \begin{pmatrix} 0 & 1/3 \\ -1 & 2/3 \end{pmatrix} \quad \text{e} \quad B^{-1} = \begin{pmatrix} 1 & 1/2 \\ 0 & 1/2 \end{pmatrix},$$

pois $A^{-1}A = A^{-1} = I_2$ (mostrado no exemplo 3) e

$$B^{-1}B = \begin{pmatrix} 1 & 1/2 \\ 0 & 1/2 \end{pmatrix}\begin{pmatrix} 1 & -1 \\ 0 & 2 \end{pmatrix} = \begin{pmatrix} 1 & 0 \\ 0 & 1 \end{pmatrix} \quad \text{e}$$

$$BB^{-1} = \begin{pmatrix} 1 & -1 \\ 0 & 2 \end{pmatrix}\begin{pmatrix} 1 & 1/2 \\ 0 & 1/2 \end{pmatrix} = \begin{pmatrix} 1 & 0 \\ 0 & 1 \end{pmatrix}.$$

Temos, agora, que

$$AB = \begin{pmatrix} 2 & -1 \\ 3 & 0 \end{pmatrix}\begin{pmatrix} 1 & -1 \\ 0 & 2 \end{pmatrix} = \begin{pmatrix} 2 & -4 \\ 3 & -3 \end{pmatrix},$$

$$B^{-1}A^{-1} = \begin{pmatrix} 1 & 1/2 \\ 0 & 1/2 \end{pmatrix}\begin{pmatrix} 0 & 1/3 \\ -1 & 2/3 \end{pmatrix} = \begin{pmatrix} -1/2 & 2/3 \\ -1/2 & 1/3 \end{pmatrix}.$$

Como

$$(A^{-1}B^{-1})(AB) = \begin{pmatrix} -1/2 & 2/3 \\ -1/2 & 1/3 \end{pmatrix}\begin{pmatrix} 2 & -4 \\ 3 & -3 \end{pmatrix} = \begin{pmatrix} 1 & 0 \\ 0 & 1 \end{pmatrix},$$

$$(AB)(A^{-1}B^{-1}) = \begin{pmatrix} 2 & -4 \\ 3 & -3 \end{pmatrix}\begin{pmatrix} -1/2 & 2/3 \\ -1/2 & 1/3 \end{pmatrix} = \begin{pmatrix} 1 & 0 \\ 0 & 1 \end{pmatrix},$$

então $A^{-1}B^{-1}$ é a inversa de AB, ou seja, $A^{-1}B^{-1} = (AB)^{-1}$.

Dada uma matriz quadrada $A = (a_{ij})$ do tipo $n \times n$, temos a seguinte propriedade:

P3) $(A^t)^{-1} = (A^{-1})^t$.

Exemplo 6. Dada a matriz $A = \begin{pmatrix} 2 & -1 \\ 3 & 0 \end{pmatrix}$, sua inversa é $A^{-1} = \begin{pmatrix} 0 & 1/3 \\ -1 & 2/3 \end{pmatrix}$ (exemplo 3). Sendo assim,

$$(A^{-1})^t A^t = \begin{pmatrix} 0 & -1 \\ 1/3 & 2/3 \end{pmatrix} \begin{pmatrix} 2 & 3 \\ -1 & 0 \end{pmatrix} = \begin{pmatrix} 1 & 0 \\ 0 & 1 \end{pmatrix},$$

$$A^t (A^{-1})^t = \begin{pmatrix} 2 & 3 \\ -1 & 0 \end{pmatrix} \begin{pmatrix} 0 & -1 \\ 1/3 & 2/3 \end{pmatrix} = \begin{pmatrix} 1 & 0 \\ 0 & 1 \end{pmatrix},$$

de modo que $(A{-}1)^t$ é inversa de A^t, o que significa que $(A^{-1})^t = (A^t)^{-1}$.

1.2.4 Outras matrizes especiais

Veremos, agora, outras classificações de matrizes, além daquelas já vistas no Capítulo 1.2, que aparecem em diversas aplicações da economia e da administração.

(a) Matriz simétrica e matriz antissimétrica

Uma matriz é *simétrica* se todos os elementos a_{ij} forem iguais aos elementos a_{ji}. Ela é *antissimétrica* se $a_{ij} = -a_{ji}$. Os exemplos a seguir mostram matrizes desses dois tipos. Uma matriz tem que ser quadrada para poder ser simétrica ou antissimétrica.

Exemplo 1. As seguintes matrizes são simétricas:

$$A = \begin{pmatrix} 3 & 2 & 5 \\ 2 & 1 & 4 \\ 5 & 4 & 0 \end{pmatrix}, \quad B = \begin{pmatrix} -1 & 4 \\ 4 & 2 \end{pmatrix}, \quad C = (3).$$

Exemplo 2. As seguintes matrizes são antissimétricas:

$$A = \begin{pmatrix} 0 & -1 & 4 \\ 1 & 0 & 3 \\ -4 & -3 & 0 \end{pmatrix}, \quad B = \begin{pmatrix} 0 & -5 \\ 5 & 0 \end{pmatrix}, \quad C = (0).$$

Observe que todos os elementos da diagonal principal de uma matriz antissimétrica têm que ser nulos, pois $a_{ii} = -a_{ii} \Leftrightarrow a_{ii} = 0$. Seguem as definições formais desses dois tipos de matrizes.

Definição 4
Uma matriz $A = (a_{ij})$ $n \times n$ é *simétrica* se $a_{ij} = a_{ji}$ para todo $i, j = 1, \cdots, n$.

Definição 5
Uma matriz $A = (a_{ij})$ $n \times n$ é *antissimétrica* se $a_{ij} = -a_{ji}$ para todo $i, j = 1, \cdots, n$.

É muito importante notar que uma matriz não tem que ser simétrica ou antissimétrica.

Exemplo 3. A matriz $M = \begin{pmatrix} 2 & -1 & 1 \\ 3 & 4 & -2 \\ 2 & 5 & -1 \end{pmatrix}$ não é simétrica nem antissimétrica.

(b) Matriz triangular inferior ou triangular superior

Definição 6
Uma matriz quadrada $A = (a_{ij})$, $i, j = 1, \cdots, n$, é *triangular inferior* se $a_{ij} = 0$ para todo $i < j$.

Exemplo 1. As matrizes

$$A = \begin{pmatrix} 2 & 0 \\ 1 & 3 \end{pmatrix}, \quad B = \begin{pmatrix} 2 & 0 & 0 \\ 1 & 3 & 0 \\ 0 & -1 & 1 \end{pmatrix} \quad \text{e} \quad C = \begin{pmatrix} 2 & 0 & 0 & 0 \\ -2 & 4 & 0 & 0 \\ 3 & 4 & 1 & 0 \\ 5 & -3 & 6 & 8 \end{pmatrix}$$

são do tipo triangular inferior.

Definição 7
Uma matriz quadrada $A = (a_{ij})$, $i, j = 1, \cdots, n$, é *triangular superior* se $a_{ij} = 0$ para todo $i > j$.

Exemplo 2. As matrizes

$$A = \begin{pmatrix} -2 & 4 \\ 0 & 3 \end{pmatrix}, \quad B = \begin{pmatrix} 3 & 2 & 5 \\ 0 & 4 & 2 \\ 0 & 0 & 3 \end{pmatrix} \quad \text{e} \quad C = \begin{pmatrix} 2 & -1 & 0 & 6 \\ 0 & 1 & 3 & 5 \\ 0 & 0 & 1 & -1 \\ 0 & 0 & 0 & 8 \end{pmatrix}$$

são do tipo triangular superior.

(c) Matrizes idempotentes, periódicas e nilpotentes

Definição 8
Uma matriz quadrada $A = (a_{ij})$, $i, j = 1, \cdots, n$, é *idempotente*[2] se $A^2 = A$.

Exemplo 1. A matriz $A = \begin{pmatrix} 2 & -1 & 1 \\ -3 & 4 & -3 \\ -5 & 5 & -4 \end{pmatrix}$ é idempotente, pois

$$A^2 = \begin{pmatrix} 2 & -1 & 1 \\ -3 & 4 & -3 \\ -5 & 5 & -4 \end{pmatrix} \begin{pmatrix} 2 & -1 & 1 \\ -3 & 4 & -3 \\ -5 & 5 & -4 \end{pmatrix} = \begin{pmatrix} 2 & -1 & 1 \\ -3 & 4 & -3 \\ -5 & 5 & -4 \end{pmatrix} = A.$$

Definição 9
Uma matriz quadrada $A = (a_{ij})$, $i, j = 1, \cdots, n$, é *periódica de grau* p se $A^p = A$, $p \geqslant 2$.

2. O prefixo *idem* significa "o mesmo" em latim.

Exemplo 2. A matriz $A = \begin{pmatrix} 0 & 1 \\ 1 & 0 \end{pmatrix}$ é periódica de grau 3, pois[3]

$$A^3 = \begin{pmatrix} 0 & 1 \\ 1 & 0 \end{pmatrix}\begin{pmatrix} 0 & 1 \\ 1 & 0 \end{pmatrix}\begin{pmatrix} 0 & 1 \\ 1 & 0 \end{pmatrix} = \begin{pmatrix} 0 & 1 \\ 1 & 0 \end{pmatrix}\begin{pmatrix} 1 & 0 \\ 0 & 1 \end{pmatrix} = \begin{pmatrix} 0 & 1 \\ 1 & 0 \end{pmatrix} = A.$$

Definição 10

Uma matriz quadrada $A = (a_{ij})$, $i, j = 1, \cdots, n$, é *nilpotente*[4] de ordem p se $A^p = 0_{nn}$.

Exemplo 3. A matriz $A = \begin{pmatrix} 1 & -1 & 1 \\ -3 & 3 & -3 \\ -4 & 4 & -4 \end{pmatrix}$ é nilpotente de ordem 2, pois

$$A^2 = \begin{pmatrix} 1 & -1 & 1 \\ -3 & 3 & -3 \\ -4 & 4 & -4 \end{pmatrix}\begin{pmatrix} 1 & -1 & 1 \\ -3 & 3 & -3 \\ -4 & 4 & -4 \end{pmatrix} = \begin{pmatrix} 0 & 0 & 0 \\ 0 & 0 & 0 \\ 0 & 0 & 0 \end{pmatrix} = 0_{33}.$$

(d) MATRIZ ORTOGONAL

Definição 11

Uma matriz quadrada $A = (a_{ij})$, $i, j = 1, \cdots, n$, é *ortogonal* se $A^t = A^{-1}$.

Exemplo 1. A matriz $A = \begin{pmatrix} 1/2 & \sqrt{3}/2 \\ \sqrt{3}/2 & -1/2 \end{pmatrix}$ é ortogonal, pois

$$A^tA = \begin{pmatrix} 1/2 & \sqrt{3}/2 \\ \sqrt{3}/2 & -1/2 \end{pmatrix}\begin{pmatrix} 1/2 & \sqrt{3}/2 \\ \sqrt{3}/2 & -1/2 \end{pmatrix} = \begin{pmatrix} 1 & 0 \\ 0 & 1 \end{pmatrix} = I_3,$$

$$AA^t = \begin{pmatrix} 1/2 & \sqrt{3}/2 \\ \sqrt{3}/2 & -1/2 \end{pmatrix}\begin{pmatrix} 1/2 & \sqrt{3}/2 \\ \sqrt{3}/2 & -1/2 \end{pmatrix} = \begin{pmatrix} 1 & 0 \\ 0 & 1 \end{pmatrix} = I_3.$$

Portanto, A^t é a inversa de A, isto é, $A^t = A^{-1}$.

Com isto, terminamos este capítulo. Vale lembrar que utilizaremos matrizes na maior parte deste curso. Veremos, então, como as definições e propriedades expostas nesses dois capítulos (2.1 e 2.2) podem ser úteis em diversas aplicações, que serão vistas no decorrer do curso. Nos dois capítulos seguintes, veremos aplicações de matrizes na resolução de sistemas de equações lineares. As leituras complementares tratam de matrizes em blocos (particionadas), um tópico também bastante importante para economistas, e das demonstrações que não foram feitas no texto principal.

3. Toda matriz idempotente é periódica de ordem 2.

4. O prefixo *nihil* significa "nada" em latim.

Resumo

- **Matriz transposta:** dada uma matriz $A = (a_{ij})$ do tipo $m \times n$ ($i = 1, \cdots, m$ e $j = 1, \cdots, n$), sua *matriz transposta* é a matriz $n \times m$ dada por $A^t = (a_{ji})$.
- **Propriedades da transposição de matrizes:** $(A^t)^t = A$, $(A+B)^t = A^t+B^t$, $(kA)^t = kA^t$, $(AB)^t = B^tA^t$.
- **Traço de uma matriz:** dada uma matriz quadrada A cujos elementos são designados por a_{ij}, $i = 1, \cdots, n$ e $j = 1, \cdots, n$, seu *traço* é definido por $\operatorname{tr} A = \sum_{i=1}^{n} a_{ii}$.
- **Propriedades do traço de uma matriz:** $\operatorname{tr}(A + B) = \operatorname{tr} A + \operatorname{tr} B$, $\operatorname{tr}(kA) = k \operatorname{tr} A$, $\operatorname{tr} A = \operatorname{tr} A^t$, $\operatorname{tr}(AB) = \operatorname{tr}(BA)$.
- **Matriz inversa:** dada uma matriz quadrada $A = (a_{ij})$ do tipo $n \times n$, a matriz A^{-1} será a matriz inversa de A se $AA^{-1} = A^{-1}A = I_n$.
- **Propriedades da inversão de matrizes:** $(A^{-1})^{-1} = A$, $(AB)^{-1} = B^{-1}A^{-1}$, $(A^t)^{-1} = (A^{-1})^t$.
- **Matriz simétrica:** uma matriz $A = (a_{ij})$ $n \times n$ é *simétrica* se $a_{ij} = a_{ji}$ para todo $i, j = 1, \cdots, n$.
- **Matriz antissimétrica:** uma matriz $A = (a_{ij})$ $n \times n$ é *antissimétrica* se $a_{ij} = -a_{ji}$ para todo $i, j = 1, \cdots, n$.
- **Matriz triangular inferior:** uma matriz quadrada $A = (a_{ij})$, $i, j = 1, \cdots, n$, é *triangular inferior* se $a_{ij} = 0$ para todo $i < j$.
- **Matriz triangular superior:** uma matriz quadrada $A = (a_{ij})$, $i, j = 1, \cdots, n$, é *triangular superior* se $a_{ij} = 0$ para todo $i > j$.
- **Matriz idempotente:** uma matriz quadrada $A = (a_{ij})$, $i, j = 1, \cdots, n$, é *idempotente* se $A^2 = A$.
- **Matriz periódica:** uma matriz quadrada $A = (a_{ij})$, $i, j = 1, \cdots, n$, é *periódica de grau* p se $A^p = A$, $p \geqslant 2$.
- **Matriz nilpotente:** uma matriz quadrada $A = (a_{ij})$, $i, j = 1, \cdots, n$, é *nilpotente* de ordem p se $A^p = 0_{nn}$.
- **Matriz ortogonal:** uma matriz quadrada $A = (a_{ij})$, $i, j = 1, \cdots, n$, é *ortogonal* se $A^t = A^{-1}$.

Exercícios

Nível 1

Matriz transposta

Exemplo 1. Escreva a matriz transposta de $M = \begin{pmatrix} 3 & 4 & 2 \\ -1 & 2 & 3 \end{pmatrix}$.

Solução. $M^t = \begin{pmatrix} 3 & -1 \\ 4 & 2 \\ 2 & 3 \end{pmatrix}$.

E1) Escreva as matrizes transpostas das seguintes matrizes:

a) $A = \begin{pmatrix} -1 & 2 & 3 \\ 4 & 0 & 1 \end{pmatrix}$. b) $B = \begin{pmatrix} -1 & 4 \\ 2 & 3 \end{pmatrix}$. c) $C = \begin{pmatrix} 3 & 0 & -1 \end{pmatrix}$.

d) $D = \begin{pmatrix} -1 \\ 4 \\ 2 \\ 3 \end{pmatrix}$. e) $E = \begin{pmatrix} 3 \end{pmatrix}$.

Traço de uma matriz

Exemplo 2. Calcule o traço de $M = \begin{pmatrix} -1 & 2 & 4 \\ 3 & 5 & 1 \\ 2 & -2 & -3 \end{pmatrix}$.

Solução. $\operatorname{tr} M = -1 + 5 - 3 = 1$.

E2) Calcule os traços das seguintes matrizes:

a) $A = \begin{pmatrix} 1 & 4 & 2 \\ -3 & 1 & 4 \\ 0 & -1 & 2 \end{pmatrix}$. b) $B = \begin{pmatrix} -1 & 4 \\ 2 & 3 \end{pmatrix}$.

c) $C = \begin{pmatrix} 3 \end{pmatrix}$. d) $D = \begin{pmatrix} -1 & 4 \\ -2 & 4 \\ 2 & -3 \\ 2 & 3 \end{pmatrix}$.

Matriz inversa

Exemplo 3. Verifique se a matriz $N = \frac{1}{11}\begin{pmatrix} -3 & 2 \\ 4 & 1 \end{pmatrix}$ é a matriz inversa de $M = \begin{pmatrix} -1 & 2 \\ 4 & 3 \end{pmatrix}$.

Solução.

$$NM = \frac{1}{11}\begin{pmatrix}-3 & 2\\ 4 & 1\end{pmatrix}\begin{pmatrix}-1 & 2\\ 4 & 3\end{pmatrix} = \frac{1}{11}\begin{pmatrix}3+8 & -6+6\\ -4+4 & 8+3\end{pmatrix}$$

$$= \frac{1}{11}\begin{pmatrix}11 & 0\\ 0 & 11\end{pmatrix} = \begin{pmatrix}1 & 0\\ 0 & 1\end{pmatrix}.$$

$$MN = \begin{pmatrix}-1 & 2\\ 4 & 3\end{pmatrix}\frac{1}{11}\begin{pmatrix}-3 & 2\\ 4 & 1\end{pmatrix} = \frac{1}{11}\begin{pmatrix}3+8 & -6+6\\ -4+4 & 8+3\end{pmatrix}$$

$$= \frac{1}{11}\begin{pmatrix}11 & 0\\ 0 & 11\end{pmatrix} = \begin{pmatrix}1 & 0\\ 0 & 1\end{pmatrix}.$$

Como $NM = I$ e $MN = I$, a matriz N é a matriz inversa de M.

E3) Verifique se os pares de matrizes seguintes são inversas umas das outras.

a) $A = \begin{pmatrix}1 & 3\\ 0 & 2\end{pmatrix}$ e $B = \frac{1}{2}\begin{pmatrix}2 & -3\\ 0 & 1\end{pmatrix}$.

b) $C = \begin{pmatrix}-1 & 2\\ 4 & 3\end{pmatrix}$ e $D = \frac{1}{11}\begin{pmatrix}-3 & 1\\ 4 & 2\end{pmatrix}$.

c) $E = \begin{pmatrix}-1 & 3 & 1\\ 4 & 0 & 2\\ -2 & 3 & 1\end{pmatrix}$ e $F = \frac{1}{6}\begin{pmatrix}6 & 0 & -6\\ 8 & -1 & -6\\ -12 & 3 & 12\end{pmatrix}$.

Matriz simétrica e matriz antissimétrica

Exemplo 4. Verifique se a matriz $M = \begin{pmatrix}0 & 1 & -4\\ -1 & 0 & 1\\ 4 & -1 & 0\end{pmatrix}$ é simétrica ou antissimétrica.

Solução. Como $a_{ij} = -a_{ji}, i, j = 1, 2, 3$. Portanto, M é antissimétrica.

E4) Verifique se as seguintes matrizes são simétricas ou antissimétricas:

a) $A = \begin{pmatrix}1 & 4 & 2\\ -3 & 1 & 4\\ 0 & -1 & 2\end{pmatrix}$. b) $B = \begin{pmatrix}0 & 4\\ -4 & 0\end{pmatrix}$. c) $C = (3)$.

d) $D = \begin{pmatrix}2 & 4 & 6\\ 4 & 1 & 0\\ 6 & 0 & 2\end{pmatrix}$. e) $E = \begin{pmatrix}-1 & 3 & 4\\ 3 & 0 & -1\end{pmatrix}$.

Matriz triangular inferior e matriz triangular superior

Exemplo 5. Verifique se a matriz $M = \begin{pmatrix}2 & 1 & -2\\ 0 & -3 & 1\\ 0 & 0 & 1\end{pmatrix}$ é triangular inferior ou triangular superior.

Solução. Ela é triangular superior.

E5) Verifique se as seguintes matrizes são triangulares inferiores ou triangulares superiores:

a) $A = \begin{pmatrix} 1 & 0 & 0 \\ -2 & 1 & 0 \\ 1 & -1 & 2 \end{pmatrix}$. b) $B = \begin{pmatrix} 2 & 0 \\ 4 & 1 \end{pmatrix}$.

c) $C = \begin{pmatrix} -1 & 2 & 4 \\ 0 & 1 & 0 \\ 0 & 0 & 0 \end{pmatrix}$. d) $D = (1)$.

Matrizes idempotentes ou nilpotentes

Exemplo 6. Verifique se a matriz $M = \begin{pmatrix} 0 & 0 & 2 \\ 0 & 0 & 1 \\ 0 & 0 & 0 \end{pmatrix}$ é idempotente ou nilpotente.

Solução. Como $M^2 = \begin{pmatrix} 0 & 0 & 2 \\ 0 & 0 & 1 \\ 0 & 0 & 0 \end{pmatrix}\begin{pmatrix} 0 & 0 & 2 \\ 0 & 0 & 1 \\ 0 & 0 & 0 \end{pmatrix} = \begin{pmatrix} 0 & 0 & 0 \\ 0 & 0 & 0 \\ 0 & 0 & 0 \end{pmatrix}$, ela é nilpotente.

E6) Verifique se as seguintes matrizes são idempotentes ou nilpotentes:

a) $A = \begin{pmatrix} 2 & -1 & 1 \\ -3 & 4 & -3 \\ -5 & 5 & -4 \end{pmatrix}$. b) $B = \begin{pmatrix} 1 & -1 & 1 \\ -3 & 3 & -3 \\ -4 & 4 & -4 \end{pmatrix}$.

c) $C = \begin{pmatrix} 1 & 2 & 0 \\ 0 & -1 & 0 \\ 1 & 1 & -1 \end{pmatrix}$. d) $D = \begin{pmatrix} 0 & 1 & 0 & 0 \\ 0 & 0 & 1 & 0 \\ 0 & 0 & 0 & 1 \\ 0 & 0 & 0 & 0 \end{pmatrix}$.

e) $E = \begin{pmatrix} 1 & 2 & -1 \\ -1 & -2 & 1 \\ -1 & -2 & 1 \end{pmatrix}$.

Matrizes ortogonais

Exemplo 7. Verifique se a matriz $M = \begin{pmatrix} 0 & 0 & 2 \\ 0 & 0 & 1 \\ 0 & 0 & 0 \end{pmatrix}$ é ortogonal.

Solução. Como $M^tM = \begin{pmatrix} 0 & 0 & 2 \\ 0 & 0 & 1 \\ 0 & 0 & 0 \end{pmatrix}\begin{pmatrix} 0 & 0 & 0 \\ 0 & 0 & 0 \\ 2 & 1 & 0 \end{pmatrix} = \begin{pmatrix} 4 & 2 & 0 \\ 2 & 1 & 0 \\ 0 & 0 & 0 \end{pmatrix}$, ela não é ortogonal.

E7) Verifique se as seguintes matrizes são ortogonais:

a) $A = \begin{pmatrix} 1/2 & \sqrt{3}/2 \\ \sqrt{3}/2 & -1/2 \end{pmatrix}$. b) $B = \begin{pmatrix} 1 & 0 & 1 \\ -1 & 0 & 0 \\ 0 & 0 & -1 \end{pmatrix}$.

c) $C = \begin{pmatrix} 0 & 0 & 0 & 1 \\ 0 & 0 & 1 & 0 \\ 1 & 0 & 0 & 0 \\ 0 & 1 & 0 & 0 \end{pmatrix}$.

Nível 2

E1) Dado que $AB = \begin{pmatrix} 3 & -1 \\ 2 & 4 \end{pmatrix}$ e $AC = \begin{pmatrix} 1 & -2 \\ 3 & 5 \end{pmatrix}$, calcule B^tA^t e $(C^tA^tB^t)A^t$.

E2) Encontre todos os valores de α tais que $A = \begin{pmatrix} 1 & 1 & 0 \\ 1 & 0 & 0 \\ 1 & 2 & \alpha \end{pmatrix}$ tenha inversa.

E3) Se $A^{-1} = \begin{pmatrix} 2 & 1 \\ -1 & 0 \end{pmatrix}$ e $B^{-1} = \begin{pmatrix} 1 & 5 \\ -3 & 4 \end{pmatrix}$, calcule $(AB)^{-1}$.

E4) Resolva $AX = B$ se $A^{-1} = \begin{pmatrix} 2 & 4 \\ -1 & 3 \end{pmatrix}$ e $B = \begin{pmatrix} 1 \\ 5 \end{pmatrix}$.

E5) Prove que, se $AX = 0$ e A tem inversa, então $X = 0$.

E6) Prove que, se $BX = CX$ e B ou C têm inversa, então $B = C$.

E7) Determine o valor do parâmetro a para o qual a matriz

$$M = \begin{pmatrix} a & a^2 - 1 & -3 \\ a+1 & 2 & a^2 + 4 \\ -3 & 4a & -1 \end{pmatrix}$$

é simétrica.

E8) Calcule A^n, onde A é dada pela matriz $A = \begin{pmatrix} 2 & -2 & -4 \\ -1 & 3 & 4 \\ 1 & -2 & -3 \end{pmatrix}$. Essa matriz é idempotente?

E9) (Leitura Complementar 1.2.1) Escreva as matrizes

$$A = \begin{pmatrix} 1 & 2 & -3 \\ 4 & 1 & 0 \\ 2 & 6 & -1 \end{pmatrix} \quad \text{e} \quad B = \begin{pmatrix} -1 & 6 & 3 \\ 2 & 4 & -8 \\ 7 & 4 & 0 \end{pmatrix}$$

na forma $A = (A_1\ A_2)$ e $B = (B_1\ B_2)$, onde A_1 e B_1 são do tipo 3×2 e A_2 e B_2 são do tipo 3×1. Some essas matrizes sob a forma de blocos.

E10) (Leitura Complementar 1.2.1) Considere a matriz A do exercício anterior sob a forma de bloco ali considerada e a matriz $C = (1\ -2\ 4)$. Calcule $(CA_1\ CA_2)$ e CA e mostre que ambas são iguais.

E11) (Leitura Complementar 1.2.1) Dadas as matrizes

$$A = \left(\begin{array}{cc|ccc} 4 & 3 & -2 & 1 & 4 \\ 2 & -5 & 6 & 3 & -1 \end{array}\right) \quad \text{e} \quad B = \left(\begin{array}{cc|c} 0 & -1 & 3 \\ 2 & -1 & 6 \\ \hline 5 & 2 & 1 \\ -4 & 4 & -1 \\ 2 & -1 & 2 \end{array}\right),$$

calcule AB considerando a técnica de multiplicação de matrizes em blocos.

E12) (Leitura Complementar 1.2.1) Use a multiplicação para matrizes em blocos para calcular AB, onde:

a) $A = \left(\begin{array}{cc|cc} 1 & -1 & 0 & 0 \\ 0 & 1 & 0 & 0 \\ \hline 0 & 0 & 2 & 3 \end{array}\right)$ e $B = \left(\begin{array}{cc|c} 2 & 3 & 0 \\ -1 & 1 & 0 \\ \hline 0 & 0 & 1 \\ 0 & 0 & 1 \end{array}\right)$.

b) $A = \left(\begin{array}{cc|cc} 2 & 3 & 1 & 0 \\ 4 & 5 & 0 & 1 \end{array}\right)$ e $B = \left(\begin{array}{c|cc} 0 & 1 & 0 \\ 0 & 0 & 1 \\ \hline 1 & 5 & 4 \\ -2 & 3 & 2 \end{array}\right)$.

c) $A = \left(\begin{array}{cc|cc} 1 & 2 & 1 & 0 \\ 3 & 4 & 0 & 1 \\ \hline 1 & 0 & -1 & 1 \\ 0 & 1 & 1 & -1 \end{array}\right)$ e $B = \left(\begin{array}{cc|cc} 1 & 0 & 0 & 1 \\ 0 & 1 & 1 & 0 \\ \hline 0 & 0 & 0 & -1 \\ 0 & 0 & 1 & 0 \end{array}\right)$.

E13) (Leitura Complementar 1.2.3) Dada a matriz $A = \begin{pmatrix} 1 & -1 \\ 1 & -1 \end{pmatrix}$, calcule e^A, sen A e cos A.

Nível 3

E1) Mostre que, se uma matriz quadrada A é simétrica, então $A^t = A$.

E2) Mostre que, se uma matriz quadrada A é antissimétrica, então $A^t = -A$.

E3) Mostre que, se A e B são simétricas, então $A + B$ e αA, $\alpha \in \mathbb{R}$, também são simétricas.

E4) Mostre que, se A e B são antissimétricas, então $A + B$ e αA, $\alpha \in \mathbb{R}$, também são antissimétricas.

E5) Mostre que, se A e B são simétricas, então AB é simétrica se e somente se $AB = BA$.

E6) Mostre que dada uma matriz quadrada A, então $A + A^t$ é simétrica e $A - A^t$ é antissimétrica.

E7) Mostre que toda matriz quadrada pode ser escrita em termos da soma de uma matriz simétrica e de uma matriz antissimétrica.

E8) Prove que, se uma matriz é ortogonal, sua inversa também o é.

Respostas

NÍVEL 1

E1) a) $A^t = \begin{pmatrix} -1 & 4 \\ 2 & 0 \\ 3 & 1 \end{pmatrix}$. b) $B^t = \begin{pmatrix} -1 & 2 \\ 4 & 3 \end{pmatrix}$. c) $C^t = \begin{pmatrix} 3 \\ 0 \\ -1 \end{pmatrix}$.

d) $D^t = \begin{pmatrix} -1 & 4 & 2 & 3 \end{pmatrix}$. e) $E^t = (3)$.

E2) a) 4. b) 2. c) 3. d) Não existe.

E3) a) São inversas. b) Não são inversas. c) São inversas.

E4) a) Nem simétrica nem antissimétrica. b) Antissimétrica. c) Simétrica. d) Simétrica.
e) Não é quadrada e, portanto, não pode ser classificada como simétrica ou antissimétrica.

E5) a) Triangular inferior. b) Triangular inferior. c) Triangular superior.
d) Nem triangular inferior nem triangular superior.

E6) a) Idempotente. b) Nilpotente. c) Nem idempotente nem nilpotente.
d) Nem idempotente nem nilpotente. e) Nilpotente.

E7) a) É ortogonal. b) Não é ortogonal. c) É ortogonal.

NÍVEL 2

E1) $B^tA^t = \begin{pmatrix} 3 & 2 \\ -1 & 4 \end{pmatrix}$ e $(C^tA^tB^t)A^t = \begin{pmatrix} 0 & 14 \\ -11 & 16 \end{pmatrix}$.

E2) $\alpha = \{\alpha \in \mathbb{R} \mid \alpha \neq 0\}$.

E3) $(AB)^{-1} = \begin{pmatrix} -3 & 1 \\ -10 & -3 \end{pmatrix}$.

E4) $X = \begin{pmatrix} 22 \\ 14 \end{pmatrix}$.

E5) $AX = 0 \Leftrightarrow A^{-1}AX = A^{-1}0 \Leftrightarrow IX = 0 \Leftrightarrow X = 0$.

E6) $BX = CX \Leftrightarrow B^{-1}BX = B^{-1}CX \Leftrightarrow IX = B^{-1}CX \Leftrightarrow I = B^{-1}C \Leftrightarrow BI = BB^{-1}C \Leftrightarrow B = IC \Leftrightarrow B = C$. De modo semelhante, $BX = CX \Leftrightarrow C^{-1}BX = C^{-1}CX \Leftrightarrow C^{-1}BX = IX \Leftrightarrow C^{-1}B = I \Leftrightarrow CC^{-1}B = CI \Leftrightarrow IB = C \Leftrightarrow B = C$.

E7) $a = 2$.

E8) $A^n = \begin{pmatrix} 2 & -2 & -4 \\ -1 & 3 & 4 \\ 1 & -2 & -3 \end{pmatrix}$. Essa matriz é idempotente.

E9) $A = \left(\begin{array}{cc|c} 1 & 2 & -3 \\ 4 & 1 & 0 \\ 2 & 6 & -1 \end{array}\right)$, $B = \left(\begin{array}{cc|c} -1 & 6 & 3 \\ 2 & 4 & -8 \\ 7 & 4 & 0 \end{array}\right)$ e $A + B = \left(\begin{array}{cc|c} 0 & 8 & 0 \\ 6 & 5 & -8 \\ 9 & 10 & -1 \end{array}\right)$.

E10) $(CA_1\ CA_2) = CA = (1\ 24\ -7)$.

E11) $AB = \begin{pmatrix} 0 & -11 & 35 \\ 6 & 28 & -23 \end{pmatrix}$.

E12) a) $AB = \begin{pmatrix} 3 & 2 & 0 \\ -1 & 1 & 0 \\ 0 & 0 & 5 \end{pmatrix}$, b) $AB = \begin{pmatrix} 1 & 7 & 7 \\ -2 & 7 & 7 \end{pmatrix}$, c) $AB = \begin{pmatrix} 1 & 2 & 2 & 0 \\ 3 & 4 & 5 & 3 \\ 1 & 0 & 1 & 2 \\ 0 & 1 & 0 & -1 \end{pmatrix}$.

E13) $e^A = \begin{pmatrix} 2 & -1 \\ 1 & 0 \end{pmatrix}$, $\quad \operatorname{sen} A = \begin{pmatrix} 1 & -1 \\ 1 & -1 \end{pmatrix}$ $\quad$ e $\quad \cos A = \begin{pmatrix} 1 & 0 \\ 0 & 1 \end{pmatrix}$.

NÍVEL 3

E1) Se $A = (a_{ij})$, então $A^t = (a_{ji}) = (a_{ij}) = A$.

E2) Se $A = (a_{ij})$, então $A^t = (a_{ji}) = (-a_{ij}) = -(a_{ij}) = -A$.

E3) $A + B = (a_{ij} + b_{ij}) = (a_{ji} + b_{ji})$ e $\alpha A = \alpha(a_{ij}) = (\alpha a_{ij}) = (\alpha a_{ji}) = \alpha(a_{ji})$.

E4) $A + B = (a_{ij} + b_{ij}) = (-a_{ji} - b_{ji}) = -(a_{ji} + b_{ji})$ e
$\alpha A = \alpha(a_{ij}) = (\alpha a_{ij}) = (-\alpha a_{ji}) = -\alpha(a_{ji})$.

E5) $AB = \left(\sum_{k=1}^{n} a_{ik} b_{kj}\right) = \left(\sum_{k=1}^{n} a_{ki} b_{jk}\right) = \left(\sum_{k=1}^{n} b_{jk} a_{ki}\right)$, sendo que a última operação só é possível se $AB = BA$.

E6) $A + A^t = (a_{ij}) + (a_{ji}) = (a_{ij} + a_{ji}) = (a_{ji} + a_{ij}) = (a_{ij} + a_{ji})$ e
$A - A^t = (a_{ij}) - (a_{ji}) = (a_{ij} - a_{ji}) = (a_{ji} - a_{ij}) = (-a_{ij} + a_{ji}) = -(a_{ij} + a_{ji})$.

E7) $A = \frac{1}{2}(A + A^t + A - A^t) = \frac{1}{2}(A + A^t) + \frac{1}{2}(A - A^t)$.

E8) Se A é ortogonal, então $A^t = A^{-1}$. Para que sua inversa também seja ortogonal, devemos ter $(A^{-1})^t = A$. Para provar isto, usamos uma das propriedades da matriz inversa: $(A^{-1})^t = (A^t)^{-1} = (A^{-1})^{-1} = A$.

1.3 Sistemas de equações lineares

Modelos lineares fazem parte de muitas teorias de importância em áreas diversas, como a física, a economia e a biologia. Sistemas de equações lineares generalizam essa ideia para problemas que envolvem mais de uma variável e são a base de teorias mais complexas, envolvendo interações entre fatores diversos. Neste capítulo, analisaremos os tipos de sistemas de equações lineares e aprenderemos um método eficiente para resolvê-los.

1.3.1 Introdução

Vamos começar nossos estudos com um modelo de macroeconomia desenvolvido pelo economista britânico John Maynard Keynes (1883-1946). Nesse modelo, ele relaciona alguns indicadores importantes para a economia de um país: a renda nacional Y e as despesas de consumo C. A renda nacional é definida como a soma das despesas de consumo, dos investimentos do governo (I_0) e dos gastos do governo (G_0), considerados constantes pelo modelo:

$$Y = C + I_0 + G_0.$$

A outra hipótese do modelo é que, quanto maior for a renda nacional, mais a população gastará e que isto ocorre de forma linear, isto é,

$$C = a + bY,$$

onde a e b são constantes reais positivas.

Juntando essas duas hipóteses, temos

$$\begin{cases} Y = C + I_0 + G_0 \\ C = a + bY \end{cases},$$

que é um sistema formado por duas equações lineares, isto é, por equações que somente envolvem variáveis multiplicadas por constantes e somadas a outras constantes (não há termos quadráticos ou exponenciais, por exemplo).[1]

1. Em economia, as variáveis Y e C são chamadas *endógenas* (endo = dentro) e as constantes I_0 e G_0 são chamadas variáveis *exógenas* (exo = fora), significando que as primeiras são determinadas pelo modelo e que as últimas são determinadas fora deste.

Para a economia brasileira, usando dados de 2005 para os investimentos e gastos do governo (medidos em bilhões de reais), temos, com precisão da ordem de um bilhão,

$$\begin{cases} Y = C + 183 + 87 \\ C = 151 + 0{,}5Y \end{cases}.$$

Posicionando as variáveis do lado esquerdo e as constantes do lado direito, ficamos com

$$\begin{cases} Y - C = 270 \\ -0{,}5Y + C = 151 \end{cases}.$$

Para resolver esse sistema de equações lineares, podemos, por exemplo, substituir a linha 2 pela soma dela com a linha 1, gerando

$$\begin{cases} Y - C = 270 \\ 0{,}5Y = 421 \end{cases}.$$

Esse sistema de equações lineares não é igual ao sistema original, mas é *equivalente* a ele, pois tem a mesma solução do sistema original. Sistemas equivalentes são aqueles que têm a mesma solução.

Multiplicando agora a segunda linha por 2, ficamos com

$$\begin{cases} Y - C = 270 \\ Y = 842 \end{cases},$$

o que já fornece uma solução para Y. Substituindo, agora, a linha 1 por ela menos a linha 2, ficamos com

$$\begin{cases} -C = -572 \\ Y = 842 \end{cases}.$$

Finalmente, multiplicando a linha 1 por -1, temos

$$\begin{cases} C = 572 \\ Y = 842 \end{cases}.$$

Os valores reais para 2005 foram, com precisão na casa dos bilhões, $Y = 887$ e $C = 263$, o que mostra que a previsão é boa para a renda nacional, mas ruim para as despesas de consumo. A falha parcial do modelo pode ser creditada ao fato de ele não levar em conta o comércio exterior (exportações e importações). O modelo de Keynes é melhor explicado e as contas aqui feitas são executadas com maior precisão na Leitura Complementar 1.3.4 deste capítulo.

John Maynard Keynes (1883-1946)

Considerado um dos mais brilhantes economistas do século XX, deu origem a uma escola de pensamento econômico. Keynes nasceu e estudou em Cambridge, na Inglaterra, e era filho de um renomado economista e de uma autora pioneira nas ideias de reformas sociais. Formou-se em matemática, mas especializou-se em economia, depois trabalhou no serviço público britânico e publicou alguns livros de impacto. Chegou ao cargo de principal oficial do Tesouro Britânico e tomou parte das negociações do Tratado de Versalhes, que punha fim à Primeira Guerra Mundial. Deixou o cargo porque não concordava com as pesadas obrigações impostas à derrotada Alemanha, que ele achava injustas e impraticáveis e, segundo ele, que levariam à instabilidade política daquele país, fato que depois acabou por ser confirmado pela história, com a ascensão de Hitler e do nacional-socialismo. Keynes passou a ensinar economia na Universidade de Cambridge e publicou diversos trabalhos controversos e brilhantes. Apesar de ser um defensor do livre mercado, ele propunha que o desemprego só poderia ser mantido a níveis baixos com intervenção governamental. Keynes também era muito interessado em livros antigos e nas artes, sobretudo na pintura. Recebeu o título de lorde e foi presidente do British Arts Council (Conselho Britânico das Artes).

Para resolver o sistema de equações originais, utilizamos operações que transformavam um sistema de equações em outro, *equivalente* a ele. O truque é fazer operações que levem a um sistema equivalente cuja solução seja evidente.

As operações que executamos para transformar o sistema de equações lineares original em um sistema equivalente cuja solução fosse evidente são chamadas *operações elementares*, que são aquelas que não modificam a solução de um sistema de equações lineares. Tais operações são a permutação (troca) de duas linhas, o produto de uma linha por um número real não nulo e a soma de uma linha com outra linha multiplicada por um número real não nulo.

Definição 1

Dois sistemas de equações lineares são *equivalentes* se eles têm a mesma solução. O símbolo utilizado para denotar equivalência entre dois sistemas de equações lineares é $\sim$.

No exemplo que acabamos de ver, utilizamos as duas últimas operações para reduzir o sistema a uma forma equivalente que represente claramente sua solução. Vamos agora formalizar um pouco essa informação. Um sistema de equações lineares com m equações e n incógnitas é dado por

$$\begin{cases} a_{11}x_1 + a_{12}x_2 + \cdots a_{1n}x_n = b_1 \\ a_{21}x_1 + a_{22}x_2 + \cdots a_{2n}x_n = b_2 \\ \cdots \\ a_{m1}x_1 + a_{m2}x_2 + \cdots a_{mn}x_n = b_m \end{cases},$$

onde $x_1, x_2, \cdots, x_n$ são as incógnitas, a_{ij} $(i = 1, \cdots, m, j = 1, \cdots, n)$ são os coeficientes e $b_i, i = 1, \cdots, m$ constituem o lado direito das equações do sistema. Observe que o número de linhas do sistema não precisa ser necessariamente igual ao número de colunas deste. Mostramos, a seguir, alguns exemplos de sistemas de equações lineares.

Exemplo 1. São exemplos de sistemas de equações lineares

$$\begin{cases} 2x + 3y = 18 \\ 3x + 4y = 25 \end{cases}, \quad \begin{cases} x - 2y - 3z = 0 \\ x + y + z = 60 \end{cases}, \quad \begin{cases} x + 2y - z = 3 \\ 2x + 4y + z = 0 \\ x + 2y - z = 4 \end{cases}.$$

Exemplo 2. problema do fazendeiro Pedro Ribeiro é um fazendeiro cuja propriedade tem 15 hectares de terreno para plantio, que ele planeja usar para cultivar soja e milho, deixando parte da terra em repouso. Cada hectare de soja custa 20 mil reais em investimentos e demanda 30 horas de trabalho em um mês; cada hectare de milho custa 15 mil reais em investimentos e necessita de 40 horas de trabalho. A terra não plantada custa a ele 5 mil reais o hectare e demanda 5 horas de trabalho, uma vez que ele pretende adubar essa terra e prepará-la para o plantio. O sr. Pedro tem disponíveis 230 mil reais e 425 horas de trabalho. Cada hectare de soja cultivada rende ao fazendeiro 30 mil reais e cada hectare de milho plantado, 20 mil reais.

Monte um sistema de equações lineares que possa determinar quantos hectares de soja e milho devem ser plantados e o quanto da propriedade não deve ser usado para o plantio, caso o sr. Pedro decida usar toda a terra disponível, todo o dinheiro que pode investir e todas as horas de trabalho disponíveis.

SOLUÇÃO. Queremos determinar as seguintes variáveis:

$$\begin{aligned} x &= \text{número de hectares de soja plantados,} \\ y &= \text{número de hectares de milho plantados,} \\ z &= \text{número de hectares deixados sem plantação.} \end{aligned}$$

A primeira equação vem do fato de o fazendeiro querer usar toda a terra disponível para a plantação, de modo que devemos ter $x+y+z = 15$. A restrição do dinheiro disponível para a plantação, que deve ser usado por inteiro, resulta na equação $20x + 15y + 5z = 230$, onde a unidade é de milhares de reais. O número total das horas que devem ser usadas fornece a terceira equação do sistema: $30x + 40y + 5z = 425$. Sendo assim, temos o seguinte sistema de equações lineares:

$$\begin{cases} x + y + z = 15 \\ 20x + 15y + 5z = 230 \\ 30x + 40y + 5z = 425 \end{cases}.$$

1.3.2 Operações elementares

Como já foi visto na seção anterior, operações elementares são aquelas que preservam a solução de um sistema de equações lineares (quando essas soluções existem). No sistema

$$\begin{cases} x - y = -1 \\ 2x + y = 7 \end{cases},$$

por exemplo, se substituirmos a linha 1 pelo produto dela com a linha 2, ficamos com

$$\begin{cases}(x-y)(2x+y)=-1\cdot 7\\ 2x+y=7\end{cases} \longrightarrow \begin{cases}2x^2+xy-2xy-y^2=-7\\ 2x+y=7\end{cases}$$

$$\longrightarrow \begin{cases}2x^2-xy-y^2=-7\\ 2x+y=7\end{cases},$$

que não é nem um sistema de equações lineares nem tem a mesma solução que o sistema original.

As três operações elementares permitidas, que são aquelas que relacionam dois sistemas de equações lineares equivalentes, aqueles com as mesmas soluções, são:

- permutação de duas linhas ($L_i \leftrightarrow L_j$);
- trocar uma linha por seu produto por um número real não nulo ($L_i \rightarrow \alpha L_i$, $\alpha \neq 0$);
- trocar uma linha por sua soma a outra linha multiplicada por um número real ($L_i \rightarrow L_i + \beta L_j$).

Resolver um sistema de equações lineares é o mesmo que aplicar essas operações de modo a transformar esse sistema em um sistema equivalente, do tipo

$$\begin{cases}x_1 = c_1\\ x_2 = c_2\\ \quad\vdots\\ x_n = c_n\end{cases}.$$

Exemplo 1. Use operações elementares para resolver o sistema $\begin{cases}x+3y=-1\\ 2x-y=5\end{cases}$.

SOLUÇÃO. Começamos substituindo a linha 2 por sua soma com a linha 1 multiplicada por -2 (escreveremos as operações efetuadas ao lado da linha modificada em cada operação):

$$\begin{cases}x+3y=-1\\ 2x-y=5 \quad L_2-2L_1\end{cases} \Leftrightarrow \begin{cases}x+3y=-1\\ -7y=7\end{cases}.$$

A seguir, multiplicamos a linha 2 por $-1/7$ (que equivale a dividi-la por -7):

$$\begin{cases}x+3y=-1\\ -7y=7 \quad -(1/7)L_2\end{cases} \Leftrightarrow \begin{cases}x+3y=-1\\ y=-1\end{cases}.$$

Para finalizar, substituimos a linha 1 pela soma dela com a linha 2 multiplicada por -3:

$$\begin{cases}x+3y=-1 \quad L_1-3L_2\\ y=-1\end{cases} \Leftrightarrow \begin{cases}x=2\\ y=-1\end{cases}.$$

Exemplo 2. Use operações elementares para resolver o sistema

$$\begin{cases} x + \ \ y + \ \ z = 15 \\ 20x + 15y + 5z = 230 \\ 30x + 40y + 5z = 425 \end{cases},$$

obtido no exemplo 2 da seção anterior (o problema do fazendeiro).

SOLUÇÃO. Faremos todas as operações em sequência, indicando o que está sendo feito ao lado do sistema que está sendo modificado:

$$\begin{cases} x + y + z = 15 \\ 20x + 15y + 5z = 230 & (1/5)L_2 \\ 30x + 40y + 5z = 425 & (1/5)L_3 \end{cases}$$

$$\Leftrightarrow \begin{cases} x + y + z = 15 \\ 4x + 3y + z = 46 & L_2 - L_1 \\ 6x + 8y + z = 85 & L_3 - L_1 \end{cases} \Leftrightarrow \begin{cases} x + y + z = 15 \\ 3x + 2y = 31 & 5L_2 \\ 5x + 7y = 70 & 3L_3 \end{cases}$$

$$\Leftrightarrow \begin{cases} x + y + z = 15 \\ 15x + 10y = 155 \\ 15x + 21y = 210 & L_3 - L_2 \end{cases} \Leftrightarrow \begin{cases} x + y + z = 15 \\ 15x + 10y = 155 \\ 11y = 55 & (1/11)L_3 \end{cases}$$

$$\Leftrightarrow \begin{cases} x + y + z = 15 & L_1 - L_3 \\ 15x + 10y = 155 & L_2 - 10L_3 \\ y = 5 \end{cases} \Leftrightarrow \begin{cases} x + z = 10 \\ 15x = 105 & (1/15)L_2 \\ y = 5 \end{cases}$$

$$\Leftrightarrow \begin{cases} x + z = 10 & L_1 - L_2 \\ x = 7 \\ y = 5 \end{cases} \Leftrightarrow \begin{cases} z = 3 \\ x = 7 \\ y = 5 \end{cases}.$$

A solução diz que devem ser plantados 7 hectares de soja, 5 hectares de milho e que 3 hectares devem ser deixados sem plantio.

É claro que existem diferentes sequências de operações elementares que solucionam esses sistemas de equações lineares, mas as que usamos não parecem muito eficientes, pois, em ambos os problemas, precisamos fazer muitas operações elementares para chegar a um resultado. A próxima seção apresenta um método bem mais eficiente de fazer isto.

1.3.3 Método de Gauss

Consideremos o seguinte sistema de equações lineares:

$$\begin{cases} x - y = -1 \\ 2x + y = 7 \end{cases}.$$

Podemos representá-lo como uma equação envolvendo matrizes se definirmos

$$X = \begin{pmatrix} x \\ y \end{pmatrix}, \quad A = \begin{pmatrix} 1 & -1 \\ 2 & 1 \end{pmatrix} \quad \text{e} \quad B = \begin{pmatrix} -1 \\ 7 \end{pmatrix},$$

de modo que o sistema equivale à equação $AX = B$. Isto porque

$$AX = B \Leftrightarrow \begin{pmatrix} 1 & -1 \\ 2 & 1 \end{pmatrix}\begin{pmatrix} x \\ y \end{pmatrix} = \begin{pmatrix} -1 \\ 7 \end{pmatrix} \Leftrightarrow \begin{pmatrix} x - y \\ 2x + y \end{pmatrix} = \begin{pmatrix} -1 \\ 7 \end{pmatrix} \Leftrightarrow \begin{cases} x - y = -1 \\ 2x + y = 7 \end{cases},$$

pois para que duas matrizes sejam iguais é necessário que cada célula de uma seja igual à respectiva célula da outra. A matriz X é chamada matriz das incógnitas, a matriz A é a matriz dos coeficientes do sistema e B representa os elementos do lado direito das equações.

Podemos escrever a expressão matricial de forma reduzida retirando dela qualquer informação irrelevante, que pode ser recuperada mais tarde. Escrevemos, então,

$$\begin{pmatrix} 1 & -1 \\ 2 & 1 \end{pmatrix}\begin{pmatrix} x \\ y \end{pmatrix} = \begin{pmatrix} -1 \\ 7 \end{pmatrix} \quad \text{como} \quad \left(\begin{array}{cc|c} 1 & -1 & -1 \\ 2 & 1 & 7 \end{array}\right).$$

A segunda matriz é chamada *matriz expandida* – pois é uma expansão da matriz dos coeficientes – do sistema de equações lineares e será usada em seu lugar na resolução do problema.

O método de Gauss (1777-1855) consiste em fazer operações elementares específicas de modo a deixar a matriz sob a forma triangular superior (Capítulo 2.2), onde todas as células abaixo da diagonal principal são nulas. Para fazermos isto com o problema em questão, tomamos o primeiro elemento da diagonal principal, que chamamos de *pivô* (do francês *pivot*, que significa base ou suporte):

$$\begin{pmatrix} \boxed{1} & -1 \\ 2 & 1 \end{pmatrix}.$$

Se quisermos zerar o elemento que vem na linha abaixo da linha 1, onde está o pivô, precisamos substituir a linha 2 por sua soma com a linha 1 multiplicada por -2, ou seja, precisamos fazer a operação $L_2 - 2L_1$:

$$\left(\begin{array}{cc|c} \boxed{1} & -1 & -1 \\ 2 & 1 & 7 \end{array}\right) \begin{array}{c} \\ L_2 - 2L_1 \end{array} \Leftrightarrow \left(\begin{array}{cc|c} 1 & -1 & -1 \\ 0 & 3 & 9 \end{array}\right).$$

Dizemos que a matriz expandida está agora em sua forma escalonada (em forma de escada). A partir dela, podemos voltar à forma da equação matricial e, de lá, para a forma de um sistema de equações lineares:

$$\begin{pmatrix} 1 & -1 \\ 0 & 3 \end{pmatrix}\begin{pmatrix} x \\ y \end{pmatrix} = \begin{pmatrix} -1 \\ 9 \end{pmatrix} \Leftrightarrow \begin{cases} x - y = -1 \\ 3y = 9 \end{cases}.$$

Podemos isolar y na segunda equação, obtendo $y = 3$. Substituindo esse valor na primeira equação, ficamos com

$$x - y = -1 \Leftrightarrow x - 3 = -1 \Leftrightarrow x = -1 + 3 \Leftrightarrow x = 2.$$

Exemplo 1. Usando o método de Gauss, resolva o sistema de equações lineares

$$\begin{cases} 2x + y = 3 \\ 3x - 2y = 8 \end{cases}.$$

usando a forma de matriz expandida, temos

$$\left(\begin{array}{cc|c} 2 & 1 & 3 \\ 3 & -2 & 8 \end{array}\right).$$

O elemento $a_{11} = 2$ é o pivô e temos que fazer uma operação $L_2 \longrightarrow L_2 + kL_1$ de modo que o elemento a_{21} fique nulo. Isso é possível se $L_2 \longrightarrow L_2 - \frac{3}{2}L_1$, pois $2 - \frac{3}{2} \cdot 2 = 3 - 3 = 0$. Isso é feito a seguir:

$$\left(\begin{array}{cc|c} \boxed{2} & 1 & 3 \\ 3 & -2 & 8 \end{array}\right) \underset{L_2 - \frac{3}{2}L_1}{\sim} \left(\begin{array}{cc|c} 2 & 1 & 3 \\ 0 & -7/2 & 7/2 \end{array}\right).$$

SOLUÇÃO. Temos, então,

$$\begin{cases} 2x + y = 3 \\ -\dfrac{7}{2}y = \dfrac{7}{2} \Leftrightarrow y = -1 \end{cases}.$$

Substituindo $y = -1$ na primeira equação, ficamos com

$$2x + y = 3 \Leftrightarrow 2x - 1 = 3 \Leftrightarrow 2x = 4 \Leftrightarrow x = 2.$$

No caso geral, um sistema de m equações lineares com n incógnitas,

$$\begin{cases} a_{11}x_1 + a_{12}x_2 + \cdots a_{1n}x_n = b_1 \\ a_{21}x_1 + a_{22}x_2 + \cdots a_{2n}x_n = b_2 \\ \cdots \\ a_{m1}x_1 + a_{m2}x_2 + \cdots a_{mn}x_n = b_m \end{cases},$$

fica, na forma matricial,

$$\begin{pmatrix} a_{11} & a_{12} & \cdots & a_{1n} \\ a_{21} & a_{22} & \cdots & a_{2n} \\ \vdots & \vdots & \ddots & \vdots \\ a_{m1} & a_{m2} & \cdots & a_{mn} \end{pmatrix} \begin{pmatrix} x_1 \\ x_2 \\ \vdots \\ x_n \end{pmatrix} = \begin{pmatrix} b_1 \\ b_2 \\ \vdots \\ b_m \end{pmatrix}$$

e, na forma de matriz expandida,

$$\left(\begin{array}{cccc|c} a_{11} & a_{12} & \cdots & a_{1n} & b_1 \\ a_{21} & a_{22} & \cdots & a_{2n} & b_2 \\ \vdots & \vdots & \ddots & \vdots & \vdots \\ a_{m1} & a_{m2} & \cdots & a_{mn} & b_m \end{array}\right).$$

Agora, consideremos o seguinte: que operação elementar tem que ser feita na linha 2 de modo a zerar o elemento a_{21} da matriz expandida? Fixando a_{11} como pivô, temos que fazer uma operação do tipo $L_2 + kL_1$, onde k é uma constante que deve ser determinada. Para o caso específico da primeira coluna, devemos ter

$$a_{21} + ka_{11} = 0 \Leftrightarrow ka_{11} = -a_{21} \Leftrightarrow k = -\frac{a_{21}}{a_{11}}.$$

Portanto, a operação a ser feita é substituir a linha 2 por $L_2 - \frac{a_{21}}{a_{11}}L_1$. Fazendo de modo semelhante na linha 3 da matriz expandida, temos

$$a_{31} + ka_{11} = 0 \Leftrightarrow ka_{11} = -a_{31} \Leftrightarrow k = -\frac{a_{31}}{a_{11}},$$

de modo que substituímos L_3 por $L_3 - \frac{a_{13}}{a_{11}}L_1$. Efetuando semelhante operação para cada linha da matriz expandida[2] (com exceção da primeira), ficamos com uma matriz do tipo

$$\left(\begin{array}{cccc|c} \boxed{a_{11}} & a_{12} & \cdots & a_{1n} & b_1 \\ a_{21} & a_{22} & \cdots & a_{2n} & b_2 \\ a_{31} & a_{32} & \cdots & a_{3n} & b_3 \\ \vdots & \vdots & \ddots & \vdots & \vdots \\ a_{m1} & a_{m2} & \cdots & a_{mn} & b_m \end{array}\right) \begin{array}{l} \\ L_2 - (a_{21}/a_{11})L_1 \\ L_3 - (a_{31}/a_{11})L_1 \\ \vdots \\ L_m - (a_{m1}/a_{11})L_1 \end{array} \sim \left(\begin{array}{cccc|c} a_{11} & a_{12} & \cdots & a_{1n} & b_1 \\ 0 & b_{22} & \cdots & b_{2n} & c_2 \\ 0 & b_{32} & \cdots & b_{3n} & c_3 \\ \vdots & \vdots & \ddots & \vdots & \vdots \\ 0 & b_{m2} & \cdots & b_{mn} & c_m \end{array}\right),$$

isto é, todos os coeficientes, com exceção daqueles da linha 1, foram alterados.

Pelo mesmo conceito, escolhendo agora b_{22} como o novo pivô, efetuamos as operações

$$L_3 - \frac{b_{32}}{b_{22}}L_2, \qquad L_4 - \frac{b_{42}}{b_{22}}L_2, \qquad \ldots, \qquad L_m - \frac{b_{m2}}{b_{22}}L_2$$

às linhas subsequentes, gerando

$$\left(\begin{array}{cccc|c} a_{11} & a_{12} & \cdots & a_{1n} & b_1 \\ 0 & \boxed{b_{22}} & \cdots & b_{2n} & c_2 \\ 0 & b_{32} & \cdots & b_{3n} & c_3 \\ \vdots & \vdots & \ddots & \vdots & \vdots \\ 0 & b_{m2} & \cdots & b_{mn} & c_m \end{array}\right) \begin{array}{l} \\ \\ L_3 - (b_{32}/b_{22})L_1 \\ \vdots \\ L_m - (b_{m2}/a_{22})L_2 \end{array} \sim \left(\begin{array}{cccc|c} a_{11} & a_{12} & \cdots & a_{1n} & b_1 \\ 0 & b_{22} & \cdots & b_{2n} & c_2 \\ 0 & 0 & \cdots & c_{3n} & d_2 \\ \vdots & \vdots & \ddots & \vdots & \vdots \\ 0 & 0 & \cdots & c_{mn} & d_m \end{array}\right).$$

Este processo pode ser repetido até chegarmos a uma matriz expandida com o máximo número de zeros nas linhas finais, o que pode variar de acordo com os valores de m e de n. Vamos esclarecer esse processo com outros três exemplos numéricos.

Exemplo 2. Usando o método de Gauss, resolva o sistema de equações lineares

$$\begin{cases} x + 3y = -1 \\ 2x - y = 5 \end{cases}.$$

Solução. Usando a forma de matriz expandida, temos

$$\left(\begin{array}{cc|c} \boxed{1} & 3 & -1 \\ 2 & -1 & 5 \end{array}\right) \; L_2 - \tfrac{2}{1}L_1 = L_2 - 2L_1 \sim \left(\begin{array}{cc|c} 1 & 3 & -1 \\ 0 & -7 & 7 \end{array}\right).$$

Temos, então,

$$\begin{cases} x + 3y = -1 \\ -7y = 7 \end{cases}.$$

Da segunda equação, temos $y = -1$. Substituindo esse resultado na primeira equação, ficamos com

$$x + 3y = -1 \Leftrightarrow x + 3(-1) = -1 \Leftrightarrow x - 3 = -1 \Leftrightarrow x = 2.$$

2. Como as matrizes expandidas representam sistemas de equações lineares, relacionamos umas às outras pela notação ~ de sistemas de equações lineares equivalentes.

Exemplo 3. Usando o método de Gauss, resolva o sistema de equações lineares

$$\begin{cases} 2x + 3y + \ z = 4 \\ x - 2y + 4z = 16 \\ 3x + \ y - \ z = 2 \end{cases}.$$

SOLUÇÃO.

$$\left(\begin{array}{ccc|c} \boxed{2} & 3 & 1 & 4 \\ 1 & -2 & 4 & 16 \\ 3 & 1 & -1 & 2 \end{array}\right) \begin{array}{l} \\ L_2 - (1/2)L_1 \\ L_3 - (3/2)L_1 \end{array}$$

$$\sim \left(\begin{array}{ccc|c} 2 & 3 & 1 & 4 \\ 0 & \boxed{-7/2} & 7/2 & 14 \\ 0 & -7/2 & -5/2 & -4 \end{array}\right) \begin{array}{l} \\ \\ L_3 - \frac{-7/2}{-7/2}L_2 = L_3 - L_2 \end{array}$$

$$\sim \left(\begin{array}{ccc|c} 2 & 3 & 1 & 4 \\ 0 & -7/2 & 7/2 & 14 \\ 0 & 0 & -6 & -18 \end{array}\right).$$

A partir da forma escalonada, obtemos o sistema de equações lineares

$$\begin{cases} 3x + 2y + z = 4 \\ -\frac{7}{2}y + \frac{7}{2}z = 14 \\ -6z = -18 \end{cases}.$$

Pela última equação, $z = 3$. Substituindo na segunda equação, obtemos

$$-\frac{7}{2}y + \frac{7}{2}z = 14 \Leftrightarrow -7y + 7z = 28 \Leftrightarrow -y + z = 4 \Leftrightarrow -y = 4 - z \Leftrightarrow -y = 4 - 3 \Leftrightarrow y = -1.$$

Substituindo agora y e z na primeira equação do sistema escalonado, temos $2x + 3y + z = 4 \Leftrightarrow 2x + 3 \cdot (-1) + 3 = 4 \Leftrightarrow 2x - 3 + 3 = 4 \Leftrightarrow 2x = 4 \Leftrightarrow x = 2$. Portanto, a solução é $x = 2$, $y = -1$ e $z = 3$.

Exemplo 4. Usando o método de Gauss, resolva o sistema de equações lineares

$$\begin{cases} x - y + z = 5 \\ 2x + 3y - z = 7 \\ x + 2y - 2z = 2 \end{cases}.$$

SOLUÇÃO.

$$\left(\begin{array}{ccc|c} \boxed{1} & -1 & 1 & 5 \\ 2 & 3 & -1 & 7 \\ 1 & 2 & -2 & 2 \end{array}\right) \begin{array}{l} \\ L_2 - (2/1)L_1 = L_2 - 2L_1 \\ L_3 - (1/1)L_1 = L_3 - L_1 \end{array}$$

$$\sim \left(\begin{array}{ccc|c} 1 & -1 & 1 & 5 \\ 0 & \boxed{5} & -3 & -3 \\ 0 & 3 & -3 & -3 \end{array}\right) \begin{array}{l} \\ \\ L_3 - \frac{3}{5}L_2 \end{array} \sim \left(\begin{array}{ccc|c} 1 & -1 & 1 & 5 \\ 0 & 5 & -3 & 3 \\ 0 & 0 & -6/5 & -6/5 \end{array}\right).$$

A partir da forma escalonada, obtemos

$$\begin{cases} x - y + z = 5 \\ 5y - 3z = 3 \\ -\frac{6}{5}z = -\frac{6}{5} \end{cases}.$$

Da última equação, $z = 1$. Substituindo y e z na segunda equação, obtemos

$$5y - 3 \cdot 1 = 3 \Leftrightarrow 5y = 0 \Leftrightarrow y = 0.$$

Substituindo-os agora na primeira equação do sistema escalonado, temos

$$x - y + z = 5 \Leftrightarrow x - 0 + 1 = 5 \Leftrightarrow x = 4.$$

Portanto, a solução é $x = 4$, $y = 0$ e $z = 1$.

Johann Carl Friedrich Gauss (1777-1855)

Talvez o maior matemático de todos os tempos, Gauss surpreendeu seu professor quando, aos 7 anos, desenvolveu um método para somar os 100 primeiros números naturais em tempo mínimo. Nascido no então condado de Brunswick, na atual Alemanha (que não existia como país naquela época), desde cedo foi apoiado financeiramente pelo duque, tendo desenvolvido diversos trabalhos, entre eles as maiores contribuições à geometria desde a época da Grécia antiga. Após a morte do duque, trabalhou na Universidade de Göttingen, desenvolvendo várias pesquisas nas áreas de matemática, física e astronomia e influenciando uma nova geração de matemáticos brilhantes.

Com isto, terminamos este capítulo. Um outro método, ainda mais eficiente que o de Gauss, será visto no próximo capítulo, que também trará uma técnica para o cálculo de matrizes inversas, além de outros assuntos.

Resumo

- **Sistemas de equações lineares:** um sistema de equações lineares com m equações e n incógnitas é dado por

$$\begin{cases} a_{11}x_1 + a_{12}x_2 + \cdots a_{1n}x_n = b_1 \\ a_{21}x_1 + a_{22}x_2 + \cdots a_{2n}x_n = b_2 \\ \cdots \\ a_{m1}x_1 + a_{m2}x_2 + \cdots a_{mn}x_n = b_m \end{cases},$$

onde $x_1, x_2, \cdots, x_n$ são as incógnitas, a_{ij} $(i = 1, \cdots, m,\ j = 1, \cdots, n)$ são os coeficientes e b_i, $i = 1, \cdots, m$ constituem o lado direito das equações do sistema.

- **Operações elementares:** são aquelas que não modificam a solução de um sistema de equações lineares. Tais operações são a permutação de duas linhas $(L_i \leftrightarrow L_j)$, a troca de uma linha pelo produto dela por um número real não nulo $(L_i \to kL_i,\ k \in \mathbb{R}^*)$ e a troca de uma linha por sua soma a outra linha multiplicada por um número real $(L_i \to L_i + kL_j,\ k \in \mathbb{R})$.

- **Forma matricial** de um sistema de equações lineares:

$$AX = B \Leftrightarrow \begin{pmatrix} a_{11} & a_{12} & \cdots & a_{1n} \\ a_{21} & a_{22} & \cdots & a_{2n} \\ \vdots & \vdots & \ddots & \vdots \\ a_{m1} & a_{m2} & \cdots & a_{mn} \end{pmatrix} \begin{pmatrix} x_1 \\ x_2 \\ \vdots \\ x_n \end{pmatrix} = \begin{pmatrix} b_1 \\ b_2 \\ \vdots \\ b_m \end{pmatrix}$$

► **Matriz expandida** de um sistema de equações lineares:

$$\left(\begin{array}{cccc|c} a_{11} & a_{12} & \cdots & a_{1n} & b_1 \\ a_{21} & a_{22} & \cdots & a_{2n} & b_2 \\ \vdots & \vdots & \ddots & \vdots & \vdots \\ a_{m1} & a_{m2} & \cdots & a_{mn} & b_m \end{array}\right).$$

► **Método de Gauss:** transforma uma matriz em sua forma escalonada.

$$\left(\begin{array}{cccc|c} \boxed{a_{11}} & a_{12} & \cdots & a_{1n} & b_1 \\ a_{21} & a_{22} & \cdots & a_{2n} & b_2 \\ \vdots & \vdots & \ddots & \vdots & \vdots \\ a_{m1} & a_{m2} & \cdots & a_{mn} & b_m \end{array}\right) \begin{array}{l} \\ L_2 - \frac{a_{21}}{a_{11}}L_1 \\ \vdots \\ L_m - \frac{a_{m1}}{a_{11}}L_1 \end{array}$$

$$\sim \left(\begin{array}{cccc|c} a_{11} & a_{12} & \cdots & a_{1n} & b_1 \\ 0 & \boxed{b_{22}} & \cdots & b_{2n} & c_2 \\ 0 & b_{32} & \cdots & b_{3n} & c_3 \\ \vdots & \vdots & \ddots & \vdots & \vdots \\ 0 & b_{m2} & \cdots & b_{mn} & c_m \end{array}\right) \begin{array}{l} \\ \\ L_3 - \frac{b_{32}}{b_{22}}L_2 \\ \vdots \\ L_m - \frac{b_{m2}}{b_{22}}L_2 \end{array} \sim \left(\begin{array}{cccc|c} a_{11} & a_{12} & \cdots & a_{1n} & b_1 \\ 0 & b_{22} & \cdots & b_{2n} & c_2 \\ 0 & 0 & \cdots & c_{3n} & d_2 \\ \vdots & \vdots & \ddots & \vdots & \vdots \\ 0 & 0 & \cdots & c_{mn} & d_m \end{array}\right),$$

podendo ser necessário permutar linhas quando algum pivô for nulo.

Exercícios

Nível 1

Método de Gauss

Exemplo 1. Resolva o sistema de equações lineares

$$\begin{cases} 2x - y + 5z = 23 \\ x + 2y - 2z = -5 \\ 3x + y - 2z = 8 \end{cases}$$

usando o método de Gauss.

SOLUÇÃO. Primeiro, montamos a matriz expandida do sistema linear e depois fazemos as operações elementares necessárias para escalonar essa matriz. O processo é feito a seguir.

$$\left(\begin{array}{ccc|c} 2 & -1 & 5 & 23 \\ 1 & 2 & -2 & -5 \\ 3 & 1 & -2 & 8 \end{array}\right) \begin{array}{l} \\ L_2 - (1/2)L_1 \\ L_3 - (3/2)L_1 \end{array}$$

$$\sim\left(\begin{array}{ccc|c} 2 & -1 & 5 & 23 \\ 0 & 5/2 & -9/2 & -33/2 \\ 0 & 5/2 & -19/2 & -53/2 \end{array}\right) L_3 - \tfrac{5/2}{5/2}L_2 = L_3 - L_2$$

$$\sim\left(\begin{array}{ccc|c} 2 & -1 & 5 & 23 \\ 0 & 5/2 & -9/2 & -33/2 \\ 0 & 0 & -5 & -10 \end{array}\right)$$

Da terceira linha, $-5z = -10 \Leftrightarrow z = 2$. Substituindo na segunda linha,

$$\frac{5}{2}y - \frac{9}{2}z = -\frac{33}{2} \Leftrightarrow 5y - 9z = -33$$
$$\Leftrightarrow 5y = -33 + 9 \cdot 2$$
$$\Leftrightarrow 5y = -15$$
$$\Leftrightarrow y = -3.$$

Substituindo na primeira linha,

$$2x - y + 5z = 23 \Leftrightarrow 2x + 3 + 15 = 23 \Leftrightarrow 2x = 10 \Leftrightarrow x = 5.$$

Portanto, a solução do sistema de equações lineares é $x = 5$, $y = -3$ e $z = 2$.

E1) Resolva os seguintes sistemas de equações lineares usando o método de Gauss.

a) $\begin{cases} -x + 4y = 7 \\ 2x + 3y = 8 \end{cases}$. b) $\begin{cases} x - 3y = -9 \\ 2x + y = 3 \end{cases}$.

c) $\begin{cases} x + 4y - z = 2 \\ 4x - y + 6z = 31 \\ 3x + y - 3z = -5 \end{cases}$. d) $\begin{cases} -x + 2y - 2z = 3 \\ 2x + y - 3z = 13 \\ 3x - 2y + 4z = -1 \end{cases}$.

Nível 2

E1) Para quais valores do parâmetro a os sistemas de equações lineares abaixo têm solução?

a) $\begin{cases} 6x + y = 7 \\ 3x + y = 4 \\ -6x - 2y = a \end{cases}$. b) $\begin{cases} x + 2y - 3z = 4 \\ 3x - y + 5z = 2 \\ 4x + y + (a^2 - 14)z = a + 2 \end{cases}$.

E2) Uma empresa fabrica móveis de escritório e, no momento, planeja sua produção para o dia. A empresa tem quase todas as peças necessárias para sua produção em estoque, mas está com uma quantidade baixa de gavetas. Ela fabrica três tipos de mesa: o primeiro tipo necessita de 2 horas de manufatura e 1 hora de montagem e utiliza 2 gavetas; o segundo necessita de 1 hora de manufatura, 1 hora de montagem e leva 4 gavetas; o terceiro precisa de 4 horas de manufatura, 2 horas de montagem e tem somente 1 gaveta. A firma tem disponíveis para esse dia 21 horas de manufatura, 11 horas de montagem e 15 gavetas.

a) Escreva um sistema linear que represente a situação descrita acima.

b) Resolva o referido sistema usando o método de Gauss.

E3) Um fazendeiro precisa adubar um terreno acrescentando a cada 10 m^2 190 g de nitrato, 210 g de fosfato e 280 g de potássio. Existem no mercado quatro marcas de adubo, sendo que cada kg da marca 1 contém 10 g de nitrato, 10 g de fosfato e 100 g de potássio, custando 5 reais o kg; cada kg da marca 2 contém 10 g de nitrato, 100 g de fosfato e 300 g de potássio, custando 6 reais o kg; cada kg da marca 3 contém 50 g de nitrato, 20 g de fosfato e 20 g de potássio, custando 5 reais o kg; cada kg da marca 4 contém 20 g de nitrato, 40 g de fosfato e 35 g de potássio, custando 15 reais o kg. O fazendeiro planeja pagar exatamente 75 reais a cada 10 m^2 de terra adubada. Determine o quanto de cada uma das marcas deve ser usado a cada 10 m^2 de terra do fazendeiro (arredonde os resultados para gramas).

E4) Determine os coeficientes do polinômio $p(x) = ax^3 + bx^2 + cx + d$ tais que $p(0) = 10, p(1) = 7, p(3) = -11$ e $p(4) = -14$.

E5) Resolva os seguintes sistemas de equações não lineares usando o método de Gauss.

a) $$\begin{cases} -\dfrac{1}{x} + \dfrac{2}{y} + \dfrac{2}{z} = 2 \\ \dfrac{2}{x} - \dfrac{1}{y} + \dfrac{2}{z} = 5 \\ \dfrac{1}{x} + \dfrac{2}{y} - \dfrac{1}{z} = 3 \end{cases}.$$

b) $$\begin{cases} \cos\alpha + 3\,\mathrm{sen}\,\beta - \mathrm{tg}\,\gamma = 2 \\ 3\cos\alpha + \mathrm{sen}\,\beta - 3\,\mathrm{tg}\,\gamma = -2 \\ 2\cos\alpha - \mathrm{sen}\,\beta + 2\,\mathrm{tg}\,\gamma = 1 \end{cases}.$$

Nível 3

E1) (Leitura Complementar 1.3.4) A tabela a seguir mostra a arrecadação tributária bruta de 1999 até 2003, em bilhões de reais (fonte: Receita Federal).

Com base nesses dados, determine as constantes do modelo de renda nacional com carga tributária e utilize o modelo para prever os valores da renda nacional, do consumo das famílias e da arrecadação tributária no primeiro semestre de 2005, onde o investimento do governo foi de 182,80 bilhões de reais e o seu consumo foi 86,67 bilhões de reais, comparando-os aos dados reais do período.[3]

Ano	1999	2000	2001	2002	2003
Arrecadação tributária bruta	308,91	361,57	406,12	473,84	542,75

E2) Mostre que, se um sistema de equações lineares $AX = 0$ tem duas soluções distintas, X_1 e X_2 ($X_1 \neq X_2$), então ele tem infinitas soluções.

E3) Mostre que todo sistema homogêneo $AX = 0$, onde A é uma matriz $m \times n$, onde $m < n$, tem infinitas soluções.

3. A arrecadação tributária bruta no primeiro semestre de 2005 foi de 175,73 bilhões de reais.

Respostas

NÍVEL 1

E1) a) $x = 1$ e $y = 2$. b) $x = 0$ e $y = 3$. c) $x = 2, y = 1$ e $z = 4$.
d) $x = 3, y = 1$ e $z = -2$.

NÍVEL 2

E1) a) $a = -8$. b) $\{a \in \mathbb{R} \mid a \neq -4\}$.

E2) a) $\begin{cases} 2x + y + 4z = 21 \\ x + y + 2z = 11 \\ 2x + 4y + z = 15 \end{cases}$. b) $x = 4, y = 1$ e $z = 3$.

E3) 1 kg do adubo 1, 0 kg do adubo 2, 2 kg do adubo 3 e 4 kg do adubo 4.

E4) $a = 1, b = -6, c = 2$ e $d = 10$.

E5) a) $x = 1/2, y = 1$ e $z = 1$. b) $\alpha = \pi/2, \beta = \pi/2$ e $\gamma = \pi/4$.

NÍVEL 3

E1) Calibrando os coeficientes por meio do método dos mínimos quadrados, ficamos com $T = 0{,}4252Y - 87{,}915$ e $C = 0{,}8448(Y - T) + 80{,}302$. A solução do sistema de equações lineares resultante é (com precisão de duas casas decimais) $Y = 824{,}33$ bilhões de reais, $C = 554{,}86$ bilhões de reais e $T = 262{,}59$ bilhões de reais. Os resultados reais para o período foram $Y = 887{,}30$ bilhões de reais, $C = 263{,}01$ bilhões de reais e $T = 175{,}73$ bilhões de reais.

E2) Se X_1 e X_2 são soluções independentes, então qualquer combinação $\alpha X_1 + \beta X_2$, $\alpha, \beta \in \mathbb{R}$, também é uma solução, pois $A(\alpha X_1 + \beta X_2) = \alpha A X_1 + \beta A X_2 = \alpha \cdot 0 + \beta \cdot 0 = 0$.

E3) Tal sistema, em forma de matriz expandida, fica

$$AX = 0 \Leftrightarrow \left(\begin{array}{cccc|c} a_{11} & a_{12} & \cdots & a_{1m} & 0 \\ a_{21} & a_{22} & \cdots & a_{2m} & 0 \\ \vdots & \vdots & \ddots & \vdots & \vdots \\ a_{n1} & a_{n2} & \cdots & a_{nm} & 0 \end{array}\right).$$

Utilizando o método de Gauss, podemos escalonar essa matriz expandida de modo a obter

$$\left(\begin{array}{ccccccc|c} w_{11} & w_{12} & \cdots & w_{1n} & w_{1,n+1} & \cdots & w_{1m} & 0 \\ 0 & w_{22} & \cdots & w_{2n} & w_{2,n+1} & \cdots & w_{2m} & 0 \\ \vdots & \vdots & \ddots & \vdots & \vdots & \ddots & \vdots & \vdots \\ 0 & 0 & \cdots & 0 & w_{n,n+1} & \cdots & w_{nm} & 0 \end{array}\right),$$

que é um sistema com infinitas soluções.

1.4 Método de Gauss-Jordan

Neste capítulo, continuamos o estudo de sistemas de equações lineares. Veremos agora um método ainda mais eficiente para resolver esses sistemas: o método de Gauss-Jordan. Antes disso, porém, é necessário complementar o capítulo anterior estudando alguns casos em que sistemas de equações lineares ou têm infinitas soluções ou não têm solução alguma.

1.4.1 Sistemas indeterminados e sistemas sem solução

É uma bela manhã de segunda-feira e o administrador financeiro de uma empresa de materiais de construção recebe a visita de um dos presidentes da firma. Ele pede que o administrador desenvolva um modelo de produção que possibilite a fabricação de 1.500 unidades de misturadores de cimento com um orçamento bem reduzido e usando somente a mão de obra disponível no momento, em um prazo de duas semanas. O administrador imediatamente percebe que isto é impossível, ou seja, que o problema proposto não tem solução.

Na prática empresarial, é muito comum que sejam propostos problemas impossíveis ou problemas que tenham mais de uma solução. Caso esses problemas sejam lineares, eles podem ser transformados em um sistema de equações lineares sobre o qual pode ser aplicado o método de Gauss. Esses sistemas podem ou não ter solução única. Nesta primeira seção, estudaremos tais tipos de sistemas de equações lineares.

Vamos começar revisando o capítulo anterior, resolvendo mais um sistema de equações lineares usando o método de Gauss.

Exemplo 1. Usando o método de Gauss, resolva o sistema de equações lineares

$$\begin{cases} x - 3y = 1 \\ 2x + y = 9 \end{cases}.$$

Solução.

$$\left(\begin{array}{cc|c} \boxed{1} & -3 & 1 \\ 2 & 1 & 9 \end{array}\right) \quad L_2 - 2L_1 \quad \sim \left(\begin{array}{cc|c} 1 & -3 & 1 \\ 0 & 7 & 7 \end{array}\right).$$

Da segunda linha, $7y = 7 \Leftrightarrow y = 1$.

Substituindo esse resultado na linha 1, temos

$$x - 3y = 1 \Leftrightarrow x - 3 = 1 \Leftrightarrow x = 4.$$

O sistema de equações lineares do exemplo 1 tem solução única e é chamado *sistema possível e determinado* (SPD). Todos os sistemas de equações lineares vistos até agora têm uma única solução, o que nem sempre ocorre. Os exemplos a seguir trazem outros tipos de sistemas que não têm essa característica.

Exemplo 2. Usando o método de Gauss, resolva o sistema de equações lineares

$$\begin{cases} x - 2y - 3z = 0 \\ x + y + z = 60 \end{cases}.$$

SOLUÇÃO.

$$\left(\begin{array}{ccc|c} \boxed{1} & -2 & -3 & 0 \\ 1 & 1 & 1 & 60 \end{array}\right) \begin{array}{c} \\ L_2 - L_1 \end{array} \sim \left(\begin{array}{ccc|c} 1 & -2 & -3 & 0 \\ 0 & 3 & 4 & 60 \end{array}\right).$$

Não é possível continuar o escalonamento dessa matriz. Portanto, ficamos com o sistema de equações

$$\begin{cases} x - 2y - 3z = 0 \\ 3y + 4z = 60 \end{cases}.$$

O sistema do exemplo 2 é chamado *sistema possível e indeterminado* (SPI), pois não existe somente uma solução para ele. Por exemplo, tomando $z = 0$, ficamos com

$$3y + 0 = 60 \Leftrightarrow y = 20, \quad x - 2 \cdot 20 + 0 = 0 \Leftrightarrow x = 40,$$

que é uma solução. Outra solução pode ser obtida escolhendo $z = 2$, com

$$3y + 4 \cdot 2 = 60 \Leftrightarrow 3y = 60 - 8 \Leftrightarrow y = \frac{52}{3},$$

$$x = 2y + 3z \Leftrightarrow x = \frac{104}{3} + 6 \Leftrightarrow x = \frac{122}{3}.$$

Ainda outra solução existe se fixarmos $y = 0$, com

$$0 + 4z = 60 \Leftrightarrow z = \frac{60}{4} \Leftrightarrow z = 15, \quad x = 0 + 3z \Leftrightarrow x = 45.$$

Todas elas são possíveis soluções do sistema de equações lineares em questão e inúmeras outras podem ser obtidas fixando uma das três variáveis do problema. Portanto, esse é um sistema com infinitas soluções. Em geral, podemos identificar sistemas indeterminados quando há mais variáveis que equações em um determinado sistema de equações lineares, embora eles possam existir em sistemas com o mesmo número de equações e de incógnitas.

Exemplo 3. Usando o método de Gauss, resolva o sistema de equações lineares

$$\begin{cases} x + 2y = 5 \\ x - 3y = -5 \\ 2x + y = 8 \end{cases}.$$

SOLUÇÃO.

$$\left(\begin{array}{cc|c} \boxed{1} & 2 & 5 \\ 1 & -3 & -5 \\ 2 & 1 & 8 \end{array}\right) \begin{array}{l} \\ L_2 - L_1 \\ L_3 - 2L_1 \end{array}$$

$$\sim \left(\begin{array}{cc|c} 1 & 2 & 5 \\ 0 & \boxed{-5} & -10 \\ 0 & -3 & -2 \end{array}\right) \begin{array}{l} \\ \\ L_3 - \left(\frac{-3}{-5}\right) L_2 = L_3 - \frac{3}{5}L_2 \end{array} \sim \left(\begin{array}{cc|c} 1 & 2 & 5 \\ 0 & -5 & -10 \\ 0 & 0 & 4 \end{array}\right).$$

Esta matriz expandida equivale ao sistema

$$\begin{cases} x + 2y = 5 \\ -5y = -10 \\ 0 = 4 \end{cases},$$

que é impossível, uma vez que $0 \neq 4$.

O tipo de sistema de equações lineares do exemplo 3 é chamado de *sistema impossível* (SI), pois não tem solução. Observe que há mais equações que incógnitas, o que não garante que ele seja impossível, mas que é uma boa indicação de que esse pode ser o caso. O próximo exemplo também é impossível, mas tem o mesmo número de equações e de incógnitas.

Exemplo 4. Usando o método de Gauss, resolva o sistema de equações lineares

$$\begin{cases} x - 3y = 5 \\ -2x + 6y = 0 \end{cases}.$$

SOLUÇÃO.

$$\left(\begin{array}{cc|c} \boxed{1} & -3 & 5 \\ -2 & 6 & 0 \end{array}\right) \begin{array}{l} \\ L_2 - \left(\frac{-2}{1}\right) L_1 = L_2 + 2L_1 \end{array} \sim \left(\begin{array}{cc|c} 1 & -3 & 5 \\ 0 & 0 & 10 \end{array}\right).$$

Esta matriz expandida equivale ao sistema

$$\begin{cases} x - 3y = 5 \\ 0 = 10 \end{cases},$$

o que é impossível, uma vez que $0 \neq 10$.

Também é possível haver sistemas de equações lineares que sejam possíveis e indeterminados mesmo tendo o mesmo número de equações e de incógnitas, como mostra o problema a seguir.

Exemplo 5. Usando o método de Gauss, resolva o sistema de equações lineares

$$\begin{cases} 2x - y + z = 1 \\ x - y + 4z = 3 \\ -6x + 3y - 3z = -3 \end{cases}.$$

SOLUÇÃO.

$$\left(\begin{array}{ccc|c} \boxed{2} & -1 & 1 & 1 \\ 1 & -1 & 4 & 3 \\ -6 & 3 & -3 & -3 \end{array}\right) \begin{array}{l} \\ L_2 - (1/2)L_1 \\ L_3 + 3L_1 \end{array} \Leftrightarrow \left(\begin{array}{ccc|c} 2 & -1 & 1 & 1 \\ 0 & 1/2 & 7/2 & 5/2 \\ 0 & 0 & 0 & 0 \end{array}\right).$$

Esta matriz expandida equivale ao sistema

$$\begin{cases} 2x - y + z = 1 \\ \frac{1}{2}y + \frac{7}{2}z = \frac{5}{2} \\ 0 = 0 \end{cases}.$$

Como $0 = 0$ (claramente), este é um sistema possível e indeterminado.

É de suprema importância saber se determinado sistema de equações lineares tem ou não solução, pois estes têm aplicações em áreas estratégicas de atividades como produção industrial, logística e planejamento econômico. Por isso, muito tempo e dinheiro são utilizados em pesquisas que melhorem a capacidade de identificação de sistemas que tenham solução. Algumas técnicas usam o conceito de *posto* (*rank*, em inglês) de uma matriz, que é visto na Leitura Complementar 1.4.1.

1.4.2 Método de Gauss-Jordan

O método de Gauss, visto no capítulo anterior, é bastante eficiente na resolução de sistemas de equações lineares. No entanto, existe um aprimoramento desse método, chamado *método de Gauss-Jordan*. O método consiste em utilizar as operações elementares para transformar a matriz dos coeficientes de um sistema de equações lineares em uma matriz identidade. Ilustraremos o método utilizando o sistema de equações lineares

$$\begin{cases} 2x + y = 7 \\ 4x - y = 5 \end{cases}$$

em termos de uma matriz expandida:

$$\left(\begin{array}{cc|c} 2 & 1 & 7 \\ 4 & -1 & 5 \end{array}\right).$$

Como no método de Gauss, tomamos o primeiro elemento da diagonal principal, o pivô, que deverá tornar-se o número 1. Isto se faz dividindo a linha 1 pelo valor do pivô. Portanto, devemos dividir a linha 1 por 2. Depois, é feita a mesma operação usada no método de Gauss para zerar o elemento da linha 2 que está na mesma coluna que o pivô:

$$\left(\begin{array}{cc|c} \boxed{2} & 1 & 7 \\ 4 & -1 & 5 \end{array}\right) \begin{array}{l} L_1/2 \\ L_2 - \frac{4}{2}L_1 = L_2 - 2L_1 \end{array} \sim \left(\begin{array}{cc|c} 1 & 1/2 & 7/2 \\ 0 & -3 & -9 \end{array}\right).$$

O método de Gauss acabaria por aqui, mas no método de Gauss-Jordan fazemos ainda outro conjunto de operações, que devem zerar o elemento a_{12} da matriz dos coeficientes e tornar o elemento a_{22} em 1. Isto se faz por meio das operações a seguir:

$$\left(\begin{array}{cc|c} 1 & 1/2 & 7/2 \\ 0 & \boxed{-3} & -9 \end{array}\right) \begin{array}{l} L_1 - \left(\frac{1/2}{-3}\right) L_2 = L_1 + \frac{1}{6}L_2 \\ L_2/(-3) \end{array} \sim \left(\begin{array}{cc|c} 1 & 0 & 2 \\ 0 & 1 & 3 \end{array}\right).$$

Essa matriz expandida equivale a

$$\begin{pmatrix} 1 & 0 \\ 0 & 1 \end{pmatrix}\begin{pmatrix} x \\ y \end{pmatrix} = \begin{pmatrix} 2 \\ 3 \end{pmatrix} \sim \begin{pmatrix} 1 \cdot x + 0 \cdot y \\ 0 \cdot x + 1 \cdot y \end{pmatrix} = \begin{pmatrix} 2 \\ 3 \end{pmatrix} \sim \begin{pmatrix} x \\ y \end{pmatrix} = \begin{pmatrix} 2 \\ 3 \end{pmatrix} \Leftrightarrow \begin{cases} x = 2 \\ y = 3 \end{cases}.$$

Pode-se ver que a vantagem do método de Gauss-Jordan é que não são necessárias outras operações após a diagonalização da matriz dos coeficientes. Veremos a seguir alguns outros exemplos da aplicação desse método.

Exemplo 1. Usando o método de Gauss-Jordan, resolva o sistema de equações lineares

$$\begin{cases} x + 3y = -1 \\ 2x - y = 5 \end{cases}.$$

Solução. Usando a forma da matriz expandida, temos

$$\left(\begin{array}{cc|c} \boxed{1} & 3 & -1 \\ 2 & -1 & 5 \end{array}\right) \begin{array}{l} L_1/1 = L_1 \\ L_2 - \frac{2}{1}L_1 = L_2 - 2L_1 \end{array}$$

$$\sim \left(\begin{array}{cc|c} 1 & 3 & -1 \\ 0 & \boxed{-7} & 7 \end{array}\right) \begin{array}{l} L_1 - \frac{3}{-7}L_2 = L_1 + \frac{3}{7}L_2 \\ L_2/(-7) \end{array} \sim \left(\begin{array}{cc|c} 1 & 0 & 2 \\ 0 & 1 & -1 \end{array}\right),$$

de modo que $x = 2$ e $y = -1$.

Exemplo 2. Usando o método de Gauss-Jordan, resolva o sistema de equações lineares

$$\begin{cases} 2x - 4y + 3z = -6 \\ x - 2y + 5z = -3 \\ 2x - z = -2 \end{cases}.$$

Solução.

$$\left(\begin{array}{ccc|c} \boxed{2} & -4 & 3 & -6 \\ 1 & -2 & 5 & -3 \\ 2 & 0 & -1 & -2 \end{array}\right) \begin{array}{l} L_1/2 \\ L_2 - (1/2)L_1 \\ L_3 - L_1 \end{array} \sim \left(\begin{array}{ccc|c} 1 & -2 & 3/2 & -3 \\ 0 & 0 & 7/2 & 0 \\ 0 & 4 & -4 & 4 \end{array}\right).$$

O próximo pivô deveria ser o segundo elemento da diagonal principal, mas este é 0, de modo que não podemos dividir número algum por ele. Esse problema pode ser resolvido se recorrermos a uma operação elementar que ainda não foi utilizada: a permutação de duas linhas. Permutando a segunda e a terceira linhas, obtemos

$$\left(\begin{array}{ccc|c} 1 & -2 & 3/2 & -3 \\ 0 & \boxed{4} & -4 & 4 \\ 0 & 0 & 7/2 & 0 \end{array}\right) \begin{array}{l} L_1 + (1/2)L_2 \\ L_2/4 \\ L_3 \end{array}$$

$$\sim \left(\begin{array}{ccc|c} 1 & 0 & -1/2 & -1 \\ 0 & 1 & -1 & 1 \\ 0 & 0 & \boxed{7/2} & 0 \end{array}\right) \begin{array}{l} L_1 + (1/7)L_3 \\ L_2 + (2/7)L_3 \\ L_3/(7/2) \end{array} \sim \left(\begin{array}{ccc|c} 1 & 0 & 0 & -1 \\ 0 & 1 & 0 & 1 \\ 0 & 0 & 1 & 0 \end{array}\right),$$

de modo que a solução é $x = -1$, $y = 1$ e $z = 0$.

Exemplo 3. Usando o método de Gauss-Jordan, resolva o sistema de equações lineares

$$\begin{cases} x + 2y = 5 \\ x - 3y = -5 \\ 2x + y = 8 \end{cases}.$$

SOLUÇÃO.

$$\left(\begin{array}{cc|c} \boxed{1} & 2 & 5 \\ 1 & -3 & -5 \\ 2 & 1 & 8 \end{array}\right) \begin{array}{l} L_1/1 = L_1 \\ L_2 - L_1 \\ L_3 - 2L_1 \end{array} \Leftrightarrow \left(\begin{array}{cc|c} 1 & 2 & 5 \\ 0 & \boxed{-5} & -10 \\ 0 & -3 & -2 \end{array}\right) \begin{array}{l} L_1 - \frac{2}{-5}L_2 = L_1 + \frac{2}{5}L_2 \\ L_2/(-5) \\ L_3 - \left(\frac{-3}{-5}\right)L_2 = L_3 - \frac{3}{5}L_2 \end{array}$$

$$\Leftrightarrow \left(\begin{array}{cc|c} 1 & 0 & 1 \\ 0 & 1 & 2 \\ 0 & 0 & 4 \end{array}\right).$$

Esta matriz expandida equivale ao sistema

$$\begin{cases} x = 1 \\ y = 2\,, \\ 0 = 4 \end{cases}$$

o que é impossível, uma vez que $0 \neq 4$. O sistema, portanto, não tem solução.

> **Wilhelm Jordan (1842-1899)**
> Matemático alemão que se especializou em geodesia, ciência que estuda a medição e o formato da Terra ou porções dela. Educado em Stuttgart (Alemanha), foi professor em Karlsruhe, aprimorou o método de Gauss, que, na verdade, tem esse nome não porque tenha sido inventado por Gauss, mas porque foi ele quem popularizou seu uso (a origem do método parece remeter à China antiga).

1.4.3 Cálculo da matriz inversa

Vamos agora lembrar que qualquer sistema de equações lineares pode ser escrito sob a forma matricial $AX = B$, onde A é a matriz dos coeficientes do sistema, X é a matriz (ou vetor) das incógnitas e B é o lado direito do sistema de equações lineares. Esta equação pode ser resolvida se utilizarmos o conceito de matriz inversa, multiplicando ambos os lados da equação pela esquerda pela matriz inversa de A:

$$AX = B \Leftrightarrow A^{-1}AX = A^{-1}B.$$

Lembre-se de que a multiplicação de matrizes não é comutativa e que, portanto, multiplicar um termo por outra matriz pela esquerda é quase sempre diferente de multiplicá-lo pela mesma matriz pela direita. Além disso, estamos assumindo aqui que a matriz A é do tipo $n \times n$. Lembrando que $A^{-1}A = I_n$, onde I_n é a matriz identidade adequada, temos

$$AX = B \Leftrightarrow A^{-1}AX = A^{-1}B \Leftrightarrow I_nX = A^{-1}B \Leftrightarrow X = A^{-1}B,$$

uma vez que o produto da matriz identidade por qualquer outra matriz resulta na própria matriz.

A conclusão do que acabamos de fazer é que resolver um sistema de equações lineares equivale a calcular a matriz inversa da matriz de seus coeficientes e depois multiplicar essa inversa pela matriz formada pelos elementos do lado direito de cada equação do sistema. Ensinaremos, agora, uma técnica para calcular a matriz inversa de alguma matriz usando o método de

Gauss-Jordan, visto na seção anterior. A demonstração de que esse método é correto ficará para a Leitura Complementar 1.4.2.

Dada uma matriz A do tipo $n \times n$, escrevemos a matriz e seus elementos ao lado da matriz identidade I_n. Depois, usando o método de Gauss-Jordan, procuramos transformar a matriz A em uma matriz identidade repetindo todas as operações elementares que são efetuadas na matriz identidade que está ao seu lado. Se a matriz da esquerda puder ser diagonalizada, o resultado final da matriz da direita será a inversa da matriz original.

$$\left(\begin{array}{cccc|cccc} a_{11} & a_{12} & \cdots & a_{1n} & 1 & 0 & \cdots & 0 \\ a_{21} & a_{22} & \cdots & a_{2n} & 0 & 1 & \cdots & 0 \\ \vdots & \vdots & \ddots & \vdots & \vdots & \vdots & \ddots & \vdots \\ a_{n1} & a_{n2} & \cdots & a_{nn} & 0 & 0 & \cdots & 1 \end{array}\right) \begin{array}{l} L_1/a_{11} \\ L_2 - \frac{a_{21}}{a_{11}}L_1 \\ \vdots \\ L_n - \frac{a_{n1}}{a_{11}}L_1 \end{array}$$

$$\sim \cdots \sim \left(\begin{array}{cccc|cccc} 1 & 0 & \cdots & 0 & b_{11} & b_{21} & \cdots & b_{1n} \\ 0 & 1 & \cdots & 0 & b_{21} & b_{22} & \cdots & b_{2n} \\ \vdots & \vdots & \ddots & \vdots & \vdots & \vdots & \ddots & \vdots \\ 0 & 0 & \cdots & 1 & b_{n1} & b_{n2} & \cdots & b_{nn} \end{array}\right).$$

Exemplo 1. Encontre a inversa da matriz $A = \begin{pmatrix} 2 & -1 \\ 3 & 2 \end{pmatrix}$.

SOLUÇÃO.

$$\left(\begin{array}{cc|cc} \boxed{2} & -1 & 1 & 0 \\ 3 & 2 & 0 & 1 \end{array}\right) \begin{array}{l} L_1/2 \\ L_2 - \frac{3}{2}L_1 \end{array}$$

$$\sim \left(\begin{array}{cc|cc} 1 & -1/2 & 1/2 & 0 \\ 0 & \boxed{7/2} & -3/2 & 1 \end{array}\right) \begin{array}{l} L_1 - \frac{-1/2}{7/2}L_2 = L_1 + \frac{1}{2}\frac{2}{7}L_2 = L_1 + \frac{1}{7}L_2 \\ L_2/(7/2) = \frac{2}{7}L_2 \end{array}$$

$$\sim \left(\begin{array}{cc|cc} 1 & 0 & 2/7 & 1/7 \\ 0 & 1 & -3/7 & 2/7 \end{array}\right).$$

Portanto, a matriz inversa é dada por

$$A^{-1} = \begin{pmatrix} 2/7 & 1/7 \\ -3/7 & 2/7 \end{pmatrix} = \frac{1}{7}\begin{pmatrix} 2 & 1 \\ -3 & 2 \end{pmatrix}.$$

Podemos verificar que esta é a matriz inversa correta multiplicando-a (pela esquerda e pela direita) com a matriz original:

$$A^{-1}A = \frac{1}{7}\begin{pmatrix} 2 & 1 \\ -3 & 2 \end{pmatrix}\begin{pmatrix} 2 & -1 \\ 3 & 2 \end{pmatrix} = \begin{pmatrix} 1 & 0 \\ 0 & 1 \end{pmatrix},$$

$$AA^{-1} = \begin{pmatrix} 2 & -1 \\ 3 & 2 \end{pmatrix}\frac{1}{7}\begin{pmatrix} 2 & 1 \\ -3 & 2 \end{pmatrix} = \begin{pmatrix} 1 & 0 \\ 0 & 1 \end{pmatrix}.$$

Exemplo 2. Encontre a inversa da matriz $B = \begin{pmatrix} 2 & 1 & 1 \\ 1 & 1 & 1 \\ 1 & 2 & 1 \end{pmatrix}$.

SOLUÇÃO.

$$\left(\begin{array}{ccc|ccc} \boxed{2} & 1 & 1 & 1 & 0 & 0 \\ 1 & 1 & 1 & 0 & 1 & 0 \\ 1 & 2 & 1 & 0 & 0 & 1 \end{array}\right) \begin{array}{l} L_1/2 \\ L_2 - (1/2)L_1 \\ L_3 - (1/2)L_1 \end{array}$$

$$\sim \left(\begin{array}{ccc|ccc} 1 & 1/2 & 1/2 & 1/2 & 0 & 0 \\ 0 & \boxed{1/2} & 1/2 & -1/2 & 1 & 0 \\ 0 & 3/2 & 1/2 & -1/2 & 0 & 1 \end{array}\right) \begin{array}{l} L_1 - L_2 \\ 2L_2 \\ L_3 - 3L_2 \end{array}$$

$$\sim \left(\begin{array}{ccc|ccc} 1 & 0 & 0 & 1 & -1 & 0 \\ 0 & 1 & 1 & -1 & 2 & 0 \\ 0 & 0 & \boxed{-1} & 1 & -3 & 1 \end{array}\right) \begin{array}{l} L_1 \\ L_2 + L_3 \\ -L_3 \end{array} \sim \left(\begin{array}{ccc|ccc} 1 & 0 & 0 & 1 & -1 & 0 \\ 0 & 1 & 0 & 0 & -1 & 1 \\ 0 & 0 & 1 & -1 & 3 & -1 \end{array}\right).$$

Portanto, a matriz inversa é dada por

$$A^{-1} = \begin{pmatrix} 1 & -1 & 0 \\ 0 & -1 & 1 \\ -1 & 3 & -1 \end{pmatrix}.$$

Novamente, podemos verificar que esta é a matriz inversa correta determinando seu produto (pela esquerda e pela direita) com a matriz original:

$$A^{-1}A = \begin{pmatrix} 1 & -1 & 0 \\ 0 & -1 & 1 \\ -1 & 3 & -1 \end{pmatrix} \begin{pmatrix} 2 & 1 & 1 \\ 1 & 1 & 1 \\ 1 & 2 & 1 \end{pmatrix} = \begin{pmatrix} 1 & 0 & 0 \\ 0 & 0 & 1 \\ 0 & 0 & 1 \end{pmatrix},$$

$$AA^{-1} = \begin{pmatrix} 2 & 1 & 1 \\ 1 & 1 & 1 \\ 1 & 2 & 1 \end{pmatrix} \begin{pmatrix} 1 & -1 & 0 \\ 0 & -1 & 1 \\ -1 & 3 & -1 \end{pmatrix} = \begin{pmatrix} 1 & 0 & 0 \\ 0 & 0 & 1 \\ 0 & 0 & 1 \end{pmatrix}.$$

Podemos utilizar o cálculo da matriz inversa para solucionar um sistema de equações lineares, como o problema do fazendeiro (visto no Capítulo 1.3), por exemplo.

Exemplo 3. Usando uma matriz inversa, resolva o sistema de equações lineares

$$\begin{cases} x + y + z = 15 \\ 20x + 15y + 5z = 230 \\ 30x + 40y + 5z = 425 \end{cases}.$$

SOLUÇÃO. Vamos encontrar a inversa da matriz dos coeficientes desse sistema de equações lineares:

$$\left(\begin{array}{ccc|ccc} \boxed{1} & 1 & 1 & 1 & 0 & 0 \\ 20 & 15 & 5 & 0 & 1 & 0 \\ 30 & 40 & 5 & 0 & 0 & 1 \end{array}\right) \begin{array}{l} L_1 \\ L_2 - 20L_1 \\ L_3 - 30L_1 \end{array}$$

$$\sim \left(\begin{array}{ccc|ccc} 1 & 1 & 1 & 1 & 0 & 0 \\ 0 & \boxed{-5} & -15 & -20 & 1 & 0 \\ 0 & 10 & -25 & -30 & 0 & 1 \end{array}\right) \begin{array}{l} L_1 + \frac{1}{5}L_2 \\ L_2/(-5) \\ L_3 + 2L_2 \end{array} \Leftrightarrow$$

$$\sim \left(\begin{array}{ccc|ccc} 1 & 0 & -2 & -3 & 1/5 & 0 \\ 0 & 1 & 3 & 4 & -1/5 & 0 \\ 0 & 0 & \boxed{-55} & -70 & 2 & 1 \end{array}\right) \begin{array}{l} L_1 - (2/55)L_3 \\ L_2 + (3/55)L_3 \\ L_3/(-55) \end{array}$$

$$\sim \left(\begin{array}{ccc|ccc} 1 & 0 & 0 & -5/11 & 7/55 & -2/55 \\ 0 & 1 & 0 & 2/11 & -1/11 & 3/55 \\ 0 & 0 & 1 & 70/55 & -2/55 & -1/55 \end{array}\right).$$

Portanto, a matriz inversa fica

$$A^{-1} = \begin{pmatrix} -5/11 & 7/55 & -2/55 \\ 2/11 & -1/11 & 3/55 \\ 70/55 & -2/55 & -1/55 \end{pmatrix}$$

$$= \frac{1}{55}\begin{pmatrix} -25 & 7 & -2 \\ 10 & -5 & 3 \\ 70 & -2 & -1 \end{pmatrix}.$$

A solução, então, é

$$X = A^{-1}B \sim \begin{pmatrix} x \\ y \\ z \end{pmatrix} = \frac{1}{55}\begin{pmatrix} -25 & 7 & -2 \\ 10 & -5 & 3 \\ 70 & -2 & -1 \end{pmatrix}\begin{pmatrix} 15 \\ 230 \\ 425 \end{pmatrix} \sim \begin{pmatrix} x \\ y \\ z \end{pmatrix} = \begin{pmatrix} 7 \\ 5 \\ 3 \end{pmatrix} \Leftrightarrow \begin{cases} x = 7 \\ y = 5 \\ z = 3 \end{cases}.$$

O uso de matrizes inversas na resolução de sistemas de equações lineares é tão intenso que grandes investimentos de dinheiro, tempo e talento foram e continuam sendo feitos para o desenvolvimento de algoritmos computacionais eficientes para o cálculo da inversa de uma matriz. Veremos agora dois exemplos de sistemas de equações lineares: um que apresenta infinitas soluções e outro que não tem solução.

Exemplo 4. Usando uma matriz inversa, tente resolver o sistema de equações lineares

$$\begin{cases} x + 2y = 4 \\ 2x + 4y = 8 \end{cases},$$

que tem infinitas soluções.

Solução. Vamos encontrar a inversa da matriz dos coeficientes desse sistema de equações lineares:

$$\left(\begin{array}{cc|cc} \boxed{1} & 2 & 1 & 0 \\ 2 & 4 & 0 & 1 \end{array}\right) \begin{array}{l} L_1 \\ L_2 - 2L_1 \end{array} \sim \left(\begin{array}{cc|cc} 1 & 2 & 1 & 0 \\ 0 & 0 & -2 & 1 \end{array}\right)$$

Não há como prosseguir, de modo que a matriz dos coeficientes não tem inversa.

Exemplo 5. Usando uma matriz inversa, tente resolver o sistema de equações lineares

$$\begin{cases} x + 2y = 4 \\ 2x + 4y = 0 \end{cases},$$

que não tem solução.

Solução. Vamos encontrar a inversa da matriz dos coeficientes desse sistema de equações lineares:

$$\left(\begin{array}{cc|cc} \boxed{1} & 2 & 1 & 0 \\ 2 & 4 & 0 & 1 \end{array}\right) \begin{array}{l} L_1 \\ L_2 - 2L_1 \end{array} \sim \left(\begin{array}{cc|cc} 1 & 2 & 1 & 0 \\ 0 & 0 & -2 & 1 \end{array}\right)$$

Não há como prosseguir, de modo que a matriz dos coeficientes não tem inversa.

De modo geral, quando a matriz dos coeficientes de um sistema de equações lineares não tem inversa, isso significa que não existe uma solução única para o sistema, isto é, que ele pode ter infinitas soluções ou não ter solução alguma (mais sobre isto na Leitura Complementar 1.4.1).

Terminamos assim este capítulo. No próximo capítulo veremos um conceito que está diretamente ligado aos sistemas de equações lineares e às matrizes: o de *determinante*.

Resumo

- **Tipos de soluções de sistemas de equações lineares:** um sistema de equações lineares pode ter solução única (determinado), não ter solução (impossível) ou ter infinitas soluções (indeterminado).
- **Método de Gauss-Jordan:** transforma uma matriz em sua forma diagonalizada.

$$
\left(\begin{array}{cccc|c}
\boxed{a_{11}} & a_{12} & \cdots & a_{1n} & b_1 \\
a_{21} & a_{22} & \cdots & a_{2n} & b_2 \\
\vdots & \vdots & \ddots & \vdots & \vdots \\
a_{m1} & a_{m2} & \cdots & a_{mn} & b_m
\end{array}\right)
\begin{array}{l}
L_1/a_{11} \\
L_2 - \frac{a_{21}}{a_{11}}L_1 \\
\vdots \\
L_m - \frac{a_{m1}}{a_{11}}L_1
\end{array}
$$

$$
\sim \left(\begin{array}{cccc|c}
b_{11} & b_{12} & \cdots & b_{1n} & c_1 \\
0 & \boxed{b_{22}} & \cdots & b_{2n} & c_2 \\
0 & b_{32} & \cdots & b_{3n} & c_3 \\
\vdots & \vdots & \ddots & \vdots & \vdots \\
0 & b_{m2} & \cdots & b_{mn} & c_m
\end{array}\right)
\begin{array}{l}
L_1 - \frac{b_{12}}{b_{22}}L_2 \\
L_2/b_{22} \\
L_3 - \frac{b_{32}}{b_{22}}L_2 \\
\vdots \\
L_m - \frac{b_{m2}}{b_{22}}L_2
\end{array}
$$

$$
\sim \cdots \sim \left(\begin{array}{cccc|c}
c_{11} & 0 & \cdots & 0 & d_1 \\
0 & c_{22} & \cdots & 0 & d_2 \\
0 & 0 & \cdots & 0 & d_2 \\
\vdots & \vdots & \ddots & \vdots & \vdots \\
0 & 0 & \cdots & c_{mn} & d_m
\end{array}\right),
$$

podendo ser necessárias permutações de linhas quando algum pivô for nulo.

- **Cálculo da matriz inversa:** dada uma matriz quadrada A, podemos calcular sua inversa pelo seguinte procedimento:

$$
\left(\begin{array}{cccc|cccc}
a_{11} & a_{12} & \cdots & a_{1n} & 1 & 0 & \cdots & 0 \\
a_{21} & a_{22} & \cdots & a_{2n} & 0 & 1 & \cdots & 0 \\
\vdots & \vdots & \ddots & \vdots & \vdots & \vdots & \ddots & \vdots \\
a_{n1} & a_{n2} & \cdots & a_{nn} & 0 & 0 & \cdots & 1
\end{array}\right)
\begin{array}{l}
L_1/a_{11} \\
L_2 - \frac{a_{21}}{a_{11}}L_1 \\
\vdots \\
L_n - \frac{a_{n1}}{a_{11}}L_1
\end{array}
\sim \cdots \sim
$$

$$
\sim \left(\begin{array}{cccc|cccc}
1 & 0 & \cdots & 0 & b_{11} & b_{21} & \cdots & b_{1n} \\
0 & 1 & \cdots & 0 & b_{21} & b_{22} & \cdots & b_{2n} \\
\vdots & \vdots & \ddots & \vdots & \vdots & \vdots & \ddots & \vdots \\
0 & 0 & \cdots & 1 & b_{n1} & b_{n2} & \cdots & b_{nn}
\end{array}\right),
$$

onde a inversa é a matriz que aparece no lado direito da última expressão. Caso não seja possível diagonalizar a matriz da esquerda, ela não terá inversa.

- **Matriz inversa e sistemas de equações lineares:** dado um sistema de equações lineares $AX = B$, se A tem inversa, então $X = A^{-1}B$.

Exercícios

Nível 1

Método de Gauss-Jordan

Exemplo 1. Resolva o sistema de equações lineares

$$\begin{cases} 3x - y + 2z = 14 \\ x + 3y + 2z = 4 \\ 2x - y - z = 5 \end{cases}$$

usando o método de Gauss-Jordan.

Solução. Primeiro montamos a matriz expandida do sistema linear e depois fazemos as operações elementares necessárias para transformar essa matriz em uma matriz identidade. O processo é feito da seguinte forma:

$$\left(\begin{array}{ccc|c} \boxed{3} & -1 & 2 & 14 \\ 1 & 3 & 2 & 4 \\ 2 & -1 & -1 & 5 \end{array}\right) \begin{array}{l} L_1/3 \\ L_2 - (1/3)L_1 \\ L_3 - (2/3)L_1 \end{array}$$

$$\sim \left(\begin{array}{ccc|c} 1 & -1/3 & 2/3 & 14/3 \\ 0 & \boxed{10/3} & 4/3 & -2/3 \\ 0 & -1/3 & -7/3 & -13/3 \end{array}\right) \begin{array}{l} L_1 - [(-1/3)/(10/3)]\, L_2 = L_1 + (1/10)L_2 \\ L_2/(10/3) \\ L_3 - [(-1/3)/(10/3)]\, L_2 = L_3 + (1/10)L_2 \end{array}$$

$$\sim \left(\begin{array}{ccc|c} 1 & 0 & 4/5 & 23/5 \\ 0 & 1 & 2/5 & -1/5 \\ 0 & 0 & \boxed{-11/5} & -22/5 \end{array}\right) \begin{array}{l} L_1 - [(4/5)/(-11/5)]\, L_3 = L_1 + (4/11)L_3 \\ L_2 - [(2/5)/(-11/5)]\, L_3 = L_2 + (2/11)L_3 \\ L_3/(-11/5) \end{array}$$

$$\sim \left(\begin{array}{ccc|c} 1 & 0 & 0 & 3 \\ 0 & 1 & 0 & -1 \\ 0 & 0 & 1 & 2 \end{array}\right).$$

A solução, portanto, é $x = 3$, $y = -1$ e $z = 2$.

E1) Resolva os seguintes sistemas de equações lineares usando o método de Gauss-Jordan.

a) $\begin{cases} 2x - y = -5 \\ 6x + y = -3 \end{cases}$.   b) $\begin{cases} 2x + 5y = 4 \\ 4x - 15y = -1 \end{cases}$.

c) $\begin{cases} x - y - z = -2 \\ 2x + y - 2z = 11 \\ 3x - 2y + 4z = -8 \end{cases}$.   d) $\begin{cases} 4x - y + 6z = 35 \\ x + 4y - z = -14 \\ 3x + y - 3z = -9 \end{cases}$.

e) $\begin{cases} 2x - 3y + z = 5 \\ 4x + y + 2z = 0 \\ -2x + 3y - z = 3 \end{cases}$.

CÁLCULO DA MATRIZ INVERSA

Exemplo 2. Usando o método de Gauss-Jordan, calcule a inversa da matriz

$$A = \begin{pmatrix} 3 & -1 & 2 \\ 1 & 3 & 2 \\ 2 & -1 & -1 \end{pmatrix}.$$

SOLUÇÃO. Usamos o algoritmo do cálculo da matriz inversa e o resolvemos usando o método de Gauss-Jordan.

$$\left(\begin{array}{ccc|ccc} \boxed{3} & -1 & 2 & 1 & 0 & 0 \\ 1 & 3 & 2 & 0 & 1 & 0 \\ 2 & -1 & -1 & 0 & 0 & 1 \end{array}\right) \begin{array}{l} L_1/3 \\ L_2 - (1/3)L_1 \Leftrightarrow \\ L_3 - (2/3)L_1 \end{array}$$

$$\sim \left(\begin{array}{ccc|ccc} 1 & -1/3 & 2/3 & 1/3 & 0 & 0 \\ 0 & \boxed{10/3} & 4/3 & -1/3 & 1 & 0 \\ 0 & -1/3 & -7/3 & -2/3 & 0 & 1 \end{array}\right) \begin{array}{l} L_1 - [(-1/3)/(10/3)]\, L_2 = L_1 + (1/10)L_2 \\ L_2/(10/3) \qquad\qquad\qquad\qquad \Leftrightarrow \\ L_3 - [(-1/3)/(10/3)]\, L_2 = L_3 + (1/10)L_2 \end{array}$$

$$\sim \left(\begin{array}{ccc|ccc} 1 & 0 & 4/5 & 3/10 & 1/10 & 0 \\ 0 & 1 & 2/5 & -1/10 & 3/10 & 0 \\ 0 & 0 & \boxed{-11/5} & -7/10 & 1/10 & 1 \end{array}\right) \begin{array}{l} L_1 - [(4/5)/(-11/5)]\, L_3 = L_1 + (4/11)L_3 \\ L_2 - [(2/5)/(-11/5)]\, L_3 = L_2 + (2/11)L_3 \Leftrightarrow \\ L_3/(-11/5) \end{array}$$

$$\sim \left(\begin{array}{ccc|ccc} 1 & 0 & 0 & 1/22 & 3/22 & 4/11 \\ 0 & 1 & 0 & -5/22 & 7/22 & 2/11 \\ 0 & 0 & 1 & 7/22 & -1/22 & -5/11 \end{array}\right).$$

Então, a matriz inversa é dada por

$$A^{-1} = \begin{pmatrix} 1/22 & 3/22 & 4/11 \\ -5/22 & 7/22 & 2/11 \\ 7/22 & -1/22 & -5/11 \end{pmatrix} = \frac{1}{22}\begin{pmatrix} 1 & 3 & 8 \\ -5 & 7 & 4 \\ 7 & -1 & -10 \end{pmatrix}.$$

E2) Usando o método de Gauss-Jordan, com precisão até a segunda casa decimal, calcule as inversas das seguintes matrizes:

a) $A = \begin{pmatrix} 2 & -1 \\ 6 & 1 \end{pmatrix}$. b) $B = \begin{pmatrix} 2 & 5 \\ 4 & -15 \end{pmatrix}$.

c) $C = \begin{pmatrix} 1 & -1 & -1 \\ 2 & 1 & -2 \\ 3 & -2 & 4 \end{pmatrix}$. d) $D = \begin{pmatrix} 4 & -1 & 6 \\ 1 & 4 & -1 \\ 3 & 1 & -3 \end{pmatrix}$.

e) $D = \begin{pmatrix} 2 & -3 & 1 \\ 4 & 1 & 2 \\ -2 & 3 & -1 \end{pmatrix}$.

Nível 2

E1) Uma empresa farmacêutica está produzindo três novos medicamentos que usam dois princípios ativos, que chamaremos A e B, em diferentes quantidades. O medicamento 1 necessita de 4 unidades de A e 2 unidades de B, o medicamento 2 precisa de 4 unidades de A e 6 unidades de B, enquanto o medicamento 3 necessita de 4 unidades de A e 2 unidades de B. Na fábrica, estão disponíveis 60 unidades do princípio ativo A e 70 unidades do princípio ativo B. Ao final da produção não deve restar estoque algum desses dois princípios ativos.

a) Quantas unidades de cada medicamento devem ser produzidas?

b) Quantas soluções o problema terá caso se exija que as quantidades a serem produzidas sejam inteiras e positivas?

E2) Uma indústria de peças produz três tipos de peças a partir de misturas de ferro, cobre e níquel. A primeira peça é feita de uma unidade de ferro, duas unidades de cobre e uma unidade de níquel; a segunda peça é feita de quatro unidades de ferro, duas unidades de cobre e uma unidade de níquel; a terceira peça é feita de duas unidades de ferro, quatro unidades de cobre e duas unidades de níquel. No momento, estão disponíveis 21 unidades de ferro, 36 unidades de cobre e 16 unidades de níquel e todas essas unidades devem ser utilizadas na fabricação das peças. Procure resolver esse problema.

E3) Cada matriz a seguir é a matriz dos coeficientes de um determinado sistema de equações lineares. O que pode ser dito sobre a resolução de cada um dos sistemas se o vetor que dá o lado direito das equações só apresenta valores nulos?

a) $\begin{pmatrix} 1 & 4 \\ 2 & 1 \end{pmatrix}$. b) $\begin{pmatrix} 1 & 4 & 3 \\ 2 & 1 & 0 \end{pmatrix}$. c) $\begin{pmatrix} 2 & 1 \\ 1 & 4 \\ 0 & 3 \end{pmatrix}$.

d) $\begin{pmatrix} 1 & 4 & 3 \\ 2 & 1 & 0 \\ 1 & 1 & 1 \end{pmatrix}$. e) $\begin{pmatrix} 1 & 4 & 3 \\ 2 & 1 & 0 \\ 0 & 7 & 6 \end{pmatrix}$.

E4) Considere as mesmas matrizes do exercício E3, mas agora com o vetor que representa o lado direito do sistema de equações lineares tendo somente valores não nulos. O que pode ser dito sobre a resolução de cada um dos sistemas?

E5) (Leitura Complementar 1.4.1) Calcule os postos das seguintes matrizes:

a) $\begin{pmatrix} 1 & -2 & 4 \\ -4 & 3 & 2 \\ -2 & 4 & -8 \end{pmatrix}$. b) $\begin{pmatrix} 2 & 3 & -1 \\ 4 & 6 & -2 \\ 1 & 0 & -2 \\ 4 & 6 & -8 \end{pmatrix}$.

c) $\begin{pmatrix} 4 & -1 & 4 \\ 2 & 6 & -1 \\ 1 & 1 & 0 \end{pmatrix}$. d) $\begin{pmatrix} -1 & 3 & 4 \\ 2 & -6 & -8 \\ 1 & -3 & -4 \\ -3 & 9 & 12 \end{pmatrix}$.

E6) Calcule a inversa da matriz $A = \begin{pmatrix} a & b \\ c & d \end{pmatrix}$.

E7) (Leitura Complementar 1.4.3) Considere a matriz de insumo-produto

$$A = \begin{pmatrix} 0{,}3 & 0{,}2 & 0{,}2 \\ 0{,}1 & 0{,}4 & 0{,}1 \\ 0{,}1 & 0{,}2 & 0{,}4 \end{pmatrix}.$$

Determine os níveis de produção se a demanda for dada por:

a) $D = \begin{pmatrix} 10 \\ 21 \\ 12 \end{pmatrix}$, b) $D = \begin{pmatrix} 11 \\ 20 \\ 12 \end{pmatrix}$, c) $D = \begin{pmatrix} 0 \\ 0 \\ 0 \end{pmatrix}$.

Nível 3

E1) Suponha que você pague com uma cédula de R$ 50,00 um chocolate que custa R$ 2,00 e receba de troco 10 notas, sendo algumas de 1 real, algumas de 5 reais e outras de 10 reais. Quantas notas de cada valor você recebe?

E2) Determine os valores de m tais que o sistema de equações lineares

$$\begin{cases} x + y + z = 2 \\ x - y + mz = 0 \\ mx + 2y + z = 3 \end{cases}$$

seja:

a) possível e determinado. b) possível e indeterminado.

c) impossível.

E3) Dadas duas soluções X_1 e X_2 de um sistema de equações lineares $AX = 0$, mostre que $\alpha X_1 + \beta X_2$ $(\alpha, \beta \in \mathbb{R})$ também é uma solução desse sistema.

E4) Mostre que, se X_1 é solução do sistema $AX = B$ e Y_1 é solução do sistema homogêneo $AX = 0$, então $X_1 + Y_1$ também é solução do sistema $AX = B$.

E5) (Leitura Complementar 1.4.5) Faça a interpolação polinomial dos pontos $(0,0)$, $(1,-3)$, $(2,1)$ e $(3,5)$.

Respostas

Nível 1

E1) a) $x = -1$ e $y = 3$. b) $x = 11/10$ e $y = 9/25$. c) $x = 2, y = 5$ e $z = -1$.
d) $x = 2, y = -3$ e $z = 4$. e) sistema impossível (sem solução).

E2) a) $A^{-1} = \frac{1}{8}\begin{pmatrix} 1 & 1 \\ -6 & 2 \end{pmatrix}$. b) $A^{-1} = \frac{1}{50}\begin{pmatrix} 15 & 5 \\ 4 & -2 \end{pmatrix}$. c) $A^{-1} = \frac{1}{21}\begin{pmatrix} 0 & 6 & 3 \\ -14 & 7 & 0 \\ -7 & -1 & 3 \end{pmatrix}$.

d) $A^{-1} = \frac{1}{110}\begin{pmatrix} 11 & -3 & 23 \\ 0 & 30 & -10 \\ 11 & 7 & -17 \end{pmatrix}$. e) Não tem inversa.

Nível 2

E1) a) O problema tem infinitas soluções, nas quais a soma das unidades dos medicamentos 1 e 3 deve ser 5 e devem ser produzidas 10 unidades do medicamento 2.
b) O problema terá 6 soluções.

E2) Não existe solução para esse problema (ele gera um sistema impossível).

E3) a) A única solução é o vetor nulo: $X = \begin{pmatrix} 0 \\ 0 \end{pmatrix}$. b) Infinitas soluções.

c) A única solução é o vetor nulo: $X = \begin{pmatrix} 0 \\ 0 \end{pmatrix}$. d) A única solução é o vetor nulo: $X = \begin{pmatrix} 0 \\ 0 \\ 0 \end{pmatrix}$.
e) Infinitas soluções.

E4) a) Apresenta solução única.
b) Infinitas soluções.
c) Solução dada pelo vetor nulo $X = \begin{pmatrix} 0 \\ 0 \end{pmatrix}$ ou nenhuma solução, dependendo dos valores do vetor lado direito do sistema.
d) Apresenta solução única.
e) Ou não tem solução ou tem infinitas soluções, dependendo dos valores do vetor do lado direito do sistema.

E5) a) 2, b) 3, c) 3, d) 1.

E6) $A^{-1} = \dfrac{1}{ad - bc} \begin{pmatrix} d & -b \\ -c & a \end{pmatrix}$.

E7) Com duas casas decimais de precisão,

a) $X = \begin{pmatrix} 40{,}58 \\ 48{,}94 \\ 43{,}08 \end{pmatrix}$, b) $X = \begin{pmatrix} 41{,}44 \\ 47{,}36 \\ 42{,}69 \end{pmatrix}$, c) $X = \begin{pmatrix} 0 \\ 0 \\ 0 \end{pmatrix}$.

Nível 3

E1) 3 notas de 1 real, 5 notas de 5 reais e 2 notas de 10 reais (a ideia-chave é que as quantidades de cada nota têm de ser inteiras).

E2) a) $\{m \in \mathbb{R} \mid m \neq 0 \text{ e } m \neq 1\}$. b) $m = 1$. c) $m = 0$.

E3) $A(\alpha X_1 + \beta X_2) = \alpha A X_1 + \beta A X_2 = \alpha \cdot 0 + \beta \cdot 0 = 0$.

E4) $A(X_1 + Y_1) = AX_1 + AY_1 = B + 0 = B$.

E5) $p_3 = -\dfrac{1}{7}x^3 + 7x^2 - \dfrac{53}{6}x$.

1.5 Determinantes

1.5.1 Determinantes de ordens 1 e 2

O conceito de determinante data da China antiga, quando se tem notícia das primeiras resoluções de sistemas de equações lineares, e é mais antigo que o conceito de matrizes. Eles são números que aparecem na resolução de sistemas de equações lineares.

Para motivar seu estudo, voltemos ao caso do modelo de Keynes de renda nacional, visto pela primeira vez no Capítulo 2.3. Relembrando, esse modelo define a renda nacional Y como igual à soma do consumo C da população, dos investimentos I_0 do governo e dos gastos G_0 do governo: $Y = C + I_0 + G_0$. O modelo também estabelece uma relação linear entre o consumo e a renda nacional: $C = a + bY$, onde a e b são constantes reais positivas.

Juntando essas duas hipóteses, temos o sistema de equações lineares

$$\begin{cases} Y = C + I_0 + G_0 \\ C = a + bY \end{cases} \Leftrightarrow \begin{cases} -C + Y = I_0 + G_0 \\ C - bY = a \end{cases},$$

que pode ser resolvido para as variáveis C e Y caso sejam conhecidos todos os outros fatores.

É comum tentarmos resolver um sistema de equações na *forma literal*, isto é, sem substituir por números as constantes do problema. Isto faz com que a solução fique mais geral e, frequentemente, deixa claras algumas características importantes do modelo. Aqui, se somarmos as duas linhas, obtemos

$$Y - bY = I_0 + G_0 + a \Leftrightarrow (1 - b)Y = I_0 + G_0 + a \Leftrightarrow Y = \frac{I_0 + G_0 + a}{1 - b}.$$

Substituindo este resultado na primeira equação, temos

$$\begin{aligned} C = Y - I_0 - G_0 &= \frac{I_0 + G_0 + a}{1 - b} - (I_0 + G_0) \\ &= \frac{I_0 + G_0 + a - (1 - b)(I_0 + G_0)}{1 - b} \\ &= \frac{(I_0 + G_0) + a - (I_0 + G_0) + b(I_0 + G_0)}{1 - b} \\ C &= \frac{b(I_0 + G_0) + a}{1 - b}. \end{aligned}$$

Pode-se ver, por exemplo, que, quando a constante b (chamada de *propensão marginal ao consumo*) assume valores maiores, o consumo sobe mais rapidamente que a renda nacional. Isto fica mais claro se escrevermos

$$Y = \frac{1}{1-b}(I_0 + G_0) + \frac{a}{1-b}, \qquad C = \frac{b}{1-b}(I_0 + G_0) + \frac{a}{1-b}.$$

O sistema que acabamos de resolver é um sistema de duas equações lineares. Podemos tentar resolver um sistema geral de duas equações lineares e utilizar seu resultado para resolver qualquer outro modelo ou problema que resulte nesse tipo de sistema. É o que faremos a seguir.

(a) Determinante de segunda ordem

Para entender o conceito de determinante, comecemos resolvendo um sistema geral de duas equações lineares e duas variáveis:

$$\begin{cases} a_{11}x_1 + a_{12}x_2 = b_1 \\ a_{21}x_1 + a_{22}x_2 = b_2 \end{cases}.$$

Escrevendo sob a forma de matriz expandida, resolvemos o sistema pelo método de Gauss-Jordan. O primeiro pivô é dado pelo elemento a_{11} da matriz expandida. Por meio de operações elementares, ficamos com

$$\left(\begin{array}{cc|c} \boxed{a_{11}} & a_{12} & b_1 \\ a_{21} & a_{22} & b_2 \end{array}\right) \begin{array}{l} L_1/a_{11} \\ L_2 - (a_{21}/a_{11})L_1 \end{array} \sim \left(\begin{array}{cc|c} 1 & a_{12}/a_{11} & b_1/a_{11} \\ 0 & a_{22} - \frac{a_{21}}{a_{11}}a_{12} & b_2 - \frac{a_{21}}{a_{11}}b_1 \end{array}\right).$$

Usando o mínimo múltiplo comum, podemos representar a segunda matriz expandida como

$$\left(\begin{array}{cc|c} 1 & a_{12}/a_{11} & b_1/a_{11} \\ 0 & \boxed{(a_{22}a_{11} - a_{21}a_{12})/a_{11}} & (b_2a_{11} - a_{21}b_1)/a_{11} \end{array}\right).$$

Observe que já demarcamos o segundo elemento da diagonal principal da matriz como o novo pivô. As operações elementares que devem ser feitas agora são:

$$\begin{aligned} L_1 \longrightarrow L_1 - \frac{a_{12}/a_{11}}{(a_{22}a_{11} - a_{21}a_{12})/a_{11}}L_2 &= L_1 - \frac{a_{12}}{a_{11}} \cdot \frac{a_{11}}{a_{22}a_{11} - a_{21}a_{12}}L_2 \\ &= L_1 - \frac{a_{12}}{a_{22}a_{11} - a_{21}a_{12}}L_2, \\ L_2 \longrightarrow \frac{L_2}{(a_{22}a_{11} - a_{21}a_{12})/a_{11}} &= \frac{a_{11}}{a_{22}a_{11} - a_{21}a_{12}}L_2. \end{aligned}$$

Fazendo essas operações na segunda matriz expandida, temos

$$\left(\begin{array}{cc|c} 1 & 0 & \frac{b_1}{a_{11}} - \frac{a_{12}}{a_{22}a_{11} - a_{21}a_{12}} \cdot \frac{b_2a_{11} - a_{21}b_1}{a_{11}} \\ 0 & 1 & \frac{a_{11}}{a_{22}a_{11} - a_{21}a_{12}} \cdot \frac{b_2a_{11} - a_{21}b_1}{a_{11}} \end{array}\right).$$

A solução do sistema fica, então,

$$\begin{aligned} x_1 &= \frac{b_1(a_{22}a_{11} - a_{21}a_{12}) - a_{12}(b_2a_{11} - a_{21}b_1)}{a_{11}(a_{22}a_{11} - a_{21}a_{21})} \\ &= \frac{b_1a_{22}a_{11} - b_1a_{21}a_{12} - a_{12}b_2a_{11} - a_{12}a_{21}b_1}{a_{11}(a_{22}a_{11} - a_{21}a_{21})} = \frac{b_1a_{22} - b_2a_{12}}{a_{22}a_{11} - a_{21}a_{12}}, \\ x_2 &= \frac{b_2a_{11} - b_1a_{21}}{a_{22}a_{11} - a_{21}a_{12}}. \end{aligned}$$

Observe que os valores de x_1 e de x_2 que resolvem o sistema são divididos pelo mesmo fator: $a_{22}a_{11} - a_{21}a_{21}$. Observe também que, se esse número for zero, o sistema não tem solução:

$$\left(\begin{array}{cc|c} \boxed{a_{11}} & a_{12} & b_1 \\ a_{21} & a_{22} & b_2 \end{array}\right) \begin{array}{l} L_1/a_{11} \\ L_2 - (a_{21}/a_{11})L_1 \end{array} \sim \left(\begin{array}{cc|c} 1 & a_{12}/a_{11} & b_1/a_{11} \\ 0 & 0 & (b_2a_{11} - a_{21}b_1)/a_{11} \end{array}\right),$$

a menos que $b_2a_{11} - a_{21}b_1 = 0$. Nesse caso, o sistema fica indeterminado (apresenta infinitas soluções). Veremos isto melhor no final desta seção.

Portanto, esse número **determina** se o sistema de equações lineares tem ou não solução única. Observe também que esse número só depende da matriz dos coeficientes do sistema de equações lineares. Dada uma matriz

$$\begin{pmatrix} a_{11} & a_{12} \\ a_{21} & a_{22} \end{pmatrix},$$

o número $a_{22}a_{11} - a_{21}a_{12}$ é o *determinante* dessa matriz:

$$\det A = a_{22}a_{11} - a_{21}a_{12}.$$

Como a matriz dos coeficientes é do tipo 2×2, dizemos que esse é um determinante de ordem 2.

Podemos representar esse determinante escrevendo as células da matriz original entre traves:

$$\det A = \begin{vmatrix} a_{11} & a_{12} \\ a_{21} & a_{22} \end{vmatrix} = a_{11}a_{22} - a_{12}a_{21}.$$

Observe que o determinante é igual ao produto dos elementos da diagonal principal menos o produto dos elementos a_{12} e a_{21}, que formam a chamada *diagonal secundária*:

$$\begin{vmatrix} a_{11} & a_{12} \\ a_{21} & a_{22} \end{vmatrix}$$

$$\det A = \quad -a_{12}a_{22} \qquad a_{11}a_{22}$$

Exemplo 1. Calcule o determinante de $A = \begin{pmatrix} 2 & 1 \\ -3 & 2 \end{pmatrix}$.

Solução. $\det A = \begin{vmatrix} 2 & 1 \\ -3 & 2 \end{vmatrix} = 2 \cdot 2 - 1 \cdot (-3) = 4 + 3 = 7.$

(b) Regra de Cramer

Usando essa regra de produto dos elementos da diagonal principal menos o produto dos elementos da diagonal secundária, podemos escrever a solução geral de um sistema de duas equações com duas variáveis de forma mais compacta se considerarmos as matrizes

$$A_1(b) \equiv \begin{pmatrix} b_1 & a_{12} \\ b_2 & a_{22} \end{pmatrix} \quad \text{e} \quad A_2(b) \equiv \begin{pmatrix} a_{11} & b_1 \\ a_{21} & b_2 \end{pmatrix},$$

que podem ser conseguidas a partir da matriz expandida, substituindo, respectivamente, a primeira e a segunda colunas pelos coeficientes do lado direito do sistema de equações lineares. Observe que os determinantes dessas matrizes ficam

$$\det A_1(b) = \begin{vmatrix} b_1 & a_{12} \\ b_2 & a_{22} \end{vmatrix} = b_1 a_{22} - b_2 a_{12} \quad \text{e}$$

$$\det A_2(b) = \begin{vmatrix} a_{11} & b_1 \\ a_{21} & b_2 \end{vmatrix} = a_{11} b_2 - a_{21} b_1.$$

Assim, a solução do sistema geral de equações lineares pode ser escrita como

$$x_1 = \frac{\det A_1(b)}{\det A}, \qquad x_2 = \frac{\det A_2(b)}{\det A}.$$

Esta é a chamada *regra de Cramer* para determinantes de ordem 2, criada pelo matemático suíço *Gabriel Cramer* (1704-1752).

Exemplo 1. Resolva, pela regra de Cramer, o sistema de equações lineares

$$\begin{cases} 3x + 2y = 5 \\ -x + 4y = 6 \end{cases}.$$

Solução. Escrevendo

$$A = \begin{pmatrix} 3 & 2 \\ -1 & 4 \end{pmatrix}, \quad A_1(b) = \begin{pmatrix} 5 & 2 \\ 6 & 4 \end{pmatrix} \quad \text{e} \quad A_2(b) = \begin{pmatrix} 3 & 5 \\ -1 & 6 \end{pmatrix},$$

temos

$$\det A = 3 \cdot 4 - 2 \cdot (-1) = 12 + 2 = 14,$$
$$\det A_1(b) = 5 \cdot 4 - 2 \cdot 6 = 20 - 12 = 8,$$
$$\det A_2(b) = 3 \cdot 6 - 5 \cdot (-1) = 18 + 5 = 23.$$

Portanto, a solução do sistema de equações lineares fica

$$x = \frac{\det A_1(b)}{\det A} = \frac{8}{14} = \frac{4}{7}, \qquad y = \frac{\det A_2(b)}{\det A} = \frac{23}{14}.$$

Gabriel Cramer (1704-1752)

Matemático suíço que conseguiu seu doutorado aos 18 anos e aos 20 era professor na Académie de Clavin, em Genebra. Trabalhava muito, tanto como editor das obras completas de eminentes matemáticos da época quanto como professor e pesquisador. Publicou sua famosa regra no livro *Introduction à l'analyse des lignes courbes algébraique*.

(c) MATRIZ ADJUNTA

Se calcularmos a inversa de uma matriz 2 × 2 geral

$$A = \begin{pmatrix} a_{11} & a_{12} \\ a_{21} & a_{22} \end{pmatrix}$$

usando o método de Gauss-Jordan como mostrado no capítulo anterior, temos o seguinte:

$$\left(\begin{array}{cc|cc} \boxed{a_{11}} & a_{12} & 1 & 0 \\ a_{21} & a_{22} & 0 & 1 \end{array}\right) \begin{array}{l} L_1/a_{11} \\ L_2 - (a_{21}/a_{11})L_1 \end{array} \sim \left(\begin{array}{cc|cc} 1 & a_{12}/a_{11} & 1/a_{11} & 0 \\ 0 & a_{22} - \frac{a_{21}}{a_{11}} a_{12} & -\frac{a_{21}}{a_{11}} & 1 \end{array}\right)$$

$$\sim \left(\begin{array}{cc|cc} 1 & a_{12}/a_{11} & 1/a_{11} & 0 \\ 0 & \boxed{(a_{22}a_{11} - a_{21}a_{12})/a_{11}} & -a_{21}/a_{11} & 1 \end{array}\right) \begin{array}{l} L_1 - [a_{12}/(a_{22}a_{11} - a_{21}a_{12})]\, L_2 \\ [a_{11}/(a_{22}a_{11} - a_{21}a_{12})]\, L_2 \end{array}$$

$$\sim \left(\begin{array}{cc|cc} 1 & 0 & \frac{1}{a_{11}} - \frac{a_{12}}{a_{22}a_{11} - a_{21}a_{12}} \cdot \frac{-a_{21}}{a_{11}} & \frac{-a_{12}}{a_{22}a_{11} - a_{21}a_{12}} \\ 0 & 1 & \frac{a_{11}}{a_{22}a_{11} - a_{21}a_{12}} \cdot \frac{-a_{21}}{a_{11}} & \frac{a_{11}}{a_{22}a_{11} - a_{21}a_{12}} \end{array}\right)$$

$$\sim \left(\begin{array}{cc|cc} 1 & 0 & \frac{a_{22}}{a_{22}a_{11} - a_{21}a_{12}} & \frac{-a_{12}}{a_{22}a_{11} - a_{21}a_{12}} \\ 0 & 1 & \frac{-a_{21}}{a_{22}a_{11} - a_{21}a_{12}} & \frac{a_{11}}{a_{22}a_{11} - a_{21}a_{12}} \end{array}\right).$$

Desse modo, a matriz inversa fica

$$A^{-1} = \frac{1}{\det A} \begin{pmatrix} a_{22} & -a_{12} \\ -a_{21} & a_{11} \end{pmatrix}.$$

A matriz da direita é chamada *matriz adjunta* de A, escrita como

$$\operatorname{adj} A = \begin{pmatrix} a_{22} & -a_{12} \\ -a_{21} & a_{11} \end{pmatrix}.$$

Exemplo 1. Usando a matriz adjunta, calcule a inversa da matriz $A = \begin{pmatrix} -1 & 3 \\ 4 & 1 \end{pmatrix}$

SOLUÇÃO. Como $\det A = (-1) \cdot 1 - 3 \cdot 4 = -1 - 12 = -13$, temos

$$A^{-1} = -\frac{1}{13} \begin{pmatrix} 1 & -3 \\ -4 & -1 \end{pmatrix} = \frac{1}{13} \begin{pmatrix} -1 & 3 \\ 4 & 1 \end{pmatrix},$$

que pode ser deixada nessa forma.

(d) DETERMINANTE NULO

O que acontece quando o determinante de uma matriz é nulo? Vejamos o que acontece com o cálculo da inversa de uma matriz 2 × 2

$$A = \begin{pmatrix} a_{11} & a_{12} \\ a_{21} & a_{22} \end{pmatrix}:$$

$$\left(\begin{array}{cc|cc} \boxed{a_{11}} & a_{12} & 1 & 0 \\ a_{21} & a_{22} & 0 & 1 \end{array}\right) \begin{array}{l} L_1/a_{11} \\ L_2 - (a_{21}/a_{11})L_1 \end{array} \sim \left(\begin{array}{cc|cc} 1 & a_{12}/a_{11} & 1/a_{11} & 0 \\ 0 & a_{22} - \frac{a_{21}}{a_{11}}a_{12} & -\frac{a_{21}}{a_{11}} & 1 \end{array}\right)$$

$$\sim \left(\begin{array}{cc|cc} 1 & a_{12}/a_{11} & 1/a_{11} & 0 \\ 0 & (a_{22}a_{11} - a_{21}a_{12})/a_{11} & -a_{21}/a_{11} & 1 \end{array}\right)$$

No caso em que $\det A = a_{22}a_{11} - a_{21}a_{12} = 0$, temos

$$\left(\begin{array}{cc|cc} 1 & a_{12}/a_{11} & 1/a_{11} & 0 \\ 0 & 0 & -a_{21}/a_{11} & 1 \end{array}\right),$$

de modo que a matriz não tem inversa.

Qual é o significado disso para a resolução de um sistema de equações lineares? Para descobrir a resposta, vamos resolver novamente um sistema geral de duas equações lineares e duas variáveis:

$$\begin{cases} a_{11}x_1 + a_{12}x_2 = b_1 \\ a_{21}x_1 + a_{22}x_2 = b_2 \end{cases}.$$

Escrevendo sob a forma de matriz expandida, resolvemos o sistema pelo método de Gauss-Jordan:

$$\left(\begin{array}{cc|c} \boxed{a_{11}} & a_{12} & b_1 \\ a_{21} & a_{22} & b_2 \end{array}\right) \begin{array}{l} L_1/a_{11} \\ L_2 - (a_{21}/a_{11})L_1 \end{array} \sim \left(\begin{array}{cc|c} 1 & a_{12}/a_{11} & b_1/a_{11} \\ 0 & a_{22} - \frac{a_{21}}{a_{11}}a_{12} & b_2 - \frac{a_{21}}{a_{11}}b_1 \end{array}\right)$$

$$\sim \left(\begin{array}{cc|c} 1 & a_{12}/a_{11} & b_1/a_{11} \\ 0 & (a_{22}a_{11} - a_{21}a_{12})/a_{11} & (b_2a_{11} - a_{21}b_1)/a_{11} \end{array}\right).$$

Como o determinante da matriz dos coeficientes é nulo, ficamos com

$$\left(\begin{array}{cc|c} 1 & a_{12}/a_{11} & b_1/a_{11} \\ 0 & 0 & (b_2a_{11} - a_{21}b_1)/a_{11} \end{array}\right).$$

Esse sistema só tem solução se $b_2a_{11} - a_{21}b_1 = 0$. Nesse caso, temos

$$\left(\begin{array}{cc|c} 1 & a_{12}/a_{11} & b_1/a_{11} \\ 0 & 0 & 0 \end{array}\right) \quad \text{(sistema possível e indeterminado).}$$

Se $b_2a_{11} - a_{21}b_1 \neq 0$, o sistema não tem solução (é um sistema impossível).

Portanto, quando o determinante da matriz dos coeficientes de um sistema de equações lineares é nulo (pelo menos no caso de duas equações e duas variáveis), então ou o sistema tem infinitas soluções ou não tem solução alguma.

(e) Determinantes de ordem 1

Consideremos um sistema $AX = B$, onde A é a matriz 1×1 dada por $A = (a_{11})$, $X = (x)$ e $B = (b_1)$. A solução desse sistema fica

$$a_{11}x = b_1 \Leftrightarrow x = \frac{b_1}{a_{11}},$$

de modo que podemos dizer que $\det A = a_{11}$.

Podemos, então, definir o determinante de uma matriz 1×1 como simplesmente o elemento único dessa matriz:

$$\det A = \det(a_{11}) = a_{11}.$$

Exemplo 1. Calcule o determinante de $A = (3)$.

Solução. $\det A = 3$.

1.5.2 Determinantes de ordem 3 – regra de Sarrus

Outros modelos econômicos, como aqueles que relacionam os preços de diversos produtos que concorrem pelo mesmo mercado, acabam caindo em sistemas de mais de duas equações lineares. Consideremos agora um sistema com três equações lineares e três incógnitas,

$$\begin{cases} a_{11}x_1 + a_{12}x_2 + a_{13}x_3 = b_1 \\ a_{21}x_1 + a_{22}x_2 + a_{23}x_3 = b_2 \\ a_{31}x_1 + a_{32}x_2 + a_{33}x_3 = b_3 \end{cases}.$$

Ele também pode ser resolvido em sua forma mais geral usando o método de Gauss-Jordan:

$$\left(\begin{array}{ccc|c} \boxed{a_{11}} & a_{12} & a_{13} & b_1 \\ a_{21} & a_{22} & a_{23} & b_2 \\ a_{31} & a_{32} & a_{33} & b_3 \end{array}\right) \begin{array}{l} L_1/a_{11} \\ L_2 - (a_{21}/a_{11})L_1 \\ L_3 - (a_{31}/a_{11})L_1 \end{array}$$

$$\sim \left(\begin{array}{ccc|c} 1 & \frac{a_{12}}{a_{11}} & \frac{a_{13}}{a_{11}} & \frac{b_1}{a_{11}} \\ 0 & \boxed{\frac{a_{22}a_{11} - a_{21}a_{12}}{a_{11}}} & \frac{a_{23}a_{11} - a_{21}a_{13}}{a_{11}} & \frac{b_2a_{11} - a_{21}b_1}{a_{11}} \\ 0 & \frac{a_{32}a_{11} - a_{31}a_{12}}{a_{11}} & \frac{a_{33}a_{11} - a_{31}a_{13}}{a_{11}} & \frac{b_3a_{11} - a_{31}b_1}{a_{11}} \end{array}\right) \begin{array}{l} L_1 - \frac{a_{12}}{a_{22}a_{11} - a_{21}a_{12}}L_2 \\ \frac{a_{11}}{a_{22}a_{11} - a_{21}a_{12}}L_2 \\ L_3 - \frac{a_{32}a_{11} - a_{31}a_{12}}{a_{22}a_{11} - a_{21}a_{12}}L_2 \end{array}$$

$$\sim \left(\begin{array}{ccc|c} 1 & 0 & (a_{13}a_{22} - a_{12}a_{23})/(a_{22}a_{11} - a_{21}a_{12}) & (b_1a_{22} - b_2a_{12})/(a_{22}a_{11} - a_{21}a_{12}) \\ 0 & 1 & (a_{23}a_{11} - a_{21}a_{13})/(a_{22}a_{11} - a_{21}a_{12}) & (b_2a_{22} - b_1a_{21})/(a_{22}a_{11} - a_{21}a_{12}) \\ 0 & 0 & \det A/(a_{22}a_{11} - a_{21}a_{12}) & B/(a_{22}a_{11} - a_{21}a_{12}) \end{array}\right),$$

onde escrevemos

$$\det A = a_{33}a_{22}a_{11} - a_{33}a_{21}a_{12} - a_{31}a_{13}a_{22} - a_{32}a_{11}a_{23} + a_{32}a_{21}a_{13} + a_{31}a_{12}a_{23},$$

$$B = b_1(a_{32}a_{21} - a_{31}a_{22}) + b_2(a_{31}a_{12} - a_{32}a_{11}) + b_3(a_{22}a_{11} - a_{21}a_{12}).$$

Aplicando as operações elementares

$$L_1 \longrightarrow L_1 - \frac{a_{13}a_{22} - a_{12}a_{23}}{\det A}L_3, \quad L_2 \longrightarrow L_2 - \frac{a_{23}a_{11} - a_{21}a_{13}}{\det A}L_3,$$

$$L_3 \longrightarrow \frac{a_{22}a_{11} - a_{21}a_{12}}{\det A} L_3,$$

ficamos com

$$\left(\begin{array}{ccc|c} 1 & 0 & 0 & [b_1(a_{22}a_{33} - a_{23}a_{32}) + b_2(a_{13}a_{32} - a_{12}a_{33}) + b_3(a_{12}a_{23} - a_{13}a_{22})]\,/\det A \\ 0 & 1 & 0 & [b_1(a_{23}a_{31} - a_{21}a_{33}) + b_2(a_{11}a_{33} - a_{31}a_{13}) + b_3(a_{21}a_{13} - a_{23}a_{11})]\,/\det A \\ 0 & 0 & 1 & [b_1(a_{32}a_{21} - a_{31}a_{22}) + b_2(a_{31}a_{12} - a_{32}a_{11}) + b_3(a_{22}a_{11} - a_{21}a_{12})]\,/\det A \end{array}\right),$$

onde $\det A = a_{33}a_{22}a_{11} - a_{33}a_{21}a_{12} - a_{31}a_{13}a_{22} - a_{32}a_{11}a_{23} + a_{32}a_{21}a_{13} + a_{31}a_{12}a_{23}$ é o determinante da matriz dos coeficientes:

$$A = \begin{pmatrix} a_{11} & a_{12} & a_{13} \\ a_{21} & a_{22} & a_{23} \\ a_{31} & a_{32} & a_{33} \end{pmatrix}.$$

Portanto, a solução desse sistema de equações lineares fica

$$x_1 = \frac{b_1(a_{22}a_{33} - a_{23}a_{32}) + b_2(a_{13}a_{32} - a_{12}a_{33}) + b_3(a_{12}a_{23} - a_{13}a_{22})}{\det A},$$

$$x_2 = \frac{b_1(a_{23}a_{31} - a_{21}a_{33}) + b_2(a_{11}a_{33} - a_{31}a_{13}) + b_3(a_{21}a_{13} - a_{23}a_{11})}{\det A},$$

$$x_3 = \frac{b_1(a_{32}a_{21} - a_{31}a_{22}) + b_2(a_{31}a_{12} - a_{32}a_{11}) + b_3(a_{22}a_{11} - a_{21}a_{12})}{\det A}.$$

(a) DETERMINANTE NULO

Se $\det A = 0$, então teremos

$$\left(\begin{array}{ccc|c} \boxed{a_{11}} & a_{12} & a_{13} & b_1 \\ a_{21} & a_{22} & a_{23} & b_2 \\ a_{31} & a_{32} & a_{33} & b_3 \end{array}\right) \begin{array}{l} L_1/a_{11} \\ L_2 - (a_{21}/a_{11})L_1 \\ L_3 - (a_{31}/a_{11})L_1 \end{array}$$

$$\sim \left(\begin{array}{ccc|c} 1 & \frac{a_{12}}{a_{11}} & \frac{a_{13}}{a_{11}} & \frac{b_1}{a_{11}} \\ 0 & \boxed{\frac{a_{22}a_{11} - a_{21}a_{12}}{a_{11}}} & \frac{a_{23}a_{11} - a_{21}a_{13}}{a_{11}} & \frac{b_2a_{11} - a_{21}b_1}{a_{11}} \\ 0 & \frac{a_{32}a_{11} - a_{31}a_{12}}{a_{11}} & \frac{a_{33}a_{11} - a_{31}a_{13}}{a_{11}} & \frac{b_3a_{11} - a_{31}b_1}{a_{11}} \end{array}\right) \begin{array}{l} L_1 - \frac{a_{12}}{a_{22}a_{11} - a_{21}a_{12}} L_2 \\ \frac{a_{11}}{a_{22}a_{11} - a_{21}a_{12}} L_2 \\ L_3 - \frac{a_{32}a_{11} - a_{31}a_{12}}{a_{22}a_{11} - a_{21}a_{12}} \end{array}$$

$$\sim \left(\begin{array}{ccc|c} 1 & 0 & (a_{13}a_{22} - a_{12}a_{23})/(a_{22}a_{11} - a_{21}a_{12}) & (b_1a_{22} - b_2a_{12})/(a_{22}a_{11} - a_{21}a_{12}) \\ 0 & 1 & (a_{23}a_{11} - a_{21}a_{13})/(a_{22}a_{11} - a_{21}a_{12}) & (b_2a_{22} - b_1a_{21})/(a_{22}a_{11} - a_{21}a_{12}) \\ 0 & 0 & 0 & B/(a_{22}a_{11} - a_{21}a_{12}) \end{array}\right),$$

que só tem solução se $B/(a_{22}a_{11} - a_{21}a_{12}) = 0$. Nesse caso, o sistema tem infinitas soluções. Se $B/(a_{22}a_{11} - a_{21}a_{12}) \neq 0$, então o sistema não tem solução.

(b) REGRA DE SARRUS

Existe uma forma fácil de se chegar à expressão do determinante de uma matriz 3×3, chamada de *regra de Sarrus* (pronunciado "sarrí"), pois foi desenvolvida pelo matemático francês Pierre-Frédéric Sarrus (1798-1861).

A regra consiste em repetir as duas primeiras colunas da matriz cujo determinante se pretende calcular ao lado das colunas originais e depois somar todos os produtos dos elementos das diagonais paralelas à diagonal principal, subtraindo os produtos de todas as diagonais paralelas à diagonal secundária (conforme a figura abaixo).

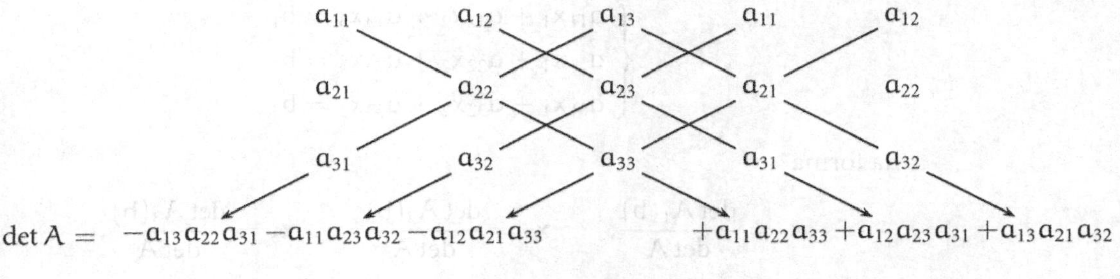

Exemplo 1. Calcule o determinante de $A = \begin{pmatrix} -3 & 1 & 3 \\ 2 & 2 & 0 \\ 1 & -1 & 1 \end{pmatrix}$.

Solução.

$$\begin{matrix} -3 & 1 & 3 & -3 & 1 \\ 2 & 2 & 0 & 2 & 2 \\ 1 & -1 & 1 & 1 & -1 \end{matrix}$$

$$\det A = -6 \; -0 - 2 \quad +(-6) + 0 + (-6) \; = -20\,.$$

Observe que o determinante de uma matriz pode resultar em um número negativo. Com certa prática, pode-se eliminar a necessidade de reescrever as duas primeiras colunas da representação do determinante.

Exemplo 2. Calcule o determinante de $B = \begin{pmatrix} 2 & 0 & 2 \\ 1 & 3 & 1 \\ 2 & 1 & 3 \end{pmatrix}$.

Solução. $\det B = \begin{vmatrix} 2 & 0 & 2 \\ 1 & 3 & 1 \\ 2 & 1 & 3 \end{vmatrix} = (18 + 0 + 2) - (2 + 0 + 12) = 20 - 14 = 6.$

Pierre-Frédéric Sarrus (1798-1861)

Matemático francês (cujo nome se pronuncia "sarrí") que criou a regra que leva seu nome para o cálculo de determinantes de matrizes 3 × 3. Desde pequeno se interessava pela matemática, e foi um estudante mediano nas outras disciplinas. Estudou em Montpellier e, devido à sua adesão aos ideais bonapartistas e por ser protestante, teve problemas para ser aceito como professor no ensino público em uma época em que a realeza havia voltado ao poder na França. Passou a estudar medicina, mas retornou à matemática, e foi professor dessa cadeira na Universidade de Strasbourg. Fez várias contribuições à matemática e à física, em particular no estudo de engrenagens e peças móveis em máquinas, mas acabou por ser conhecido pela regra que leva seu nome.

(c) Regra de Cramer

Podemos usar a regra de Sarrus para calcular diretamente a solução de sistemas de equações lineares com três equações e três variáveis. Utilizando os resultado obtidos no início desta seção, podemos escrever a solução de um sistema

$$\begin{cases} a_{11}x_1 + a_{12}x_2 + a_{13}x_3 = b_1 \\ a_{21}x_1 + a_{22}x_2 + a_{23}x_3 = b_2 \\ a_{31}x_1 + a_{32}x_2 + a_{33}x_3 = b_3 \end{cases}$$

na forma

$$x_1 = \frac{\det A_1(b)}{\det A}, \qquad x_2 = \frac{\det A_2(b)}{\det A}, \qquad x_3 = \frac{\det A_3(b)}{\det A},$$

onde $A_1(b)$, $A_2(b)$ e $A_3(b)$ podem ser conseguidas a partir da matriz dos coeficientes do sistema de equações lineares substituindo, respectivamente, a primeira, a segunda e a terceira colunas dessa matriz pela coluna correspondente ao lado direito da matriz expandida do sistema. Explicitamente, temos

$$A_1(b) = \begin{pmatrix} b_1 & a_{12} & a_{13} \\ b_2 & a_{22} & a_{23} \\ b_3 & a_{32} & a_{33} \end{pmatrix}, \qquad A_2(b) = \begin{pmatrix} a_{11} & b_1 & a_{13} \\ a_{21} & b_2 & a_{23} \\ a_{31} & b_3 & a_{33} \end{pmatrix},$$

$$A_3(b) = \begin{pmatrix} a_{11} & a_{12} & b_1 \\ a_{21} & a_{22} & b_2 \\ a_{31} & a_{32} & b_3 \end{pmatrix}.$$

Calculando os determinantes dessas matrizes, temos

$$\begin{aligned} \det A_1(b) &= b_1a_{22}a_{33} + b_2a_{32}a_{13} + b_3a_{12}a_{23} - b_1a_{23}a_{32} - b_2a_{12}a_{33} - b_3a_{13}a_{22} \\ &= b_1(a_{22}a_{33} - a_{23}a_{32}) + b_2(a_{32}a_{13} - a_{12}a_{33}) + b_3(a_{12}a_{23} - a_{13}a_{22}), \end{aligned}$$

$$\begin{aligned} \det A_2(b) &= a_{11}b_2a_{33} + b_1a_{23}a_{31} + a_{13}a_{21}b_3 - a_{11}a_{23}b_3 - b_1a_{21}a_{33} - a_{13}b_2a_{31} \\ &= b_1(a_{23}a_{31} - a_{21}a_{33}) + b_2(a_{11}a_{33} - a_{13}a_{31}) + b_3(a_{13}a_{21} - a_{11}a_{23}), \end{aligned}$$

$$\begin{aligned} \det A_3(b) &= a_{11}a_{22}b_3 + a_{12}b_2a_{31} + b_1a_{21}a_{32} - a_{11}b_2a_{32} - a_{12}a_{21}b_3 - b_1a_{22}a_{31} \\ &= b_1(a_{21}a_{32} - a_{22}a_{31}) + b_2(a_{12}a_{31} - a_{11}a_{32}) + b_3(a_{11}a_{22} - a_{12}a_{21}). \end{aligned}$$

Comparando com a solução encontrada para um sistema geral de três equações com três variáveis, resolvido no começo desta seção, podemos ver que a solução na forma de determinantes é verdadeiramente a solução correta. Esta é a *regra de Cramer* para a resolução de sistemas de equações lineares com três equações e três variáveis.

Exemplo 1. Usando a regra de Cramer, resolva o sistema de equações lineares

$$\begin{cases} x - 4y + 5z = 0 \\ 2x + y - 3z = 4 \\ 2x - y + 4z = 1 \end{cases}.$$

Solução. Primeiro, escrevemos

$$A = \begin{pmatrix} 1 & -4 & 5 \\ 2 & 1 & -3 \\ 2 & -1 & 4 \end{pmatrix}, \quad A_1(b) = \begin{pmatrix} 0 & -4 & 5 \\ 4 & 1 & -3 \\ 1 & -1 & 4 \end{pmatrix},$$

$$A_2(b) = \begin{pmatrix} 1 & 0 & 5 \\ 2 & 4 & -3 \\ 2 & 1 & 4 \end{pmatrix}, \quad A_3(b) = \begin{pmatrix} 1 & -4 & 0 \\ 2 & 1 & 4 \\ 2 & -1 & 1 \end{pmatrix}.$$

Calculando os determinantes, temos

$$\begin{aligned} \det A &= (4 + 24 - 10) - (3 - 32 + 10) = 18 - (-19) = 18 + 19 = 37, \\ \det A_1(b) &= (0 + 12 - 20) - (0 - 64 + 5) = -8 - (-59) = -8 + 59 = 51, \\ \det A_2(b) &= (16 - 0 + 10) - (-3 + 0 + 40) = 26 - 37 = -11, \\ \det A_3(b) &= (1 - 32 + 0) - (-4 - 8 + 0) = -31 - (-12) = -31 + 12 = -19. \end{aligned}$$

Usando a regra de Cramer, ficamos, então, com

$$x = \frac{\det A_1(b)}{\det A} = \frac{51}{37}, \quad y = \frac{A_2(b)}{\det A} = -\frac{11}{37}, \quad z = \frac{\det A_3(b)}{\det A} = -\frac{19}{37}.$$

A resolução do sistema de equações lineares do exemplo 1 seria particularmente penosa se fosse feita pelo método de Gauss-Jordan, pois envolve diversas frações com denominadores altos.

No próximo capítulo, continuaremos a estudar os determinantes de matrizes, apresentando duas definições de determinante que pode ser usada para matrizes de ordens maiores que 3. Também veremos algumas propriedades de determinantes. A Leitura Complementar 1.5.1 usa a regra de Cramer para resolver um importante modelo macroeconômico e a Leitura Complementar 1.5.2 mostra como definir a matriz adjunta de uma matriz 3×3.

Resumo

- **Determinante de ordem 1:** o determinante de uma matriz A 1×1 é dado por

$$\det A = |a_{ij}| = a_{ij}.$$

- **Determinante de ordem 2:** o determinante de uma matriz A 2×2 é dado por

$$\det A = \begin{vmatrix} a_{11} & a_{12} \\ a_{21} & a_{22} \end{vmatrix} = a_{11}a_{22} - a_{12}a_{21}.$$

- **Determinante de ordem 3:** o determinante de uma matriz A 3×3 é dado por

$$\det A = \begin{vmatrix} a_{11} & a_{12} & a_{13} \\ a_{21} & a_{22} & a_{23} \\ a_{31} & a_{32} & a_{33} \end{vmatrix} = \begin{matrix} a_{11}a_{22}a_{33} + a_{12}a_{23}a_{31} + a_{13}a_{21}a_{32} \\ - a_{11}a_{23}a_{31} - a_{12}a_{21}a_{33} - a_{13}a_{22}a_{31} \end{matrix}.$$

Pela regra de Sarrus,

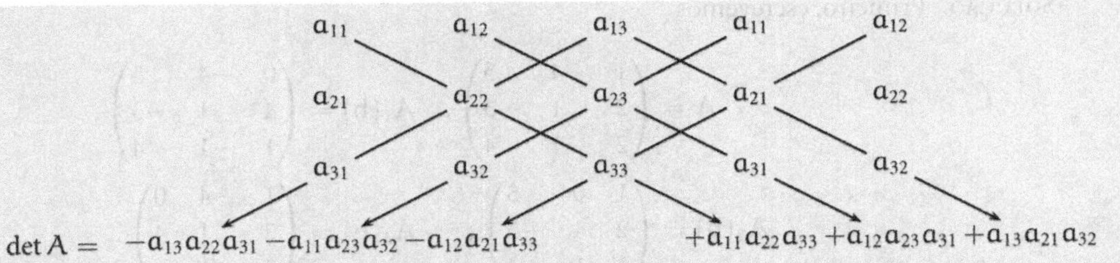

$$\det A = -a_{13}a_{22}a_{31} - a_{11}a_{23}a_{32} - a_{12}a_{21}a_{33} \qquad + a_{11}a_{22}a_{33} + a_{12}a_{23}a_{31} + a_{13}a_{21}a_{32}$$

- **Regra de Cramer:** a solução de um sistema de duas equações lineares com duas incógnitas,

$$\begin{cases} a_{11}x_1 + a_{12}x_2 = b_1 \\ a_{21}x_1 + a_{22}x_2 = b_2 \end{cases},$$

é dada por

$$x = \frac{\det A_1(b)}{\det A}, \qquad y = \frac{\det A_2(b)}{\det A},$$

onde

$$A_1(b) = \begin{pmatrix} b_1 & a_{12} \\ b_2 & a_{22} \end{pmatrix}, \qquad A_2(b) = \begin{pmatrix} a_{11} & b_1 \\ a_{21} & b_2 \end{pmatrix}.$$

Para um sistema com três equações e três incógnitas,

$$\begin{cases} a_{11}x_1 + a_{12}x_2 + a_{13}x_3 = b_1 \\ a_{21}x_1 + a_{22}x_2 + a_{23}x_3 = b_2 \\ a_{31}x_1 + a_{32}x_2 + a_{33}x_3 = b_3 \end{cases},$$

a regra de Cramer fica

$$x_1 = \frac{\det A_1(b)}{\det A}, \qquad x_2 = \frac{\det A_2(b)}{\det A}, \qquad x_3 = \frac{\det A_3(b)}{\det A},$$

onde

$$A_1(b) = \begin{pmatrix} b_1 & a_{12} & a_{13} \\ b_2 & a_{22} & a_{23} \\ b_3 & a_{32} & a_{33} \end{pmatrix}, \qquad A_2(b) = \begin{pmatrix} a_{11} & b_1 & a_{13} \\ a_{21} & b_2 & a_{23} \\ a_{31} & b_3 & a_{33} \end{pmatrix},$$

$$A_3(b) = \begin{pmatrix} a_{11} & a_{12} & b_1 \\ a_{21} & a_{22} & b_2 \\ a_{31} & a_{32} & b_3 \end{pmatrix}.$$

- **Matriz adjunta:** a inversa de uma matriz $\begin{pmatrix} a_{11} & a_{12} \\ a_{21} & a_{22} \end{pmatrix}$ pode ser escrita como $A^{-1} = \dfrac{1}{\det A}\,\text{adj}\,A$, onde

$$\text{adj}\,A = \begin{pmatrix} a_{22} & -a_{12} \\ -a_{21} & a_{11} \end{pmatrix}.$$

- **Determinante nulo:** quando o determinante da matriz dos coeficientes de um sistema de equações lineares é zero, então ou esse sistema tem infinitas soluções ou não tem solução alguma.

Exercícios

Nível 1

DETERMINANTES DE ORDEM 2

Exemplo 1. Calcule o determinante da matriz $M = \begin{pmatrix} 3 & 2 \\ -1 & 4 \end{pmatrix}$.

SOLUÇÃO. $\det M = \begin{vmatrix} 3 & 2 \\ -1 & 4 \end{vmatrix} = (3 \cdot 4) - (-1 \cdot 2) = 12 - (-2) = 12 + 2 = 14.$

E1) Calcule os determinantes das seguintes matrizes:

a) $A = \begin{pmatrix} 2 & 1 \\ -1 & 0 \end{pmatrix}$, b) $B = \begin{pmatrix} 2 & -5 \\ 4 & 2 \end{pmatrix}$, c) $C = \begin{pmatrix} 3 & -2 \\ 6 & -4 \end{pmatrix}$.

DETERMINANTES DE ORDEM 3

Exemplo 2. Calcule o determinante da matriz $M = \begin{pmatrix} 3 & 2 & -2 \\ -1 & 4 & 8 \\ 2 & 3 & 0 \end{pmatrix}$.

SOLUÇÃO.

$$\det M = \begin{vmatrix} 3 & 2 & -2 \\ -1 & 4 & 8 \\ 2 & 3 & 0 \end{vmatrix}$$
$$= [3 \cdot 4 \cdot 0 + 2 \cdot 8 \cdot 2 + (-2) \cdot (-1) \cdot 3]$$
$$- [3 \cdot 8 \cdot 3 + 2 \cdot (-1) \cdot 0 + (-2) \cdot 4 \cdot 2]\,(0 + 32 + 6) - (48 + 0 - 16)$$
$$= 38 - 32 = 6.$$

E2) Calcule os determinantes das seguintes matrizes:

a) $A = \begin{pmatrix} 2 & 3 & 2 \\ -1 & 1 & -3 \\ 0 & 2 & 4 \end{pmatrix}$, b) $B = \begin{pmatrix} -1 & 4 & 2 \\ 2 & -3 & -4 \\ 3 & 2 & -6 \end{pmatrix}$,

c) $C = \begin{pmatrix} 3 & 0 & 2 \\ -4 & 3 & -1 \\ 2 & 1 & 2 \end{pmatrix}$.

Nível 2

E1) Para que valores de α a matriz $M = \begin{pmatrix} \operatorname{sen}\alpha & \cos\alpha & 0 \\ \cos\alpha & -\operatorname{sen}\alpha & 0 \\ 0 & 0 & 1 \end{pmatrix}$ tem inversa?

E2) (Leitura Complementar 1.5.1) Use a regra de Cramer para calcular a solução do modelo de Keynes para a renda nacional:

$$\begin{cases} Y = C + I_0 + G_0 \\ C = a + bY \end{cases},$$

onde Y é a renda nacional, C é o consumo das famílias, I_0 são os investimentos do governo, G_0 são os gastos do governo, a e b são constantes. Nesse modelo, Y e C são variáveis e as demais são constantes.

E3) (Leitura Complementar 1.5.1) Considere o modelo de Keynes com impostos, dado por

$$\begin{cases} Y = C + I_0 + G_0 \\ C = a + b(Y - T) \\ T = d + tY \end{cases},$$

onde, além das variáveis e constantes definidas no exercício E1, temos também a variável T, que representa a receita do governo com impostos e d e t são constantes. Use a regra de Cramer para resolver este problema.

Nível 3

E1) (Leitura Complementar 1.5.1) Considere o seguinte modelo de duas economias nacionais que trocam bens somente uma com a outra. Primeiro, assume-se que a renda nacional Y_i de cada nação i ($i = 1,2$) é o resultado da soma do consumo privado, C_i, de investimentos do governo, I_{0i}, dos gastos do governo, G_{0i}, do produto das exportações, X_i, menos o produto das importações, M_i:

$$\begin{cases} Y_1 = C_1 + I_{01} + G_{01} + X_1 - M_1 \\ Y_2 = C_2 + I_{02} + G_{02} + X_2 - M_2 \end{cases},$$

onde I_{0i}, G_{0i}, X_i e M_i são variáveis exógenas. O modelo também assume que o consumo e as importações são funções lineares da renda nacional:

$$\begin{cases} C_1 = c_1 Y_1 \\ C_2 = c_2 Y_2 \end{cases}, \quad \begin{cases} M_1 = m_1 Y_1 \\ M_2 = m_2 Y_2 \end{cases},$$

onde c_i e m_i ($i = 1,2$) são constantes positivas. Além disso, as exportações da nação 1 são as importações da nação 2 e vice-versa: $X_1 = M_2$ e $X_2 = M_1$.

a) Monte um sistema de equações lineares para as variáveis Y_1 e Y_2.

b) Resolva esse problema usando a regra de Cramer.

c) Como um aumento nos gastos do governo da nação 1 afeta a renda nacional da nação 2?

Respostas

Nível 1

E1) a) 1, b) 24, c) 0.

E2) a) 28, b) 0, c) 1.

Nível 2

E1) Para todo $\alpha \in \mathbb{R}$.

E2) $Y = \dfrac{I_0 + G_0 + a}{1 - b}$, $C = \dfrac{a + b(I_0 + G_0)}{1 - b}$.

E3) $Y = \dfrac{I_0 + G_0 + a - bd}{1 + bt - b}$, $C = \dfrac{a - b(t-1)(I_0 + G_0) - bd}{1 + bt - b}$,

$T = \dfrac{d + at - bd + t(I_0 + G_0)}{1 + bt - b}$.

Nível 3

E1) a) $\begin{cases} (1 - c_1 + m_1)Y_1 - m_2Y_2 = I_{01} + G_{01} \\ (1 - c_2 + m_2)Y_2 - m_1Y_1 = I_{02} + G_{02} \end{cases}$

b) $Y_1 = \dfrac{(I_{01} + G_{01})(1 - c_2 + m_2) + m_2(I_{02} + G_{02})}{(1 - c_1 + m_1)(1 - c_2 + m_2) - m_1m_2}$,

$Y_2 = \dfrac{(I_{02} + G_{02})(1 - c_1 + m_1) + m_1(I_{01} + G_{01})}{(1 - c_2 + m_2)(1 - c_1 + m_1) - m_1m_2}$.

c) Eles aumentam a renda nacional Y_2.

1.6 Determinantes de ordens superiores

Veremos agora como definir e calcular determinantes de ordens maiores que 3. Serão vistos dois modos diferentes de fazê-lo: por redução da ordem do determinante e por escalonamento. Também veremos as principais propriedades dos determinantes.

1.6.1 Cofatores

No capítulo passado, vimos como definir e calcular determinantes de ordens 1, 2 e 3. Veremos agora como definir determinantes de ordens superiores a 3.

Uma técnica bastante usada para definir e calcular determinantes de ordens maiores que 3 é a redução destes a determinantes menores, o que é feito usando a ideia de *cofatores.* Nesta seção, definiremos o conceito de cofator e mostraremos como eles podem ser calculados.

(a) Submatriz

Dada uma matriz quadrada A de ordem n, começamos por definir a **submatriz** A_{ij}, de ordem $n-1$, correspondente a uma célula a_{ij} dessa matriz como a matriz resultante da retirada da linha i e da coluna j da matriz original:

$$A = \left(\begin{array}{cccc|c|cccc}
a_{11} & a_{12} & \cdots & a_{1,j-1} & a_{1j} & a_{1,j+1} & \cdots & a_{1n} \\
a_{21} & a_{22} & \cdots & a_{2,j-1} & a_{2j} & a_{2,j+1} & \cdots & a_{2n} \\
\vdots & \vdots & \ddots & \vdots & \vdots & \vdots & \ddots & \vdots \\
a_{i-1,1} & a_{i-1,2} & \cdots & a_{i-1,j-1} & a_{i-1,j} & a_{i-1,j+1} & \cdots & a_{i-1,n} \\
\hline
a_{i1} & a_{i2} & \cdots & a_{i,j-1} & a_{ij} & a_{i,j+1} & \cdots & a_{in} \\
\hline
a_{i+1,1} & a_{i+1,2} & \cdots & a_{i+1,j-1} & a_{i+1,j} & a_{i+1,j+1} & \cdots & a_{i+1,n} \\
\vdots & \vdots & \vdots & \ddots & \vdots & \vdots & \ddots & \vdots \\
a_{n1} & a_{n2} & \cdots & a_{n,j-1} & a_{nj} & a_{n,j+1} & \cdots & a_{nn}
\end{array}\right)$$

$$A_{ij} = \begin{pmatrix} a_{11} & a_{12} & \cdots & a_{1,j-1} & a_{1,j+1} & \cdots & a_{1n} \\ a_{21} & a_{22} & \cdots & a_{2,j-1} & a_{2,j+1} & \cdots & a_{2n} \\ \vdots & \vdots & \ddots & \vdots & \vdots & \ddots & \vdots \\ a_{i-1,1} & a_{i-1,2} & \cdots & a_{i-1,j-1} & a_{i-1,j+1} & \cdots & a_{i-1,n} \\ a_{i+1,1} & a_{i+1,2} & \cdots & a_{i+1,j-1} & a_{i+1,j+1} & \cdots & a_{i+1,n} \\ \vdots & \vdots & \ddots & \vdots & \vdots & \ddots & \vdots \\ a_{n1} & a_{n2} & \cdots & a_{n,j-1} & a_{n,j+1} & \cdots & a_{nn} \end{pmatrix}$$

Exemplo 1. Escreva a submatriz B_{12} da matriz $B = \begin{pmatrix} 1 & 0 & -3 \\ -2 & 4 & 6 \\ 2 & 1 & -4 \end{pmatrix}$.

SOLUÇÃO. Isto se faz retirando a linha 1 e a coluna 2 da matriz B:

$$B = \begin{pmatrix} 1 & 0 & -3 \\ -2 & 4 & 6 \\ 2 & 1 & -4 \end{pmatrix}, \quad B_{12} = \begin{pmatrix} -2 & 6 \\ 2 & -4 \end{pmatrix}.$$

Exemplo 2. Escreva a submatriz C_{22} da matriz $C = \begin{pmatrix} -2 & 0 & 3 & 2 \\ 1 & 1 & 0 & 1 \\ 3 & 2 & -1 & -1 \\ 0 & -1 & 2 & 3 \end{pmatrix}$.

SOLUÇÃO. Isto se faz retirando a linha 2 e a coluna 2 da matriz C:

$$C = \begin{pmatrix} -2 & 0 & 3 & 2 \\ 1 & 1 & 0 & 1 \\ 3 & 2 & -1 & 1 \\ 0 & -1 & 2 & 3 \end{pmatrix}, \quad C_{22} = \begin{pmatrix} -2 & 3 & 2 \\ 3 & -1 & -1 \\ 0 & 2 & 3 \end{pmatrix}.$$

(b) MENOR RELATIVO

O determinante de uma submatriz A_{ij} de uma matriz A construída da forma mostrada anteriormente é chamado **menor relativo** ao elemento a_{ij} de A. Os exemplos a seguir ilustram esse conceito.

Exemplo 1. Calcule o menor relativo ao elemento b_{12} da matriz $B = \begin{pmatrix} 1 & 0 & -3 \\ -2 & 4 & 6 \\ 2 & 1 & -4 \end{pmatrix}$.

SOLUÇÃO. Do exemplo 1, temos:

$$B_{12} = \begin{pmatrix} -2 & 6 \\ 2 & -4 \end{pmatrix},$$

$$|B_{12}| = \begin{vmatrix} -2 & 6 \\ 2 & -4 \end{vmatrix} = (-2) \cdot (-4) - 6 \cdot 2 = 8 - 12 = -4.$$

Exemplo 2. Calcule o menor relativo ao elemento c_{22} da matriz

$$C = \begin{pmatrix} -2 & 0 & 3 & 2 \\ 1 & 1 & 0 & 1 \\ 3 & 2 & -1 & -1 \\ 0 & -1 & 2 & 3 \end{pmatrix}.$$

Solução. Usando o resultado do exemplo 2,

$$
\begin{aligned}
|C_{22}| &= \begin{vmatrix} -2 & 3 & 2 \\ 3 & -1 & -1 \\ 0 & 2 & 3 \end{vmatrix} \\
&= [(-1)\cdot(-2)\cdot 3 + 3\cdot(-1)\cdot 0 + 2\cdot 3\cdot 2] \\
&\quad - [(-2)\cdot(-1)\cdot 2 + 3\cdot 3\cdot 3 + 2\cdot(-1)\cdot 0] \\
&= (6+0+12) - (4+27+0) \\
&= 18 - 31 \\
|C_{22}| &= -13.
\end{aligned}
$$

(c) Cofator

Dado um menor relativo $|A_{ij}|$ a um elemento a_{ij} de uma matriz A, podemos definir o **cofator** de a_{ij} como dado por $\operatorname{cof} a_{ij} = (-1)^{i+j}|A_{ij}|$.

Exemplo 1. Calcule o cofator relativo ao elemento b_{12} da matriz $B = \begin{pmatrix} 1 & 0 & -3 \\ -2 & 4 & 6 \\ 2 & 1 & -4 \end{pmatrix}$.

Solução. Usando o resultado do exemplo 3, temos:

$$
\begin{aligned}
\operatorname{cof} b_{12} &= (-1)^{1+2}|B_{12}| \\
&= (-1)^3 \cdot (-4) \\
&= -1\cdot(-4) = 4.
\end{aligned}
$$

Exemplo 2. Calcule o cofator relativo ao elemento c_{22} da matriz

$$
C = \begin{pmatrix} -2 & 0 & 3 & 2 \\ 1 & 1 & 0 & 1 \\ 3 & 2 & -1 & -1 \\ 0 & -1 & 2 & 3 \end{pmatrix}.
$$

Solução. Usando o resultado do exemplo 4, temos

$$
\begin{aligned}
\operatorname{cof} c_{22} &= (-1)^{2+2}|C_{22}| \\
&= (-1)^4 \cdot (-13) = -13.
\end{aligned}
$$

1.6.2 Redução da ordem de um determinante

A importância dos cofatores está na técnica que os utiliza para definir e calcular um determinante de ordem n por meio da redução de sua ordem para $n-1$. A regra é a seguinte: dada uma matriz A do tipo $n \times n$, seu determinante é dado pela soma dos cofatores de determinada linha ou coluna multiplicados pelos respectivos elementos da matriz. A seguir, temos o caso geral em termos de uma linha i,

$$
\det A = \begin{vmatrix} a_{11} & a_{12} & \cdots & a_{1j} & \cdots & a_{1n} \\ a_{21} & a_{22} & \cdots & a_{2j} & \cdots & a_{2n} \\ \vdots & \vdots & \ddots & \vdots & \ddots & \vdots \\ a_{i1} & a_{i2} & \cdots & a_{ij} & \cdots & a_{in} \\ \vdots & \vdots & \ddots & \vdots & \ddots & \vdots \\ a_{n1} & a_{n2} & \cdots & a_{nj} & \cdots & a_{nn} \end{vmatrix}
$$

$$\det A = (-1)^{i+1} \cdot a_{i1} \cdot |A_{i1}| + (-1)^{i+2} \cdot a_{i2} \cdot |A_{i2}| + \cdots + (-1)^{i+n} \cdot a_{in} \cdot |A_{in}|,$$

e o caso geral em termos de uma coluna j:

$$\det A = (-1)^{1+j} \cdot a_{1j} \cdot |A_{1j}| + (-1)^{2+j} \cdot a_{2j} \cdot |A_{2j}| + \cdots + (-1)^{n+j} \cdot a_{nj} \cdot |A_{nj}|.$$

As duas regras podem ser usadas para definir um determinante de ordem n em termos dos determinantes de ordem $n - 1$, como é feito a seguir.

Definição 1

O *determinante* de uma matriz A $n \times n$ é dado por $\det A = \sum_{j=1}^{n} (-1)^{ij} a_{ij} |A_{ij}|$, onde i é uma linha de A. De forma equivalente, o determinante pode ser definido como $\det A = \sum_{i=1}^{n} (-1)^{ij} a_{ij} |A_{ij}|$, onde j é uma coluna de A.

Exemplo 1. Calcule o determinante da matriz $B = \begin{pmatrix} 1 & 0 & -3 \\ -2 & 4 & 6 \\ 2 & 1 & -4 \end{pmatrix}$ usando cofatores.

SOLUÇÃO. Escolhendo a linha 1, temos

$$\begin{aligned} \det B &= (-1)^{1+1} \cdot 1 \cdot \begin{vmatrix} 4 & 6 \\ 1 & -4 \end{vmatrix} + (-1)^{1+2} \cdot 0 \cdot \begin{vmatrix} -2 & 6 \\ 2 & -4 \end{vmatrix} \\ &\quad + (-1)^{1+3} \cdot (-3) \cdot \begin{vmatrix} -2 & 4 \\ 2 & 1 \end{vmatrix} \\ &= 1 \cdot 1 \cdot (-16 - 6) + (-1) \cdot 0 \cdot (8 - 12) + 1 \cdot (-3) \cdot (-2 - 8) \\ &= -22 + 0 + 30 = 8. \end{aligned}$$

O resultado pode ser verificado se usarmos a regra de Sarrus para o mesmo determinante:

$$\det B = \begin{vmatrix} 1 & 0 & -3 \\ -2 & 4 & 6 \\ 2 & 1 & -4 \end{vmatrix} = (-16 + 0 + 6) - (6 + 0 - 24) = -10 + 18 = 8.$$

Exemplo 2. Calcule o determinante da matriz $C = \begin{pmatrix} -2 & 0 & 3 & 2 \\ 1 & 1 & 0 & 1 \\ 3 & 2 & -1 & -1 \\ 0 & -1 & 2 & 3 \end{pmatrix}$ usando cofatores.

SOLUÇÃO. Escolhendo a linha 2, temos

$$\begin{aligned} \det C &= (-1)^{2+1} \cdot 1 \cdot \begin{vmatrix} 0 & 3 & 2 \\ 2 & -1 & -1 \\ -1 & 2 & 3 \end{vmatrix} + (-1)^{2+2} \cdot 1 \cdot \begin{vmatrix} -2 & 3 & 2 \\ 3 & -1 & -1 \\ 0 & 2 & 3 \end{vmatrix} \\ &\quad + (-1)^{2+3} \cdot 0 \cdot \begin{vmatrix} -2 & 0 & 2 \\ 3 & 2 & -1 \\ 0 & -1 & 3 \end{vmatrix} + (-1)^{2+4} \cdot 1 \cdot \begin{vmatrix} -2 & 0 & 3 \\ 3 & 2 & -1 \\ 0 & -1 & 2 \end{vmatrix} \\ &= -1 \cdot [(0 + 3 + 8) - (0 + 18 + 2)] \\ &\qquad + 1 \cdot [(6 + 0 + 12) - (4 + 27 + 0)] + 0 \\ &\qquad + 1 \cdot [(-8 + 0 - 9) - (-2 + 0 + 0)] \end{aligned}$$

$$= -(11-20)+(18-31)+(-17+2) = 9-13-15$$
$$\det C = -19.$$

O resultado é o mesmo que o encontrado por escalonamento no exemplo 4 da seção anterior.

Esta técnica é particularmente boa quando temos matrizes grandes cujos elementos são na maior parte nulos, como no exemplo a seguir.

Exemplo 3. Calcule o determinante da matriz $D = \begin{pmatrix} 1 & 0 & 0 & 1 & 0 & 1 \\ 0 & 1 & 0 & 1 & 0 & 1 \\ 0 & 0 & 1 & 1 & 0 & 0 \\ 0 & 0 & 1 & 0 & 0 & 1 \\ 0 & 0 & 1 & 1 & 1 & 1 \\ 1 & 0 & 0 & 1 & 0 & 1 \end{pmatrix}$.

SOLUÇÃO. Usando, estrategicamente, a coluna 2, temos

$$\det D = (-1)^{2+2}\cdot 1\cdot \begin{vmatrix} 1 & 0 & 1 & 0 & 1 \\ 0 & 1 & 1 & 0 & 0 \\ 0 & 1 & 0 & 0 & 1 \\ 0 & 1 & 1 & 1 & 1 \\ 1 & 0 & 1 & 0 & 1 \end{vmatrix} = \begin{vmatrix} 1 & 0 & 1 & 0 & 1 \\ 0 & 1 & 1 & 0 & 0 \\ 0 & 1 & 0 & 0 & 1 \\ 0 & 1 & 1 & 1 & 1 \\ 1 & 0 & 1 & 0 & 1 \end{vmatrix}.$$

Escolhendo a coluna 4 do novo determinante,

$$\det D = (-1)^{5+4}\cdot 1\cdot \begin{vmatrix} 1 & 0 & 1 & 1 \\ 0 & 1 & 1 & 0 \\ 0 & 1 & 0 & 1 \\ 1 & 0 & 1 & 1 \end{vmatrix} = -1\cdot \begin{vmatrix} 1 & 0 & 1 & 1 \\ 0 & 1 & 1 & 0 \\ 0 & 1 & 0 & 1 \\ 1 & 0 & 1 & 1 \end{vmatrix}.$$

Escolhemos, agora, a linha 2:

$$\det D = -1\cdot\left[(-1)^{2+2}\begin{vmatrix} 1 & 1 & 1 \\ 0 & 0 & 1 \\ 1 & 1 & 1 \end{vmatrix} + (-1)^{2+3}\begin{vmatrix} 1 & 0 & 1 \\ 0 & 1 & 1 \\ 1 & 0 & 1 \end{vmatrix}\right]$$
$$= -1\cdot\begin{vmatrix} 1 & 1 & 1 \\ 0 & 0 & 1 \\ 1 & 1 & 1 \end{vmatrix} + \begin{vmatrix} 1 & 0 & 1 \\ 0 & 1 & 1 \\ 1 & 0 & 1 \end{vmatrix}$$
$$= -1\cdot[(0+1+0)-(1+0+0)]$$
$$+[(1+0+0)-(0+0+1)]$$
$$\det D = 0.$$

1.6.3 Propriedades dos determinantes

Enunciaremos, agora, algumas propriedades dos determinantes, deixando suas demonstrações para a Leitura Complementar 1.6.1 desta aula.

Propriedade 1
O determinante de uma matriz quadrada A é igual ao determinante de sua transposta, isto é, $\det A = \det A^t$.

Exemplo 1. Dada $A = \begin{pmatrix} 1 & 2 \\ -3 & 1 \end{pmatrix}$, temos $A^t = \begin{pmatrix} 1 & -3 \\ 2 & 1 \end{pmatrix}$ e $\det A = 1-(-6) = 7$ e $\det A^t = 1-(-6) = 7$.

> **Propriedade 2**
> Dadas uma matriz quadrada A e uma matriz B, obtida a partir de A da permutação de duas linhas ou de duas colunas, então $\det A = -\det B$.

Exemplo 2. Dadas

$$A = \begin{pmatrix} 1 & 0 & 2 \\ -2 & 0 & 1 \\ 1 & 3 & -1 \end{pmatrix} \quad \text{e} \quad B = \begin{pmatrix} 1 & 3 & -1 \\ -2 & 0 & 1 \\ 1 & 0 & 2 \end{pmatrix},$$

obtida a partir de A por meio da permutação das linhas 1 e 3, temos

$$\det A = (0+0-12) - (3+0+0) = -12 - 3 = -15 \quad \text{e}$$
$$\det B = (0+3+0) - (0-12+0) = 3 + 12 = 15.$$

> **Propriedade 3**
> Se todos os elementos de uma linha ou de uma coluna de uma matriz quadrada A forem zero, então $\det A = 0$.

Exemplo 3. Dada

$$A = \begin{pmatrix} -1 & 2 & 4 \\ 3 & 1 & -5 \\ 0 & 0 & 0 \end{pmatrix},$$

$$\det A = \begin{vmatrix} -1 & 2 & 4 \\ 3 & 1 & -5 \\ 0 & 0 & 0 \end{vmatrix} = (0+0+0) - (0+0+0) = 0.$$

> **Propriedade 4**
> Se uma matriz quadrada tem duas linhas proporcionais (uma linha é igual à outra multiplicada por uma constante k não nula), ou duas colunas proporcionais, então $\det A = 0$.

Exemplo 4. Dada

$$A = \begin{pmatrix} -1 & 3 & 2 \\ 4 & 0 & 6 \\ 2 & -6 & -4 \end{pmatrix},$$

perceba que $L_3 = -2L_1$. Calculando o determinante, temos

$$\det A = \begin{vmatrix} -1 & 3 & 2 \\ 4 & 0 & 6 \\ 2 & -6 & -4 \end{vmatrix} = (0+36-48) - (36-48+0) = -12 - (-12) = 0.$$

> **Propriedade 5**
> Se multiplicarmos uma linha ou uma coluna de uma matriz quadrada A por um número $k \in \mathbb{R}$, o determinante da nova matriz será $k \det A$.

Exemplo 5. Dada

$$A = \begin{pmatrix} 2 & 3 \\ -1 & 4 \end{pmatrix},$$

podemos obter a matriz

$$B = \begin{pmatrix} 2 & 3 \\ 2 & -8 \end{pmatrix}$$

multiplicando a linha 2 da matriz A por −2. Calculando os determinantes das duas matrizes, temos

$$\det A = \begin{vmatrix} 2 & 3 \\ -1 & 4 \end{vmatrix} = 8 - (-3) = 11,$$

$$\det B = \begin{vmatrix} 2 & 3 \\ 2 & -8 \end{vmatrix} = -16 - 6 = -22$$

Podemos perceber que $\det B = -2 \det A$.

Propriedade 6

O determinante do produto de uma matriz A $n \times n$ por um número $k \in \mathbb{R}$ é igual a k^n vezes o determinante de A: $\det(kA) = k^n \det A$.

Exemplo 6. Dada $A = \begin{pmatrix} 2 & -1 \\ 3 & 0 \end{pmatrix}$, temos

$$\det A = \begin{vmatrix} 2 & -1 \\ 3 & 0 \end{vmatrix} = 0 - (-3) = 3,$$

$$\det(3A) = \begin{vmatrix} 6 & -3 \\ 9 & 0 \end{vmatrix} = 0 - (-27) = 27 = 3^2 \cdot 3.$$

Propriedade 7 (Teorema de Binet)

Dadas duas matrizes quadradas A e B de mesma ordem, então $\det(AB) = \det A \cdot \det B$.

Exemplo 7. Dadas $A = \begin{pmatrix} 3 & -1 \\ 2 & 4 \end{pmatrix}$ e $B = \begin{pmatrix} 2 & 1 \\ 0 & 5 \end{pmatrix}$, $\det A = 12 - (-2) = 14$,

$$\det B = 10 - 0 = 10 \text{ e } AB = \begin{pmatrix} 3 & -1 \\ 2 & 4 \end{pmatrix}\begin{pmatrix} 2 & 1 \\ 0 & 5 \end{pmatrix} = \begin{pmatrix} 6 & -2 \\ 4 & 22 \end{pmatrix},$$

$$\det(AB) = 132 - (-8) = 140 = \det A \cdot \det B.$$

Propriedade 8 (Teorema de Jacobi)

Dadas uma matriz quadrada A e uma matriz B obtida a partir de A trocando uma de suas linhas pela soma dessa linha e outra multiplicada por um número real k não nulo ($L_i \to L_i + kL_j$), então $\det A = \det B$.

Exemplo 8. Dada

$$A = \begin{pmatrix} -3 & 1 & 2 \\ 2 & 0 & 5 \\ -1 & 2 & 1 \end{pmatrix} \quad \text{e} \quad B = \begin{pmatrix} 1 & 1 & 12 \\ 2 & 0 & 5 \\ -1 & 2 & 1 \end{pmatrix},$$

obtida a partir de A pela operação $L_1 \to L_1 + 2L_2$, temos

$$\det A = (0 - 5 + 8) - (-30 + 2 + 0) = 3 - (-28) = 31,$$
$$\det B = (0 - 5 + 48) - (10 + 2 + 0) = 43 - 12 = 31.$$

Propriedade 9

Uma matriz quadrada A cujo determinante é zero não tem inversa e qualquer matriz que não tem inversa tem determinante nulo.

Exemplo 9. Tentaremos calcular a inversa da matriz

$$A = \begin{pmatrix} -6 & 8 & 4 \\ 0 & 2 & -1 \\ -3 & 4 & 2 \end{pmatrix},$$

cujo determinante é nulo, pois a linha 1 é o dobro da linha 3. Para isso, usaremos o método de Gauss-Jordan:

$$\left(\begin{array}{ccc|ccc} -6 & 8 & 4 & 1 & 0 & 0 \\ 0 & 2 & -1 & 0 & 1 & 0 \\ -3 & 4 & 2 & 0 & 0 & 1 \end{array}\right) \begin{array}{l} L_1/(-6) \\ L_2 \\ L_3 - (1/2)L_1 \end{array}$$

$$\sim \left(\begin{array}{ccc|ccc} 1 & -4/3 & -2/3 & -1/6 & 0 & 0 \\ 0 & 2 & -1 & 0 & 1 & 0 \\ 0 & 0 & 0 & -1/2 & 0 & 1 \end{array}\right) \begin{array}{l} L_1 + (2/3)L_2 \\ L_2/2 \\ L_3 \end{array}$$

$$\sim \left(\begin{array}{ccc|ccc} 1 & 0 & -4/3 & -1/6 & 2/3 & 0 \\ 0 & 1 & -1/3 & 0 & 1/2 & 0 \\ 0 & 0 & 0 & -1/2 & 0 & 1 \end{array}\right),$$

de modo que não podemos invertê-la.

A propriedade 9 é uma das principais aplicações de determinantes, pois detecta – muitas vezes imediatamente, como no exemplo anterior – se uma matriz tem ou não inversa. Como decorrência, o teorema fornece um teste para saber se um sistema de equações lineares tem ou não solução única.

Exemplo 10. Verifique se o sistema de equações lineares

$$\begin{cases} 6x - 2y + 4z - w = 5 \\ x + 4y - z + 2w = 3 \\ 2x - 6y + z - 3w = 0 \\ x + 2y - 3z + w = 8 \end{cases}$$

tem solução única.

SOLUÇÃO. A matriz dos coeficientes desse sistema é

$$\begin{pmatrix} 6 & -2 & 4 & -1 \\ 1 & 4 & -1 & 2 \\ 2 & -6 & 1 & -3 \\ 1 & 2 & -3 & 1 \end{pmatrix}.$$

Observe que a 2ª coluna é o dobro da 4ª, de modo que, de acordo com a propriedade 4, $\det A = 0$. Portanto, o sistema não tem solução única.

Propriedade 10
Se uma matriz A tem inversa A^{-1}, então $\det A^{-1} = \dfrac{1}{\det A}$.

Exemplo 11. A matriz

$$A = \begin{pmatrix} 2 & -1 \\ 3 & 2 \end{pmatrix}$$

tem como inversa

$$A^{-1} = \begin{pmatrix} 2/7 & 1/7 \\ -3/7 & 2/7 \end{pmatrix}.$$

Calculando os determinantes das duas, obtemos

$$\det A = 4 + 3 = 7 \qquad \text{e} \qquad \det A^{-1} = \frac{4}{49} + \frac{3}{49} = \frac{7}{49} = \frac{1}{7},$$

o que está de acordo com o teorema.

Jacques Philippe Marie Binet (1786-1856)
Matemático francês que realizou estudos em diversas áreas da matemática e na astronomia, mas ficou mais famoso pela fórmula para o determinante do produto de duas matrizes. Estudou e ensinou na École Polytechnique de Paris, tendo também trabalhado no departamento de pontes e estradas da França. Perdeu seu cargo como professor por defender com veemência um rei que abdicou de sua posição. No entanto, seu prestígio foi recuperado, pois foi eleito posteriormente membro da Academia de Ciências francesa.

Carl Gustav Jacob Jacobi (1804-1851)
Nascido em Potsdam, na antiga Prússia (atual Alemanha), Jacobi era de família judaica e filho de um banqueiro. Ingressou na Universidade de Berlim aos 17 anos, embora já desenvolvesse estudos em matemática, latim, grego e história por conta própria desde os 12 anos de idade. Estudou essas quatro disciplinas, no entanto se concentrou na matemática. Produziu muitas obras em diversos campos da matemática e também da física. Converteu-se ao cristianismo por volta dos 21 anos, o que facilitou sua contratação como professor na Universidade de Berlim e, mais tarde, na Universidade de Königsberg. Excelente professor, incitou uma nova geração de matemáticos e reforçou a união do ensino e da pesquisa nas universidades. Sofreu alguma perseguição política e problemas financeiros no fim de sua vida, entretanto é lembrado como um dos mais consagrados e produtivos matemáticos de sua época.

1.6.4 Cálculo por escalonamento

A propriedade 2 e a propriedade 8 podem ser usadas para mostrar que, dada uma matriz A, sua forma escalonada B tem, em módulo, o mesmo determinante de A, ou seja, $\det A = \pm \det B$. Isso porque, de acordo com a propriedade 2, $\det A = -\det B$ se B for obtida a partir da permutação de duas linhas ou de duas colunas de A e $\det A = \det B$ se B for obtida a partir de A mediante uma operação $L_i \longrightarrow L_i + kL_j$. Essas operações, quando usadas em conjunto, constituem o método de Gauss para escalonar uma matriz. Como elas, no máximo, alteram somente o sinal do determinante, podemos chegar à conclusão de que $\det A = \det B$, quando B é a forma escalonada de A quando obtida por um número par de permutações de linhas e que $\det A = -\det B$, sendo B a forma escalonada de A obtida por um número ímpar de permutações de linhas.

Isto nos possibilita definir outro método para o cálculo de determinantes, baseado no método de Gauss, que em geral facilita bastante o cálculo de determinantes de matrizes de ordens maiores que 3. Esse método é especificado no teorema a seguir, que é provado na Leitura Complementar 1.6.1.

Teorema 1

Dada uma matriz A $n \times n$ e a sua forma escalonada B, então $\det A = \det B$ se B for obtida a partir de A usando um número par de permutações ou $\det A = -\det B$ se B for obtida a partir de A usando um número ímpar de permutações.

Exemplo 1. Use o escalonamento para calcular o determinante da matriz $A = (3)$.

SOLUÇÃO. A matriz já está em sua forma escalonada, de modo que temos $\det A = 3$.

Exemplo 2. Use o escalonamento para calcular o determinante da matriz $A = \begin{pmatrix} 2 & 1 \\ -3 & 2 \end{pmatrix}$.

SOLUÇÃO. Usando o método de Gauss para escalonar a matriz,

$$\begin{pmatrix} \boxed{2} & 1 \\ -3 & 2 \end{pmatrix} \begin{matrix} \\ L_2 + \frac{3}{2}L_1 \end{matrix} \sim \begin{pmatrix} 2 & 1 \\ 0 & 7/2 \end{pmatrix}.$$

Agora, calculamos o produto dos elementos da diagonal[1] principal:

$$\det A = 2 \cdot \frac{7}{2} = 7.$$

Exemplo 3. Use o escalonamento para calcular o determinante da matriz

$$B = \begin{pmatrix} -3 & 1 & 3 \\ 2 & 2 & 0 \\ 1 & -1 & 1 \end{pmatrix}.$$

SOLUÇÃO.

$$\begin{pmatrix} \boxed{-3} & 1 & 3 \\ 2 & 2 & 0 \\ 1 & -1 & 1 \end{pmatrix} \begin{matrix} \\ L_2 + (2/3)L_1 \\ L_3 + (1/3)L_1 \end{matrix} \sim \begin{pmatrix} -3 & 1 & 3 \\ 0 & \boxed{8/3} & 2 \\ 0 & -2/3 & 2 \end{pmatrix} \begin{matrix} \\ \\ L_1 + \frac{1}{4}L_2 \end{matrix}$$

$$\sim \begin{pmatrix} -3 & 1 & 3 \\ 0 & 8/3 & 2 \\ 0 & 0 & 5/2 \end{pmatrix}.$$

O determinante fica, então,

$$\det B = -3 \cdot \frac{8}{3} \cdot \frac{5}{2} = -20.$$

1. A forma diagonalizada de uma matriz, que pode ser obtida pelo método de Gauss-Jordan, não é adequada ao cálculo de determinantes. Se o fosse, o determinante de qualquer matriz seria 1 ou 0.

Veremos agora um caso em que é necessária uma permutação de linhas.

Exemplo 4. Use o escalonamento para calcular o determinante da matriz

$$C = \begin{pmatrix} 1 & -2 & 3 \\ -1 & 2 & 5 \\ 2 & -1 & 3 \end{pmatrix}.$$

SOLUÇÃO. Usando o método de Gauss para escalonar a matriz,

$$\begin{pmatrix} \boxed{1} & -2 & 3 \\ -1 & 2 & 5 \\ 2 & -1 & 3 \end{pmatrix} \begin{matrix} \\ L_2 + L_1 \\ L_3 - 2L_1 \end{matrix} \sim \begin{pmatrix} 1 & -2 & 3 \\ 0 & 0 & 8 \\ 0 & 3 & -3 \end{pmatrix} L_2 \leftrightarrow L_3 \sim \begin{pmatrix} 1 & -2 & 3 \\ 0 & 3 & -3 \\ 0 & 0 & 8 \end{pmatrix}.$$

Como tivemos de fazer uma permutação, então o determinante de C fica $\det C = -1 \cdot 1 \cdot 3 \cdot 8 = -24$.

Vamos usar agora o método de escalonamento para calcular um determinante de ordem 4 (o determinante de uma matriz 4×4).

Exemplo 5. Calcule o determinante de $A = \begin{pmatrix} -2 & 0 & 3 & 2 \\ 1 & 1 & 0 & 1 \\ 3 & 2 & -1 & -1 \\ 0 & -1 & 2 & 3 \end{pmatrix}$.

SOLUÇÃO.

$$\begin{pmatrix} \boxed{-2} & 0 & 3 & 2 \\ 1 & 1 & 0 & 1 \\ 3 & 2 & -1 & -1 \\ 0 & -1 & 2 & 3 \end{pmatrix} \begin{matrix} \\ L_2 + (1/2)L_1 \\ L_3 + (3/2)L_1 \\ L_4 \end{matrix} \sim \begin{pmatrix} -2 & 0 & 3 & 2 \\ 0 & \boxed{1} & 3/2 & 2 \\ 0 & 2 & 7/2 & 2 \\ 0 & -1 & 2 & 3 \end{pmatrix} \begin{matrix} \\ \\ L_3 - 2L_2 \\ L_4 + L_2 \end{matrix}$$

$$\sim \begin{pmatrix} -2 & 0 & 3 & 2 \\ 0 & 1 & 3/2 & 2 \\ 0 & 0 & \boxed{1/2} & -2 \\ 0 & 0 & 7/2 & 5 \end{pmatrix} \begin{matrix} \\ \\ \\ L_4 - \frac{7/2}{1/2}L_3 = L_4 - 7L_3 \end{matrix} \sim \begin{pmatrix} -2 & 0 & 3 & 2 \\ 0 & 1 & 3/2 & 2 \\ 0 & 0 & 1/2 & -2 \\ 0 & 0 & 0 & 19 \end{pmatrix}.$$

Portanto, $\det A = -2 \cdot 1 \cdot \frac{1}{2} \cdot 19 = -19$.

Resumo

- **Submatriz:** dada uma matriz quadrada A de ordem n, começamos por definir a *submatriz* A_{ij}, de ordem $n - 1$, correspondente a uma célula a_{ij} dessa matriz como a matriz resultante da retirada da linha i e da coluna j da matriz original.
- **Menor relativo:** o determinante de uma submatriz A_{ij} de uma matriz A é chamado *menor relativo* ao elemento a_{ij} de A.
- **Cofator:** dado um menor relativo $|A_{ij}|$ a um elemento a_{ij} de uma matriz A, o *cofator* de a_{ij} é dado por $\text{cof}\, a_{ij} = (-1)^{i+j}|A_{ij}|$.

► **Redução da ordem de um determinante:** o determinante de uma matriz A do tipo $n \times n$ pode ser calculado como

$$\begin{aligned}\det A &= \sum_{j=1}^{n} (-1)^{i+j} a_{ij}|A_{ij}| \\ &= (-1)^{i+1} \cdot a_{i1} \cdot |A_{i1}| + (-1)^{i+2} \cdot a_{i2} \cdot |A_{i2}| + \cdots + (-1)^{i+n} \cdot a_{in} \cdot |A_{in}|,\end{aligned}$$

em termos da expansão em uma linha i ou em termos de uma expansão em uma coluna j,

$$\begin{aligned}\det A &= \sum_{j=1}^{n} (-1)^{i+j} a_{ij}|A_{ij}| \\ &= (-1)^{1+j} \cdot a_{1j} \cdot |A_{1j}| + (-1)^{2+j} \cdot a_{2j} \cdot |A_{2j}| + \cdots + (-1)^{n+j} \cdot a_{nj} \cdot |A_{nj}|.\end{aligned}$$

PROPRIEDADES DOS DETERMINANTES

► **Propriedade 1:** $\det A = \det A^t$.

► **Propriedade 2:** dadas uma matriz quadrada A e uma matriz B, obtida a partir de A por meio da permutação de duas linhas ou de duas colunas dela, então $\det A = -\det B$.

► **Propriedade 3:** se todos os elementos de uma linha ou de uma coluna de uma matriz quadrada A forem zero, então $\det A = 0$.

► **Propriedade 4:** se uma matriz quadrada tem duas linhas proporcionais ($L_i = kL_j$, $k \in \mathbb{R}$), ou duas colunas proporcionais, então $\det A = 0$.

► **Propriedade 5:** se multiplicarmos uma linha ou uma coluna de uma matriz quadrada A por um número $k \in \mathbb{R}$, então o determinante da nova matriz será $k \det A$.

► **Propriedade 6:** $\det(kA) = k^n \det A$.

► **Propriedade 7:** (*Teorema de Binet*) $\det(AB) = \det A \cdot \det B$.

► **Propriedade 8:** (*Teorema de Jacobi*) dadas uma matriz quadrada A e uma matriz B obtida a partir de A trocando uma de suas linhas pela soma dessa linha a outra multiplicada por um número real k não nulo ($L_i \to L_i + kL_j$), então $\det A = \det B$.

► **Propriedade 9:** uma matriz quadrada A cujo determinante é zero não tem inversa e qualquer matriz que não tem inversa tem determinante nulo.

► **Teorema 1: cálculo por escalonamento.** Dada uma matriz A $n \times n$ e a sua forma escalonada B, então $\det A = \det B$ se B for obtida a partir de A usando um número par de permutações ou $\det A = -\det B$ se B for obtida a partir de A usando um número ímpar de permutações.

Exercícios

Nível 1

DETERMINANTES DE ORDENS $n \geqslant 4$

Exemplo 1. Calcule o determinante da matriz $M = \begin{pmatrix} 3 & 2 & 3 & 1 \\ -1 & 0 & -2 & 0 \\ 4 & -1 & 4 & -2 \\ 2 & 3 & -1 & 3 \end{pmatrix}$.

SOLUÇÃO. Primeiro, pelo método de Gauss, vamos escalonar essa matriz:

$$\begin{pmatrix} \boxed{3} & 2 & 3 & 1 \\ -1 & 0 & -2 & 0 \\ 4 & -1 & 4 & -2 \\ 2 & 3 & -1 & 3 \end{pmatrix} \begin{matrix} \\ L_2 + (1/3)L_1 \\ L_3 - (4/3)L_1 \\ L_4 - (2/3)L_1 \end{matrix} \sim \begin{pmatrix} 3 & 2 & 3 & 1 \\ 0 & \boxed{2/3} & -1 & 1/3 \\ 0 & -11/3 & 0 & -10/3 \\ 0 & 5/3 & -3 & 7/3 \end{pmatrix} \begin{matrix} \\ \\ L_3 + (11/2)L_2 \\ L_4 - (5/2)L_2 \end{matrix}$$

$$\sim \begin{pmatrix} 3 & 2 & 3 & 1 \\ 0 & 2/3 & -1 & 1/3 \\ 0 & 0 & \boxed{-11/2} & -3/2 \\ 0 & 0 & -1/2 & 3/2 \end{pmatrix} \begin{matrix} \\ \\ \\ L_4 - (1/11)L_3 \end{matrix} \sim \begin{pmatrix} 3 & 2 & 3 & 1 \\ 0 & 2/3 & -1 & 1/3 \\ 0 & 0 & -11/2 & -3/2 \\ 0 & 0 & 0 & 18/11 \end{pmatrix}.$$

O determinante fica, então,

$$\det A = 3 \cdot \frac{2}{3} \cdot \left(\frac{-11}{2}\right) \cdot \frac{18}{11} = -18.$$

E1) Calcule os determinantes das seguintes matrizes:

a) $A = \begin{pmatrix} 1 & 0 & 0 & 3 \\ 2 & 4 & 2 & -1 \\ 1 & 3 & 0 & 2 \\ -1 & -2 & 6 & 4 \end{pmatrix}$, b) $B = \begin{pmatrix} -2 & -3 & -1 & -2 \\ -1 & 0 & 1 & -2 \\ -3 & -1 & -4 & 4 \\ -2 & 2 & -3 & -1 \end{pmatrix}$,

c) $C = \begin{pmatrix} 0 & 2 & 0 & 0 & 0 \\ 1 & 3 & 0 & 0 & 3 \\ 2 & -1 & 4 & 2 & -1 \\ 1 & 4 & 3 & 0 & 2 \\ -1 & 2 & -2 & 6 & 4 \end{pmatrix}$,

d) $D = \begin{pmatrix} 1 & 2 & 1 & 3 & 2 \\ -3 & -1 & -3 & -1 & 5 \\ 2 & 4 & 2 & 4 & -1 \\ 0 & 3 & 0 & 0 & 2 \\ 4 & 2 & 4 & 3 & 3 \end{pmatrix}$.

Redução da ordem de um determinante

Exemplo 2. Calcule o determinante da matriz $M = \begin{pmatrix} 3 & 2 & 3 & 1 \\ -1 & 0 & -2 & 0 \\ 4 & -1 & 4 & -2 \\ 2 & 3 & -1 & 3 \end{pmatrix}$ usando cofatores.

Solução.

$$\det M = \begin{vmatrix} 3 & 2 & 3 & 1 \\ -1 & 0 & -2 & 0 \\ 4 & -1 & 4 & -2 \\ 2 & 3 & -1 & 3 \end{vmatrix}$$

$$= (-1)^{1+1} \cdot 3 \cdot \begin{vmatrix} 0 & -2 & 0 \\ -1 & 4 & -2 \\ 3 & -1 & 3 \end{vmatrix} + (-1)^{1+2} \cdot 2 \cdot \begin{vmatrix} -1 & -2 & 0 \\ 4 & 4 & -2 \\ 2 & -1 & 3 \end{vmatrix}$$

$$+ (-1)^{1+3} \cdot 3 \cdot \begin{vmatrix} -1 & 0 & 0 \\ 4 & -1 & -2 \\ 2 & 3 & 3 \end{vmatrix} + (-1)^{1+4} \cdot 1 \cdot \begin{vmatrix} -1 & 0 & -2 \\ 4 & -1 & 4 \\ 2 & 3 & -1 \end{vmatrix}.$$

A seguir, calculamos os determinantes separadamente:

$$\begin{vmatrix} 0 & -2 & 0 \\ -1 & 4 & -2 \\ 3 & -1 & 3 \end{vmatrix} = (0 - 12 + 0) - (0 + 6 + 0) = -12 - 6 = -18,$$

$$\begin{vmatrix} -1 & -2 & 0 \\ 4 & 4 & -2 \\ 2 & -1 & 3 \end{vmatrix} = (-12 + 8 + 0) - (-2 - 24 + 0) = -4 + 26 = 22,$$

$$\begin{vmatrix} -1 & 0 & 0 \\ 4 & -1 & -2 \\ 2 & 3 & 3 \end{vmatrix} = (3 + 0 + 0) - (6 + 0 + 0) = 3 - 6 = -3,$$

$$\begin{vmatrix} -1 & 0 & -2 \\ 4 & -1 & 4 \\ 2 & 3 & -1 \end{vmatrix} = (-1 + 0 - 24) - (-12 + 0 + 4) = -25 + 8 = -17.$$

O determinante da matriz M fica, então,

$$\det M = (-1)^2 \cdot 3 \cdot (-18) + (-1)^3 \cdot 2 \cdot 22 + (-1)^4 \cdot 3 \cdot (-3)$$
$$+ (-1)^5 \cdot 1 \cdot (-17) = -54 - 44 - 9 + 17 = -90.$$

E2) Calcule os determinantes das seguintes matrizes usando cofatores:

a) $A = \begin{pmatrix} 1 & 0 & 0 & 3 \\ 2 & 4 & 2 & -1 \\ 1 & 3 & 0 & 2 \\ -1 & -2 & 6 & 4 \end{pmatrix}$, b) $B = \begin{pmatrix} -2 & -3 & -1 & -2 \\ -1 & 0 & 1 & -2 \\ -3 & -1 & -4 & 4 \\ -2 & 2 & -3 & -1 \end{pmatrix}$,

c) $C = \begin{pmatrix} 0 & 2 & 0 & 0 & 0 \\ 1 & 3 & 0 & 0 & 3 \\ 2 & -1 & 4 & 2 & -1 \\ 1 & 4 & 3 & 0 & 2 \\ -1 & 2 & -2 & 6 & 4 \end{pmatrix}$,

d) $D = \begin{pmatrix} 1 & 2 & 1 & 3 & 2 \\ -3 & -1 & -3 & -1 & 5 \\ 2 & 4 & 2 & 4 & -1 \\ 0 & 3 & 0 & 0 & 2 \\ 4 & 2 & 4 & 3 & 3 \end{pmatrix}$.

Determinante e matriz inversa

Exemplo 3. Verifique se a matriz $M = \begin{pmatrix} 3 & -6 & 0 \\ 2 & 3 & 2 \\ -1 & 2 & 0 \end{pmatrix}$ tem inversa.

Solução. M terá inversa se $\det M \neq 0$.

$$\det M = \begin{vmatrix} 3 & -6 & 0 \\ 2 & 3 & 2 \\ -1 & 2 & 0 \end{vmatrix} = (0 + 12 + 0) - (12 + 0 + 0) = 12 - 12 = 0.$$

Como $\det M = 0$, a matriz M não tem inversa.

E3) Verifique se as seguintes matrizes têm inversa:

a) $A = \begin{pmatrix} -1 & 2 \\ 2 & -4 \end{pmatrix}$,

b) $B = \begin{pmatrix} 3 & 2 \\ -1 & 0 \end{pmatrix}$,

c) $C = \begin{pmatrix} 3 & 4 & 2 \\ -1 & 0 & 1 \\ 2 & 3 & -2 \end{pmatrix}$,

d) $D = \begin{pmatrix} 3 & 2 \\ -1 & 0 \\ 2 & 4 \end{pmatrix}$.

Nível 2

E1) Determine os valores da constante k para os quais o sistema de equações lineares

$$\begin{cases} kx + y + z = 1 \\ x + ky + z = 1 \\ x + y + kz = 1 \end{cases}$$

tem solução única.

E2) Dado que $\det A = 4$, calcule $\det A^4$, $\det A^t$ e $\det A^{-1}$.

E3) Se $\det A = 2$ e $\det B = -4$, calcule $\det(A^{-1}B^t)$.

E4) Determine todos os valores de λ tais que $\det(A - \lambda I_n) = 0$, onde

$$A = \begin{pmatrix} 1 & 2 & 0 \\ 0 & 2 & 0 \\ 3 & -4 & -1 \end{pmatrix}.$$

E5) Mostre que, se A é ortogonal, então $\det A = \pm 1$.

E6) Mostre que, se $\det P \neq 0$, então $\det(P^{-1}AP) = \det A$.

Nível 3

E1) Determine sob quais condições a equação $Av = \lambda v$ – onde A é uma matriz, v é um vetor (uma matriz coluna) e λ é um número real – admite solução não nula.

E2) Se

$$M = \begin{pmatrix} a_{11} & a_{12} & a_{13} \\ a_{21} & a_{22} & a_{23} \\ a_{31} & a_{32} & a_{33} \end{pmatrix}$$

e $\det M = 2$, calcule os determinantes das seguintes matrizes:

a) $$A = \begin{pmatrix} a_{31} & a_{32} & a_{33} \\ a_{21} & a_{22} & a_{23} \\ a_{11} & a_{12} & a_{13} \end{pmatrix},$$

b) $$B = \begin{pmatrix} a_{11} + a_{21} & a_{12} + a_{22} & a_{13} + a_{23} \\ a_{21} & a_{22} & a_{23} \\ a_{31} & a_{32} & a_{33} \end{pmatrix},$$

c) $$C = \begin{pmatrix} a_{11} + a_{21} & a_{12} + a_{22} & a_{13} + a_{23} \\ a_{21} & a_{22} & a_{23} \\ a_{31} - a_{11} & a_{32} - a_{12} & a_{33} - a_{13} \end{pmatrix}.$$

E3) Podemos definir a adjunta $\operatorname{adj} A$ de uma matriz A $n \times n$ como sendo tal que

$$A^{-1} = \frac{1}{\det A} \operatorname{adj} A.$$

Prove que $\det \operatorname{adj} A = (\det A)^{n-1}$.

Respostas

Nível 1

E1) a) -140, b) -118, c) 280, d) 0.

E2) a) -140, b) -118, c) 280, d) 0.

E3) a) não tem inversa, b) tem inversa, c) tem inversa,
d) não existe inversa, pois a matriz não é quadrada.

NÍVEL 2

E1) $\{k \in \mathbb{R} \mid k \neq -2 \text{ e } k \neq 1\}$.

E2) $\det A^4 = 64$, $\det A^t = 4$ e $\det A^{-1} = \frac{1}{4}$.

E3) -2.

E4) $\lambda = 1$, $\lambda = 2$ ou $\lambda = -1$.

E5) $A^t = A^{-1} \Rightarrow \det A^t = \det A^{-1} \Leftrightarrow \det A = \dfrac{1}{\det A} \Leftrightarrow (\det A)^2 = 1 \Leftrightarrow \det A = \pm 1.$

E6) $\det(P^{-1}AP) = \det P^{-1} \det A \det P = \dfrac{1}{\det P} \det A \det P = \det A.$

NÍVEL 3

E1) Somente quando $\det(A - \lambda I) = 0$.

E2) $\det A = -2$, $\det B = 2$ e $\det C = 2$.

E3) $A^{-1} = \dfrac{1}{\det A} \operatorname{adj} A \Leftrightarrow \operatorname{adj} A = (\det A) A^{-1} \Rightarrow \det \operatorname{adj} A = \det\left[(\det A) A^{-1}\right] \Leftrightarrow$

$\Leftrightarrow \det \operatorname{adj} A = (\det A)^n \dfrac{1}{\det A} \Leftrightarrow \det \operatorname{adj} A = (\det A)^{n-1}.$

MÓDULO 2
Vetores

2.1 Vetores

Quando medimos determinada grandeza, podemos fazê-lo usando números, como é o caso de medidas como comprimento, massa e densidade. Cada uma dessas grandezas só tem uma característica, que é a intensidade. No entanto, existem outras grandezas, como a força e a velocidade, que além de intensidade têm também uma direção e um sentido. Tais grandezas exigem outra estrutura algébrica, que chamamos *vetores*. Outros usos de vetores ocorrem no armazenamento de um grande número de dados, como ocorre comumente na econometria, subdisciplina da economia que trata da coleta, manipulação e interpretação de dados de diversos sistemas econômicos.

2.1.1 Introdução

Vetores são utilizados em economia para facilitar o trabalho de análise de dados. Por exemplo, considere as cotações das ações do Grupo Ultra, que reúne três empresas: a Ultragaz, maior distribuidora de gaz liquefeito no Brasil, a Oxiteno, fabricante de produtos químicos à base de óxido de eteno, e a Ultracargo, transportadora e armazenadora de produtos químicos. A tabela a seguir mostra os preços e números de negócios feitos com as ações do grupo entre os dias 1º e 25 de agosto de 2006 (fonte: página do grupo em www.ultra.com.br). As informações desta tabela podem ser separadas em vetores, como os vetores V e N, onde estão armazenadas as informações sobre os valores das ações em determinados dias e dos volumes de negócios nesses mesmos dias.

Esses dados, em forma vetorial, podem então ser tratados estatisticamente. Por exemplo, podemos calcular a média dos valores das ações nesse período ou podemos calcular a correlação entre o valor da ação e o volume de negócios efetuados a esse preço.

Aqui, usamos o conceito de vetor como definido no Módulo 1: um vetor é uma matriz coluna. No entanto, vetores são bem mais que isso e uma intuição geométrica do que eles significam é muito importante para um administrador ou economista. Veremos, neste capítulo, como definir vetores

Data	Valor (R$)	Negócios
1/8/2006	32,02	86
2/8/2006	32,40	74
3/8/2006	33,90	153
4/8/2006	34,50	134
7/8/2006	35,30	63
8/8/2006	36,68	250
9/8/2006	37,40	97
10/8/2006	36,35	62
11/8/2006	36,50	61
14/8/2006	36,75	17
15/8/2006	36,87	19
16/8/2006	37,01	36
17/8/2006	38,00	38
18/8/2006	37,80	95
21/8/2006	37,69	35
22/8/2006	37,10	12
23/8/2006	36,20	75
24/8/2006	35,78	19
25/8/2006	35,62	49

$$V = \begin{pmatrix} 32{,}02 \\ 32{,}40 \\ 33{,}90 \\ 34{,}50 \\ 35{,}30 \\ 36{,}68 \\ 37{,}40 \\ 36{,}35 \\ 36{,}50 \\ 36{,}75 \\ 36{,}87 \\ 37{,}01 \\ 38{,}00 \\ 37{,}80 \\ 37{,}69 \\ 37{,}10 \\ 36{,}20 \\ 35{,}78 \\ 35{,}62 \end{pmatrix} \qquad N = \begin{pmatrix} 86 \\ 74 \\ 156 \\ 134 \\ 63 \\ 250 \\ 97 \\ 62 \\ 61 \\ 17 \\ 19 \\ 36 \\ 38 \\ 95 \\ 35 \\ 12 \\ 75 \\ 19 \\ 49 \end{pmatrix}$$

de modo puramente geométrico; veremos também como fazer operações básicas com eles. No capítulo seguinte, descreveremos vetores no plano e no espaço em termos de componentes, o que facilitará bastante as contas feitas com eles e aproximará a definição vista neste capítulo à definição matricial de vetores vista no Módulo 1 deste curso.

Primeiro, é importante perceber que vetores têm significado físico se pensarmos em medidas. Os exemplos a seguir mostram a diferença entre grandezas que podem ser dadas somente por números (chamados *escalares* na linguagem vetorial) e aquelas que exigem vetores.

- Uma bola pode ter 3 g de massa e densidade 4 g/cm^3, que são medidas escalares.
- Uma pessoa pode ter altura dada por 1,76 m, que também é uma medida escalar.
- A velocidade de um automóvel é uma grandeza vetorial, pois temos que especificar a direção para onde aponta a velocidade e o seu sentido.
- A força exercida sobre um bloco de concreto, mesmo tendo sempre a mesma intensidade, varia conforme variamos a direção e o sentido desta. Ela é, portanto, uma grandeza vetorial.

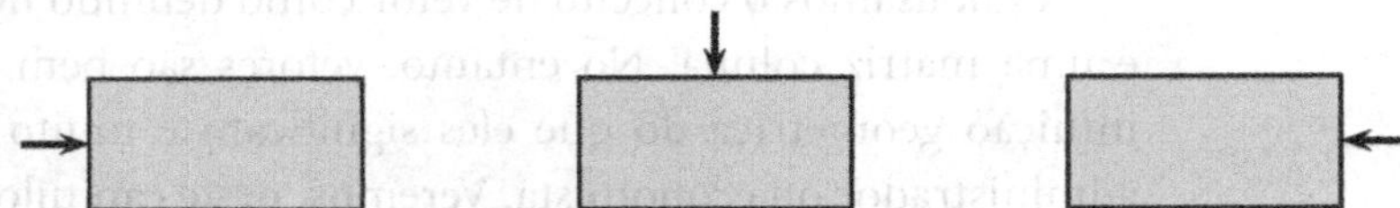

2.1.2 Segmento orientado

Como já foi dito, neste capítulo faremos um estudo dos vetores, de suas representações e das operações vetoriais básicas. Antes, porém, de enunciarmos a definição formal de vetores, é necessário que estudemos algumas outras definições, como as de reta orientada, segmento orientado e segmentos equipolentes.

Uma *reta orientada*, ou *eixo*, é uma reta em que se adota um sentido. Devemos lembrar que uma reta é, por definição, infinita.

Um *segmento orientado* é um pedaço de uma reta orientada, definido por dois pontos, A e B, sendo A a *origem* e B a *extremidade* do segmento orientado. Tal segmento orientado é designado AB.

Um segmento orientado AB é um pedaço de reta delimitado pelos pontos A e B e que não pode ser movido para outro lugar no espaço. Esta é uma característica que terá que ser removida na definição de vetores.

(a) Módulo de um segmento orientado

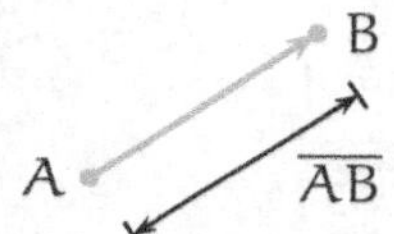

Estabelecida uma unidade de medida, o *módulo* (ou *medida*) de um segmento orientado é o comprimento desse segmento naquela unidade de medida. O módulo de um segmento orientado AB é indicado por $\overline{AB}$.

Exemplo 1. O segmento orientado AB abaixo pode ser medido como tendo módulo $\overline{AB} = 5{,}08$ cm ou $\overline{AB} = 2''$, dependendo da unidade adotada (centímetros ou polegadas).

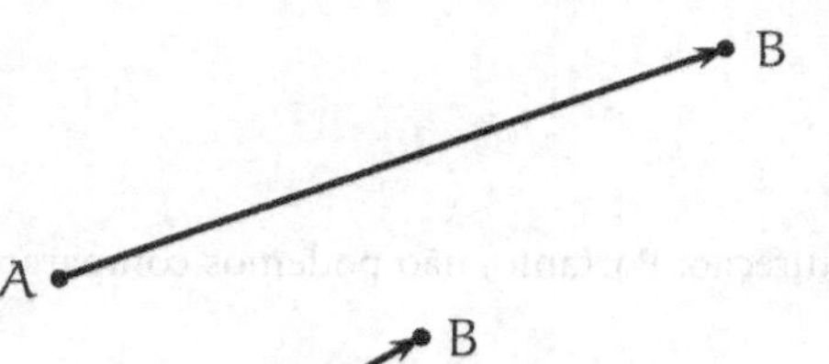

Dois segmentos orientados AB e CD têm o mesmo módulo se $\overline{AB} = \overline{CD}$.

Exemplo 2. O segmento orientado AB tem módulo $\overline{AB} = 3$cm e o segmento orientado CD tem o mesmo módulo, $\overline{CD} = 3$cm.

(b) Segmento nulo

Um segmento orientado AA cujo módulo é zero é chamado *segmento nulo*.

(c) Direção de um segmento orientado

A *direção* de um segmento orientado é a orientação deste no espaço. Dois segmentos orientados AB e CD têm a mesma direção se as retas sobre as quais eles se baseiam são paralelas.

Exemplo 1. Os segmentos orientados AB, CD e EF têm a mesma direção.

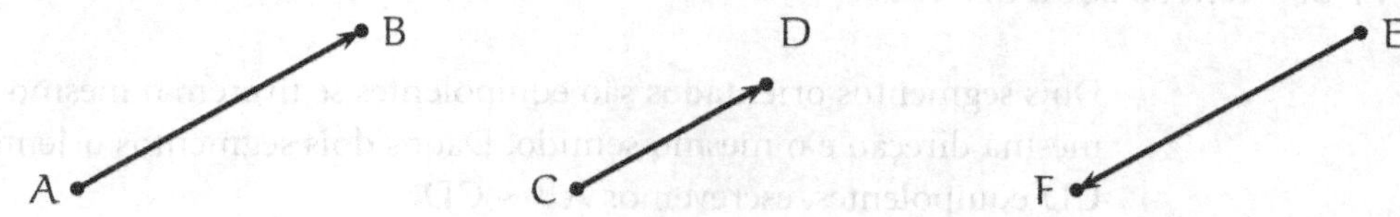

Exemplo 2. Os segmentos orientados MN, OP e QR não têm a mesma direção.

(d) SENTIDO DE UM SEGMENTO ORIENTADO

Uma vez estabelecida uma direção, um segmento orientado pode ter dois sentidos.

Exemplo 1. Os segmentos AB e CD têm o mesmo sentido.

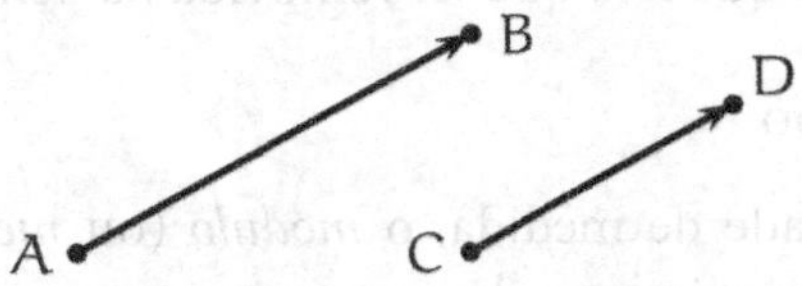

Exemplo 2. Os segmentos EF e GH têm sentidos opostos.

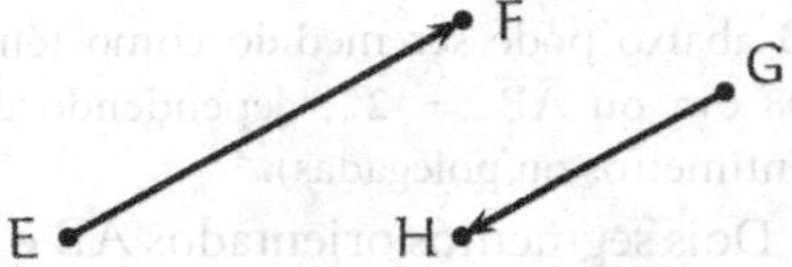

Exemplo 3. Os segmentos IJ e KL não têm a mesma direção. Portanto, não podemos comparar seus sentidos.

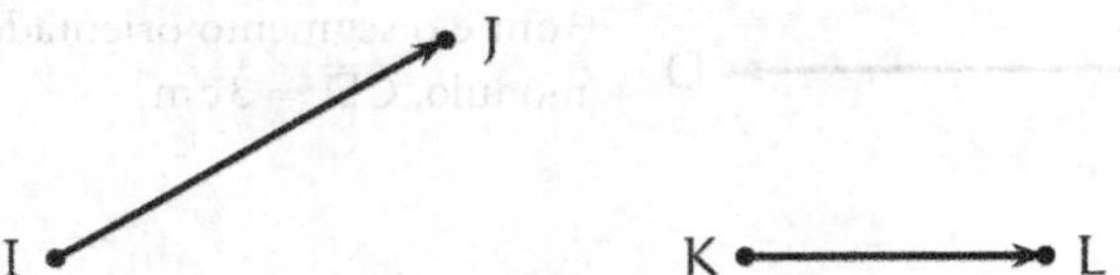

(e) SEGMENTOS OPOSTOS

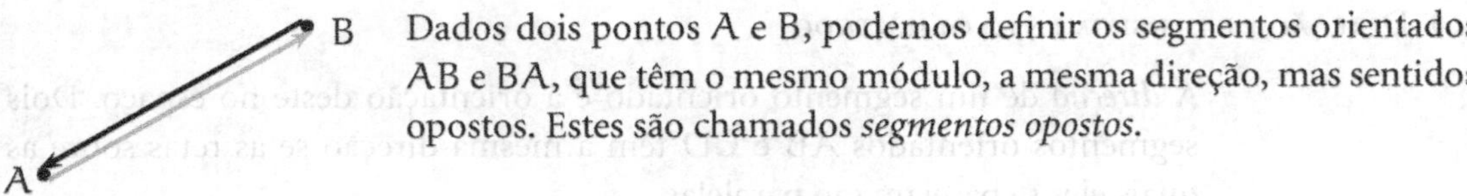

Dados dois pontos A e B, podemos definir os segmentos orientados AB e BA, que têm o mesmo módulo, a mesma direção, mas sentidos opostos. Estes são chamados *segmentos opostos*.

(f) SEGMENTOS EQUIPOLENTES

Dois segmentos orientados são equipolentes se tiverem o mesmo módulo, a mesma direção e o mesmo sentido. Dados dois segmentos orientados AB e CD equipolentes, escrevemos AB ~ CD.

Exemplo 1. $AB \sim CD$.

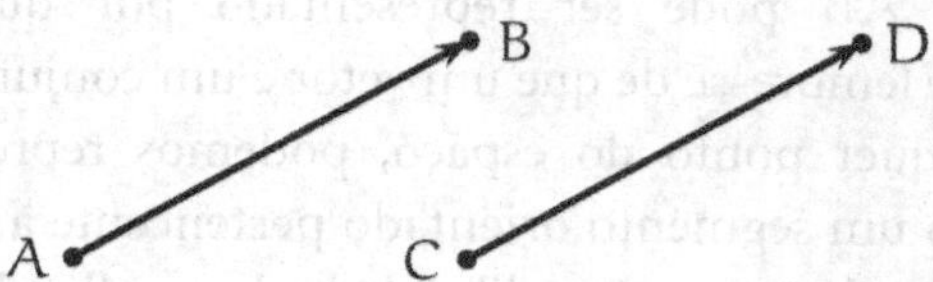

Exemplo 2. $EF \nsim GH$, pois estes não têm o mesmo módulo.

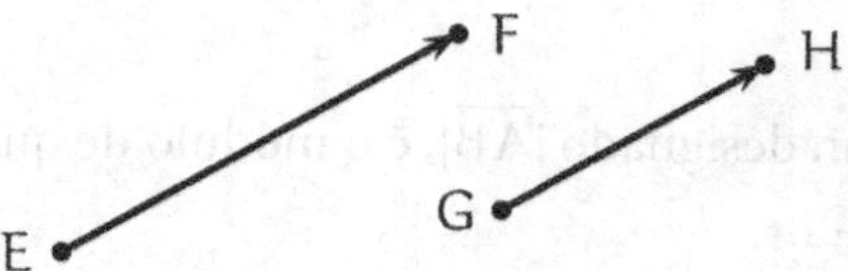

Exemplo 3. $IJ \nsim KL$, pois estes não têm o mesmo sentido.

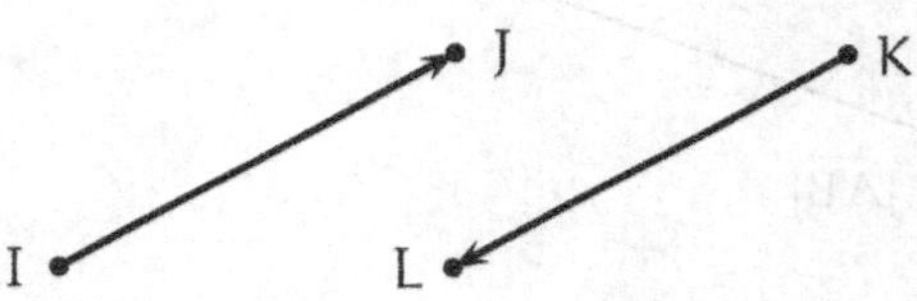

Exemplo 4. $MN \nsim OP$, pois estes não têm a mesma direção.

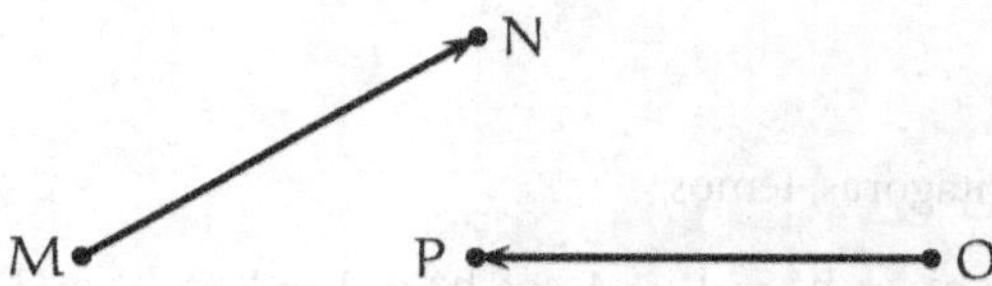

2.1.3 Vetores

Como vimos na seção anterior, um segmento orientado está preso a determinado local do espaço. Para que possamos definir conceitos como soma de segmentos, precisamos de objetos que não estejam fixos. A definição a seguir, baseada em segmentos de reta orientados, consegue fazer isto definindo um novo objeto: *o vetor*.

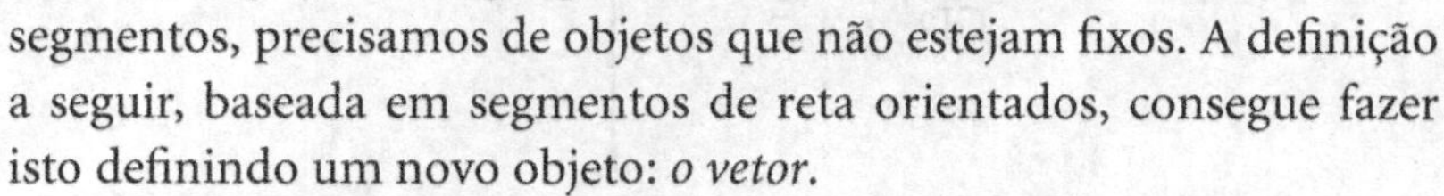

Dado um segmento orientado AB, o **vetor** $\overrightarrow{AB}$ é o conjunto de todos os segmentos orientados equipolentes a AB, isto é,

$$\overrightarrow{AB} = \{XY \mid XY \sim AB\}.$$

Portanto, um vetor é um conjunto de infinitos segmentos orientados, todos com mesmo módulo, direção e sentido. Esses segmentos orientados encontram-se espalhados por todo o espaço. Vetores não podem ser confundidos com segmentos orientados, que ocupam um lugar específico no espaço.

(a) REPRESENTAÇÃO DE UM VETOR

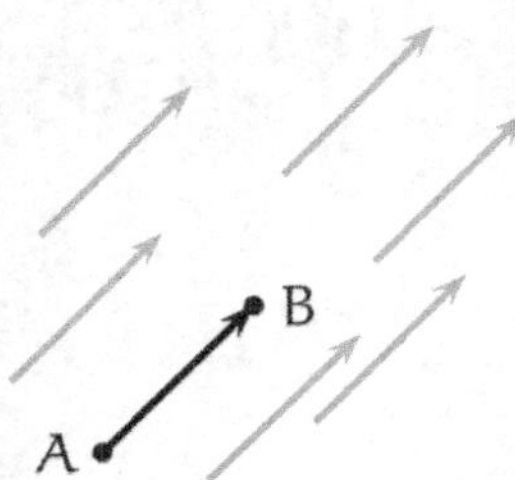

Um vetor $\overrightarrow{AB}$ pode ser representado por qualquer elemento $AB \in \overrightarrow{AB}$ (lembre-se de que um vetor é um conjunto). Desta forma, dado qualquer ponto do espaço, podemos representar um vetor escolhendo um segmento orientado pertencente a ele que tenha sua origem naquele ponto. Esta liberdade de escolha de representação é o que possibilita a imensa variedade de operações e aplicações dos vetores, como veremos em breve.

(b) MÓDULO DE UM VETOR

O módulo de um vetor, designado $|\overrightarrow{AB}|$, é o módulo de qualquer um de seus segmentos orientados.

Exemplo 1. $|\overrightarrow{AB}| = 5{,}08$ cm ou $|\overrightarrow{AB}| \approx 2'$, dependendo da unidade adotada (centímetros ou polegadas).

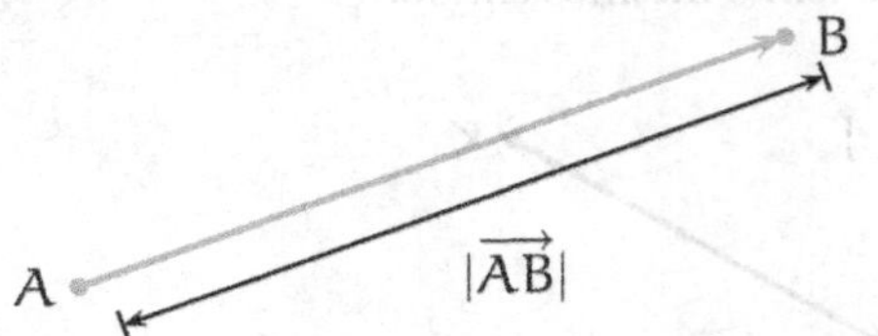

Exemplo 2. Calcule o módulo do vetor representado abaixo:

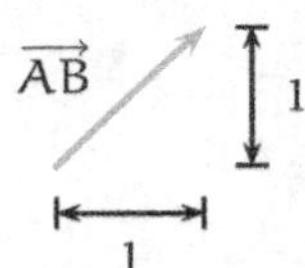

SOLUÇÃO. Pelo teorema de Pitágoras, temos

$$h^2 = a^2 + b^2 \Leftrightarrow h^2 = 1^2 + 1^2 \Leftrightarrow h^2 = 1 + 1 \Leftrightarrow h^2 = 2 \Leftrightarrow h = \sqrt{2}.$$

Portanto, temos[1] $|\overrightarrow{AB}| = \sqrt{2}$.

Exemplo 3. Calcule o módulo do vetor representado abaixo:

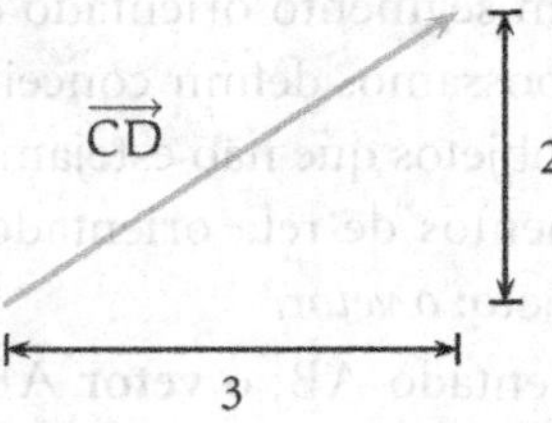

SOLUÇÃO. Pelo teorema de Pitágoras, temos

$$h^2 = a^2 + b^2 \Leftrightarrow h^2 = 3^2 + 2^2 \Leftrightarrow h^2 = 9 + 4 \Leftrightarrow h^2 = 13 \Leftrightarrow h = \sqrt{13}.$$

Portanto, temos $|\overrightarrow{CD}| = \sqrt{13}$.

1. Perceba que não foi especificada uma unidade de medida. Daqui em diante, não especificaremos mais unidades, de forma que os módulos serão calculados em termos de alguma unidade de medida arbitrária.

(c) Vetor nulo

$\vec{0}$ • O vetor cujo módulo é zero é denominado *vetor nulo* e designado $\vec{0}$. Observe que existe um único vetor nulo, que é o conjunto de todos os segmentos orientados nulos.

(d) Direção de um vetor

A direção de um vetor é a direção de qualquer um de seus segmentos orientados.

Exemplo 1. Indique a direção do vetor representado abaixo.

Solução. A direção é sudoeste-nordeste.

Exemplo 2. Indique a direção do vetor representado abaixo.

Solução. A direção é oeste-leste.

(e) Sentido de um vetor

O sentido de um vetor é o sentido de qualquer um de seus segmentos orientados.

Exemplo 1. Indique o sentido do vetor representado abaixo.

Solução. O sentido é do sudoeste para o nordeste.

Exemplo 2. Indique o sentido do vetor representado abaixo.

Solução. O sentido é do oeste para o leste.

(f) Vetores iguais

Dois vetores $\overrightarrow{AB}$ e $\overrightarrow{CD}$ são iguais se $AB \sim CD$, onde $AB \in \overrightarrow{AB}$ e $CD \in \overrightarrow{CD}$.

(g) Vetores opostos

Dois vetores $\overrightarrow{AB}$ e $\overrightarrow{CD}$ são opostos se, dados quaisquer $AB \in \overrightarrow{AB}$ e $CD \in \overrightarrow{CD}$, tivermos o segmento orientado AB oposto ao segmento orientado CD.

(h) Notação

Podemos representar vetores usando símbolos $\vec{v}$, $\vec{u}$ etc.

Exemplos.

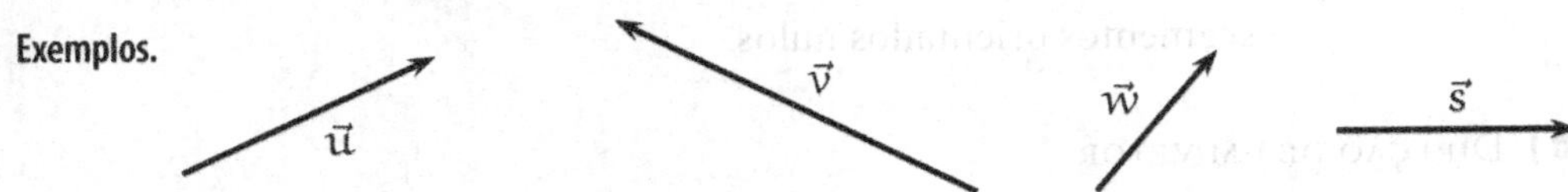

(i) Versores

Um vetor $\vec{v}$ é *unitário* se $|\vec{v}| = 1$. Um vetor unitário também é denominado *versor* e é escrito $\hat{v}$. Apesar da notação distinta, versores não deixam de ser vetores.

Exemplos. São versores os vetores representados abaixo (escolhendo o cm como unidade[2]).

Exemplo 1. Represente o versor $\hat{u}$ correspondente ao vetor $\vec{u}$ dado abaixo.

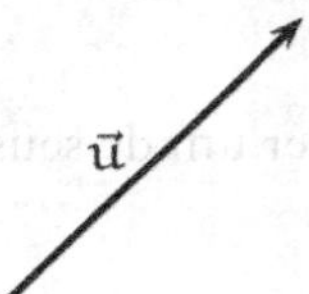

Solução. A solução será um vetor de mesma direção e mesmo sentido que o vetor $\vec{u}$, mas de módulo igual a 1:

Exemplo 2. Represente o versor $\hat{v}$ correspondente ao vetor $\vec{v}$ dado abaixo.

Solução.

Veremos a seguir como podemos somar vetores e também como podemos multiplicar um vetor por um número (escalar).

2. Observe que um vetor pode ser versor em um sistema de unidades e não sê-lo em outro sistema de unidades.

2.1.4

Soma de vetores Dado um vetor $\vec{u}$, representado por um segmento orientado AB e um vetor $\vec{v}$, que podemos representar por um segmento orientado BC, a soma $\vec{s}$ dos vetores $\vec{u}$ e $\vec{v}$, indicada por $\vec{s} = \vec{u} + \vec{v}$, é dada pelo vetor formado por todos os segmentos orientados equipolentes ao segmento orientado AC.

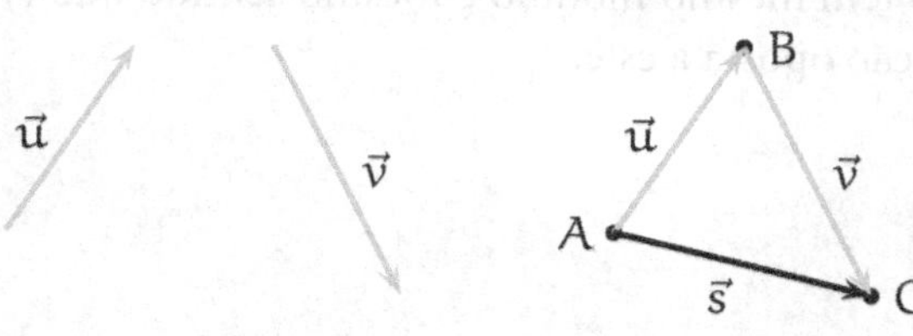

Exemplo 1. Os vetores $\vec{u}$ e $\vec{v}$ e sua soma, $\vec{u} + \vec{v}$, são representados a seguir.

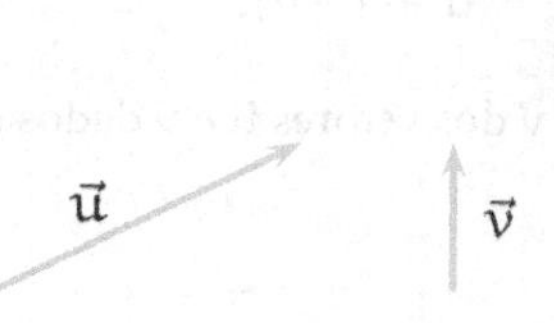

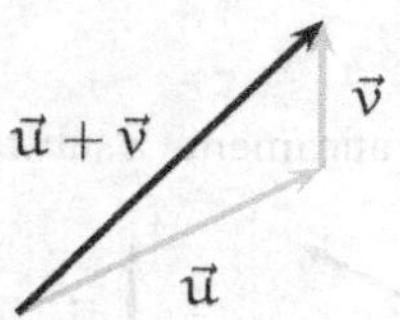

Exemplo 2. Os vetores $\vec{a}$ e $\vec{b}$ e sua soma, $\vec{a} + \vec{b}$, são representados a seguir.

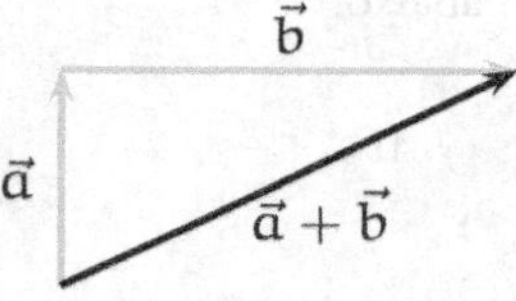

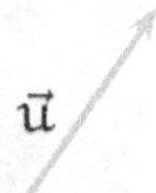

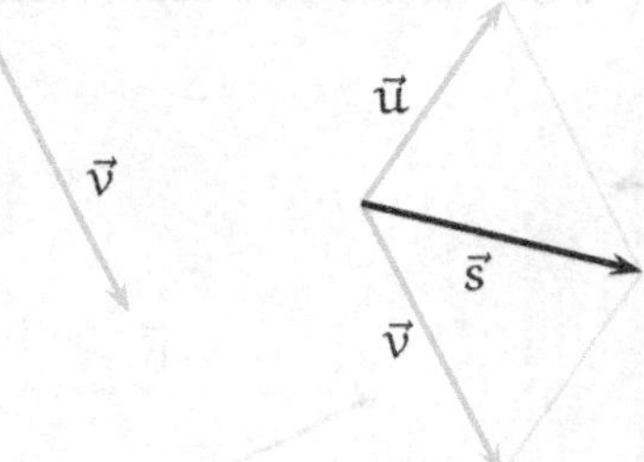

Também podemos somar vetores usando a chamada *regra do paralelogramo*, que consiste em desenhar representações dos dois vetores com suas origens no mesmo ponto e, a partir daí, desenhar um paralelogramo tomando como lados os dois vetores. A soma dos dois vetores será representada, então, pela diagonal desse paralelogramo.

Exemplo 3. Calcule a soma $\vec{u} + \vec{v}$ dos vetores do exemplo 1 usando a regra do paralelogramo.

SOLUÇÃO.

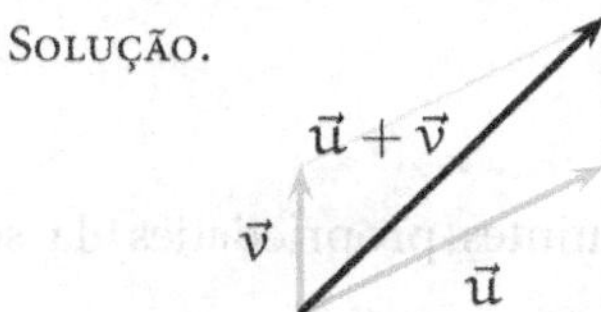

Exemplo 4. Calcule a soma $\vec{a} + \vec{b}$ dos vetores do exemplo 2 usando a regra do paralelogramo.

SOLUÇÃO.

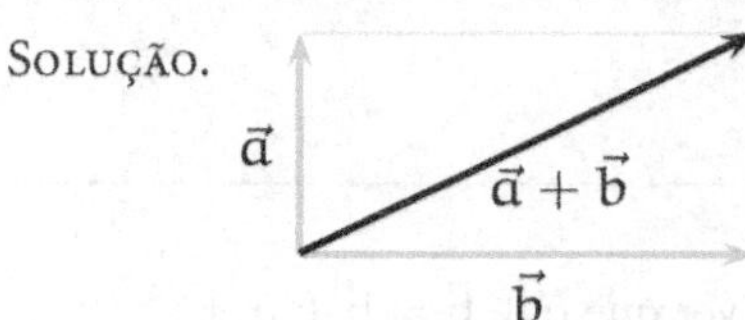

(a) Notação para vetor oposto

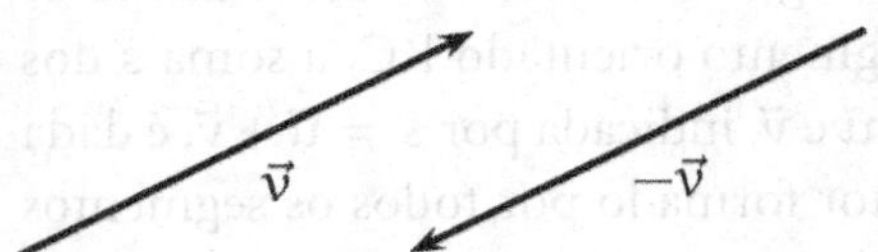

Podemos chamar o vetor oposto a um vetor $\vec{v}$ de $-\vec{v}$, onde $-\vec{v}$ tem mesmo módulo e mesmo sentido que $\vec{v}$, mas direção oposta a este.

(b) Subtração de vetores

A subtração de um vetor por um outro, $\vec{u} - \vec{v}$, pode ser entendida como a soma de um vetor pelo vetor oposto ao outro, ou seja,

$$\vec{u} - \vec{v} = \vec{u} + (-\vec{v}).$$

Exemplo 1. Calcule graficamente a subtração $\vec{u} - \vec{v}$ dos vetores $\vec{u}$ e $\vec{v}$ dados abaixo.

Solução. A subtração é feita tomando o vetor $-\vec{v}$ e somando este ao vetor $\vec{u}$, como mostrado abaixo.

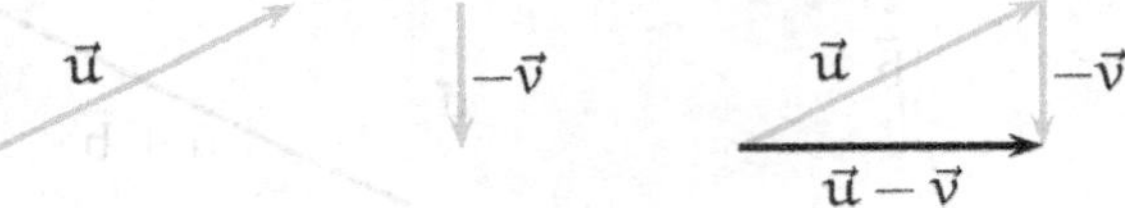

Exemplo 2. Calcule graficamente a subtração $\vec{a} - \vec{b}$ dos vetores $\vec{a}$ e $\vec{b}$ dados abaixo.

Solução.

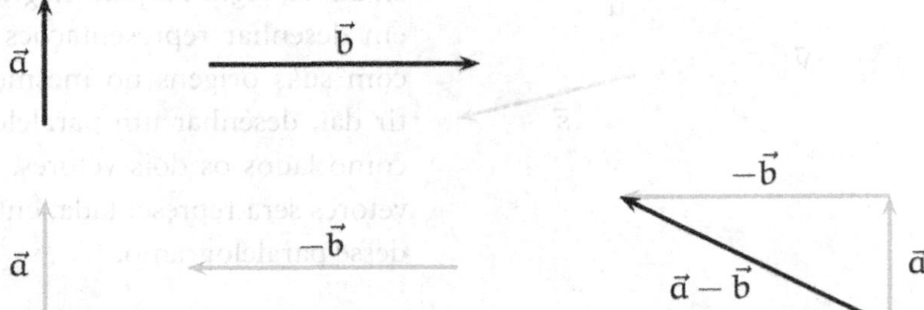

(c) Propriedades da soma de vetores

Dados os vetores $\vec{a}$, $\vec{b}$ e $\vec{c}$, temos as seguintes propriedades da soma de vetores.

> **Propriedade 1**
> $\vec{a} + \vec{b} = \vec{b} + \vec{a}$ (comutativa).

Exemplo 1. Dados os vetores $\vec{a}$ e $\vec{b}$ abaixo, podemos ver que $\vec{a} + \vec{b} = \vec{b} + \vec{a}$.

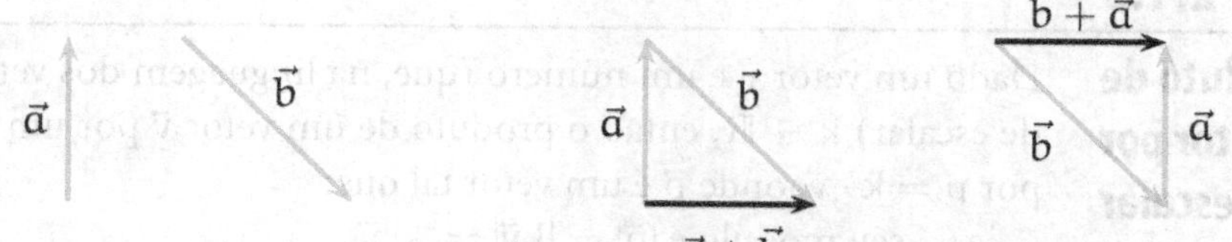

Propriedade 2

$\vec{a} + (\vec{b} + \vec{c}) = (\vec{a} + \vec{b}) + \vec{c}$ (associativa).

Exemplo 2. Dados os vetores $\vec{a}$, $\vec{b}$ e $\vec{c}$ abaixo e calculando primeiro $\vec{b} + \vec{c}$ e depois fazendo $\vec{a} + (\vec{b} + \vec{c})$, temos

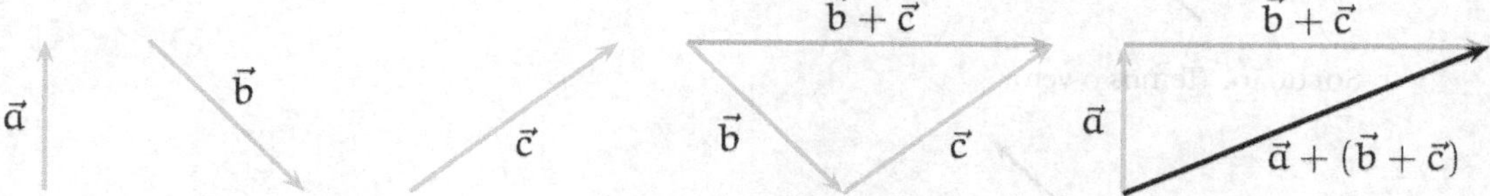

Se fizermos primeiro $\vec{a} + \vec{b}$ e depois somarmos $(\vec{a} + \vec{b}) + \vec{c}$, teremos o mesmo vetor de antes.

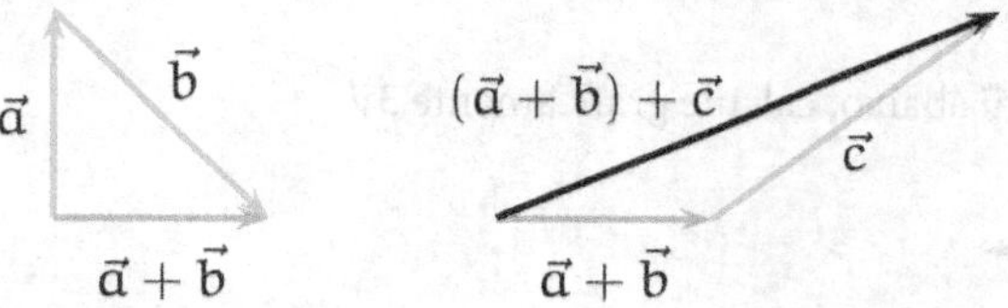

Propriedade 3

Existe um vetor $\vec{0}$ tal que $\vec{0} + \vec{a} = \vec{a}$ (existência do elemento neutro).

Exemplo 3. O vetor nulo somado a qualquer vetor $\vec{a}$, como o representado abaixo, resulta no próprio vetor.

Propriedade 4

Para todo $\vec{a}$, existe um $-\vec{a}$ tal que $\vec{a} + (-\vec{a}) = \vec{0}$ (existência do elemento inverso).

Exemplo 4. Dados os vetores $\vec{a}$ e $-\vec{a}$ abaixo, a soma deles resulta em $\vec{0}$.

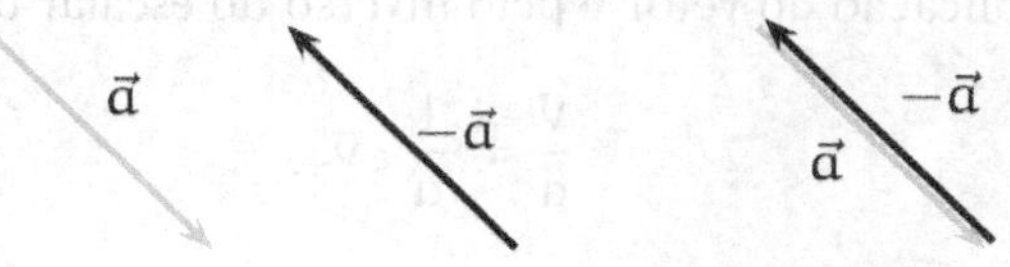

2.1.5 Produto de um vetor por um escalar

Dado um vetor $\vec{v}$ e um número (que, na linguagem dos vetores, é chamado de escalar) $k \in \mathbb{R}$, então o produto de um vetor $\vec{v}$ por um escalar k é dado por $\vec{p} = k \cdot \vec{v}$, onde $\vec{p}$ é um vetor tal que:

a) seu módulo é $|\vec{p}| = |k\vec{v}| = |k||\vec{v}|$,

b) a direção é a mesma do vetor $\vec{v}$ e

c) o sentido é o mesmo que o de $\vec{v}$ se $k > 0$ e oposto ao de $\vec{v}$ se $k < 0$.

A seguir, temos alguns exemplos dessa operação.

Exemplo 1. Dado o vetor $\vec{u}$ abaixo, calcule graficamente $2\vec{u}$.

Solução. Temos o vetor

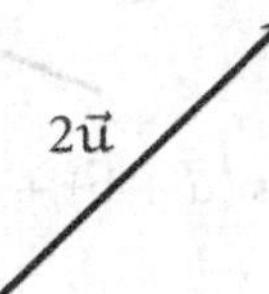

Exemplo 2. Dado o vetor $\vec{v}$ abaixo, calcule graficamente $3\vec{v}$.

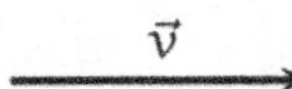

Solução. Temos o vetor abaixo:

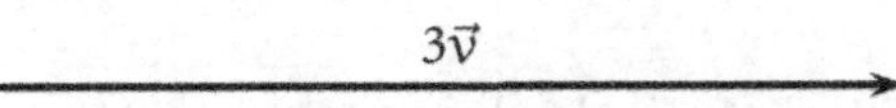

Exemplo 3. Dado o vetor $\vec{u}$ do exemplo 1, calcule graficamente $-2\vec{u}$.

Solução.

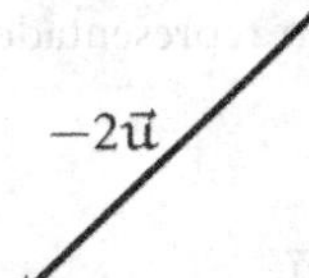

Exemplo 4. Dado o vetor $\vec{v}$ do exemplo 2, calcule graficamente $\frac{1}{2}\vec{v}$.

Solução. $\frac{1}{2}\vec{v}$ $\rightarrow$

(a) Divisão de um vetor por um escalar

A divisão de um vetor por um escalar, $\vec{v}/a$, $a \neq 0$, pode ser interpretada como a multiplicação do vetor $\vec{v}$ pelo inverso do escalar a:

$$\frac{\vec{v}}{a} = \frac{1}{a} \cdot \vec{v}.$$

Exemplo 1. Calcule graficamente $\frac{\vec{a}}{2}$, onde $\vec{a}$ é o vetor dado abaixo.

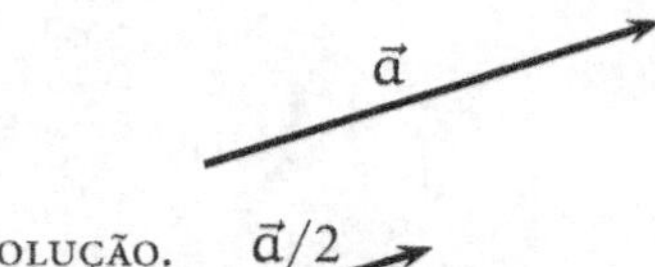

Solução.

Exemplo 2. Calcule graficamente $\frac{\vec{b}}{4}$, onde $\vec{b}$ é o vetor dado abaixo.

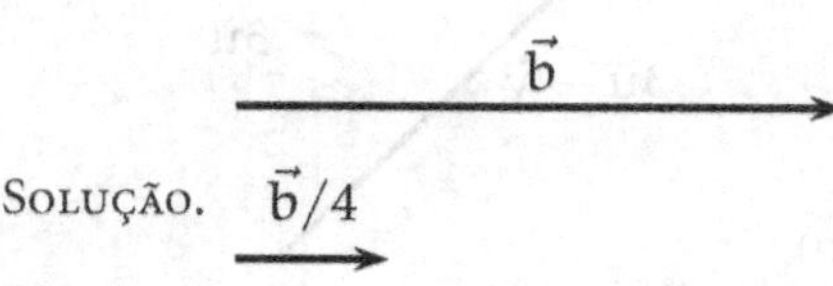

Solução.

(b) Propriedades do produto de um vetor por um escalar

Dado o vetor $\vec{a}$ e os escalares $\alpha, \beta \in \mathbb{R}$, temos as seguintes propriedades.

> **Propriedade 1**
> $\alpha(\beta\vec{a}) = (\alpha\beta)\vec{a}$ (associativa).

Exemplo 1. Dado o vetor $\vec{a}$ abaixo, podemos ver que $2 \cdot (3\vec{a}) = (2 \cdot 3)\vec{a} = 6\vec{a}$.

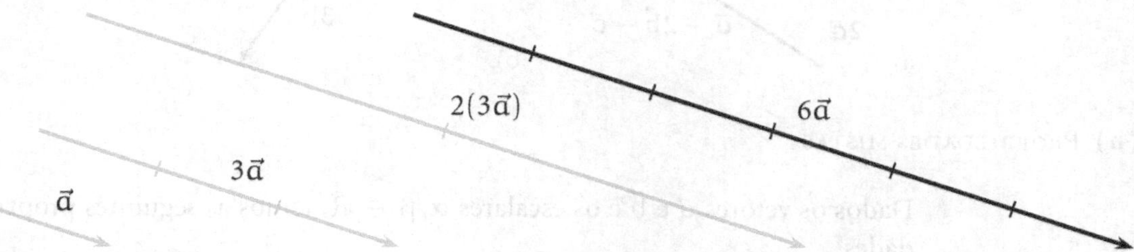

> **Propriedade 2**
> Existe o número $1 \in \mathbb{R}$ tal que $1 \cdot \vec{a} = \vec{a}$ (existência do elemento neutro).

Exemplo 2. Dado o vetor $\vec{a}$ abaixo, então $1 \cdot \vec{a} = \vec{a}$.

2.1.6 Combinações lineares de vetores

Podemos utilizar as duas operações aprendidas até agora para produzir outros vetores a partir de um, dois ou quantos sejam os vetores dados, o que é chamado de *combinação linear* entre esses vetores. Isto é ilustrado nos exemplos a seguir.

Exemplo 1. Dados os vetores $\vec{u}$ e $\vec{v}$ abaixo, calcule:
a) $2\vec{u}+\vec{v}$, b) $3\vec{u}-\vec{v}$.

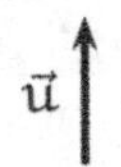

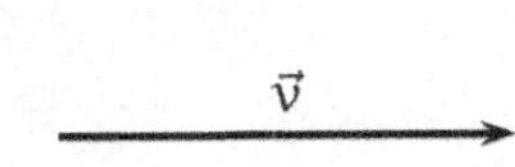

SOLUÇÃO.

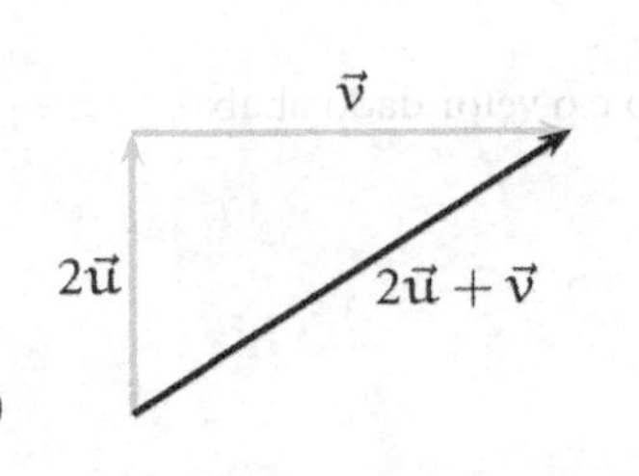

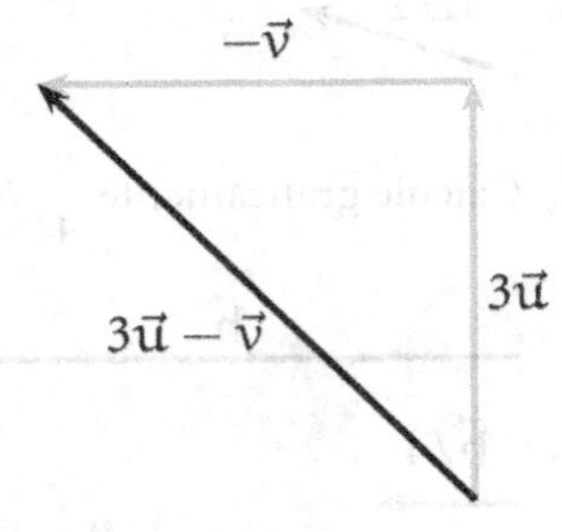

Exemplo 2. Dados os vetores $\vec{a}$, $\vec{b}$ e $\vec{c}$ abaixo, calcule:
a) $\vec{a}+2\vec{b}-\vec{c}$, b) $-2\vec{a}+3\vec{b}+\vec{c}$.

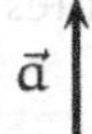

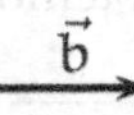

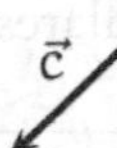

SOLUÇÃO.

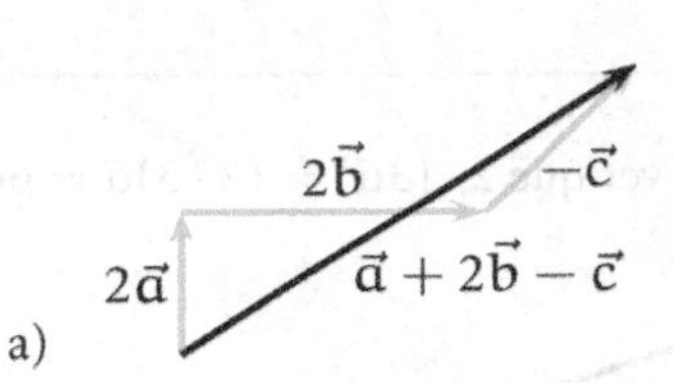

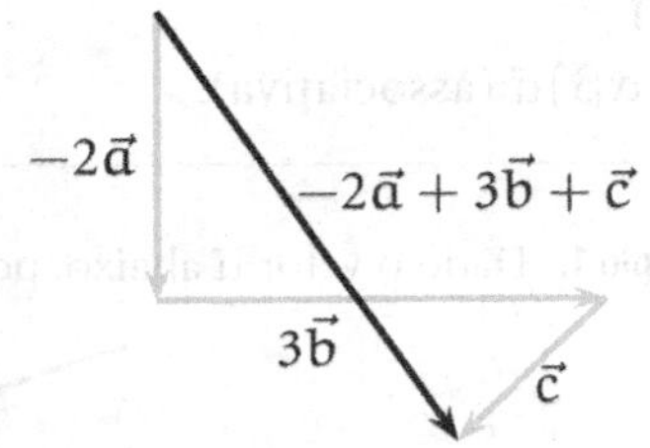

(a) PROPRIEDADES MISTAS

Dados os vetores $\vec{a}$ e $\vec{b}$ e os escalares $\alpha, \beta \in \mathbb{R}$, temos as seguintes propriedades.

Propriedade 1
$\alpha(\vec{a}+\vec{b}) = \alpha\vec{a}+\alpha\vec{b}$ (distributiva 1).

Propriedade 2
$(\alpha+\beta)\vec{a} = \alpha\vec{a}+\alpha\vec{b}$ (distributiva 2).

Exemplo 1. Dados os vetores $\vec{a}$ e $\vec{b}$ abaixo, podemos ver que $2\cdot(\vec{a}+\vec{b}) = 2\vec{a}+2\vec{b}$.

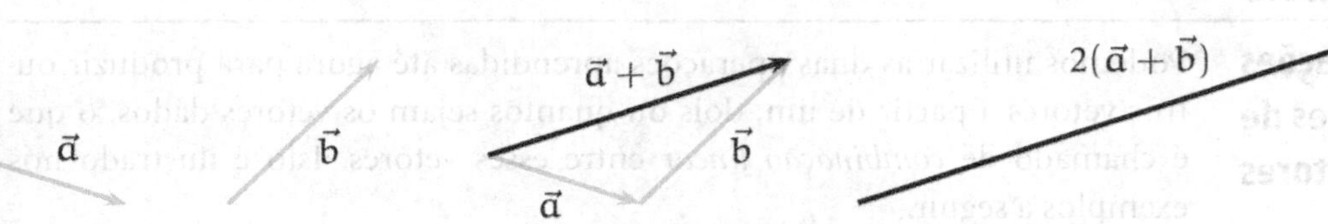

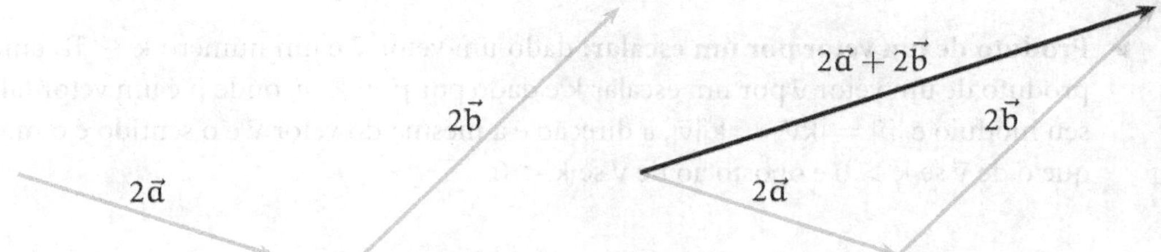

Exemplo 2. Dado o vetor $\vec{a}$ abaixo, temos que $3 \cdot \vec{a} = (1 + 2) \cdot \vec{a} = 1 \cdot \vec{a} + 2 \cdot \vec{a}$.

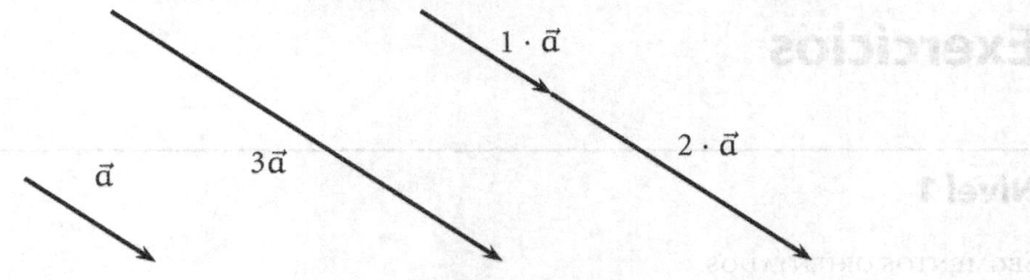

Resumo

- **Segmento orientado:** um *segmento orientado* é um pedaço de uma reta orientada definido por dois pontos, A e B, sendo A a *origem* e B a *extremidade* do segmento orientado. Tal segmento orientado é designado AB.

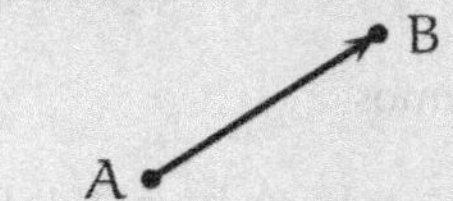

- **Módulo, direção e sentido:** um segmento orientado tem módulo, direção e sentido. O módulo do segmento orientado é o seu comprimento em alguma unidade de medida. A sua direção indica a sua orientação espacial. Dada uma direção, pode haver dois sentidos, sendo que o sentido de um segmento orientado AB é de A para B.
- **Segmentos equipolentes:** segmentos orientados que têm o mesmo módulo, mesma direção e mesmo sentido são segmentos equipolentes.
- **Vetor:** um vetor $\overrightarrow{AB}$ é o conjunto de todos os segmentos orientados equipolentes a AB e pode ser representado por qualquer um desses segmentos orientados. O módulo, direção e sentido de um vetor são os mesmos que os de qualquer um dos segmentos orientados que o compõe.
- **Soma de vetores:** dado um vetor $\vec{u}$, representado por um segmento orientado AB e um vetor $\vec{v}$, que podemos representar por um segmento orientado BC, a soma $\vec{s}$ dos vetores $\vec{u}$ e $\vec{v}$, indicada por $\vec{s} = \vec{u} + \vec{v}$, é dada pelo vetor formado por todos os segmentos orientados equipolentes ao segmento orientado AC.

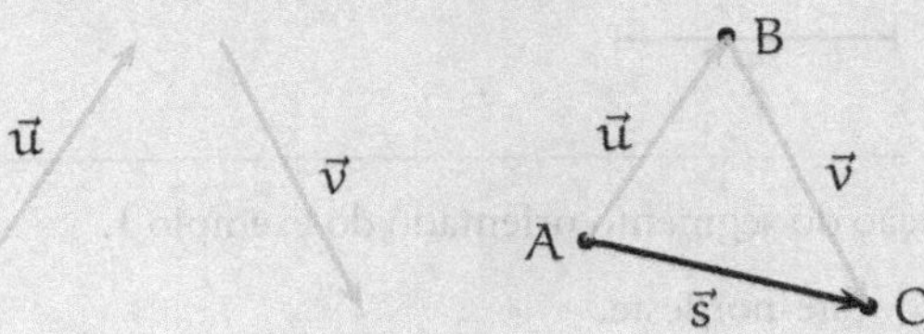

- **Produto de um vetor por um escalar:** dado um vetor $\vec{v}$ e um número $k \in \mathbb{R}$, então o produto de um vetor $\vec{v}$ por um escalar k é dado por $\vec{p} = k \cdot \vec{v}$, onde $\vec{p}$ é um vetor tal que seu módulo é $|\vec{p}| = |k\vec{v}| = |k||\vec{v}|$, a direção é a mesma do vetor $\vec{v}$ e o sentido é o mesmo que o de $\vec{v}$ se $k > 0$ e oposto ao de $\vec{v}$ se $k < 0$.

Exercícios

Nível 1

Segmentos orientados

Exemplo 1. Calcule o módulo do segmento orientado abaixo:

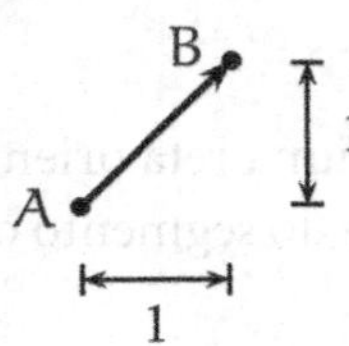

Solução. Pelo teorema de Pitágoras, temos

$$h^2 = a^2 + b^2 \Leftrightarrow h^2 = 1^2 + 1^2 \Leftrightarrow h^2 = 1 + 1 \Leftrightarrow h^2 = 2 \Leftrightarrow h = \sqrt{2}.$$

Portanto, temos $\overline{AB} = \sqrt{2}$.

E1) Calcule os módulos dos segmentos orientados abaixo:

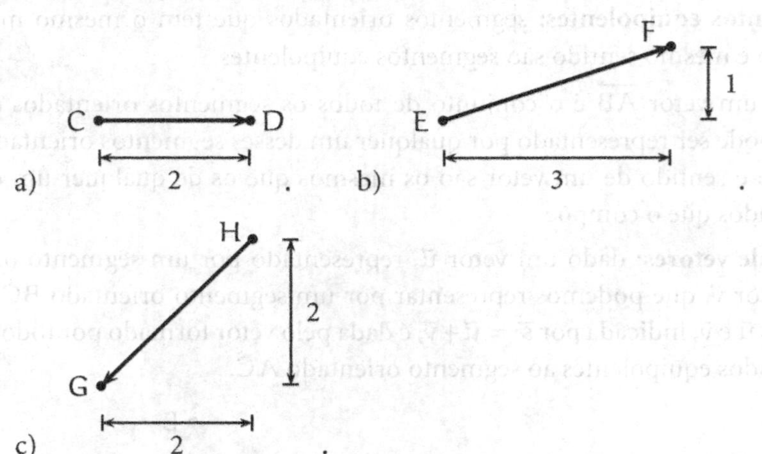

Exemplo 2. Indique a direção do segmento orientado do exemplo 1.

Solução. A direção é sudoeste-nordeste.

E2) Indique as direções dos segmentos orientados do exercício E1.

Exemplo 3. Indique o sentido do segmento orientado do exemplo 1.

Solução. O sentido é do sudoeste para o nordeste.

E3) Indique os sentidos dos segmentos orientados do exercício E1.

Exemplo 4. Verifique quais dos segmentos orientados abaixo são equipolentes.

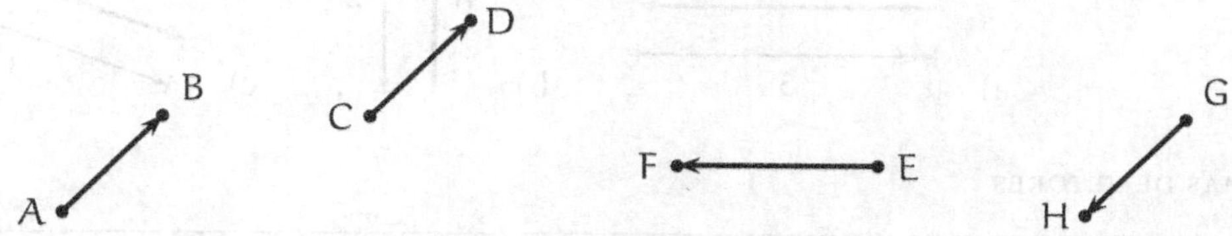

Solução. Os segmentos AB e CD são equipolentes (AB ~ CD).

E4) Verifique quais dos segmentos orientados abaixo são equipolentes.

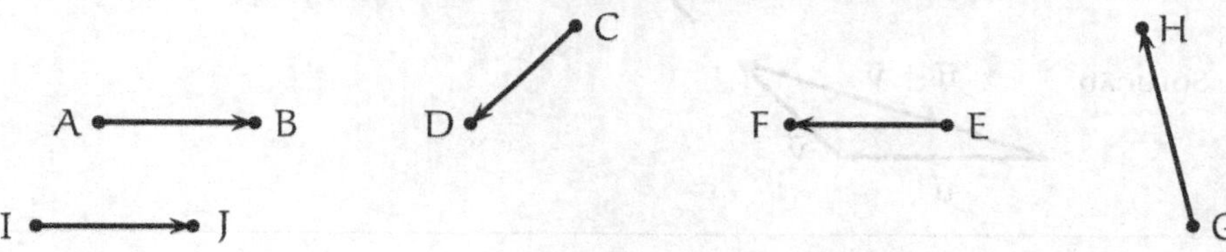

Definição de vetores

Exemplo 5. Escreva o vetor relativo ao segmento orientado do exemplo 1.

Solução. O vetor é dado pelo conjunto de todos os segmentos orientados equipolentes a AB:

$$\overrightarrow{AB} = \{XY \mid XY \sim AB\}.$$

E5) Escreva os vetores relativos aos segmentos orientados do exercício E1.

Exemplo 6. Escreva o módulo, a direção e o sentido do vetor $\overrightarrow{AB}$ do exemplo 5.

Solução. O módulo, a direção e o sentido do vetor $\overrightarrow{AB}$ são os mesmos que os do segmento orientado AB, isto é, o módulo é $|\overrightarrow{AB}| = \sqrt{2}$, a direção é sudoeste-nordeste e o sentido é do sudoeste para o nordeste.

E6) Escreva os módulos, as direções e os sentidos dos vetores do exercício E5.

Exemplo 7. Dado o vetor representado abaixo, faça uma representação do seu versor (unidade: cm).

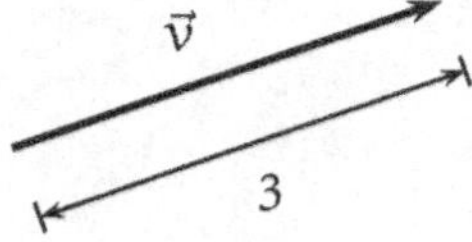

Solução. O versor $\hat{v}$ do vetor $\vec{v}$ é um vetor de mesma direção e mesmo sentido de $\vec{v}$, mas de módulo $|\hat{v}| = 1$, representado ao lado. $\hat{v}$

E7) Dados os vetores representados abaixo, faça representações de seus versores (unidade: cm).

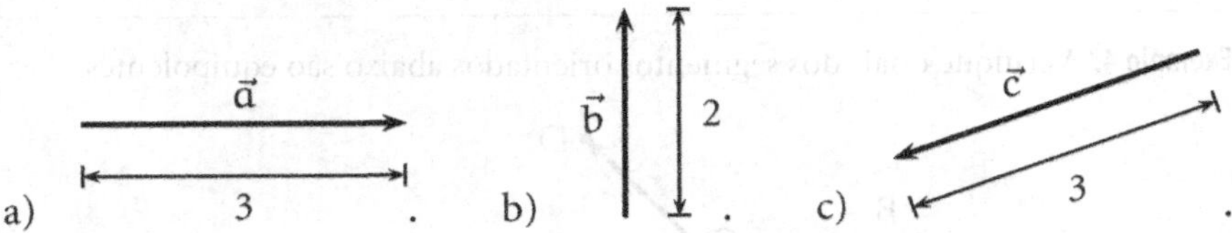

Somas de vetores

Exemplo 8. Faça graficamente a soma $\vec{u} + \vec{v}$ dos vetores representados abaixo.

$\vec{u}$ $\vec{v}$

Solução.

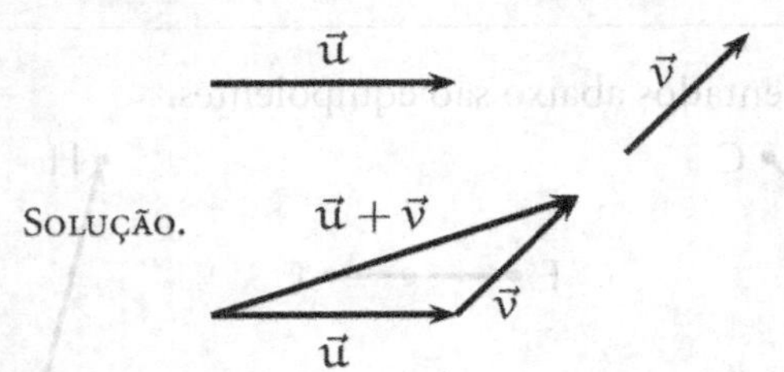

E8) Dados os vetores representados abaixo,

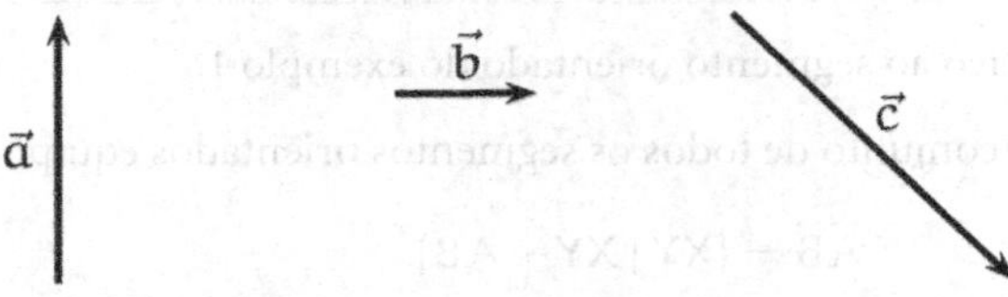

faça graficamente as seguintes somas:

a) $\vec{a} + \vec{b}$. b) $\vec{b} + \vec{a}$. c) $\vec{a} + \vec{c}$. d) $\vec{b} + \vec{c}$.
e) $\vec{c} + \vec{b}$. f) $\vec{c} + \vec{c}$. g) $\vec{a} + \vec{b} + \vec{c}$.

Produto de um vetor por um escalar

Exemplo 9. Dado o vetor $\vec{v}$ representado abaixo, represente graficamente $2\vec{v}$, $\frac{1}{2}\vec{v}$ e $-\vec{v}$.

$\vec{v}$,

Solução.

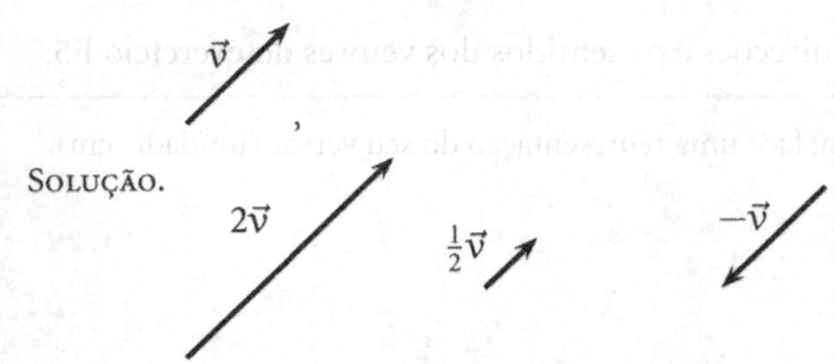

E9) Dados os vetores representados abaixo,

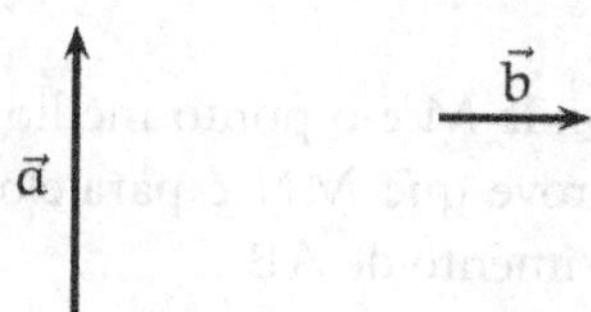

representе graficamente:

a) $2\vec{a}$. b) $\frac{1}{2}\vec{a}$. c) $-\vec{a}$. d) $3\vec{b}$. e) $-2\vec{b}$.

COMBINAÇÕES LINEARES DE VETORES

Exemplo 10. Dados os vetores $\vec{u}$ e $\vec{v}$ representados abaixo, represente graficamente $2\vec{u} - \vec{v}$.

SOLUÇÃO.

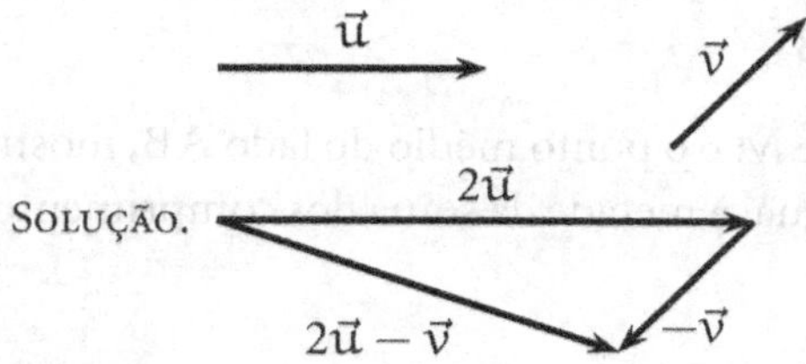

E10) Dados os vetores representados abaixo,

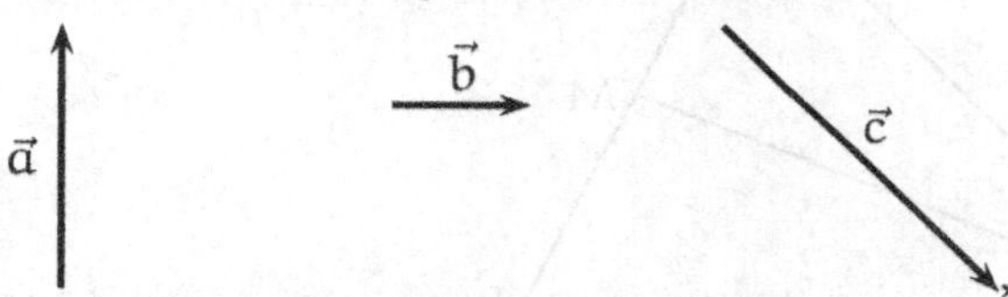

represente graficamente:

a) $\vec{a} + 2\vec{b}$. b) $\frac{1}{2}\vec{a} - \vec{b}$. c) $-\vec{a} + \vec{c}$. d) $3\vec{b} - \vec{c}$.

e) $\vec{a} - \vec{b} + \vec{c}$. f) $\vec{a} + \vec{c} - 2\vec{b}$.

Nível 2

E1) Considere o paralelogramo ABCD abaixo, onde M é o ponto médio do lado AB e N é o ponto médio do lado CD.

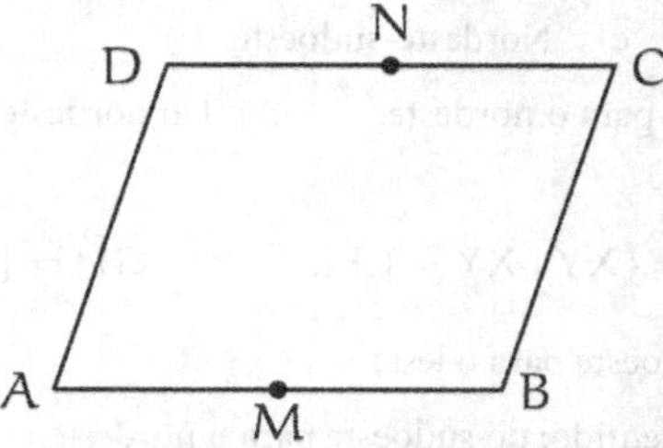

Escrevas as operações a seguir em termos de um único vetor.

a) $\overrightarrow{AD} + \overrightarrow{AB}$. b) $\overrightarrow{AD} + \overrightarrow{DC}$. c) $\overrightarrow{BA} + \overrightarrow{DA}$.

d) $\overrightarrow{AM} + \overrightarrow{BC}$. e) $\overrightarrow{ND} + \overrightarrow{NB}$.

Nível 3

E1) Dado o triângulo ABC abaixo, onde M é o ponto médio do lado AC e N é o ponto médio do lado BC, prove que MN é paralelo a AB e que seu comprimento é metade do comprimento de AB.

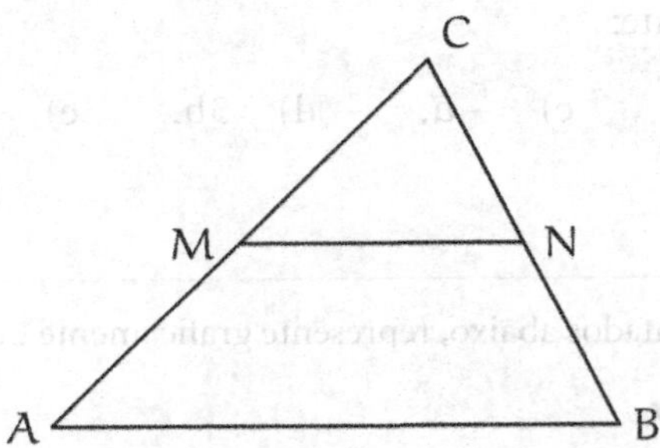

E2) Dado o triângulo ABC abaixo, onde M é o ponto médio do lado AB, mostre que o comprimento da reta AM é igual à metade da soma dos comprimentos dos lados CA e CB.

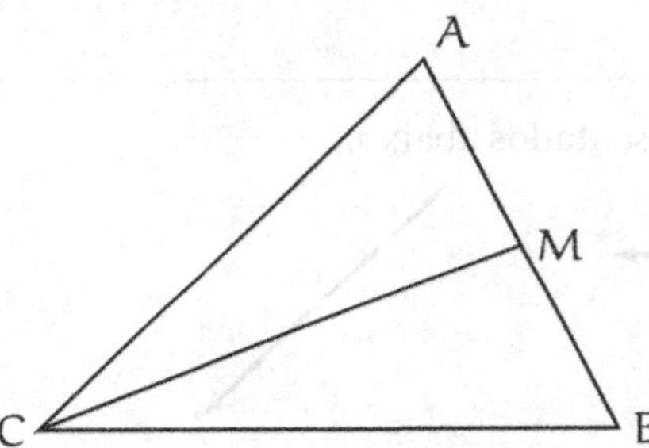

E3) Prove que as diagonais de um paralelogramo cortam-se ao meio.

Respostas

NÍVEL 1

E1) a) $\overline{CD} = 2$. b) $\overline{EF} = \sqrt{10}$. c) $\overline{GH} = 2\sqrt{2}$.

E2) a) Oeste-leste. b) Sudoeste-nordeste. c) Nordeste-sudoeste.

E3) a) Do oeste para o leste. b) Do sudoeste para o nordeste. c) Do nordeste para o sudoeste.

E4) $AB \sim IJ$.

E5) a) $\overrightarrow{CD} = \{XY \mid XY \sim CD\}$. b) $\overrightarrow{EF} = \{XY \mid XY \sim EF\}$. c) $\overrightarrow{GH} = \{XY \mid XY \sim GH\}$.

E6) a) $|\overrightarrow{CD}| = 2$, direção: oeste-leste, sentido: do oeste para o leste.

b) $|\overrightarrow{EF}| = \sqrt{10}$, direção: sudoeste-nordeste, sentido: do sudoeste para o nordeste.

c) $|\overrightarrow{GH}| = 2\sqrt{2}$, direção: noroeste-sudeste, sentido: do noroeste para o sudeste.

E7) a) $\hat{a}$ $\longrightarrow$. b) $\hat{b}$ $\uparrow$. c) $\hat{c}$ $\swarrow$.

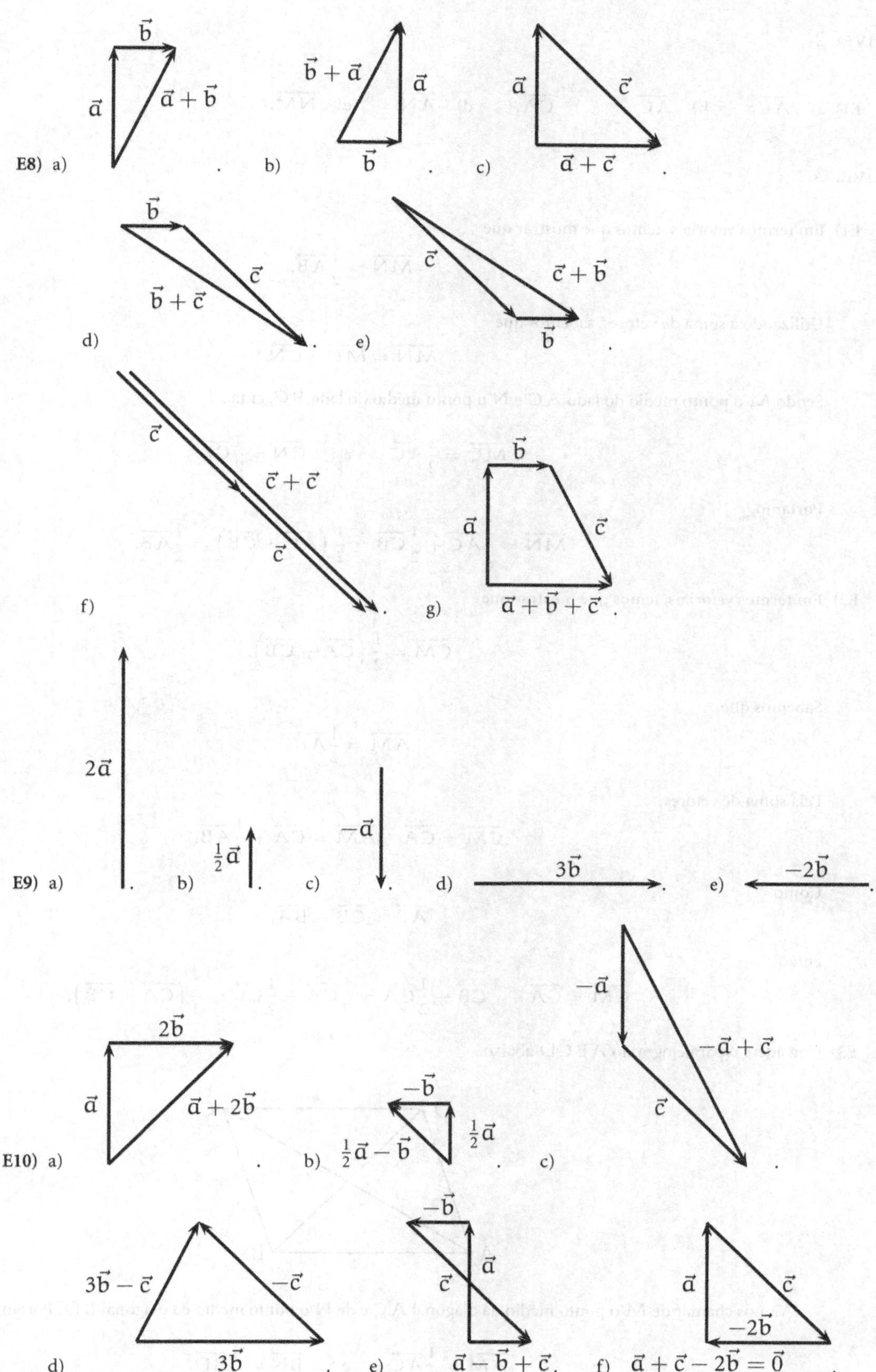
E8) a)
$\vec{b}$
$\vec{a}$
$\vec{a}+\vec{b}$
b)
$\vec{b}+\vec{a}$
$\vec{a}$
$\vec{b}$
c)
$\vec{a}$
$\vec{c}$
$\vec{a}+\vec{c}$
d)
$\vec{b}$
$\vec{c}$
$\vec{b}+\vec{c}$
e)
$\vec{c}$
$\vec{c}+\vec{b}$
$\vec{b}$
f)
$\vec{c}$
$\vec{c}+\vec{c}$
$\vec{c}$
g)
$\vec{b}$
$\vec{a}$
$\vec{c}$
$\vec{a}+\vec{b}+\vec{c}$
E9) a)
$2\vec{a}$
b)
$\frac{1}{2}\vec{a}$
c)
$-\vec{a}$
d)
$3\vec{b}$
e)
$-2\vec{b}$
E10) a)
$2\vec{b}$
$\vec{a}$
$\vec{a}+2\vec{b}$
b)
$-\vec{b}$
$\frac{1}{2}\vec{a}$
$\frac{1}{2}\vec{a}-\vec{b}$
c)
$-\vec{a}$
$-\vec{a}+\vec{c}$
$\vec{c}$
d)
$3\vec{b}-\vec{c}$
$-\vec{c}$
$3\vec{b}$
e)
$-\vec{b}$
$\vec{c}$
$\vec{a}$
$\vec{a}-\vec{b}+\vec{c}$
f)
$\vec{a}$
$\vec{c}$
$-2\vec{b}$
$\vec{a}+\vec{c}-2\vec{b}=\vec{0}$

NÍVEL 2

E1) a) $\overrightarrow{AC}$. b) $\overrightarrow{AC}$. c) $\overrightarrow{CA}$. d) $\overrightarrow{AN}$. e) $\overrightarrow{NM}$.

NÍVEL 3

E1) Em termos vetoriais, temos que mostrar que

$$\overrightarrow{MN} = \frac{1}{2}\overrightarrow{AB}.$$

Utilizando a soma de vetores, sabemos que

$$\overrightarrow{MN} = \overrightarrow{MC} + \overrightarrow{CN}.$$

Sendo M o ponto médio do lado AC e N o ponto médio do lado BC, então

$$\overrightarrow{MC} = \frac{1}{2}\overrightarrow{AC} \quad \text{e} \quad \overrightarrow{CN} = \frac{1}{2}\overrightarrow{CB}.$$

Portanto,

$$\overrightarrow{MN} = \frac{1}{2}\overrightarrow{AC} + \frac{1}{2}\overrightarrow{CB} = \frac{1}{2}\left(\overrightarrow{AC} + \overrightarrow{CB}\right) = \frac{1}{2}\overrightarrow{AB}.$$

E2) Em termos vetoriais, temos que mostrar que

$$\overrightarrow{CM} = \frac{1}{2}\left(\overrightarrow{CA} + \overrightarrow{CB}\right).$$

Sabemos que

$$\overrightarrow{AM} = \frac{1}{2}\overrightarrow{AB}.$$

Pela soma de vetores,

$$\overrightarrow{CM} = \overrightarrow{CA} + \overrightarrow{AM} = \overrightarrow{CA} + \frac{1}{2}\overrightarrow{AB}.$$

Como

$$\overrightarrow{AB} = \overrightarrow{CB} - \overrightarrow{BA},$$

então

$$\overrightarrow{CM} = \overrightarrow{CA} + \frac{1}{2}\overrightarrow{CB} - \frac{1}{2}\overrightarrow{CA} = \frac{1}{2}\overrightarrow{CA} + \frac{1}{2}\overrightarrow{CB} = \frac{1}{2}\left(\overrightarrow{CA} + \overrightarrow{CB}\right).$$

E3) Considere o paralelogramo ABCD abaixo.

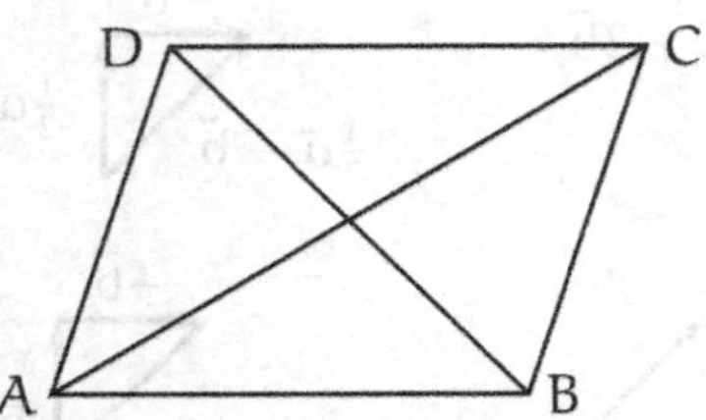

Vamos chamar de M o ponto médio da diagonal AC e de N o ponto médio da diagonal BD. Portanto,

$$\overrightarrow{AM} = \frac{1}{2}\overrightarrow{AC} \quad \text{e} \quad \overrightarrow{BN} = \frac{1}{2}\overrightarrow{BD}.$$

Sabemos, também, que

$$\begin{aligned}\overrightarrow{AN} &= \overrightarrow{AB} + \frac{1}{2}\overrightarrow{BD} = \overrightarrow{AB} + \frac{1}{2}\left(\overrightarrow{BA} + \overrightarrow{AD}\right)\\ &= \left(\overrightarrow{AB} - \frac{1}{2}\overrightarrow{AB}\right) + \frac{1}{2}\overrightarrow{AD} = \frac{1}{2}\left(\overrightarrow{AB} + \overrightarrow{AD}\right)\\ &= \frac{1}{2}\left(\overrightarrow{AB} + \overrightarrow{BC}\right) = \frac{1}{2}\overrightarrow{AC} = \overrightarrow{AM}.\end{aligned}$$

Sendo assim, os pontos M e N coincidem e as diagonais do paralelogramo cortam-se ao meio.

2.2 Vetores no plano e no espaço

Veremos, neste capítulo, como representar vetores no plano e no espaço de uma forma que torne bastante fácil operar com eles. Essa representação também pode ser generalizada para vetores em dimensões maiores, generalizando a ideia de vetores para várias dimensões.

2.2.1 Vetores no plano

Em quase todos os ramos da matemática, é mais conveniente trabalharmos com números do que com figuras geométricas. No caso dos vetores, veremos que é mais fácil trabalhar com eles em termos de suas componentes em relação aos eixos coordenados. Neste capítulo, estudaremos as representações dos vetores no plano e no espaço, escrevendo os vetores em termos de componentes ortogonais.

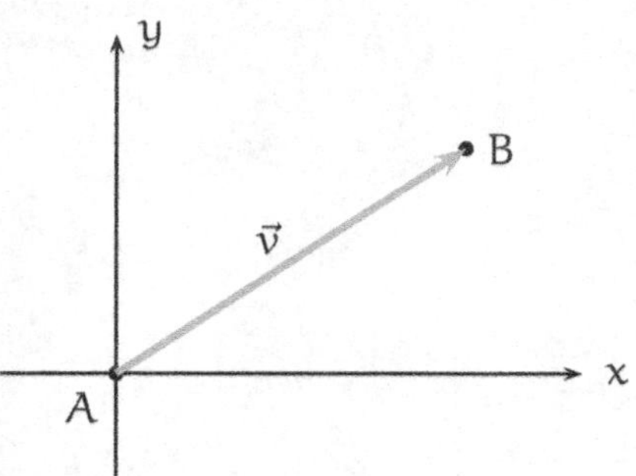

Como vimos no capítulo anterior, um vetor é um conjunto de infinitos segmentos orientados equipolentes (que têm mesmo módulo, direção e sentido). Vimos também que qualquer um desses segmentos orientados equipolentes pode representar um vetor. Consideremos agora um sistema de eixos coordenados, como o da figura ao lado. Dado um vetor $\vec{v}$, podemos escolher qualquer representação AB desse vetor. Em particular, podemos escolher um segmento orientado cuja origem esteja na coordenada $(0, 0)$, denominada origem, dos eixos coordenados.

Consideremos um vetor $\vec{v}$ no plano (primeira figura a seguir). Este vetor pode ser subdividido em dois vetores: um vetor $\vec{v}_x$, paralelo ao eixo x, e um vetor $\vec{v}_y$, paralelo ao eixo y. O vetor $\vec{v}$ será a soma dos dois vetores $\vec{v}_x$ e $\vec{v}_y$, isto é, $\vec{v} = \vec{v}_x + \vec{v}_y$. Isto pode ser visto efetuando a soma desses dois vetores de acordo com o método do paralelogramo (segunda figura a seguir).

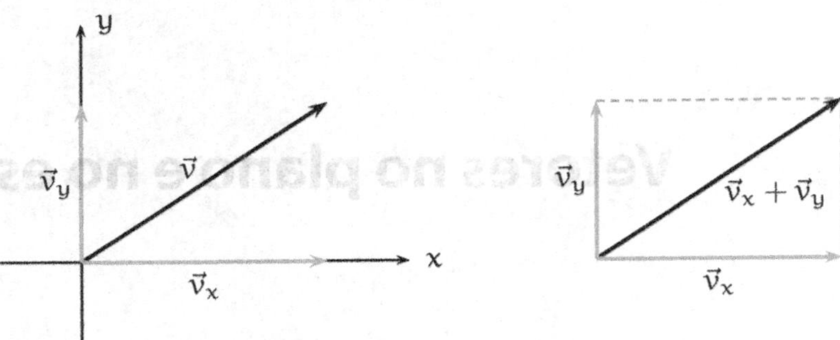

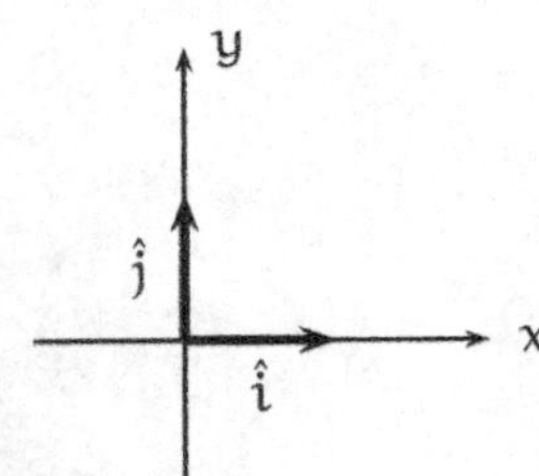

Agora, vamos introduzir dois versores (vetores de módulo igual a 1), que chamaremos $\hat{\imath}$ e $\hat{j}$. O versor $\hat{\imath}$ é paralelo ao eixo x e o versor $\hat{j}$ é paralelo ao eixo y.

Dado o versor $\hat{\imath}$, podemos representar qualquer vetor paralelo ao eixo x como um produto $k\hat{\imath}$, $k \in \mathbb{R}$, como exemplificado a seguir.

Exemplo 1. Represente no plano cartesiano o vetor $3\hat{\imath}$.

SOLUÇÃO.

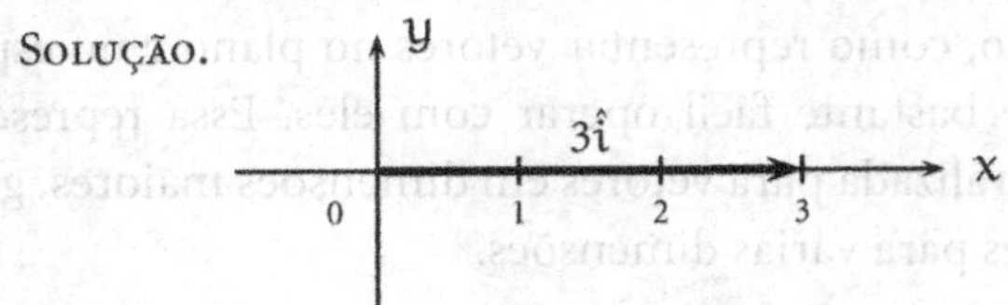

Exemplo 2. Represente no plano cartesiano o vetor $-2\hat{\imath}$.

SOLUÇÃO.

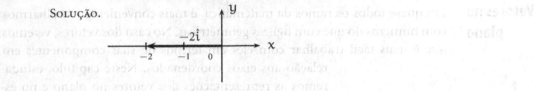

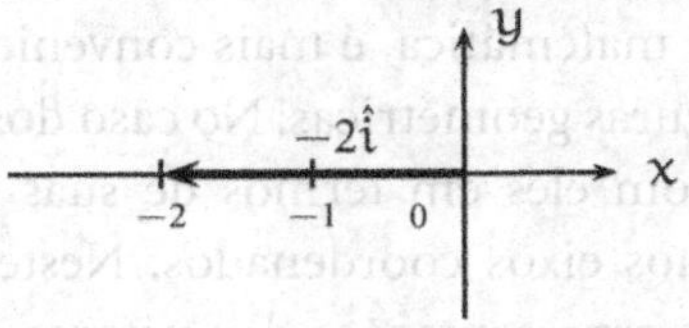

Exemplo 3. Represente no plano cartesiano o vetor $0{,}7\hat{\imath}$.

SOLUÇÃO.

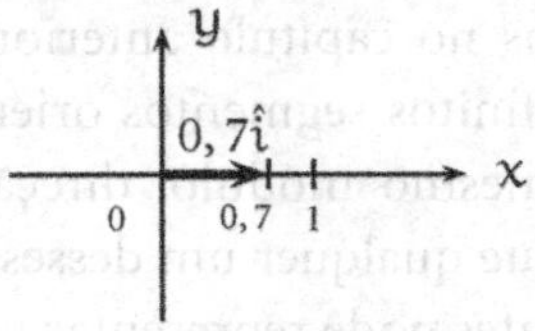

Exemplo 4. Represente no plano cartesiano o vetor $-\frac{1}{2}\hat{\imath}$.

SOLUÇÃO.

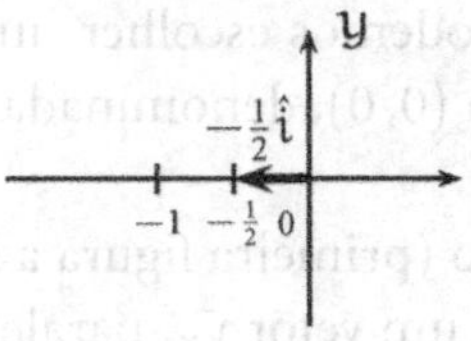

De modo similar, dado o versor $\hat{j}$, podemos representar qualquer vetor paralelo ao eixo y como um produto $k\hat{j}$, $k \in \mathbb{R}$.

Exemplo 5. Represente no plano cartesiano o vetor $2\hat{\jmath}$.

Solução.

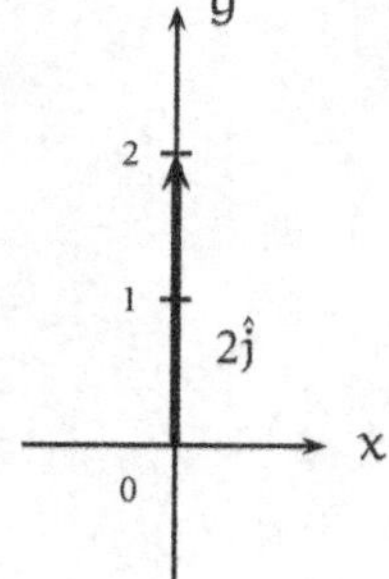

Exemplo 6. Represente no plano cartesiano o vetor $-1{,}3\hat{\jmath}$.

Solução.

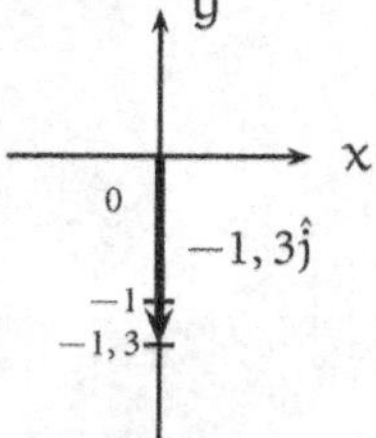

Voltemos, agora, ao vetor $\vec{v} = \vec{v}_x + \vec{v}_y$. Podemos representar o vetor $\vec{v}_x$ como o produto $v_x\hat{\imath}$, onde v_x é um número real, isto é,

$$\vec{v}_x = v_x\hat{\imath}.$$

De modo semelhante, podemos representar o vetor $\vec{v}_y$ como o produto $v_y\hat{\jmath}$, onde $v_y \in \mathbb{R}$, isto é,

$$\vec{v}_y = v_y\hat{\jmath}.$$

O vetor $\vec{v}$ pode, então, ser escrito como[1]

$$\boxed{\vec{v} = v_x\hat{\imath} + v_y\hat{\jmath}.}$$

Dividindo um vetor em suas componentes e escrevendo-o em termos dos versores $\hat{\imath}$ e $\hat{\jmath}$, podemos representar qualquer vetor apenas especificando os valores das suas componentes, v_x e v_y. Isso facilita sobremaneira o cálculo com vetores.

1. Uma outra notação para vetores é na forma de uma matriz coluna. A relação entre a notação de componentes e a notação matricial é

$$\vec{v} = v_x\hat{\imath} + v_y\hat{\jmath} \qquad \text{e} \qquad v = \begin{pmatrix} v_x \\ v_y \end{pmatrix},$$

sendo que, na forma matricial, o símbolo de vetor sobre a letra minúscula romana não é utilizado.

Exemplo 7. Represente o vetor $\vec{a} = 3\hat{\imath} + 2\hat{\jmath}$ no plano cartesiano.

SOLUÇÃO.

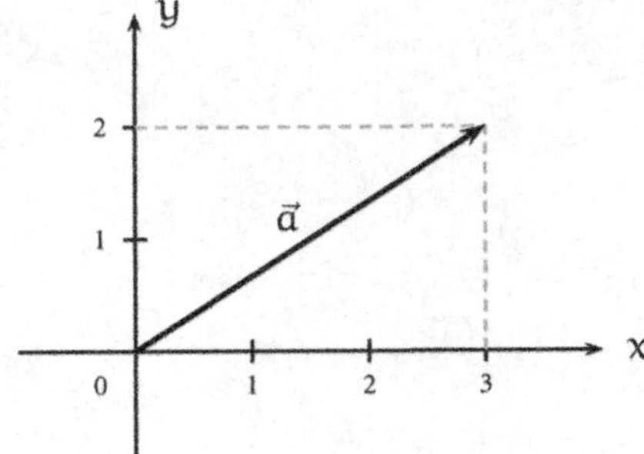

Exemplo 8. Represente o vetor $\vec{b} = -2\hat{\imath} + \hat{\jmath}$ no plano cartesiano.

SOLUÇÃO.

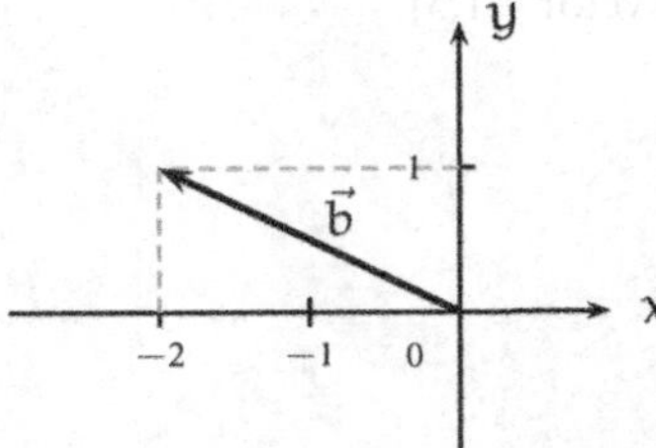

Exemplo 9. Represente o vetor $\vec{c} = 1{,}5\hat{\imath} - \hat{\jmath}$ no plano cartesiano.

SOLUÇÃO.

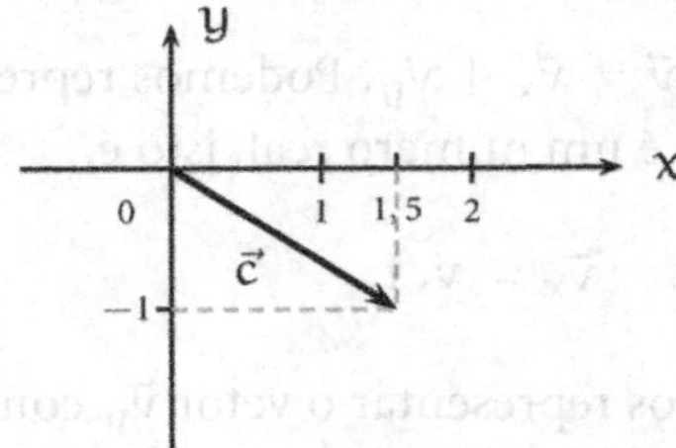

Exemplo 10. Represente o vetor $\vec{d} = -2\hat{\imath} - \hat{\jmath}$ no plano cartesiano.

SOLUÇÃO.

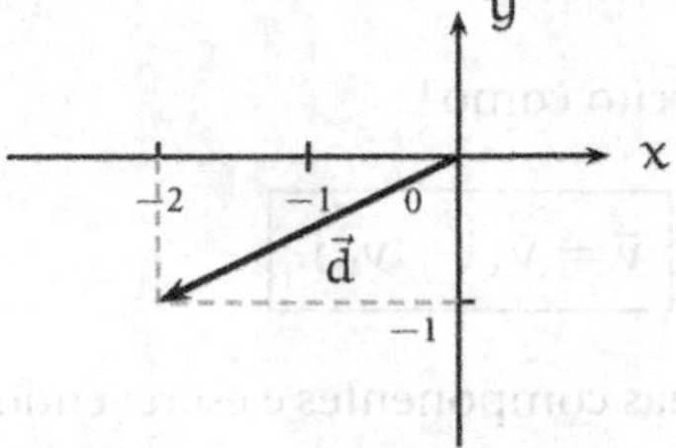

De forma semelhante, podemos facilmente representar vetores no plano em termos de suas componentes.

Exemplo 11. Escreva o vetor abaixo em termos de suas componentes.

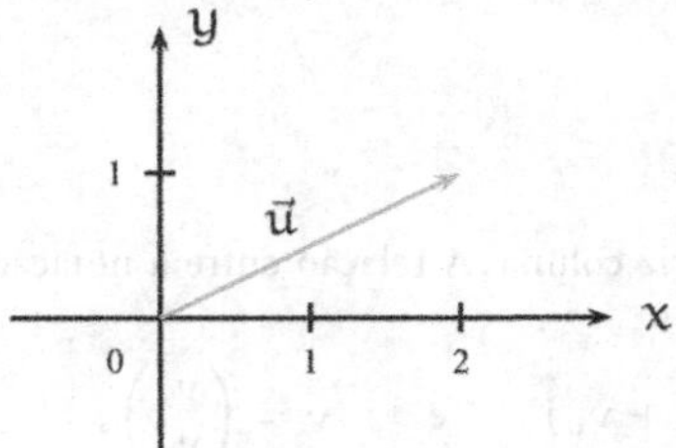

SOLUÇÃO. $\vec{u} = 2\hat{\imath} + \hat{\jmath}$.

Exemplo 12. Escreva o vetor abaixo em termos de suas componentes.

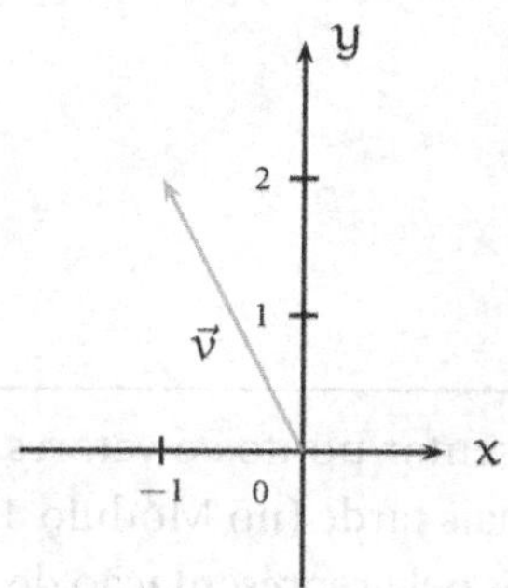

Solução. $\vec{v} = -\hat{\imath} + 2\hat{\jmath}$.

Módulo

Para conseguirmos o módulo de um vetor em termos de suas componentes, lançamos mão do Teorema de Pitágoras. Observando um vetor $\vec{v}$ e suas componentes, podemos desenhar um triângulo tal que sua hipotenusa tenha o valor do módulo de $\vec{v}$, que escrevemos $|\vec{v}|$, sendo os seus catetos dados pelos módulos de suas componentes.

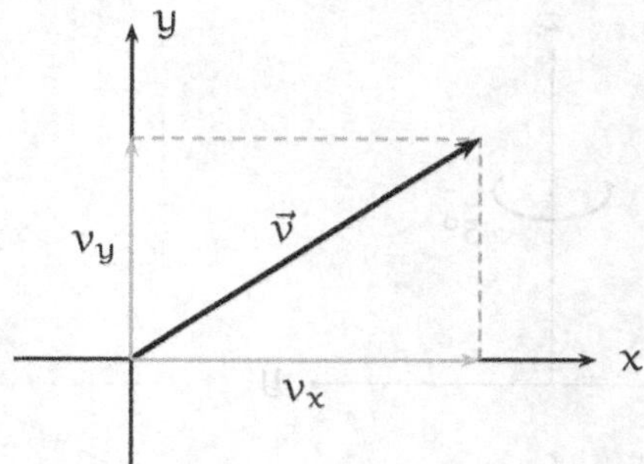

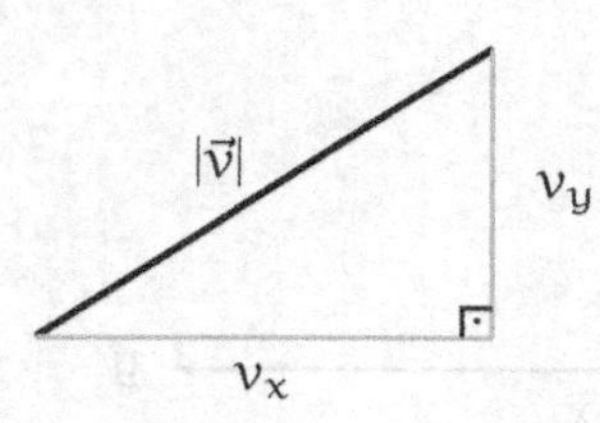

Temos, então,

$$|\vec{v}|^2 = v_x^2 + v_y^2 \Leftrightarrow |\vec{v}| = \pm\sqrt{v_x^2 + v_y^2}.$$

Como somente um valor positivo é admissível para um módulo, ficamos com[2]

$$\boxed{|\vec{v}| = \sqrt{v_x^2 + v_y^2}.}$$

Exemplo 1. Calcule o módulo do vetor $\vec{v} = 2\hat{\imath} + 4\hat{\jmath}$.[3]

Solução. $|\vec{v}| = \sqrt{2^2 + 4^2} = \sqrt{4 + 16} = \sqrt{20} = \sqrt{2^2.5} = 2\sqrt{5}$.

Exemplo 2. Calcule o módulo do vetor $\vec{v} = 3\hat{\imath} + 4\hat{\jmath}$.

Solução. $|\vec{v}| = \sqrt{3^2 + 4^2} = \sqrt{9 + 16} = \sqrt{25} = 5$.

---

2. Também podemos escrever $|\vec{v}| = v$, de modo que $v = \sqrt{v_x^2 + v_y^2}$.

3. Tome cuidado para não escrever o módulo de $\vec{v} = 3\hat{\imath} + 2\hat{\jmath}$ como $|\vec{v}| = \sqrt{(3\hat{\imath})^2 + (2\hat{\jmath})^2}$!

Exemplo 3. Calcule o módulo do vetor $\vec{v} = -3\hat{\imath} + 2\hat{\jmath}$.

SOLUÇÃO. $|\vec{v}| = \sqrt{(-3)^2 + 2^2} = \sqrt{9+4} = \sqrt{13}$.

Exemplo 4. Calcule o módulo do vetor $\vec{v} = 2\hat{\jmath}$.

SOLUÇÃO. $|\vec{v}| = \sqrt{0^2 + 2^2} = \sqrt{0+4} = \sqrt{4} = 2$.

2.2.2 Vetores no espaço

Vamos agora aprender como representar pontos e vetores no espaço. O conhecimento adquirido será usado mais tarde (no Módulo 4) na confecção de figuras tridimensionais. Começamos pela representação de um sistema cartesiano de coordenadas em três dimensões, formado por três eixos orientados que formam ângulos de 90° entre eles. A forma como esses eixos podem ser visualizados depende do ângulo de onde são vistos. Por limitações físicas, esses eixos serão projetados em duas dimensões (as da folha de papel). A forma como fazemos isso será explicada a seguir.

A projeção mais comum que será usada neste livro é representada a seguir, faz uma rotação de 45° em torno do eixo z a partir da posição original, em que os eixos y e z encontram-se no plano da página e o eixo x está perpendicular a ela ("saindo da página") e, depois, gira 30° para a frente.

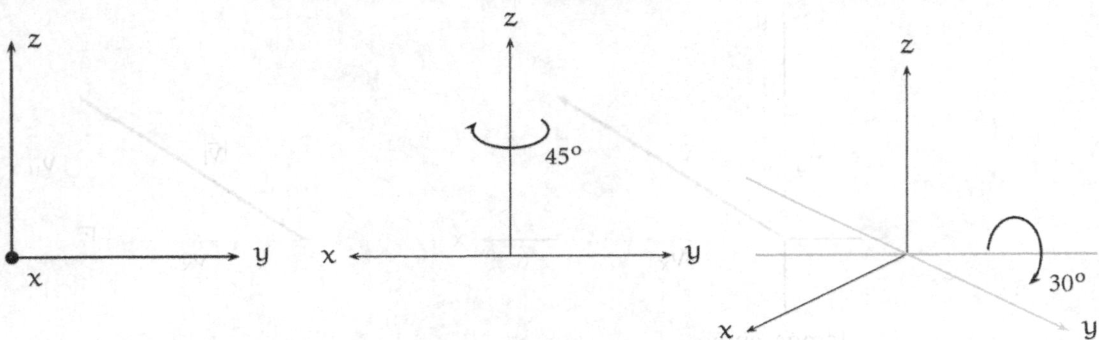

Um ponto pode ser representado nesse tipo de projeção usando a mesma metodologia: a partir da coordenada em x, traça-se uma reta paralela ao eixo y e, a partir da coordenada em y, traça-se uma paralela ao eixo x. Com isto, temos um paralelogramo no plano xy. Agora, traça-se uma reta, a partir da coordenada em z, paralela à diagonal do paralelogramo formado no plano xy e, a partir do ponto de intersecção mais extremo do paralelogramo, traça-se uma reta paralela ao eixo z. Desta forma, determina-se a localização do ponto desejado.

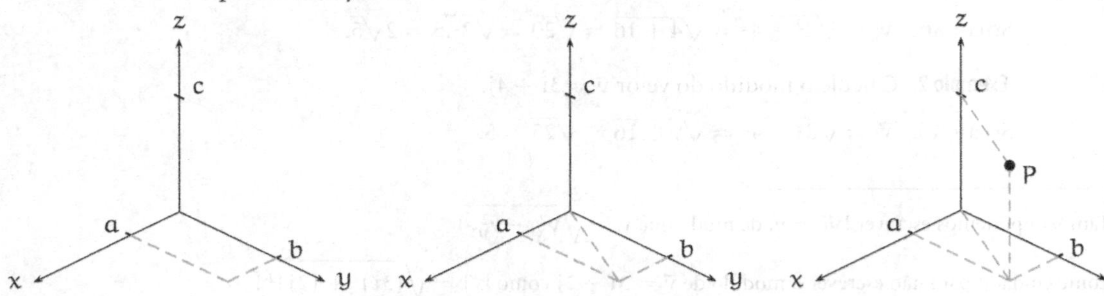

Exemplo 1. Represente o ponto $A(2, 1, 3)$ no espaço

Solução.

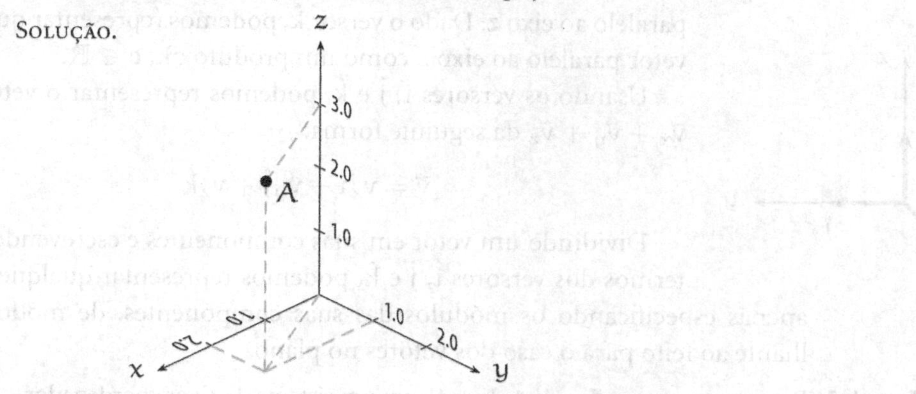

Exemplo 2. Represente o ponto $B(1, -3, 2)$ no espaço

Solução.

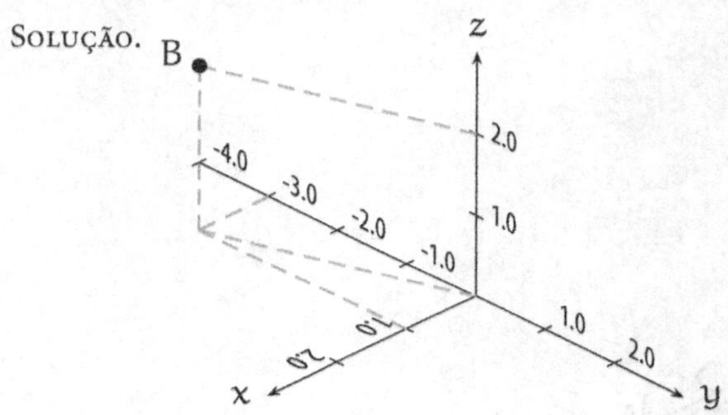

Conforme se torne necessário, também podemos girar os eixos em diferentes ângulos, de modo a mostrar características de um determinado objeto em três dimensões. Vamos, agora, representar vetores no espaço.

De modo semelhante ao que foi visto para vetores no plano, um vetor no espaço pode ser subdividido em três vetores: um vetor $\vec{v}_x$, paralelo ao eixo x, um vetor $\vec{v}_y$, paralelo ao eixo y e um vetor $\vec{v}_z$, paralelo ao eixo z. O vetor $\vec{v}$ será a soma dos três vetores, isto é, $\vec{v} = \vec{v}_x + \vec{v}_y + \vec{v}_z$. Isto pode ser visto da seguinte forma: primeiro efetuamos a soma dos vetores $\vec{v}_x$ e $\vec{v}_y$ de acordo com o método do paralelogramo, como na figura abaixo. Depois, somamos o vetor resultante, $\vec{v}_x + \vec{v}_y$, ao vetor $\vec{v}_z$, também usando o método do paralelogramo.

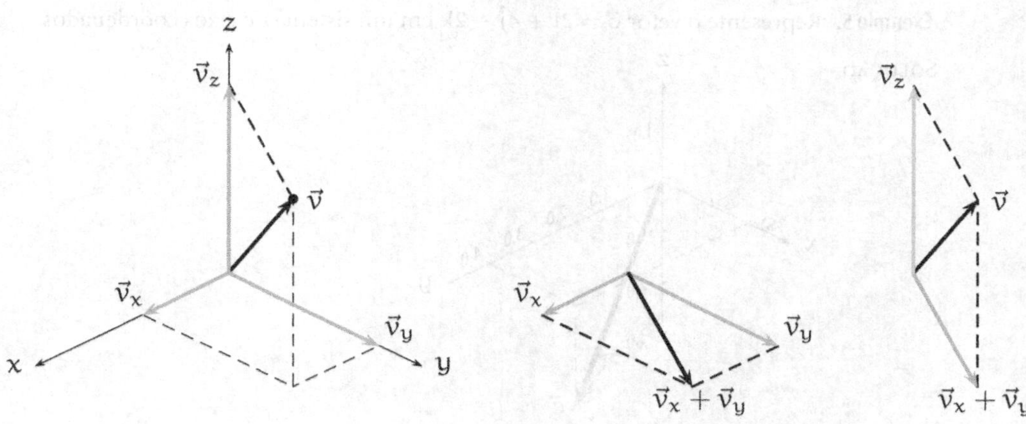

Agora, inserimos outro versor, além dos versores $\hat{\imath}$ e $\hat{\jmath}$: o versor $\hat{k}$, que é paralelo ao eixo z. Dado o versor $\hat{k}$, podemos representar qualquer vetor paralelo ao eixo z como um produto $c\hat{k}$, $c \in \mathbb{R}$.

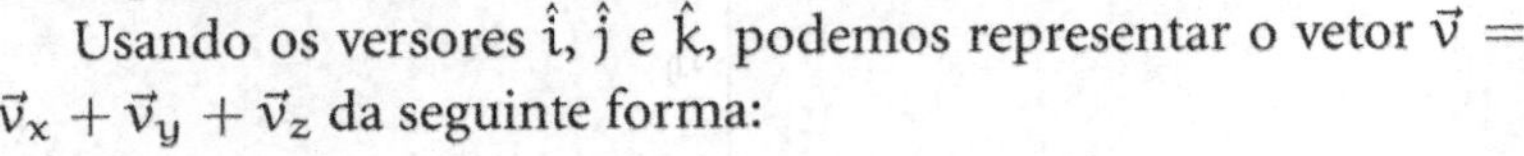

Usando os versores $\hat{\imath}$, $\hat{\jmath}$ e $\hat{k}$, podemos representar o vetor $\vec{v} = \vec{v}_x + \vec{v}_y + \vec{v}_z$ da seguinte forma:

$$\vec{v} = v_x\hat{\imath} + v_y\hat{\jmath} + v_z\hat{k}.$$

Dividindo um vetor em suas componentes e escrevendo-o em termos dos versores $\hat{\imath}$, $\hat{\jmath}$ e $\hat{k}$, podemos representar qualquer vetor apenas especificando os módulos das suas componentes, de modo semelhante ao feito para o caso dos vetores no plano.

Exemplo 3. Represente o vetor $\vec{a} = 2\hat{\imath} + 3\hat{\jmath} + 4\hat{k}$ em um sistema de eixos coordenados.

Solução.

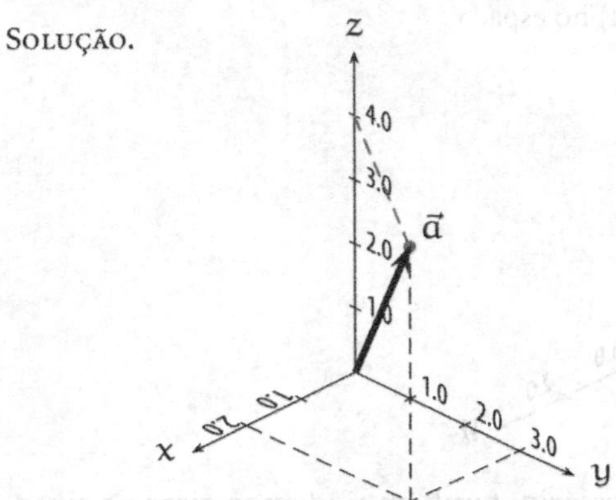

Exemplo 4. Represente o vetor $\vec{b} = -\hat{\imath} + \hat{\jmath} + 3\hat{k}$ em um sistema de eixos coordenados.

Solução.

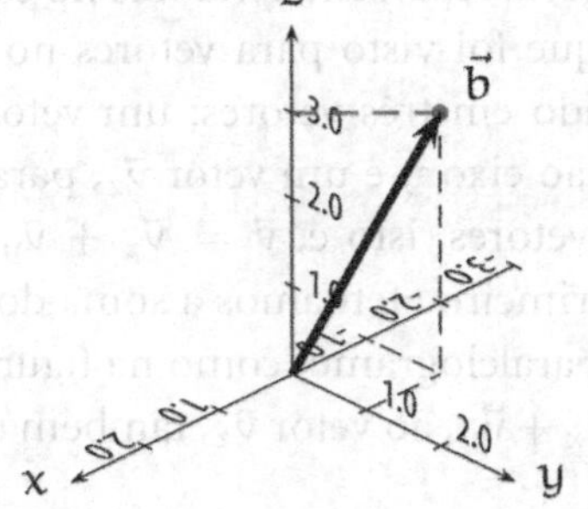

Exemplo 5. Represente o vetor $\vec{c} = 2\hat{\imath} + 4\hat{\jmath} - 2\hat{k}$ em um sistema de eixos coordenados.

Solução.

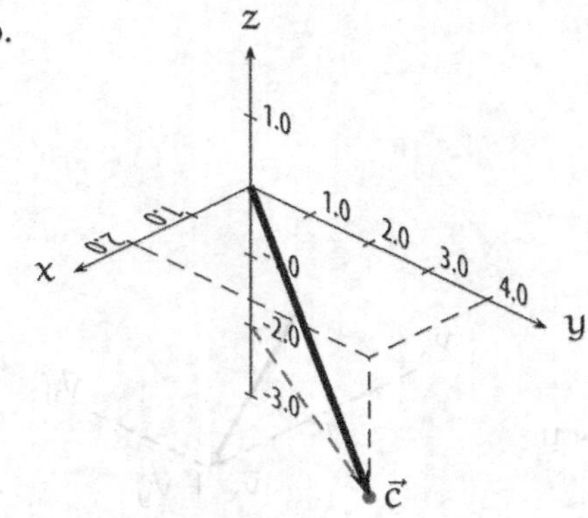

Exemplo 6. Represente o vetor $\vec{d} = \hat{\imath} + 2\hat{k}$ em um sistema de eixos coordenados.

Solução.

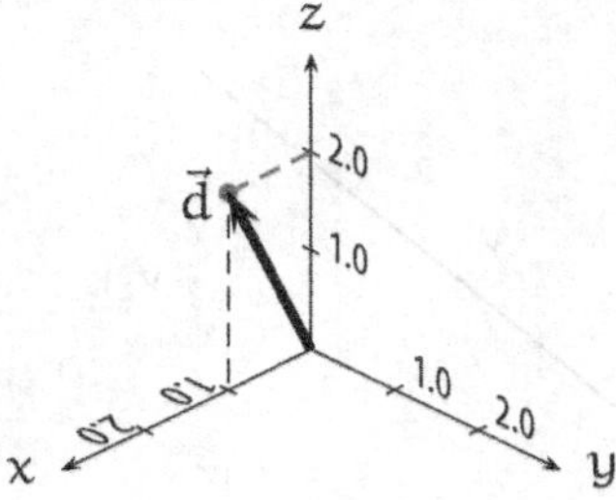

De forma semelhante, podemos facilmente representar vetores no espaço em termos de suas componentes.

Exemplo 7. Escreva o vetor abaixo em termos de suas componentes.

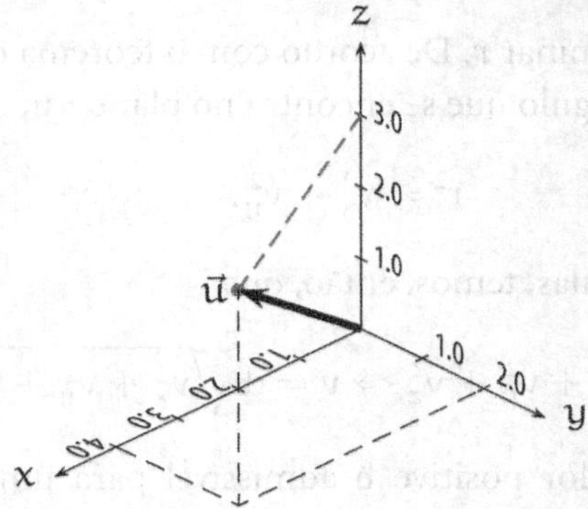

Solução. $\vec{u} = 4\hat{\imath} + 2\hat{\jmath} + 3\hat{k}$.

Exemplo 8. Escreva o vetor abaixo em termos de suas componentes.

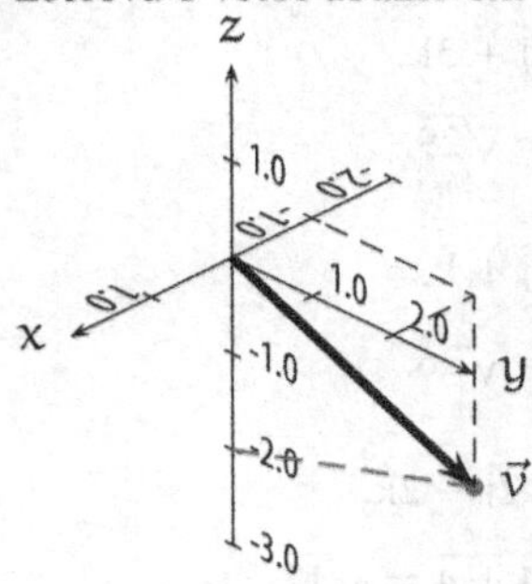

Solução. $\vec{v} = -\hat{\imath} + 2\hat{\jmath} - 2\hat{k}$.

Módulo

O módulo de um vetor no espaço pode ser encontrado aplicando o Teorema de Pitágoras duas vezes. Primeiro, consideremos o triângulo formado pelos vetores $\vec{v}$, $\vec{v}_z$ e $\vec{v}_x + \vec{v}_y$. Com o fim de simplificar a notação, vamos definir o vetor resultante $\vec{r} = \vec{v}_x + \vec{v}_y$ e chamaremos seu módulo de r ($r = |\vec{r}|$).

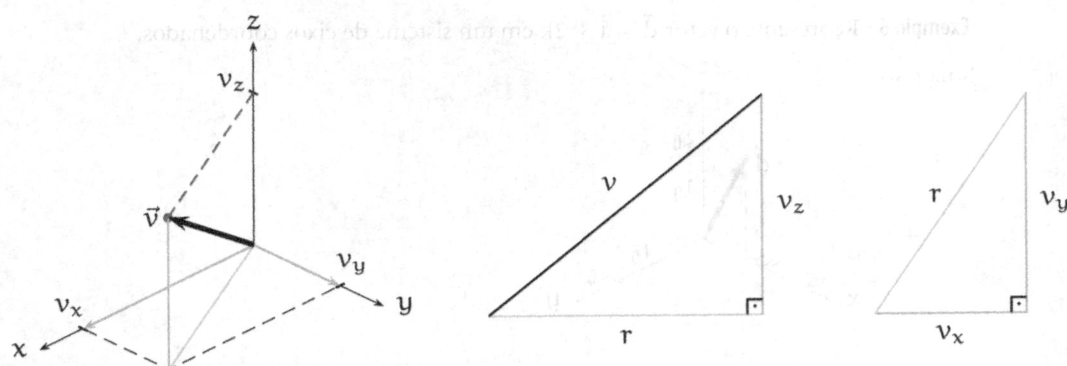

De acordo com o Teorema de Pitágoras,

$$|\vec{v}|^2 = r^2 + v_z^2.$$

Agora temos que determinar r. De acordo com o teorema de Pitágoras, aplicado ao triângulo retângulo que se encontra no plano xy,

$$r^2 = v_x^2 + v_y^2.$$

Juntando as duas fórmulas, temos, então, que

$$|\vec{v}|^2 = v_x^2 + v_y^2 + v_z^2 \Leftrightarrow v = \pm\sqrt{v_x^2 + v_y^2 + v_z^2}.$$

Como somente um valor positivo é admissível para um módulo, temos, então,

$$\boxed{|\vec{v}| = v = \sqrt{v_x^2 + v_y^2 + v_z^2}.}$$

Exemplo 9. Calcule o módulo do vetor $\vec{v} = 2\hat{\imath} + 4\hat{\jmath} + 3\hat{k}$.

SOLUÇÃO. $|\vec{v}| = \sqrt{2^2 + 4^2 + 3^2} = \sqrt{4 + 16 + 9} = \sqrt{29}$.

Exemplo 10. Calcule o módulo do vetor $\vec{v} = 3\hat{\imath} + 4\hat{\jmath} + \hat{k}$.

SOLUÇÃO. $|\vec{v}| = \sqrt{3^2 + 4^2 + 1^2} = \sqrt{9 + 16 + 1} = \sqrt{26}$.

Exemplo 11. Calcule o módulo do vetor $\vec{v} = -3\hat{\imath} + 2\hat{\jmath} - 2\hat{k}$.

SOLUÇÃO. $|\vec{v}| = \sqrt{(-3)^2 + 2^2 + (-2)^2} = \sqrt{9 + 4 + 4} = \sqrt{17}$.

Exemplo 12. Calcule o módulo do vetor $\vec{v} = 3\hat{\imath} - 4\hat{k}$.

SOLUÇÃO. $|\vec{v}| = \sqrt{3^2 + 0^2 + (-4)^2} = \sqrt{9 + 16} = 5$.

Existem diversas aplicações para os vetores, sobretudo nas ciências exatas, que não serão vistas aqui. As aplicações em economia e administração são geralmente vistas nas disciplinas de estatítisca e econometria.

A seguir, estudaremos a soma de vetores no plano e no espaço e seus produtos por escalares em termos de suas componentes cartesianas.

2.2.3 Soma de vetores

Veremos agora como usar a soma de vetores em termos de componentes. O uso de componenetes simplifica bastante a representação e as operações com vetores, que agora podem ser todas feitas algebricamente.

A soma de vetores em termos de suas componentes é bastante simples. Dados dois vetores, $\vec{u} = u_x\hat{\imath} + u_y\hat{\jmath} + u_z\hat{k}$ e $\vec{v} = v_x\hat{\imath} + v_y\hat{\jmath} + v_z\hat{k}$, a soma entre eles é dada por

$$\boxed{\vec{u} + \vec{v} = (u_x + v_x)\hat{\imath} + (u_y + v_y)\hat{\jmath} + (u_z + v_z)\hat{k}}.$$

Exemplo 1. Calcule a soma dos vetores $\vec{u} = 3\hat{\imath} + 3\hat{\jmath}$ e $\vec{v} = 4\hat{\imath} + \hat{\jmath}$ e esboce os vetores e de sua soma em um gráfico.

Solução. $\vec{u} + \vec{v} = (3 + 4)\hat{\imath} + (3 + 1)\hat{\jmath} = 7\hat{\imath} + 4\hat{\jmath}$. A seguir, fazemos a representação gráfica dos vetores e de sua soma.

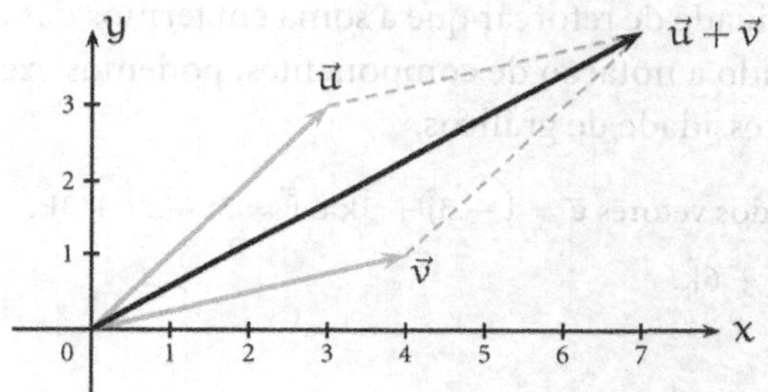

Observe que a soma em termos de componentes tem o mesmo resultado da soma pela regra do paralelogramo, como esperado.

Exemplo 2. Calcule a soma dos vetores $\vec{a} = -2\hat{\imath} + 3\hat{\jmath}$ e $\vec{b} = \hat{\imath} - 2\hat{\jmath}$ e esboce os vetores e de sua soma em um gráfico.

Solução. $\vec{a} + \vec{b} = -\hat{\imath} + \hat{\jmath}$.

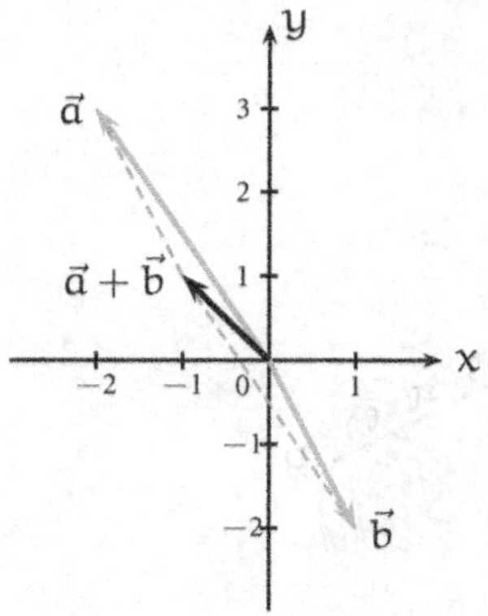

Exemplo 3. Calcule a soma dos vetores $\vec{c} = 2\hat{\imath} + 4\hat{\jmath} + 2\hat{k}$ e $\vec{d} = -\hat{\imath} + 2\hat{\jmath} + 3\hat{k}$ e esboce os vetores e de sua soma em um gráfico.

Solução. $\vec{c} + \vec{d} = \hat{\imath} + 6\hat{\jmath} + 5\hat{k}$.

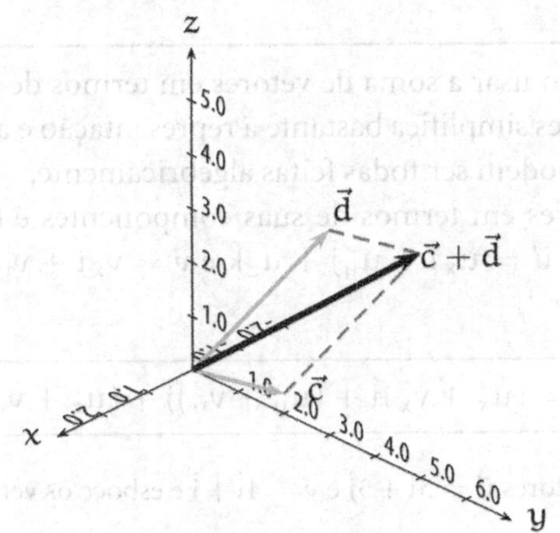

Quando somamos vetores em termos de suas componentes, não é necessário visualizá-los por meio de gráficos. Estes foram pedidos nos exemplos 1 a 3 com a finalidade de reforçar que a soma em termos das componentes funciona. Utilizando a notação de componentes, podemos executar somas vetoriais sem a necessidade de gráficos.

Exemplo 4. Calcule a soma dos vetores $\vec{e} = \hat{\imath} - 3\hat{\jmath} + 3\hat{k}$ e $\vec{f} = 3\hat{\imath} - 2\hat{\jmath} + 3\hat{k}$.

SOLUÇÃO. $\vec{e} + \vec{f} = 4\hat{\imath} - 5\hat{\jmath} + 6\hat{k}$.

2.2.4 Produto de um vetor por um escalar

O produto de um vetor $\vec{v} = v_x\hat{\imath} + v_y\hat{\jmath} + v_z\hat{k}$ por um número (escalar) $k \in \mathbb{R}$ é dado por

$$\boxed{k\vec{v} = kv_x\hat{\imath} + kv_y\hat{\imath} + kv_z\hat{k}}\,.$$

Exemplo 1. Dado o vetor $\vec{v} = 2\hat{\imath} + 3\hat{\jmath} - 2\hat{k}$, calcule $2\vec{v}$ e esboce os dois vetores em um gráfico.

SOLUÇÃO. $2\vec{v} = 2 \cdot 2\hat{\imath} + 2 \cdot 3\hat{\jmath} + 2 \cdot (-2)\hat{k} = 4\hat{\imath} + 6\hat{\jmath} - 4\hat{k}$.

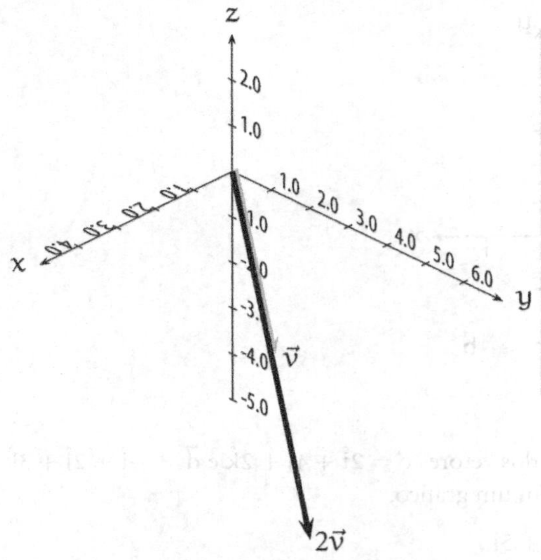

Exemplo 2. Dado o vetor $\vec{a} = 3\hat{i} - 2\hat{j} + \hat{k}$, calcule $-\vec{a}$.

Solução. $-\vec{a} = -3\hat{i} + 2\hat{j} - \hat{k}$.

Exemplo 3. Dado o vetor $\vec{b} = 4\hat{i} - 3\hat{k}$, calcule $-3\vec{b}$.

Solução. $-3\vec{b} = -12\hat{i} + 9\hat{k}$.

Podemos usar as duas operações, o produto de um vetor por um escalar e a soma de vetores, em conjunto, fazendo assim combinações lineares de vetores, como nos exemplos a seguir.

Exemplo 4. Dados os vetores $\vec{u} = 2\hat{i} - 3\hat{j} + 4\hat{k}$ e $\vec{v} = -3\hat{i} + 4\hat{j} - 4\hat{k}$, calcule $3\vec{u} + 2\vec{v}$.

Solução. $3\vec{u} + 2\vec{v} = 3\left(2\hat{i} - 3\hat{j} + 4\hat{k}\right) + 2\left(-3\hat{i} + 4\hat{j} - 4\hat{k}\right) = 6\hat{i} - 9\hat{j} + 12\hat{k} - 6\hat{i} + 4\hat{j} - 8\hat{k} = -5\hat{j} + 4\hat{k}$.

Exemplo 5. Dados os vetores $\vec{a} = 6\hat{i} - \hat{j} + 2\hat{k}$ e $\vec{b} = 3\hat{i} - 4\hat{j} + \hat{k}$, calcule $\vec{a} - \vec{b}$.

Solução. $\vec{a} - \vec{b} = \vec{a} + \left(-\vec{b}\right) = 6\hat{i} - \hat{j} + 2\hat{k} - 3\hat{i} + 4\hat{j} - \hat{k} = 3\hat{i} - 5\hat{j} + \hat{k}$.

Resumo

- **Representação de vetores em componentes:** definindo os versores $\hat{i}$, $\hat{j}$ e $\hat{k}$ como versores (vetores de módulo 1) ao longo dos três eixos coordenados, vetores no plano podem ser representados por $\vec{v} = v_x\hat{i} + v_y\hat{j}$; vetores no espaço são representados por: $\vec{v} = v_x\hat{i} + v_y\hat{j} + v_z\hat{k}$.
- **Módulo de um vetor:** o módulo de um vetor $\vec{v} = v_x\hat{i} + v_y\hat{j}$ é dado por $|\vec{v}| = \sqrt{v_x^2 + v_y^2}$; o módulo de um vetor $\vec{v} = v_x\hat{i} + v_y\hat{j} + v_z\hat{k}$ é dado por $|\vec{v}| = \sqrt{v_x^2 + v_y^2 + v_z^2}$.
- **Soma de dois vetores:** a soma de um vetor $\vec{u} = u_x\hat{i} + u_y\hat{j} + u_z\hat{k}$ e de um vetor $\vec{v} = v_x\hat{i} + v_y\hat{j} + v_z\hat{k}$ é dada por $\vec{u} + \vec{v} = (u_x + v_x)\hat{i} + (u_y + v_y)\hat{j} + (u_z + v_z)\hat{k}$.
- **Produto de um vetor por um escalar:** o produto de um vetor $\vec{v} = v_x\hat{i} + v_y\hat{j} + v_z\hat{k}$ por um escalar $k \in \mathbb{R}$ é dado por $k\vec{v} = (kv_x)\hat{i} + (kv_y)\hat{j} + (kv_z)\hat{k}$.

Exercícios

Nível 1

VETORES NO PLANO

Exemplo 1. Represente o vetor $\vec{v} = 2\hat{\imath} - \hat{\jmath}$ no plano cartesiano.

SOLUÇÃO.

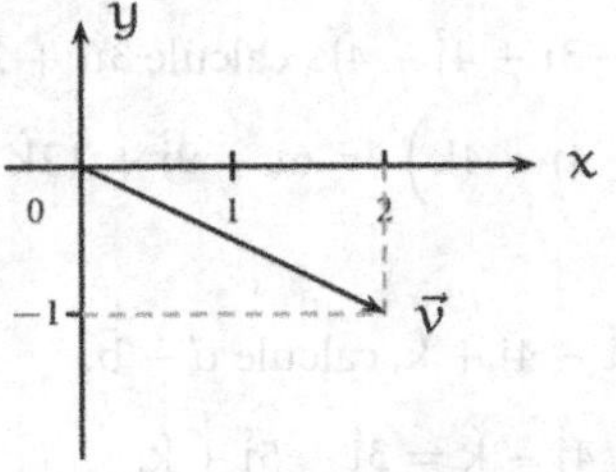

E1) Represente os seguintes vetores no plano cartesiano.

a) $\vec{a} = 2\hat{\imath} + 3\hat{\jmath}$. b) $\vec{b} = -2\hat{\imath} + \hat{\jmath}$. c) $\vec{c} = 2\hat{\imath}$.

d) $\vec{d} = -\hat{\imath} - 2\hat{\jmath}$.

Exemplo 2. Escreva o vetor representado abaixo em termos de suas componentes.

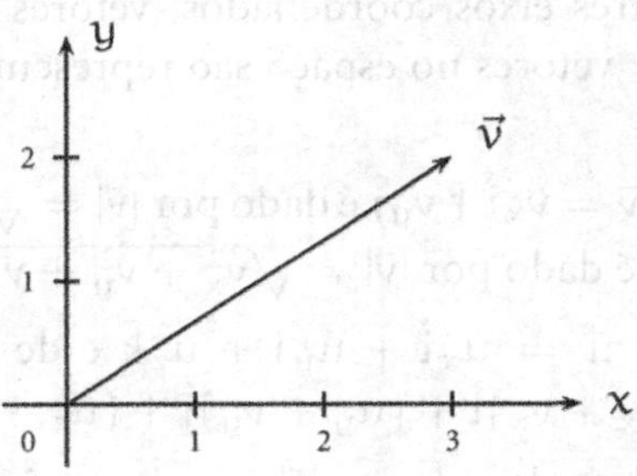

SOLUÇÃO. $\vec{v} = 3\hat{\imath} + 2\hat{\jmath}$.

E2) Escreva os vetores representados abaixo em termos de suas componentes.

a) 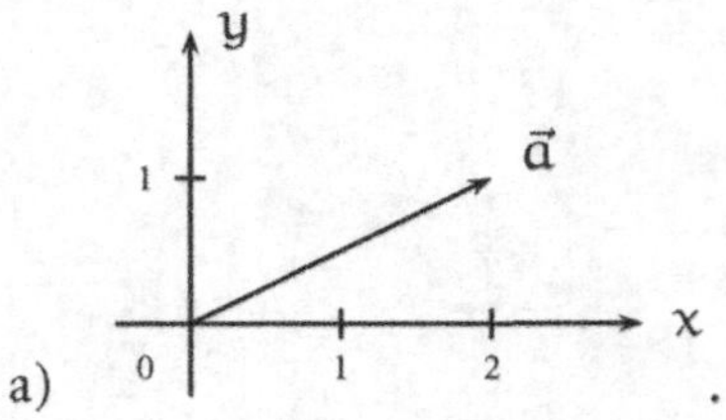

b) 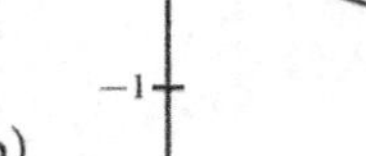 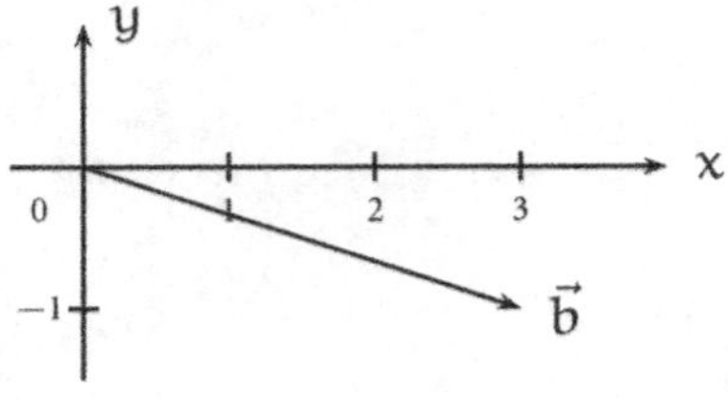

c) 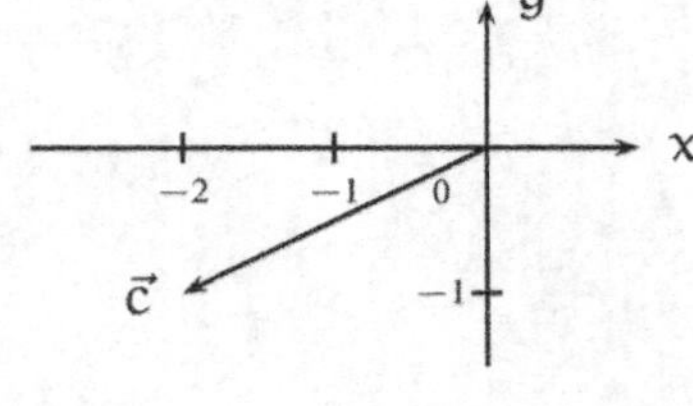

Exemplo 3. Calcule o módulo do vetor do exemplo 1.

Solução. $|\vec{v}| = \sqrt{2^2 + (-1)^2} = \sqrt{4+1} = \sqrt{5}$.

E3) Calcule os módulos dos vetores do exercício E1.

Vetores no espaço

Exemplo 4. Represente o vetor $\vec{v} = 2\hat{\imath} + 3\hat{\jmath} - 2\hat{k}$ no espaço.

Solução.

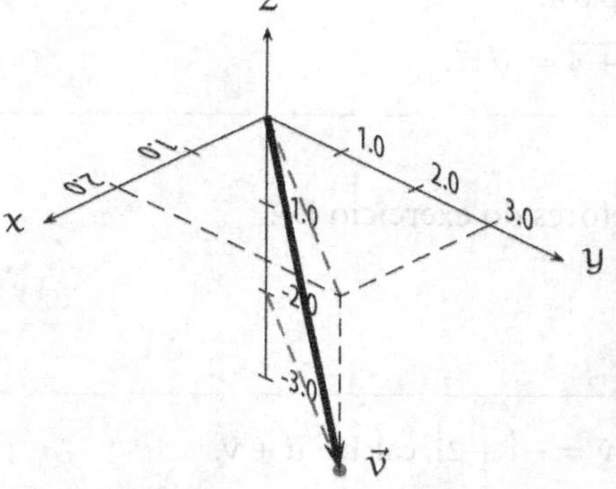

E4) Represente os seguintes vetores no espaço.

a) $\vec{a} = 2\hat{\imath} + 3\hat{\jmath} + 2\hat{k}$.

b) $\vec{b} = -2\hat{\imath} + \hat{\jmath} - 2\hat{k}$.

c) $\vec{c} = 2\hat{\imath} + 4\hat{k}$.

d) $\vec{d} = 3\hat{\imath} - 2\hat{\jmath}$.

Exemplo 5. Escreva o vetor representado abaixo em termos de suas componentes.

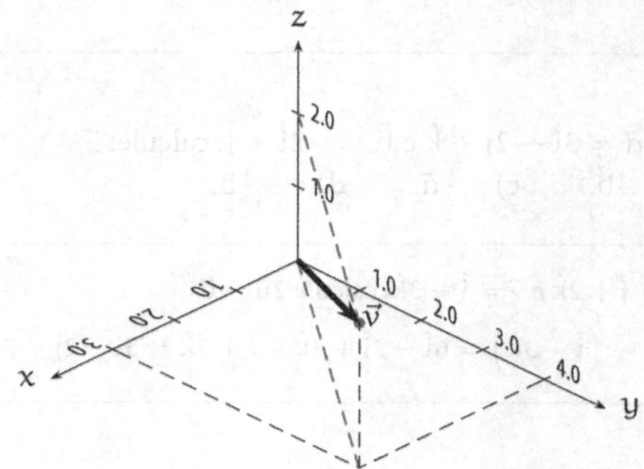

Solução. $\vec{v} = 3\hat{\imath} + 4\hat{\jmath} + 2\hat{k}$.

E5) Escreva os vetores representados abaixo em termos de suas componentes.

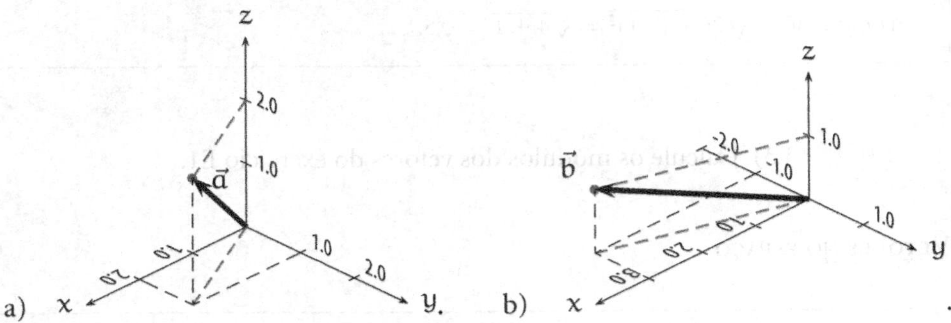

Exemplo 6. Calcule o módulo do vetor do exemplo 4.

SOLUÇÃO. $|\vec{v}| = \sqrt{2^2 + 3^2 + (-2)^2} = \sqrt{4 + 9 + 4} = \sqrt{17}$.

E6) Calcule os módulos dos vetores do exercício E4.

SOMA DE VETORES

Exemplo 7. Dados os vetores $\vec{u} = 3\hat{\imath} + 2\hat{\jmath} - \hat{k}$ e $\hat{v} = -\hat{\imath} + 2\hat{\jmath}$, calcule $\vec{u} + \vec{v}$.

SOLUÇÃO. $\vec{u} + \vec{v} = 2\hat{\imath} + 4\hat{\jmath} - \hat{k}$.

E7) Dados os vetores $\vec{a} = 3\hat{\imath} - 2\hat{\jmath} + \hat{k}$, $\vec{b} = -2\hat{\imath} + \hat{\jmath}$ e $\vec{c} = \hat{\imath} + \hat{\jmath} - \hat{k}$, calcule:

a) $\vec{a} + \vec{b}$. b) $\vec{a} + \vec{c}$. c) $\vec{b} + \vec{c}$. d) $\vec{a} + \vec{b} + \vec{c}$.

PRODUTO DE UM VETOR POR UM ESCALAR

Exemplo 8. Dado o vetor $\vec{v} = 3\hat{\imath} + 2\hat{\jmath} - \hat{k}$, calcule $2\vec{v}$.

SOLUÇÃO. $2\vec{v} = 6\hat{\imath} + 4\hat{\jmath} - 2\hat{k}$.

E8) Dados os vetores $\vec{a} = 3\hat{\imath} - 2\hat{\jmath} + \hat{k}$ e $\vec{b} = -2\hat{\imath} + \hat{\jmath}$, calcule:

a) $3\vec{a}$. b) $-\vec{b}$. c) $\frac{1}{2}\vec{a}$. d) $-\frac{1}{3}\vec{b}$.

Exemplo 9. Dados os vetores $\vec{u} = 3\hat{\imath} - \hat{\jmath} + 2\hat{k}$ e $\vec{v} = \hat{\imath} - 3\hat{k}$, calcule $2\vec{u} - \vec{v}$.

SOLUÇÃO. $2\vec{u} - \vec{v} = 2\left(3\hat{\imath} - \hat{\jmath} + 2\hat{k}\right) - \left(\hat{\imath} - 3\hat{k}\right) = 6\hat{\imath} - 2\hat{\jmath} + 4\hat{k} - \hat{\imath} + 3\hat{k} = 5\hat{\imath} - 2\hat{\jmath} + 7\hat{k}$.

E9) Dados os vetores $\vec{a} = 3\hat{\imath} - 2\hat{\jmath} + \hat{k}$, $\vec{b} = -2\hat{\imath} + \hat{\jmath}$ e $\vec{c} = \hat{\imath} + \hat{\jmath} - 3\hat{k}$, calcule:

a) $2\vec{a} - \vec{b}$. b) $\vec{a} + 3\vec{b}$. c) $\frac{1}{2}\vec{a} - 2\vec{c}$. d) $0{,}5\vec{a} - 0{,}1\vec{b} + 0{,}4\vec{c}$.

Nível 2

E1) Determine as coordenadas do ponto B, que está na ponta do segmento orientado que representa o vetor $\vec{v} = 2\hat{\imath} - \hat{\jmath} + 4\hat{k}$ e que tem origem no ponto $A(3,0,2)$.

E2) Que vetor é representado pelo segmento orientado AB, onde A é o ponto com coordenadas $(3,1,-4)$ e B é o ponto com coordenadas $(2,-1,5)$?

E3) Considere os pontos não coincidentes A, B e C ao longo de uma reta. As coordenadas de A e de B são, respectivamente, $(3,-1,2)$ e $(4,0,-3)$. Calcule as coordenadas do ponto C sabendo que a distância dele até o ponto B é a mesma distância do ponto A ao ponto B.

E4) Verifique se os seguintes pontos pertencem ou não à mesma reta.

a) $A(1,2,-1)$, $B(3,1,-2)$ e $C(5,0,-3)$.

b) $A(3,-1,2)$, $B(2,0,-5)$ e $C(1,-2,0)$.

E5) (Leitura Complementar 2.2.1) Um vetor tem módulo 5, ângulo azimutal $\theta = 45^o$ e ângulo vertical $\varphi = 60^o$. Calcule suas coordenadas em termos de coordenadas cartesianas.

Nível 3

E1) Considere um paralelogramo tal que três de seus vértices sejam os pontos $A(2,1,2)$, $B(3,1,4)$ e $C(4,2,1)$. Determine as coordenadas do quarto vértice desse paralelogramo.

E2) Determine como o vetor $\vec{v} = 3\hat{\imath} - \hat{\jmath} + 2\hat{k}$ pode ser obtido através da soma multiplicada por escalares apropriados dos vetores $\vec{a} = 2\hat{\imath} - \hat{\jmath} + \hat{k}$, $\vec{b} = 3\hat{\imath} + 2\hat{k}$ e $\vec{c} = \hat{\imath} + 2\hat{\jmath} - \hat{k}$.

Respostas

Nível 1

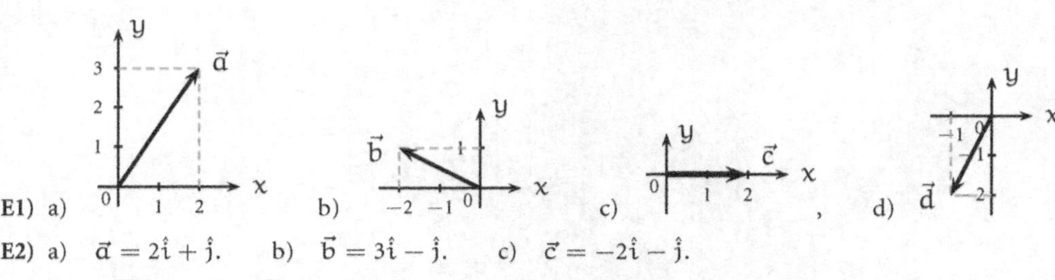

E2) a) $\vec{a} = 2\hat{\imath} + \hat{\jmath}$. b) $\vec{b} = 3\hat{\imath} - \hat{\jmath}$. c) $\vec{c} = -2\hat{\imath} - \hat{\jmath}$.

E3) a) $\sqrt{13}$. b) $\sqrt{5}$. c) 2. d) $\sqrt{5}$.

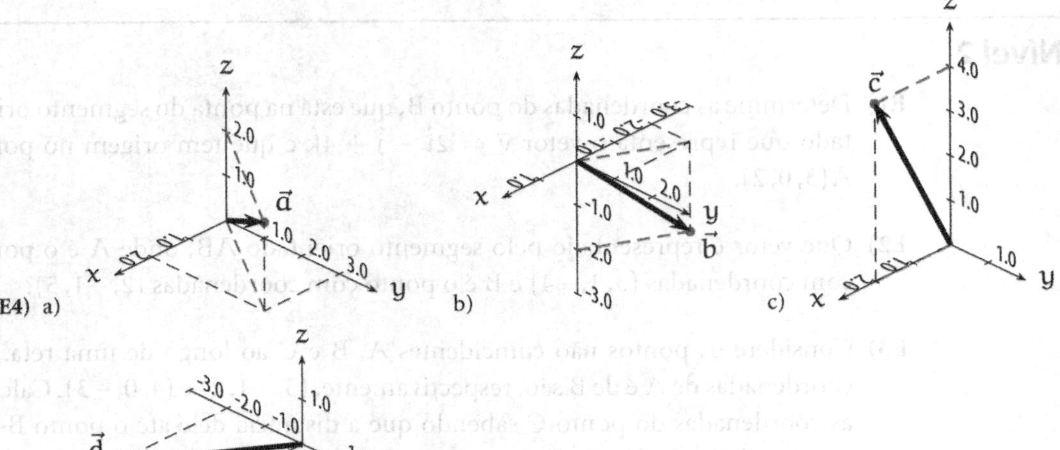

E4) a) b) c) d)

E5) a) $\vec{a} = 2\hat{\imath} + \hat{\jmath} + 2\hat{k}$. b) $\vec{b} = 3\hat{\imath} - \hat{\jmath} + \hat{k}$.

E6) a) $\sqrt{17}$. b) 3. c) $2\sqrt{5}$. d) $\sqrt{13}$.

E7) a) $\vec{a} + \vec{b} = \hat{\imath} - \hat{\jmath} + \hat{k}$. b) $\vec{a} + \vec{c} = 4\hat{\imath} - \hat{\jmath}$. c) $\vec{b} + \vec{c} = -\hat{\imath} + 2\hat{\jmath} - \hat{k}$. d) $\vec{a} + \vec{b} + \vec{c} = \hat{\imath}$.

E8) a) $3\vec{a} = 9\hat{\imath} - 6\hat{\jmath} + 3\hat{k}$. b) $-\vec{b} = 2\hat{\imath} - \hat{\jmath}$. c) $\frac{1}{2}\vec{a} = \frac{1}{2}\hat{\imath} - \hat{\jmath} + \frac{1}{2}\hat{k}$. d) $-\frac{1}{3}\vec{b} = \frac{2}{3}\hat{\imath} - \frac{1}{3}\hat{\jmath}$.

E9) a) $2\vec{a} - \vec{b} = 8\hat{\imath} - 5\hat{\jmath} + 2\hat{k}$. b) $\vec{a} + 3\vec{b} = -3\hat{\imath} + \hat{\jmath} + \hat{k}$. c) $\frac{1}{2}\vec{a} - 2\vec{c} = -\frac{1}{2}\hat{\imath} - 3\hat{\jmath} + \frac{13}{2}\hat{k}$.

d) $0{,}5\vec{a} - 0{,}1\vec{b} + 0{,}4\vec{c} = 2{,}1\hat{\imath} - 0{,}7\hat{\jmath} - 0{,}7\hat{k}$.

Nível 2

E1) As coordenadas são $(5, -1, 6)$.

E2) $\overrightarrow{AB} = -\hat{\imath} - 2\hat{\jmath} + 9\hat{k}$.

E3) As coordenadas são $(9/2, 1/2, -11/2)$.

E4) a) Sim. b) Sim.

E5) $\vec{v} = \frac{5\sqrt{6}}{4}\hat{\imath} + \frac{5\sqrt{6}}{4}\hat{\jmath} + \frac{5}{2}\hat{k} \approx 3{,}06\hat{\imath} + 3{,}06\hat{\jmath} + 2{,}5\hat{k}$.

Nível 3

E1) $D(5, 2, 3)$.

E2) $\vec{v} = \frac{5}{7}\vec{a} + \frac{4}{7}\vec{b} - \frac{1}{7}\vec{c}$.

2.3 Produto escalar

Diferente dos números reais, vetores têm dois tipos de produtos entre eles: o produto escalar, que resulta em um número, e o produto vetorial, que resulta em um vetor. Estudaremos, neste capítulo, o produto escalar, que tem diversas utilizações em economia. Mostraremos aqui duas aplicações do produto escalar que ajudam a dar uma ideia intuitiva de seu significado. O produto vetorial, menos utilizado em cursos de economia e de administração, é visto na Leitura Complementar 2.3.3.

2.3.1 Definição

O *produto escalar* é uma operação $\vec{u} \cdot \vec{v}$ entre dois vetores $\vec{u}$ e $\vec{v}$ que resulta em um número. Esta operação é definida pela seguinte fórmula:

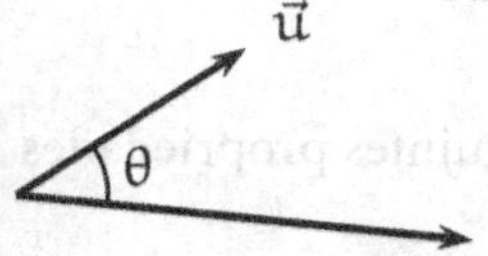

$$\boxed{\vec{u} \cdot \vec{v} = |\vec{u}||\vec{v}| \cos \theta,}$$

onde θ é o ângulo entre os dois vetores.[1]

Exemplo 1. Calcule o produto escalar $\vec{u} \cdot \vec{v}$ entre os vetores dados abaixo ($|\vec{u}| = 3$ e $|\vec{v}| = 2$).

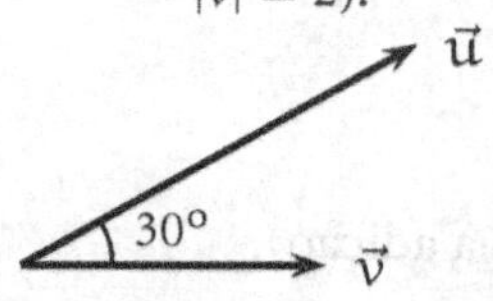

Solução. $\vec{u} \cdot \vec{v} = |\vec{u}||\vec{v}| \cos \theta = 3 \cdot 2 \cdot \cos 30^o = 6 \cdot \frac{\sqrt{3}}{2} = 3\sqrt{3}$.

1. Por ângulo entre os vetores, entendemos o menor ângulo entre eles, como ilustrado na figura abaixo. O menor ângulo entre os dois vetores abaixo é o ângulo α.

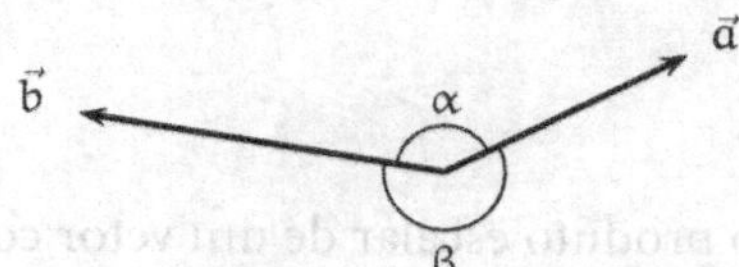

Exemplo 2. Calcule o produto escalar $\vec{a} \cdot \vec{b}$ entre os vetores dados abaixo ($|\vec{a}| = 2$ e $|\vec{b}| = 2$).

SOLUÇÃO. $\vec{a} \cdot \vec{b} = |\vec{a}||\vec{b}| \cos\theta = 2 \cdot 2 \cdot \cos 60^\circ = 4 \cdot \frac{1}{2} = 2.$

Exemplo 3. Calcule o produto escalar $\vec{c} \cdot \vec{d}$ entre os vetores dados abaixo ($|\vec{c}| = 2$ e $|\vec{d}| = 4$).

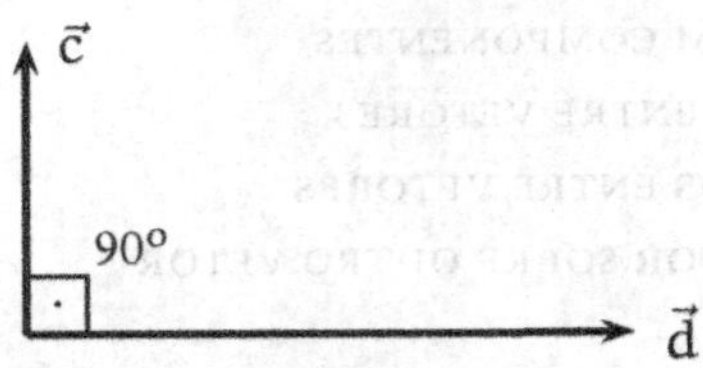

SOLUÇÃO. $\vec{c} \cdot \vec{d} = |\vec{c}||\vec{d}| \cos\theta = 2 \cdot 4 \cdot \cos 90^\circ = 8 \cdot 0 = 0.$

Exemplo 4. Calcule o produto escalar $\vec{e} \cdot \vec{f}$ entre os vetores dados abaixo ($|\vec{e}| = 3$ e $|\vec{f}| = 2$).

180°

$\vec{e}$ $\vec{f}$

SOLUÇÃO. $\vec{e} \cdot \vec{f} = |\vec{e}||\vec{f}| \cos\theta = 3 \cdot 2 \cdot \cos 180^\circ = 6 \cdot (-1) = -6.$

Como pudemos ver no exemplo 3, dois vetores serão *perpendiculares*, o que significa que eles formam um ângulo de 90°, se o produto escalar entre eles for nulo:

$$\vec{u} \cdot \vec{v} = |\vec{u}||\vec{v}| \cos 90^\circ = 0.$$

O produto escalar entre dois vetores $\vec{u}$ e $\vec{v}$ tem as seguintes propriedades (demonstradas na Leitura Complementar 2.3.1).

Propriedade 1
$\vec{u} \cdot \vec{v} = \vec{v} \cdot \vec{u}$ (comutativa).

Propriedade 2
$\vec{u} \cdot (\vec{v} + \vec{w}) = \vec{u} \cdot \vec{v} + \vec{u} \cdot \vec{w}$ (distributiva em relação à adição).

Propriedade 3
$(\alpha\vec{u}) \cdot \vec{v} = \alpha(\vec{u} \cdot \vec{v})$ $(\alpha \in \mathbb{R})$ (fatoração dos escalares).

Propriedade 4
$\vec{u} \cdot \vec{u} \geqslant 0$ (positividade do produto escalar de um vetor por ele mesmo).

Propriedade 5
$\vec{u} \cdot \vec{u} = 0 \Leftrightarrow \vec{u} = \vec{0}$
(condição para que o produto escalar de um vetor com ele mesmo seja nulo).

2.3.2 Produto escalar em componentes

Agora vamos estudar como podemos calcular o produto escalar entre dois vetores em termos de suas componentes cartesianas. Para tal, calcularemos os produtos escalares entre os versores $\hat{\imath}$, $\hat{\jmath}$ e $\hat{k}$:

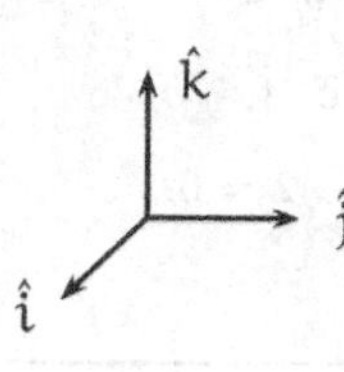

$$\begin{aligned}
\hat{\imath}\cdot\hat{\imath} &= |\hat{\imath}||\hat{\imath}|\cos 0^o = 1\cdot 1\cdot 1 = 1,\\
\hat{\imath}\cdot\hat{\jmath} &= |\hat{\imath}||\hat{\jmath}|\cos 90^o = 1\cdot 1\cdot 0 = 0,\\
\hat{\imath}\cdot\hat{k} &= |\hat{\imath}||\hat{k}|\cos 90^o = 1\cdot 1\cdot 0 = 0,\\
\hat{\jmath}\cdot\hat{\jmath} &= |\hat{\jmath}||\hat{\jmath}|\cos 0^o = 1\cdot 1\cdot 1 = 1,\\
\hat{\jmath}\cdot\hat{k} &= |\hat{\jmath}||\hat{k}|\cos 90^o = 1\cdot 1\cdot 0 = 0,\\
\hat{k}\cdot\hat{k} &= |\hat{k}||\hat{k}|\cos 0^o = 1\cdot 1\cdot 1 = 1.
\end{aligned}$$

—	$\hat{\imath}$	$\hat{\jmath}$	$\hat{k}$
$\hat{\imath}$	1	0	0
$\hat{\jmath}$	0	1	0
$\hat{k}$	0	0	1

Devido à propriedade comutativa do produto escalar, temos que $\hat{\jmath}\cdot\hat{\imath} = 0$, $\hat{k}\cdot\hat{\imath} = 0$ e $\hat{k}\cdot\hat{\jmath} = 0$. Com isso, podemos montar a tabela ao lado. Vamos, agora, calcular o produto escalar entre dois vetores, $\vec{u} = u_x\hat{\imath} + u_y\hat{\jmath} + u_z\hat{k}$ e $\vec{v} = v_x\hat{\imath} + v_y\hat{\jmath} + v_z\hat{k}$.

$$\begin{aligned}
\vec{u}\cdot\vec{v} &= (u_x\hat{\imath} + u_y\hat{\jmath} + u_z\hat{k})\cdot(v_x\hat{\imath} + v_y\hat{\jmath} + v_z\hat{k})\\
&= u_x\hat{\imath}\cdot v_x\hat{\imath} + u_x\hat{\imath}\cdot v_y\hat{\jmath} + u_x\hat{\imath}\cdot v_z\hat{k}\\
&\quad + u_y\hat{\jmath}\cdot v_x\hat{\imath} + u_y\hat{\jmath}\cdot v_y\hat{\jmath} + u_y\hat{\jmath}\cdot v_z\hat{k}\\
&\quad + u_z\hat{k}\cdot v_x\hat{\imath} + u_z\hat{k}\cdot v_y\hat{\jmath} + u_z\hat{k}\cdot v_z\hat{k}\\
&= u_xv_x\hat{\imath}\cdot\hat{\imath} + u_xv_y\hat{\imath}\cdot\hat{\jmath} + u_xv_z\hat{\imath}\cdot\hat{k}\\
&\quad + u_yv_x\hat{\jmath}\cdot\hat{\imath} + u_yv_y\hat{\jmath}\cdot\hat{\jmath} + u_yv_z\hat{\jmath}\cdot\hat{k}\\
&\quad + u_zv_x\hat{k}\cdot\hat{\imath} + u_zu_y\hat{k}\cdot\hat{\jmath} + u_zv_z\hat{k}\cdot\hat{k}.
\end{aligned}$$

Usando a tabela acima, temos

$$\begin{aligned}
\vec{u}\cdot\vec{v} &= u_xv_x\cdot 1 + u_xv_y\cdot 0 + u_xv_z\cdot 0\\
&\quad + u_yv_x\cdot 0 + u_yv_y\cdot 1 + u_yv_z\cdot 0\\
&\quad + u_zv_x\cdot 0 + u_zu_y\cdot 0 + u_zv_z\cdot 1\\
&= u_xv_x + u_yv_y + u_zv_z.
\end{aligned}$$

Temos, então, que

$$\boxed{\vec{u}\cdot\vec{v} = u_xv_x + u_yv_y + u_zv_z}.$$

A seguir, mostramos alguns exemplos da aplicação dessa fórmula.

Exemplo 1. Dados os vetores $\vec{u} = 3\hat{\imath} + 2\hat{\jmath} + 4\hat{k}$ e $\vec{v} = \hat{\imath} + 2\hat{\jmath} + 2\hat{k}$, calcule $\vec{u}\cdot\vec{v}$.

SOLUÇÃO. $\vec{u}\cdot\vec{v} = (3\hat{\imath} + 2\hat{\jmath} + 4\hat{k})\cdot(\hat{\imath} + 2\hat{\jmath} + 2\hat{k}) = 3\cdot 1 + 2\cdot 2 + 4\cdot 2 = 3 + 4 + 8 = 15.$

Exemplo 2. Dados os vetores $\vec{a} = 2\hat{\imath} - 3\hat{\jmath} + \hat{k}$ e $\vec{b} = 3\hat{\imath} + \hat{\jmath} - 2\hat{k}$, calcule $\vec{a}\cdot\vec{b}$.

SOLUÇÃO. $\vec{a}\cdot\vec{b} = (2\hat{\imath} - 3\hat{\jmath} + \hat{k})\cdot(3\hat{\imath} + \hat{\jmath} - 2\hat{k}) = 2\cdot 3 + (-3)\cdot 1 + 1\cdot(-2) = 6 - 3 - 2 = 1.$

Exemplo 3. Dados os vetores $\vec{c} = \hat{\imath} + 3\hat{\jmath} + 6\hat{k}$ e $\vec{d} = 3\hat{\imath} - 3\hat{k}$, calcule $\vec{c} \cdot \vec{d}$.

Solução. $\vec{c} \cdot \vec{d} = (\hat{\imath} + 3\hat{\jmath} + 6\hat{k}) \cdot (3\hat{\imath} - 3\hat{k}) = 1 \cdot 3 + 3 \cdot 0 + 6 \cdot (-3) = 3 + 0 - 18 = -15.$

Para vetores em duas dimensões, o produto escalar fica, simplesmente,

$$\vec{u} \cdot \vec{v} = u_x v_x + u_y v_y.$$

Exemplo 4. Dados os vetores $\vec{e} = 2\hat{\imath} - \hat{\jmath}$ e $\vec{f} = \hat{\imath} + 2\hat{\jmath}$, calcule $\vec{e} \cdot \vec{f}$.

Solução. $\vec{e} \cdot \vec{f} = (2\hat{\imath} - \hat{\jmath}) \cdot (\hat{\imath} + 2\hat{\jmath}) = 2 \cdot 1 + (-1) \cdot 2 = 2 - 2 = 0.$

2.3.3 Cálculo de ângulos entre vetores

Existe um grande número de aplicações de vetores, em diversas áreas do conhecimento. Veremos aqui algumas dessas aplicações, começando pelo cálculo do ângulo entre dois vetores.

Dados dois vetores, podemos calcular o ângulo entre eles. Isto se faz usando a definição do produto escalar. Dados dois vetores, $\vec{u}$ e $\vec{v}$, o produto escalar entre eles é dado por

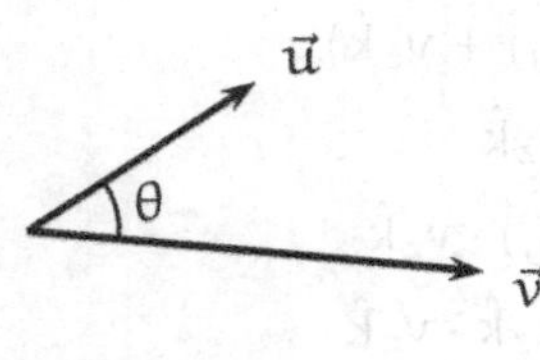

$$\vec{u} \cdot \vec{v} = |\vec{u}||\vec{v}| \cos\theta \Leftrightarrow \frac{\vec{u} \cdot \vec{v}}{|\vec{u}||\vec{v}|} = \cos\theta.$$

Temos, então, a seguinte fórmula:

$$\boxed{\cos\theta = \frac{\vec{u} \cdot \vec{v}}{|\vec{u}||\vec{v}|}}.$$

A partir do cosseno de um ângulo, podemos calcular o próprio ângulo:

$$\theta = \arccos \frac{\vec{u} \cdot \vec{v}}{|\vec{u}||\vec{v}|},$$

isto é, θ é o arco (ângulo) cujo cosseno é dado pela expressão acima.

Exemplo 1. Esboce os vetores $\vec{u} = 2\hat{\imath} + \hat{\jmath}$ e $\vec{v} = \hat{\imath} - 2\hat{\jmath}$ e calcule o ângulo entre eles.

Solução. Temos que $\cos\theta = \frac{\vec{u} \cdot \vec{v}}{|\vec{u}||\vec{v}|}$. O produto escalar é

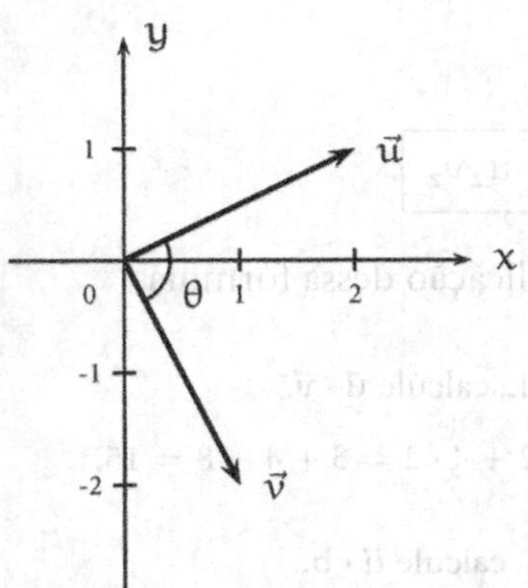

$$\begin{aligned}\vec{u} \cdot \vec{v} &= (2,1) \cdot (1,-2) \\ &= 2 \cdot 1 + 1 \cdot (-2) = 2 - 2 = 0.\end{aligned}$$

Os módulos dos dois vetores são dados por

$$|\vec{u}| = \sqrt{2^2 + 1^2} = \sqrt{4+1} = \sqrt{5},$$

$$|\vec{v}| = \sqrt{1^2 + (-2)^2} = \sqrt{1+4} = \sqrt{5}.$$

Substituindo esses valores na fórmula para o cosseno do ângulo, temos

$$\cos\theta = \frac{0}{\sqrt{5}\sqrt{5}} = \frac{0}{5} = 0.$$

Então, θ é o ângulo cujo cosseno é zero, ou seja, $\theta = \arccos 0 = 90^o$.

Exemplo 2. Esboce os vetores $\vec{a} = 3\hat{\imath} + \hat{\jmath}$ e $\vec{b} = -3\hat{\imath} - \hat{\jmath}$ e calcule o ângulo entre eles.

Solução. Temos que $\cos\theta = \dfrac{\vec{a}\cdot\vec{b}}{|\vec{a}||\vec{b}|}$. O produto escalar é

$$\begin{aligned}\vec{a}\cdot\vec{b} &= (3,1)\cdot(-3,-1)\\ &= (-3)\cdot 3 + 1\cdot(-1)\\ &= -9-1=-10.\end{aligned}$$

Os módulos dos dois vetores são dados por

$$\begin{aligned}|\vec{a}| &= \sqrt{3^2+1^2} = \sqrt{9+1} = \sqrt{10},\\ |\vec{b}| &= \sqrt{(-3)^2+(-1)^2}\\ &= \sqrt{9+1} = \sqrt{10}.\end{aligned}$$

Substituindo esses valores na fórmula para o cosseno do ângulo, temos

$$\cos\theta = \frac{-10}{\sqrt{10}\sqrt{10}} = \frac{-10}{10} = -1.$$

Portanto, $\theta = \arccos(-1) \Leftrightarrow \theta = 180^o$.

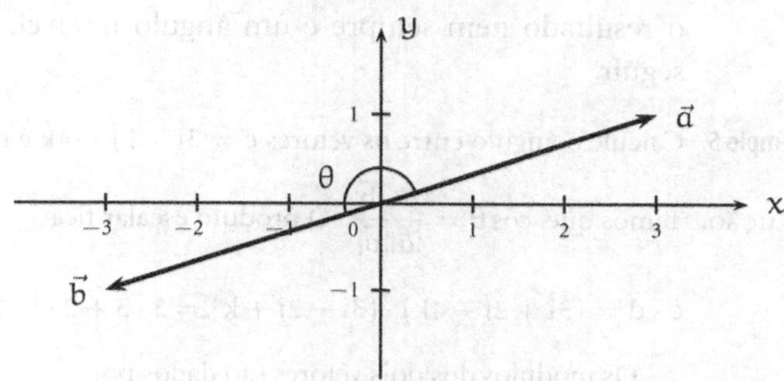

Exemplo 3. Esboce os vetores $\vec{u} = \hat{\imath} + \hat{\jmath} + 4\hat{k}$ e $\vec{v} = -\hat{\imath} + 2\hat{\jmath} + 2\hat{k}$ e calcule o ângulo entre eles.

Solução. Temos que $\cos\theta = \dfrac{\vec{a}\cdot\vec{b}}{|\vec{a}||\vec{b}|}$. O produto escalar é

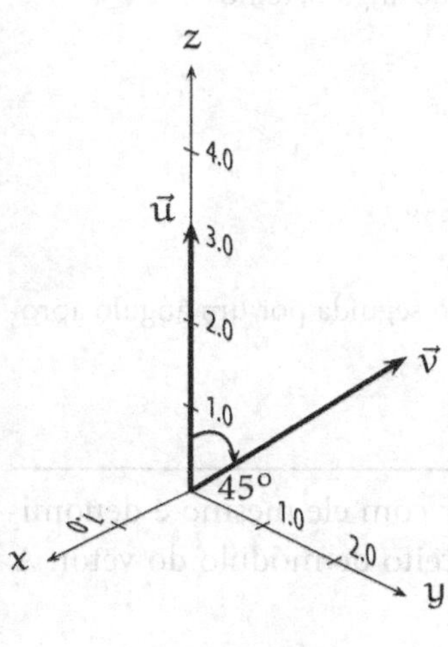

$$\begin{aligned}\vec{u}\cdot\vec{v} &= (\hat{\imath} + \hat{\jmath} + 4\hat{k})\cdot(-\hat{\imath} + 2\hat{\jmath} + 2\hat{k})\\ &= 1\cdot(-1) + 1\cdot 2 + 4\cdot 2 = -1+2+8 = 9.\end{aligned}$$

Os módulos dos dois vetores são dados por

$$\begin{aligned}|\vec{u}| &= \sqrt{(-1)^2+2^2+2^2}\\ &= \sqrt{1+4+4} = \sqrt{9} = 3,\\ |\vec{v}| &= \sqrt{1^2+1^2+4^2}\\ &= \sqrt{1+1+16} = \sqrt{18} = \sqrt{2.3^2} = 3\sqrt{2}.\end{aligned}$$

Substituindo esses valores na fórmula para o cosseno do ângulo, temos

$$\cos\theta = \frac{9}{3.3\sqrt{2}} = \frac{1}{\sqrt{2}}.$$

Portanto, $\theta = \arccos\dfrac{1}{\sqrt{2}} \Leftrightarrow \theta = 45^o$.

Exemplo 4. Esboce os vetores $\vec{a} = 2\hat{\imath} + \hat{\jmath} - \hat{k}$ e $\vec{b} = \hat{\imath} - \hat{\jmath} - 2\hat{k}$ e calcule o ângulo entre eles.

SOLUÇÃO. Temos que $\cos\theta = \dfrac{\vec{a}\cdot\vec{b}}{|\vec{a}||\vec{b}|}$. O produto escalar é

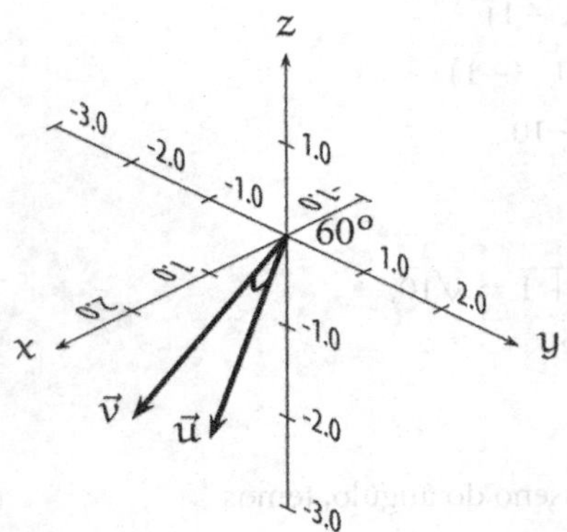

$$\begin{aligned}\vec{a}\cdot\vec{b} &= (2\hat{\imath} + \hat{\jmath} - \hat{k})\cdot(\hat{\imath} - \hat{\jmath} - 2\hat{k})\\ &= 2\cdot 1 + 1\cdot(-1) + (-1)\cdot(-2) = 2 - 1 + 2 = 3.\end{aligned}$$

Os módulos dos dois vetores são dados por

$$|\vec{a}| = \sqrt{2^2 + 1^2 + (-1)^2} = \sqrt{4+1+1} = \sqrt{6},$$
$$|\vec{b}| = \sqrt{1^2 + (-1)^2 + (-2)^2} = \sqrt{1+1+4} = \sqrt{6}.$$

Substituindo esses valores na fórmula para o cosseno do ângulo, temos

$$\cos\theta = \frac{3}{\sqrt{6}\sqrt{6}} = \frac{3}{6} = \frac{1}{2}.$$

Portanto, $\theta = \arccos\dfrac{1}{2} \Leftrightarrow \theta = 60^{\circ}$.

Não é necessário esboçar os vetores para calcular o ângulo entre eles, e o resultado nem sempre é um ângulo notável, como mostra o exemplo a seguir.

Exemplo 5. Calcule o ângulo entre os vetores $\vec{c} = 3\hat{\imath} + 2\hat{\jmath} - 4\hat{k}$ e $\vec{d} = 3\hat{\imath} - 2\hat{\jmath} + \hat{k}$.

SOLUÇÃO. Temos que $\cos\theta = \dfrac{\vec{a}\cdot\vec{b}}{|\vec{a}||\vec{b}|}$. O produto escalar fica

$$\vec{c}\cdot\vec{d} = (3\hat{\imath} + 2\hat{\jmath} - 4\hat{k})\cdot(3\hat{\imath} - 2\hat{\jmath} + \hat{k}) = 3\cdot 3 + 2\cdot(-2) + (-4)\cdot 1 = 9 - 4 - 4 = 1.$$

Os módulos dos dois vetores são dados por

$$|\vec{c}| = \sqrt{3^2 + 2^2 + (-4)^2} = \sqrt{9+4+16} = \sqrt{29},$$
$$|\vec{d}| = \sqrt{3^2 + (-2)^2 + 1^2} = \sqrt{9+4+1} = \sqrt{14}.$$

Substituindo esses valores na fórmula para o cosseno do ângulo, temos

$$\cos\theta = \frac{1}{\sqrt{29}\sqrt{14}} = \frac{1}{\sqrt{406}}.$$

Portanto,

$$\theta = \arccos\frac{1}{\sqrt{406}} \Leftrightarrow \theta \approx 87^{\circ}.$$

A resposta em termos do arco cosseno é a exata, sendo seguida por um ângulo aproximado.

2.3.4 Norma e distância entre vetores

A raiz quadrada do produto escalar de um vetor com ele mesmo é denominada *norma* desse vetor e está associada ao conceito de módulo do vetor. A norma é definida como

$$\boxed{\|\vec{v}\| = \sqrt{\vec{v}\cdot\vec{v}}}.$$

Em notação de componentes, podemos escrever

$$||\vec{v}|| = \sqrt{(v_x\hat{\imath} + v_y\hat{\jmath} + v_z\hat{k}) \cdot (v_x\hat{\imath} + v_y\hat{\jmath} + v_z\hat{k})} = \sqrt{v_x^2 + v_y^2 + v_z^2},$$

que é justamente a definição do módulo de um vetor em três dimensões. O mesmo acontece para um vetor em duas dimensões, de forma que, para vetores, a norma é igual ao seu módulo ou comprimento.

Exemplo 1. Calcule a norma do vetor $\vec{u} = 5\hat{\imath} + 2\hat{\jmath} + 3\hat{k}$.

SOLUÇÃO. $||\vec{u}|| = \sqrt{5^2 + 2^2 + 3^2} = \sqrt{25 + 4 + 9} = \sqrt{38} \approx 6{,}16$.

Exemplo 2. Calcule a norma do vetor $\vec{v} = 2\hat{\imath} - 3\hat{\jmath}$.

SOLUÇÃO. $||\vec{v}|| = \sqrt{2^2 + (-3)^2} = \sqrt{4 + 9} = \sqrt{10} \approx 3{,}16$.

Um teorema importante associado à norma de um vetor é o da denominada *desigualdade triangular*, que afirma que o módulo da soma de dois vetores é menor ou igual à soma dos módulos dos dois vetores, e que é enunciado a seguir.

Teorema 1 – desigualdade triangular
Dados dois vetores $\vec{u}$ e $\vec{v}$, $||\vec{u} + \vec{v}|| \leqslant ||\vec{u}|| + ||\vec{v}||$.

A desigualdade triangular pode ser visualizada no seguinte exemplo.

Exemplo 3. Verifique a desigualdade triangular para os vetores $\vec{u} = 2\hat{\imath} + 4\hat{\jmath}$ e $\vec{v} = 3\hat{\imath} + 2\hat{\jmath}$.

SOLUÇÃO. Primeiro, calculamos $\vec{u} + \vec{v} = 5\hat{\imath} + 6\hat{\jmath}$. Agora, calculamos as diversas normas:

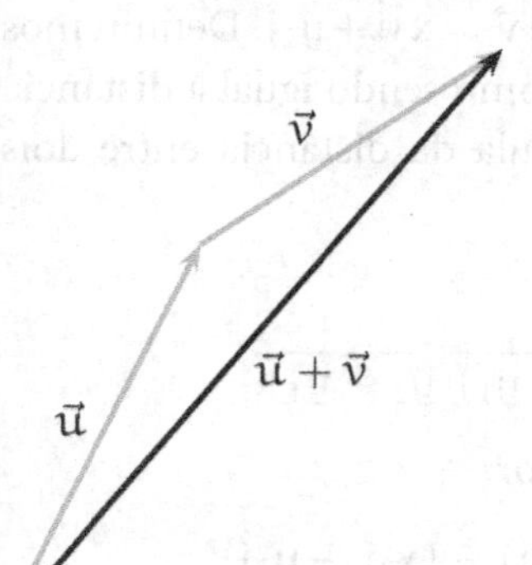

$$||\vec{u}|| = \sqrt{4 + 16} = \sqrt{20}, \qquad ||\vec{v}|| = \sqrt{9 + 4} = \sqrt{13},$$

$$||\vec{u} + \vec{v}|| = \sqrt{25 + 36} = \sqrt{61}.$$

Substituindo na desigualdade triangular, obtemos

$$||\vec{u} + \vec{v}|| \leqslant ||\vec{u}|| + ||\vec{v}|| \Leftrightarrow \sqrt{61} \leqslant \sqrt{20} + \sqrt{13}.$$

Como $\sqrt{61} \approx 7{,}81$ e $\sqrt{20} + \sqrt{13} \approx 4{,}47 + 3{,}60 = 8{,}07$, a desigualdade é verificada.

A desigualdade triangular fica mais evidente se desenharmos os vetores $\vec{u}$, $\vec{v}$ e sua soma, como no gráfico ao lado. Claramente, a soma dos comprimentos dos dois vetores é maior que o comprimento da soma deles. [2]

Um conceito associado à norma de um vetor é o da *distância* entre dois vetores. Relembrando a definição de um vetor (Capítulo 2.1) como conjunto de todos os segmentos orientados equipolentes (que têm mesmo módulo, direção e sentido), a noção de distância entre vetores parace não ser aplicável,

2. Observando a figura do exemplo 3, podemos ver que a desigualdade triangular estabelece uma relação entre os três lados de um triângulo, de onde se entende a origem do seu nome. A desigualdade triangular é provada na Leitura Complementar 2.3.1.

pois, se um vetor está em todo lugar do espaço, então não pode haver distância entre dois vetores. No entanto, podemos pegar de empréstimo a noção de distância entre dois pontos.

Em um espaço plano, a distância entre dois pontos é o comprimento da linha reta que os conecta. Se conhecermos as posições de dois pontos em um sistema cartesiano de coordenadas, podemos determinar a distância entre eles usando a trigonometria. Para isso, consideremos a figura ao lado, onde representamos um ponto P de coordenadas (x_1, y_1) e um ponto Q de coordenadas (x_2, y_2).

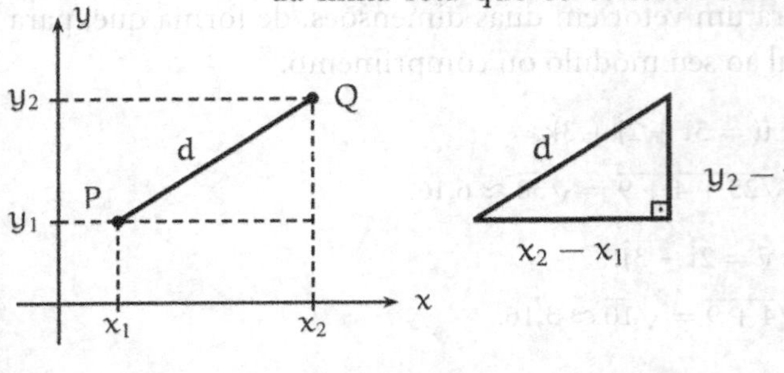

Desenhamos um triângulo retângulo cuja base é dada por $x_2 - x_1$ e cuja altura é $y_2 - y_1$. A base e a altura correspondem aos catetos do triângulo retângulo e a distância d entre os dois pontos é a hipotenusa desse triângulo. Usando o Teorema de Pitágoras,

$$d^2 = (x_2 - x_1)^2 + (y_2 - y_1)^2 \Leftrightarrow d = \sqrt{(x_2 - x_1)^2 + (y_2 - y_1)^2}.$$

Portanto, temos a seguinte fórmula para a distância entre os dois pontos:

$$d = \sqrt{(x_2 - x_1)^2 + (y_2 - y_1)^2}.$$

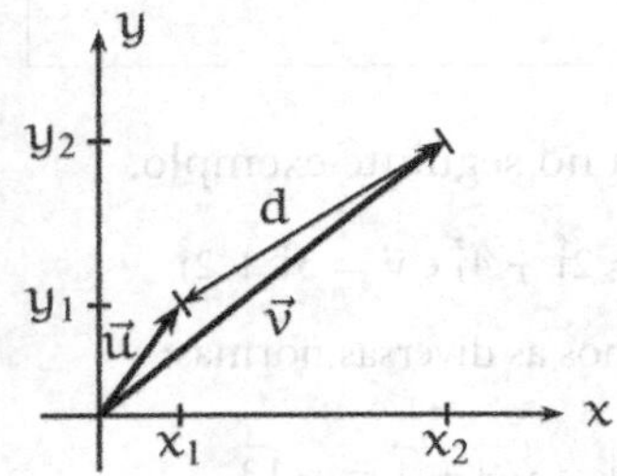

Agora, consideremos que cada um desses pontos corresponda à extremidade de determinado vetor (ou, mais rigorosamente, à extremidade de um dos segmentos orientados que representa o vetor), conforme a figura ao lado.

Podemos escrever $\vec{u} = x_1\hat{\imath} + y_1\hat{\jmath}$ e $\vec{v} = x_2\hat{\imath} + y_2\hat{\jmath}$. Definiremos a distância entre esses dois vetores como sendo igual à distância entre essas duas extremidades, dada pela fórmula da distância entre dois pontos, que pode ser escrita como

$$\begin{aligned} d &= \sqrt{(x_2 - x_1)^2 + (y_2 - y_1)^2} \\ &= \sqrt{(x_2 - x_1)(x_2 - x_1) + (y_2 - y_1)(y_2 - y_1)}, \end{aligned}$$

que pode ser escrita em termos da norma do vetor

$$\begin{aligned} (x_2 - x_1)\hat{\imath} + (y_2 - y_1)\hat{\jmath} &= (x_1\hat{\imath} + y_1\hat{\jmath}) - (x_2\hat{\imath} + y_2\hat{\jmath}) \\ &= \vec{u} - \vec{v}. \end{aligned}$$

Sendo assim, a distância entre os vetores $\vec{u}$ e $\vec{v}$ fica definida como

$$\boxed{d = \|\vec{u} - \vec{v}\|}.$$

Exemplo 4. Calcule a distância entre os vetores $\vec{u} = 2\hat{\imath} - \hat{\jmath}$ e $\vec{v} = 4\hat{\imath} + 2\hat{\jmath}$.

SOLUÇÃO. $\vec{u} - \vec{v} = -2\hat{\imath} - 3\hat{\jmath}$ e $d = \sqrt{(-2)^2 + (-3)^2} = \sqrt{4 + 9} = \sqrt{13} \approx 3{,}60$.

O mesmo conceito de distância se aplica a vetores em três dimensões, como no exemplo a seguir.

Exemplo 5. Calcule a distância entre os vetores $\vec{a} = 6\hat{\imath} + 3\hat{\jmath} + 2\hat{k}$ e $\vec{b} = 2\hat{\imath} - 3\hat{\jmath} - \hat{k}$.

SOLUÇÃO. $\vec{u} - \vec{v} = 4\hat{\imath} + 6\hat{\jmath} + 3\hat{k}$ e $d = \sqrt{4^2 + 6^2 + 3^2} = \sqrt{16 + 25 + 9} = \sqrt{50} \approx 7{,}07$.[3]

Os gráficos dos vetores dos exemplos 3 e 4, indicando as distâncias entre eles, são feitos a seguir.

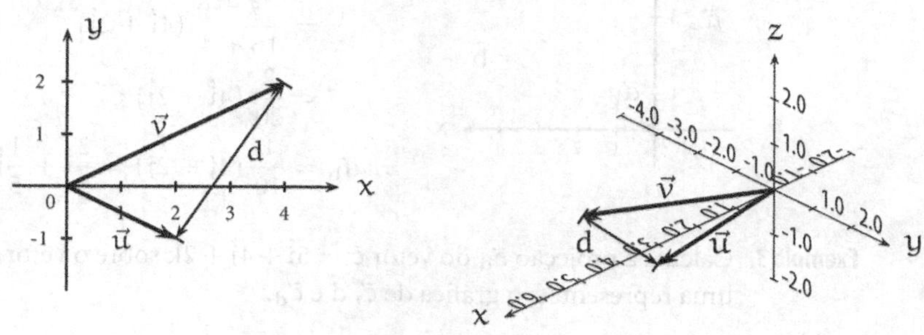

2.3.5 Projeção de um vetor sobre outro vetor

Outra aplicação envolvendo o produto escalar é o cálculo da projeção de um vetor sobre outro. Dados dois vetores, $\vec{u}$ e $\vec{v}$, entendemos por projeção do vetor $\vec{u}$ sobre o vetor $\vec{v}$ o vetor $\vec{u}_v$, que tem a mesma direção de $\vec{v}$ e cujo módulo é o cateto adjacente ao ângulo θ (ou seu complemento, conforme o caso) no triângulo retângulo cuja hipotenusa é dada pelo $|\vec{u}|$.

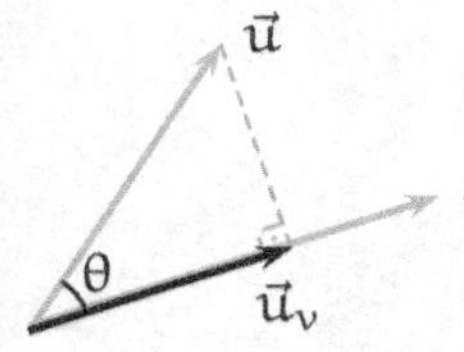

O vetor projeção $\vec{u}_v$ de um vetor $\vec{u}$ sobre um vetor $\vec{v}$ é dado pela seguinte fórmula:

$$\boxed{\vec{u}_v = \frac{\vec{u} \cdot \vec{v}}{\vec{v} \cdot \vec{v}}\, \vec{v}},$$

cuja demonstração é feita na Leitura Complementar 2.3.1. Na fórmula, o vetor $\vec{u}_v$ tem a mesma direção do vetor $\vec{v}$ e o termo

$$\frac{\vec{u} \cdot \vec{v}}{\vec{v} \cdot \vec{v}}$$

é um número que, multiplicado por $\vec{v}$, dá o comprimento da projeção de $\vec{u}$ sobre $\vec{v}$.

Exemplo 1. Calcule a projeção $\vec{u}_v$ do vetor $\vec{u} = 3\hat{\imath} + 2\hat{\jmath}$ sobre o vetor $\vec{v} = 5\hat{\imath} - \hat{\jmath}$ e faça uma representação gráfica de $\vec{u}$, $\vec{v}$ e $\vec{u}_v$.

SOLUÇÃO.

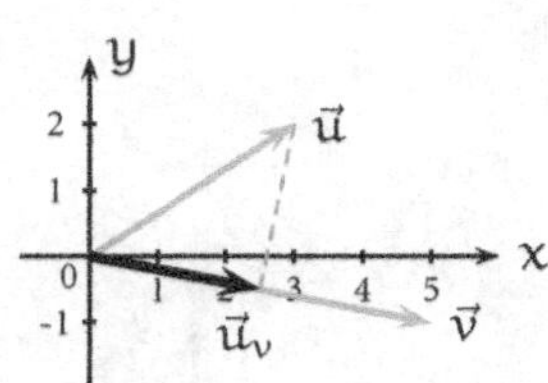

$$\begin{aligned}
\vec{u}_v &= \frac{\vec{u} \cdot \vec{v}}{\vec{v} \cdot \vec{v}}\, \vec{v} = \frac{(3\hat{\imath} + 2\hat{\jmath}) \cdot (5\hat{\imath} - \hat{\jmath})}{(5\hat{\imath} - \hat{\jmath}) \cdot (5\hat{\imath} - \hat{\jmath})}\, (5\hat{\imath} - \hat{\jmath}) \\
&= \frac{3 \cdot 5 + 2 \cdot (-1)}{5 \cdot 5 + (-1) \cdot (-1)}\, (5\hat{\imath} - \hat{\jmath}) = \frac{15 - 2}{25 + 1}\, (5\hat{\imath} - \hat{\jmath}) \\
&= \frac{13}{26}\, (5\hat{\imath} - \hat{\jmath}) = \frac{1}{2}\, (5\hat{\imath} - \hat{\jmath}) = \frac{5}{2}\hat{\imath} - \frac{1}{2}\hat{\jmath}.
\end{aligned}$$

3. Perceba que estamos aproximando os valores das raízes por meio de números decimais, mas sempre escrevendo o sinal $\approx$ (aproximadamente). Os valores reais das distâncias são aqueles em forma de raízes.

Exemplo 2. Calcule a projeção do vetor $\vec{a} = -\hat{\imath} + 3\hat{\jmath}$ sobre o vetor $\vec{b} = 4\hat{\imath} + 2\hat{\jmath}$ e faça uma representação gráfica de $\vec{a}$, $\vec{b}$ e $\vec{a}_b$.

SOLUÇÃO.

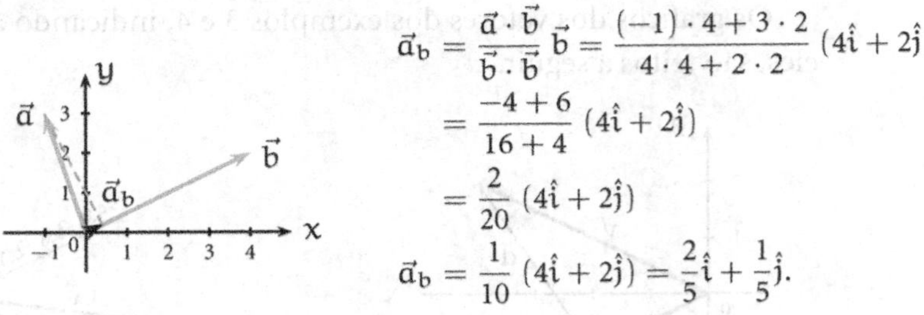

$$\vec{a}_b = \frac{\vec{a}\cdot\vec{b}}{\vec{b}\cdot\vec{b}}\,\vec{b} = \frac{(-1)\cdot 4 + 3\cdot 2}{4\cdot 4 + 2\cdot 2}\,(4\hat{\imath} + 2\hat{\jmath})$$
$$= \frac{-4+6}{16+4}\,(4\hat{\imath} + 2\hat{\jmath})$$
$$= \frac{2}{20}\,(4\hat{\imath} + 2\hat{\jmath})$$
$$\vec{a}_b = \frac{1}{10}\,(4\hat{\imath} + 2\hat{\jmath}) = \frac{2}{5}\hat{\imath} + \frac{1}{5}\hat{\jmath}.$$

Exemplo 3. Calcule a projeção $\vec{c}_d$ do vetor $\vec{c} = 5\hat{\imath} + 4\hat{\jmath} + 2\hat{k}$ sobre o vetor $\vec{d} = 2\hat{\imath} + 6\hat{\jmath} + 4\hat{k}$ e faça uma representação gráfica de $\vec{c}$, $\vec{d}$ e $\vec{c}_d$.

SOLUÇÃO.

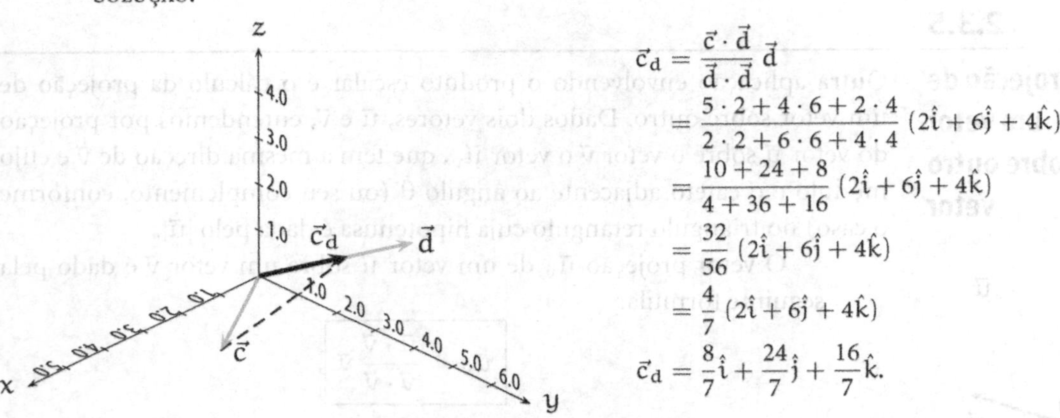

$$\vec{c}_d = \frac{\vec{c}\cdot\vec{d}}{\vec{d}\cdot\vec{d}}\,\vec{d}$$
$$= \frac{5\cdot 2 + 4\cdot 6 + 2\cdot 4}{2\cdot 2 + 6\cdot 6 + 4\cdot 4}\,(2\hat{\imath} + 6\hat{\jmath} + 4\hat{k})$$
$$= \frac{10+24+8}{4+36+16}\,(2\hat{\imath} + 6\hat{\jmath} + 4\hat{k})$$
$$= \frac{32}{56}\,(2\hat{\imath} + 6\hat{\jmath} + 4\hat{k})$$
$$= \frac{4}{7}\,(2\hat{\imath} + 6\hat{\jmath} + 4\hat{k})$$
$$\vec{c}_d = \frac{8}{7}\hat{\imath} + \frac{24}{7}\hat{\jmath} + \frac{16}{7}\hat{k}.$$

Aqui também não é necessário desenhar os vetores para calcular a projeção de um sobre o outro. O cálculo pode ser todo feito algebricamente, como no exemplo a seguir.

Exemplo 4. Calcule a projeção do vetor $\vec{e} = 3\hat{\imath} - 3\hat{\jmath} + 2\hat{k}$ sobre o vetor $\vec{f} = 3\hat{\imath} - \hat{\jmath} + 3\hat{k}$.

SOLUÇÃO.

$$\vec{e}_f = \frac{\vec{e}\cdot\vec{f}}{\vec{f}\cdot\vec{f}}\,\vec{f}$$
$$= \frac{3\cdot 3 + (-3)\cdot(-1) + 2\cdot 3}{3\cdot 3 + (-1)\cdot(-1) + 3\cdot 3}\,(3\hat{\imath} - \hat{\jmath} + 3\hat{k})$$
$$= \frac{9+3+6}{9+1+9}\,(3\hat{\imath} - \hat{\jmath} + 3\hat{k})$$
$$= \frac{18}{19}\,(3\hat{\imath} - \hat{\jmath} + 3\hat{k})$$
$$\vec{e}_f = \frac{54}{19}\hat{\imath} - \frac{18}{19}\hat{\jmath} + \frac{54}{19}\hat{k}.$$

Terminamos aqui este capítulo. A Leitura Complementares 2.3.2 traz uma aplicação do conceito da projeção de um vetor sobre outro vetor às finanças.

Resumo

- **Produto escalar:** $\vec{u} \cdot \vec{v} = |\vec{u}||\vec{v}| \cos\theta$, onde θ é o menor ângulo entre os dois vetores.
- **Produto escalar em componentes:** dados $\vec{u} = u_x\hat{\imath} + u_y\hat{\jmath} + u_z\hat{k}$ e $\vec{v} = v_x\hat{\imath} + v_y\hat{\jmath} + v_z\hat{k}$, o produto escalar entre eles é $\vec{u} \cdot \vec{v} = u_x v_x + u_y v_y + u_z v_z$.
- **Ângulo entre dois vetores:** $\cos\theta = \dfrac{\vec{u} \cdot \vec{v}}{|\vec{u}||\vec{v}|}$.
- **Norma de um vetor:** $\|\vec{v}\| = \sqrt{\vec{v} \cdot \vec{v}}$.
- **Distância entre dois vetores:** $d = \|\vec{u} - \vec{v}\|$.
- **Projeção de um vetor $\vec{u}$ sobre um vetor $\vec{v}$:** $\vec{u}_v = \dfrac{\vec{u} \cdot \vec{v}}{\vec{v} \cdot \vec{v}}\vec{v}$.

Exercícios

Nível 1

PRODUTO ESCALAR

Exemplo 1. Calcule o produto escalar $\vec{u} \cdot \vec{v}$ entre os vetores $\vec{u}$ e $\vec{v}$ ao lado, onde $|\vec{u}| = 2$ e $|\vec{v}| = 1$.

$\vec{v}$ 30° $\vec{u}$

SOLUÇÃO. Sabemos que $\vec{u} \cdot \vec{v} = |\vec{u}||\vec{v}| \cos\theta$, onde θ é o ângulo entre os dois vetores. Temos, então,

$$\vec{u} \cdot \vec{v} = |\vec{u}||\vec{v}| \cos\theta = 2 \cdot 1 \cdot \cos 30^\circ = 2 \cdot \frac{\sqrt{3}}{2} = \sqrt{3}.$$

E1) Calcule os produtos escalares entre os vetores abaixo (dados: $|\vec{a}| = 2$, $|\vec{b}| = 1$, $|\vec{c}| = 2$, $|\vec{d}| = 2$, $|\vec{e}| = 2$, $|\vec{f}| = 1$, $|\vec{g}| = 2$, $|\vec{h}| = 2$):

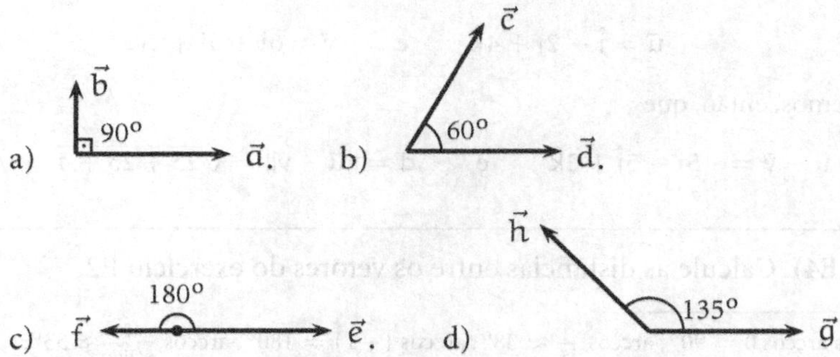

Ângulos entre vetores

Exemplo 2. Calcule o ângulo (com precisão de 1°)[4] entre os vetores

$$\vec{u} = \hat{\imath} - 2\hat{\jmath} + 4\hat{k} \quad \text{e} \quad \vec{v} = 6\hat{\imath} - 3\hat{\jmath} + 2\hat{k}.$$

Solução. Pela definição do produto escalar,

$$\vec{u}\cdot\vec{v} = |\vec{u}||\vec{v}|\cos\theta \Leftrightarrow \cos\theta = \frac{\vec{u}\cdot\vec{v}}{|\vec{u}||\vec{v}|}.$$

Calculando os módulos, temos

$$|\vec{u}| = \sqrt{1^2 + (-2)^2 + 4^2} = \sqrt{1+4+16} = \sqrt{21},$$
$$|\vec{v}| = \sqrt{6^2 + (-3)^3 + 2^2} = \sqrt{36+9+4} = \sqrt{49} = 7.$$

O produto escalar é dado por

$$\vec{u}\cdot\vec{v} = 1\cdot 6 + (-2)\cdot(-3) + 4\cdot 2 = 6+6+8 = 20.$$

Substituindo esses resultados na fórmula para o ângulo, obtemos

$$\cos\theta = \frac{20}{7\sqrt{21}} \Leftrightarrow \theta = \arccos\frac{20}{7\sqrt{21}}.$$

O resultado acima é exato. Se quisermos aproximar o resultado para um ângulo com precisão de até 1°, podemos escrever $\theta \approx 51°$.

E2) Calcule os ângulos (com precisão de 1°) entre os seguintes vetores:

a) $\vec{a} = 2\hat{\imath} - \hat{\jmath} + 3\hat{k}$ e $\vec{b} = 3\hat{\imath} - 2\hat{\jmath} + \hat{k}$.
b) $\vec{c} = \hat{\imath} + \hat{\jmath} + \hat{k}$ e $\vec{d} = -\hat{\imath} - \hat{\jmath} - \hat{k}$.
c) $\vec{e} = 4\hat{\imath} + 2\hat{\jmath} - 2\hat{k}$ e $\vec{f} = 3\hat{\imath} + 2\hat{\jmath} + 2\hat{k}$.
d) $\vec{g} = 2\hat{\imath}$ e $\vec{h} = 3\hat{k}$.

Norma de um vetor

Exemplo 3. Calcule a norma do vetor $\vec{v} = 3\hat{\imath} - 2\hat{\jmath} + 4\hat{k}$.

Solução. $\|\vec{v}\| = \sqrt{3^2 + (-2)^2 + 4^2} = \sqrt{9+4+16} = \sqrt{29}$.

E3) Calcule as normas dos seguintes vetores:

a) $\vec{a} = 2\hat{\imath} + 3\hat{\jmath} + \hat{k}$.
b) $\vec{b} = 3\hat{\imath} - 4\hat{\jmath}$.
c) $\vec{c} = -2\hat{\imath} + 3\hat{k}$.

Distância entre vetores

Exemplo 4. Calcule a distância entre os vetores do exemplo 2.

Solução. Os vetores do exemplo 2 são

$$\vec{u} = \hat{\imath} - 2\hat{\jmath} + 4\hat{k} \quad \text{e} \quad \vec{v} = 6\hat{\imath} - 3\hat{\jmath} + 2\hat{k}.$$

Temos, então, que

$$\vec{u} - \vec{v} = -5\hat{\imath} - 5\hat{\jmath} + 2\hat{k} \quad \text{e} \quad d = \|\vec{u} - \vec{v}\| = \sqrt{25+25+4} = \sqrt{54}.$$

E4) Calcule as distâncias entre os vetores do exercício E2.

4. Use os resultados $\arccos 0 = 90°$, $\arccos\frac{11}{14} \approx 38°$, $\arccos(-1) = 180°$, $\arccos\frac{6}{\sqrt{102}} \approx 53°$.

Projeção de um vetor sobre outro vetor

Exemplo 5. Calcule a projeção do vetor $\vec{u} = 2\hat{\imath} + 3\hat{\jmath} + 4\hat{k}$ sobre o vetor $\vec{v} = \hat{\imath} - \hat{\jmath}$.

Solução.

$$\vec{u}_v = \frac{\vec{u}\cdot\vec{v}}{\vec{v}\cdot\vec{v}}\vec{v} = \frac{(2\hat{\imath}+3\hat{\jmath}+4\hat{k})\cdot(\hat{\imath}-\hat{\jmath})}{(\hat{\imath}-\hat{\jmath})\cdot(\hat{\imath}-\hat{\jmath})}(\hat{\imath}-\hat{\jmath})$$

$$= \frac{2\cdot 1 + 3\cdot(-1) + 4\cdot 0}{1\cdot 1 + (-1)\cdot(-1) + 0\cdot 0}(\hat{\imath}-\hat{\jmath}) = \frac{2-3}{1+1}(\hat{\imath}-\hat{\jmath})$$

$$= -\frac{1}{2}(\hat{\imath}-\hat{\jmath}) = -\frac{1}{2}\hat{\imath} + \frac{1}{2}\hat{\jmath}.$$

E5) Calcule as projeções do vetor $\vec{a} = -\hat{\imath} + 2\hat{\jmath} + 3\hat{k}$ sobre os seguintes vetores:
a) $\vec{b} = 2\hat{\imath} + \hat{\jmath} + 2\hat{k}$. b) $\vec{c} = -\hat{\imath} + \hat{\jmath} + 4\hat{k}$. c) $\vec{d} = \hat{\imath}$.

Nível 2

E1) Determine α de modo que os vetores $\vec{u} = \alpha\hat{\imath} - 2\alpha\hat{\jmath} + 2\hat{k}$ e $\vec{v} = -3\hat{\imath} + 3\hat{\jmath} + 3\hat{k}$ sejam perpendiculares entre si.

E2) Determine α de modo que o vetor $\vec{v} = 2\alpha\hat{\imath} + \alpha\hat{\jmath} + 2\alpha\hat{k}$ seja normalizado, isto é, de modo que ele tenha norma igual a 1.

E3) Escreva o versor associado ao vetor $\vec{v} = -4\hat{\imath} + 6\hat{\jmath} + 2\hat{k}$.

E4) (Leitura Complementar 2.3.3) Calcule os produtos vetoriais entre os vetores abaixo (dados: $|\vec{a}| = 2$, $|\vec{b}| = 1$, $|\vec{c}| = 2$, $|\vec{d}| = 2$, $|\vec{e}| = 2$, $|\vec{f}| = 1$, $|\vec{g}| = 2$, $|\vec{h}| = 2$):

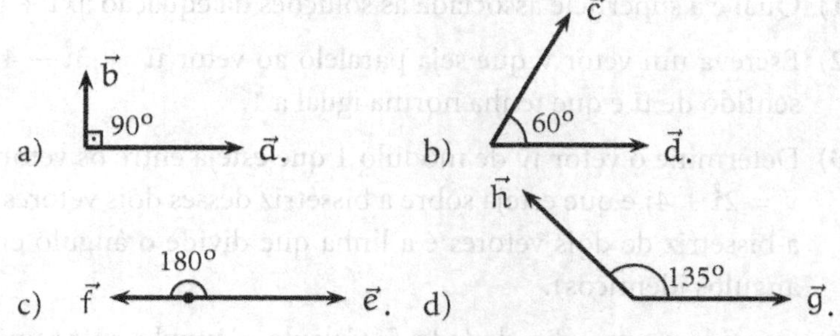

E5) (Leitura Complementar 2.3.3) Dados os vetores $\vec{a} = 3\hat{\imath} - 2\hat{\jmath} + \hat{k}$, $\vec{b} = -2\hat{\imath} + \hat{\jmath}$ e $\vec{c} = \hat{\imath} + \hat{\jmath} - \hat{k}$, calcule:
a) $\vec{a} \times \vec{b}$. b) $\vec{b} \times \vec{a}$. c) $\vec{a} \times \vec{c}$. d) $\vec{b} \times \vec{c}$.
e) $\hat{a} \times \hat{a}$. f) $\hat{\imath} \times \hat{\imath}$. g) $\hat{\imath} \times \hat{\jmath}$.

E6) (Leitura Complementar 2.3.3) Escreva um versor ortogonal aos seguintes vetores:
a) $\vec{a} = 3\hat{\imath} - \hat{\jmath} + 2\hat{k}$ e $\vec{b} = -4\hat{\imath} + 2\hat{\jmath} - 3\hat{k}$.
b) $\vec{c} = -4\hat{\jmath} + 3\hat{k}$ e $\vec{d} = 2\hat{\imath} - \hat{\jmath} + \hat{k}$.
c) $\vec{e} = 4\hat{\imath} - 4\hat{k}$ e $\vec{f} = -2\hat{\jmath} + 2\hat{k}$.

E7) (Leitura Complementar 2.3.3) Escreva os vetores pedidos abaixo:

a) um vetor de módulo 2 ortogonal a $\vec{a} = 3\hat{\imath} - \hat{\jmath} + 2\hat{k}$ e $\vec{b} = -4\hat{\imath} + 2\hat{\jmath} - 3\hat{k}$ e com o mesmo sentido que $\vec{a} \times \vec{b}$.

b) um vetor de módulo 3 ortogonal a $\vec{c} = -4\hat{\jmath} + 3\hat{k}$ e $\vec{d} = 2\hat{\imath} - \hat{\jmath} + \hat{k}$ e com o sentido oposto a $\vec{c} \times \vec{d}$.

c) um vetor de módulo $\sqrt{3}$ ortogonal a $\vec{e} = 4\hat{\imath} - 4\hat{k}$ e $\vec{f} = -2\hat{\jmath} + 2\hat{k}$ e com o mesmo sentido que $\vec{e} \times \vec{f}$.

E8) (Leitura Complementar 2.3.3) Calcule as áreas dos paralelogramos formados pelos seguintes vetores:
a) $\vec{a} = 3\hat{\imath} - \hat{\jmath} + 4\hat{k}$ e $\vec{b} = 2\hat{\imath} + \hat{\jmath} + 3\hat{k}$; b) $\vec{c} = -2\hat{\imath} + \hat{\jmath}$ e $\vec{d} = -3\hat{\jmath} + \hat{k}$.

E9) (Leitura Complementar 2.3.5) Dados os vetores $\vec{a} = 3\hat{\imath} - 2\hat{\jmath} + \hat{k}$, $\vec{b} = -2\hat{\imath} + \hat{\jmath}$ e $\vec{c} = \hat{\imath} + \hat{\jmath} - \hat{k}$, calcule:
a) $\vec{a} \cdot (\vec{b} \times \vec{c})$. b) $\vec{b} \cdot (\vec{c} \times \vec{a})$. c) $\vec{a} \cdot (\vec{c} \times \vec{b})$.

E10) (Leitura Complementar 2.3.5) Calcule os volumes dos paralelepípedos formados pelos seguintes vetores:
a) $\vec{a} = -\hat{\imath} + 2\hat{\jmath} + \hat{k}$, $\vec{b} = 3\hat{\imath} + 4\hat{\jmath} + 2\hat{k}$ e $\vec{c} = 3\hat{\imath} - 3\hat{\jmath} + 4\hat{k}$.
b) $\vec{d} = 4\hat{\imath} - 2\hat{k}$, $\vec{e} = 2\hat{\imath} - 1\hat{\jmath} + 3\hat{k}$ e $\vec{f} = 3\hat{\imath} - 4\hat{k}$.

E11) (Leitura Complementar 2.3.5) Calcule a área do paralelogramo cujos vértices são $A(2,1,-1)$, $B(3,1,0)$, $C(-1,2,4)$ e $D(-2,1,6)$.

E12) (Leitura Complementar 2.3.5) Calcule a área do triângulo cujos vértices são $A(1,2,-2)$, $B(2,-3,1)$ e $C(-1,3,1)$.

Nível 3

E1) Qual é a superfície associada às soluções da equação $\|x\hat{\imath} + y\hat{\jmath} + z\hat{\jmath}\|^2 = 3$?

E2) Escreva um vetor $\vec{v}$ que seja paralelo ao vetor $\vec{u} = 3\hat{\imath} - 4\hat{\jmath}$, com o mesmo sentido de $\vec{u}$ e que tenha norma igual a 1.

E3) Determine o vetor $\vec{w}$ de módulo 1 que esteja entre os vetores $\vec{u} = 4\hat{\imath} + 2\hat{\jmath}$ e $\vec{v} = 2\hat{\imath} + 4\hat{\jmath}$ e que esteja sobre a bissetriz desses dois vetores (lembrando que a bissetriz de dois vetores é a linha que divide o ângulo entre eles em dois ângulos idênticos).

E4) Considere um cubo de lado ℓ. Calcule o ângulo entre um dos lados desse cubo e a diagonal desse cubo.

E5) Prove que as diagonais de um losango são perpendiculares entre si.

E6) Prove que um vetor que forma os ângulos α, β e γ com os versores $\hat{\imath}$, $\hat{\jmath}$ e $\hat{k}$, respectivamente, são tais que $\cos^2\alpha + \cos^2\beta + \cos^2\gamma = 1$.

E7) Determine um vetor que tenha a mesma direção que o vetor $\vec{u} = \hat{\imath} + 6\hat{\jmath} + \hat{k}$ e que esteja à mesma distância do vetor $\vec{v} = \hat{\imath} - 2\hat{\jmath} + 3\hat{k}$ que o vetor $\vec{w} = -3\hat{\imath} + 2\hat{k} + \hat{k}$.

E8) (Leitura Complementar 2.3.5) Verifique se os seguintes pontos são coplanares: $A(2,0,3)$, $B(2,1,4)$, $C(1,3,0)$ e $D(-2,1,3)$.

E9) (Leitura Complementar 2.3.3) Mostre que $|\vec{u} \times \vec{v}| \leqslant |\vec{u}||\vec{v}|$.

E10) (Leitura Complementar 2.3.3) Prove a identidade de Lagrange: $|\vec{u} \times \vec{v}|^2 = |\vec{u}|^2|\vec{v}|^2 - (\vec{u} \cdot \vec{v})^2$.

Respostas

NÍVEL 1

E1) a) 0. b) 2. c) -2. d) $-2\sqrt{2}$.

E2) a) 38°. b) 180°. c) 53°. d) 90°.

E3) a) $\sqrt{14}$. b) 5. c) $\sqrt{13}$.

E4) a) $\sqrt{6}$. b) $\sqrt{12}$. c) $\sqrt{17}$. d) $\sqrt{13}$.

E5) a) $\vec{a}_b = \frac{4}{3}\hat{\imath} + \frac{2}{3}\hat{\jmath} + \frac{4}{3}\hat{k}$. b) $\vec{a}_c = -\frac{5}{6}\hat{\imath} + \frac{5}{6}\hat{\jmath} + \frac{10}{3}\hat{k}$. c) $\vec{a}_d = -\hat{\imath}$.

NÍVEL 2

E1) $\alpha = 2/3$.

E2) $\alpha = \pm 1/3$.

E3) $\hat{v} = -\frac{4}{\sqrt{56}}\hat{\imath} + \frac{6}{\sqrt{56}}\hat{\jmath} + \frac{2}{\sqrt{56}}\hat{k}$.

E4) a) $2\hat{n}$ $\odot$. b) $2\sqrt{3}\hat{n}$ $\otimes$. c) $\vec{0}$. d) $2\sqrt{2}\hat{n}$ $\odot$.

E5) a) $\vec{a} \times \vec{b} = -\hat{\imath} - 2\hat{\jmath} - \hat{k}$. b) $\vec{b} \times \vec{a} = \hat{\imath} + 2\hat{\jmath} + \hat{k}$. c) $\vec{a} \times \vec{c} = \hat{\imath} + 4\hat{\jmath} + 5\hat{k}$.
d) $\vec{b} \times \vec{c} = -\hat{\imath} - 2\hat{\jmath} - 3\hat{k}$. e) $\vec{a} \times \vec{a} = \vec{0}$. f) $\hat{\imath} \times \hat{\imath} = \vec{0}$. g) $\hat{\imath} \times \hat{\jmath} = \hat{k}$.

E6) a) $-\frac{1}{\sqrt{6}}\hat{\imath} + \frac{1}{\sqrt{6}}\hat{\jmath} + \frac{2}{\sqrt{6}}\hat{k}$ ou $\frac{1}{\sqrt{6}}\hat{\imath} - \frac{1}{\sqrt{6}}\hat{\jmath} - \frac{2}{\sqrt{6}}\hat{k}$.
b) $-\frac{1}{\sqrt{101}}\hat{\imath} + \frac{6}{\sqrt{101}}\hat{\jmath} + \frac{8}{\sqrt{101}}\hat{k}$ ou $\frac{1}{\sqrt{101}}\hat{\imath} - \frac{6}{\sqrt{101}}\hat{\jmath} - \frac{8}{\sqrt{101}}\hat{k}$.
c) $-\frac{1}{\sqrt{3}}\hat{\imath} - \frac{1}{\sqrt{3}}\hat{\jmath} - \frac{1}{\sqrt{3}}\hat{k}$ ou $\frac{1}{\sqrt{3}}\hat{\imath} + \frac{1}{\sqrt{3}}\hat{\jmath} + \frac{1}{\sqrt{3}}\hat{k}$.

E7) a) $-\frac{2}{\sqrt{6}}\hat{\imath} + \frac{2}{\sqrt{6}}\hat{\jmath} + \frac{4}{\sqrt{6}}\hat{k}$. b) $\frac{3}{\sqrt{101}}\hat{\imath} - \frac{18}{\sqrt{101}}\hat{\jmath} - \frac{24}{\sqrt{101}}\hat{k}$. c) $-\hat{\imath} - \hat{\jmath} - \hat{k}$.

E8) a) $5\sqrt{3}$. b) $\sqrt{41}$.

E9) a) $(\vec{a},\vec{b},\vec{c}) = -2$. b) $(\vec{b},\vec{c},\vec{a}) = -2$. c) $(\vec{a},\vec{c},\vec{b}) = 2$.

E10) a) 57. b) 62.

E11) $A = \sqrt{66}$.

E12) $A = 1{,}5\sqrt{6}$.

NÍVEL 3

E1) É uma esfera de raio 3 centrada em $(0, 0, 0)$.

E2) $\vec{v} = \frac{3}{5}\hat{\imath} - \frac{4}{5}\hat{\jmath}$ ou $\vec{v} = \left(\frac{3}{25} + \frac{8}{75}\sqrt{54}\right)\hat{\imath} + \left(-\frac{4}{25} + \frac{2}{25}\sqrt{54}\right)\hat{\jmath}$.

E3) Há quatro soluções possíveis:

$$\vec{w} = \frac{\sqrt{2}}{2}\hat{\imath} + \frac{\sqrt{2}}{2}\hat{\jmath},\ \vec{w} = \frac{7\sqrt{2}}{10}\hat{\imath} + \frac{\sqrt{2}}{10}\hat{\jmath},$$

$$\vec{w} = \frac{\sqrt{2}}{2}\hat{\imath} - \frac{\sqrt{2}}{2}\hat{\jmath} \text{ ou } \vec{w} = \frac{7\sqrt{2}}{2}\hat{\imath} - \frac{\sqrt{2}}{10}\hat{\jmath},$$

E4) $\theta = \arccos \dfrac{1}{\sqrt{3}}$.

E5) Podemos desenhar um losango como na primeira figura abaixo. Definimos, então, os vetores $\vec{u}$ e $\vec{v}$, como na segunda figura a seguir, onde $||\vec{u}|| = ||\vec{v}||$, pois o losango tem que ter lados iguais.

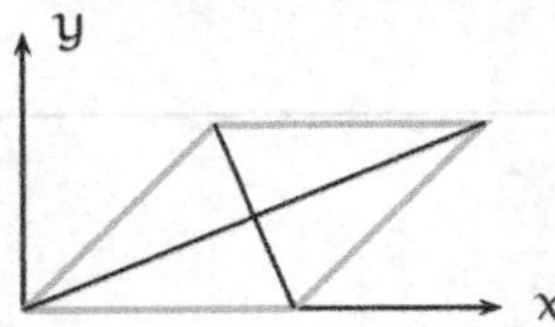

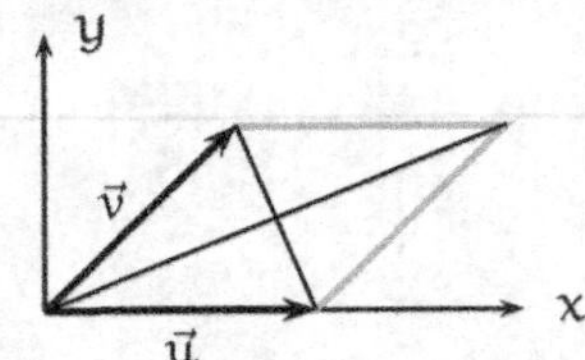

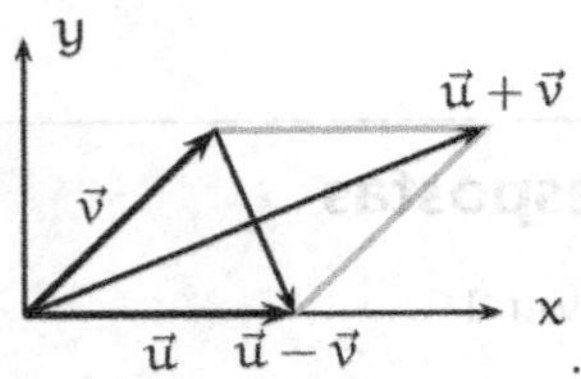

Uma das diagonais do losango pode ser vista como o vetor $\vec{u} + \vec{v}$ e a outra diagonal como o vetor $\vec{u} - \vec{v}$ (terceira figura acima). O produto escalar entre esses dois vetores é

$$(\vec{u}+\vec{v})\cdot(\vec{u}-\vec{v}) = \vec{u}\cdot\vec{u}-\vec{u}\cdot\vec{v}+\vec{v}\cdot\vec{u}-\vec{v}\cdot\vec{v} = ||\vec{u}||^2-\vec{u}\cdot\vec{v}+\vec{u}\cdot\vec{v}-||\vec{v}||^2 = ||\vec{u}||^2-||\vec{v}||^2 = 0,$$

pois $||\vec{u}|| = ||\vec{v}||$. Por isso, as diagonais do losango formam um ângulo de 90° entre si (são perpendiculares).

E6) Dado um vetor $\vec{v} = v_x\hat{\imath} + v_y\hat{\jmath} + v_z\hat{k}$, da definição de produto escalar,

$$\cos\alpha = \frac{\vec{v}\cdot\hat{\imath}}{|\vec{v}||\hat{\imath}|} = \frac{v_x}{|\vec{v}|}, \qquad \cos\beta = \frac{\vec{v}\cdot\hat{\jmath}}{|\vec{v}||\hat{\jmath}|} = \frac{v_y}{|\vec{v}|} \qquad \text{e} \qquad \cos\beta = \frac{\vec{v}\cdot\hat{k}}{|\vec{v}||\hat{k}|} = \frac{v_z}{|\vec{v}|}.$$

Então,

$$\begin{aligned}\cos^2\alpha + \cos^2\beta + \cos^2\gamma &= \left(\frac{v_x}{|\vec{v}|}\right)^2 + \left(\frac{v_y}{|\vec{v}|}\right)^2 + \left(\frac{v_z}{|\vec{v}|}\right)^2 \\ &= \frac{v_x^2+v_y^2+v_z^2}{|\vec{v}|^2} = \frac{v_x^2+v_y^2+v_z^2}{v_x^2+v_y^2+v_z^2} = 1.\end{aligned}$$

E7) O vetor pode ser dado por $\vec{a} = -\vec{u}$ ou por $\vec{b} = \dfrac{11}{19}\vec{u}$.

E8) Fixando o ponto A, temos os vetores $\overrightarrow{AB} = \hat{\jmath} + \hat{k}$, $\overrightarrow{AC} = -\hat{\imath} + 3\hat{\jmath} - 3\hat{k}$ e $\overrightarrow{AD} = -4\hat{\imath} + \hat{\jmath}$. O produto misto entre eles é

$$\begin{vmatrix} 0 & 1 & 1 \\ -1 & 3 & -3 \\ -4 & 1 & 0 \end{vmatrix} = (0+12-1)-(0+0-12) = 11+12 = 23,$$

de modo que eles formam um paralelogramo de volume não nulo e, portanto, não são coplanares.

E9) $|\vec{u}\times\vec{v}| = ||\vec{u}||\vec{v}|\,\text{sen}\,\theta\,\hat{n}| = |\vec{u}||\vec{v}||\,\text{sen}\,\theta||\hat{n}| = |\vec{u}||\vec{v}||\,\text{sen}\,\theta| \leqslant |\vec{u}||\vec{v}|$, pois $|\,\text{sen}\,\theta| < 1$.

E10) $$\vec{u}\times\vec{v} = \begin{vmatrix} \hat{\imath} & \hat{\jmath} & \hat{k} \\ u_x & u_y & u_z \\ v_x & v_y & v_z \end{vmatrix} = (u_yv_z - u_zv_y)\hat{\imath} + (u_zv_x - u_xv_z)\hat{\jmath} + (u_xv_y - u_yv_x)\hat{k} \quad \text{e}$$

$$\begin{aligned}|\vec{u}\times\vec{v}|^2 &= (u_yv_z-u_zv_y)^2 + (u_zv_x-u_xv_z)^2 + (u_xv_y-u_yv_x)^2 \\ &= u_y^2v_z^2 - 2u_yu_zv_xv_z + u_x^2v_z^2 \\ &\quad + u_z^2v_x^2 - 2u_xu_zv_xv_z + u_x^2v_z^2 + u_x^2v_y^2 - 2u_xu_yv_xv_y + u_y^2v_x^2.\end{aligned}$$

Também temos

$$\begin{aligned}|\vec{u}|^2|\vec{v}|^2 - (\vec{u}\cdot\vec{v})^2 &= (u_x^2+u_y^2+u_z^2)(v_x^2+v_y^2+v_z^2) - (u_xv_x+u_yv_y+u_zv_z)^2 \\ &= u_x^2v_x^2 + u_x^2v_y^2 + u_x^2v_z^2 + u_y^2v_x^2 + u_y^2v_y^2 + u_y^2v_z^2 + u_z^2v_x^2 + u_z^2v_y^2 + u_z^2v_z^2 \\ &\quad - u_x^2v_x^2 - 2u_xu_yv_xv_y - 2u_xu_zv_xv_z - u_y^2v_y^2 - \\ &\quad - 2u_yu_zv_yv_z - u_z^2v_z^2 = u_x^2v_y^2 + u_x^2v_z^2 + u_y^2v_x^2 + u_y^2v_z^2 + u_z^2v_x^2 + u_z^2v_y^2 \\ &\quad - 2u_xu_yv_xv_y - 2u_xu_zv_xv_z - 2u_yu_zv_yv_z,\end{aligned}$$

de modo que a igualdade se verifica.

MÓDULO 3

Espaços vetoriais

3.1 Espaços vetoriais

Muitos conjuntos têm comportamento bastante semelhante aos vetores. Estudar todos esses conjuntos ao mesmo tempo se faz possível se agruparmos todos em uma mesma classe: a dos *espaços vetoriais*. A vantagem é que podemos estabelecer resultados gerais, que podem ser aplicados a todos os elementos dessa classe. Esse estudo requer um alto nível de abstração, embora a intuição adquirida com os vetores possa ser usada para visualizar diversos aspectos que serão discutidos neste capítulo.

3.1.1 Introdução

Nesta seção, estudaremos diversos conjuntos que serão postos em analogia aos vetores. Alguns desses conjuntos são bem conhecidos e outros serão apresentados agora.

(a) Matrizes coluna

No Capítulo 2.1 do Módulo 2, dissemos que a notação matricial pode ser utilizada para representar vetores como matrizes coluna. Na verdade, matrizes coluna não são vetores, mas podem representá-los. Para vetores em duas dimensões, por exemplo, podemos escrever

$$\vec{v} = v_x\hat{\imath} + v_y\hat{\jmath} = \begin{pmatrix} v_x \\ v_y \end{pmatrix}$$

e, para vetores no espaço, podemos escrever

$$\vec{v} = v_x\hat{\imath} + v_y\hat{\jmath} + v_z\hat{k} = \begin{pmatrix} v_x \\ v_y \\ v_z \end{pmatrix}.$$

Exemplo 1. Represente o vetor $\vec{a} = \begin{pmatrix} 3 \\ 2 \end{pmatrix}$ no plano cartesiano.

Solução.

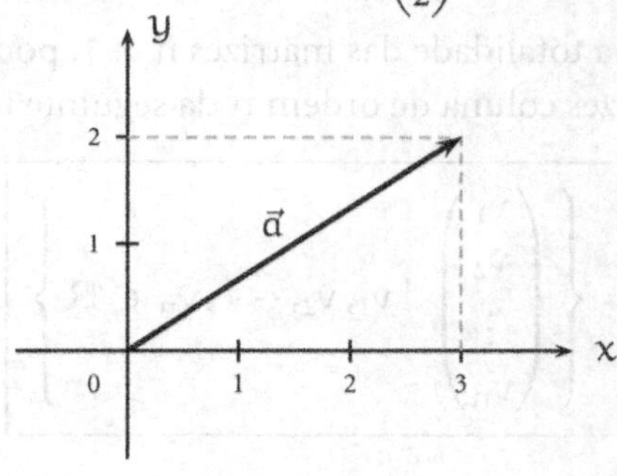

Exemplo 2. Represente o vetor $\vec{b} = \begin{pmatrix} 2 \\ 3 \\ 4 \end{pmatrix}$ em um sistema de eixos coordenados.

SOLUÇÃO.

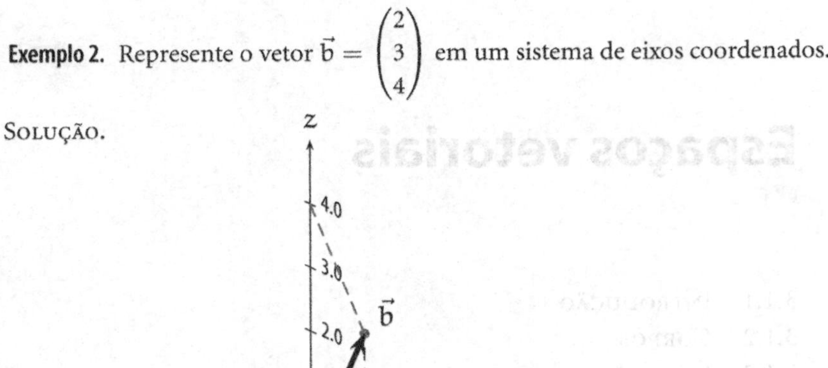

Essa notação de matriz coluna é muito útil se quisermos generalizar nossa noção de vetor. Por exemplo, um vetor em um espaço de quatro dimensões poderia ser representado como uma matriz 4×1 e um vetor em n dimensões poderia ser representado por uma matriz $n \times 1$. Ela pode ser usada quando se tem um número muito grande de dados que se quer colocar sob a forma de um vetor e é amplamente utilizada em econometria e em computação.

Exemplo 3. Represente as cotações da venda do dólar comercial nos quatro primeiros meses de 2007 em termos de um vetor.

SOLUÇÃO. Com precisão de centavos, o vetor é dado por $v = \begin{pmatrix} 2{,}14 \\ 2{,}10 \\ 2{,}09 \\ 2{,}03 \end{pmatrix}$.

O vetor do exemplo 3 só poderia ser representado em quatro dimensões, o que não nos é possível. No entanto, podemos fazer uma analogia entre tal vetor e um vetor bidimensional ou tridimensional. A representação de dados numéricos em vetores é bastante econômica e fácil de ser utilizada quando se faz necessário efetuar operações com esses dados.

Observe que no exemplo 3 omitimos a notação $\vec{v}$, com a seta sobre a letra. Para vetores representados na notação matricial, essa notação costuma ser abolida.

Se tomarmos agora a totalidade das matrizes $n \times 1$, podemos definir um conjunto V_n das matrizes coluna de ordem n da seguinte forma:

$$\boxed{V_n = \left\{ \begin{pmatrix} v_1 \\ v_2 \\ \vdots \\ v_n \end{pmatrix} \mid v_1, v_2, \cdots, v_n \in \mathbb{R} \right\}}.$$

Do mesmo modo que com vetores, os elementos de um espaço de matrizes coluna têm operações de soma e de produto por um escalar (número), definidas pela soma e produto escalar de matrizes:

$$u+v=\begin{pmatrix}u_1\\u_2\\\vdots\\u_n\end{pmatrix}+\begin{pmatrix}v_1\\v_2\\\vdots\\v_n\end{pmatrix}=\begin{pmatrix}u_1+v_1\\u_2+v_2\\\vdots\\u_n+v_n\end{pmatrix},\quad \alpha v=\alpha\begin{pmatrix}v_1\\v_2\\\vdots\\v_n\end{pmatrix}=\begin{pmatrix}\alpha v_1\\\alpha v_2\\\vdots\\\alpha v_n\end{pmatrix}.$$

Também existem, para matrizes coluna, conceitos análogos ao vetor nulo e ao vetor inverso (de mesma intensidade, mesma direção e sentido inverso). Para uma matriz coluna de ordem n, o vetor nulo é dado por

$$0=\begin{pmatrix}0\\0\\\vdots\\0\end{pmatrix}$$

e o vetor inverso a um vetor $v=\begin{pmatrix}v_1\\v_2\\\vdots\\v_n\end{pmatrix}$ é o vetor $-v=\begin{pmatrix}-v_1\\-v_2\\\vdots\\-v_n\end{pmatrix}$.

(b) Espaços $\mathbb{R}^n$

Quando estudamos funções de uma variável real, a base dos domínios dessas funções era o conjunto $\mathbb{R}$ dos números reais. Esse conjunto pode ser associado a uma reta, sendo cada número real associado a um ponto dessa reta. Funções mais gerais dependem não apenas de uma, mas de diversas variáveis reais. As bases dos domínios desse tipo de função são espaços mais gerais que $\mathbb{R}$, chamados de $\mathbb{R}^n$.

O espaço $\mathbb{R}^2$ é definido como conjunto formado por todos os *pares ordenados* (x, y), onde $x \in \mathbb{R}$ e $y \in \mathbb{R}$. Em notação de conjunto,

$$\boxed{\mathbb{R}^2=\{(x,y)\mid x,y\in\mathbb{R}\}}.$$

O espaço $\mathbb{R}^2$ é o resultado do produto cartesiano $\mathbb{R}\times\mathbb{R}$, o que significa que tomamos todas as combinações possíveis de um número real com outro número real. Ele descreve todos os pontos em um plano.

De modo semelhante, podemos definir o espaço $\mathbb{R}^3$ como o conjunto de todas as *ternas ordenadas* (x, y, z):

$$\boxed{\mathbb{R}^3=\{(x,y,z)\mid x,y,z\in\mathbb{R}\}}.$$

Esse conjunto representa todos os pontos do espaço tridimensional.

Exemplo 1. Represente o ponto (3,1) no plano cartesiano.

SOLUÇÃO.

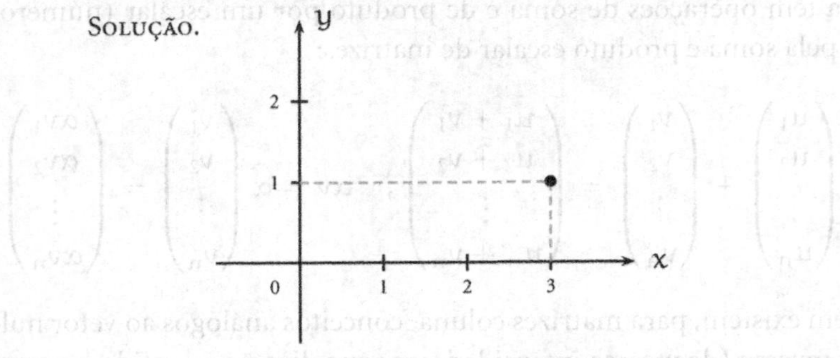

Exemplo 2. Represente o ponto (2, 3, 3) em um sistema de eixos coordenados.

SOLUÇÃO.

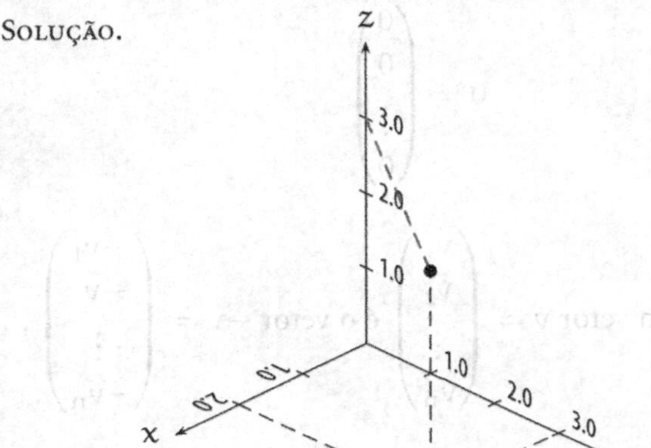

Também podemos criar uma analogia entre os elementos dos conjuntos $\mathbb{R}^2$ e $\mathbb{R}^3$ e vetores no plano e no espaço, como nas figuras desenhadas a seguir.

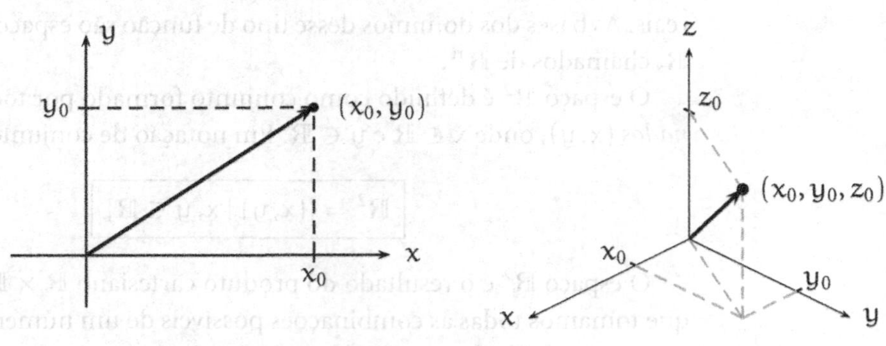

(c) NÚMEROS COMPLEXOS

Números complexos são aqueles que podem ser escritos na forma $z = a+bi$, onde $i^2 = -1$. Por exemplo, $2 + 3i$, $-1 + \sqrt{2}i$, $4i$ e 2 são todos números complexos, inclusive o último, que pode ser conseguido escolhendo $b = 0$ na expressão geral. Podemos somar e multiplicar números complexos de acordo com as duas regras a seguir:

$$z_1 + z_2 = (a_1 + b_1 i) + (a_2 + b_2 i) = (a_1 + a_2) + (b_1 + b_2)i,$$

$$\begin{aligned} z_1 z_2 &= (a_1 + b_1 i)(a_2 + b_2 i) = a_1 a_2 + a_1 b_2 i + a_2 b_1 i + b_1 b_2 i^2 \\ &= (a_1 a_2 - b_1 b_2) + (a_1 b_2 + a_2 b_1)i. \end{aligned}$$

A subtração de um número complexo por outro pode ser vista como uma combinação do produto por -1 e uma soma: $z_1 - v_2 = v_1 + (-v_2)$. A divisão de um número complexo por outro pode ser definida da seguinte forma:

$$\begin{aligned} \frac{z_1}{z_2} &= \frac{a+bi}{c+di} = \frac{a+bi}{c+di} \cdot \frac{c-di}{c-di} = \frac{ac - adi + bci - bdi^2}{c^2 - cdi + cdi - d^2 i^2} \\ &= \frac{(ac+bd) + (-ad+bc)i}{c^2 + d^2} = \frac{ac+bd}{c^2+d^2} + \frac{bc-ad}{c^2+d^2} i. \end{aligned}$$

Portanto, nem a subtração nem a divisão são operações básicas dos números complexos, podendo ser definidas em termos da soma e do produto.

O conjunto dos números complexos é definido como

$$\boxed{\mathbb{C} = \{z = a + bi \mid a, b \in \mathbb{R}, i^2 = -1\}}.$$

Os números complexos podem ser postos em analogia aos vetores quando representamos um número complexo $z = a + bi$ no chamado *plano complexo*, onde o eixo horizontal é a parte real de um número complexo e o eixo horizontal é sua parte imaginária, como mostrado na primeira figura ao lado. Cada número complexo corresponde a um ponto desse plano e podemos desenhar um vetor para cada número complexo se colocarmos a origem de uma das representações do vetor nas coordenadas $(0,0)$ e o extremo do vetor sobre as coordenadas (a, b).

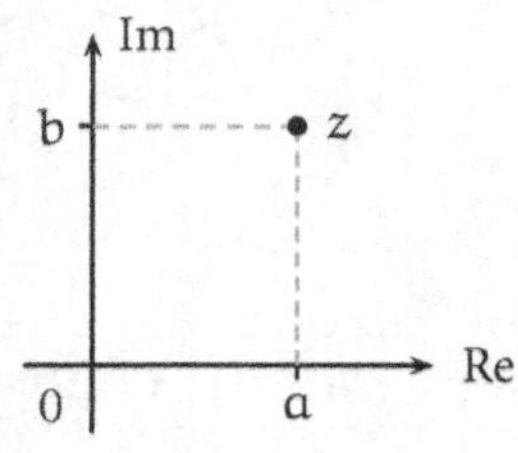

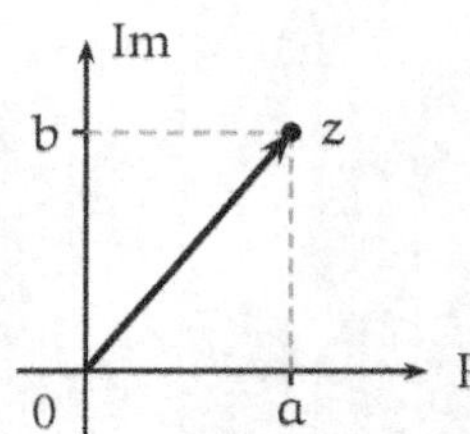

(d) POLINÔMIOS

Outro conjunto que tem comportamento vetorial é o dos polinômios de graus menores ou iguais a n, definido como

$$p_n = \{a_0 + a_1 x + a_2 x^2 + \cdots + a_n x^n \mid a_0, a_1, a_2, \cdots, a_n \in \mathbb{R}\}.$$

Isto pode parecer surpreendente, mas pensemos o seguinte: a soma de dois polinômios de graus menores ou iguais a 3 é um polinômio de grau menor ou igual a 3:

$$(3 - 2x + x^2) + (1 + 4x^2 - 8x^3) = 4 - 2x + 5x^2 - 8x^3.$$

Além disso, o produto de um polinômio menor ou igual a 3 é, também, um polinômio menor ou igual a 3:

$$2(3x - 4x^2 + 6x^3) = 6x - 8x^2 + 12x^3.$$

Podemos, inclusive, fazer uma representação vetorial de um polinômio. Para um polinômio de grau 1, $p_1(x) = a_0 + a_1x$, podemos representar a parte constante em um dos eixos coordenados e o coeficiente do termo em x em outro eixo coordenado. Para um polinômio de grau 2, $p_2(x) = a_0 + a_1x + a_2x^2$, podemos representar o termo constante e os coeficientes de x e x^2 em três eixos cartesianos.

Exemplo 1. Represente o polinômio $p_1(x) = 3 - 2x$ no plano cartesiano.

SOLUÇÃO.

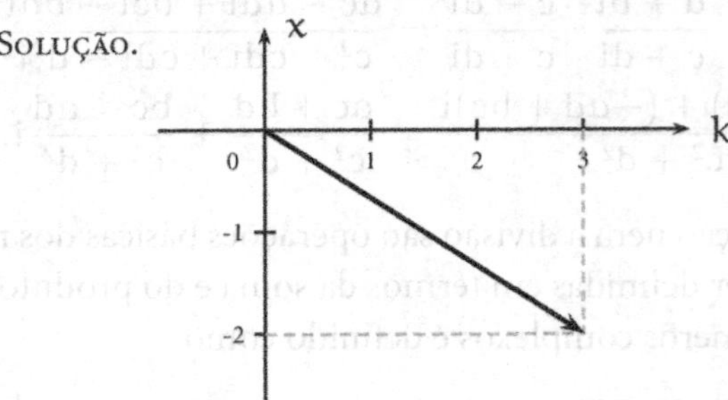

Exemplo 2. Represente o polinômio $p_2(x) = 1 + 3x + 3x^2$ em um sistema de eixos coordenados.

SOLUÇÃO.

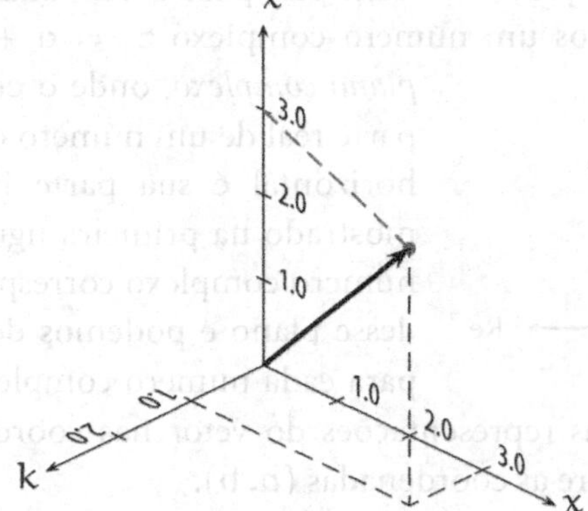

Para representar polinômios com graus maiores ou iguais a 3 seriam necessárias quatro ou mais dimensões, o que não nos é possível.

Todos os conjuntos vistos nesta seção podem ser postos em analogia ao conjunto dos vetores em duas ou mais dimensões. Esses conjuntos possuem uma operação de soma e uma operação de produto por um escalar. A soma é sempre entre dois elementos do mesmo conjunto e o produto escalar necessita também de um conjunto numérico (o conjunto dos escalares). Vamos agora generalizar esses dois tipos de conjuntos, escalares e vetores. Conjuntos de escalares serão chamados *corpos*, que se comportam como números, e conjuntos parecidos com vetores serão chamados *espaços vetoriais*. Começaremos pelos corpos e depois passaremos ao assunto principal deste capítulo: os espaços vetoriais.

3.1.2 Corpos

Um *corpo* é basicamente um conjunto cujos elementos se comportam aproximadamente como os números reais. Para definir um corpo, precisamos de uma operação de soma e uma operação de multiplicação, de modo que um corpo é um conjunto munido dessas duas operações. Por isso, frequentemente designamos um corpo pelo símbolo $(\mathrm{K}, +, \cdot)$. No entanto, é comum designarmos um corpo simplesmente por K. Por exemplo, poderíamos designar o corpo dos reais como $(\mathbb{R}, +, \cdot)$, no entanto é mais frequente chamá-lo simplesmente $\mathbb{R}$.

As operações de soma e produto são definidas de modo que, se a e b pertencem ao conjunto K, então $a + b$ e $a \cdot b$ também têm que pertencer ao conjunto K. A definição completa é feita a seguir.

Definição 1

Um conjunto K munido de operações de soma e multiplicação, $\{\mathrm{K}, +, \cdot\}$, é um **corpo** se tiver as seguintes propriedades.

Propriedades da soma: para quaisquer elementos α, β e γ desse corpo, temos

S1) $\alpha + \beta \in \mathrm{K}$ (o conjunto K é *fechado* quanto à soma);

S2) $\alpha + \beta = \beta + \alpha$ (comutativa);

S3) $(\alpha + \beta) + \gamma = \alpha + (\beta + \gamma)$ (associativa);

S4) $\exists\, 0 \in \mathrm{K}$ tal que $\alpha + 0 = \alpha$ (existência do elemento neutro);

S5) para qualquer $\alpha \in \mathrm{K}$ existe um $-\alpha \in \mathrm{K}$ tal que $(-\alpha) + \alpha = 0$ (existência de elementos inversos).

Propriedades do produto: para quaisquer elementos α, β e γ desse corpo, temos

P1) $\alpha \cdot \beta \in \mathrm{K}$ (o conjunto K é fechado quanto ao produto);

P2) $\alpha \cdot \beta = \beta \cdot \alpha$ (comutativa);

P3) $\alpha \cdot (\beta \cdot \gamma) = (\alpha \cdot \beta) \cdot \gamma$ (associativa);

P4) $\exists\, 1 \in \mathrm{K}$ tal que $1 \cdot \alpha = \alpha$ (existência do elemento neutro);

P5) para qualquer $\alpha \in \mathrm{K}$, $\alpha \neq 0$, existe um $\frac{1}{\alpha} \in \mathrm{K}$ tal que $\frac{1}{\alpha} \cdot \alpha = 1$ (existência de elementos inversos).

Propriedade mista: para quaisquer elementos α, β e γ desse corpo, temos

M1) $\alpha \cdot (\beta + \gamma) = \alpha \cdot \beta + \alpha \cdot \gamma$ (distributiva da soma em relação ao produto).

Comecemos tentando montar um corpo com o menor número de elementos possível. Como um corpo tem que ter os números 0 e 1, podemos começar considerando o conjunto $\{0, 1\}$, formado somente por esses dois números. Este conjunto não é um corpo, pois não existe nele a inversa por adição (o número -1 não faz parte desse conjunto). Adicionando -1, temos $\{-1, 0, 1\}$, que também não é um corpo, pois, por exemplo, $1 + 1 = 2$, que não faz parte do conjunto. Seguindo esse raciocínio, podemos ver que um corpo não pode ser definido para um número finito de elementos caso sejam utilizadas as operações usuais de soma e multiplicação (no entanto, isso pode mudar caso alteremos essas duas operações).

Também de acordo com essa definição, o conjunto dos números naturais, $\mathbb{N} = \{0, 1, 2, \cdots\}$, munido da soma e multiplicação usuais, não é um corpo, pois não possui as propriedades S5 e P5. O número 2, por exemplo, pertence aos naturais, mas sua inversa quanto à soma, -2, ou sua inversa por multiplicação, $-1/2$, não pertencem a esse conjunto.

De forma semelhante, o conjunto dos números inteiros, $\mathbb{Z} = \{\cdots, -2, -1, 0, 1, 2, \cdots\}$, munido da soma e multiplicação usuais, também não é um corpo, pois não possui a propriedade P5: o número 2 pertence a $\mathbb{Z}$ e também o seu inverso quanto à soma pertence a $\mathbb{Z}$, mas não seu inverso quanto à multiplicação, $1/2$.

Já o conjunto dos números racionais é um corpo, como mostrado no exemplo a seguir.

Exemplo 1. Verifique se o conjunto dos números racionais,

$$\mathbb{Q} = \left\{ \frac{p}{q} \mid p \in \mathbb{Z}, q \in \mathbb{Z} - \{0\} \right\},$$

munido das seguintes regras de soma e multiplicação:

$$\frac{a}{b} + \frac{c}{d} = \frac{ad + bc}{bd}, \quad \frac{a}{b} \cdot \frac{c}{d} = \frac{ac}{bd},$$

(onde escrevemos $ab = a \cdot b$) é um corpo.

SOLUÇÃO. Vamos verificar se o conjunto $\mathbb{Q}$ satisfaz todas as propriedades de soma e multiplicação.

► Propriedades da soma: para quaisquer elementos $\frac{a}{b}$, $\frac{c}{d}$ e $\frac{e}{f}$ desse corpo, temos

S1) $\frac{a}{b} + \frac{c}{d} = \frac{ad + bc}{bd} \in \mathbb{Q}$ (fechado quanto à soma);

S2) $\frac{a}{b} + \frac{c}{d} = \frac{ad + bc}{bd} = \frac{da + cb}{db} = \frac{c}{d} + \frac{a}{b}$ (comutativa);

S3) $\left(\frac{a}{b} + \frac{c}{d}\right) + \frac{e}{f} = \frac{ad + bc}{bd} + \frac{e}{f} = \frac{(ad + bc)f + ebd}{bdf} = \frac{adf + bcf + bde}{bdf}$

é igual a

$\frac{a}{b} + \left(\frac{c}{d} + \frac{e}{f}\right) = \frac{a}{b} + \frac{cf + de}{df} = \frac{adf + b(cf + de)}{bdf} = \frac{adf + bcf + bde}{bdf}$

(associativa);

S4) $\exists\, 0 \in \mathbb{Q}$ tal que $\frac{a}{b} + 0 = \frac{a}{b}$ (existência do elemento neutro);

S5) para qualquer $\frac{a}{b} \in \mathbb{Q}$, existe um $-\frac{a}{b} \in \mathbb{Q}$ tal que $\left(-\frac{a}{b}\right) + \frac{a}{b} = 0$ (existência de elementos inversos).

► Propriedades do produto: para quaisquer elementos $\frac{a}{b}$, $\frac{c}{d}$ e $\frac{e}{f}$ desse corpo, temos

P1) $\frac{a}{b} \cdot \frac{c}{d} = \frac{ac}{bd} \in \mathbb{Q}$ (fechado quanto ao produto);

P2) $\frac{a}{b} \cdot \frac{c}{d} = \frac{ac}{bd} = \frac{ca}{db} = \frac{c}{d} \cdot \frac{a}{b}$ (comutativa);

P3) $\frac{a}{b} \cdot \left(\frac{c}{d} \cdot \frac{e}{f}\right) = \frac{a}{b} \cdot \frac{ce}{df} = \frac{ace}{bdf}$ é igual a $\left(\frac{a}{b} \cdot \frac{c}{d}\right) \cdot \frac{e}{f} = \frac{ac}{bd} \cdot \frac{e}{f} = \frac{ace}{bdf}$ (associativa);

P4) $\exists\, 1 \in \mathbb{Q}$ tal que $1 \cdot \frac{a}{b} = \frac{a}{b}$ (existência do elemento neutro);

P5) para qualquer $\frac{a}{b} \in \mathbb{Q}$, $\frac{a}{b} \neq 0$, existe um $\frac{1}{\frac{a}{b}} \in \mathbb{Q}$ tal que $\frac{1}{\frac{a}{b}} \cdot \frac{a}{b} = \frac{b}{a} \cdot \frac{a}{b} = \frac{ab}{ab} = 1$ (existência de elementos inversos).

► Propriedade mista: para quaisquer $\frac{a}{b}, \frac{c}{d}, \frac{e}{f} \in \mathbb{Q}$, temos

M1) $\frac{a}{b} \cdot \left(\frac{c}{d} + \frac{e}{f}\right) = \frac{a}{b} \cdot \frac{cf + de}{ef} = \frac{a(cf + de)}{bef} = \frac{acf + ade}{bef}$ é igual a $\frac{a}{b} \cdot \frac{c}{d} + \frac{a}{b} \cdot \frac{e}{f} = \frac{ac}{bd} + \frac{ae}{bf} = \frac{acf + ade}{bef}$ (distributiva da soma em relação ao produto)

Portanto, $\mathbb{Q}$ é um corpo.

Outros exemplos de corpos são o conjunto dos números reais, $\mathbb{R}$, e o conjunto dos números complexos, $\mathbb{C}$, munidos de suas operações soma e produto usuais. O conjunto dos números irracionais não pode ser um corpo, pois $\sqrt{2} \cdot \sqrt{2} = 2$, sendo que $\sqrt{2}$ pertence a esse conjunto, mas 2 não pertence aos irracionais. De modo semelhante, o conjunto dos números imaginários puros (não confundir com o conjunto dos números complexos) não é um corpo, pois o número $i = \sqrt{-1}$ pertence a esse grupo, mas o produto $i \cdot i = -1$, não.

Chamaremos rotineiramente os elementos de um corpo de *escalares*. Os escalares mais utilizados neste livro serão os números reais. Utilizaremos o conceito de corpo a seguir, na definição do que é um espaço vetorial.

3.1.3 Espaços vetoriais

Como já vimos neste módulo, o conjunto dos vetores tem quatro operações fundamentais: a soma, o produto por um escalar, o produto escalar e o produto vetorial. Não são muitos os conjuntos que apresentam essas quatro operações. No entanto, se considerarmos somente a soma e o produto por um escalar, conjuntos como o das matrizes e o dos polinônimos admitem essas operações. Portanto, consideraremos somente essas duas operações.

Um *espaço vetorial* é um conjunto V munido de uma operação de soma e de uma operação de produto por um escalar, onde o escalar é um elemento pertencente a um determinado corpo K. Por isso, dizemos que o espaço vetorial é um conjunto *V sobre* um corpo K. Para que V seja um espaço vetorial, é preciso que, se u e v pertencerem a V, então $u + v$ e αu também pertençam a V, onde $\alpha \in K$. Uma definição mais completa de espaço vetorial é dada a seguir.

Definição 2

Um conjunto *V* sobre um corpo K é um **espaço vetorial** munido de operações de soma e produto por um escalar se ele tiver as seguintes propriedades.

Definição 2 (cont.)

Propriedades da soma: para quaisquer elementos u, v e w pertencentes a V, temos

S1) $u + v \in V$ (o conjunto V é *fechado* quanto à soma);

S2) $u + v = v + u$ (comutativa);

S3) $(u + v) + w = u + (v + w)$ (associativa);

S4) $\exists\, 0 \in V$ tal que $v + 0 = v$ (existência do elemento neutro);

S5) para qualquer $v \in V$, existe um $-v \in V$ tal que $(-v) + v = 0$ (existência de elementos inversos).

Propriedades do produto por um escalar: para quaisquer elementos u e v pertencentes a V e $\alpha \in K$, temos

P1) $\alpha u \in V$ (o conjunto V é fechado quanto ao produto por um escalar);

P2) $\alpha(\beta v) = (\alpha\beta)v$ (associativa);

P3) para o elemento $1 \in K$, $1 \cdot u = u$ (existência do elemento neutro).

Propriedades mistas: para quaisquer elementos u e v pertencentes a V e $\alpha \in K$, temos

M1) $\alpha(u + v) = \alpha u + \alpha v$ (distributiva da soma em relação ao produto por um escalar);

M2) $(\alpha + \beta)v = \alpha v + \beta v$ (distributiva do produto por um escalar em relação à soma).

As propriedades da soma são internas ao conjunto V. Já as operações envolvendo o produto por um escalar são externas a V, pois envolvem também o corpo K dos escalares. Vamos explorar melhor esta definição no próximo capítulo.

Resumo

- **Corpo.** Um conjunto K munido de operações de soma e multiplicação, $\{K, +, \cdot\}$, é um *corpo* se tiver as seguintes propriedades.

  Propriedades da soma: para quaisquer elementos α, β e γ deste corpo, temos

  S1) $\alpha + \beta \in K$ (o conjunto K é *fechado* quanto à soma);

  S2) $\alpha + \beta = \beta + \alpha$ (comutativa);

  S3) $(\alpha + \beta) + \gamma = \alpha + (\beta + \gamma)$ (associativa);

  S4) $\exists\, 0 \in K$ tal que $\alpha + 0 = \alpha$ (existência do elemento neutro);

  S5) para qualquer $\alpha \in K$, existe um $-\alpha \in K$ tal que $(-\alpha) + \alpha = 0$ (existência de elementos inversos).

  Propriedades do produto: para quaisquer elementos α, β e γ deste corpo, temos

  P1) $\alpha \cdot \beta \in K$ (o conjunto K é fechado quanto ao produto);

  P2) $\alpha \cdot \beta = \beta \cdot \alpha$ (comutativa);

  P3) $\alpha \cdot (\beta \cdot \gamma) = (\alpha \cdot \beta) \cdot \gamma$ (associativa);

  P4) $\exists\, 1 \in K$ tal que $1 \cdot \alpha = \alpha$ (existência do elemento neutro);

  P5) para qualquer $\alpha \in K$, $\alpha \neq 0$, existe um $\frac{1}{\alpha} \in K$ tal que $\frac{1}{\alpha} \cdot \alpha = 1$ (existência de elementos inversos).

Propriedade mista: para quaisquer elementos α, β e γ deste corpo, temos
M1) $\alpha \cdot (\beta + \gamma) = \alpha \cdot \beta + \alpha \cdot \gamma$ (distributiva da soma em relação ao produto).

► **Espaço vetorial.** Um conjunto V sobre um corpo K é um *espaço vetorial* munido de operações de soma e produto por um escalar se ele tiver as seguintes propriedades.

Propriedades da soma: para quaisquer elementos u, v e w pertencentes a V, temos
S1) $u + v \in V$ (o conjunto V é *fechado* quanto à soma);
S2) $u + v = v + u$ (comutativa);
S3) $(u + v) + w = u + (v + w)$ (associativa);
S4) $\exists\, 0 \in V$ tal que $v + 0 = v$ (existência do elemento neutro);
S5) para qualquer $v \in V$, existe um $-v \in V$ tal que $(-v) + v = 0$ (existência de elementos inversos).

Propriedades do produto por um escalar: para quaisquer elementos u e v pertencentes a V e $\alpha \in K$, temos
P1) $\alpha u \in V$ (o conjunto V é fechado quanto ao produto por um escalar);
P2) $\alpha(\beta v) = (\alpha\beta)v$ (associativa);
P3) para o elemento $1 \in K$, $1 \cdot u = u$ (existência do elemento neutro).

Propriedades mistas: para quaisquer elementos u e v pertencentes a V e $\alpha \in K$, temos
M1) $\alpha(u+v) = \alpha u + \alpha v$ (distributiva da soma em relação ao produto por um escalar);
M2) $(\alpha + \beta)v = \alpha v + \beta v$ (distributiva do produto por um escalar em relação à soma).

Exercícios

Nível 1

CORPOS

Exemplo 1. Verifique se o conjunto dos números complexos, $\mathbb{C} = \{a + bi \mid a, b \in \mathbb{R},\ i^2 = -1\}$, munido das seguintes regras de soma e multiplicação:

$$(a + bi) + (c + di) = (a + c) + (b + d)i,$$

$$(a + bi) \cdot (c + di) = (ac - bd) + (ad + bc)i,$$

é um corpo.

SOLUÇÃO. Vamos verificar se o conjunto $\mathbb{C}$ satisfaz todas as propriedades de soma e multiplicação.

► Propriedades da soma: para quaisquer elementos

$$z_1 = a_1 + b_1 i, \qquad z_2 = a_2 + b_2 i \qquad \text{e} \qquad z_3 = a_3 + b_3 i$$

pertencentes a $\mathbb{C}$, temos

S1) $z_1 + z_2 = (a_1 + a_2) + (b_1 + b_2)i = u \in \mathbb{C}$ (fechado quanto à soma);
S2) $z_1 + z_2 = (a_1 + a_2) + (b_1 + b_2)i = (a_2 + a_1) + (b_2 + b_1)i = z_2 + z_1$ (comutativa);
S3) $z_1 + (z_2 + z_3) = (a_1 + b_1 i) + [(a_2 + a_3) + (b_2 + b_3)i] = (a_1 + a_2 + a_3) + (b_1 + b_2 + b_3)i = [(a_1 + a_2) + (b_1 + b_2)] + (a_3 + b_3 i) = (z_1 + z_2) + z_3$ (associativa);
S4) $\exists\, 0 = 0 + 0i \in \mathbb{C}$ tal que $0 + z_1 = 0 + z_1 = 0$ (existência do elemento neutro);
S5) para qualquer $z = a + bi \in \mathbb{C}$, existe um $-z = -a - bi \in \mathbb{C}$ tal que $z + (-z) = -z + z = 0$ (existência de elementos inversos).

► Propriedades do produto: para quaisquer elementos

$$z_1 = a_1 + b_1 i, \qquad z_2 = a_2 + b_2 i \qquad \text{e} \qquad z_3 = a_3 + b_3 i$$

pertencentes a $\mathbb{C}$, temos
P1) $z_1 \cdot z_2 = (a_1 + b_1 i) \cdot (a_2 + b_2 i) = (a_1 a_2 - b_1 b_2) + (a_1 b_2 + a_2 b_1)i \in \mathbb{C}$ (fechado quanto ao produto);
P2) $z_1 \cdot z_2 = (a_1 a_2 - b_1 b_2) + (a_1 b_2 + a_2 b_1)i = (a_2 a_1 - b_2 b_1) + (a_2 b_1 + a_1 b_2)i = z_2 z_1$ (comutativa);
P3) $z_1 \cdot (z_2 \cdot z_3) = (a_1 + b_1 i)[(a_2 a_3 - b_2 b_3) + (a_2 b_3 + a_3 b_2)i] = (a_1 a_2 a_3 - a_1 b_2 b_3 - b_1 a_2 b_3 - b_1 b_2 a_3) + (a_1 a_2 b_3 + a_1 b_2 a_3 + b_1 a_2 a_3 - b_1 b_2 b_3)i = [(a_1 a_2 - b_1 b_2) + (a_1 b_2 + b_1 a_2)](a_3 + b_3 i) = (z_1 \cdot z_2) \cdot z_3$ (associativa);
P4) $\exists\, 1 = 1 + 0i \in \mathbb{C}$ tal que $1 \cdot z = z \cdot 1 = z$ para todo $z \in \mathbb{C}$ (existência do elemento neutro);
P5) para qualquer $z = a + bi \in \mathbb{C}$, existe um $z^{-1} = \frac{a}{a^2 - b^2} + \frac{b}{a^2 - b^2} i$ tal que $z \cdot z^{-1} = z^{-1} \cdot z = 1$ (existência de elementos inversos).

► Propriedade mista: para quaisquer elementos

$$z_1 = a_1 + b_1 i, \qquad z_2 = a_2 + b_2 i \qquad \text{e} \qquad z_3 = a_3 + b_3 i$$

pertencentes a $\mathbb{C}$, temos
M1) $z_1 \cdot (z_2 + z_3) = (a_1 + b_1 i)[(a_2 + a_3) + (b_2 + b_3)i] = (a_1 a_2 + a_1 a_3 - b_1 b_2 - b_1 b_3) + (a_1 b_2 + a_1 b_3 + b_1 a_2 + b_1 a_3)i = (a_1 a_2 - b_1 b_2) + (a_1 b_2 + b_1 a_2)i + (a_2 a_3 - b_2 b_3) + (a_2 b_3 + b_2 a_3)i = z_1 z_2 + z_1 z_3$ (distributiva da soma em relação ao produto)
Portanto, $\mathbb{C}$ é um corpo.

E1) Verifique se os seguintes conjuntos, onde são definidas as operações de soma e de multiplicação, são corpos:
a) $\{-1, 0, 1\}$. b) conjunto $\mathbb{N}$ dos números naturais.
c) conjunto $\mathbb{Z}$ dos números inteiros.
d) conjunto $\mathbb{Q}$ dos números racionais.

ESPAÇOS VETORIAIS

Exemplo 2. Verifique se o espaço de todas as funções contínuas em um intervalo $[a, b]$ sobre o corpo $\mathbb{R}$ com a soma e a multiplicação de funções é um espaço vetorial.

SOLUÇÃO. A soma de duas funções contínuas em um determinado intervalo $[a, b]$, que pode ser infinito, é dada por $f(x) + g(x)$, onde somam-se todos os valores $f(x)$ e $g(x)$ tais que $x \in [a, b]$. O produto de uma função contínua por um escalar, $\alpha f(x)$, é o valor da função para cada ponto $x \in [a, b]$ multiplicado pelo número real α.

Vamos agora mostrar que o conjunto V das funções contínuas em um intervalo $[a, b]$ com as operações dadas, onde os escalares são elementos pertencentes a $\mathbb{R}$, apresenta todas as propriedades de um espaço vetorial. Para isso, consideramos as funções $f(x)$, $g(x)$ e $h(x)$, pertencentes a V, e os escalares α e β, pertencentes a $\mathbb{R}$.

S1) $f(x) + g(x) = h(x)$, que pertence ao conjunto V (fechado quanto à soma);

S2) $f(x) + g(x) = g(x) + f(x)$ (comutativa);

S3) $f(x) + [g(x) + h(x)] = f(x) + g(x) + h(x) = [f(x) + g(x)] + h(x)$ (associativa);

S4) existe a função $o(x) = 0$ tal que $o(x) + f(x) = f(x)$, para qualquer $f(x) \in V$ (elemento neutro);

S5) para toda $f(x) \in V$ existe uma $-f(x)$ em V tal que $-f(x) + f(x) = o(x)$ (elemento inverso).

P1) $\alpha[\beta f(x)] = \alpha\beta f(x) = \beta\alpha f(x) = \beta[\alpha f(x)]$ (comutativa);

P2) para o número $1 \in \mathbb{R}$, $1 \cdot f(x) = f(x)$ (elemento neutro);

M1) $\alpha[f(x) + g(x)] = \alpha f(x) + \alpha g(x)$ (distributiva da soma em relação ao produto escalar);

M2) $(\alpha + \beta)f(x) = \alpha f(x) + \beta g(x)$ (distributiva do produto escalar em relação à soma).

Com isto, mostramos que V sobre $\mathbb{R}$ é um espaço vetorial.

E2) Verifique se os seguintes conjuntos, para os quais são definidas as operações de soma e de produto por um escalar (onde o escalar pertence ao conjunto dos números reais), são espaços vetoriais:

a) $\{0, 1\}$.

b) conjunto de todos os polinômios de grau $\leqslant n$:

$$p_n(x) = \{a_0 + a_1x + a_2x^2 + \cdots + a_nx^n \mid a_0, a_1, a_2, \cdots, a_n \in \mathbb{R}\}.$$

c) conjunto de todas as matrizes $m \times n$:

$$M_{m\times n} = \left\{ \begin{pmatrix} a_{11} & \cdots & a_{1n} \\ \vdots & & \vdots \\ a_{m1} & \cdots & a_{mn} \end{pmatrix} \mid a_{11}, \cdots, a_{mn} \in \mathbb{R} \right\}.$$

d) conjunto $\mathbb{Q}$ dos números racionais.

Nível 2

E1) Verifique se os seguintes conjuntos, com as operações de soma e multiplicação por um escalar dadas, são espaços vetoriais.

a) Conjunto $\mathbb{R}$ com a soma $x + y = x + ky$, $k \in \mathbb{R}$, e o produto por um escalar usual, $\alpha x = \alpha x$.

b) Conjunto $\mathbb{R}$ com a soma $x + y = xy$ e o produto por um escalar $\alpha x = x^\alpha$.

c) Conjunto $\mathbb{R}^2$ com a soma $(x_1, y_1) + (x_2, y_2) = (x_1 + kx_2, y_1 + ky_2)$, onde $k \in \mathbb{R}$, e o produto por um escalar usual, $\alpha(x_1, y_1) = (\alpha x_1, \alpha y_1)$.

d) Conjunto $\mathbb{R}^2$ com a soma usual, $(x_1, y_1) + (x_2, y_2) = (x_1 + x_2, y_1 + y_2)$, e o produto por um escalar $\alpha(x_1, y_1) = (\alpha x_1, 0)$.

e) Conjunto $\mathbb{R}^2$ com a soma $(x_1, y_1) + (x_2, y_2) = (y_1 + y_2, x_1 + x_2)$ e o produto por um escalar usual, $\alpha(x_1, y_1) = (\alpha x_1, \alpha y_1)$.

Nível 3

E1) Escreva os três menores conjuntos numéricos possíveis (em termos de números de elementos) que, dotados das operações de soma e de multiplicação usuais, sejam corpos.

E2) Escreva os três menores conjuntos numéricos possíveis (em termos de números de elementos) que, dotados das operações de soma e de produto por um escalar usuais, sejam espaços vetoriais.

E3) Considere o conjunto dos *quatérnions*, que são uma generalização de números complexos definidos como $z = a + bi + cj + dk$, onde os números i, j e k obedecem às relações $i^2 = j^2 = k^2 = -1$, $ij = -ji = k$, $jk = -kj = i$ e $ki = -ik = j$. Verifique se esse conjunto, associado às operações de soma $z_1 + z_2 = (a_1 + b_1 i + c_1 j + d_1 k) + (a_2 + b_2 i + c_2 j + d_2 k) = (a_1 + a_2) + (b_1 + b_2)i + (c_1 + c_2)j + (d_1 + d_2)k$ e de multiplicação $z_1 \cdot z_2$, onde são utilizadas as relações de multiplicação de i, j e k, é um corpo.

E4) Considere o conjunto dos quatérnions descrito no exercício E3 com a operação de soma dada e o produto por um escalar $\alpha z = \alpha(a + bi + cj + dk) = \alpha a + \alpha bi + \alpha cj + \alpha dk$, onde $\alpha \in \mathbb{R}$. Verifique se os quatérnions, com as operações de soma e de produto por um escalar dados, é um espaço vetorial.

E5) (Leitura Complementar 3.1.1) *Grupo diedral* D_6. Consideremos as seguintes figuras a seguir. As três primeiras figuras ilustram um triângulo que sofre rotações de 120°, cada uma transformando o triângulo nele mesmo. As três últimas figuras combinam essas rotações a inversões de dois vértices do triângulo.

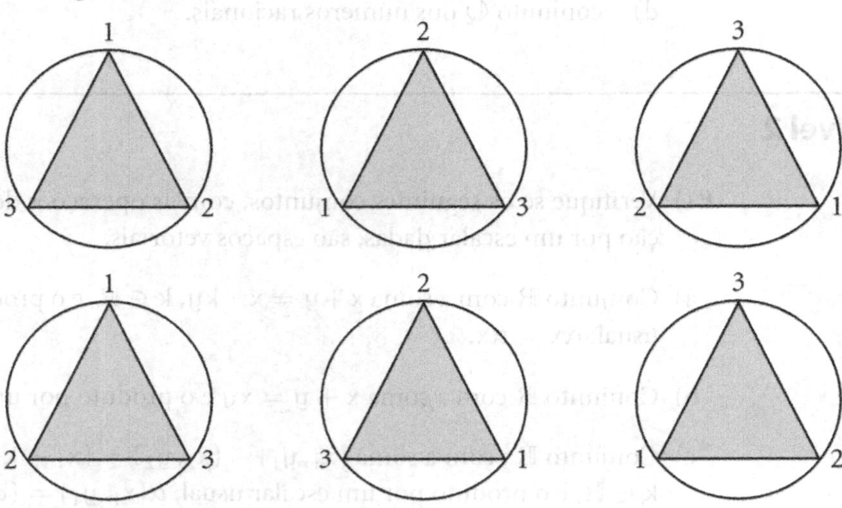

Estabeleça elementos que representem as rotações e inversões possíveis que mantenham a figura do triângulo e as operações entre esses elementos que, aliadas a eles, formem um grupo.

Respostas

Nível 1

E1) a) Não é um corpo. b) Não é um corpo. c) Não é um corpo. d) É um corpo.

E2) a) Não é um espaço vetorial. b) É um espaço vetorial. c) É um espaço vetorial. d) É um espaço vetorial.

Nível 2

E1) a) Não é um espaço vetorial. b) É um espaço vetorial. c) Não é um espaço vetorial. d) Não é um espaço vetorial. e) Não é um espaço vetorial.

Nível 3

E1) $\mathbb{Q}$, $\mathbb{R}$ e $\mathbb{C}$.

E2) $\{0\}$, $\mathbb{Q}$ e $\mathbb{R}$.

E3) Não é um corpo, pois os elementos dos quatérnions (em geral) não comutam em relação ao produto.

E4) É um espaço vetorial.

E5) O conjunto formado pelos elementos $\{e, a, a^2, b, ba, ba^2\}$, onde e corresponde a uma rotação de 0°, a corresponde a uma rotação de 120° e b corresponde a uma inversão em torno do vértice superior do triângulo, com a operação $x * y$ definida pela execução de y seguida pela execução de x (por exemplo, $b * a$ corresponde a uma rotação de 120° seguida de uma inversão dos dois vértices inferiores), forma um grupo. Os elementos $a^2 = a \cdot a$, $ba = b * a$ e $ba^2 = b * a^2$ são obtidos a partir da operação $*$.

3.2 Subespaços vetoriais

Após termos chegado à definição de espaço vetorial, no capítulo anterior, veremos agora alguns exemplos de como determinar se determinado conjunto, munido das operações de soma e produto por um corpo, é um espaço vetorial. Também veremos o conceito de *subespaços vetoriais* e como operar com eles.

3.2.1 Espaços vetoriais

Começamos este capítulo relembrando a definição de espaço vetorial como um conjunto V munido de uma operação de soma e de uma operação de produto por um escalar, onde o escalar é um elemento pertencente a determinado corpo K. Por isso, dizemos que o espaço vetorial é um conjunto V *sobre* um corpo K. Para que V seja um espaço vetorial, é preciso que, se u e v pertencerem a V, então $u + v$ e αu também pertençam a V, onde $\alpha \in K$. A definição completa é repetida a seguir.

Definição 1

Um conjunto V sobre um corpo K é um **espaço vetorial** munido de operações de soma e produto por um escalar se ele tiver as seguintes propriedades.

Propriedades da soma: para quaisquer elementos u, v e w pertencentes a V, temos

S1) $u + v \in V$ (o conjunto V é *fechado* quanto à soma);

S2) $u + v = v + u$ (comutativa);

S3) $(u + v) + w = u + (v + w)$ (associativa);

S4) $\exists\, 0 \in V$ tal que $v + 0 = v$ (existência do elemento neutro);

S5) para qualquer $v \in V$, existe um $-v \in V$ tal que $(-v) + v = 0$ (existência de elementos inversos).

Propriedades do produto por um escalar: para quaisquer elementos u e v pertencentes a V e $\alpha \in K$, temos

P1) $\alpha u \in V$ (o conjunto V é fechado quanto ao produto por um escalar);

P2) $\alpha(\beta v) = (\alpha\beta)v$ (associativa);

P3) para o elemento $1 \in K$, $1 \cdot u = u$ (existência do elemento neutro);

Propriedades mistas: para quaisquer elementos u e v pertencentes a V e $\alpha \in K$, temos
M1) $\alpha(u+v) = \alpha u + \alpha v$ (distributiva da soma em relação ao produto por um escalar);
M2) $(\alpha+\beta)v = \alpha v + \beta v$ (distributiva do produto por um escalar em relação à soma).

As propriedades da soma são internas ao conjunto V. Já as operações envolvendo o produto por um escalar são externas a V, pois envolvem também o corpo K dos escalares.

Os elementos de um espaço vetorial, em analogia com o espaço dos vetores, são chamados de *vetores*. De acordo com a Definição 1, um espaço vetorial tem que ter um vetor nulo, que é o elemento neutro quanto à soma, e que representaremos por 0. Já o elemento neutro quanto ao produto entre vetores não é necessário à construção de um espaço vetorial. Tentemos montar o menor espaço vetorial possível considerando o conjunto cujo único elemento é o vetor 0: $\{0\}$. Apesar de esse conjunto não ser um corpo, ele é um espaço vetorial definido sobre $\mathbb{R}$, pois $0 + 0 = 0$, que pertence a $\{0\}$, e $\alpha \cdot 0 = 0$ pertence a $\{0\}$ para qualquer $\alpha \in \mathbb{R}$. Além disso, o elemento único desse conjunto apresenta todas as propriedades de um espaço vetorial, como é mostrado a seguir.

Exemplo 1. Verifique se o conjunto $\{0\}$ sobre o corpo $\mathbb{R}$, onde a operação de soma é definida por $0 + 0 = 0$ e o produto por um elemento de $\mathbb{R}$ (produto por um escalar) é dado por $\alpha \cdot 0 = 0$, é um espaço vetorial.

SOLUÇÃO. Para que $\{0\}$ sobre $\mathbb{R}$ seja um espaço vetorial, temos que mostrar que esse conjunto satisfaz todas as propriedades necessárias.

► Propriedades da soma: para todo elemento $0 \in \{0\}$, temos
S1) $0 + 0 = 0 \in \{0\}$ (fechado quanto à soma);
S2) $0 + 0 = 0 + 0$ (comutativa);
S3) $0 + (0 + 0) = 0 + 0 = (0 + 0) + 0$ (associativa);
S4) existe $0 \in \{0\}$ tal que $0 + 0 = 0$ (elemento neutro);
S5) para todo $0 \in \{0\}$ existe um $-0 = 0 \in \{0\}$ tal que $-0 + 0 = 0$ (elemento inverso).

► Propriedades do produto: para $0 \in \{0\}$ e para qualquer elemento $\alpha \in \mathbb{R}$, temos
P1) $\alpha \cdot 0 = 0 \in \{0\}$ (fechado quanto ao produto por um escalar);
P2) $\alpha(\beta \cdot 0) = \alpha \cdot 0 = 0 = \beta \cdot 0 = \beta(\alpha \cdot 0)$ (associativa);
P3) para $1 \in \mathbb{R}$, $1 \cdot 0 = 0$ (elemento neutro).

► Propriedades mistas: para $0 \in \{0\}$ e para quaisquer $\alpha, \beta \in \mathbb{R}$, temos
M1) $\alpha(0 + 0) = \alpha \cdot 0 = 0 = 0 + 0 = \alpha \cdot 0 + \alpha \cdot 0$ (distributiva da soma em relação ao produto por um escalar);
M2) $(\alpha + \beta)0 = 0 = 0 + 0 = \alpha \cdot 0 + \beta \cdot 0$ (distributiva do produto por um escalar em relação à soma).

Portanto, $\{0\}$ sobre $\mathbb{R}$ é um espaço vetorial.

Podemos, agora, considerar o conjunto $\{0, 1\}$ com as operações-padrão de soma e produto por um escalar e verificar se ele é um espaço vetorial. Isto não é verdade, pois $1 + 1 = 2 \notin \{0, 1\}$. Do mesmo modo, o conjunto $\{-1, 0, 1\}$ também não é um espaço vetorial.

O conjunto $\mathbb{N} = \{0, 1, 2, \cdots\}$ dos números naturais não é um espaço vetorial, pois não tem um elemento inverso quanto à soma para todos os seus elementos. Já o conjunto $\mathbb{Z} = \{\cdots, -2, -1, 0, 1, 2, \cdots\}$ dos números inteiros, que tem um elemento inverso quanto à soma para qualquer um de seus elementos, não é um espaço vetorial se ele for definido sobre o corpo $\mathbb{R}$ dos reais, pois, por exemplo, $\frac{1}{2} \cdot 1$, onde $\frac{1}{2} \in \mathbb{R}$ e $1 \in \mathbb{Z}$, não pertence a $\mathbb{Z}$, de modo que ele não é fechado em relação ao produto escalar. Mesmo que o produto escalar seja definido sobre o corpo $\mathbb{Q}$ dos números racionais, o conjunto $\mathbb{Z}$ não será fechado quanto ao produto por um escalar. Como $\mathbb{Z}$ não é um corpo, não podemos definir $\mathbb{Z}$ sobre $\mathbb{Z}$.

Já o conjunto $\mathbb{Q}$, quando definido sobre ele mesmo como corpo, é um espaço vetorial, pois satisfaz todas as propriedades necessárias para tal. Isto pode ser visto analisando as propriedades de um corpo. Da mesma forma, o conjunto $\mathbb{R}$ sobre $\mathbb{R}$ também é um espaço vetorial. Podemos, inclusive, afirmar que todo corpo, definido sobre ele mesmo, é um espaço vetorial, como enunciado e provado a seguir.

Teorema 1
Todo corpo K sobre K é um espaço vetorial.

Demonstração:

Propriedades da soma: para quaisquer elementos u, v e w pertencentes a K, temos

S1) $u + v \in K$, propriedade S1 de um corpo (o conjunto K é *fechado* quanto à soma);
S2) $u + v = v + u$, propriedade S2 de um corpo (comutativa);
S3) $(u + v) + w = u + (v + w)$, propriedade S3 de um corpo (associativa);
S4) $\exists\, 0 \in V$ tal que $v + 0 = v$, propriedade S4 de um corpo (existência do elemento neutro);
S5) para qualquer $v \in V$, existe um $-v \in V$ tal que $(-v) + v = 0$, propriedade S5 de um corpo (existência de elementos inversos).

Propriedades do produto por um escalar: para quaisquer elementos u e v pertencentes a K e $\alpha \in K$, temos

P1) $\alpha u \in K$, propriedade P1 de um corpo (o conjunto K é fechado quanto ao produto por um escalar);
P2) $\alpha(\beta v) = (\alpha\beta)v$, propriedade P3 de um corpo (associativa);
P3) para o elemento $1 \in K$, $1 \cdot u = u$, propriedade P4 de um corpo (existência do elemento neutro).

Propriedades mistas: para quaisquer elementos u e v pertencentes a K e $\alpha \in K$, temos

M1) $\alpha(u+v) = \alpha u + \alpha v$, propriedade M1 de um corpo (distributiva da soma em relação ao produto);
M2) $(\alpha + \beta)v = \alpha v + \beta v$, propriedade M1 de um corpo (distributiva da soma em relação ao produto).

De acordo com o teorema 1, o corpo $\mathbb{C}$ dos números complexos sobre ele mesmo também é um espaço vetorial. A analogia dos números complexos com vetores fica mais clara quando representamos um número complexo $z = a + bi$ no chamado *plano complexo*, o que já foi feito no capítulo anterior. Também podemos criar uma analogia entre o espaço $\mathbb{R}^2 = \{(x, y) \mid x, y \in \mathbb{R}\}$, formado por todos os pontos de um plano, com vetores no plano, e entre o espaço $\mathbb{R}^3 = \{(x, y, z) \mid x, y, z \in \mathbb{R}\}$, formado por todos os pontos do espaço tridimensional, com vetores no espaço, como também foi mostrado no capítulo anterior.

Na verdade, podemos provar que $\mathbb{R}^2$ e $\mathbb{R}^3$ são espaços vetoriais quando definidos sobre o corpo $\mathbb{R}$. No entanto, $\mathbb{R}^2$ e $\mathbb{R}^3$ não são corpos, pois não podemos definir neles o produto entre dois elementos desses conjuntos que obedeçam às propriedades dos corpos.

Podemos generalizar os conjuntos $\mathbb{R}^2$ (plano) e $\mathbb{R}^3$ (espaço) para um conjunto $\mathbb{R}^n$ das *n-uplas ordenadas*, definido por

$$\mathbb{R}^n = \{(x_1, x_2, \cdots, x_n) \mid x_1, x_2, \cdots, x_n \in \mathbb{R}\}.$$

Este corresponde a um espaço de dimensão n, que não pode ser representado em nosso mundo tridimensional, mas que pode ser estudado facilmente pela matemática. A cada ponto desse espaço, podemos associar um vetor *n-dimensional*. Podemos provar que o espaço $\mathbb{R}^n$, definido sobre o corpo $\mathbb{R}$, é um espaço vetorial. Isto é feito no exemplo a seguir e acaba mostrando, como casos particulares, que $\mathbb{R}^2$ e $\mathbb{R}^3$ são espaços vetoriais quando definidos sobre o corpo $\mathbb{R}$.

Exemplo 2. Verifique se o conjunto das n-uplas ordenadas, $\mathbb{R}^n = \{(x_1, x_2, \cdots, x_n) \mid x_1, x_2, \cdots, x_n \in \mathbb{R}\}$, sobre o corpo $\mathbb{R}$ é um espaço vetorial, onde a operação de soma é definida por

$$(a_1, a_2, \cdots, a_n) + (b_1, b_2, \cdots, b_n) = (a_1 + b_1, a_2 + b_2, \cdots, a_n + b_n)$$

e o produto por um elemento de $\mathbb{R}$ (produto por um escalar) é dado por

$$\alpha(a_1, a_2, \cdots, a_n) = (\alpha a_1, \alpha a_2, \cdots, \alpha a_n).$$

SOLUÇÃO. Para que $\mathbb{R}^n$ sobre $\mathbb{R}$ seja um espaço vetorial, temos que mostrar que esse conjunto satisfaz todas as propriedades necessárias.

► Propriedades da soma: para quaisquer elementos $a, b, c \in \mathbb{R}^n$, temos

S1) $a + b = (a_1, \cdots, a_n) + (b_1, \cdots, b_n) = (a_1 + b_1, \cdots, a_n + b_n) \in \mathbb{R}^n$ (fechado quanto à soma);

S2) $a + b = (a_1, \cdots, a_n) + (b_1, \cdots, b_n) = (a_1 + b_1, \cdots, a_n + b_n) = (b_1 + a_1, \cdots, b_n + a_n) = (b_1, \cdots, b_n) + (a_1, \cdots, a_n) = b + a$ (comutativa);

S3) $a + (b + c) = (a_1, \cdots, a_n) + [(b_1, \cdots, b_n) + (c_1, \cdots, c_n)] = (a_1, \cdots, a_n) + (b_1 + c_1, \cdots, b_n + c_n) = (a_1 + b_1 + c_1, \cdots, a_n + b_n + c_n) = (a_1 + b_1, \cdots, a_n + b_n) + (c_1, \cdots, c_n) = [(a_1, \cdots, a_n) + (b_1, \cdots, c_n)] + (c_1, \cdots, c_n) = (a + b) + c$ (associativa);

S4) existe a n-upla $0 = (0, 0, \cdots, 0)$ tal que, para qualquer $a \in \mathbb{R}^n$, $0 + a = a$ (elemento neutro);

S5) para todo $a = (a_1, a_2, \cdots, a_n)$ existe um $-a = (-a_1, -a_2, \cdots, -a_n)$ tal que $(-a)+a = (-a_1+a_1, \cdots, -a_2+a_2, \cdots, -a_n+a_n) = (0, 0, \cdots, 0) = 0$ (elemento inverso).

► Propriedades do produto por um escalar: para quaisquer elementos $a, b \in \mathbb{R}^n$ e para quaisquer elementos $\alpha, \beta \in \mathbb{R}$, temos

P1) $\alpha a = \alpha(a_1, \cdots, a_n) = (\alpha a_1, \cdots, \alpha a_n) \in \mathbb{R}^n$ (fechado quanto ao produto por um escalar);

P2) $\alpha(\beta a) = \alpha(\beta a_1, \cdots, \beta a_n) = (\alpha\beta a_1, \cdots, \alpha\beta a_n) = (\alpha\beta)(a_1, \cdots, a_n) = (\alpha\beta)a$ (associativa);

P3) para o número $1 \in \mathbb{R}$, $1 \cdot a = 1 \cdot (a_1, \cdots, a_n) = (a_1, \cdots, a_n) = a$ (elemento neutro).

► Propriedades mistas: para quaisquer $a, b \in \mathbb{R}^n$ e $\alpha, \beta \in \mathbb{R}$, temos

M1) $\alpha(a+b) = \alpha(a_1+b_1, \cdots, a_n+b_n) = (\alpha(a_1+b_1), \cdots, \alpha(a_n+b_n)) = (\alpha a_1 + \alpha b_1, \cdots, \alpha a_n + \alpha b_n) = (\alpha a_1, \cdots, \alpha a_n) + (\alpha b_1, \cdots, \alpha b_n) = \alpha a + \alpha b$ (distributiva da soma em relação ao produto escalar);

M2) $(\alpha+\beta)a = ((\alpha+\beta)a_1, \cdots, (\alpha+\beta)a_n) = (\alpha a_1 + \beta a_1, \cdots, \alpha a_n + \beta a_n) = (\alpha a_1, \cdots, \alpha a_n) + (\beta a_1, \cdots, \beta a_n) = \alpha a + \beta a$ (distributiva do produto escalar em relação à soma).

Portanto, $\mathbb{R}^n$ sobre $\mathbb{R}$ é um espaço vetorial.

Outro conjunto que pode ser posto em analogia aos vetores é o conjunto de todas as matrizes $m \times n$,

$$M_{m\times n} = \left\{ \begin{pmatrix} a_{11} & \cdots & a_{1n} \\ \vdots & & \vdots \\ a_{m1} & \cdots & a_{mn} \end{pmatrix} \mid a_{11}, \cdots, a_{mn} \in \mathbb{R} \right\},$$

definido sobre o corpo $\mathbb{R}$, que é um espaço vetorial. Esse conjunto tem como caso particular o conjunto v_n de vetores com n coordenadas.

Como último exemplo, o conjunto de todas as funções contínuas em um determinado intervalo $[a, b]$ também é um espaço vetorial se definido sobre o corpo $\mathbb{R}$ quando consideramos as propriedades usuais de soma de funções e do produto de uma função por um escalar.

3.2.2 Subespaços vetoriais

Frequentemente, um espaço vetorial pode ser dividido em *subespaços vetoriais* menores, que são subconjuntos desse espaço vetorial que também são espaços vetoriais. Isso significa que, apesar de ser um subconjunto de um espaço vetorial, um subespaço vetorial apresenta todas as propriedades de um espaço vetorial. Sendo um subconjunto de um espaço vetorial, as únicas condições que um subespaço vetorial tem que verificar é que o elemento neutro da soma pertença a ele, que a soma de quaisquer elementos desse subespaço pertença a esse subespaço e que o produto por um escalar pertencente ao corpo K sobre o qual é definido o espaço vetorial do qual é parte ainda pertença ao subespaço vetorial. Essas informações estão agrupadas a seguir.

Definição 2

Um subconjunto S de um espaço vetorial V sobre um corpo K é um **subespaço vetorial** se forem verificadas as seguintes condições:

1) o elemento neutro $0 \in S$;

2) para quaisquer $u, v \in S$, $u + v \in S$;

3) para qualquer $u \in S$ e qualquer $\alpha \in K$, $\alpha u \in S$.

Exemplo 1. Verifique se $S = \{(x, y, 0) \mid x, y \in \mathbb{R}\}$ é um subespaço vetorial de $\mathbb{R}^3$.

SOLUÇÃO. Vamos verificar se as três condições são válidas para o conjunto S definido pelo problema. Primeiro, o elemento neutro do $\mathbb{R}^3$, $(0, 0, 0)$, pertence a S. Segundo, dados dois elementos $u = (u_x, u_y, 0)$ e $v = (v_x, v_y, 0)$ de S, temos

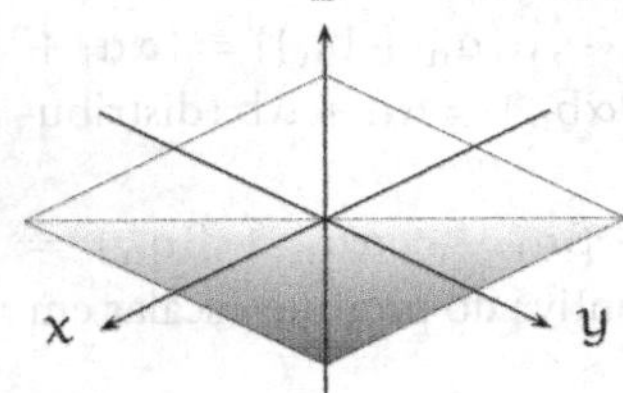

$$u + v = (u_x, u_y, 0) + (v_x, v_y, 0) = (u_x + v_x, u_y + v_y, 0) = (w_x, w_y, 0),$$

onde chamamos $u_x + v_x = w_x$ e $u_y + v_y = w_y$. A terna ordenada $(w_x, w_y, 0)$ é um elemento do conjunto S, de modo que $u + v \in S$. Agora, dado um $\alpha \in \mathbb{R}$ e um $v = (v_x, v_y, 0) \in S$, temos

$$\alpha v = \alpha(v_x, v_y, 0) = (\alpha v_x, \alpha v_y, 0) = (w_x, w_y, 0),$$

onde $w_x = \alpha v_x$ e $w_y = \alpha v_y$. Como $(w_x, w_y, 0)$ é um elemento de S, então $\alpha v \in S$. Mostramos, então, que S é um subespaço vetorial do espaço vetorial $\mathbb{R}^3$.

Podemos visualizar o subespaço S como o plano pertencente a $\mathbb{R}^3$ tal que $z = 0$, como ilustrado na figura ao lado e acima.[1]

Exemplo 2. Verifique se $S = \{(x, 2x) \mid x \in \mathbb{R}\}$ é um subespaço vetorial de $\mathbb{R}^2$.

SOLUÇÃO. O elemento neutro do $\mathbb{R}^2$, $(0, 0)$, pertence a S. Dados dois elementos $u = (u_x, 2u_x)$ e $v = (v_x, 2v_x)$ de S, temos

$$\begin{aligned} u + v &= (u_x, 2u_x) + (v_x, 2v_x) = (u_x + v_x, 2u_x + 2v_x) \\ &= (u_x + v_x, 2(u_x + v_x)) = (w_x, 2w_x), \end{aligned}$$

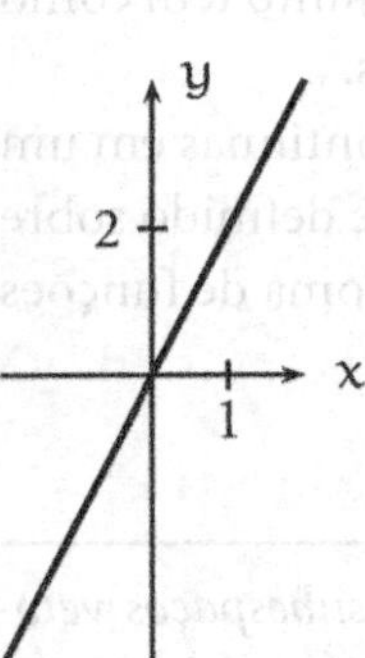

onde chamamos $u_x + v_x = w_x$. O par ordenado $(w_x, 2w_x)$ é um elemento do conjunto S, de modo que $u + v \in S$. Agora, dado um $\alpha \in \mathbb{R}$ e um $v = (v_x, 2v_x) \in S$, temos

$$\alpha v = \alpha(v_x, 2v_x) = (\alpha v_x, 2\alpha v_x) = (w_x, 2w_x),$$

onde $w_x = \alpha v_x$. Como $(w_x, 2w_x)$ é um elemento de S, então $\alpha v \in S$. Mostramos, então, que S é um subespaço vetorial do espaço vetorial $\mathbb{R}^2$.

Esse subespaço pode ser representado como a reta $y = 2x$, no plano $\mathbb{R}^2$, como mostrado na figura ao lado.

Outros exemplos[2] de subespaços vetoriais são o conjunto de todos os polinômios de graus menores ou iguais a 2: $p_2(x) = \{a_0 + a_1 x +$

1. O conjunto $\mathbb{R}^2$ não é um subespaço vetorial de $\mathbb{R}^3$, pois ele não é um subconjunto de $\mathbb{R}^3$. O conjunto do exemplo 1, $S = \{(x, y, 0) \mid x, y \in \mathbb{R}\}$, que é um subespaço vetorial de $\mathbb{R}^3$, não é o mesmo que $\mathbb{R}^2$.

2. De acordo com a definição de subespaço vetorial, $\{0\}$ é um subespaço vetorial de $V = \mathbb{R}$, pois é um subconjunto de V e ele mesmo é um espaço vetorial.

$a_2x^2 \mid a_0, a_1, a_2 \in \mathbb{R}\}$, que é um subespaço vetorial de $p_n(x)$ sobre $\mathbb{R}$, e o conjunto de todas as matrizes quadradas $(n \times n)$, que é um subespaço vetorial do conjunto de todas as matrizes $M_{m\times n}$ se $m \leqslant n$.

3.2.3 Soma e intersecção de subespaços vetoriais

Dados dois subespaços vetoriais do mesmo espaço vetorial, podemos definir as operações de *soma* e de *intersecção* desses subespaços. Essas operações serão importantes na montagem de espaços vetoriais a partir de subespaços destes, o que será feito no próximo capítulo.

(a) Soma

A soma de dois espaços vetoriais é definida a seguir.

Definição 3
Dados dois subespaços vetoriais S_1 e S_2 de um espaço vetorial V, a soma deles é definida como o conjunto cujos elementos são as somas de um elemento $v_1 \in S_1$ e um elemento de $v_2 \in S_2$, ou seja, $S_1 + S_2 = \{v_1 + v_2 \mid v_1 \in S_1 \text{ e } v_2 \in S_2\}$.

Exemplo 1. Considere os subespaços vetoriais de $\mathbb{R}^3$ dados por $S_1 = \{(a, b, 0) \mid a, b \in \mathbb{R}\}$ e $S_2 = \{(0, c, d) \mid c, d \in \mathbb{R}\}$. A soma desses subespaços vetoriais é $S_1 + S_2 = \{(x, y, z) \mid x, y, z \in \mathbb{R}\}$, que é o próprio $\mathbb{R}^3$.

Exemplo 2. Considere os subespaços vetoriais de $p_n(x)$ (o conjunto de todos os polinômios de ordens menores ou iguais a n) dados por

$$p_2 = \left\{a_0 + a_1x + a_2x^2 \mid a_0, a_1, a_2 \in \mathbb{R}\right\} \quad \text{e}$$
$$p_3 = \left\{b_0 + b_1x + b_2x^2 + b_3x^3 \mid b_0, b_1, b_2, b_3 \in \mathbb{R}\right\}.$$

A soma desses subespaços vetoriais é o próprio subespaço vetorial p_3.

Exemplo 3. Considere os subespaços vetoriais de $M_{n\times n}$ (o conjunto de todas as matrizes quadradas de ordem n) dados pelo conjunto $S_1 = \{A_{n\times n} \mid A^t = A\}$ de todas as matrizes quadradas e simétricas de ordem n e pelo conjunto $S_2 = \{A_{n\times n} \mid A^t = -A\}$ de todas as matrizes quadradas e antissimétricas de ordem n. Calcule a soma desses dois subespaços vetoriais.

Solução. Consideremos uma matriz $A = A_1 + A_2$, onde A_1 é uma matriz simétrica e A_2 é uma matriz antissimétrica, de modo que A é um elemento de $S_1 + S_2$. Se tomarmos a transposta de A, teremos $A^t = A_1^t + A_2^t = A_1 - A_2$. Calculando agora a soma de A com a sua transposta e a diferença entre A e A^t, obtemos

$$A + A^t = A_1 + A_2 + A_1 - A_2 = 2A_1 \Leftrightarrow A_1 = \frac{1}{2}(A + A^t) \quad \text{e}$$

$$A - A^t = A_1 + A_2 - A_1 + A_2 = 2A_2 \Leftrightarrow A_2 = \frac{1}{2}(A - A^t).$$

Temos, então, que

$$A = A_1 + A_2 = \frac{1}{2}(A + A^t) + \frac{1}{2}(A - A^t) = A,$$

o que vale para qualquer matriz A $n\times n$. Portanto, a soma dos subespaços vetoriais S_1 e S_2 é o conjunto de todas as matrizes quadradas de ordem n, isto é, $S_1 + S_2 = M_{n\times n}$.

(b) Intersecção

Dos exemplos de somas de subespaços vetoriais vistos até o momento, pode-se ver que alguns subespaços têm elementos comuns a outros subespaços vetoriais. O conceito de *intersecção* de dois subespaços vetoriais é definido a seguir.

Definição 4
Dados dois subespaços vetoriais S_1 e S_2 de um espaço vetorial V, a intersecção deles é definida como o conjunto cujos elementos pertencem a ambos os subespaços vetoriais, ou seja, $S_1 \cap S_2 = \{v \mid v \in S_1 \text{ e } v \in S_2\}$.

Exemplo 1. Considere os subespaços vetoriais de $\mathbb{R}^3$ dados por $S_1 = \{(a, b, 0) \mid a, b \in \mathbb{R}\}$ e $S_2 = \{(0, c, d) \mid c, d \in \mathbb{R}\}$. A intersecção desses subespaços vetoriais é $S_1 \cap S_2 = \{(0, y, 0) \mid y \in \mathbb{R}\}$.

Exemplo 2. Considere os subespaços vetoriais de $p_n(x)$ dados por

$$p_2 = \{a_0 + a_1x + a_2x^2 \mid a_0, a_1, a_2 \in \mathbb{R}\} \quad \text{e}$$

$$p_3 = \{b_0 + b_1x + b_2x^2 + b_3x^3 \mid b_0, b_1, b_2, b_3 \in \mathbb{R}\}.$$

A intersecção desses subespaços vetoriais é o próprio subespaço vetorial

$$p_2 = \{c_0 + c_1x + c_2x^2 \mid c_0, c_1, c_2 \in \mathbb{R}\}.$$

Exemplo 3. Considere os subespaços vetoriais de $M_{n\times n}$ dados pelo conjunto

$$S_1 = \{A_{n\times n} \mid A^t = A\}$$

de todas as matrizes quadradas e simétricas de ordem n e pelo conjunto

$$S_2 = \{A_{n\times n} \mid A^t = -A\}$$

de todas as matrizes quadradas e antissimétricas de ordem n. Calcule a intersecção desses dois subespaços vetoriais.

Solução. A intersecção desses dois subespaços vetoriais tem que ser uma matriz A tal que $A^t = A$ e $A^t = -A$, de modo que $A = -A$, o que significa que $A = 0$, a matriz nula $n \times n$. Portanto, $S_1 \cap S_2 = \{0\}$.

(c) Soma direta

Consideremos agora dois subespaços vetoriais que não têm elementos em comum tais que a soma deles seja o espaço vetorial do qual eles são subespaços. Dizemos, então, que o espaço vetorial em questão é a *soma direta* de seus subespaços vetoriais. Esse conceito é formalizado na definição a seguir.

Definição 5
Um espaço vetorial V é a *soma direta* de seus subespaços vetoriais S_1 e S_2, o que se escreve como $V = S_1 \oplus S_2$, se $V = S_1 + S_2$ e $S_1 \cap S_2 = \varnothing$.

Exemplo 1. Considere os subespaços vetoriais de $\mathbb{R}^3$ dados por $S_1 = \{(a, b, 0) \mid a, b \in \mathbb{R}\}$ e $S_2 = \{(0, c, d) \mid c, d \in \mathbb{R}\}$. A soma desses subespaços vetoriais é

$$S_1 + S_2 = \{(x, y, z) \mid x, y, z \in \mathbb{R}\} = \mathbb{R}^3.$$

No entanto, $S_1 \cap S_2 = \{(0, y, 0) \mid y \in \mathbb{R}\} \neq \varnothing$, de modo que $\mathbb{R}^3$ não é a soma direta de S_1 e S_2.

Exemplo 2. Considere os subespaços vetoriais de $p_n(x)$ dados por

$$p_2 = \left\{a_0 + a_1x + a_2x^2 \mid a_0, a_1, a_2 \in \mathbb{R}\right\} \quad \text{e}$$
$$p_3 = \left\{b_0 + b_1x + b_2x^2 + b_3x^3 \mid b_0, b_1, b_2, b_3 \in \mathbb{R}\right\}.$$

Como $p_2 \subset p_3$, $p_n(x)$ não pode ser a soma direta desses dois subespaços vetoriais.

Exemplo 3. Considere os subespaços vetoriais de $M_{n \times n}$ dados pelo conjunto

$$S_1 = \left\{A_{n \times n} \mid A^t = A\right\}$$

de todas as matrizes quadradas e simétricas de ordem n e pelo conjunto

$$S_2 = \left\{A_{n \times n} \mid A^t = -A\right\}$$

de todas as matrizes quadradas e antissimétricas de ordem n. Verifique se $M_{n \times n}$ é a soma direta desses dois subespaços vetoriais.

SOLUÇÃO. Como $M_{n \times n} = S_1 + S_2$ (mostrado no exemplo 3 da subseção a) e $S_1 \cap S_2$ (mostrado no exemplo 4 da subseção b), então $M_{n \times n} = S_1 \oplus S_2$.

Resumo

- Um conjunto V sobre um corpo K é um **espaço vetorial** munido de operações de soma e produto por um escalar se ele tiver as seguintes propriedades.

  Propriedades da soma: para quaisquer elementos u, v e w pertencentes a V, temos
  S1) $u + v \in V$ (o conjunto V é *fechado* quanto à soma);
  S2) $u + v = v + u$ (comutativa);
  S3) $(u + v) + w = u + (v + w)$ (associativa);
  S4) $\exists\, 0 \in V$ tal que $v + 0 = v$ (existência do elemento neutro);
  S5) para qualquer $v \in V$, existe um $-v \in V$ tal que $(-v) + v = 0$ (existência de elementos inversos).

  Propriedades do produto por um escalar: para quaisquer elementos u e v pertencentes a V e $\alpha \in K$, temos
  P1) $\alpha u \in V$ (o conjunto V é fechado quanto ao produto por um escalar);
  P2) $\alpha(\beta v) = (\alpha\beta)v$ (associativa);
  P3) para o elemento $1 \in K$, $1 \cdot u = u$ (existência do elemento neutro).

  Propriedades mistas: para quaisquer elementos u e v pertencentes a V e $\alpha \in K$, temos
  M1) $\alpha(u+v) = \alpha u + \alpha v$ (distributiva da soma em relação ao produto por um escalar);
  M2) $(\alpha + \beta)v = \alpha v + \beta v$ (distributiva do produto por um escalar em relação à soma).

Subespaço vetorial: um subconjunto S de um espaço vetorial V sobre um corpo K é um *subespaço vetorial* se forem verificadas as seguintes condições:

1) o elemento neutro $0 \in S$;
2) para quaisquer $u, v \in S$, $u + v \in S$;
3) para qualquer $u \in S$ e qualquer $\alpha \in K$, $\alpha u \in S$.

Soma de subespaços vetoriais: dados dois subespaços vetoriais S_1 e S_2 de um espaço vetorial V, a soma deles é definida como o conjunto cujos elementos são as somas de um elemento de $v_1 \in S_1$ com um elemento de $v_2 \in S_2$, ou seja, $S_1 + S_2 = \{v_1 + v_2 \mid v_1 \in S_1 \text{ e } v_2 \in S_2\}$.

Intersecção de subespaços vetoriais: dados dois subespaços vetoriais S_1 e S_2 de um espaço vetorial V, a intersecção deles é definida como o conjunto cujos elementos pertencem a ambos os subespaços vetoriais, ou seja, $S_1 \cap S_2 = \{v \mid v \in S_1 \text{ e } v \in S_2\}$.

Soma direta: um espaço vetorial V é a *soma direta* de seus subespaços vetoriais S_1 e S_2, o que se escreve como $V = S_1 \oplus S_2$, se $V = S_1 + S_2$ e $S_1 \cap S_2 = \varnothing$.

Exercícios

Nível 1

Subespaços vetoriais

Exemplo 1. Verifique se $S = \{(x, y, y - x)\}$ é um subespaço vetorial de $\mathbb{R}^3$.

Solução. Vamos verificar se as três condições para que S seja subespaço vetorial de V são válidas. Primeiro, o elemento neutro do $\mathbb{R}^3$, $(0, 0, 0)$, pertence a S. Segundo, dados dois elementos $u = (u_x, u_y, u_y - u_x)$ e $v = (v_x, v_y, v_y - v_x)$ de S, temos

$$\begin{aligned} u + v &= (u_x, u_y, u_y - u_x) + (v_x, v_y, v_y - v_x) \\ &= (u_x + v_x, u_y + v_y, u_y - u_x + v_y - v_x) \\ &= (u_x + v_x, u_y + v_y, u_y + v_y - u_x - v_x) = (w_x, w_y, w_y - w_x), \end{aligned}$$

considerando $u_x + v_x = w_x$ e $u_y + v_y = w_y$. A terna ordenada $(w_x, w_y, w_y - w_x)$ é um elemento do conjunto S, de modo que $u + v \in S$.

Agora, dado um $\alpha \in \mathbb{R}$ e um $v = (v_x, v_y, v_y - v_x) \in S$, temos

$$\begin{aligned} \alpha v = \alpha(v_x, v_y, v_y - v_x) &= (\alpha v_x, \alpha v_y, \alpha(v_y - v_x)) \\ &= (\alpha v_x, \alpha v_y, \alpha v_y - \alpha v_x) = (w_x, w_y, w_y - w_x), \end{aligned}$$

onde $w_x = \alpha v_x$ e $w_y = \alpha v_y$. Como $(w_x, w_y, w_y - w_x)$ é um elemento de S, então $\alpha v \in S$. Mostramos, então, que S é um subespaço vetorial do espaço vetorial $\mathbb{R}^3$.

E1) Verifique se:

a) $S = \{(a, 0) \mid a, b \in \mathbb{R}\}$ é um subespaço vetorial de $\mathbb{R}^2$.

b) $S = \{(x, y, z) \mid ax + by + cz = 0\}$ é um subespaço vetorial de $\mathbb{R}^3$.

c) $S = \{a + bx^2 \mid a, b \in \mathbb{R}\}$ é um subespaço vetorial de $p_2(x)$.

d) $S = \left\{ M = \begin{pmatrix} a & 0 \\ 0 & a \end{pmatrix} \mid a \in \mathbb{R} \right\}$ é um subespaço vetorial de $M_{2\times 2}$.

e) $S = \{\text{matrizes } M_{2\times 2} \mid \det M \neq 0\}$ é um subespaço vetorial de $M_{2\times 2}$.

f) $S = \{\text{matrizes } M_{2\times 2} \mid \det M = 1\}$ é um subespaço vetorial de $M_{2\times 2}$.

g) $S = \{(x, y) \in \mathbb{R}^2 \mid x^2 + y^2 \leqslant R^2\}$ é um subespaço vetorial de $\mathbb{R}^2$.

h) $S = \{(x, y) \in \mathbb{R}^2 \mid x^2 + y^2 \geqslant R^2\}$ é um subespaço vetorial de $\mathbb{R}^2$.

SOMA DE SUBESPAÇOS VETORIAIS

Exemplo 2. Calcule a soma dos subespaços vetoriais

$$S_1 = \left\{ \begin{pmatrix} a \\ 0 \\ b \end{pmatrix} |a, b \in \mathbb{R} \right\} \quad \text{e} \quad S_2 = \left\{ \begin{pmatrix} c \\ d \\ 0 \end{pmatrix} |a, b \in \mathbb{R} \right\}.$$

SOLUÇÃO. A soma deles é o espaço vetorial

$$S_1 + S_2 = V_3 = \left\{ \begin{pmatrix} x \\ y \\ z \end{pmatrix} \mid x, y, z \in \mathbb{R} \right\}$$

de todos os vetores 3×1.

E2) Calcule as somas dos seguinte subespaços vetoriais:

a) $S_1 = \{(a, b, 0) \mid a, b \in \mathbb{R}\}$ e $S_2 = \{(c, d, 0) \mid c, d \in \mathbb{R}\}$.

b) $S_1 = \left\{ \begin{pmatrix} a & b & c \\ d & 0 & 0 \\ 0 & 0 & e \end{pmatrix} \mid a, b, c, d, e \in \mathbb{R} \right\}$

e $S_2 = \left\{ \begin{pmatrix} f & 0 & h \\ i & j & 0 \\ 0 & k & 0 \end{pmatrix} \mid f, g, h, i, j, k \in \mathbb{R} \right\}$.

c) $S_1 = \{(x, y) \in \mathbb{R}^2 \mid x = -y\}$ e $S_2 = \{(x, y) \in \mathbb{R}^2 \mid x = y\}$.

d) $p_2 = \{a + bx + cx^2 \mid a, b, c \in \mathbb{R}\}$ e $p_3 = \{d + ex + fx^2 + gx^3 \mid d, e, f, g \in \mathbb{R}\}$.

INTERSECÇÃO DE SUBESPAÇOS VETORIAIS

Exemplo 3. Calcule a intersecção dos subespaços vetoriais do exemplo 2.

SOLUÇÃO. A intersecção deles é $S_1 \cap S_2 = \left\{ \begin{pmatrix} x \\ 0 \\ 0 \end{pmatrix} \mid x \in \mathbb{R} \right\}$.

E3) Calcule as intersecções dos subespaços vetoriais do exercício E2.

Nível 2

E1) Verifique se os seguintes conjuntos são subespaços do espaço vetorial $\mathbb{R}^2$ sobre $\mathbb{R}$.

a) $\{(x, y, z) \in \mathbb{R}^3 \mid z = x + y\}$. b) $\{(x, y, z) \in \mathbb{R}^3 \mid z = x^2\}$.
c) $\{(x, y, z) \in \mathbb{R}^3 \mid z \geqslant 0\}$. d) $\{(x, y, z) \in \mathbb{R}^3 \mid x = y = 0\}$.
e) $\{(x, y, z) \in \mathbb{R}^3 \mid z = 2y + 1\}$. f) $\{(x, y, z) \in \mathbb{R}^3 \mid x + y + z = 0\}$.

E2) Verifique se o conjunto de todas as matrizes 2×2 que tenham determinantes iguais a zero é um subespaço vetorial do espaço $M_{2\times 2}$ sobre $\mathbb{R}$.

E3) Verifique se o conjunto de todas as matrizes 2×2 idempotentes ($A^2 = A$) é um subespaço vetorial do espaço $M_{2\times 2}$ sobre $\mathbb{R}$.

Nível 3

E1) Prove que S é um subespaço vetorial de um espaço vetorial V sobre um corpo K se, e somente se, $0 \in S$ e $\alpha v_1 + \beta v_2 \in S$ para todos $v_1, v_2 \in S$, $\alpha, \beta \in K$.

E2) Verifique se o conjunto de todas as matrizes $n \times n$ que comutam com uma matriz B é um subespaço vetorial do espaço $M_{n\times n}$ de todas as matrizes quadradas de ordem n sobre um corpo K.

E3) Verifique se o conjunto de todas as funções de $\mathbb{R}$ em $\mathbb{R}$ ímpares (aquelas para as quais $f(-x) = -f(x)$) são um subespaço vetorial do espaço vetorial de todas as funções de $\mathbb{R}$ em $\mathbb{R}$ sobre $\mathbb{R}$.

E4) Verifique se o conjunto de todos os polinômios de potências pares,

$$p_{2n}(x) = \left\{a_a + a_2x^2 + \cdots + a_{2n}x^{2n} \mid a_2, a_2, \cdots, a_{2n} \in \mathbb{R} \text{ e } x \in \mathbb{R}\right\},$$

é um subespaço vetorial de $P_n(x)$ (o conjunto de todos os polinômios com graus menores ou iguais a n) em $\mathbb{R}$.

E5) Mostre que a intersecção de n subespaços vetoriais de um espaço vetorial V sobre um corpo K é um subespaço vetorial de V.

Respostas

NÍVEL 1

E1) a) É um subespaço vetorial. b) É um subespaço vetorial.
c) É um subespaço vetorial. d) É um subespaço vetorial.
e) Não é um subespaço vetorial, pois é possível somar duas matrizes com determinante zero e obter uma matriz cujo determinante não é nulo.
f) Não é um subespaço vetorial, pois o produto de uma matriz de determinante 1 por um número qualquer α não resulta em uma matriz de determinante igual a 1.
g) Não é um subespaço vetorial, pois o produto de uma matriz de determinante 1 por um número qualquer não é fechado em relação à soma.
h) Não é um subespaço vetorial, pois ele não contém o elemento neutro.

E2) a) $S_1 + S_2 = \{(x, y, 0) \mid x, y \in \mathbb{R}\}$.

b) $S_1 + S_2 = \left\{ \begin{pmatrix} a & b & c \\ d & e & 0 \\ 0 & f & g \end{pmatrix} \mid a, b, c, d, e, f, g \in \mathbb{R} \right\}$.

c) $S_1 + S_2 = \{(x, y) \in \mathbb{R}^2 \mid x = \pm y\}$.

d) $p_1 + p_2 = \{a + bx + cx^2 + dx^3 \mid a, b, c, d \in \mathbb{R}\}$.

E3) a) $S_1 \cap S_2 = \{(x, y, 0) \mid x, y \in \mathbb{R}\}$.

b) $S_1 \cap S_2 = \left\{ \begin{pmatrix} a & 0 & b \\ c & 0 & 0 \\ 0 & 0 & 0 \end{pmatrix} \mid a, b, c \in \mathbb{R} \right\}$.

c) $S_1 \cap S_2 = \{(0, 0)\}$.

d) $p_1 \cap p_2 = \{a + bx + cx^2 \mid a, b, c \in \mathbb{R}\}$.

NÍVEL 2

E1) a) Sim. b) Não. c) Não. d) Sim. e) Não. f) Sim.

E2) Não.

E3) Não.

NÍVEL 3

E1) Se S satisfaz as condições dadas, então $0 \in S$ (primeira condição para um subespaço vetorial). Escolhendo $\alpha = \beta = 1$, temos $v_1 + v_2 \in S$ (segunda condição para um subespaço vetorial). Escolhendo $\beta = 0$, $\alpha v_1 \in S$ (terceira condição), de modo que S é um subespaço vetorial de V sobre o corpo K.

E2) Sim.

E3) Sim.

E4) Sim.

E5) Dados n subespaços vetoriais S_i $(i = 1, \cdots, n)$ do espaço vetorial V, consideremos o conjunto $S = S_1 \cap S_2 \cap \cdots \cap S_n$. Como cada S_i é subespaço vetorial de V, então $0 \in S_i$ e, portanto, $0 \in S$. Suponhamos $v_1, v_2 \in S$. Então, $v_1, v_2 \in S_i$ para todos os valores de i e, portanto, $v_1 + v_2 \in S_i$ para todos os valores de i, o que significa que $v_1 + v_2 \in S$. Se $v_1 \in S$, então $v_1 \in S_i$ para todos os valores de i, de modo que $\alpha v_1 \in S_i$, $\alpha \in K$, para todo i, de modo que $\alpha v_1 \in S$. Portanto, $S = S_1 \cap S_2 \cap \cdots \cap S_n$ é um subespaço vetorial de V sobre o corpo K.

E5) Como S_2 é um subespaço vetorial de V então $0 \in S_2$, de modo que, para todo $v_1 \in S_1$, $(v_1 + 0) \in (S_1 + S_2) \Leftrightarrow v_1 \in (S_1 + S_2)$, o que mostra que $S_1 \in (S_1 + S_2)$. De modo semelhante, como S_1 é um subespaço vetorial de V, então $0 \in S_1$, de modo que, para todo $v_2 \in S_2$, $(v_2 + 0) \in (S_1 + S_2) \Leftrightarrow v_2 \in (S_1 + S_2)$, o que mostra que $S_2 \in (S_1 + S_2)$.

3.3 Espaços vetoriais gerados

Neste capítulo, continuamos nosso estudo de espaços vetoriais. Analisaremos aqui como construir de modo eficiente um espaço vetorial a partir de elementos desse espaço. Para isso, usaremos os conceitos de combinações lineares e de espaços vetoriais gerados.

3.3.1 Combinações lineares

É muito útil sob diversos aspectos que possamos construir um elemento de determinado conjunto a partir de outros. Um exemplo são os vetores, em que, a partir dos *versores* (vetores de módulo 1) $\hat{\imath} = \binom{1}{0}$ e $\hat{\jmath} = \binom{0}{1}$, podemos construir qualquer vetor no plano escrevendo $\vec{v} = v_x\hat{\imath} + v_y\hat{\jmath}$, onde $v_x, v_y \in \mathbb{R}$. Por exemplo, na primeira figura a seguir construímos o vetor $\vec{v} = \binom{3}{2}$ a partir da combinação $\vec{v} = 3\hat{\imath} + 2\hat{\jmath}$. Também podemos escrever o mesmo vetor $\vec{v}$ como uma combinação $\vec{v} = \vec{u} + \vec{w}$ dos vetores $\vec{u} = \binom{-1}{1}$ e $\vec{w} = \binom{4}{1}$ (figura à direita).

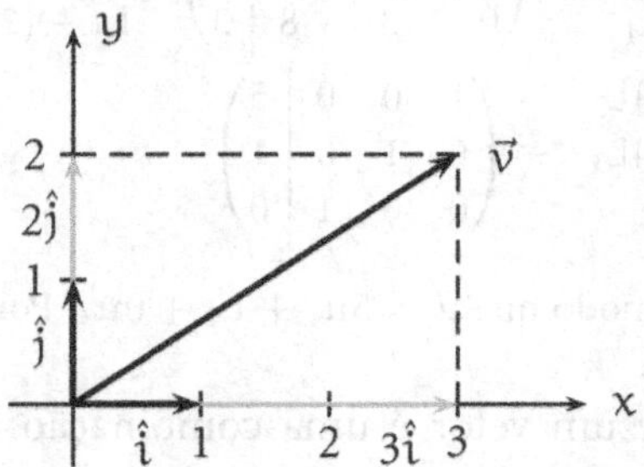

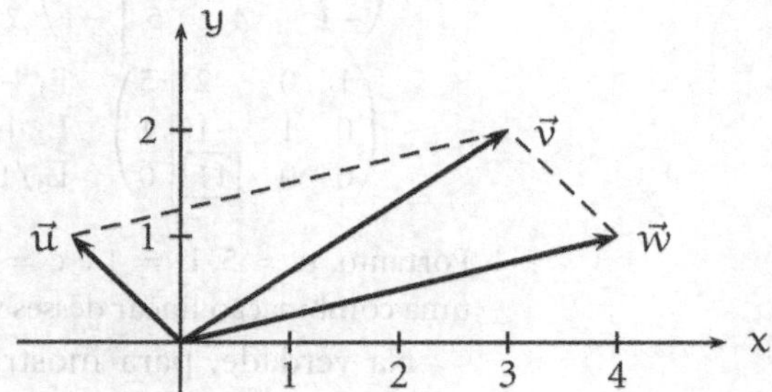

Dizemos que $\vec{v}$ é uma *combinação linear* dos versores $\hat{\imath}$ e $\hat{\jmath}$, ou dos vetores $\vec{v}$ e $\vec{w}$, pois foi construído a partir da soma desses versores e vetores multiplicados por números reais. Esse tipo de construção é generalizado a seguir para qualquer espaço vetorial.

Definição 1

Dados n elementos $v_1, v_2, v_3, \ldots, v_n$ de um espaço vetorial V sobre um corpo K, dizemos que $u \in V$ é uma **combinação linear** desses elementos se

$$u = \alpha_1 v_1 + \alpha_2 v_2 + \alpha_3 v_3 + \cdots + \alpha_n v_n,$$

onde $\alpha_1, \alpha_2, \alpha_3, \ldots, \alpha_n \in K$.

Exemplo 1. O polinômio $p(x) = 4 - 2x + 8x^2$ é uma combinação linear $p(x) = 4a_1(x) - 2a_2(x) + 8a_3(x)$ dos polinômios $a_1(x) = 1$, $a_2(x) = x$ e $a_3(x) = x^2$.

Exemplo 2. A matriz $A = \begin{pmatrix} 0 & 1 \\ 2 & -1 \end{pmatrix}$ é uma combinação linear $A = 2B - C$ das matrizes $B = \begin{pmatrix} 0 & 0 \\ 1 & 0 \end{pmatrix}$ e $C = \begin{pmatrix} 0 & -1 \\ 0 & 1 \end{pmatrix}$.

Exemplo 3. Verifique se $v = (4, 2, -1)$ é uma combinação linear dos vetores (ternas ordenadas) $u_1 = (1, 0, -1)$, $u_2 = (-1, 2, 4)$ e $u_3 = (3, -2, 5)$.

SOLUÇÃO. Se v for uma combinação linear dos vetores u_1, u_2 e u_3, então podemos escrever $v = au_1 + bu_2 + cu_3$, onde $a, b, c \in \mathbb{R}$. Reescrevendo esta expressão, ficamos com

$$\begin{aligned} v = au_1 + bu_2 + cu_3 &\Leftrightarrow (4, 2, -1) = a(1, 0, 3) + b(-1, 2, 4) + c(3, -2, 5) \\ &= (a - b + 3c, 2b - 2c, -a + 4b + 5c). \end{aligned}$$

Igualando os três termos das ternas ordenadas, temos, então, que

$$\begin{cases} a - b + 3c = 4 \\ 2b - 2c = 2 \\ -a + 4b + 5c = -1 \end{cases},$$

que é um sistema de equações lineares. Escrevendo esse sistema na forma de uma matriz expandida, podemos resolvê-lo usando o método de Gauss-Jordan:

$$\left(\begin{array}{ccc|c} \boxed{1} & -1 & 3 & 4 \\ 0 & 2 & -2 & 2 \\ -1 & 4 & 5 & -1 \end{array}\right) \begin{array}{l} L_1 \\ L_2 \\ L_3 + L_1 \end{array} \sim \left(\begin{array}{ccc|c} 1 & -1 & 3 & 4 \\ 0 & \boxed{2} & -2 & 2 \\ 0 & 3 & 8 & 3 \end{array}\right) \begin{array}{l} L_1 + (1/2)L_2 \\ L_2/2 \\ L_3 - (3/2)L_2 \end{array}$$

$$\sim \left(\begin{array}{ccc|c} 1 & 0 & 2 & 5 \\ 0 & 1 & -1 & 1 \\ 0 & 0 & \boxed{11} & 0 \end{array}\right) \begin{array}{l} L_1 - (2/11)L_3 \\ L_2 + (1/11)L_3 \\ L_3/11 \end{array} \sim \left(\begin{array}{ccc|c} 1 & 0 & 0 & 5 \\ 0 & 1 & 0 & 1 \\ 0 & 0 & 1 & 0 \end{array}\right)$$

Portanto, $a = 5$, $b = 1$ e $c = 0$, de modo que $v = 5u_1 + u_2 + 0u_3$. Portanto, v é uma combinação linear desses vetores.

Na verdade, para mostrar que um vetor é uma combinação linear de outros vetores, não é necessário especificar qual é a combinação linear adequada. Precisamos somente provar que existe uma combinação linear possível. Para ilustrar esse fato, voltemos ao problema do exemplo 3.

Exemplo 4. Verifique se $v = (4, 2, -1)$ é uma combinação linear dos vetores (ternas ordenadas) $u_1 = (1, 0, 3)$, $u_2 = (-1, 2, 4)$ e $u_3 = (3, -2, 5)$.

SOLUÇÃO. Do exemplo 3, sabemos que, para que v seja uma combinação linear $v = au_1 + bu_2 + cu_3$ dos vetores u_1, u_2 e u_3, as constantes a, b e c têm que ser uma solução do sistema de equações lineares

$$\begin{cases} a - b + 3c = 4 \\ 2b - 2c = 2 \\ -a + 4b + 5c = -1 \end{cases}.$$

Em vez de resolver esse sistema, basta mostrar que ele tem solução única, sem termos que calcular qual é essa solução. Para isso, basta mostrar que a matriz dos coeficientes desse sistema tem determinante diferente de zero:

$$\det\begin{pmatrix} 1 & -1 & 3 \\ 0 & 2 & -2 \\ -1 & 4 & 5 \end{pmatrix} = \begin{vmatrix} 1 & -1 & 3 \\ 0 & 2 & -2 \\ -1 & 4 & 5 \end{vmatrix}$$

$$= (10 - 2 + 0) - (-8 - 0 - 6)$$

$$= 8 - (-14) = 8 + 14 = 22 \neq 0.$$

Portanto, existe uma combinação linear de u_1, u_2 e u_3 que resulta no vetor v.

Exemplo 5. Mostre que $v = x^2 - 2x$ é uma combinação linear de $u_1 = x + 3$, $u_2 = x^2 - 2$ e $u_3 = 4 - 2x + x^2$.

SOLUÇÃO. Para que isso seja verdade, devemos poder escrever $v = a_1u_1 + a_2u_2 + a_3u_3$ para $a_1, a_2, a_3 \in \mathbb{R}$, o que significa

$$x^2 - 2x = a_1(x+3) + a_2(x^2 - 2) + a_3(4 - 2x + x^2)$$

$$\Leftrightarrow a_1x + 3a_1 + a_2x^2 - 2a_2 + 4a_3 - 2a_3x + a_3x^2 = x^2 - 2x$$

$$\Leftrightarrow \begin{cases} 3a_1 - 2a_2 + 4a_3 = 0 \\ a_1 - 2a_3 = -2 \\ a_2 + a_3 = 1 \end{cases},$$

que, em forma de matriz expandida, fica $\left(\begin{array}{ccc|c} 3 & -2 & 4 & 0 \\ 1 & 0 & -2 & -2 \\ 0 & 1 & 1 & 1 \end{array}\right)$.

Temos, então,

$$\begin{vmatrix} 3 & -2 & 4 \\ 1 & 0 & -2 \\ 0 & 1 & 1 \end{vmatrix} = (0 + 0 + 4) - (-6 - 2 + 0) = 4 - (-8) = 4 + 8 = 12 \neq 0,$$

de modo que existe uma combinação linear dos polinômios u_1, u_2 e u_3 que resulta no polinômio v.

Exemplo 6. Mostre que $A = \begin{pmatrix} 3 & -1 \\ 2 & 4 \end{pmatrix}$ é uma combinação linear de $B_1 = \begin{pmatrix} -1 & 2 \\ 3 & 1 \end{pmatrix}$, $B_2 = \begin{pmatrix} 0 & -1 \\ 3 & 4 \end{pmatrix}$, $B_3 = \begin{pmatrix} 2 & -4 \\ 1 & -1 \end{pmatrix}$ e $B_4 = \begin{pmatrix} -2 & 0 \\ 3 & -1 \end{pmatrix}$.

SOLUÇÃO. Temos que provar que existem a_1, a_2, a_3 e a_4 de modo que $A = a_1B_1 + a_2B_2 + a_3B_3 + a_4B_4$, o que implica que devemos ter

$$\begin{pmatrix} 3 & -1 \\ 2 & 4 \end{pmatrix} = a_1\begin{pmatrix} -1 & 2 \\ 3 & 1 \end{pmatrix} + a_2\begin{pmatrix} 0 & -1 \\ 3 & 4 \end{pmatrix} + a_3\begin{pmatrix} 2 & -4 \\ 1 & -1 \end{pmatrix} + a_4\begin{pmatrix} -2 & 0 \\ 3 & -1 \end{pmatrix}$$

$$\Leftrightarrow \begin{cases} -a_1 + 2a_3 - 2a + 4 = 3 \\ 2a_1 - a_2 - 4a_3 = -1 \\ 3a_1 + 3a_2 + a_3 + 3a_4 = 2 \\ a_1 + 4a_2 - a_3 - a_4 = 4 \end{cases} \Leftrightarrow \left(\begin{array}{cccc|c} -1 & 0 & 2 & -2 & 3 \\ 2 & -1 & -4 & 0 & -1 \\ 3 & 3 & 1 & 3 & 2 \\ 1 & 4 & -1 & -1 & 4 \end{array}\right).$$

Podemos calcular o determinante da matriz dos coeficientes utilizando o procedimento de Gauss e depois calculando o produto dos elementos da diagonal principal de sua forma escalonada:

$$\begin{pmatrix} \boxed{-1} & 0 & 2 & -2 \\ 2 & -1 & -4 & 0 \\ 3 & 3 & 1 & 3 \\ 1 & 4 & -1 & -1 \end{pmatrix} \begin{matrix} \\ L_2 + 2L_1 \\ L_3 + 3L_1 \\ L_4 + L_1 \end{matrix} \sim \begin{pmatrix} -1 & 0 & 2 & -2 \\ 0 & \boxed{-1} & 0 & -4 \\ 0 & 3 & 7 & -3 \\ 0 & 4 & 1 & -3 \end{pmatrix} \begin{matrix} \\ \\ L_3 + 3L_2 \\ L_4 + 4L_2 \end{matrix}$$

$$\sim \begin{pmatrix} -1 & 0 & 2 & -2 \\ 0 & -1 & 0 & -4 \\ 0 & 0 & \boxed{7} & -15 \\ 0 & 0 & 1 & -19 \end{pmatrix} \begin{matrix} \\ \\ \\ L_4 - (1/7)L_3 \end{matrix} \sim \begin{pmatrix} -1 & 0 & 2 & -2 \\ 0 & -1 & 0 & -4 \\ 0 & 0 & 7 & -15 \\ 0 & 0 & 0 & -118/7 \end{pmatrix}.$$

Temos, então, que o determinante da matriz dos coeficientes é $(-1) \cdot (-1) \cdot 7 \cdot \left(-\frac{118}{7}\right) = -118 \neq 0$. Portanto, a matriz A é uma combinação linear das matrizes B_1, B_2, B_3 e B_4.

No exemplo que acabamos de ver, com um pouco mais de contas, teríamos chegado aos valores dos coeficientes a_1, a_2, a_3 e a_4. Mesmo assim, calculando somente o determinante, fizemos um pouco menos de contas. Porém, isto pode ser crucial quando se lida com sistemas de equações lineares com um número muito grande de equações e de variáveis.

Exemplo 7. Mostre que $v = \begin{pmatrix} 3 \\ -2 \\ 4 \end{pmatrix}$ é uma combinação linear de

$$u_1 = \begin{pmatrix} 1 \\ 0 \\ -1 \end{pmatrix}, \quad u_2 = \begin{pmatrix} 2 \\ 1 \\ -4 \end{pmatrix} \quad \text{e} \quad u_3 = \begin{pmatrix} -2 \\ 0 \\ 2 \end{pmatrix}.$$

SOLUÇÃO. Temos que mostrar que existem a_1, a_2 e a_3 reais tais que $v = a_1u_1 + a_2u_2 + a_3u_3$, isto é, que

$$\begin{pmatrix} 3 \\ -2 \\ 4 \end{pmatrix} = a_1 \begin{pmatrix} 1 \\ 0 \\ -1 \end{pmatrix} + a_2 \begin{pmatrix} 2 \\ 1 \\ -4 \end{pmatrix} + a_3 \begin{pmatrix} -2 \\ 0 \\ 2 \end{pmatrix} \Leftrightarrow \begin{cases} a_1 + 2a_2 - 2a_3 = 3 \\ a_2 = -2 \\ -a_1 - 4a_2 + 2a_3 = 4 \end{cases}.$$

O determinante da matriz dos coeficientes fica

$$\det \begin{pmatrix} 1 & 2 & -2 \\ 0 & 1 & 0 \\ -1 & -4 & 2 \end{pmatrix} = (2 + 0 + 0) - (0 + 0 + 2) = 2 - 2 = 0.$$

Portanto, não existe solução única para esse sistema de equações. Isso não significa que v não seja uma combinação linear de u_1, u_2 e u_3. Ainda há a possibilidade de infinitas soluções (sistema possível e indeterminado). Para verificar isso, teremos que resolver o sistema de equações. Usando a forma de matriz expandida, temos

$$\left(\begin{array}{ccc|c} \boxed{1} & 2 & -2 & 3 \\ 0 & 1 & 0 & -2 \\ -1 & -4 & 2 & 4 \end{array}\right) \begin{matrix} L_1 \\ L_2 \\ L_3 + L_1 \end{matrix} \sim \left(\begin{array}{ccc|c} 1 & 2 & -2 & 3 \\ 0 & \boxed{1} & 0 & -2 \\ 0 & -2 & 0 & 7 \end{array}\right) \begin{matrix} L_1 - 2L_2 \\ L_2 \\ L_3 + 2L_2 \end{matrix}$$

$$\sim \left(\begin{array}{ccc|c} 1 & 0 & -2 & 7 \\ 0 & 1 & 0 & -2 \\ 0 & 0 & 0 & 3 \end{array}\right).$$

Como $0 \neq 3$, esse sistema não tem solução e, portanto, v não é uma combinação linear de u_1, u_2 e u_3.

Exemplo 8. Mostre que $v = (3,-2,6)$ é uma combinação linear de $u_1 = (1,0,-1)$, $u_2 = (2,1,-4)$ e $u_3 = (-2,0,2)$.

Solução. Aqui, a única mudança em relação ao exemplo 7 é o último elemento da terna ordenada v. Temos, então,

$$(3,-2,6) = a_1(1,0,-1)+a_2(2,1,-4)+a_3(-2,0,2) \Leftrightarrow \begin{cases} a_1 + 2a_2 - 2a_3 = 3 \\ a_2 = -2 \\ -a_1 - 4a_2 + 2a_3 = 6 \end{cases}.$$

O determinante da matriz dos coeficientes desse sistema de equações lineares continua sendo zero, de modo que não há solução única para ele. Usando a forma da matriz expandida, temos

$$\left(\begin{array}{ccc|c} \boxed{1} & 2 & -2 & 3 \\ 0 & 1 & 0 & -2 \\ -1 & -4 & 2 & 6 \end{array}\right) \begin{array}{l} L_1 \\ L_2 \\ L_3 + L_1 \end{array} \sim \left(\begin{array}{ccc|c} 1 & 2 & -2 & 3 \\ 0 & \boxed{1} & 0 & -2 \\ 0 & -2 & 0 & 4 \end{array}\right) \begin{array}{l} L_1 - 2L_2 \\ L_2 \\ L_3 + 2L_2 \end{array}$$

$$\sim \left(\begin{array}{ccc|c} 1 & 0 & -2 & 7 \\ 0 & 1 & 0 & -2 \\ 0 & 0 & 0 & 0 \end{array}\right).$$

Esse sistema tem infinitas soluções (é possível e indeterminado), de modo que v agora é uma combinação linear de u_1, u_2 e u_3.

O importante nas combinações lineares é que elas tornam possível construir muitos elementos de um espaço vetorial usando somente alguns poucos vetores. Podemos, inclusive, construir todos os elementos de um espaço vetorial utilizando combinações lineares de alguns de seus elementos. Este é o assunto da próxima seção.

3.3.2 Geradores de espaços vetoriais

Voltemos ao exemplo dos vetores no plano, visto no início deste capítulo. Mediante combinações lineares dos versores $\hat{\imath}$ e $\hat{\jmath}$, podemos montar qualquer vetor no plano: $\vec{u} = u_x\hat{\imath} + u_y\hat{\jmath}$. De forma semelhante, qualquer vetor no espaço pode ser montado usando os versores

$$\hat{\imath} = \begin{pmatrix}1\\0\\0\end{pmatrix}, \quad \hat{\jmath} = \begin{pmatrix}0\\1\\0\end{pmatrix} \quad \text{e} \quad \hat{k} = \begin{pmatrix}0\\0\\1\end{pmatrix} : \qquad \vec{u} = u_x\hat{\imath}+u_y\hat{\jmath}+u_z\hat{k}.$$

Dizemos, então, que os versores $\hat{\imath}$, $\hat{\jmath}$ e $\hat{k}$ *geram* o espaço v_3 de todos os vetores no espaço.

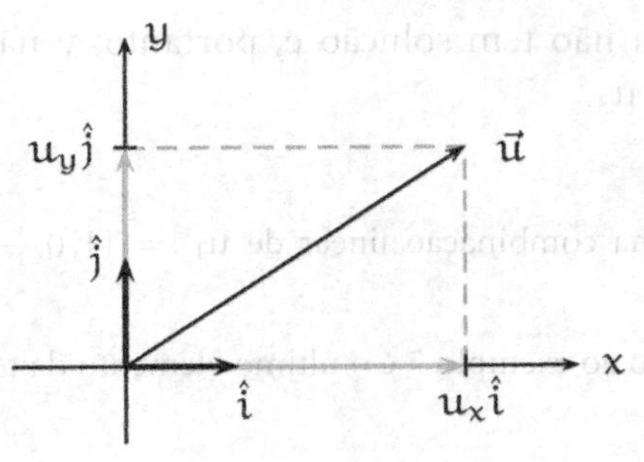

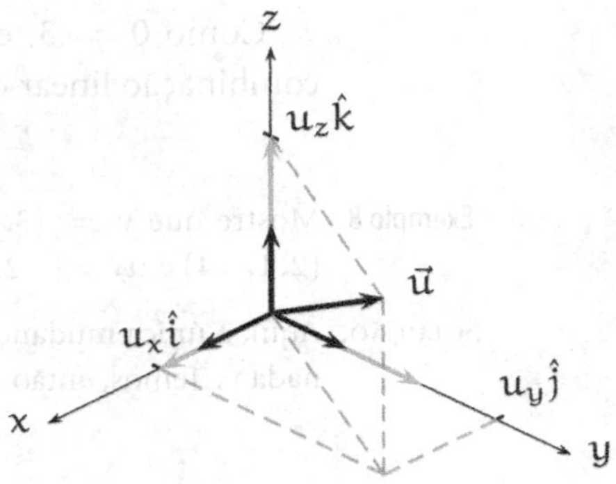

A seguir, generalizamos esse conceito para um espaço vetorial qualquer.

Definição 2

Dado um espaço vetorial V sobre um corpo K, os vetores $v_1, v_2, \ldots, v_n$ **geram** V se qualquer elemento de V puder ser escrito como uma combinação linear desses elementos usando o corpo K.

Exemplo 1. Mostre que o espaço vetorial v_3 de todos os vetores 3×1 é gerado pelos versores $\hat{\imath}$, $\hat{\jmath}$ e $\hat{k}$.

SOLUÇÃO. Qualquer elemento $\vec{u} = \begin{pmatrix} u_x \\ u_y \\ u_z \end{pmatrix}$ pode ser escrito como

$$\vec{u} = \begin{pmatrix} u_x \\ u_y \\ u_z \end{pmatrix} = u_x \begin{pmatrix} 1 \\ 0 \\ 0 \end{pmatrix} + u_y \begin{pmatrix} 0 \\ 1 \\ 0 \end{pmatrix} + u_z \begin{pmatrix} 0 \\ 0 \\ 1 \end{pmatrix} = u_x\hat{\imath} + u_y\hat{\jmath} + u_z\hat{k},$$

de modo que o espaço vetorial v_3 é gerado por esses três vetores.

Exemplo 2. Mostre que o espaço vetorial $\mathbb{R}^3$ é gerado pelos vetores $u_1 = (1, 0, 3)$, $u_2 = (-1, 2, 4)$ e $u_3 = (3, -2, 5)$.

SOLUÇÃO. Temos que mostrar que qualquer vetor $v = (x, y, z) \in \mathbb{R}^3$ pode ser escrito como uma combinação linear de u_1, u_2 e u_3. Isto significa que

$$(x, y, z) = a_1(1, 0, 3) + a_2(-1, 2, 4) + a_3(3, -2, 5) \Leftrightarrow \begin{cases} a_1 - a_2 + 3a_3 = x \\ 2a_2 - 2a_3 = y \\ 3a_1 + 4a_2 + 5a_3 = z \end{cases}.$$

Resolvemos esse sistema de equações lineares usando o algoritmo de Gauss-Jordan para os valores arbitrários de x, y e z:

$$\left(\begin{array}{ccc|c} \boxed{1} & -1 & 3 & x \\ 0 & 2 & -2 & y \\ 3 & 4 & 5 & z \end{array}\right) \begin{array}{l} L_1 \\ L_2 \\ L_3 - 3L1 \end{array}$$

$$\sim \left(\begin{array}{ccc|c} 1 & -1 & 3 & x \\ 0 & \boxed{2} & -2 & y \\ 0 & 7 & -4 & z - 3x \end{array}\right) \begin{array}{l} L_1 + (1/2)L_2 \\ L_2/2 \\ L_3 - (7/2)L2 \end{array}$$

$$\sim \left(\begin{array}{ccc|c} 1 & 0 & 2 & x+(1/2)y \\ 0 & 1 & -1 & y/2 \\ 0 & 0 & \boxed{3} & z-3x-(7/2)y \end{array}\right) \begin{array}{l} L_1-(2/3)L_3 \\ L_2+(1/3)L_3 \\ L_3/3 \end{array}$$

$$\sim \left(\begin{array}{ccc|c} 1 & 0 & 0 & 3x+(17/6)y-(2/3)z \\ 0 & 1 & 0 & -x-(4/6)y+(1/3)z \\ 0 & 0 & 1 & -x-(7/6)y+(1/3)z \end{array}\right).$$

Portanto, todo vetor $(x, y, z) \in \mathbb{R}^3$ pode ser gerado por uma determinada combinação linear dos vetores u_1, u_2 e u_3. Por exemplo, escolhendo $(x, y, z) = (2, -6, 6)$, então a expressão $a_1u_1 + a_2u_2 + a_3u_3$ com coeficientes

$$a_1 = 3x + \frac{17}{6}y - \frac{2}{3}z = 3 \cdot 2 + \frac{17}{6} \cdot (-6) - \frac{2}{3} \cdot 6 = 6 - 17 - 4 = -15,$$
$$a_2 = -x - \frac{4}{6}y + \frac{1}{3}z = -2 - \frac{4}{6} \cdot (-6) + \frac{1}{3} \cdot 6 = -2 + 4 + 2 = 4,$$
$$a_3 = -x - \frac{7}{6}y + \frac{1}{3}z = -2 - \frac{7}{6} \cdot (-6) + \frac{1}{3} \cdot 6 = -2 + 7 + 2 = 7,$$

é uma combinação linear desse vetor:

$$\begin{aligned} -15(1,0,3) + 4(-1,2,4) + 7(3,-2,5) &= (-15,0,-45) \\ &\quad + (-4,8,16) + (21,-14,35) \\ &= (2,-6,6). \end{aligned}$$

No entanto, da mesma forma como vimos na seção passada deste capítulo, não é necessário resolver esse sistema de equações lineares, bastando provar que existe uma solução para ele. Calculando o determinante da matriz dos coeficientes desse sistema, temos

$$\det \begin{pmatrix} 1 & -1 & 3 \\ 0 & 2 & -2 \\ 3 & 4 & 5 \end{pmatrix} = (10+6+0) - (-8-0+18) = 16 - 10 = 6 \neq 0.$$

Portanto, para qualquer vetor $v \in \mathbb{R}^3$, existe sempre uma combinação linear dos vetores u_1, u_2 e u_3 dados que resulta nesse vetor. Sendo assim, esses vetores geram o espaço $\mathbb{R}^3$.

Exemplo 3. Mostre que o espaço vetorial $p_2(x)$ de todos os polinômios de graus menores ou iguais a 2 é gerado pelos polinômios $u_1 = x + 3$, $u_2 = x^2 - 2$ e $u_3 = 4 - 2x + x^2$.

SOLUÇÃO. Precisamos provar que qualquer polinômio $v = ax^2 + bx + c$ pode ser escrito como $v = a_1u_1 + a_2u_2 + a_3u_3$, isto é,

$$\begin{aligned} & ax^2 + bx + c = a_1(x+3) + a_2(x^2-2) + a_3(4-2x+x^2) \\ \Leftrightarrow\ & a_1x + 3a_1 + a_2x^2 - 2a_2 + 4a_3 - 2a_3x + a_3x^2 = ax^2 + bx + c \\ \Leftrightarrow\ & \begin{cases} a_2 + a_3 = a \\ a_1 - 2a_3 = b \\ 3a_1 - 2a_2 + 4a_3 = c \end{cases}. \end{aligned}$$

Calculando o determinante da matriz dos coeficientes desse sistema de equações, temos

$$\begin{vmatrix} 0 & 1 & 1 \\ 1 & 0 & -2 \\ 3 & -2 & 4 \end{vmatrix} = (0-6-2) - (0+4+0) = -8 - 4 = -12 \neq 0,$$

de modo que existe uma combinação linear dos polinômios u_1, u_2 e u_3 que resulta em qualquer $v \in p_2(x)$. Portanto, esses vetores geram $p_2(x)$.

Exemplo 4. Mostre que o espaço vetorial $M_{2\times 2}$ de todas as matrizes 2×2 é gerado pelas matrizes

$$B_1 = \begin{pmatrix} -1 & 2 \\ 3 & 1 \end{pmatrix}, B_2 = \begin{pmatrix} 0 & -1 \\ 3 & 4 \end{pmatrix}, B_3 = \begin{pmatrix} 2 & -4 \\ 1 & -1 \end{pmatrix} \text{ e } B_4 = \begin{pmatrix} -2 & 0 \\ 3 & -1 \end{pmatrix}.$$

Solução. Temos que provar que qualquer matriz 2×2 pode ser escrita como uma combinação linear das matrizes B_1, B_2, B_3 e B_4. Podemos escrever isto da seguinte forma:

$$\begin{pmatrix} a & b \\ c & d \end{pmatrix} = a_1 \begin{pmatrix} -1 & 2 \\ 3 & 1 \end{pmatrix} + a_2 \begin{pmatrix} 0 & -1 \\ 3 & 4 \end{pmatrix} + a_3 \begin{pmatrix} 2 & -4 \\ 1 & -1 \end{pmatrix} + a_4 \begin{pmatrix} -2 & 0 \\ 3 & -1 \end{pmatrix}$$

$$\Leftrightarrow \begin{cases} -a_1 + 2a_3 - 2a + 4 = a \\ 2a_1 - a_2 - 4a_3 = b \\ 3a_1 + 3a_2 + a_3 + 3a_4 = c \\ a_1 + 4a_2 - a_3 - a_4 = d \end{cases} \Leftrightarrow \begin{pmatrix} -1 & 0 & 2 & -2 & a \\ 2 & -1 & -4 & 0 & b \\ 3 & 3 & 1 & 3 & c \\ 1 & 4 & -1 & -1 & d \end{pmatrix}.$$

O determinante da matriz dos coeficientes já foi calculado no exemplo 6 da seção anterior. O resultado foi -118 e, portanto, as matrizes B_1, B_2, B_3 e B_4 geram o espaço vetorial $M_{2\times 2}$.

Exemplo 5. Mostre que o espaço $\mathbb{R}^3$ é gerado pelos vetores

$$u_1 = (1, 0, -1), \quad u_2 = (2, 1, -4) \quad \text{e} \quad u_3 = (-2, 0, 2).$$

Solução. Temos que mostrar que qualquer vetor $u = (x, y, z)$ pertencente a $\mathbb{R}^3$ pode ser escrito como uma combinação linear dos vetores u_1, u_2 e u_3:

$$(x, y, z) = a_1(1, 0, -1) + a_2(2, 1, -4) + a_3(-2, 0, 2) \Leftrightarrow \begin{cases} a_1 + 2a_2 - 2a_3 = x \\ a_2 = y \\ -a_1 - 4a_2 + 2a_3 = z \end{cases}.$$

O determinante da matriz dos coeficientes fica

$$\det \begin{pmatrix} 1 & 2 & -2 \\ 0 & 1 & 0 \\ -1 & -4 & 2 \end{pmatrix} = (2 + 0 + 0) - (0 + 0 + 2) = 2 - 2 = 0,$$

de modo que não existe solução única para esse sistema de equações. Resolvendo o sistema de equações lineares usando a forma de matriz expandida, temos

$$\left(\begin{array}{ccc|c} \boxed{1} & 2 & -2 & x \\ 0 & 1 & 0 & y \\ -1 & -4 & 2 & z \end{array}\right) \begin{array}{l} L_1 \\ L_2 \\ L_3 + L_1 \end{array} \sim \left(\begin{array}{ccc|c} 1 & 2 & -2 & x \\ 0 & \boxed{1} & 0 & y \\ 0 & -2 & 0 & x + z \end{array}\right) \begin{array}{l} L_1 - 2L_2 \\ L_2 \\ L_3 + 2L_2 \end{array}$$

$$\sim \left(\begin{array}{ccc|c} 1 & 0 & -2 & x - 2y \\ 0 & 1 & 0 & y \\ 0 & 0 & 0 & x + 2y + z \end{array}\right).$$

O sistema só tem solução se $x + 2y + z = 0$, impondo uma condição sobre a forma do vetor u. Isso não é possível, pois a combinação linear deve existir para quaisquer valores de x, y e z. Portanto, os vetores u_1, u_2 e u_3 não geram o $\mathbb{R}^3$.

Exemplo 6. Verifique se os vetores $u_1 = \binom{1}{-2}$ e $u_2 = \binom{-2}{4}$ geram o espaço vetorial v_2 de todos os vetores 2×1.

Solução. Para que isso aconteça, qualquer vetor $v = \binom{a}{b}$ desse espaço deve poder ser conseguido através de uma combinação linear dos vetores u_1 e u_2. Desse modo, devemos ter $v = a_1 u_1 + a_2 u_2$ para valores adequados de a_1 e a_2. Desse modo,

$$\begin{pmatrix} a \\ b \end{pmatrix} = a_1 \begin{pmatrix} 1 \\ -2 \end{pmatrix} + a_2 \begin{pmatrix} -2 \\ 4 \end{pmatrix} \Leftrightarrow \begin{cases} a_1 - 2a_2 = a \\ -2a_1 + 4a_2 = b \end{cases}.$$

O determinante da matriz dos coeficientes desse sistema de equações fica

$$\det \begin{pmatrix} 1 & -2 \\ -2 & 4 \end{pmatrix} = 4 - 4 = 0,$$

de modo que pode haver infinitas soluções ou nenhuma. Resolvendo o sistema, temos

$$\left(\begin{array}{cc|c} \boxed{1} & -2 & a \\ -2 & 4 & b \end{array}\right) \begin{array}{l} L_1 \\ L_2 + 2L_1 \end{array} \sim \left(\begin{array}{cc|c} 1 & -2 & a \\ 0 & 0 & 2a + b \end{array}\right).$$

Isto estabelece uma relação entre a e b que não pode existir se a e b forem números quaisquer. Portanto, os vetores u_1 e u_2 não geram o espaço vetorial v_2.

Como pudemos ver nos exemplos 5 e 6, não é sempre que vetores geram um determinado espaço vetorial. No exemplo 5, isso não foi possível porque conseguimos escrever $u_3 = -u_1$; no exemplo 6, isto não foi possível porque conseguimos escrever $u_2 = -2u_1$, isto é, os vetores u_1 e u_2 dependem um do outro. Isso nos leva aos conceitos de *dependência* e *independência linear*, que serão vistos no próximo capítulo.

Outro resultado dos exemplos 5 e 6 é que, para que vetores $v_1, v_2, \dots, v_n$ gerem um determinado espaço vetorial V, é necessário que o determinante da matriz dos coeficientes de um sistema de equações resultante de uma condição $u = \alpha_1 v_1 + \alpha_2 v_2 + \alpha_3 v_3 + \cdots + \alpha_n v_n$, onde u é qualquer vetor pertencente a V, seja diferente de zero. Isso porque mesmo um sistema possível e indeterminado estabelece condições sobre os componentes de u, o que não pode ser feito para um vetor u suficientemente geral.

Resumo

- Dados n elementos $v_1, v_2, v_3, \dots, v_n$ de um espaço vetorial V sobre um corpo K, dizemos que $u \in V$ é uma combinação linear desses elementos se

$$u = \alpha_1 v_1 + \alpha_2 v_2 + \alpha_3 v_3 + \cdots + \alpha_n v_n,$$

onde $\alpha_1, \alpha_2, \alpha_3, \dots, \alpha_n \in K$.

- Para mostrar que um vetor v é o resultado de determinada combinação linear $u = \alpha_1 v_1 + \alpha_2 v_2 + +\alpha_3 v_3 + \cdots + \alpha_n v_n$, basta mostrar que o determinante da matriz dos coeficientes do sistema de equações lineares resultante dessa condição é diferente de zero. Caso o determinante seja zero, deve-se verificar se existem infinitas soluções ou nenhuma.

- Dado um espaço vetorial V sobre um corpo K, os vetores $v_1, v_2, \ldots, v_n$ **geram** V se qualquer elemento de V puder ser escrito como uma combinação linear desses elementos usando o corpo K.
- Para mostrar que um espaço vetorial V é gerado por um determinado número de vetores $v_1, v_2, \ldots, v_n \in V$ é necessário provar que o determinante da matriz dos coeficientes de um sistema de equações resultante de uma condição $u = \alpha_1 v_1 + \alpha_2 v_2 + \alpha_3 v_3 + \cdots + \alpha_n v_n$, onde u é qualquer vetor pertencente a V, é diferente de zero.

Exercícios

Nível 1

Combinações lineares

Exemplo 1. Verifique se $v = (3, -2, 0)$ é uma combinação linear dos vetores $u_1 = (-2, 1, 1)$, $u_2 = (1, 4, -3)$ e $u_3 = (1, 0, 4)$.

Solução. Se v for uma combinação linear dos vetores u_1, u_2 e u_3, então podemos escrever $v = au_1 + bu_2 + cu_3$, onde $a, b, c \in \mathbb{R}$. Reescrevendo esta expressão, temos

$$v = au_1 + bu_2 + cu_3 \Rightarrow (3, -2, 0) = a(-2, 1, 1) + b(1, 4, -3) + c(1, 0, 4) \Leftrightarrow \begin{cases} -2a + b + c = 3 \\ a + 4b = -2 \\ a - 3b + 4c = 0 \end{cases}.$$

O determinante da matriz dos coeficientes desse sistema fica

$$\det \begin{pmatrix} -2 & 1 & 1 \\ 1 & 4 & 0 \\ 1 & -3 & 4 \end{pmatrix} = (-32 + 0 - 3) - (0 + 4 + 4) = -35 - 8 = -43 \neq 0.$$

Como o determinante da matriz dos coefientes é diferente de zero, então existe solução única para o sistema de equações lineares e v é uma combinação linear dos vetores u_1, u_2 e u_3.

E1) Verifique se:

a) $v = (1, 2, -1)$ é uma combinação linear de $e_1 = (1, 0, 0)$, $e_2 = (0, 1, 0)$ e $e_3 = (0, 0, 1)$.

b) $v = (3, -2, 4)$ é uma combinação linear de $u_1 = (1, 0, -1)$, $u_2 = (2, 1, -4)$ e $u_3 = (-2, 0, 2)$.

c) $v = x^2 - 2x$ é uma combinação linear de $u_1 = x + 3$, $u_2 = x^2 - 2$ e $u_3 = 4$.

d) $v = \begin{pmatrix} 3 & -1 \\ 2 & 4 \end{pmatrix}$ é uma combinação linear de $u_1 = \begin{pmatrix} -1 & 2 \\ 3 & 1 \end{pmatrix}$, $u_2 = \begin{pmatrix} 0 & -1 \\ 3 & 4 \end{pmatrix}$, $u_3 = \begin{pmatrix} 2 & -4 \\ 1 & -1 \end{pmatrix}$ e $u_4 = \begin{pmatrix} -2 & 0 \\ 3 & -1 \end{pmatrix}$.

Espaços vetoriais gerados

Exemplo 2. Verifique se o espaço vetorial $\mathbb{R}^3$ sobre $\mathbb{R}$ é gerado pelos vetores $u_1 = (2, -1, 1)$, $u_2 = (1, 4, -1)$ e $u_3 = (5, 2, 1)$.

Solução. Para que esses vetores gerem $\mathbb{R}^3$, qualquer vetor $v = (x, y, z) \in \mathbb{R}^3$ deve poder ser escrito como uma combinação linear de u_1, u_2 e u_3. Isso significa que

$$(x, y, z) = a_1(2, -1, 1) + a_2(1, 4, -1) + a_3(5, 2, 1) \Leftrightarrow \begin{cases} 2a_1 + a_2 + 5a_3 = x \\ -a_1 + 4a_2 + 2a_3 = y \\ a_1 - a_2 + a_3 = z \end{cases}.$$

O determinante da matriz dos coeficientes desse sistema de equações lineares fica

$$\det \begin{pmatrix} 2 & 1 & 5 \\ -1 & 4 & 2 \\ 1 & -1 & 1 \end{pmatrix} = (8 + 2 + 5) - (-4 - 1 + 20) = 15 - 15 = 0.$$

Como o determinante é zero, os vetores u_1, u_2 e u_3 não geram o $\mathbb{R}^3$.

E2) Verifique se:

a) o espaço vetorial $\mathbb{R}^3$ sobre $\mathbb{R}$ é gerado pelos vetores $e_1 = (1, 0, 0)$, $e_2 = (0, 1, 0)$ e $e_3 = (0, 0, 1)$.

b) o espaço vetorial $M_{3\times 1}$ sobre $\mathbb{R}$ é gerado pelos vetores

$$u_1 = \begin{pmatrix} 2 \\ -1 \\ 3 \end{pmatrix}, \quad u_2 = \begin{pmatrix} 1 \\ 4 \\ -2 \end{pmatrix} \quad \text{e} \quad u_3 = \begin{pmatrix} 1 \\ 0 \\ -3 \end{pmatrix}.$$

c) o espaço vetorial $\mathbb{R}^3$ é gerado pelos vetores $u_1 = (1, 0, -1)$, $u_2 = (5, 0, -1)$ e $u_3 = (-3, 0, 2)$.

d) o espaço vetorial $V = \{(a, 0, b) \mid a, b \in \mathbb{R}\}$ sobre $\mathbb{R}$ é gerado pelos vetores $u_1 = (1, 0, -1)$, $u_2 = (5, 0, -1)$ e $u_3 = (-3, 0, 2)$.

e) o espaço vetorial $p_2(x)$ dos polinômios de graus menores ou iguais a 2 sobre $\mathbb{R}$ é gerado pelos polinômios $u_1 = x + 3$, $u_2 = x^2 - 2$ e $u_3 = 4$.

f) o espaço vetorial $M_{2\times 2}$ das matrizes 2×2 sobre $\mathbb{R}$ é gerado pelas matrizes

$$u_1 = \begin{pmatrix} -1 & 2 \\ 3 & 1 \end{pmatrix}, u_2 = \begin{pmatrix} 0 & -1 \\ 3 & 4 \end{pmatrix}, u_3 = \begin{pmatrix} 2 & -4 \\ 1 & -1 \end{pmatrix} \text{ e } u_4 = \begin{pmatrix} -2 & 0 \\ 3 & -1 \end{pmatrix}.$$

g) o espaço vetorial $V = \left\{ \begin{pmatrix} 0 & a \\ b & 0 \end{pmatrix} \mid a, b \in \mathbb{R} \right\}$ sobre $\mathbb{R}$ é gerado pelas matrizes

$$u_1 = \begin{pmatrix} 0 & 2 \\ 3 & 0 \end{pmatrix}, \quad u_2 = \begin{pmatrix} 0 & -1 \\ 3 & 0 \end{pmatrix}, \quad u_3 = \begin{pmatrix} 0 & -4 \\ 1 & 0 \end{pmatrix} \quad \text{e} \quad u_4 = \begin{pmatrix} 0 & 0 \\ 3 & 0 \end{pmatrix}.$$

Nível 2

E1) Escreva $u = (7, -4, 2)$ como uma combinação linear dos vetores $v_1 = (1, 2, 5)$, $v_2 = (1, -2, -3)$ e $v_3 = (2, -2, 1)$.

E2) Escreva o polinômio $q(x) = -1+6x+4x^2$ como uma combinação linear dos polinômios $p_1(x) = 1-2x+x^2, p_2(x) = 3-x+4x^2$ e $p_3(x) = -2+2x-x^2$.

E3) Escreva a matriz

$$A = \begin{pmatrix} 5 & -5 & 3 \\ 4 & 2 & 6 \end{pmatrix}$$

como uma combinação linear das matrizes

$$B_1 = \begin{pmatrix} 1 & 0 & -1 \\ 2 & 1 & 0 \end{pmatrix}, \quad B_2 = \begin{pmatrix} 2 & -1 & 1 \\ 0 & 1 & 4 \end{pmatrix}, \quad B_3 = \begin{pmatrix} -1 & 1 & 2 \\ 0 & 3 & -1 \end{pmatrix}$$

$$\text{e} \quad B_4 = \begin{pmatrix} 2 & -2 & 1 \\ 0 & 3 & 0 \end{pmatrix}.$$

E4) Verifique se as matrizes

$$A_1 = \begin{pmatrix} 1 & -1 \\ 3 & 4 \end{pmatrix}, \quad A_2 = \begin{pmatrix} 3 & 0 \\ 0 & 1 \end{pmatrix}, \quad A_3 = \begin{pmatrix} 2 & 1 \\ -3 & 1 \end{pmatrix} \quad \text{e} \quad A_4 = \begin{pmatrix} -3 & 0 \\ 0 & 2 \end{pmatrix}$$

geram o espaço vetorial $V = \left\{ \begin{pmatrix} 0 & a \\ b & 0 \end{pmatrix} \mid a, b \in \mathbb{R} \right\}$ sobre $\mathbb{R}$.

Nível 3

E1) Considere o espaço vetorial V sobre $\mathbb{R}$ gerado pelos vetores $v_1 = (2, -1, 0)$ e $v_2 = (1, 0, -1)$ e o espaço vetorial U gerado pelos vetores $u_1 = (0, 1, 3)$ e $u_2 = (3, 1, 0)$. Escreva as equações que definem $W = V \cap U$.

E2) Verifique se $(\text{sen}^2\, x, \cos^2 x)$ e $(1, \cos(2x))$ geram o mesmo espaço vetorial.

E3) Determine um conjunto de geradores do espaço vetorial $\{(a, b, c) \in \mathbb{R} \mid 2a + 4b - c = 0\}$ sobre $\mathbb{R}$.

E4) Determine um conjunto de geradores do espaço vetorial $\{p(x) \in p_3(x) \mid p(1) = 0\}$ sobre $\mathbb{R}$.

E5) Determine um conjunto de geradores do espaço vetorial $\{A \in M_{2\times 2} | a_{22} = 2a_{11}\}$ sobre $\mathbb{R}$.

E6) Determine um conjunto de geradores do espaço vetorial de todas as matrizes 3×3 antissimétricas sobre $\mathbb{R}$.

Respostas

NÍVEL 1

E1) a) Sim. b) Não. c) Sim. d) Sim.

E2) a) Sim. b) Sim. c) Não. d) Sim. e) Sim. f) Sim. g) Sim.

NÍVEL 2

E1) $u = 2v_1 + 3v_2 + v_3$.

E2) $q(x) = -p_1(x) + 2p_2(x) + 3p_3(x)$.

E3) $A = -2B_1 + B_2 - B_3 + 2B_4$.

E4) Geram.

NÍVEL 3

E1) A intersecção $W = V \cap U$ é formada por vetores que satisfazem a equação $w = 6cv_1 + 3cv_2$ ou, de modo semelhante, a equação $w = cu_1 + 5cw_2$, onde c é uma constante arbitrária.

E2) Como $1 = \operatorname{sen} x + \cos x$ e $\cos(2x) = \cos^2 x - \operatorname{sen} x$, ambos os vetores geram o mesmo espaço vetorial.

E3) Um elemento desse espaço vetorial é dado por qualquer vetor do tipo $v = (a, b, 2a + 4b) = a(1, 0, 2) + b(0, 1, 4)$. Portanto, os vetores $v_1 = (1, 0, 2)$ e $v_2 = (0, 1, 4)$ geram esse espaço vetorial.
Observação: quaisquer múltiplos dos vetores v_1 e v_2 também geram o espaço vetorial dado e, por isso, também servem como resposta.

E3) Um elemento desse espaço vetorial deve ser tal que $p(1) = 0 \Leftrightarrow a + b + c + d = 0 \Leftrightarrow d = -a - b - c$, de modo que ele deve ser do tipo $p(x) = a + bx + cx^2 - (a + b + c)x^3 = a(1 - x^3) + b(x - x^3) + c(x^2 - x^3)$ e esse espaço é gerado pelos polinômios $p_1(x) = 1 - x^3$, $p_2(x) = x - x^3$ e $p_3(x) = x^2 - x^3$.

E4) $A_1 = \begin{pmatrix} 1 & 0 \\ 0 & 2 \end{pmatrix}, \quad A_2 = \begin{pmatrix} 0 & 1 \\ 0 & 0 \end{pmatrix} \quad \text{e} \quad A_3 = \begin{pmatrix} 0 & 0 \\ 1 & 0 \end{pmatrix}.$

E5) $A_1 = \begin{pmatrix} 0 & 1 & 0 \\ -1 & 0 & 0 \\ 0 & 0 & 0 \end{pmatrix}, \quad A_2 = \begin{pmatrix} 0 & 0 & 1 \\ 0 & 0 & 0 \\ -1 & 0 & 0 \end{pmatrix} \quad \text{e} \quad A_3 = \begin{pmatrix} 0 & 0 & 0 \\ 0 & 0 & 1 \\ 0 & -1 & 0 \end{pmatrix}.$

3.4 Base e dimensão

Neste capítulo, veremos como gerar espaços vetoriais a partir do menor número possível de alguns de seus componentes. Também veremos como determinar a dimensão de um espaço vetorial. Para isso, estudaremos o conceito de dependência e independência linear.

3.4.1 Dependência linear e independência linear

Começaremos este capítulo analisando o problema de determinar se os vetores $u_1 = (1, -2)$ e $u_2 = (-2, 4)$ geram ou não o espaço $\mathbb{R}^2$ sobre o corpo $\mathbb{R}$. Para isso, eles devem satisfazer a equação

$$(x, y) = a_1(1, -2) + a_2(-2, 4) \Leftrightarrow (x, y) = (a_1, -2a_1) + (-2a_2, 4a_2)$$
$$\Leftrightarrow (x, y) = (a_1 - 2a_2, -2a_1 + 4a_2),$$

onde (x, y) é um vetor arbitrário de $\mathbb{R}^3$ para alguns coeficientes $a_1, a_2 \in \mathbb{R}$. Essa equação acaba gerando o sistema de equações lineares

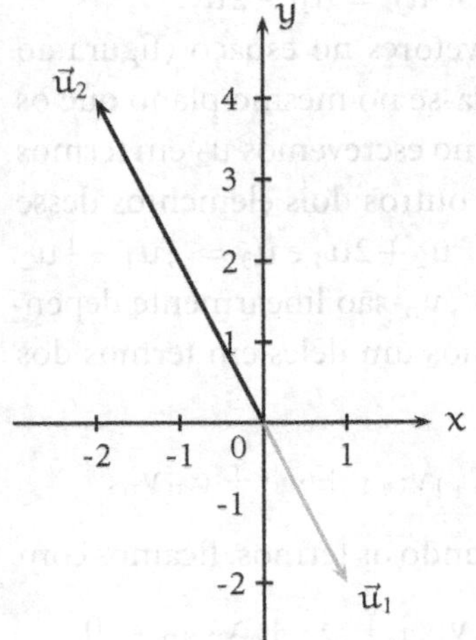

$$\begin{cases} a_1 - 2a_2 = x \\ -2a_1 + 4a_2 = y \end{cases}.$$

O determinante da matriz dos coeficientes desse sistema determina se haverá ou não solução única para ele e, como consequência, se os vetores dados geram ou não o espaço vetorial desejado. Calculando esse determinante, temos

$$\begin{vmatrix} 1 & -2 \\ -2 & 4 \end{vmatrix} = 4 - 4 = 0.$$

Portanto, esses vetores não geram o espaço vetorial $\mathbb{R}^2$.

Sabemos, das propriedades dos determinantes, que o determinante de uma matriz é zero quando uma de suas linhas ou colunas puder ser expressa como uma combinação linear de outras duas. No caso que estamos tratando, os vetores u_1 e u_2 levam a uma matriz de coeficientes de determinante zero, pois podemos escrever $u_2 = -2u_1$.

Fazendo um gráfico desses dois vetores no plano (como na figura), vemos que os vetores u_1 e u_2 estão sobre a mesma reta.

Dizemos que dois vetores de um espaço vetorial são *linearmente dependendentes* se pudermos escrever um como uma combinação linear do outro, o que, nesse caso, significa que $u_2 = \alpha u_1$, onde $u_1, u_2 \in V$ e $\alpha \in K$.

Vamos agora determinar se os vetores $u_1 = (3, -1, 2)$, $u_2 = (1, -1, 4)$ e $u_3 = (1, 0, -1)$ geram ou não o espaço $\mathbb{R}^3$ sobre o corpo $\mathbb{R}$. Para isso, eles devem satisfazer a equação $(x, y, z) = a_1(3, -1, 2) + a_2(1, -1, 4) + a_3(1, 0, -1)$, onde (x, y, z) é um vetor arbitrário de $\mathbb{R}^3$ para alguns coeficientes $a_1, a_2, a_3 \in \mathbb{R}$. Essa equação acaba gerando o sistema de equações lineares

$$\begin{cases} 3a_1 + a_2 + a_3 = x \\ -a_1 - a_2 = y \\ 2a_1 + 4a_2 - a_3 = z \end{cases}.$$

Novamente, o determinante da matriz dos coeficientes desse sistema determina se existirá ou não solução única para ele e se os vetores dados geram ou não o espaço vetorial desejado. Calculando esse determinante, obtemos

$$\begin{aligned} \det\begin{pmatrix} 3 & 1 & 1 \\ -1 & -1 & 0 \\ 2 & 4 & -1 \end{pmatrix} &= (3 + 0 - 4) - (0 + 1 - 2) \\ &= -1 - (-1) = -1 + 1 = 0. \end{aligned}$$

Portanto, esses vetores não geram o espaço vetorial $\mathbb{R}^3$.

Novamente, o fato de o determinante ser zero indica que uma de suas linhas ou colunas pode ser expressa como uma combinação linear de outras duas. No nosso caso particular, podemos escrever a segunda linha como uma combinação linear $L_2 = L_1 - 2L_3$, isto é, o vetor u_2 é uma combinação linear $u_2 = u_1 - 2u_3$.

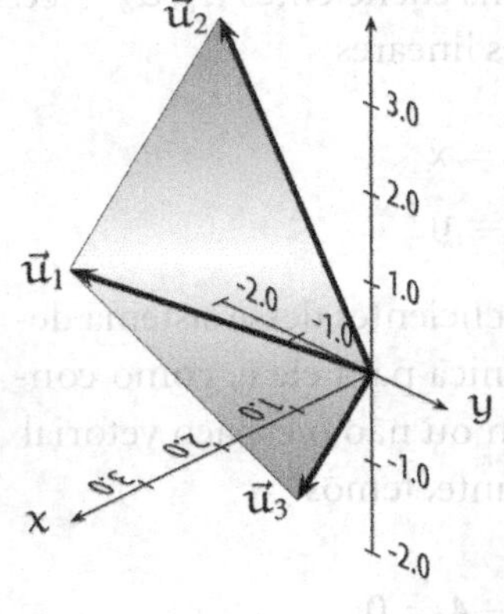

Fazendo um gráfico desses três vetores no espaço (figura ao lado), vemos que o vetor u_2 encontra-se no mesmo plano que os vetores u_1 e u_3. Da mesma forma como escrevemos u_2 em termos de u_1 e de u_3, podemos escrever os outros dois elementos desse trio em termos uns dos demais: $u_1 = u_2 + 2u_3$ e $u_3 = \frac{1}{2}u_1 - \frac{1}{2}u_2$.

Dizemos que n vetores $v_1, v_2, \cdots, v_n$ são linearmente dependentes se pudermos escrever ao menos um deles em termos dos demais:

$$v_i = \alpha_1 v_1 + \alpha_2 v_2 + \cdots + \alpha_{i-1} v_{i-1} + \alpha_{i+1} v_{i+1} + \cdots + \alpha_n v_n,$$

onde $\alpha_1, \alpha_2, \alpha_{i-1}, \alpha_{i+1}, \cdots, \alpha_n \in K$. Reordenando os termos, ficamos com

$$\alpha_1 v_1 + \alpha_2 v_2 + \cdots + \alpha_{i-1} v_{i-1} - v_i + \alpha_{i+1} v_{i+1} + \cdots + \alpha_n v_n = 0.$$

De modo geral, podemos multiplicar os dois lados dessa expressão e renomear os demais coeficientes para que ela fique sob a forma

$$\beta_1 v_1 + \beta_2 v_2 + \cdots + \beta_{i-1} v_{i-1} + \beta_i v_i + \beta_{i+1} v_{i+1} + \cdots + \beta_n v_n = 0$$

para $\beta_1, \beta_2, \cdots, \beta_n \in K$. Para que possamos isolar um vetor v_i em termos dos outros vetores, devemos ter, pelo menos, $\beta_i \neq 0$, pois para isso temos que dividir os outros membros do espaço vetorial por esse valor. Portanto, para que tenhamos uma dependência linear entre os vetores, os coeficientes $\beta_1, \cdots \beta_n$ não podem ser todos nulos (se não, nunca poderemos escrever pelo menos um dos vetores em termos dos outros).

A partir dessa discussão, definimos a seguir o que são vetores linearmente independentes e vetores linearmente dependentes.

Definição 1

Dados n vetores $v_1, v_2, \ldots, v_n \in V$, onde V sobre um corpo K é um espaço vetorial, dizemos que $v_1, v_2, \ldots, v_n$ são **linearmente independentes** (LI) se

$$\alpha_1 v_1 + \alpha_2 v_2 + \cdots + \alpha_n v_n = 0$$

se, e somente se, $\alpha_1 = \alpha_2 = \cdots = \alpha_n = 0$. Se isto não for o caso, então $v_1, v_2, \ldots, v_n$ são **linearmente dependentes** (LD).

Exemplo 1. Verifique se os vetores $e_1 = (1,0,0)$, $e_2 = (0,1,0)$ e $e_3 = (0,0,1)$ são linearmente independentes.

SOLUÇÃO. Para que os vetores e_1, e_2 e e_3 sejam linearmente independentes, é necessário que $ae_1 + be_2 + ce_3 = 0$ se, e somente se, $a = b = c = 0$. Vamos verificar isso:

$$ae_1 + be_2 + ce_3 = 0 \Leftrightarrow a(1,0,0) + b(0,1,0) + c(0,0,1) = (0,0,0) \Leftrightarrow \begin{cases} a = 0 \\ b = 0 \\ c = 0 \end{cases}.$$

Portanto, os vetores e_1, e_2 e e_3 são linearmente independentes (LI).

Exemplo 2. Verifique se os vetores $u_1 = (1,0,3)$, $u_2 = (-1,2,4)$ e $u_3 = (3,-2,5)$ são linearmente independentes.

SOLUÇÃO. Para que os vetores u_1, u_2 e u_3 sejam linearmente independentes é necessário que $au_1 + bu_2 + cu_3 = 0$ se, e somente se, $a = b = c = 0$. Vamos verificar isso:

$$au_1 + bu_2 + cu_3 = 0 \Leftrightarrow a(1,0,3) + b(-1,2,4) + c(3,-2,5) = (0,0,0)$$

$$\Leftrightarrow \begin{cases} a - b + 3c = 0 \\ 2b - 2c = 0 \\ -a + 4b + 5c = 0 \end{cases}.$$

A solução desse sistema de equações fica, utilizando a forma de matriz expandida,

$$\left(\begin{array}{ccc|c} \boxed{1} & -1 & 3 & 0 \\ 0 & 2 & -2 & 0 \\ 3 & 4 & 5 & 0 \end{array}\right) \begin{array}{l} L_1 \\ L_2 \\ L_3 - 3L1 \end{array}$$

$$\Leftrightarrow \left(\begin{array}{ccc|c} 1 & -1 & 3 & 0 \\ 0 & \boxed{2} & -2 & 0 \\ 0 & 7 & -4 & 0 \end{array}\right) \begin{array}{l} L_1 + (1/2)L_2 \\ L_2/2 \\ L_3 - (7/2)L2 \end{array} \Leftrightarrow$$

$$\sim \left(\begin{array}{ccc|c} 1 & 0 & 2 & 0 \\ 0 & 1 & -1 & 0 \\ 0 & 0 & \boxed{3} & 0 \end{array}\right) \begin{array}{l} L_1 - (2/3)L_3 \\ L_2 + (1/3)L_3 \\ L_3/3 \end{array} \Leftrightarrow \left(\begin{array}{ccc|c} 1 & 0 & 0 & 0 \\ 0 & 1 & 0 & 0 \\ 0 & 0 & 1 & 0 \end{array}\right).$$

Portanto, a combinação linear só existe se $a = b = c = 0$. Desse modo, esses vetores são linearmente independentes (LI).

Note que, para provar que certos vetores são linearmente independentes, temos que resolver um sistema de equações lineares que, em forma matricial, fica $AX = 0$, onde A é a matriz dos coeficientes do sistema de equações, X são as incógnitas, que são os coeficientes da combinação linear $\alpha_1 v_1 + \alpha_2 v_2 + \ldots \alpha_n v_n = 0$, e 0 é um vetor nulo com o número adequado de linhas. Caso A tenha inversa, resolvemos esse sistema escrevendo

$$AX = 0 \Leftrightarrow A^{-1}AX = A^{-1}0 \Leftrightarrow IX = A^{-1}0 \Leftrightarrow X = A^{-1}0.$$

Como $A^{-1}0 = 0$ para qualquer matriz, a única solução possível para A invertível é $X = 0$, o que mostra que os vetores são linearmente independentes. Como consequência disto, para mostrar a independência linear de vetores, basta calcular o determinante da matriz dos coeficientes do sistema de equações resultante da definição de independência linear e mostrar que esse determinante não é nulo. Caso o determinante seja nulo, então será necessário resolver o sistema de equações para verificar se existe alguma solução.

Exemplo 3. Verifique se os polinômios $u_1 = 1 - x + x^2$, $u_2 = 2 + x$ e $u_3 = 4 - 2x + x^2$ são linearmente independentes.

Solução. Devemos ter

$$\begin{aligned} & au_1 + bu_2 + cu_3 = 0 \\ \Leftrightarrow\ & a(1 - x + x^2) + b(2 + x) + c(4 - 2x + x^2) = 0 \\ \Leftrightarrow\ & a - ax + ax^2 + 2b + bx + 4c - 2cx + cx^2 = 0 \\ \Leftrightarrow\ & (a + c)x^2 + (-a + b - 2c)x + (a + 2b - 4c) = 0 \\ \Leftrightarrow\ & \begin{cases} a + c = 0 \\ -a + b - 2c = 0 \\ a + 2b - 4c = 0 \end{cases}. \end{aligned}$$

O determinante da matriz dos coeficientes desse sistema de equações fica

$$\begin{aligned} \det\begin{pmatrix} 1 & 0 & 1 \\ -1 & 1 & -2 \\ 1 & 2 & -4 \end{pmatrix} &= (-4 - 0 - 2) - (-4 + 0 + 1) \\ &= -6 - (-3) = -6 + 3 = -3 \neq 0. \end{aligned}$$

Portanto, os polinômios u_1, u_2 e u_3 são linearmente independentes (LI).

Exemplo 4. Verifique se os vetores $u_1 = (1, -1)$, $u_2 = (2, 1)$ e $u_3 = (-2, 1)$ são linearmente independentes.

Solução. Devemos ter

$$\begin{aligned} au_1 + bu_2 + cu_3 = 0 &\Leftrightarrow a(1, -1) + b(2, 1) + c(-2, 1) = (0, 0) \\ &\Leftrightarrow \begin{cases} a + 2b - 2c = 0 \\ -a + b + c = 0 \end{cases}. \end{aligned}$$

Em forma de matriz expandida, esse sistema de equações lineares fica

$$\begin{pmatrix} 1 & 2 & -2 & 0 \\ -1 & 1 & 1 & 0 \end{pmatrix}.$$

Não é possível definir um determinante para a matriz dos coeficientes desse sistema de equações lineares, pois ela é do tipo 2×3 (não é quadrada). Por isso, vamos resolver o sistema usando o algoritmo de Gauss-Jordan:

$$\left(\begin{array}{ccc|c} \boxed{1} & 2 & -2 & 0 \\ -1 & 1 & 1 & 0 \end{array}\right) \begin{array}{l} L_1 \\ L_2 + L_1 \end{array} \Leftrightarrow \left(\begin{array}{ccc|c} 1 & 2 & -2 & 0 \\ 0 & \boxed{3} & -1 & 0 \end{array}\right) \begin{array}{l} L_1 - (2/3)L_2 \\ L_2/3 \end{array}$$

$$\Leftrightarrow \left(\begin{array}{ccc|c} 1 & 0 & -2 & 0 \\ 0 & 1 & -1/3 & 0 \end{array}\right).$$

Temos, então,

$$a - 2c = 0 \Leftrightarrow a = 2c, \quad b - \frac{1}{3}c = 0 \Leftrightarrow b = \frac{1}{3}c,$$

de modo que esse sistema tem infinitas soluções e, portanto, os vetores u_1, u_2 e u_3 não são linearmente independentes (são LD).

Vamos representar os vetores (no sentido amplo da palavra) dos exemplos 3 e 4 em diagramas no espaço (exemplo 3) e no plano (exemplo 4).

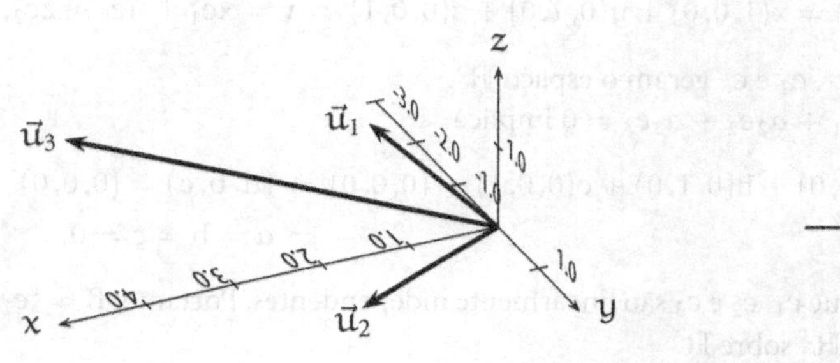

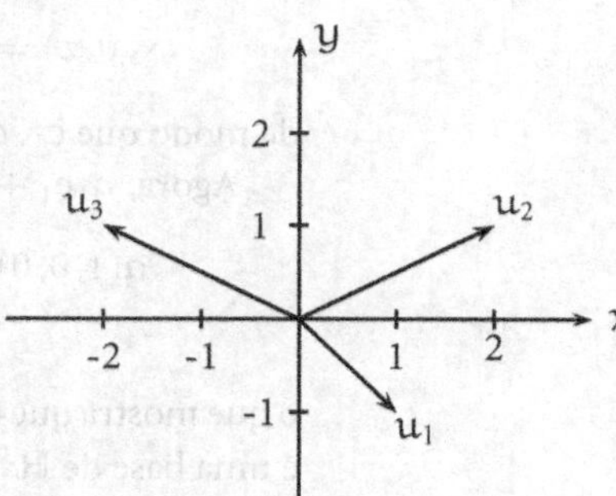

No primeiro caso (do exemplo 3), os três vetores não estão no mesmo plano; no segundo caso, eles ocupam o mesmo plano. Isso, inclusive, indica que três vetores que podem ser representados em um plano não podem ser linearmente independentes.

Isto nos leva a uma indagação: qual é o número mínimo de vetores necessários para gerar o plano $\mathbb{R}^2$? E qual é o número mínimo de vetores necessários para gerar o espaço $\mathbb{R}^3$? Essas perguntas serão respondidas na próxima seção.

3.4.2 Base

No capítulo anterior, vimos que alguns vetores podem gerar o espaço vetorial do qual são elementos, mas outros, não. Na seção anterior deste capítulo, vimos que vetores são linearmente independentes se nenhum deles puder ser escrito como uma combinação linear dos outros.

Queremos, nesta seção, determinar o número mínimo de vetores necessários para gerar um determinado espaço vetorial. Para que esse número seja mínimo, é necessário que nenhum deles seja linearmente dependente dos outros, pois, se esse fosse o caso, ele poderia ser gerado pelos demais e o conjunto de geradores do espaço vetorial não seria mínimo. Portanto, para que um determinado número de vetores seja o conjunto mínimo que gera um determinado espaço vetorial, é necessário que eles gerem o espaço vetorial e que sejam linearmente independentes. Tal conjunto mínimo de geradores de um espaço é chamado *base* do espaço vetorial do qual faz parte e é melhor definido a seguir.

Definição 2
Dado um conjunto $B = \{v_1, v_2, \ldots, v_n\}$, onde $v_1, v_2, \ldots, v_n \in V$, sendo V sobre um corpo K um espaço vetorial, dizemos que B é uma **base** de V se seus elementos gerarem V e se esses elementos forem linearmente independentes.

Exemplo 1. Verifique se $B = \{e_1, e_2, e_3\}$, onde $e_1 = (1,0,0)$, $e_2 = (0,1,0)$ e $e_3 = (0,0,1)$, é uma base de $\mathbb{R}^3$ sobre $\mathbb{R}$.

SOLUÇÃO. Para que B seja uma base de $\mathbb{R}^3$, os vetores e_1, e_2 e e_3 têm que gerar o espaço $\mathbb{R}^3$ e devem ser linearmente independentes. Escrevendo um vetor geral $v = (x, y, z)$ de $\mathbb{R}^3$, podemos escrever

$$(x, y, z) = x(1,0,0) + y(0,1,0) + z(0,0,1) \Leftrightarrow v = xe_1 + ye_2 + ze_3,$$

de modo que e_1, e_2 e e_3 geram o espaço $\mathbb{R}^3$.

Agora, $a_1e_1 + a_2e_2 + a_3e_3 = 0$ implica

$$a(1,0,0) + b(0,1,0) + c(0,0,1) = (0,0,0) \Leftrightarrow (a,b,c) = (0,0,0) \Leftrightarrow a = b = c = 0,$$

o que mostra que e_1, e_2 e e_3 são linearmente independentes. Portanto, $B = \{e_1, e_2, e_3\}$ é uma base de $\mathbb{R}^3$ sobre $\mathbb{R}$.

Exemplo 2. Verifique se $B = \{u_1, u_2, u_3\}$, onde $u_1 = (1,0,3)$, $u_2 = (-1,2,4)$ e $u_3 = (3,-2,5)$, é uma base de $\mathbb{R}^3$ sobre $\mathbb{R}$.

SOLUÇÃO. Para que B seja uma base de $\mathbb{R}^3$, os vetores u_1, u_2 e u_3 têm que gerar o espaço $\mathbb{R}^3$ e devem ser linearmente independentes. Lembremo-nos de que, para provar que esses vetores geram o espaço $\mathbb{R}^3$, temos que provar que o determinante da matriz dos coeficientes obtida a partir do sistema de equações resultante da expressão $(x, y, z) = a_1u_1 + a_2u_2 + a_3u_3$ tem determinante diferente de zero. Escrevendo o sistema de equações resultante, temos

$$\begin{cases} a_1 - a_2 + 3a_3 = x \\ 2a_2 - 2a_3 = y \\ 3a_1 + 4a_2 + 5a_3 = z \end{cases} \Leftrightarrow \left(\begin{array}{ccc|c} 1 & -1 & 3 & x \\ 0 & 2 & -2 & y \\ 3 & 4 & 5 & z \end{array}\right).$$

O determinante da matriz dos coeficientes desse sistema de equações é

$$\begin{vmatrix} 1 & -1 & 3 \\ 0 & 2 & -2 \\ 3 & 4 & 5 \end{vmatrix} = (10 + 6 + 0) - (-8 - 0 + 18) = 16 - 10 = 6 \neq 0.$$

Portanto, os vetores u_1, u_2 e u_3 geram o espaço vetorial $\mathbb{R}^3$.

Se quisermos provar que esses vetores são LI (linearmente independentes), devemos mostrar que

$$a_1u_1 + a_2u_2 + a_3u_3 = 0 \Leftrightarrow a_1 = a_2 = a_3 = 0.$$

A primeira expressão leva ao sistema de equações lineares

$$\begin{cases} a_1 - a_2 + 3a_3 = 0 \\ 2a_2 - 2a_3 = 0 \\ 3a_1 + 4a_2 + 5a_3 = 0 \end{cases} \Leftrightarrow \left(\begin{array}{ccc|c} 1 & -1 & 3 & 0 \\ 0 & 2 & -2 & 0 \\ 3 & 4 & 5 & 0 \end{array}\right).$$

Como vimos na seção anterior, se provarmos que esse sistema de equações tem solução única, então mostramos que essa solução deve ser tal que todos os coeficientes a serem determinados sejam nulos. Portanto, basta, novamente, provar que o determinante da matriz dos coeficientes do sistema de equações é diferente de zero, o que já foi feito. Portanto, os vetores u_1, u_2 e u_3 são linearmente independentes e $B = \{u_1, u_2, u_3\}$ é uma base de $\mathbb{R}^3$.

Como pudemos ver no exemplo 2, para provar que um conjunto B de elementos de um espaço vetorial é uma base desse espaço, basta provar que o determinante da matriz dos coeficientes do sistema de equações lineares decorrente das condições de que esses vetores gerem o espaço V e sejam linearmente independentes é zero. Isso é usado no exemplo a seguir.

Exemplo 3. Mostre que

$$B = \left\{ \begin{pmatrix} 3 \\ -1 \\ 5 \end{pmatrix}, \begin{pmatrix} 1 \\ 2 \\ -3 \end{pmatrix}, \begin{pmatrix} 4 \\ 2 \\ 1 \end{pmatrix} \right\}$$

é uma base do espaço v_3 dos vetores 3×1 sobre $\mathbb{R}$.

Solução. O que devemos mostrar é que existem $a_1, a_2, a_3 \in \mathbb{R}$ tais que

$$\begin{pmatrix} x \\ y \\ z \end{pmatrix} = a_1 \begin{pmatrix} 3 \\ -1 \\ 5 \end{pmatrix} + a_2 \begin{pmatrix} 1 \\ 2 \\ -3 \end{pmatrix} + a_3 \begin{pmatrix} 4 \\ 2 \\ 1 \end{pmatrix}$$

para quaisquer $x, y, z \in \mathbb{R}$ e que

$$\alpha_1 \begin{pmatrix} 3 \\ -1 \\ 5 \end{pmatrix} + \alpha_2 \begin{pmatrix} 1 \\ 2 \\ -3 \end{pmatrix} + \alpha_3 \begin{pmatrix} 4 \\ 2 \\ 1 \end{pmatrix} = \begin{pmatrix} 0 \\ 0 \\ 0 \end{pmatrix}$$

se e somente se $\alpha_1 = \alpha_2 = \alpha_3 = 0$.

Podemos fazer ambas as coisas calculando o determinante

$$\begin{vmatrix} 3 & 1 & 4 \\ -1 & 2 & 2 \\ 5 & -3 & 1 \end{vmatrix} = (6 + 10 + 12) - (-18 - 1 + 40) = 28 - 21 = 7.$$

Como o determinante é diferente de zero, B é uma base do espaço vetorial v_3 sobre $\mathbb{R}$.

Com certa prática, torna-se possível montar o determinante a ser calculado sem nem mesmo escrever as condições para que determinado conjunto de vetores seja uma base de determinado espaço vetorial. Fazemos isto nos exemplos a seguir.

Exemplo 4. Verifique se $B = \left\{ \binom{4}{-2}, \binom{1}{4} \right\}$ é uma base de ν_2 sobre $\mathbb{R}$.

SOLUÇÃO. Temos

$$\begin{vmatrix} 4 & 1 \\ -2 & 4 \end{vmatrix} = 16 + 2 = 18.$$

Portanto, B é uma base de ν_2 sobre $\mathbb{R}$.

Exemplo 5. Verifique se $B = \{(1,-3),(2,-6)\}$ é uma base de $\mathbb{R}^2$ sobre $\mathbb{R}$.

SOLUÇÃO. Temos

$$\begin{vmatrix} 1 & 2 \\ -3 & -6 \end{vmatrix} = -6 + 6 = 0.$$

Portanto, B não é uma base de $\mathbb{R}^2$ sobre $\mathbb{R}$.

Exemplo 6. Verifique se $B = \{x^2, x+1, x-1\}$ é uma base de $p_2(x)$ sobre $\mathbb{R}$.

SOLUÇÃO. Escrevendo $B = \{x^2 + 0x + 0, 0x^2 + x + 1, 0x^2 + x - 1\}$, temos

$$\begin{vmatrix} 1 & 0 & 0 \\ 0 & 1 & 1 \\ 0 & 1 & -1 \end{vmatrix} = -1.$$

Portanto, B é uma base de $p_2(x)$ sobre $\mathbb{R}$.

Exemplo 7. Verifique se $S = \{A, B, C, D\}$, onde

$$A = \begin{pmatrix} 1 & 4 \\ -1 & 0 \end{pmatrix}, \quad B = \begin{pmatrix} 1 & 2 \\ 0 & -1 \end{pmatrix}, \quad C = \begin{pmatrix} 2 & 0 \\ -1 & 1 \end{pmatrix} \quad e \quad D = \begin{pmatrix} -2 & 1 \\ 2 & 4 \end{pmatrix},$$

é uma base de $M_{2\times 2}$ sobre $\mathbb{R}$.

SOLUÇÃO. Podemos escrever

$$\begin{vmatrix} \boxed{1} & 1 & 2 & -2 \\ 4 & 2 & 0 & 1 \\ -1 & 0 & -1 & 2 \\ 0 & -1 & 1 & 4 \end{vmatrix} \begin{matrix} \\ L_2 - 4L1 \\ L_3 + L1 \\ L_4 \end{matrix}$$

$$= \begin{vmatrix} 1 & 2 & 2 & -2 \\ 0 & \boxed{-2} & -8 & 9 \\ 0 & 1 & 1 & 0 \\ 0 & -1 & 1 & 4 \end{vmatrix} \begin{matrix} \\ \\ L_3 + (1/2)L2 \\ L_4 - (1/2)L2 \end{matrix} =$$

$$= \begin{vmatrix} 1 & 2 & 2 & -2 \\ 0 & -2 & -8 & 9 \\ 0 & 0 & \boxed{-3} & 9/2 \\ 0 & 0 & 5 & -1/2 \end{vmatrix} \begin{matrix} \\ \\ \\ L_4 + (5/3)L3 \end{matrix}$$

$$= \begin{vmatrix} 1 & 2 & 2 & -2 \\ 0 & -2 & -8 & 9 \\ 0 & 0 & -3 & 9/2 \\ 0 & 0 & 0 & 7 \end{vmatrix} = 1 \cdot (-2) \cdot (-3) \cdot 7 = 42$$

Como o determinante não é nulo, então S é uma base de $M_{2\times 2}$ sobre $\mathbb{R}$.

Algumas bases oferecem representações mais simples de elementos de seus respectivos espaços vetoriais em termos dos elementos dessas bases. Por exemplo, a base $B = \{(1,0),(0,1)\}$ torna bem simples escrever qualquer elemento de $\mathbb{R}^2$ em termos dos elementos da base, a base $B = \{(1,0,0),(0,1,0),(0,0,1)\}$ faz o mesmo para o $\mathbb{R}^3$ e a base $B = \left\{ \binom{1}{0}, \binom{0}{1} \right\}$ torna fácil representar elementos do espaço v_3.

Essas bases são chamadas *bases canônicas* e são as mais comumente usadas na decomposição de um vetor de algum espaço vetorial em vetores componentes. Outros exemplos de bases canônicas são $B = \{1, x, x^2, \cdots, x^n\}$ para o espaço $p_n(x)$ e

$$B = \left\{ \begin{pmatrix} 1 & 0 \\ 0 & 0 \end{pmatrix}, \begin{pmatrix} 0 & 1 \\ 0 & 0 \end{pmatrix}, \begin{pmatrix} 0 & 1 \\ 0 & 0 \end{pmatrix}, \begin{pmatrix} 0 & 0 \\ 0 & 1 \end{pmatrix} \right\}$$

para o espaço $M_{2\times 2}$.

Observe que a base canônica para o $\mathbb{R}^2$ é composta de dois vetores. Do exemplo 5, vemos que a base verificada para $\mathbb{R}^2$ também tem dois elementos. A base canônica do $\mathbb{R}^3$ tem três elementos e, dos exemplos 1 e 2, as duas bases verificadas naqueles exemplos também possuem três elementos cada.

De modo semelhante, a base canônica para v_2 tem dois elementos, como também é o caso da base verificada para v_2 no exemplo 4. Isto também ocorre com a base canônica para o $M_{2\times 2}$, que tem quatro elementos, e a base verificada para esse mesmo espaço vetorial no exemplo 7.

Na verdade, o número de elementos de todas as bases de um espaço vetorial é sempre o mesmo (isto é provado na Leitura Complementar 3.4.1). Isto faz com que seja possível definir uma dimensão para um espaço vetorial, o que é feito na seção a seguir.

3.4.3 Dimensão

Talvez um dos conceitos usados de forma mais errada no linguajar comum seja o de *dimensão*. Matematicamente, a dimensão de um espaço vetorial é igual ao número de geradores linearmente independentes deste, ou seja, a dimensão de um espaço vetorial é o número de elementos de uma de suas bases.

Definição 3

Dado um espaço vetorial V sobre um corpo K, sua **dimensão** é igual ao número de elementos de qualquer uma das bases desse espaço vetorial.

Exemplo 1. Indique a dimensão do espaço vetorial $\mathbb{R}$ sobre $\mathbb{R}$.

Solução. Uma base de $\mathbb{R}$ é $B = \{1\}$, que só tem um elemento. Portanto, $\mathbb{R}$ tem dimensão $d = 1$.

Exemplo 2. Indique a dimensão do espaço vetorial $\mathbb{R}^2$ sobre $\mathbb{R}$.

Solução. Uma base de $\mathbb{R}^2$ é $B = \{(1,0),(0,1)\}$, que tem dois elementos. Portanto, $\mathbb{R}^2$ tem dimensão $d = 2$.

Exemplo 3. Indique a dimensão do espaço vetorial $\mathbb{R}^n$ sobre $\mathbb{R}$.

SOLUÇÃO. Uma base de $\mathbb{R}^n$ é $B = \{(1,0,0,\cdots,0),(0,1,0,\cdots,0),\cdots,(0,0,\cdots,1)\}$, que tem n elementos. Então, a dimensão de $\mathbb{R}^n$ é $d = n$.

Exemplo 4. Indique a dimensão do espaço vetorial $p_2(x)$ sobre $\mathbb{R}$.

SOLUÇÃO. Uma base de $p_2(x)$ é $B = \{1, x, x^2\}$, que tem três elementos. Então, a dimensão de $p_2(x)$ é $d = 3$.

Exemplo 5. Indique a dimensão do espaço vetorial $p_n(x)$ sobre $\mathbb{R}$.

SOLUÇÃO. Uma base de $p_n(x)$ é $B = \{1, x, x^2, \cdots, x^n\}$, que tem $n + 1$ elementos. Então, a dimensão de $p_n(x)$ é $d = n + 1$.

Exemplo 6. Indique a dimensão do espaço vetorial $M_{2\times 2}$ sobre $\mathbb{R}$.

SOLUÇÃO. Uma base de $M_{2\times 2}$ é

$$B = \left\{ \begin{pmatrix} 1 & 0 \\ 0 & 0 \end{pmatrix}, \begin{pmatrix} 0 & 1 \\ 0 & 0 \end{pmatrix}, \begin{pmatrix} 0 & 0 \\ 1 & 0 \end{pmatrix}, \begin{pmatrix} 0 & 0 \\ 0 & 1 \end{pmatrix} \right\},$$

que tem 4 elementos. Então, a dimensão de $M_{2\times 2}$ é $d = 4$.

Exemplo 7. Indique a dimensão do espaço vetorial $M_{2\times 3}$ sobre $\mathbb{R}$.

SOLUÇÃO. Uma base de $M_{2\times 3}$ é

$$B = \left\{ \begin{pmatrix} 1 & 0 & 0 \\ 0 & 0 & 0 \end{pmatrix}, \begin{pmatrix} 0 & 1 & 0 \\ 0 & 0 & 0 \end{pmatrix}, \begin{pmatrix} 0 & 0 & 1 \\ 0 & 0 & 0 \end{pmatrix}, \begin{pmatrix} 0 & 0 & 0 \\ 1 & 0 & 0 \end{pmatrix}, \begin{pmatrix} 0 & 0 & 0 \\ 0 & 1 & 0 \end{pmatrix}, \begin{pmatrix} 0 & 0 & 0 \\ 0 & 0 & 1 \end{pmatrix} \right\},$$

que tem 6 elementos. Então, a dimensão de $M_{2\times 3}$ é $d = 6$.

Exemplo 8. Indique a dimensão do espaço vetorial $M_{m\times n}$ sobre $\mathbb{R}$.

SOLUÇÃO. Uma base de $M_{n\times m}$ é

$$B = \left\{ \begin{pmatrix} 1 & 0 & \cdots & 0 \\ 0 & 0 & \cdots & 0 \\ \vdots & \vdots & \ddots & \vdots \\ 0 & 0 & \cdots & 0 \end{pmatrix}, \begin{pmatrix} 0 & 1 & \cdots & 0 \\ 0 & 0 & \cdots & 0 \\ \vdots & \vdots & \ddots & \vdots \\ 0 & 0 & \cdots & 0 \end{pmatrix}, \ldots, \begin{pmatrix} 0 & 0 & \cdots & 0 \\ 1 & 0 & \cdots & 0 \\ \vdots & \vdots & \ddots & \vdots \\ 0 & 0 & \cdots & 0 \end{pmatrix}, \ldots, \begin{pmatrix} 0 & 0 & \cdots & 0 \\ 0 & 0 & \cdots & 0 \\ \vdots & \vdots & \ddots & \vdots \\ 0 & 0 & \cdots & 1 \end{pmatrix} \right\},$$

ou seja, cada elemento da base canônica tem o número 1 em uma célula a_{ij} distinta e o número 0 em todas as outras. Essa base tem $m \cdot n$ elementos e, portanto, essa também é a dimensão do espaço $M_{m\times n}$.

Todos os elementos de espaços vetoriais de dimensão 2 podem ser representados como vetores em um plano e todos os elementos de espaços vetoriais de dimensão 3 podem ser representados por vetores no espaço. Já os elementos de espaços vetoriais como o das matrizes $M_{2\times 2}$ não podem ser representados em nosso mundo tridimensional, mas podem ser estudados utilizando a matemática.

Para terminar, vamos mostrar que a dimensão de um subespaço vetorial não é necessariamente igual à dimensão do espaço vetorial do qual ele faz parte.

Exemplo 9. Indique a dimensão do espaço vetorial $V = \left\{\begin{pmatrix} a & 0 \\ 0 & b \end{pmatrix} \mid a, b \in \mathbb{R}\right\}$ sobre $\mathbb{R}$.

Solução. Uma base desse espaço é

$$B = \left\{\begin{pmatrix} 1 & 0 \\ 0 & 0 \end{pmatrix}, \begin{pmatrix} 0 & 0 \\ 0 & 1 \end{pmatrix}\right\},$$

de modo que a dimensão de V é $d = 2$.

No exemplo 9, pudemos ver que a dimensão do espaço dado, que é um subspaço do espaço vetorial $M_{2\times 2}$, é menor que $d = 4$, que é a dimensão do espaço $M_{2\times 2}$.

Resumo

- **Dependência linear e independência linear:** dados n vetores $v_1, v_2, \ldots, v_n \in V$, onde V sobre um corpo K é um espaço vetorial, dizemos que $v_1, v_2, \ldots, v_n$ são *linearmente independentes* (LI) se

$$\alpha_1 v_1 + \alpha_2 v_2 + \ldots \alpha_n v_n = 0$$

se, e somente se, $\alpha_1 = \alpha_2 = \cdots = \alpha_n = 0$. Se isto não for o caso, então $v_1, v_2, \ldots, v_n$ são *linearmente dependentes* (LD).

- Pode-se mostrar que n vetores são LI mostrando que o determinante da matriz dos coeficientes do sistema de equações lineares resultante da equação $\alpha_1 v_1 + \alpha_2 v_2 + \cdots + \alpha_n v_n = 0$ é diferente de zero.
- **Base:** dado um conjunto $B = \{v_1, v_2, \ldots, v_n\}$, onde $v_1, v_2, \ldots, v_n \in V$, sendo V sobre um corpo K um espaço vetorial, dizemos que B é uma *base* de V se os seus elementos gerarem V e se esses elementos forem linearmente independentes.
- É possível mostrar que $B = \{v_1, v_2, \ldots, v_n\}$ é uma base de um espaço vetorial V mostrando que o determinante da matriz dos coeficientes do sistema de equações lineares resultante da equação $\alpha_1 v_1 + \alpha_2 v_2 + \ldots \alpha_n v_n = 0$ é diferente de zero.
- **Dimensão:** dado um espaço vetorial V sobre um corpo K, sua *dimensão* é igual ao número de elementos de qualquer uma das bases desse espaço vetorial.

Exercícios

Nível 1

DEPENDÊNCIA E INDEPENDÊNCIA LINEAR

Exemplo 1. Verifique se os vetores $u_1 = (1, 2, -1)$, $u_2 = (2, 0, 4)$ e $u_3 = (1, -2, 3)$ são linearmente independentes.

SOLUÇÃO. $\begin{vmatrix} 1 & 2 & 1 \\ 2 & 0 & -2 \\ -1 & 4 & 3 \end{vmatrix} = (0 + 4 + 8) - (-8 + 12 - 0) = 12 - 4 = 8.$

Como o determinante é diferente de zero, esses vetores são linearmente independentes.

E1) Verifique se os seguintes vetores são linearmente independentes (LI) ou linearmente dependentes (LD):

a) $e_1 = (1, 0, 0)$, $e_2 = (0, 1, 0)$ e $e_3 = (0, 0, 1)$.

b) $u_1 = (1, -3)$ e $u_2 = (2, 1)$.

c) $u_1 = (1, -3)$ e $u_2 = (2, -6)$.

d) $u_1 = (2, -1, 3)$ e $u_2 = (3, -4, 6)$.

e) $u = x^2$, $v = x + 1$ e $w = x - 1$.

f) $u_0 = 1$, $u_1 = x$, $u_2 = x^2$ e $u_3 = x^3$.

g) $u = \operatorname{sen} x$ e $v = \cos x$.

h) $A = \begin{pmatrix} 1 & 0 \\ 0 & 0 \end{pmatrix}, B = \begin{pmatrix} 0 & 1 \\ 0 & 0 \end{pmatrix}, C = \begin{pmatrix} 0 & 0 \\ 1 & 0 \end{pmatrix}$ e $D = \begin{pmatrix} 0 & 0 \\ 0 & 1 \end{pmatrix}$.

i) $A = \begin{pmatrix} -1 & 2 \\ 3 & 1 \end{pmatrix}, B = \begin{pmatrix} 0 & -1 \\ 3 & 4 \end{pmatrix}, C = \begin{pmatrix} 2 & -4 \\ 1 & -1 \end{pmatrix}$ e $D = \begin{pmatrix} -2 & 0 \\ 3 & -1 \end{pmatrix}$.

BASE

Exemplo 2. Verifique se $S = \{u_1, u_2, u_3\}$, onde $u_1 = (1, 2, -1)$, $u_2 = (2, 0, 4)$ e $u_3 = (1, -2, 3)$, é uma base de $\mathbb{R}^3$ sobre $\mathbb{R}$.

SOLUÇÃO. Do exemplo 1,

$$\begin{vmatrix} 1 & 2 & 1 \\ 2 & 0 & -2 \\ -1 & 4 & 3 \end{vmatrix} = (0 + 4 + 8) - (-8 + 12 - 0) = 8.$$

Como o determinante é diferente de zero, então B é uma base de $\mathbb{R}^3$ sobre $\mathbb{R}$.

E2) Verifique se:

a) $S = \{e_1, e_2, e_3\}$, onde $e_1 = (1, 0, 0)$, $e_2 = (0, 1, 0)$ e $e_3 = (0, 0, 1)$, é uma base de $\mathbb{R}^3$ sobre $\mathbb{R}$.

b) $S = \{u_1, u_2\}$, onde $u_1 = (1, -3)$ e $u_2 = (2, 1)$, é uma base de $\mathbb{R}^2$ sobre $\mathbb{R}$.

c) $S = \{u_1, u_2\}$, onde $u_1 = (1, -3)$ e $u_2 = (2, -6)$, é uma base de $\mathbb{R}^2$ sobre $\mathbb{R}$.

d) $S = \{u_1, u_2\}$, onde $u_1 = (2, -1, 3)$ e $u_2 = (3, -4, 6)$, é uma base de $\mathbb{R}^3$ sobre $\mathbb{R}$.

e) $S = \{x^2, x+1, x-1\}$ é uma base de $p_2(x)$ sobre $\mathbb{R}$.

f) $S = \{A, B, C, D\}$, onde

$$A = \begin{pmatrix} 1 & 0 \\ 0 & 0 \end{pmatrix}, \quad B = \begin{pmatrix} 0 & 1 \\ 0 & 0 \end{pmatrix}, \quad C = \begin{pmatrix} 0 & 0 \\ 1 & 0 \end{pmatrix} \quad \text{e} \quad D = \begin{pmatrix} 0 & 0 \\ 0 & 1 \end{pmatrix}$$

é uma base de $M_{2\times 2}$ sobre $\mathbb{R}$.

g) $S = \{A, B, C, D\}$, onde

$$A = \begin{pmatrix} -1 & 2 \\ 3 & 1 \end{pmatrix}, \quad B = \begin{pmatrix} 0 & -1 \\ 3 & 4 \end{pmatrix}, \quad C = \begin{pmatrix} 2 & -4 \\ 1 & -1 \end{pmatrix} \quad \text{e} \quad D = \begin{pmatrix} -2 & 0 \\ 3 & -1 \end{pmatrix}$$

é uma base de $M_{2\times 2}$ sobre $\mathbb{R}$.

DIMENSÃO

Exemplo 3. Indique a dimensão do espaço vetorial $\mathbb{R}^3$.

SOLUÇÃO. Como $\mathbb{R}^3$ tem uma base com três elementos, como visto no exemplo 2, então a dimensão de $\mathbb{R}^3$ é $d = 3$.

E3) Indique as dimensões dos seguintes espaços vetoriais:

a) $\{0\}$. b) $\mathbb{R}$. c) $\mathbb{R}^2$. d) $p_2(x)$.
e) $p_n(x)$. f) $M_{2\times 2}$. g) $M_{2\times 3}$.
h) Espaço das matrizes 2×2 simétricas.
i) Espaço das matrizes 2×2 antissimétricas.
j) Espaço das matrizes 3×3 simétricas.
k) Espaço das matrizes 3×3 antissimétricas.

Nível 2

E1) Determine as condições para que os vetores (a, b, c), $(1, 3, -1)$ e $(2, 3, -2)$ sejam linearmente independentes.

E2) Determine uma base e a dimensão para cada um dos seguintes espaços vetoriais:

a) $\{(x, y, z) \in \mathbb{R}^3 \mid x = y = z\}$. b) $\{(x, y, z) \in \mathbb{R}^3 \mid y = 2x\}$.
c) $\{(x, y, z) \in \mathbb{R}^3 \mid x + y + z = 0\}$.

E3) (Leitura Complementar 3.4.2) Verifique se as funções x, x^2 e x^3 são linearmente independentes.

E4) (Leitura Complementar 3.4.3) Escreva uma base para o espaço solução do sistema de equações lineares

$$\begin{cases} x - 2y + z = 0 \\ 2x + y + 2z = 0 \\ 3x + 2y + 3z = 0 \end{cases}$$

e a dimensão desse espaço vetorial.

E5) (Leitura Complementar 3.4.3) Escreva uma base para o espaço linha da matriz $A = \begin{pmatrix} 1 & -2 & 2 & -1 \\ 1 & -1 & 1 & 0 \\ 2 & -2 & 4 & -2 \\ 2 & 1 & 1 & 1 \end{pmatrix}$ e a dimensão desse espaço vetorial.

E6) Escreva uma base para o espaço vetorial $S = \{p(x) \in p_3(x) \mid p(0) = 0\}$ sobre $\mathbb{R}$ e determine a dimensão desse espaço vetorial.

E7) Escreva uma base para o espaço vetorial $S = \{p(x) \in p_3(x) \mid p(0) = 0, p(1) = 0\}$ sobre $\mathbb{R}$ e determine a dimensão desse espaço vetorial.

E8) Considere o subespaço vetorial de $M_{2\times 2}$ gerado pelas matrizes $A = \begin{pmatrix} 1 & -2 \\ -1 & 1 \end{pmatrix}$, $B = \begin{pmatrix} -1 & 3 \\ 2 & 4 \end{pmatrix}$, $C = \begin{pmatrix} 2 & -4 \\ -2 & 2 \end{pmatrix}$ e $D = \begin{pmatrix} 2 & -3 \\ -1 & 7 \end{pmatrix}$. Determine uma base e a dimensão desse subespaço vetorial.

Nível 3

E1) Calcule a dimensão do espaço vetorial formado por todas as matrizes 2×2 simétricas sobre $\mathbb{R}$.

E2) (Leitura Complementar 3.4.3) Escreva uma base para o espaço vetorial gerado pelos vetores $(1, 4, 5, 2)$, $(3, 2, 5, -1)$, $(2, 1, 3, -1)$ e $(1, 2, 3, 1)$ e a dimensão desse espaço vetorial.

E3) (Leitura Complementar 3.4.3) Escreva uma base para o espaço vetorial gerado pelas matrizes

$$\begin{pmatrix} 1 & -3 \\ 1 & -1 \end{pmatrix}, \quad \begin{pmatrix} 2 & -1 \\ 2 & 3 \end{pmatrix}, \quad \begin{pmatrix} -2 & 1 \\ 1 & 0 \end{pmatrix} \quad \text{e} \quad \begin{pmatrix} 1 & -2 \\ -3 & -4 \end{pmatrix}$$

e a dimensão desse espaço vetorial.

E4) (Leitura Complementar 3.4.3) Considere a matriz

$$A = \begin{pmatrix} 0 & 0 & 2 \\ 1 & 2 & 3 \\ 0 & 0 & 1 \end{pmatrix}.$$

Escreva bases para o espaço solução da equação matricial $(A - \lambda I)X = 0$, onde I é a matriz identidade 2×2, X é um vetor 2×1 e λ são números reais tais que essa equação tenha uma solução não trivial.

E5) Considere o subespaço vetorial $S = \{(x, y, z) \in \mathbb{R}^3 \mid x - 2y + z = 0\}$ de $\mathbb{R}^3$ em $\mathbb{R}$.

a) Escreva uma base para o espaço vetorial S.

b) Determine um vetor que, junto com os vetores da base encontrada no item anterior, forme uma base para $\mathbb{R}^3$ em $\mathbb{R}$.

E6) Determine a dimensão do espaço vetorial gerado pelas funções 1, $\cos(2x)$ e $\cos^2 x$.

E7) Determine a dimensão do espaço vetorial gerado pelas funções 1, $\text{sen}(2x)$ e $\text{sen}^2 x$.

E8) Determine as dimensões dos seguintes espaços vetoriais sobre $\mathbb{R}$:

a) Espaço de todas as matrizes quadradas simétricas.

b) Espaço de todas as matrizes quadradas antissimétricas.

c) Espaço de todas as matrizes quadradas de traço nulo.

Respostas

Nível 1

E1) a) Sim. b) Sim. c) Não. d) Sim. e) Sim.
f) Sim. g) Sim. h) Sim. i) Sim.

E2) a) Sim. b) Sim. c) Não. d) Não. e) Sim. f) Sim. g) Sim.

E3) a) 0. b) 1. c) 2. d) 3. e) $n + 1$. f) 4. g) 6. h) 3. i) 1.
j) 6. k) 3.

Nível 2

E1) $c \neq -a$.

E2) a) $\{(1, 1, 1)\}$, $d = 1$. b) $\{(1, 2, 0), (0, 0, 1)\}$, $d = 2$. c) $\{(1, 0, -1), (0, 1, -1)\}$

E3) Elas são linearmente independentes.

E4) $\{(1, -3, 1), (0, 7, 0)\}$ e $d = 2$ (existem outras bases possíveis).

E5) $\{(1, -2, 2, -1), (0, 1, -1, 1), (0, 0, 2, -2)\}$ e $d = 3$ (existem outras bases possíveis).

E6) $\{t, t^2, t^3\}$ e $d = 3$.

E6) $\{t^3 - t, t^2 - t\}$ e $d = 2$.

E8) Uma das bases possíveis é $B = \left\{ \begin{pmatrix} 1 & 0 \\ 1 & 11 \end{pmatrix}, \begin{pmatrix} 0 & 1 \\ 1 & 5 \end{pmatrix} \right\}$. A dimensão desse subespaço vetorial é $d = 2$.

Observação: as bases dadas como respostas dos exercícios são apenas algumas das soluções possíveis, pois podem existir infinitas outras bases para esses mesmos espaços vetoriais.

Nível 3

E1) Para isto, basta mostrarmos que esse espaço vetorial dado tem uma base com três elementos. Por exemplo, os vetores $v_1 = \begin{pmatrix} 1 & 0 \\ 0 & 1 \end{pmatrix}$, $v_2 = \begin{pmatrix} 0 & 1 \\ 1 & 0 \end{pmatrix}$ e $v_3 = \begin{pmatrix} 0 & 0 \\ 0 & 1 \end{pmatrix}$ são tais que

$$\alpha_1 v_1 + \alpha_2 v_2 + \alpha_3 v_3 = \begin{pmatrix} a & b \\ b & c \end{pmatrix}$$

$$\Leftrightarrow \alpha_1 \begin{pmatrix} 1 & 0 \\ 0 & 1 \end{pmatrix} + \alpha_2 \begin{pmatrix} 0 & 1 \\ 1 & 0 \end{pmatrix} + \alpha_3 \begin{pmatrix} 0 & 0 \\ 0 & 1 \end{pmatrix} = \begin{pmatrix} a & b \\ b & c \end{pmatrix}$$

$$\Leftrightarrow \begin{cases} \alpha_1 = a \\ \alpha_2 = b \, , \\ \alpha_3 = c \end{cases}$$

de modo que eles geram o espaço vetorial das matrizes 2×2 simétricas.

Além disso, eles são tais que

$$\alpha_1 v_1 + \alpha_2 v_2 + \alpha_3 v_3 = 0$$

$$\Leftrightarrow \alpha_1 \begin{pmatrix} 1 & 0 \\ 0 & 1 \end{pmatrix} + \alpha_2 \begin{pmatrix} 0 & 1 \\ 1 & 0 \end{pmatrix} + \alpha_3 \begin{pmatrix} 0 & 0 \\ 0 & 1 \end{pmatrix} = \begin{pmatrix} 0 & 0 \\ 0 & 0 \end{pmatrix}$$

$$\Leftrightarrow \begin{cases} \alpha_1 = 0 \\ \alpha_2 = 0 \, , \\ \alpha_3 = 0 \end{cases}$$

de modo que esses vetores são linearmente independentes.

Portanto, esses vetores formam uma base do espaço das matrizes 2×2 simétricas. Como a base tem três elementos, então a dimensão do espaço vetorial dado é $d = 3$.

E2) $\{(1, 4, 5, -3), (0, 1, 1, 1)\}$ e $d = 2$ (existem outras bases possíveis).

E3) $\left\{ \begin{pmatrix} 1 & -3 \\ 1 & -1 \end{pmatrix}, \begin{pmatrix} 0 & 1 \\ 0 & 1 \end{pmatrix}, \begin{pmatrix} 0 & 0 \\ 1 & 1 \end{pmatrix} \right\}$ e $d = 3$ (existem outras bases possíveis).

E4) Para $\lambda = 0$, uma base é $\{(-1, 2, 3), (0, 0, 1)\}$. Para $\lambda = 1$, uma base é $\{(-1, 1, 3), (-1, 0, 2)\}$. Para $\lambda = 2$, uma base é $\{(-1, 0, 3), (0, 0, 1)\}$.

E5) a) $\{(2, 1, 0), (-1, 0, 1)\}$ (esta é somente uma das bases possíveis). b) Qualquer vetor (a, b, c) tal que $a - 2b + c \neq 0$ satisfaz essa condição. Em particular, podemos ter o vetor $(1, 0, 0)$.

E6) Como $\cos(2x) = \cos^2 x - \text{sen}^2 x = \cos^2 x - (1 - \cos^2 x) = 2\cos^2 x - 1$, uma base desse espaço vetorial é $\{1, \cos^2 t\}$, de modo que a sua dimensão é $d = 2$.

E7) $d = 3$.

E8) a) $d = \dfrac{n(n+1)}{2}$. b) $d = \dfrac{n(n-1)}{2}$. c) $d = n^2 - 1$.

3.5 Coordenadas e mudança de base

Neste capítulo, veremos uma consequência importante do conceito de base de um espaço vetorial, que é bastante utilizado: o de *coordenadas*. Veremos também como representar as coordenadas de um vetor em relação a diferentes bases e como mudar essa representação de uma base para outra.

3.5.1 Coordenadas

Quando falamos nas coordenadas de um ponto, geralmente pensamos em dois números que definem sua posição em dois ou três eixos cartesianos, como na primeira figura abaixo. O mesmo ponto pode ter coordenadas distintas em relação a dois eixos cartesianos transladados (segunda figura abaixo) ou girados (terceira figura abaixo), ou transladados e girados.

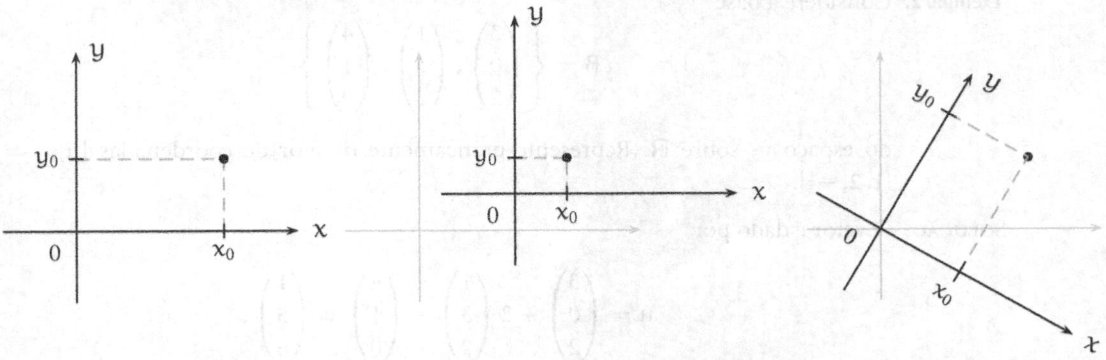

Também podemos imaginar um ponto como a ponta da representação de um vetor com origem em $(0, 0)$. Nesse caso, podemos descrever esse vetor como uma combinação linear dos elementos de uma base do espaço que se quer representar (figuras abaixo).

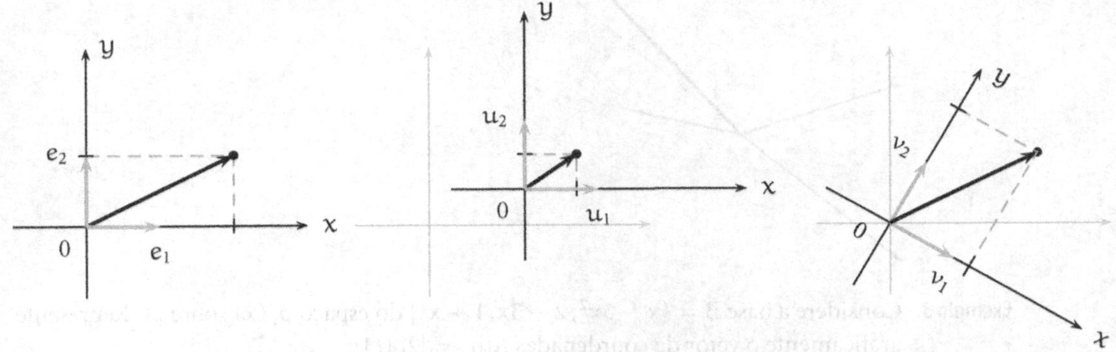

De modo geral, dado um espaço vetorial V sobre um corpo K, de dimensão n e uma base $B = \{v_1, v_2, \cdots, v_n\}$ desse espaço, podemos representar qualquer vetor $u \in V$ como uma combinação linear dos vetores da base:

$$u = \alpha_1 v_1 + \alpha_2 v_2 + \cdots + \alpha_n v_n.$$

Os n escalares $\alpha_1, \alpha_2, \cdots, \alpha_n$ são chamados **coordenadas** do vetor u em relação à base B. A notação normalmente usada para representar essas coordenadas é $[v]_B = [\alpha_1, \alpha_2, \cdots, \alpha_n]$.

Exemplo 1. Considere a base $B = \{(2,1), (-1,1)\}$ do espaço $\mathbb{R}^2$ sobre $\mathbb{R}$. Represente graficamente o vetor de coordenadas $[u]_B = [2,1]$.

Solução. O vetor é dado por $u = 2(2,1) + (-1,1) = (4,2) + (-1,1) = (3,3)$. Na figura abaixo, representamos os vetores da base e o vetor u.

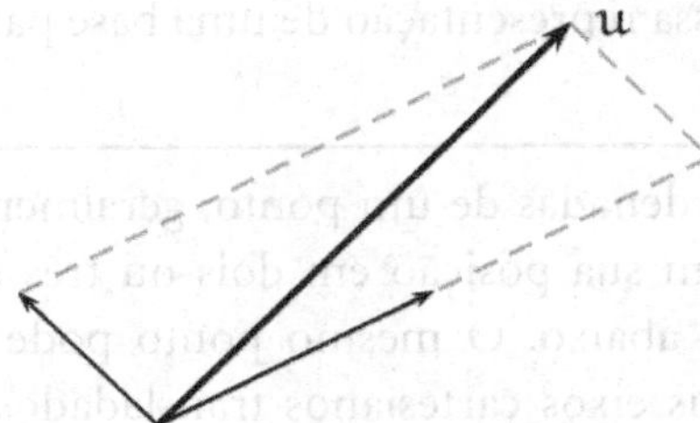

Exemplo 2. Considere a base

$$B = \left\{ \begin{pmatrix} 3 \\ 0 \\ 2 \end{pmatrix}, \begin{pmatrix} 1 \\ 3 \\ 2 \end{pmatrix}, \begin{pmatrix} 4 \\ 1 \\ 0 \end{pmatrix} \right\}$$

do espaço v_3 sobre $\mathbb{R}$. Represente graficamente o vetor de coordenadas $[u]_B = [1, 2, -1]$.

Solução. O vetor é dado por

$$u = \begin{pmatrix} 3 \\ 0 \\ 2 \end{pmatrix} + 2 \begin{pmatrix} 1 \\ 3 \\ 2 \end{pmatrix} - \begin{pmatrix} 4 \\ 1 \\ 0 \end{pmatrix} = \begin{pmatrix} 1 \\ 5 \\ 6 \end{pmatrix}.$$

Na figura abaixo, representamos os vetores da base e o vetor u.

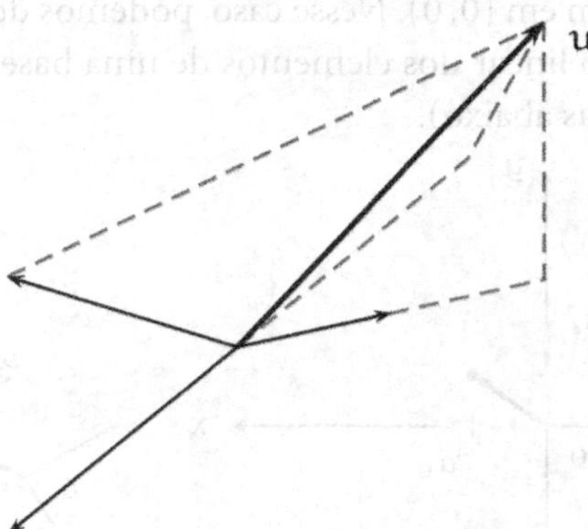

Exemplo 3. Considere a base $B = \{x - 3x^2, 2 - 3x, 1 + x^2\}$ do espaço $p_2(x)$ sobre $\mathbb{R}$. Represente graficamente o vetor de coordenadas $[u]_B = [2, 1, 1]$.

Solução. O vetor é dado por $u = 2(x-3x^2)+(2-3x)+(1+x^2) = 2-x-5x^2$. Como o espaço vetorial gerado pela base B tem três dimensões, é possível representar os vetores da base e o vetor u na figura abaixo.

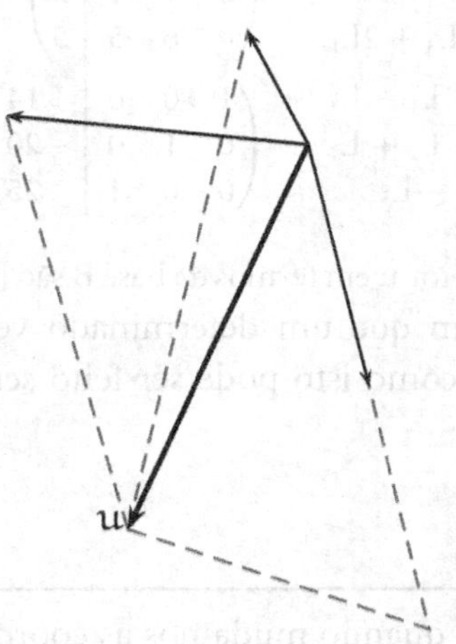

Exemplo 4. Dada a base

$$B = \left\{ \begin{pmatrix} 2 & 0 \\ 0 & -1 \end{pmatrix}, \begin{pmatrix} 1 & 0 \\ 0 & 2 \end{pmatrix} \right\}$$

do espaço vetorial das matrizes 2×2 diagonais sobre $\mathbb{R}$, represente o vetor $[u]_B = [2, 1]$.

Solução. O vetor u fica

$$u = 2\begin{pmatrix} 2 & 0 \\ 0 & -1 \end{pmatrix} + \begin{pmatrix} 1 & 0 \\ 0 & 2 \end{pmatrix} = \begin{pmatrix} 5 & 0 \\ 0 & 0 \end{pmatrix}.$$

Como o espaço vetorial que é gerado pela base B tem duas dimensões, é possível representar os vetores da base e o vetor u na figura abaixo.

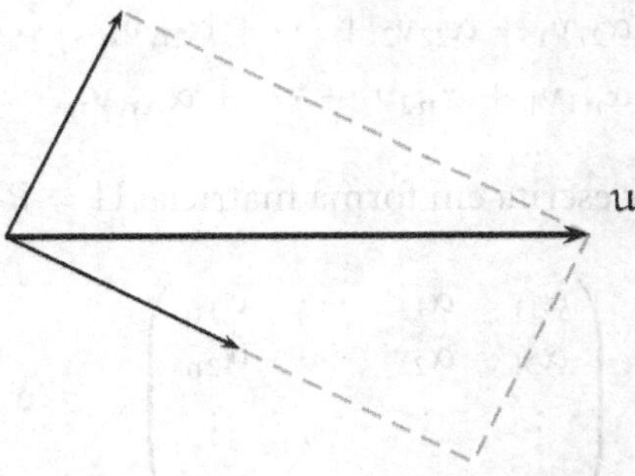

Exemplo 5. Considere uma base $B = \{(1, 0, -2), (3, 1, 0), (2, 1, 1)\}$ do espaço $\mathbb{R}^3$. Determine as coordenadas do vetor $(4, 5, -3)$ em termos dessa base.

Solução. Consideremos as coordenadas $[u]_B = [x, y, z]$. Então, o vetor u deve ser escrito como $(4, 5, -3) = x(1, 0, -2) + y(3, 1, 0) + z(2, 1, 1)$, o que leva ao sistema de equações lineares

$$\begin{cases} x + 3y + 2z = 4 \\ y + z = 5 \\ -2x + z = -3 \end{cases}.$$

Resolvendo esse sistema usando Gauss-Jordan, temos

$$\left(\begin{array}{ccc|c} 1 & 3 & 2 & 4 \\ 0 & 1 & 1 & 5 \\ -2 & 0 & 1 & -3 \end{array}\right) \begin{array}{l} L_1 \\ L_2 \\ L_3 + 2L_1 \end{array} \sim \left(\begin{array}{ccc|c} 1 & 3 & 2 & 4 \\ 0 & 1 & 1 & 5 \\ 0 & 6 & 5 & 5 \end{array}\right) \begin{array}{l} L_1 - 3L_2 \\ L_2 \\ L_3 - 6L_1 \end{array}$$

$$\sim \left(\begin{array}{ccc|c} 1 & 0 & -1 & -11 \\ 0 & 1 & 1 & 5 \\ 0 & 0 & -1 & -25 \end{array}\right) \begin{array}{l} L_1 - L_3 \\ L_2 + L_3 \\ -L_3 \end{array} \sim \left(\begin{array}{ccc|c} 1 & 0 & 0 & 14 \\ 0 & 1 & 0 & -20 \\ 0 & 0 & 1 & 25 \end{array}\right).$$

Portanto, as coordenadas do vetor u em termos da base B são $[u]_B = [14, -20, 25]$.

Podemos mudar a base em que um determinado vetor está definido através de matrizes. A forma como isto pode ser feito será o tema da próxima seção.

3.5.2 Matriz de mudança de base

Veremos agora o que acontece quando mudamos as coordenadas de um vetor de uma base para outra. Mudar a base pode ser um meio muito eficiente de simplificar problemas, tendo aplicações em diversas áreas, até mesmo em economia.

Consideremos duas bases de um espaço vetorial V sobre um corpo K: uma é dada por $B = \{u_1, u_2, \cdots, u_n\}$ e a outra é dada por $\bar{B} = \{v_1, v_2, \cdots, v_n\}$. Como ambas são bases do mesmo espaço vetorial, elas têm o mesmo número de elementos.

Como os elementos de ambas as bases pertencem ao espaço vetorial, podemos escrever todos os elementos da primeira base como combinações lineares dos elementos da segunda base:

$$\begin{aligned} u_1 &= \alpha_{11}v_1 + \alpha_{12}v_2 + \cdots + \alpha_{1n}v_n, \\ u_2 &= \alpha_{21}v_1 + \alpha_{22}v_2 + \cdots + \alpha_{2n}v_n\,, \;\cdots, \\ u_n &= \alpha_{n1}v_1 + \alpha_{n2}v_2 + \cdots + \alpha_{nn}v_n. \end{aligned}$$

Essa expressão pode ser escrita em forma matricial $U = PV$, onde

$$U = \begin{pmatrix} u_1 \\ u_2 \\ \vdots \\ u_n \end{pmatrix}, \quad P = \begin{pmatrix} \alpha_{11} & \alpha_{12} & \cdots & \alpha_{1n} \\ \alpha_{21} & \alpha_{22} & \cdots & \alpha_{2n} \\ \vdots & \vdots & \ddots & \vdots \\ \alpha_{n1} & \alpha_{n2} & \cdots & \alpha_{nn} \end{pmatrix} \quad \text{e} \quad V = \begin{pmatrix} v_1 \\ v_2 \\ \vdots \\ v_n \end{pmatrix},$$

em que P é chamada de **matriz de mudança de base** (da base B para a base $\bar{B}$).

De modo semelhante, podemos escrever

$$\begin{aligned} v_1 &= \beta_{11}u_1 + \beta_{12}u_2 + \cdots + \beta_{1n}u_n, \\ v_2 &= \beta_{21}u_1 + \beta_{22}u_2 + \cdots + \beta_{2n}u_n\,, \;\cdots, \\ v_n &= \beta_{n1}u_1 + \beta_{n2}u_2 + \cdots + \beta_{nn}u_n. \end{aligned}$$

Essa expressão pode ser escrita em forma matricial $V = \bar{P}U$, onde

$$\bar{P} = \begin{pmatrix} \beta_{11} & \beta_{12} & \cdots & \beta_{1n} \\ \beta_{21} & \beta_{22} & \cdots & \beta_{2n} \\ \vdots & \vdots & \ddots & \vdots \\ \beta_{n1} & \beta_{n2} & \cdots & \beta_{nn} \end{pmatrix}$$

é a matriz de mudança de base de $\bar{B}$ para B.

Como $U = PV = P\bar{P}U$, então $\bar{P} = P^{-1}$, o que é uma propriedade importante das matrizes de mudança de base.

Exemplo 1. Escreva a matriz de mudança de base da base $B = \{(1,2), (-2,1)\}$ para a base $\bar{B} = \{(1,0), (0,1)\}$.

Solução. Podemos escrever $(1,2) = \alpha_{11}(1,0) + \alpha_{12}(0,1) = (1,0) + 2(0,1)$ e $(-2,1) = \alpha_{21}(1,0) + \alpha_{22}(0,1) = -2(1,0) + (0,1)$, de modo que a matriz de mudança de base fica

$$P = \begin{pmatrix} \alpha_{11} & \alpha_{12} \\ \alpha_{21} & \alpha_{22} \end{pmatrix} = \begin{pmatrix} 1 & 2 \\ -2 & 1 \end{pmatrix}.$$

A solução do exemplo 1 só foi fácil porque a segunda base era a base canônica $\{(1,0), (0,1)\}$. O exemplo a seguir mostra um caso mais geral do cálculo de uma matriz de mudança de base.

Exemplo 2. Escreva a matriz de mudança da base $B = \{(2,1,-1), (3,4,1), (3,1,2)\}$ para a base $\bar{B} = \{(1,0,1), (1,1,-1), (2,1,1)\}$.

Solução. Para isto, temos que resolver as seguintes equações:

$$\begin{cases} (2,1,-1) = \alpha_{11}(1,0,1) + \alpha_{12}(1,-3,-1) + \alpha_{13}(2,1,1), \\ (3,4,1) = \alpha_{21}(1,0,1) + \alpha_{22}(1,-3,-1) + \alpha_{23}(2,1,1), \\ (3,1,2) = \alpha_{31}(1,0,1) + \alpha_{32}(1,-3,-1) + \alpha_{33}(2,1,1). \end{cases}$$

Cada uma dessas equações gera um sistema com três equações lineares e três incógnitas:

$$\begin{cases} \alpha_{11} + \alpha_{12} + 2\alpha_{13} = 2 \\ -3\alpha_{12} + \alpha_{13} = 1 \\ \alpha_{11} - \alpha_{12} + \alpha_{13} = -1 \end{cases}, \quad \begin{cases} \alpha_{21} + \alpha_{22} + 2\alpha_{23} = 3 \\ -3\alpha_{22} + \alpha_{23} = 4 \\ \alpha_{21} - \alpha_{22} + \alpha_{23} = 1 \end{cases}, \quad \begin{cases} \alpha_{31} + \alpha_{32} + 2\alpha_{33} = 3 \\ -3\alpha_{32} + \alpha_{33} = 1 \\ \alpha_{31} - \alpha_{32} + \alpha_{33} = 2 \end{cases}.$$

Esses sistemas de equações podem ser escritos matricialmente como

$$\begin{pmatrix} 1 & 1 & 2 \\ 0 & 1 & 1 \\ 1 & -1 & 1 \end{pmatrix} \begin{pmatrix} \alpha_{11} \\ \alpha_{12} \\ \alpha_{13} \end{pmatrix} = \begin{pmatrix} 2 \\ 1 \\ -1 \end{pmatrix},$$

$$\begin{pmatrix} 1 & 1 & 2 \\ 0 & 1 & 1 \\ 1 & -1 & 1 \end{pmatrix} \begin{pmatrix} \alpha_{21} \\ \alpha_{22} \\ \alpha_{23} \end{pmatrix} = \begin{pmatrix} 3 \\ 4 \\ 1 \end{pmatrix},$$

$$\begin{pmatrix} 1 & 1 & 2 \\ 0 & 1 & 1 \\ 1 & -1 & 1 \end{pmatrix} \begin{pmatrix} \alpha_{31} \\ \alpha_{32} \\ \alpha_{33} \end{pmatrix} = \begin{pmatrix} 3 \\ 1 \\ 2 \end{pmatrix}.$$

Observe que todas essas equações têm a matriz

$$A = \begin{pmatrix} 1 & 1 & 2 \\ 0 & 1 & 1 \\ 1 & -1 & 1 \end{pmatrix}$$

em comum. Podemos resolver uma equação matricial do tipo $AX = B$ escrevendo $X = A^{-1}B$, onde A^{-1} é a matriz inversa de A. Calculamos essa matriz inversa a seguir:

$$\left(\begin{array}{ccc|ccc} 1 & 1 & 2 & 1 & 0 & 0 \\ 0 & 1 & 1 & 0 & 1 & 0 \\ 1 & -1 & 1 & 0 & 0 & 1 \end{array}\right) \begin{array}{l} L_1 \\ L_2 \\ L_3 - L_1 \end{array} \sim \left(\begin{array}{ccc|ccc} 1 & 1 & 2 & 1 & 0 & 0 \\ 0 & 1 & 1 & 0 & 1 & 0 \\ 0 & -2 & -1 & -1 & 0 & 1 \end{array}\right) \begin{array}{l} L_1 - L_2 \\ L_2 \\ L_3 + 2L_2 \end{array}$$

$$\sim \left(\begin{array}{ccc|ccc} 1 & 0 & 1 & 1 & -1 & 0 \\ 0 & 1 & 1 & 0 & 1 & 0 \\ 0 & 0 & 1 & -1 & 2 & 1 \end{array}\right) \begin{array}{l} L_1 - L_3 \\ L_2 - L_3 \\ L_3 \end{array} \sim \left(\begin{array}{ccc|ccc} 1 & 0 & 0 & 2 & -3 & -1 \\ 0 & 1 & 0 & 1 & -1 & -1 \\ 0 & 0 & 1 & -1 & 2 & 1 \end{array}\right),$$

de modo que inversa de A é $A^{-1} = \begin{pmatrix} 2 & -3 & -1 \\ 1 & -1 & -1 \\ -1 & 2 & 1 \end{pmatrix}$.

Podemos agora escrever

$$\begin{pmatrix} 1 & 1 & 2 \\ 0 & 1 & 1 \\ 1 & -1 & 1 \end{pmatrix} \begin{pmatrix} \alpha_{11} \\ \alpha_{12} \\ \alpha_{13} \end{pmatrix} = \begin{pmatrix} 2 \\ 1 \\ -1 \end{pmatrix}$$

$$\Leftrightarrow \begin{pmatrix} \alpha_{11} \\ \alpha_{12} \\ \alpha_{13} \end{pmatrix} = \begin{pmatrix} 2 & -3 & -1 \\ 1 & -1 & -1 \\ -1 & 2 & 1 \end{pmatrix} \begin{pmatrix} 2 \\ 1 \\ -1 \end{pmatrix} \Leftrightarrow \begin{pmatrix} \alpha_{11} \\ \alpha_{12} \\ \alpha_{13} \end{pmatrix} = \begin{pmatrix} 2 \\ 2 \\ -1 \end{pmatrix},$$

$$\begin{pmatrix} 1 & 1 & 2 \\ 0 & 1 & 1 \\ 1 & -1 & 1 \end{pmatrix} \begin{pmatrix} \alpha_{21} \\ \alpha_{22} \\ \alpha_{23} \end{pmatrix} = \begin{pmatrix} 3 \\ 4 \\ 1 \end{pmatrix}$$

$$\Leftrightarrow \begin{pmatrix} \alpha_{21} \\ \alpha_{22} \\ \alpha_{23} \end{pmatrix} = \begin{pmatrix} 2 & -3 & -1 \\ 1 & -1 & -1 \\ -1 & 2 & 1 \end{pmatrix} \begin{pmatrix} 3 \\ 4 \\ 1 \end{pmatrix} \Leftrightarrow \begin{pmatrix} \alpha_{21} \\ \alpha_{22} \\ \alpha_{23} \end{pmatrix} = \begin{pmatrix} -7 \\ -2 \\ 6 \end{pmatrix},$$

$$\begin{pmatrix} 1 & 1 & 2 \\ 0 & 1 & 1 \\ 1 & -1 & 1 \end{pmatrix} \begin{pmatrix} \alpha_{31} \\ \alpha_{32} \\ \alpha_{33} \end{pmatrix} = \begin{pmatrix} 3 \\ 1 \\ 2 \end{pmatrix}$$

$$\Leftrightarrow \begin{pmatrix} \alpha_{31} \\ \alpha_{32} \\ \alpha_{33} \end{pmatrix} = \begin{pmatrix} 2 & -3 & -1 \\ 1 & -1 & -1 \\ -1 & 2 & 1 \end{pmatrix} \begin{pmatrix} 3 \\ 1 \\ 3 \end{pmatrix} \Leftrightarrow \begin{pmatrix} \alpha_{31} \\ \alpha_{32} \\ \alpha_{33} \end{pmatrix} = \begin{pmatrix} 1 \\ 0 \\ 1 \end{pmatrix}.$$

Portanto, a matriz de mudança de base de B para $\bar{B}$ é

$$P = \begin{pmatrix} 2 & 2 & -1 \\ -7 & -2 & 6 \\ 1 & 0 & 1 \end{pmatrix}.$$

Veremos, agora, como determinar as coordenadas de um vetor em termos de uma base $\bar{B}$ caso essas coordenadas sejam conhecidas em uma base B. Um vetor w com coordenadas $[w]_B = [a_1, a_2, \cdots, a_n]$ em uma base $B = \{u_1, u_2, \cdots, u_n\}$ é tal que

$$w = a_1u_1 + a_2u_2 + \cdots + a_nu_n = AU,$$

onde $A = \begin{pmatrix} a_1 & a_2 & \cdots & a_n \end{pmatrix}$ e $U = \begin{pmatrix} u_1 \\ u_2 \\ \vdots \\ u_n \end{pmatrix}$.

Queremos mudar essas coordenadas para uma base $\bar{B} = \{v_1, v_2, \cdots, v_n\}$, sendo que as duas bases estão relacionadas por $U = PV$, onde

$$P = \begin{pmatrix} \alpha_{11} & \alpha_{12} & \cdots & \alpha_{1n} \\ \alpha_{21} & \alpha_{22} & \cdots & \alpha_{2n} \\ \vdots & \vdots & \ddots & \vdots \\ \alpha_{n1} & \alpha_{n2} & \cdots & \alpha_{nn} \end{pmatrix} \text{ e } V = \begin{pmatrix} v_1 \\ v_2 \\ \vdots \\ v_n \end{pmatrix},$$

onde P é a matriz de mudança de base de B para $\bar{B}$. Isso significa que podemos escrever

$$w = AU = APV = \begin{pmatrix} a_1 & a_2 & \cdots & a_n \end{pmatrix} \begin{pmatrix} \alpha_{11} & \alpha_{12} & \cdots & \alpha_{1n} \\ \alpha_{21} & \alpha_{22} & \cdots & \alpha_{2n} \\ \vdots & \vdots & \ddots & \vdots \\ \alpha_{n1} & \alpha_{n2} & \cdots & \alpha_{nn} \end{pmatrix} \begin{pmatrix} v_1 \\ v_2 \\ \vdots \\ v_n \end{pmatrix}$$

$$= \begin{pmatrix} a_1\alpha_{11} + \cdots + a_n\alpha_{n1} & a_1\alpha_{12} + \cdots + a_n\alpha_{n2} & \cdots & a_1\alpha_{1n} + \cdots + a_n\alpha_{nn} \end{pmatrix} \begin{pmatrix} v_1 \\ v_2 \\ \vdots \\ v_n \end{pmatrix}$$

$$= \begin{pmatrix} \sum_{i=1}^{n} a_i\alpha_{i1} & \sum_{i=1}^{n} a_i\alpha_{i2} & \cdots & \sum_{i=1}^{n} a_i\alpha_{in} \end{pmatrix} \begin{pmatrix} v_1 \\ v_2 \\ \vdots \\ v_n \end{pmatrix},$$

de modo que as coordenadas de w em relação à base $\bar{B}$ são dadas por

$$[w]_{\bar{B}} = \left[\sum_{i=1}^{n} a_i\alpha_{i1}, \sum_{i=1}^{n} a_i\alpha_{i2}, \cdots, \sum_{i=1}^{n} a_i\alpha_{in} \right].$$

Exemplo 3. Escreva o vetor w que tem coordenadas $[w]_B = [2, -1]$ na base $B = \{(1, 2), (-2, 1)\}$ em termos de suas coordenadas na base $\bar{B} = \{(1, 0), (0, 1)\}$.

Solução. Do exemplo 1, a matriz de mudança de base de B para $\bar{B}$ é $P = \begin{pmatrix} 1 & 2 \\ -2 & 1 \end{pmatrix}$. Portanto,

$$AP = \begin{pmatrix} 2 & -1 \end{pmatrix} \begin{pmatrix} 1 & 2 \\ -2 & 1 \end{pmatrix} = \begin{pmatrix} 4 & 3 \end{pmatrix},$$

de modo que $[w]_{\bar{B}} = [4, 3]$. Esse vetor, em relação aos elementos das duas bases, é mostrado nas duas figuras abaixo.

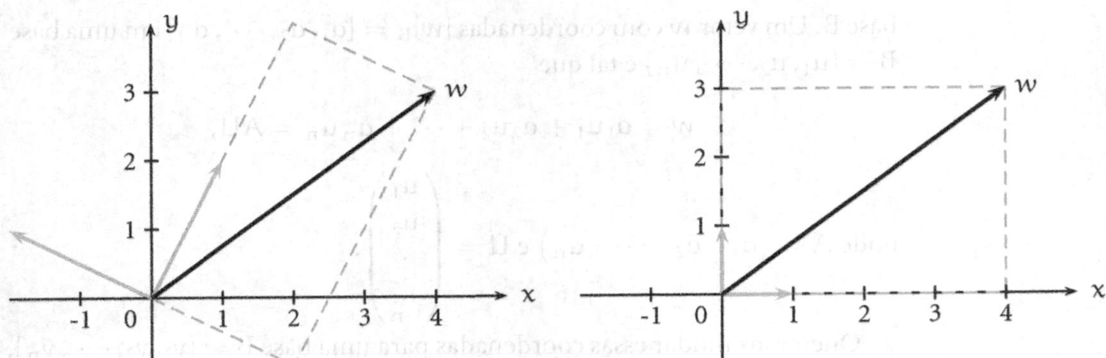

Exemplo 4. Escreva o vetor w de coordenadas $[w]_B = [2, 1, 3]$ na base $B = \{(2, 1, -1), (3, 4, 1), (3, 1, 2)\}$ em termos de suas coordenadas na base $\bar{B} = \{(1, 0, 1), (1, 1, -1), (2, 1, 1)\}$.

SOLUÇÃO. Do exemplo 2, a matriz de mudança de base de B para $\bar{B}$ é

$$P = \begin{pmatrix} 2 & 2 & -1 \\ -7 & -2 & 6 \\ 1 & 0 & 1 \end{pmatrix}.$$

Portanto,

$$AP = \begin{pmatrix} 2 & 1 & 3 \end{pmatrix} \begin{pmatrix} 2 & 2 & -1 \\ -7 & -2 & 6 \\ 1 & 0 & 1 \end{pmatrix} = \begin{pmatrix} 0 & 2 & 7 \end{pmatrix},$$

de modo que $[w]_{\bar{B}} = [0, 2, 7]$. Esse vetor, em relação aos elementos das duas bases, é mostrado nas duas figuras abaixo.

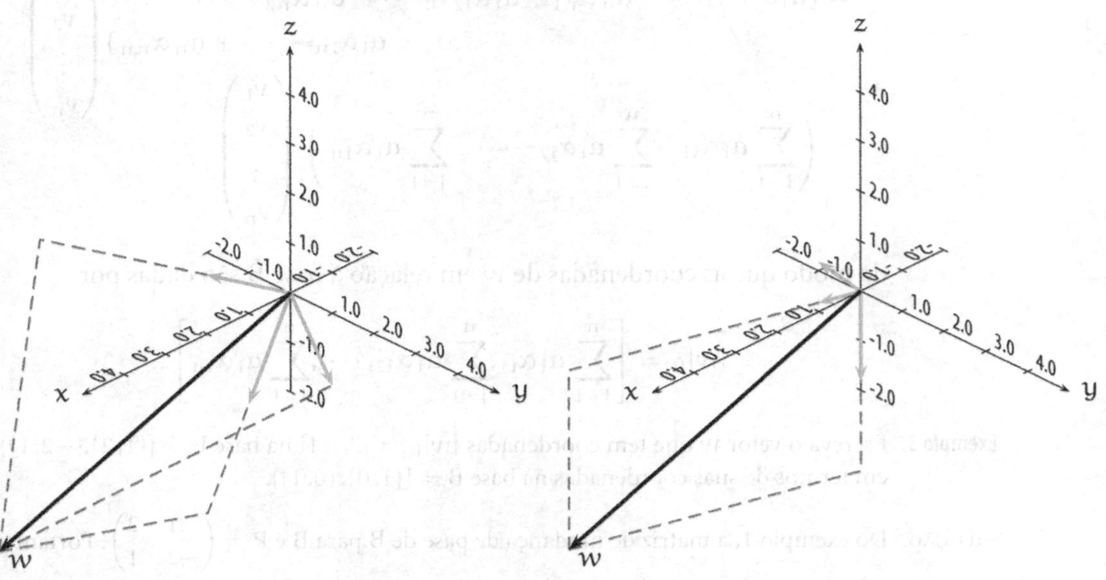

Resumo

- **Coordenadas:** dado um espaço vetorial V sobre um corpo K e uma base $B = \{v_1, v_2, \cdots, v_n\}$ desse espaço, podemos representar qualquer vetor $u \in V$ como uma combinação linear dos vetores da base: $u = \alpha_1 v_1 + \alpha_2 v_2 + \cdots + \alpha_n v_n$. Os n escalares $\alpha_1, \alpha_2, \cdots, \alpha_n$ são chamados *coordenadas* do vetor u em relação à base B: $[v]_B = [\alpha_1, \alpha_2, \cdots, \alpha_n]$.
- **Matriz de mudança de base:** consideremos duas bases de um espaço vetorial V sobre um corpo K: uma é dada por $B = \{u_1, u_2, \cdots, u_n\}$ e a outra é dada por $\bar{B} = \{v_1, v_2, \cdots, v_n\}$. Podemos escrever todos os elementos da primeira base como combinações lineares dos elementos da segunda base:

$$u_1 = \alpha_{11}v_1 + \alpha_{12}v_2 + \cdots + \alpha_{1n}v_n, \cdots, \quad u_n = \alpha_{n1}v_1 + \alpha_{n2}v_2 + \cdots + \alpha_{nn}v_n.$$

Essa expressão pode ser escrita em forma matricial $U = PV$, onde

$$U = \begin{pmatrix} u_1 \\ u_2 \\ \vdots \\ u_n \end{pmatrix}, \quad P = \begin{pmatrix} \alpha_{11} & \alpha_{12} & \cdots & \alpha_{1n} \\ \alpha_{21} & \alpha_{22} & \cdots & \alpha_{2n} \\ \vdots & \vdots & \ddots & \vdots \\ \alpha_{n1} & \alpha_{n2} & \cdots & \alpha_{nn} \end{pmatrix} \quad \text{e} \quad V = \begin{pmatrix} v_1 \\ v_2 \\ \vdots \\ v_n \end{pmatrix},$$

em que P é chamada de *matriz de mudança de base* (da base B para a base $\bar{B}$).

Exercícios

Nível 1

COORDENADAS

Exemplo 1. Escreva o vetor v de coordenadas $[v]_B = [1, -3, 2]$ em relação à base $B = \{(1, 2, -4)(2, 1, -1), (-4, 3, 2)\}$.

SOLUÇÃO. O vetor é dado por $v = (1, 2, -4) - 3(2, 1, -1) + 2(-4, 3, 2) = (-13, 5, 3)$.

E1) Escreva os vetores com as coordenadas dadas em relação às seguintes bases:

a) $[v]_B = [3, -2, 1]$ e $B = \{(1, 0, 0), (0, 1, 0), (0, 0, 1)\}$.

b) $[v]_B = [1, 2, -2]$ e $B = \{(1, 2, 3), (3, 1, -1), (-1, 3, 2)\}$.

c) $[v]_B = [-1, 2]$ e $B = \left\{\binom{2}{-3}, \binom{1}{2}\right\}$.

d) $[p(x)]_B = [2, 3, -4]$ e $B = \{x - 1, x^2, x + 3\}$.

e) $[A]_B = [2, -1, 5, 4, 3, -3]$ e

$$B = \left\{ \begin{pmatrix} 1 & 0 & 0 \\ 0 & 0 & 0 \end{pmatrix}, \begin{pmatrix} 0 & 1 & 0 \\ 0 & 0 & 0 \end{pmatrix}, \begin{pmatrix} 0 & 0 & 1 \\ 0 & 0 & 0 \end{pmatrix}, \begin{pmatrix} 0 & 0 & 0 \\ 1 & 0 & 0 \end{pmatrix}, \begin{pmatrix} 0 & 0 & 0 \\ 0 & 1 & 0 \end{pmatrix}, \begin{pmatrix} 0 & 0 & 0 \\ 0 & 0 & 1 \end{pmatrix} \right\}.$$

f) $[A]_B = [2, -1, 2, 1]$ e $B = \left\{ \begin{pmatrix} 1 & 0 \\ 0 & 0 \end{pmatrix}, \begin{pmatrix} 0 & 1 \\ 0 & 0 \end{pmatrix}, \begin{pmatrix} 0 & -1 \\ -1 & 0 \end{pmatrix}, \begin{pmatrix} 1 & 0 \\ 0 & 1 \end{pmatrix} \right\}.$

Exemplo 2. Escreva as coordenadas do vetor $v = (4, 0, 10)$ em relação à base $B = \{(0,1,3)(2,4,1),(2,3,0)\}$.

SOLUÇÃO. Temos que

$$(0,4,10) = \alpha_1(0,1,3) + \alpha_2(2,4,1) + \alpha_3(2,3,0) \Leftrightarrow \begin{cases} 2\alpha_2 + 2\alpha_3 = 0 \\ \alpha_1 + 4\alpha_2 + 3\alpha_3 = 4 \\ 3\alpha_1 + \alpha_2 = 10 \end{cases}.$$

Resolvendo por Gauss-Jordan,

$$\left(\begin{array}{ccc|c} 0 & 2 & 2 & 0 \\ 1 & 4 & 3 & 4 \\ 3 & 1 & 0 & 10 \end{array}\right) \begin{array}{l} L_1 \leftrightarrow L_2 \\ \\ \\ \end{array} \sim \left(\begin{array}{ccc|c} 1 & 4 & 3 & 4 \\ 0 & 2 & 2 & 0 \\ 3 & 1 & 0 & 10 \end{array}\right) \begin{array}{l} L_1 \\ L_2 \\ L_3 - 3L_1 \end{array}$$

$$\sim \left(\begin{array}{ccc|c} 1 & 4 & 3 & 4 \\ 0 & 2 & 2 & 0 \\ 0 & -11 & -9 & -2 \end{array}\right) \begin{array}{l} L_1 - 2L_2 \\ L_2/2 \\ L_3 + (11/2)L_2 \end{array} \sim \left(\begin{array}{ccc|c} 1 & 0 & -1 & 4 \\ 0 & 1 & 1 & 0 \\ 0 & 0 & 2 & -2 \end{array}\right) \begin{array}{l} L_1 + (1/2)L_3 \\ L_2 - (1/2)L_3 \\ L_3/2 \end{array}$$

$$\sim \left(\begin{array}{ccc|c} 1 & 0 & 0 & 3 \\ 0 & 1 & 0 & 1 \\ 0 & 0 & 1 & -1 \end{array}\right).$$

Portanto, $(0,4,10) = 3(0,1,3) + (2,4,1) - (2,3,0)$ e suas coordenadas em relação à base B são $[v]_B = [3, 1, -1]$.

E2) Escreva as coordenadas dos seguintes vetores em relação às bases dadas.

a) $v = (9, 3, -8)$ em relação à base $B = \{(1,0,0),(0,1,0),(0,0,1)\}$.

b) $v = (9, 3, -8)$ em relação à base $B = \{(1,2,3),(3,1,-1),(-1,3,2)\}$.

c) $v = \binom{4}{1}$ em relação à base $B = \left\{ \binom{2}{-3}, \binom{1}{2} \right\}$.

d) $p(x) = 2x^2 + 2x - 6$ em relação à base $B = \{x - 1, x^2, x + 3\}$.

e) $A = \begin{pmatrix} 5 & 1 & -2 \\ 2 & 3 & -4 \end{pmatrix}$ em relação à base

$$B = \left\{ \begin{pmatrix} 1 & 0 & 0 \\ 0 & 0 & 0 \end{pmatrix}, \begin{pmatrix} 0 & 1 & 0 \\ 0 & 0 & 0 \end{pmatrix}, \begin{pmatrix} 0 & 0 & 1 \\ 0 & 0 & 0 \end{pmatrix}, \begin{pmatrix} 0 & 0 & 0 \\ 1 & 0 & 0 \end{pmatrix}, \begin{pmatrix} 0 & 0 & 0 \\ 0 & 1 & 0 \end{pmatrix}, \begin{pmatrix} 0 & 0 & 0 \\ 0 & 0 & 1 \end{pmatrix} \right\}.$$

f) $A = \begin{pmatrix} 5 & -3 \\ -3 & 4 \end{pmatrix}$ em relação à base

$$B = \left\{ \begin{pmatrix} 1 & 0 \\ 0 & 0 \end{pmatrix}, \begin{pmatrix} 0 & 1 \\ 0 & 0 \end{pmatrix}, \begin{pmatrix} 0 & -1 \\ -1 & 0 \end{pmatrix}, \begin{pmatrix} 1 & 0 \\ 0 & 1 \end{pmatrix} \right\}.$$

MATRIZ DE MUDANÇA DE BASE

Exemplo 3. Determine a base B tal que a matriz de mudança de base de B para a base $\bar{B} = \{(-2,1),(3,1)\}$ seja $P = \begin{pmatrix} -1 & 3 \\ 4 & 1 \end{pmatrix}$.

Solução. Devemos ter $B = \{u_1, u_2\}$ tal que

$$u_1 = -1 \cdot (-2,1) + 3 \cdot (3,1) = (11,2) \quad \text{e} \quad u_2 = 4 \cdot (-2,1) + 1 \cdot (3,1) = (-5,5).$$

Portanto, $B = \{(11,2),(-5,5)\}$.

E3) Para cada matriz de mudança de base P de uma base B para uma base $\bar{B}$, onde P e $\bar{B}$ são dadas, determine a base B.

a) $P = \begin{pmatrix} 1 & -1 \\ 2 & 1 \end{pmatrix}$ e $\bar{B} = \{(-1,1),(2,-1)\}$.

b) $P = \begin{pmatrix} -1 & 1 & 1 \\ 1 & 0 & -1 \\ 2 & -1 & 3 \end{pmatrix}$ e $B = \{1-x, x, x^2-1\}$.

c) $P = \begin{pmatrix} 1 & 0 & -1 & 2 \\ -1 & 1 & 0 & -1 \\ 2 & -1 & 1 & 1 \\ 1 & 2 & -2 & 0 \end{pmatrix}$ e

$$B = \left\{ \begin{pmatrix} -1 & 1 \\ 0 & 1 \end{pmatrix}, \begin{pmatrix} 0 & 1 \\ -1 & 1 \end{pmatrix}, \begin{pmatrix} 1 & 1 \\ -1 & 1 \end{pmatrix}, \begin{pmatrix} 1 & 0 \\ 1 & -1 \end{pmatrix} \right\}.$$

Exemplo 4. Determine a matriz de mudança da base $B = \{(-1,3,1),(2,1,-2),(1,-1,4)\}$ para a base $\bar{B} = \{(2,0,-2),(-1,1,4),(3,-1,2)\}$.

Solução. Para isto, temos que resolver as seguintes equações:

$$\begin{cases} (-1,3,1) = \alpha_{11}(2,0,-2) + \alpha_{12}(-1,1,4) + \alpha_{13}(3,-1,2), \\ (2,1,-2) = \alpha_{21}(2,0,-2) + \alpha_{22}(-1,1,4) + \alpha_{23}(3,-1,2), \\ (1,-1,4) = \alpha_{31}(2,0,-2) + \alpha_{32}(-1,1,4) + \alpha_{33}(3,-1,2). \end{cases}$$

Cada uma dessas equações gera um sistema com três equações lineares e três incógnitas:

$$\begin{cases} 2\alpha_{11} - \alpha_{12} + 3\alpha_{13} = -1 \\ \alpha_{12} - \alpha_{13} = 3 \\ -2\alpha_{11} + 4\alpha_{12} + 2\alpha_{13} = 1 \end{cases}, \quad \begin{cases} 2\alpha_{21} - \alpha_{22} + 3\alpha_{23} = 2 \\ \alpha_{22} - \alpha_{23} = 1 \\ -2\alpha_{21} + 4\alpha_{22} + 2\alpha_{23} = -2 \end{cases},$$

$$\begin{cases} 2\alpha_{31} - \alpha_{32} + 3\alpha_{33} = 1 \\ \alpha_{32} - \alpha_{33} = -1 \\ -2\alpha_{31} + 4\alpha_{32} + 2\alpha_{33} = 4 \end{cases},$$

que podem ser escritos matricialmente como

$$\begin{pmatrix} 2 & -1 & 3 \\ 0 & 1 & -1 \\ -2 & 4 & 2 \end{pmatrix} \begin{pmatrix} \alpha_{11} \\ \alpha_{12} \\ \alpha_{13} \end{pmatrix} = \begin{pmatrix} -1 \\ 3 \\ 1 \end{pmatrix}, \quad \begin{pmatrix} 2 & -1 & 3 \\ 0 & 1 & -1 \\ -2 & 4 & 2 \end{pmatrix} \begin{pmatrix} \alpha_{21} \\ \alpha_{22} \\ \alpha_{23} \end{pmatrix} = \begin{pmatrix} 2 \\ 1 \\ -2 \end{pmatrix},$$

$$\begin{pmatrix} 2 & -1 & 3 \\ 0 & 1 & -1 \\ -2 & 4 & 2 \end{pmatrix} \begin{pmatrix} \alpha_{31} \\ \alpha_{32} \\ \alpha_{33} \end{pmatrix} = \begin{pmatrix} 1 \\ -1 \\ 4 \end{pmatrix}.$$

Todas essas equações têm a matriz

$$A = \begin{pmatrix} 2 & -1 & 3 \\ 0 & 1 & -1 \\ -2 & 4 & 2 \end{pmatrix}$$

em comum. Podemos resolver uma equação matricial do tipo $AX = B$ escrevendo $X = A^{-1}B$, onde A^{-1} é a matriz inversa de A. Calculamos essa matriz inversa na sequência:

$$\left(\begin{array}{ccc|ccc} 2 & -1 & 3 & 1 & 0 & 0 \\ 0 & 1 & -1 & 0 & 1 & 0 \\ -2 & 4 & 2 & 0 & 0 & 1 \end{array}\right) \begin{array}{l} L_1/2 \\ L_2 \\ L_3 + L_1 \end{array}$$

$$\sim \left(\begin{array}{ccc|ccc} 1 & -1/2 & 3/2 & 1/2 & 0 & 0 \\ 0 & 1 & -1 & 0 & 1 & 0 \\ 0 & 3 & 5 & 1 & 0 & 1 \end{array}\right) \begin{array}{l} L_1 + 2L_2 \\ L_2 \\ L_3 - 3L_2 \end{array}$$

$$\sim \left(\begin{array}{ccc|ccc} 1 & 0 & 1 & 1/2 & 1/2 & 0 \\ 0 & 1 & -1 & 0 & 1 & 0 \\ 0 & 0 & 8 & 1 & -3 & 1 \end{array}\right) \begin{array}{l} L_1 - (1/8)L_3 \\ L_2 + L_3 \\ L_3/8 \end{array} \sim \left(\begin{array}{ccc|ccc} 1 & 0 & 0 & 3/8 & 7/8 & -1/8 \\ 0 & 1 & 0 & 1/8 & 5/8 & 1/8 \\ 0 & 0 & 1 & 1/8 & -3/8 & 1/8 \end{array}\right),$$

de modo que inversa de A é $A^{-1} = \frac{1}{8}\begin{pmatrix} 3 & 7 & -1 \\ 1 & 5 & 1 \\ 1 & -3 & 1 \end{pmatrix}$.

Podemos agora escrever

$$\begin{pmatrix} \alpha_{11} \\ \alpha_{12} \\ \alpha_{13} \end{pmatrix} = \frac{1}{8}\begin{pmatrix} 3 & 7 & -1 \\ 1 & 5 & 1 \\ 1 & -3 & 1 \end{pmatrix}\begin{pmatrix} -1 \\ 3 \\ 1 \end{pmatrix} \Leftrightarrow \begin{pmatrix} \alpha_{11} \\ \alpha_{12} \\ \alpha_{13} \end{pmatrix} = \begin{pmatrix} 17/8 \\ 15/8 \\ -9/8 \end{pmatrix},$$

$$\begin{pmatrix} \alpha_{21} \\ \alpha_{22} \\ \alpha_{23} \end{pmatrix} = \frac{1}{8}\begin{pmatrix} 3 & 7 & -1 \\ 1 & 5 & 1 \\ 1 & -3 & 1 \end{pmatrix}\begin{pmatrix} 2 \\ 1 \\ -2 \end{pmatrix} \Leftrightarrow \begin{pmatrix} \alpha_{21} \\ \alpha_{22} \\ \alpha_{23} \end{pmatrix} = \begin{pmatrix} 15/8 \\ 5/8 \\ -3/8 \end{pmatrix},$$

$$\begin{pmatrix} \alpha_{31} \\ \alpha_{32} \\ \alpha_{33} \end{pmatrix} = \frac{1}{8}\begin{pmatrix} 3 & 7 & -1 \\ 1 & 5 & 1 \\ 1 & -3 & 1 \end{pmatrix}\begin{pmatrix} 1 \\ -1 \\ 4 \end{pmatrix} \Leftrightarrow \begin{pmatrix} \alpha_{31} \\ \alpha_{32} \\ \alpha_{33} \end{pmatrix} = \begin{pmatrix} -1 \\ 0 \\ 1 \end{pmatrix}.$$

Portanto, a matriz de mudança de base de B para $\bar{B}$ é $P = \frac{1}{8}\begin{pmatrix} 17 & 15 & -9 \\ 15 & 5 & -3 \\ -8 & 0 & 8 \end{pmatrix}$.

E4) Determine a matriz de mudança de base da base B para a base $\bar{B}$, onde:

a) $B = \{(13, -1), (8, 7)\}$ e $\bar{B} = \{(1, 2), (4, -1)\}$.

b) $B = \{1, 1 - x, 1 - x^2\}$ e $\bar{B} = \{1, x, x^2\}$.

c) $B = \left\{ \begin{pmatrix} 3 \\ -3 \\ 1 \end{pmatrix}, \begin{pmatrix} -2 \\ 3 \\ 3 \end{pmatrix}, \begin{pmatrix} 1 \\ -1 \\ 2 \end{pmatrix} \right\}$ e $\bar{B} = \left\{ \begin{pmatrix} -1 \\ 1 \\ 2 \end{pmatrix}, \begin{pmatrix} 0 \\ -1 \\ 1 \end{pmatrix}, \begin{pmatrix} 1 \\ 0 \\ 1 \end{pmatrix} \right\}$.

Exemplo 5. Escreva o vetor de coordenadas $[v]_B = [2, -3, 1]$ na base $B = \{(-1, 3, 1), (2, 1, -2), (1, -1, 4)\}$ em termos da base $\bar{B} = \{(2, 0, -2), (-1, 1, 4), (3, -1, 2)\}$.

Solução. A matriz de mudança de base já foi calculada no exemplo 4, de modo que podemos escrever

$$\begin{pmatrix}2 & -3 & 1\end{pmatrix}\frac{1}{8}\begin{pmatrix}17 & 15 & -9\\ 15 & 5 & -3\\ -8 & 0 & 8\end{pmatrix} = \frac{1}{9}\begin{pmatrix}-19 & 15 & -1\end{pmatrix}$$

Portanto, as coordenadas do vetor dado na nova base são $[v]_{\bar{B}} = \left[-\frac{19}{9}, \frac{15}{9}, -\frac{1}{9}\right]$.

E5) Dados os vetores a seguir, definidos por suas coordenadas em relação às bases B dadas, determine suas coordenadas em relação às bases $\bar{B}$ (observe que você pode utilizar os resultados do exercício E4).

a) $[v]_B = [1, -3]$, $B = \{(13, -1), (8, 7)\}$ e $\bar{B} = \{(1, 2), (4, -1)\}$.

b) $[p(x)]_B = [1, -1, 4]$, $B = \{1, 1 - x, 1 - x^2\}$ e $\bar{B} = \{1, x, x^2\}$.

c) $[v]_B = [3, -1, 2]$, $B = \left\{\begin{pmatrix}3\\-3\\1\end{pmatrix}, \begin{pmatrix}-2\\3\\3\end{pmatrix}, \begin{pmatrix}1\\-1\\2\end{pmatrix}\right\}$ e

$$\bar{B} = \left\{\begin{pmatrix}-1\\1\\2\end{pmatrix}, \begin{pmatrix}0\\-1\\1\end{pmatrix}, \begin{pmatrix}1\\0\\1\end{pmatrix}\right\}.$$

Nível 2

E1) Escreva as coordenadas da matriz $A = \begin{pmatrix}0 & 10\\ 8 & 18\end{pmatrix}$ em termos da base

$$B = \left\{\begin{pmatrix}2 & 3\\ 1 & 0\end{pmatrix}, \begin{pmatrix}1 & 2\\ 0 & -3\end{pmatrix}, \begin{pmatrix}-1 & 2\\ 1 & 3\end{pmatrix}, \begin{pmatrix}1 & 2\\ 2 & 3\end{pmatrix}\right\}.$$

E2) Calcule a matriz de mudança da base

$$B = \left\{\begin{pmatrix}0 & -1\\ 1 & 0\end{pmatrix}, \begin{pmatrix}1 & 3\\ 0 & 2\end{pmatrix}, \begin{pmatrix}1 & -1\\ 0 & -3\end{pmatrix}, \begin{pmatrix}0 & -2\\ -1 & -1\end{pmatrix}\right\} \text{ para a base}$$

$$\bar{B} = \left\{\begin{pmatrix}0 & 1\\ 2 & 1\end{pmatrix}, \begin{pmatrix}-1 & 1\\ 1 & 2\end{pmatrix}, \begin{pmatrix}1 & 2\\ 1 & 1\end{pmatrix}, \begin{pmatrix}-1 & -1\\ 0 & 1\end{pmatrix}\right\}.$$

Nível 3

E1) Considere que os eixos cartesianos x e y do plano $\mathbb{R}^2$ sofram uma rotação de 30° no sentido anti-horário. Determine uma base do espaço girado com vetores unitários (de módulo 1) e calcule a matriz de mudança da base $B = \{(1, 0), (0, 1)\}$ para essa nova base.

E2) Considere que os eixos cartesianos x e y do plano $\mathbb{R}^2$ sofram uma rotação θ no sentido anti-horário. Determine uma base do espaço girado com vetores unitários (de módulo 1) e calcule a matriz de mudança da base $B = \{(1, 0), (0, 1)\}$ para essa nova base.

E3) Considere que o espaço $p_1(x)$ dos polinômios com graus menores ou iguais a 1, considerando os eixos cartesianos formados pela base $B = \{1, x\}$. Considere uma nove base $\bar{B}$ obtida a partir da primeira mediante uma rotação no sentido anti-horário de 45° nesse espaço. Escreva essa nova base do espaço girado e também uma matriz de mudança da base B para a base $\bar{B}$.

Respostas

Nível 1

E1) a) $v = (3, -2, 1)$. b) $v = (9, -2, -3)$. c) $v = \binom{0}{7}$.

d) $p(x) = 3x^2 - 2x - 14$. e) $A = \begin{pmatrix} 2 & -1 & 5 \\ 4 & 3 & -3 \end{pmatrix}$. f) $A = \begin{pmatrix} 3 & -3 \\ -2 & 1 \end{pmatrix}$.

E2) a) $[v]_B = [9, 3, -8]$. b) $[v]_B = [-2, 4, 1]$. c) $[v]_B = [1, 2]$.

d) $[p(x)]_B = [3, 2, -1]$. e) $[A]_B = [5, 1, -2, 2, 3, -4]$. f) $[A]_B = [1, 0, 3, 4]$.

E3) a) $B = \{(-3, 2), (0, 1)\}$. b) $B = \{-2 + 2x + x^2, 2 - x - x^2, -1 - 3x + 3x^2\}$.

c) $B = \left\{\begin{pmatrix} 0 & 0 \\ 3 & -2 \end{pmatrix}, \begin{pmatrix} 0 & 0 \\ -2 & 1 \end{pmatrix}, \begin{pmatrix} 0 & 2 \\ 1 & 1 \end{pmatrix}, \begin{pmatrix} -3 & 1 \\ 0 & 1 \end{pmatrix}\right\}$.

E4) a) $P = \begin{pmatrix} 1 & 3 \\ 4 & 1 \end{pmatrix}$. b) $P = \begin{pmatrix} 1 & 0 & 0 \\ 1 & -1 & 0 \\ 1 & 0 & -1 \end{pmatrix}$. c) $P = \begin{pmatrix} -1 & 2 & 1 \\ 2 & -1 & 0 \\ 0 & 1 & 1 \end{pmatrix}$.

E5) a) $[v]_{\bar{B}} = [11, 0]$. b) $[p(x)]_{\bar{B}} = [4, 1, -4]$. c) $[v]_{\bar{B}} = [-5, 9, 5]$.

Nível 2

E1) $[A]_B = [2, -1, 4, 1]$.

E2) $P = \begin{pmatrix} 1 & -1 & 0 & 1 \\ -1 & 1 & 1 & -1 \\ 1 & -1 & -1 & -1 \\ 0 & -1 & 0 & 1 \end{pmatrix}$.

Nível 3

E1) A base é $\bar{B} = \left\{\left(\frac{\sqrt{3}}{2}, \frac{1}{2}\right), \left(-\frac{1}{2}, \frac{\sqrt{3}}{2}\right)\right\}$ e a matriz de mudança de base é $P = \begin{pmatrix} \sqrt{3}/2 & -1/2 \\ 1/2 & \sqrt{3}/2 \end{pmatrix}$.

E2) A base é $\bar{B} = \{(\cos\theta, \operatorname{sen}\theta), (-\operatorname{sen}\theta, \cos\theta)\}$ e a matriz de mudança de base é $P = \begin{pmatrix} \cos\theta & -\operatorname{sen}\theta \\ \operatorname{sen}\theta & \cos\theta \end{pmatrix}$.

E3) A base é $\bar{B} = \{1 + x, 1 - x\}$ e a matriz de mudança de base é $P = \begin{pmatrix} 1/2 & -1/2 \\ 1/2 & 1/2 \end{pmatrix}$.

Os módulos dos vetores da base podem variar, mudando, como consequência, a matriz de mudança de base.

3.6 Espaços vetoriais com produto interno

Como foi visto no Capítulo 3.2, espaços vetoriais têm que possuir as operações de soma e produto por um escalar, mas não é necessário que tenham o produto escalar e o produto vetorial, que são duas outras operações dos vetores. O produto vetorial não existe, por exemplo, em duas dimensões, pois seu resultado é ortogonal aos dois vetores que estão sendo multiplicados, o que presume uma terceira dimensão e, por isso, não é facilmente generalizável. No entanto, podemos definir espaços vetoriais nos quais exista uma espécie de produto escalar, que chamamos *produto interno*. Tais espaços são definidos a seguir.

3.6.1 Produto interno

Começamos este capítulo relembrando um conceito visto no Capítulo 2.3, quando estudávamos vetores. O *produto escalar* é uma operação $\vec{u}\cdot\vec{v}$ entre dois vetores $\vec{u}$ e $\vec{v}$ que resulta em um número. Esta operação é definida pela seguinte fórmula:

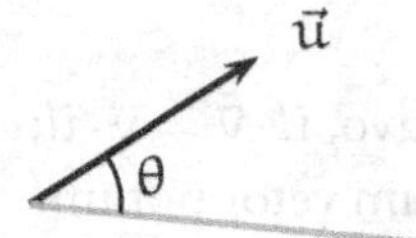

$$\boxed{\vec{u}\cdot\vec{v} = |\vec{u}||\vec{v}|\cos\theta},$$

onde θ é o ângulo entre os dois vetores.[1]

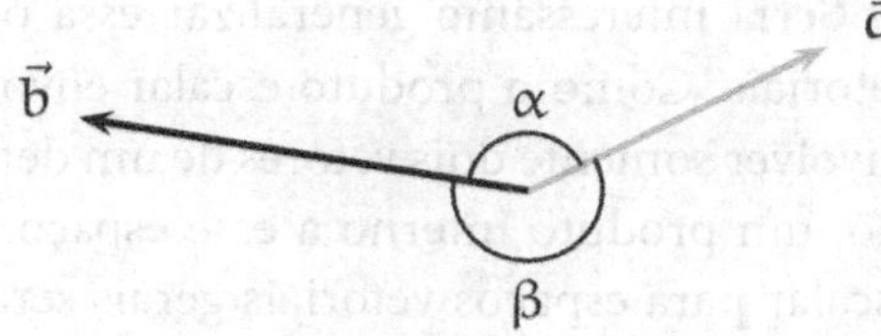

1. Por ângulo entre os vetores, entendemos o menor ângulo entre eles, como ilustrado na figura acima. O menor ângulo entre os dois vetores acima é o ângulo α.

Exemplo 1. Calcule o produto escalar $\vec{u} \cdot \vec{v}$ entre os vetores dados abaixo ($|\vec{u}| = 3$ e $|\vec{v}| = 2$).

$\vec{u}$

30°

$\vec{v}$

Solução. $\vec{u} \cdot \vec{v} = |\vec{u}||\vec{v}| \cos\theta = 3 \cdot 2 \cdot \cos 30^o = 6 \cdot \frac{\sqrt{3}}{2} = 3\sqrt{3}$.

Exemplo 2. Calcule o produto escalar $\vec{a} \cdot \vec{b}$ entre os vetores dados abaixo ($|\vec{a}| = 2$ e $|\vec{b}| = 2$).

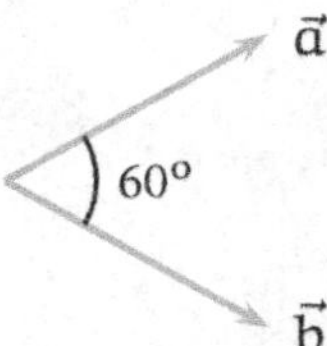

Solução. $\vec{a} \cdot \vec{b} = |\vec{a}||\vec{b}| \cos\theta = 2 \cdot 2 \cdot \cos 60^o = 4 \cdot \frac{1}{2} = 2$.

Quando escrevemos dois vetores em sua forma matricial, o produto escalar pode ser escrito de outra forma. Caso os vetores sejam dados por

$$\begin{pmatrix} u_x \\ u_y \\ u_z \end{pmatrix} \quad \text{e} \quad \begin{pmatrix} v_x \\ v_y \\ v_z \end{pmatrix},$$

o produto escalar entre eles fica

$$\boxed{\vec{u} \cdot \vec{v} = u_x v_x + u_y v_y + u_z v_z}.$$

Exemplo 3. Dados os vetores $\vec{u} = \begin{pmatrix} 3 \\ -1 \\ 1 \end{pmatrix}$ e $\vec{v} = \begin{pmatrix} 2 \\ 4 \\ -6 \end{pmatrix}$, calcule $\vec{u} \cdot \vec{v}$.

Solução. $\vec{u} \cdot \vec{v} = 3 \cdot 2 + (-1) \cdot 4 + 1 \cdot (-6) = 6 - 4 + 6 = -4$.

O produto escalar tem certas propriedades: ele é comutativo, $\vec{u} \cdot \vec{v} = \vec{v} \cdot \vec{u}$; é distributivo em relação à soma de vetores e ao produto de um vetor por um escalar, $(\vec{u} + \vec{v}) \cdot \vec{w} = \vec{u} \cdot \vec{w} + \vec{v} \cdot \vec{w}$ e $(\alpha\vec{u}) \cdot \vec{v} = \alpha(\vec{u} \cdot \vec{v})$; é tal que $\vec{u} \cdot \vec{u} \geqslant 0$, sendo que $\vec{u} \cdot \vec{u} = 0 \Leftrightarrow \vec{u} = \vec{0}$.

Seria interessante generalizar essa operação para elementos de espaços vetoriais. Como o produto escalar envolve somente dois vetores, ele deverá envolver somente dois vetores de um determinado espaço vetorial, sendo, então, um produto interno a esse espaço. Assim, a generalização do produto escalar para espaços vetoriais gerais será chamada de *produto interno*. Nem todos os espaços vetoriais admitem uma operação do tipo produto escalar. Por isso, aqueles que a admitem são chamados *espaços vetoriais com produto interno*. A seguir, temos a definição do produto interno dos elementos de um espaço vetorial.

Definição 1

Um espaço vetorial V sobre um corpo K é chamado *espaço vetorial com produto interno* se a cada par de elementos $u, v \in V$ estiver associado um número real $\langle u, v\rangle$, que é chamado *produto interno* de V, tal que este satisfaça as seguintes propriedades: dados quaisquer elementos $u, v, w \in V$ e um escalar $\alpha \in K$, tem-se que

I1) $\langle u, v\rangle = \langle v, u\rangle$ (comutativa);

I2) $\langle u + v, w\rangle = \langle u, w\rangle + \langle v, w\rangle$ (distributiva da soma em relação ao produto interno);

I3) $\langle \alpha u, v\rangle = \alpha\langle u, v\rangle$ (distributiva do produto por um escalar em relação ao produto interno);

I4) $\langle u, u\rangle \geqslant 0$ e $\langle u, u\rangle = 0 \Leftrightarrow u = 0$ (propriedade positiva definida).

O produto interno é definido conforme a natureza do espaço vetorial. A seguir, mostraremos como definir o produto interno em alguns dos espaços vetoriais mais usados.

(a) ESPAÇO $\mathbb{R}^2$

Vamos exemplificar o produto interno para espaços vetoriais distintos dos espaços de vetores com o caso de $\mathbb{R}^2$ sobre $\mathbb{R}$. Podemos definir um produto interno entre dois elementos $u = (a_1, b_1)$ e $v = (a_2, b_2)$ desse espaço da seguinte forma:

$$\langle a, b\rangle = a_1b_1 + a_2b_2.$$

A seguir, verificamos que esse produto interno satisfaz as propriedades I1, I2, I3 e I4 de um produto interno.

Dados os elementos $a = (a_1, a_2)$, $b = (b_1, b_2)$ e $c = (c_1, c_3)$ de $\mathbb{R}^2$ e um elemento α de $\mathbb{R}$, temos

I1) $\langle a, b\rangle = a_1b_1 + a_2b_2 = b_1a_1 + b_2a_2 = \langle b, a\rangle$;

I2) $\langle a + b, c\rangle = \langle (a_1 + b_1, a_2 + b_2), (c_1, c_2)\rangle = (a_1 + b_1)c_1 + (a_2 + b_2)c_2 = a_1c_1 + b_1c_1 + a_2c_2 + b_2c_2 = (a_1c_1 + a_2c_2) + (b_1c_1 + b_2c_2) = \langle a, c\rangle + \langle b, c\rangle$;

I3) $\langle \alpha a, b\rangle = \langle (\alpha a_1, \alpha a_2), (b_1, b_2)\rangle = \alpha a_1b_1 + \alpha a_2b_2 = \alpha(a_1b_1 + a_2b_2) = \alpha\langle a, b\rangle$;

I4) $\langle a, a\rangle = \langle (a_1, a_2), (a_1, a_2)\rangle = a_1a_1 + a_2a_2 = a_1^2 + a_2^2 \geqslant 0$ e $\langle b, b\rangle = 0 \Leftrightarrow \langle (b_1, b_2), (b_1, b_2)\rangle = 0 \Leftrightarrow b_1^2 + b_2^2 = 0 \Leftrightarrow b_1^2 = -b_2^2 \Leftrightarrow b_1 = b_2 = 0 \Leftrightarrow b = 0$.

Portanto, a operação $\langle a, b\rangle$ acima definida é um produto interno de $\mathbb{R}^2$ sobre $\mathbb{R}$.

Exemplo 1. Dados $u = (2, 3)$ e $v = (4, -1)$ de $\mathbb{R}$, calcule $\langle u, v\rangle$.

SOLUÇÃO. $\langle u, v\rangle = 2 \cdot 4 + 3 \cdot (-1) = 8 - 3 = 5$.

(b) ESPAÇO $\mathbb{R}^n$

Para o espaço vetorial $\mathbb{R}^n$ sobre $\mathbb{R}$, podemos generalizar o produto interno do $\mathbb{R}^2$, definindo-o como

$$\langle a, b\rangle = a_1b_1 + a_2b_2 + \cdots + a_nb_n,$$

onde $a = (a_1, a_2, \cdots, a_n)$ e $b = (b_1, b_2, \cdots, b_n)$ são elementos de $\mathbb{R}^n$.

Dados os elementos

$a = (a_1, a_2, \cdots, a_n)$, $b = (b_1, b_2, \cdots, b_n)$ e $c = (c_1, c_3, \cdots, c_n)$ de $\mathbb{R}^n$, e um elemento α de $\mathbb{R}$, temos:

I1) $\langle a, b\rangle = a_1b_1 + a_2b_2 + \cdots, a_nb_n = b_1a_1 + b_2a_2 + \cdots + b_na_n = \langle b, a\rangle$;

I2) $\langle a + b, c\rangle = \langle (a_1 + b_1, a_2 + b_2, \cdots, a_n + b_n), (c_1, c_2, \cdots, c_n)\rangle = (a_1 + b_1)c_1 + (a_2 + b_2)c_2 + \cdots + (a_n + b_n)c_n = a_1c_1 + b_1c_1 + a_2c_2 + b_2c_2 + \cdots + a_nc_n + b_nc_n = (a_1c_1 + a_2c_2 + \cdots + a_nc_n) + (b_1c_1 + b_2c_2 + \cdots + b_nc_n) = \langle a, c\rangle + \langle b, c\rangle$;

I3) $\langle \alpha a, b\rangle = \langle (\alpha a_1, \alpha a_2, \cdots \alpha a_n), (b_1, b_2, \cdots, b_n)\rangle = \alpha a_1b_1 + \alpha a_2b_2 + \cdots + \alpha a_nb_n = \alpha(a_1b_1 + a_2b_2 + \cdots + a_nb_n) = \alpha\langle a, b\rangle$;

I4) $\langle a, a\rangle = a_1a_1 + a_2a_2 + \cdots + a_na_n = a_1^2 + a_2^2 + \cdots + a_n^2 \geqslant 0$ e $\langle b, b\rangle = 0 \Leftrightarrow b_1^2 + b_2^2 + \cdots + b_n^2 = 0$.

A única forma da soma de diversos números positivos ou nulos dar zero é se $b_1 = b_2 = \cdots = b_n = 0$.

Portanto, a operação $\langle a, b\rangle$ definida acima é um produto interno de $\mathbb{R}^n$ sobre $\mathbb{R}$.

Exemplo 1. Dados $u = (-1, 3, 9, 0)$ e $v = (0, 1, -2, 7)$ de $\mathbb{R}^4$, calcule $\langle u, v\rangle$.

SOLUÇÃO. $\langle u, v\rangle = -1 \cdot 0 + 3 \cdot 1 + 9 \cdot (-2) + 0 \cdot 7 = 0 + 3 - 18 + 0 = -15$.

(c) ESPAÇO $M_{m\times n}$

Para o espaço vetorial das matrizes $m \times n$ sobre $\mathbb{R}$, precisamos definir um número que seja o resultado de alguma operação com duas matrizes e que satisfaça todas as propriedades de um produto interno. Um número que consegue fazê-lo é obtido a partir de $\langle A, B\rangle = \operatorname{tr} B^tA$, onde $\operatorname{tr} M$ é o traço de uma matriz, que é a soma dos elementos de sua diagonal principal. Vamos mostrar que essa definição funciona.

Dados os elementos A, B e C de $M_{m\times n}$, e um elemento α de $\mathbb{R}$, temos o que se segue.

I1) $\langle A, B\rangle = \operatorname{tr} B^tA$. O traço de uma matriz é o mesmo que o traço de sua matriz transposta: $\operatorname{tr} M = \operatorname{tr} M^t$. Desse modo, $\langle A, B\rangle = \operatorname{tr} B^tA = \operatorname{tr}(B^tA)^t$. Usando as propriedades da transposta: $(MN)^t = N^tM^t$ e $(M^t)^t = M$, temos $\langle A, B\rangle = \operatorname{tr} B^tA = \operatorname{tr}(B^tA)^t = \operatorname{tr} A^tB = \langle B, A\rangle$.

I2) $\langle A + B, C\rangle = \operatorname{tr} C^t(A + B) = \operatorname{tr}(C^tA + C^tB) = \operatorname{tr} C^tA + \operatorname{tr} C^tB = \langle A, C\rangle + \langle B, C\rangle$.

I3) $\langle \alpha A, B\rangle = \operatorname{tr}(B^t \cdot \alpha A) \operatorname{tr} \alpha B^tA = \alpha \operatorname{tr} B^tA = \alpha\langle A, B\rangle$.

I4) $$\langle A, A\rangle = \operatorname{tr} A^tA = \operatorname{tr} \begin{pmatrix} a_{11} & a_{21} & \cdots & a_{m1} \\ a_{12} & a_{22} & \cdots & a_{m2} \\ \vdots & \vdots & \ddots & \vdots \\ a_{1n} & a_{2n} & \cdots & a_{mn} \end{pmatrix} \begin{pmatrix} a_{11} & a_{12} & \cdots & a_{1n} \\ a_{21} & a_{22} & \cdots & a_{2n} \\ \vdots & \vdots & \ddots & \vdots \\ a_{m1} & a_{m2} & \cdots & a_{mn} \end{pmatrix}.$$

Como o traço de uma matriz é somente a soma dos elementos da sua diagonal principal, só precisamos calcular os elementos da diagonal principal do produto A^tA. Fazendo isso e calculando o traço, obtemos

$$\langle A, A\rangle = (a_{11}^2 + a_{21}^2 + \cdots + a_{m1}^2) + (a_{12}^2 + a_{22}^2 + \cdots + a_{m2}^2) + \cdots + (a_{1n}^2 + a_{2n}^2 + \cdots + a_{mn}^2).$$

Como essa é uma soma de quadrados, então $\langle A, A\rangle \geqslant 0$. A única forma de essa soma dar zero é se todos os seus elementos forem nulos, o que significa que $\langle A, A\rangle = 0 \Leftrightarrow A = 0$, onde 0 é a matriz nula apropriada.

Portanto, a operação $\langle A, B\rangle$ definida acima é um produto interno de $M_{m\times n}$ sobre $\mathbb{R}$.

Exemplo 1. Calcule $\langle A, B\rangle$, onde $A = \begin{pmatrix} 2 & -1 \\ 4 & 0 \\ 5 & -3 \end{pmatrix}$ e $B = \begin{pmatrix} -1 & 4 \\ 6 & -3 \\ 0 & 2 \end{pmatrix}$.

Solução. Temos

$$\langle A, B\rangle = \operatorname{tr} B^tA = \operatorname{tr}\begin{pmatrix} -1 & 6 & 0 \\ 4 & -3 & 2 \end{pmatrix}\begin{pmatrix} 2 & -1 \\ 4 & 0 \\ 5 & -3 \end{pmatrix}$$

$$= \operatorname{tr}\begin{pmatrix} 22 & 1 \\ 6 & -10 \end{pmatrix} = 22 - 10 = 11.$$

Um teorema ajuda bastante no cálculo do produto interno de matrizes.

Teorema 1

Dadas duas matrizes $m \times n$

$$A = \begin{pmatrix} a_{11} & a_{12} & \cdots & a_{1n} \\ a_{21} & a_{22} & \cdots & a_{2n} \\ \vdots & \vdots & \ddots & \vdots \\ a_{m1} & a_{m2} & \cdots & a_{mn} \end{pmatrix} \quad \text{e} \quad B = \begin{pmatrix} b_{11} & b_{12} & \cdots & b_{1n} \\ b_{21} & b_{22} & \cdots & b_{2n} \\ \vdots & \vdots & \ddots & \vdots \\ b_{m1} & b_{m2} & \cdots & b_{mn} \end{pmatrix}, \text{ então}$$

$$\operatorname{tr} B^tA = (a_{11}b_{11} + a_{21}b_{21} + \cdots + a_{m1}b_{m1}) + (a_{12}b_{12} + a_{22}b_{22} + \cdots + a_{m2}b_{m2}) + \cdots$$
$$+ (a_{1n}b_{1n} + a_{2n}b_{2n} + \cdots + a_{mn}b_{mn}) = \sum_{i=1}^{m}\sum_{j=1}^{n} a_{ij}b_{ij}.$$

Demonstração

$$\operatorname{tr} B^tA = \operatorname{tr}\begin{pmatrix} b_{11} & b_{21} & \cdots & b_{m1} \\ b_{12} & b_{22} & \cdots & b_{m2} \\ \vdots & \vdots & \ddots & \vdots \\ b_{1n} & b_{2n} & \cdots & b_{mn} \end{pmatrix}\begin{pmatrix} a_{11} & a_{12} & \cdots & a_{1m} \\ a_{21} & a_{22} & \cdots & a_{2n} \\ \vdots & \vdots & \ddots & \vdots \\ a_{m1} & a_{m2} & \cdots & a_{mn} \end{pmatrix}$$

$$= (b_{11}a_{11} + b_{21}a_{21} + \cdots + b_{m1}a_{m1})$$
$$+ (b_{12}a_{12} + b_{22}a_{22} + \cdots + b_{m2}a_{m2}) + \cdots$$
$$+ (b_{1n}a_{1n} + b_{2n}a_{2n} + \cdots + b_{mn}a_{mn})$$
$$= \sum_{i=1}^{m}\sum_{j=1}^{n} a_{ij}b_{ij},$$

onde somente nos preocupamos em calcular os elementos da diagonal principal da matriz resultante do produto B^tA.

Exemplo 2. Calcule $\langle C, D\rangle$, onde $C = \begin{pmatrix} 1 & 3 \\ -2 & 4 \end{pmatrix}$ e $D = \begin{pmatrix} 5 & -1 \\ -4 & 2 \end{pmatrix}$.

SOLUÇÃO. Temos

$$\langle C, D\rangle = \operatorname{tr} D^t C = \operatorname{tr}\begin{pmatrix} 5 & -4 \\ -1 & 2 \end{pmatrix}\begin{pmatrix} 1 & 3 \\ -2 & 4 \end{pmatrix}$$
$$= 5 \cdot 1 + (-4) \cdot 3 + (-1) \cdot (-2) + 2 \cdot 4 = 5 - 12 + 2 + 8 = 3.$$

Observe que a definição de produto interno para matrizes se adapta perfeitamente ao cálculo que estávamos utilizando para o produto escalar de dois vetores sob a forma matricial. Para dois vetores 3×1

$$u = \begin{pmatrix} u_x \\ u_y \\ u_z \end{pmatrix} \quad \text{e} \quad v = \begin{pmatrix} v_x \\ v_y \\ v_z \end{pmatrix},$$

temos

$$\langle u, v\rangle = \operatorname{tr} v^t u = \operatorname{tr}\left[\begin{pmatrix} v_x & v_y & v_z \end{pmatrix}\begin{pmatrix} u_x \\ u_y \\ u_z \end{pmatrix}\right]$$
$$= \operatorname{tr}(u_x v_x + u_y v_y + u_z v_z) = u_x v_x + u_y v_y + u_z v_z = u \cdot v.$$

Exemplo 3. Calcule $\langle a, b\rangle$, onde $a = \binom{2}{-4}$ e $b = \binom{6}{1}$.

SOLUÇÃO. $\langle a, b\rangle = 2 \cdot 6 + (-4) \cdot 1 = 12 - 4 = 8.$

3.6.2 Norma

Quando lidamos com vetores, definimos o *módulo*, ou a *intensidade*, de um vetor como uma medida de seu comprimento. Para um vetor, definimos o módulo como

$$|\vec{v}| = \sqrt{\vec{v} \cdot \vec{v}}.$$

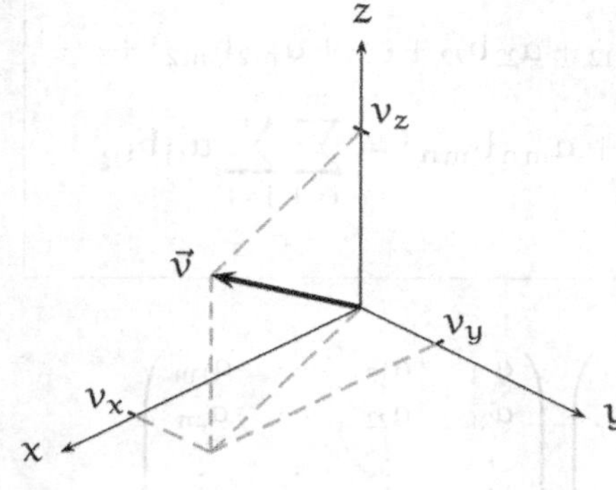

Caso o vetor esteja escrito em coordenadas tridimensionais, como por exemplo

$$\vec{v} = \begin{pmatrix} v_x \\ v_y \\ v_z \end{pmatrix},$$

escrevemos $|\vec{v}| = \sqrt{v_x^2 + v_y^2 + v_z^2}$.

Exemplo 1. Calcule o módulo do vetor $\vec{u} = \binom{2}{-1}$.

SOLUÇÃO. Temos $|\vec{u}| = \sqrt{2^2 + (-1)^2} = \sqrt{4+1} = \sqrt{5} \approx 2{,}24.$

Em espaços vetoriais com produto interno é possível definir algo que se aproxima de uma noção de distância, que é denominada **norma**, que é definida a seguir.

Definição 2
Dado um elemento v de um espaço vetorial com produto interno, sua norma é definida como

$$\|v\| = \sqrt{\langle v, v\rangle}.$$

A norma de um vetor apresenta as seguintes propriedades:

N1) $\|v\| \geqslant 0$;
N2) $\|v\| = 0 \Leftrightarrow v = 0$;
N3) $\|\alpha v\| = |\alpha| \cdot \|v\|$ para $\alpha \in K$;
N4) $\|\langle u, v\rangle\| \leqslant \|u\| \cdot \|v\|$ (desigualdade de Schwarz);
N5) $\|u + v\| \leqslant \|u\| + \|v\|$ (desigualdade triangular).

Exemplo 2. Calcule a norma de $(2, -3, 1)$.

Solução. Usando a forma do produto interno para o $\mathbb{R}^3$, temos

$$\langle(2,-3,1),(2,-3,1)\rangle = 4+9+1 = 14, \quad \|(2,-3,1)\| = \sqrt{14} \approx 3{,}74.$$

Exemplo 3. Calcule a norma de $A = \begin{pmatrix} 2 & -1 \\ 3 & 0 \end{pmatrix}$.

Solução. Usando o teorema 1, temos

$$\langle A, A\rangle = 2^2 + (-1)^2 + 3^2 + 0^2 = 4 + 1 + 9 + 0 = 14, \quad \|A\| = \sqrt{14} \approx 3{,}74.$$

Coincidentemente, os elementos dos exemplos 2 e 3 têm a mesma norma. O que isso significa? No caso do exemplo 2, esta é a distância entre o ponto de coordenada $(2, -3, 1)$ e a origem do espaço $\mathbb{R}^3$. No segundo caso (exemplo 4), esta é a distância entre a matriz A e a origem do espaço quadridimensional das matrizes 2×2.

3.6.3 Distância entre vetores

Como medir a distância entre vetores? Aprendemos no Capítulo 2.1 que esses entes são, na verdade, um conjunto infinito de segmentos orientados com mesmo módulo, mesma direção e mesmo sentido. Portanto, vetores ocupam todo o espaço e não podem estar a uma certa distância uns dos outros. Por isso, a noção de distância para espaços vetoriais é tomada emprestada dos espaços vetoriais $\mathbb{R}^2$ e $\mathbb{R}^3$ (como nas figuras abaixo).

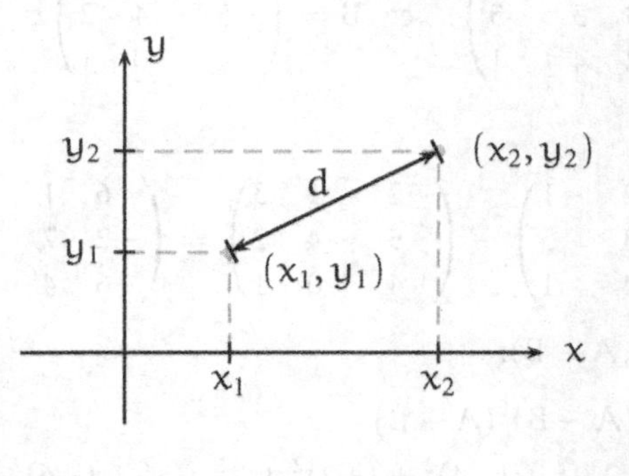

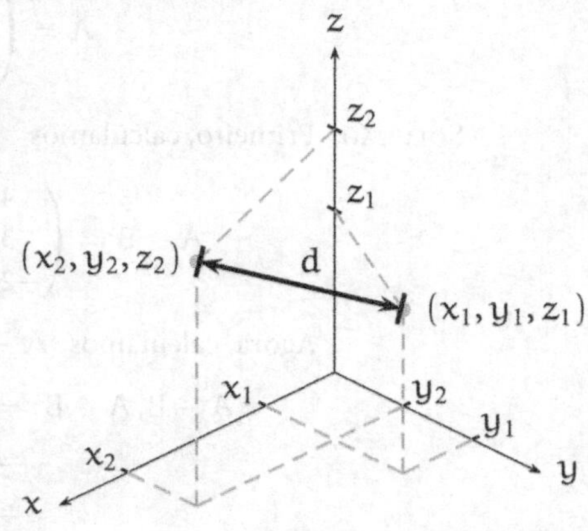

Para dois pontos (x_1, y_1) e (x_2, y_2) do $\mathbb{R}^2$, a distância entre eles é definida por

$$d = \sqrt{(x_2 - x_1)^2 + (y_2 - y_1)^2}.$$

Para pontos (x_1, y_1, z_1) e (x_2, y_2, z_2) do $\mathbb{R}^3$, a distância fica definida por

$$d = \sqrt{(x_2 - x_1)^2 + (y_2 - y_1)^2 + (z_2 - z_1)^2}.$$

Exemplo 1. Calcule a distância entre os pontos $(-1, -1, 2)$ e $(3, -4, 5)$.

Solução. $d = \sqrt{(-1-3)^2 + (-1+4)^2 + (2-5)^2} = \sqrt{(-4)^2 + 3^2 + (-3)^2}$
$= \sqrt{16+9+9} = \sqrt{34} \approx 5{,}83.$

Por analogia, podemos estabelecer uma noção de distância no $\mathbb{R}^n$. Para dois pontos $(a_1, a_2, \cdots, a_n)$ e $(b_1, b_2, \cdots, b_n)$ do $\mathbb{R}^n$, a distância entre eles fica definida por

$$d = \sqrt{(a_1 - b_1)^2 + (a_2 - b_2)^2 + \cdots + (a_n - b_n)^2}.$$

Como generalizar estas ideias para os outros espaços vetoriais com produto interno? Tomando como exemplo o $\mathbb{R}^3$, comecemos por notar que a distância entre os pontos $u = (x_1, y_1, z_1)$ e $v = (x_2, y_2, z_2)$ é

$$\begin{aligned} d &= \sqrt{(x_2 - x_1)^2 + (y_2 - y_1)^2 + (z_2 - z_1)^2} \\ &= \sqrt{\langle (x_2 - x_1, y_2 - y_1, z_2 - z_1), (x_2 - x_1, y_2 - y_1, z_2 - z_1) \rangle} \\ &= \sqrt{\langle (u - v), (u - v) \rangle} = \|u - v\|. \end{aligned}$$

O mesmo ocorre para as definições de distância do $\mathbb{R}^2$ e do $\mathbb{R}^n$, de modo que podemos utilizar a seguinte definição de distância.

Definição 3

Dados dois elementos u e v de um espaço vetorial com produto interno, a distância entre eles é definida por

$$d = \|u - v\|.$$

Exemplo 2. Calcule a distância entre as matrizes

$$A = \begin{pmatrix} 4 & 2 & -1 \\ 3 & 3 & 5 \\ -2 & 4 & 1 \end{pmatrix} \quad \text{e} \quad B = \begin{pmatrix} -2 & 1 & 3 \\ 5 & -4 & 2 \\ 4 & 0 & 1 \end{pmatrix}.$$

Solução. Primeiro, calculamos

$$A - B = \begin{pmatrix} 4 & 2 & -1 \\ 3 & 3 & 5 \\ -2 & 4 & 1 \end{pmatrix} - \begin{pmatrix} -2 & 1 & 3 \\ 5 & -4 & 2 \\ 4 & 0 & 1 \end{pmatrix} = \begin{pmatrix} 6 & 1 & -4 \\ -2 & 7 & 3 \\ -6 & 4 & 0 \end{pmatrix}.$$

Agora, calculamos $\langle A - B, A - B \rangle$:

$$\begin{aligned} \langle A - B, A - B \rangle &= \operatorname{tr}(A - B)^t(A - B) \\ &= 6^2 + 1^2 + (-4)^2 + (-2)^2 + 7^2 + 3^2 + (-6)^2 + 4^2 + 0^2 \\ &= 36 + 1 + 16 + 4 + 49 + 9 + 36 + 16 = 167. \end{aligned}$$

Agora, calculamos a distância:

$$d = \|A - B\| = \sqrt{167} \approx 12{,}92.$$

O que pode significar a distância entre duas matrizes? Consideremos, por exemplo, os preços dos alimentos de uma determinada cesta básica em cinco regiões distintas do país, organizados em cinco matrizes. Como podemos medir o quanto uma dessas matrizes difere de outra? Uma medida possível é essa noção de distância que mostramos aqui.

3.6.4 Ângulo entre vetores

Voltemos agora à definição inicial de produto escalar entre dois vetores. Da definição, temos que

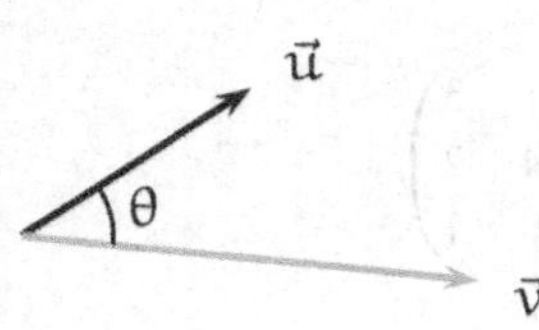

$$\vec{u} \cdot \vec{v} = |\vec{u}||\vec{v}| \cos\theta \Leftrightarrow \boxed{\cos\theta = \frac{\vec{u} \cdot \vec{v}}{|\vec{u}||\vec{v}|}}$$

se $|\vec{u}|$ e $|\vec{v}|$ não forem nulos. A partir da última fórmula, podemos determinar o ângulo θ entre os vetores $\vec{u}$ e $\vec{v}$.

Exemplo 1. Determine o ângulo entre os vetores $\vec{u} = \binom{2}{2}$ e $\vec{v} = \binom{1}{0}$.

Solução. Calculando

$$\vec{u} \cdot \vec{v} = 2 \cdot 1 + 2 \cdot 0 = 2,$$
$$|\vec{u}| = \sqrt{2^2 + 2^2} = \sqrt{4+4} = \sqrt{8} = 2\sqrt{2},$$
$$|\vec{v}| = \sqrt{1^2 + 0^2} = \sqrt{1} = 1,$$

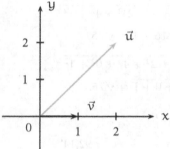

temos

$$\cos\theta = \frac{\vec{u} \cdot \vec{v}}{|\vec{u}||\vec{v}|} = \frac{2}{2\sqrt{2} \cdot 1} = \frac{1}{\sqrt{2}}.$$

O ângulo (entre 0° e 180°) cujo cosseno é este é $\theta = 45^o$. Isso pode ser verificado olhando o gráfico ao lado.

Vamos, agora, generalizar esse conceito de ângulo para espaços vetoriais com produto interno. Para isso, trocaremos o produto escalar $\vec{u} \cdot \vec{v}$ pelo produto interno $\langle u, v \rangle$ e os módulos $|\vec{u}|$ e $|\vec{v}|$ pelas normas $\|u\|$ e $\|v\|$. Fazendo assim, obtemos a definição a seguir.

Definição 4

Dados dois elementos u e v (com normas não nulas) de um espaço vetorial com produto interno, o ângulo entre eles é definido pela relação

$$\cos\theta = \frac{\langle u, v \rangle}{\|u\|\|v\|}.$$

Exemplo 2. Calcule o ângulo entre os pontos $u = (-1, -1, 2)$ e $v = (3, -4, 5)$.

SOLUÇÃO. Começamos calculando

$$\langle u, v\rangle = -1\cdot 3 - 1\cdot(-4) + 2\cdot 5 = -3 + 4 + 10 = 11,$$

$$\|u\| = \sqrt{(-1)^2 + (-1)^2 + 2^2} = \sqrt{1+1+4} = \sqrt{6},$$

$$\|v\| = \sqrt{3^2 + (-4)^2 + 5^2} = \sqrt{9+16+25} = \sqrt{50} = 5\sqrt{2}.$$

Agora, temos

$$\cos\theta = \frac{\langle u, v\rangle}{\|u\|\|v\|} = \frac{11}{\sqrt{6}\cdot 5\sqrt{2}} = \frac{11}{\sqrt{2}\sqrt{3}\cdot 5\sqrt{2}} = \frac{11}{10\sqrt{3}}.$$

Sendo assim, o ângulo desejado é o ângulo (arco) cujo cosseno é $\frac{11}{10\sqrt{2}}$, isto é,

$$\theta = \arccos\frac{11}{10\sqrt{2}} \approx 38{,}94^\circ.$$

Exemplo 3. Calcule o ângulo entre as matrizes

$$A = \begin{pmatrix} 4 & 2 & -1 \\ 3 & 3 & 5 \\ -2 & 4 & 1 \end{pmatrix} \quad \text{e} \quad B = \begin{pmatrix} -2 & 1 & 3 \\ 5 & -4 & 2 \\ 4 & 0 & 1 \end{pmatrix}.$$

SOLUÇÃO. Primeiro, calculamos

$$\begin{aligned}\langle A, B\rangle &= \operatorname{tr} B^t A = 4\cdot(-2) + 2\cdot 1 + (-1)\cdot 3 + 3\cdot 5 + 3\cdot(-4) \\ &\quad + 5\cdot 2 + (-2)\cdot 4 + 4\cdot 0 + 1\cdot 1 \\ &= -8 + 2 - 3 + 15 - 12 + 10 - 8 + 0 + 1 = -3,\end{aligned}$$

$$\begin{aligned}\|A\| &= \sqrt{4^2 + 2^2 + (-1)^2 + 3^2 + 3^2 + 5^2 + (-2)^2 + 4^2 + 1^2} \\ &= \sqrt{16+4+1+9+9+25+4+16+1} = \sqrt{85},\end{aligned}$$

$$\begin{aligned}\|B\| &= \sqrt{(-2)^2 + 1^2 + 3^2 + 5^2 + (-4)^2 + 2^2 + 4^2 + 0^2 + 1^2} \\ &= \sqrt{4+1+9+25+16+4+16+0+1} = \sqrt{76}.\end{aligned}$$

Agora,

$$\cos\theta = \frac{\langle A, B\rangle}{\|A\|\|B\|} = \frac{-3}{\sqrt{85}\sqrt{76}} \Rightarrow \theta = \arccos\frac{-3}{\sqrt{85}\sqrt{76}} \approx 92{,}14^\circ.$$

Exemplo 4. Calcule o ângulo entre os vetores $u = (2, -1, 1)$ e $v = (3, 2, -4)$.

SOLUÇÃO. $\langle u, v\rangle = 2\cdot 3 + (-1)\cdot 2 + 1\cdots(-4) = 0$. Sendo assim, nem precisamos calcular $\|u\|$ ou $\|v\|$, pois

$$\cos\theta = \frac{\langle u, v\rangle}{\|u\|\|v\|} = 0,$$

de modo que $\theta = 90^\circ$.

Analogamente aos vetores, dizemos que os pontos u e v são *ortogonais*, pois têm um ângulo de 90° entre eles. Podemos, então, fazer a seguinte definição.

Definição 5

Dois elementos u e v de um espaço vetorial com produto interno são **ortogonais** se $\langle u, v\rangle = 0$.

Exemplo 5. Verifique se as matrizes

$$A = \begin{pmatrix} -1 & 0 \\ 2 & 1 \end{pmatrix} \quad \text{e} \quad B = \begin{pmatrix} 2 & -1 \\ 3 & -4 \end{pmatrix}$$

são ortogonais.

SOLUÇÃO. $\langle A, B\rangle = -1 \cdot 2 + 0 \cdot (-1) + 2 \cdot 3 + 1 \cdot (-4) = 0$. Portanto, as matrizes A e B são ortogonais.

Exemplo 6. Verifique se os vetores $u = (-1, 3, 1)$ e $v = (1, -1, 3)$ são ortogonais.

SOLUÇÃO. $\langle u, v\rangle = -1 \cdot 1 + 3 \cdot (-1) + 3 \cdot 1 = -1$. Portanto, as matrizes u e v não são ortogonais.

O conceito de ortogonalidade é utilizado na Leitura Complementar 3.6.2 para classificar bases de espaços vetoriais. As demais leituras complementares trazem diversos outros conceitos e aplicações que não serão considerados aqui.

Resumo

- **Espaço vetorial com produto interno:** um espaço vetorial V sobre um corpo K é chamado *espaço vetorial com produto interno* se a cada par de elementos $u, v \in V$ estiver associado um número real $\langle u, v\rangle$, que é chamado *produto interno* de V tal que este satisfaça as seguintes propriedades: dados quaisquer elementos $u, v, w \in V$ e um escalar $\alpha \in K$, tem-se que:
  I1) $\langle u, v\rangle = \langle v, u\rangle$ (comutativa);
  I2) $\langle u+v, w\rangle = \langle u, w\rangle + \langle v, w\rangle$ (distributiva da soma em relação ao produto interno);
  I3) $\langle \alpha u, v\rangle = \alpha\langle u, v\rangle$ (distributiva do produto por um escalar em relação ao produto interno);
  I4) $\langle u, u\rangle \geqslant 0$ e $\langle u, u\rangle = 0 \Leftrightarrow u = 0$ (propriedade positiva definida).
- **Produto interno do $\mathbb{R}^n$:** $\langle a, b\rangle = a_1b_1 + a_2b_2 + \cdots + a_nb_n$, onde $a = (a_1, a_2, \cdots, a_n)$ e $b = (b_1, b_2, \cdots, b_n)$ são elementos de $\mathbb{R}^n$.
- **Produto interno de matrizes $m \times n$:** $\langle A, B\rangle = \operatorname{tr} B^tA$, onde A e B são matrizes $m \times n$.
- **Norma:** dado um elemento v de um espaço vetorial com produto interno, sua norma é definida por
$$\|v\| = \sqrt{\langle v, v\rangle}.$$
- **Distância entre vetores:** dados dois elementos u e v de um espaço vetorial com produto interno, a distância entre eles é definida por
$$d = \|u - v\|.$$
- **Ângulo entre vetores:** dados dois elementos u e v (com normas não nulas) de um espaço vetorial com produto interno, o ângulo entre eles é definido pela relação
$$\cos\theta = \frac{\langle u, v\rangle}{\|u\|\|v\|}.$$
- **Vetores ortogonais:** dois elementos u e v de um espaço vetorial com produto interno são *ortogonais* se $\langle u, v\rangle = 0$.

Exercícios

Nível 1

ESPAÇOS VETORIAIS COM PRODUTO INTERNO

Exemplo 1. Dado o espaço $\mathbb{R}^2$ sobre $\mathbb{R}$, verifique se a operação

$$\langle a, b\rangle = a_1 b_1 + a_1 b_1,$$

onde $a = (a_1, a_2)$ e $b = (b_1, b_2)$ são elementos de $\mathbb{R}^2$, é um produto interno desse espaço.

SOLUÇÃO. Um espaço vetorial V sobre o corpo $\mathbb{R}$ é chamado *espaço com produto interno* se a cada par de elementos $u, v \in V$ estiver associado um número real $\langle u, v\rangle$, que é chamado *produto interno* de V, tal que este satisfaça as seguintes propriedades: dados quaisquer elementos $u, v, w \in V$ e um escalar $\alpha \in \mathbb{R}$, temos que:

I1) $\langle u, v\rangle = \langle v, u\rangle$ (comutativa);

I2) $\langle u + v, w\rangle = \langle u, w\rangle + \langle v, w\rangle$ (distributiva da soma em relação ao produto interno);

I3) $\langle \alpha u, v\rangle = \alpha\langle u, v\rangle$ (distributiva do produto por um escalar em relação ao produto interno);

I4) $\langle u, u\rangle \geqslant 0$ e $\langle u, u\rangle = 0 \Leftrightarrow u = 0$ (propriedade positiva definida).

Temos agora que verificar se a operação dada satisfaz as propriedades I1, I2, I3 e I4. Dados os elementos $a = (a_1, a_2)$, $b = (b_1, b_2)$ e $c = (c_1, c_3)$ de $\mathbb{R}^2$, e um elemento α de $\mathbb{R}$, temos que:

I1) $\langle a, b\rangle = a_1 b_1 + a_2 b_2 = b_1 a_1 + b_2 a_2 = \langle b, a\rangle$;

I2) $\langle a + b, c\rangle = \langle (a_1 + b_1, a_2 + b_2), (c_1, c_2)\rangle = (a_1 + b_1)c_1 + (a_2 + b_2)c_2 = a_1 c_1 + b_1 c_1 + a_2 c_2 + b_2 c_2 = (a_1 c_1 + a_2 c_2) + (b_1 c_1 + b_2 c_2) = \langle a, c\rangle + \langle b, c\rangle$;

I3) $\langle \alpha a, b\rangle = \langle (\alpha a_1, \alpha a_2), (b_1, b_2)\rangle \leqslant \alpha a_1 b_1 + \alpha a_2 b_2 = \alpha(a_1 b_1 + a_2 b_2) = \alpha\langle a, b\rangle$;

I4) $\langle a, a\rangle = a_1 a_1 + a_2 a_2 = a_1^2 + a_2^2 \geqslant 0$ e $\langle b, b\rangle = 0 \Rightarrow b_1^2 + b_2^2 = 0 \Rightarrow b_1^2 = -b_2^2 \Rightarrow b_1 = b_2 = 0 \Rightarrow b = 0, b = 0 \Rightarrow \langle b, b\rangle = \langle (0,0),(0,0)\rangle = 0 + 0 = 0.$

Portanto, a operação $\langle a, b\rangle$ definida acima é um produto interno de $\mathbb{R}^2$ sobre $\mathbb{R}$.

E1) Verifique se as seguintes operações, definidas para os espaços vetoriais dados, são produtos internos desses espaços:

a) dados o espaço dos vetores em três dimensões sobre $\mathbb{R}$ e o produto escalar $\langle \vec{u}, \vec{v}\rangle = \vec{u} \cdot \vec{v} = |\vec{u}| \cdot |\vec{v}| \cdot \cos\theta$, onde θ é o ângulo entre esses dois vetores.

b) dados o espaço dos vetores em três dimensões sobre $\mathbb{R}$ e o produto vetorial $\langle \vec{u}, \vec{v}\rangle = \vec{u} \times \vec{v} = |\vec{u}| \cdot |\vec{v}| \cdot \text{sen}\,\theta\hat{n}$, onde θ é o ângulo entre esses dois vetores e $\hat{n}$ é um versor perpendicular a ambos os vetores.

c) dados o espaço vetorial R^n sobre $\mathbb{R}$ e a operação $\langle a, b\rangle = a_1 b_1 + a_2 b_2 + \ldots a_n b_n$, onde $a = (a_1, \ldots, a_n)$ e $b = (b_1, \ldots, b_n)$ são elementos de $\mathbb{R}^n$.

d) dados o espaço vetorial de todas as matrizes $m \times n$ sobre $\mathbb{R}$ e a operação $\langle A, B\rangle = AB$, onde A e B são elementos desse espaço.

e) dados o espaço vetorial de todas as matrizes $m \times n$ sobre $\mathbb{R}$ e a operação $\langle A, B\rangle = \text{tr}\,(B^t A)$, onde A e B são elementos desse espaço.

NORMA

Exemplo 2. Encontre a norma da matriz $A = \begin{pmatrix} 3 & 0 \\ 2 & -1 \end{pmatrix}$.

SOLUÇÃO. A norma de um vetor (elemento de um espaço vetorial) é dada por $||v|| = \sqrt{\langle v, v \rangle}$. Portanto,

$$||A||^2 = \text{tr}(A^t A) = \text{tr}\left[\begin{pmatrix} 3 & 2 \\ 0 & -1 \end{pmatrix}\begin{pmatrix} 3 & 0 \\ 2 & -1 \end{pmatrix}\right] = \text{tr}\begin{pmatrix} 13 & -2 \\ -2 & 1 \end{pmatrix} = 14 \Rightarrow ||A|| = \sqrt{14}.$$

E2) Calcule as normas dos seguintes vetores usando as regras de produto interno apropriadas:

a) $a = (3, -1)$. b) $b = (2, -1, 3)$. c) $\vec{v} = 3\hat{i} - 2\hat{j}$.

d) $A = \begin{pmatrix} -2 & 1 \\ 3 & 4 \end{pmatrix}$. e) $B = \begin{pmatrix} 3 \\ -4 \\ 2 \end{pmatrix}$.

DISTÂNCIA ENTRE VETORES

Exemplo 3. Calcule a distância entre os vetores $u = (3, -1, 2)$ e $v = (-1, 3, 4)$.

SOLUÇÃO. A distância d entre dois elementos u e v de um espaço vetorial é dada pela fórmula $d = ||u - v||$.
Calculando $u - v = (4, -4, -2)$, temos a distância

$$d = \sqrt{4^4 + (-4)^2 + (-2)^2} = \sqrt{16 + 16 + 4} = \sqrt{36} = 6.$$

E3) Calcule as distâncias entre os seguintes vetores, usando as regras de produto interno apropriadas:

a) $a = (2, -1)$ e $b = (1, 2)$.

b) $a = (2, -1, 3)$ e $b = (0, -1, 2)$.

c) $\vec{u} = 3\hat{i} - 2\hat{j}$ e $\vec{v} = 2\hat{i} + \hat{j}$.

d) $A = \begin{pmatrix} -2 & 1 \\ 3 & 4 \end{pmatrix}$ e $B = \begin{pmatrix} 3 & -1 \\ 2 & 0 \end{pmatrix}$.

e) $A = \begin{pmatrix} 3 \\ -4 \\ 2 \end{pmatrix}$ e $B = \begin{pmatrix} 2 \\ 1 \\ -4 \end{pmatrix}$.

ÂNGULO ENTRE VETORES

Exemplo 4. Calcule o ângulo entre os vetores $u = (3, -1, 2)$ e $v = (-1, 3, 4)$.

SOLUÇÃO. O ângulo θ entre dois elementos u e v de um espaço vetorial é dado pela fórmula $\cos\theta = \dfrac{\langle u, v \rangle}{||u|| ||v||}$.

Usando a regra de produto interno para o $\mathbb{R}^3$, temos

$$\langle u, v\rangle = 3\cdot(-1) + (-1)\cdot 3 + 2\cdot 4 = -3 - 3 + 8 = 2.$$

As normas ficam

$$\|u\| = \sqrt{\langle u, u\rangle} = \sqrt{3^2 + (-1)^2 + 2^2} = \sqrt{9+1+4} = \sqrt{14},$$
$$\|v\| = \sqrt{\langle v, v\rangle} = \sqrt{(-1)^2 + 3^2 + 4^2} = \sqrt{1+9+16} = \sqrt{26}.$$

Juntando esses resultados, temos

$$\cos\theta = \frac{\langle u, v\rangle}{\|u\|\|v\|} = \frac{2}{\sqrt{14}\sqrt{26}} = \frac{2}{2\sqrt{7\cdot 13}} = \frac{1}{\sqrt{91}} \Rightarrow \theta = \text{arcos}\frac{1}{\sqrt{91}} \approx 84^o.$$

E4) Calcule os ângulos entre os seguintes vetores, usando as regras de produto interno apropriadas:

a) $a = (2, -1)$ e $b = (1, 2)$.

b) $a = (2, -1, 3)$ e $b = (0, -1, 2)$.

c) $\vec{u} = 3\hat{\imath} - 2\hat{\jmath}$ e $\vec{v} = 2\hat{\imath} + \hat{\jmath}$.

d) $A = \begin{pmatrix} -2 & 1 \\ 3 & 4 \end{pmatrix}$ e $B = \begin{pmatrix} 3 & -1 \\ 2 & 0 \end{pmatrix}$,

e) $A = \begin{pmatrix} 3 \\ -4 \\ 2 \end{pmatrix}$ e $B = \begin{pmatrix} 2 \\ 1 \\ -4 \end{pmatrix}$.

Nível 2

E1) Prove que o conjunto de todos os elementos $v \in V$, onde V é um espaço vetorial com produto interno sobre um corpo K, que são ortogonais a um dado vetor u, $S = \{v \in V \mid \langle v, u\rangle = 0\}$, é um subespaço vetorial de V.

E2) Prove a *identidade polar*, $\langle u, v\rangle = \frac{1}{4}\left(\|u+v\|^2 - \|u-v\|^2\right)$.

E3) Prove a *lei do paralelogramo*, $\|u+v\|^2 + \|u-v\|^2 = 2\left(\|u\|^2 + \|v\|^2\right)$.

E4) (Leitura Complementar 3.6.3) Dados o espaço vetorial de todas as funções $f(x)$ contínuas em um intervalo $x \in [a, b]$ e a operação

$$\langle f, g\rangle = \int_a^b f(x)g(x)\,dx,$$

onde $f(x)$ e $g(x)$ são elementos desse espaço vetorial, determine se o espaço vetorial com a operação dada é um espaço vetorial com produto interno.

E5) (Leitura Complementar 3.6.3) Dados o espaço vetorial de todas as funções $f(x)$ contínuas em um intervalo $x \in [a, b]$ e a operação

$$\langle f, g\rangle = \int_a^b f(x)g(x)\rho(x)\,dx,$$

onde $f(x)$ e $g(x)$ são elementos desse espaço vetorial e $\rho(x)$ é uma função arbitrária contínua nesse intervalo, determine se o espaço vetorial com a operação dada é um espaço vetorial com produto interno.

E6) (Leitura Complementar 3.6.3) Calcule a norma da função $f(x) = x^2$, usando as regras de produto interno apropriadas usando $\rho(x) = 1$ e $x \in [-1, 1]$.

E7) (Leitura Complementar 3.6.3) Calcule as distâncias entre as seguintes funções usando as regras de produto interno apropriadas:
a) $f(x) = 2x$ e $g(x) = x - 1$, usando $\rho(x) = 1$ e $x \in [-1, 1]$.
b) $f(x) = \operatorname{sen} x$ e $g(x) = \cos x$, usando $\rho(x) = 1$ e $x \in [-\pi, \pi]$.

E8) (Leitura Complementar 3.6.3) Calcule ângulos entre as seguintes funções usando as regras de produto interno apropriadas:
a) $f(x) = 2x$ e $g(x) = x - 1$, usando $\rho(x) = 1$ e $x \in [-1, 1]$,
b) $f(x) = \operatorname{sen} x$ e $g(x) = \cos x$, usando $\rho(x) = 1$ e $x \in [-\pi, \pi]$.

E9) (Leitura Complementar 3.6.2) Verifique se as seguintes bases são ortogonais:
a) $S = \{(2, -1, 3), (3, 1, 2), (-1, 0, 4)\}$ de $\mathbb{R}^3$ sobre $\mathbb{R}$.
b) $S = \{(3, 0), (0, -2)\}$ de $\mathbb{R}^2$ sobre $\mathbb{R}$.
c) $S = \{(1, 0, 0), (0, 1, 0), (0, 0, 1)\}$ de $\mathbb{R}^3$ sobre $\mathbb{R}$.
d) $S = \left\{ \begin{pmatrix} 1 & 0 \\ 0 & 0 \end{pmatrix}, \begin{pmatrix} 0 & 1 \\ 0 & 0 \end{pmatrix}, \begin{pmatrix} 0 & 0 \\ 1 & 0 \end{pmatrix}, \begin{pmatrix} 0 & 0 \\ 0 & 1 \end{pmatrix} \right\}$

do espaço das matrizes $M_{2\times 2}$ sobre $\mathbb{R}$.

E10) (Leitura Complementar 3.6.2) Verifique se as seguintes bases são ortonormais:
a) $S = \{(2, -1, 3), (3, 1, 2), (-1, 0, 4)\}$ de $\mathbb{R}^3$ sobre $\mathbb{R}$.
b) $S = \{(3,0), (0, -2)\}$ de $\mathbb{R}^2$ sobre $\mathbb{R}$.
c) $S = \{(1, 0, 0), (0, 1, 0), (0, 0, 1)\}$ de $\mathbb{R}^3$ sobre $\mathbb{R}$.
d) $S = \left\{ \begin{pmatrix} 1 & 0 \\ 0 & 0 \end{pmatrix}, \begin{pmatrix} 0 & 1 \\ 0 & 0 \end{pmatrix}, \begin{pmatrix} 0 & 0 \\ 1 & 0 \end{pmatrix}, \begin{pmatrix} 0 & 0 \\ 0 & 1 \end{pmatrix} \right\}$

do espaço das matrizes $M_{2\times 2}$ sobre $\mathbb{R}$.

Nível 3

E1) (Leitura Complementar 3.6.3) Verifique se a base $B = \{\operatorname{sen}(nx), \cos(nx), n = 0, \pm 1, \pm 2, \ldots\}$ do espaço de todas as funções contínuas em $x \in [-\pi, \pi]$ é
a) ortogonal. b) ortonormal.

E2) (Leitura Complementar 3.6.5) As três primeiras tabelas a seguir mostram dados sobre os preços das ações da Vale do Rio Doce (atual Vale) e da Gerdau e as quantidades de ações negociadas durante o mês de maio de 2007. A quarta tabela também mostra os valores das cotações diárias do dólar nesse mesmo período e do Índice Bovespa (Ibovespa), usado para medir o desempenho da Bolsa de Valores de São Paulo.

Queremos testar uma teoria que diz que o preço de uma ação depende linearmente de alguns fatores, como o preço da ação no dia anterior, a quantidade de títulos (ações) negociados, o câmbio do dólar e o Ibovespa do dia. Esse modelo pode ser expresso pela equação

$$P_t = b_1 + b_2 P_{t-1} + b_3 Q + b_4 D + b_5 I,$$

onde P_t é o preço da ação no dia t, P_{t-1} é o preço da ação no dia anterior, Q é a quantidade de títulos negociados daquela ação, D é o câmbio do dólar no dia e I é o Ibovespa.

Utilize a análise multivariada para descobrir quais são os valores das constantes b_1, b_2, b_3, b_4 e b_5 que melhor ajustam o modelo a dados experimentais para cada uma das duas ações.

	Vale do Rio Doce			Gerdau			Dólar e Ibovespa	
Data	P_t	P_{t-1}	Q	P_t	P_{t-1}	Q	**Dólar**	**Ibovespa**
02/05/2007	34,74	34,77	4075	19,68	19,72	2696	2,024	49471,54
03/05/2007	35,61	34,74	4686	20,01	19,68	2672	2,027	50218,22
04/05/2007	36,61	35,61	6639	20,06	20,01	1876	2,036	50597,79
07/05/2007	36,44	36,61	4495	19,92	20,06	1127	2,020	50281,79
08/05/2007	35,57	36,44	5780	19,66	19,92	1641	2,020	50277,69
09/05/2007	36,69	35,57	5626	20,03	19,66	1597	2,017	51300,13
10/05/2007	36,52	36,69	6774	19,93	20,03	1535	2,021	50234,68
11/05/2007	36,87	36,52	3757	19,86	19,93	1174	2,016	50902,38
14/05/2007	36,16	36,87	4768	20,00	19,86	832	2,008	50510,76
15/05/2007	36,14	36,16	4022	20,17	20,00	1098	1,981	50518,21
16/05/2007	36,04	36,14	6073	20,53	20,17	2499	1,953	51737,56
17/05/2007	36,01	36,04	6106	20,69	20,53	1660	1,951	51631,47
18/05/2007	36,09	36,01	3624	20,77	20,69	1363	1,959	52077,68
21/05/2007	36,21	36,09	4186	21,13	20,77	1784	1,939	54423,45
22/05/2007	35,83	36,21	3618	20,94	21,13	1510	1,943	52208,09
23/05/2007	35,73	35,83	5243	20,80	20,94	2456	1,949	51812,50
24/05/2007	34,59	35,73	8171	20,08	20,80	2058	1,969	50530,65
25/05/2007	34,72	34,59	4102	20,20	20,08	1182	1,951	51617,97
28/05/2007	35,28	34,72	1552	20,89	20,20	670	1,941	52119,97
29/05/2007	35,04	35,28	3319	20,67	20,89	1763	1,949	51713,18
30/05/2007	35,10	35,04	5896	20,74	20,67	2132	1,942	52527,65
31/05/2007	36,18	35,10	4318	21,12	20,74	1459	1,925	52268,46

E3) (Leitura Complementar 3.6.2) Prove que, se S é um subconjunto de um espaço vetorial V com produto interno tal que os seus elementos sejam vetores ortogonais não nulos, então esses elementos são todos linearmente independentes.

E4) (Leitura Complementar 3.6.2) Considere um subespaço S que é um subconjunto de um espaço vetorial V com produto interno, tal que seus elementos sejam vetores ortogonais não nulos. Considere agora o espaço vetorial

U gerado por esses vetores. Prove que, se $u \in U$, então existem vetores $w_1, w_2, \cdots, w_n \in S$ tais que

$$u = \sum_{i=1}^{n} \frac{\langle u, w_i \rangle}{||w_i||^2} w_i,$$

isto é, que u pode ser decomposto em n projeções sobre esses vetores w_i.

E5) (Leitura Complementar 3.6.2) Considere um subespaço S que é um subconjunto de um espaço vetorial V com produto interno, tal que os seus elementos sejam vetores ortonormais não nulos. Considere agora o espaço vetorial U gerado por esses vetores. Prove que, se $u, v \in U$, então existem vetores $w_1, w_2, \cdots, w_n \in S$ tais que

$$\langle u, v \rangle = \sum_{i=1}^{n} \langle u, w_i \rangle \langle w_i, v \rangle,$$

isto é, que o produto escalar $\langle u, v \rangle$ pode ser decomposto em n produtos escalares envolvendo u e w_i e w_i e v. Esta é a chamada *identidade de Parseval*.

Respostas

Nível 1

E1) a) Sim. b) Não. c) Sim. d) Sim. e) Sim. f) Não. g) Sim.

E2) a) $\sqrt{10}$. b) $\sqrt{14}$. c) $\sqrt{13}$. d) $\sqrt{30}$. e) $\sqrt{29}$. f) $\sqrt{\frac{2}{5}}$.

E3) a) $\sqrt{5}$. b) $\sqrt{5}$. c) $\sqrt{13}$. d) $\sqrt{46}$. e) $\sqrt{62}$.

E4) a) 90°. b) $\arccos \frac{7}{\sqrt{70}} \approx 33^o$. c) $\arccos \frac{4}{\sqrt{65}} \approx 60^o$.

d) $\arccos\left(-\frac{1}{2\sqrt{105}}\right) \approx 87^o$. e) $\arccos\left(-\frac{6}{\sqrt{609}}\right) \approx 76^o$.

Nível 2

E1) O elemento neutro pertence a esse subespaço, pois $\langle 0, u \rangle = 0$. O subespaço dado é fechado em relação à soma: $\langle x + y, u \rangle = \langle x, u \rangle + \langle y, u \rangle = 0$. O subespaço é fechado quanto ao produto por um escalar: $\langle \alpha x, u \rangle = \alpha \langle x, u \rangle = 0$, $\alpha \in K$. Portanto, ele é um subespaço vetorial de V sobre K.

E2) $||u + v||^2 - ||u - v||^2 = \langle u + v, u + v \rangle - \langle u - v, u - v \rangle$
$= \langle u, u \rangle + \langle u, v \rangle + \langle v, u \rangle + \langle v, v \rangle - \langle u, u \rangle + \langle u, v \rangle + \langle v, u \rangle - \langle v, v \rangle$
$= 4\langle u, v \rangle$, de modo que $\langle u, v \rangle = \frac{1}{4}\left(||u + v||^2 - ||u - v||^2\right)$.

E3) $||u + v||^2 + ||u - v||^2$
$= \langle u + v, u + v \rangle + \langle u - v, u - v \rangle$
$= \langle u, u \rangle + \langle u, v \rangle + \langle v, u \rangle + \langle v, v \rangle + \langle u, u \rangle - \langle u, v \rangle - \langle v, u \rangle + \langle v, v \rangle$
$= 2\langle u, u \rangle + 2\langle v, v \rangle$
$= 2\left(||u||^2 + ||v||^2\right)$.

E4) Sim.

E5) Sim.

E6) $\sqrt{\frac{2}{5}}$.

E7) a) $\sqrt{8/3}$. b) $\sqrt{2\pi}$.

E8) a) $\arccos \frac{3}{16} \approx 79^\circ$. b) 90°.

E9) a) Não. b) Sim. c) Sim. d) Sim.

E10) a) Não. b) Não. c) Sim. d) Sim.

NÍVEL 3

E1) a) Sim. b) Não.

E2) Para a Vale do Rio Doce, $P_t = -132{,}25 + 1{,}02P_{t-1} - 0{,}000095Q + 45{,}62D + 0{,}00080I$.
Para a Gerdau, $P_t = 29{,}19 + 0{,}13P_{t-1} - 0{,}000024Q - 9{,}42D + 0{,}00014I$.

E3) Consideremos que $S = \{v_1, v_2, \cdots, v_k\}$. Eles serão linearmente independentes se a equação

$$\alpha_1 v_1 + \alpha_2 v_2 + \cdots + \alpha_k v_k = 0$$

só tiver solução trivial ($\alpha_1 = \alpha_2 = \cdots = \alpha_k = 0$). Aplicamos, agora, o produto escalar por um vetor $v_i \in S$ aos dois lados da equação, obtendo

$$\langle \alpha_1 v_1 + \alpha_2 v_2 + \cdots + \alpha_k v_k, v_i \rangle = \langle 0, v_i \rangle \Leftrightarrow$$
$$\alpha_1 \langle v_1, v_i \rangle + \alpha_2 \langle v_2, v_i \rangle + \cdots + \alpha_k \langle v_k, v_i \rangle = 0.$$

Como os vetores são ortogonais e não nulos, temos $\langle v_i, v_j \rangle = 0$ se $i \neq j$, de modo que a expressão fica

$$\alpha_i \langle v_i, v_i \rangle = 0 \Leftrightarrow \alpha_i = 0$$

para todo $i = 1, \cdots, k$, pois $v_i \neq 0$ por definição. Portanto, os vetores $v_1, v_2, \cdots, v_k \in S$ são LI.

E4) Como U é gerado pelos elementos de S, então

$$u = \alpha_1 w_1 + \alpha_2 w_2 + \cdots + \alpha_n w_n = \sum_{i=1}^{n} \alpha_i w_i.$$

Fazendo o produto escalar de u com um elemento $w_j \in S$, temos

$$\langle u, w_j \rangle = \left\langle \sum_{i=1}^{n} \alpha_i w_i \right\rangle = \sum_{i=1}^{n} \alpha_i \langle w_i, w_j \rangle = \alpha_j \langle w_j, w_j \rangle = \alpha_j ||w_j||^2,$$

pois $\langle w_i, w_j \rangle = 0$ se $i \neq j$. Sendo assim, podemos escrever $\alpha_j = \dfrac{\langle u, w_j \rangle}{||w_j||^2}$, de modo que

$$u = \sum_{i=1}^{n} \frac{\langle u, w_i \rangle}{||w_i||^2} w_i.$$

E5) Começamos do resultado do exercício E4:

$$u = \sum_{i=1}^{n} \frac{\langle u, w_i \rangle}{||w_i||^2} w_i.$$

Fazendo o produto escalar de u com um vetor $v \in U$, temos

$$\langle u, v \rangle = \sum_{i=1}^{n} \frac{\langle u, w_i \rangle}{||w_i||^2} \langle w_i, v \rangle = \sum_{i=1}^{n} \langle u, w_i \rangle \langle w_i, v \rangle,$$

pois $||w_i|| = 1$, pois S é ortonormal.

MÓDULO 4

Transformações lineares, autovalores e autovetores

4.1 Transformações lineares

Este capítulo trata de transformações que ocorrem entre dois espaços vetoriais. Esse tipo de transformação cobre uma ampla variedade de fenômenos e tem diversas aplicações, servindo também para aprofundar o conhecimento sobre espaços vetoriais e as relações entre eles. As *transformações lineares*, também chamadas *aplicações lineares* ou *operações lineares* serão o tópico deste e dos próximos três capítulos.

4.1.1 Funções

Para explicar o que é uma transformação linear, vamos nos voltar à definição do que é uma *função*. Consideremos o caso mais simples de uma função de um subconjunto $\mathbb{R}$ dos números reais sobre um subconjunto $\mathbb{R}$ dos reais (esses subconjuntos podem ser todo o conjunto dos reais). A função estabelece uma relação entre os elementos do primeiro conjunto, que chamaremos de *domínio*, e os elementos do segundo conjunto, que chamaremos de *contradomínio*. Podemos representar uma função como sendo o conjunto de pares ordenados (a, b), onde a pertence ao domínio e b pertence ao contradomínio.

Exemplo 1. Dado o domínio $D(f) = \{-1, 2, 3, 7\}$ e o contradomínio $Cd(f) = \{2, -3, 4, -7, 8\}$, uma função de $D(f)$ em $Cd(f)$ é dada por $f = \{(-1, -3), (2, 4), (3, -7), (7, 8)\}$.

Para ser uma função, esse conjunto de pares ordenados deve satisfazer a mais duas regras: a primeira é que todos os elementos do domínio devem estar associados a algum elemento do contradomínio; a segunda é que cada elemento do domínio deve estar associado a somente um elemento do contradomínio. Observe que nem todos os elementos do contradomínio precisam estar associados a algum elemento do domínio. Denominamos *imagem* os elementos do contradomínio que estão relacionados pela função a elementos do domínio.

Os dois primeiros diagramas abaixo não representam funções: no primeiro (R), nem todos os elementos do domínio têm uma imagem. No segundo (S), um elemento do domínio tem mais de uma imagem.

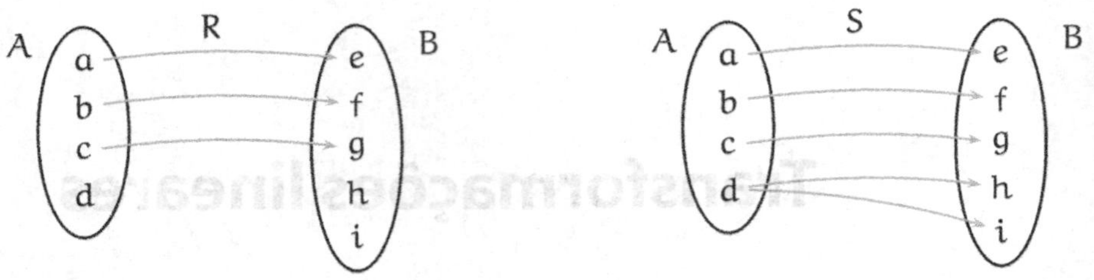

Já os diagramas seguintes representam funções: em ambos os casos, todos os elementos do domínio têm elementos correspondentes no contradomínio e cada elemento do domínio tem somente uma imagem. Observe que, no segundo caso (função G), dois elementos do domínio têm a mesma imagem, o que é permitido.

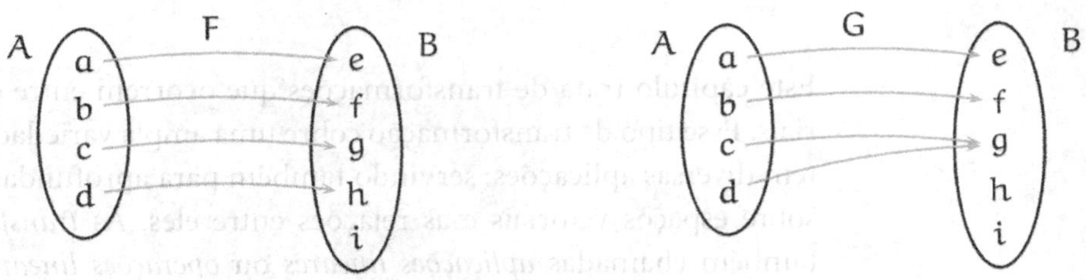

A forma mais comum de pensarmos em funções é por meio de uma regra que associe um elemento x do domínio a um elemento $f(x)$ da imagem, como nos exemplos a seguir.

Exemplo 2. Podemos escrever a função f de $\mathbb{R}$ em $\mathbb{R}$ que associe a todo $x \in \mathbb{R}$ um $x^2 \in \mathbb{R}$ por meio da expressão $f = \{(x, x^2) \mid x \in \mathbb{R}\}$, ou seja, f é todo par ordenado (x, x^2), onde $x \in \mathbb{R}$.

Exemplo 3. Podemos escrever a função f de $\mathbb{R}$ em $\mathbb{R}$ que associe a todo $x \in \mathbb{R}$ um $2x \in \mathbb{R}$ por meio da expressão $f = \{(x, 2x) \mid x \in \mathbb{R}\}$, ou seja, f é todo par ordenado $(x, 2x)$, onde $x \in \mathbb{R}$.

Uma forma mais compacta de representarmos funções é escrevendo $f(x)$ e a regra dada por ela, quando existir uma regra simples de ser enunciada. Por exemplo, a função do exemplo 2 pode ser escrita $f(x) = x^2$ e a função do exemplo 3 pode ser escrita $f(x) = 2x$. Uma função também pode ser representada graficamente por meio de uma curva em um plano $\mathbb{R}^2$ correspondendo a alguns pares ordenados (a, b) da função, sendo a associados ao eixo x e b associados ao eixo y. As funções dos exemplos 2 e 3 estão representadas a seguir.

A função do exemplo 3 é chamada *linear* (seu gráfico é uma linha reta). O tipo de função do exemplo 3 tem as seguintes características: $f(x + y) = f(x) + f(y)$, onde $x, y \in D(f)$, e $f(kx) = kf(x)$, onde $k \in \mathbb{R}$. Essas duas características são provadas a seguir para uma função mais geral, dada por $f(x) = ax$, onde $a \in \mathbb{R}$:

$$f(x + y) = a(x + y) = ax + ay = f(x) + f(y),$$
$$f(kx) = a(kx) = k(ax) = kf(x).$$

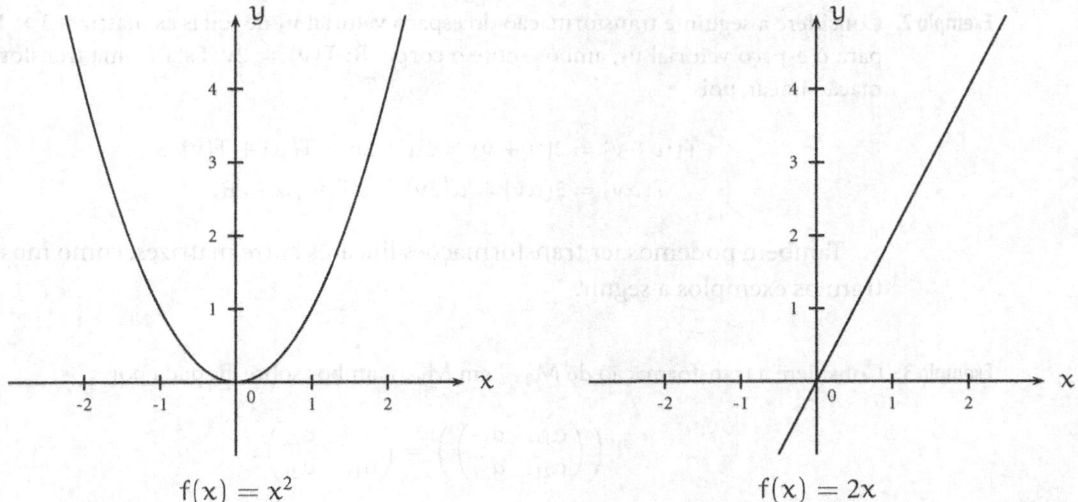

$f(x) = x^2$ $\qquad$ $f(x) = 2x$

Funções do tipo $f(x) = ax + b$, por exemplo, não são lineares, pois não obedecem a essas duas condições, embora seus gráficos também sejam linhas retas.

4.1.2 Transformações lineares

A ideia de uma transformação linear é a de generalizar o conceito de funções lineares para envolver domínios e imagens que sejam espaços vetoriais. Uma transformação linear será uma função de um espaço vetorial V sobre um espaço vetorial W, ambos sobre um corpo K, que satisfaça as condições semelhantes às condições de funções lineares. A definição é feita a seguir.

Definição 1

Uma **transformação linear** T de um espaço vetorial V em um espaço vetorial W, ambos sobre um corpo K, é uma função que associa elementos de V a elementos de W e que satisfaz as condições:

- $T(u + v) = T(u) + T(v)$ para todo $u, v \in V$;
- $T(\alpha v) = \alpha T(v)$ para todo $v \in V$ e $\alpha \in K$.

Lembre-se de que o conjunto $\mathbb{R}$ sobre o corpo $\mathbb{R}$ é um espaço vetorial. Por isso, funções do tipo $f(x) = ax$, $a \in \mathbb{R}$, são exemplos de transformações lineares. Daremos agora mais alguns exemplos desse tipo de transformações.

Exemplo 1. Considere a seguinte transformação do espaço vetorial $\mathbb{R}^2$ para o espaço vetorial $\mathbb{R}$, ambos sobre o corpo $\mathbb{R}$: $T((x, y)) = x + y$. Esta é uma transformação linear, pois

$$\begin{aligned} T((x_1 + x_2, y_1 + y_2)) &= (x_1 + x_2) + (y_1 + y_2) \\ &= x_1 + y_1 + x_2 + y_2 \\ &= T((x_1, y_1)) + T((x_2, y_2)), \\ T(\alpha(x, y)) = \alpha(x + y) &= \alpha T((x, y)), \alpha \in \mathbb{R}. \end{aligned}$$

Exemplo 2. Considere a seguinte transformação do espaço vetorial v_3 de todas as matrizes 3×1 para o espaço vetorial v_3, ambos sobre o corpo $\mathbb{R}$: $T(v) = 2v$. Esta é uma transformação linear, pois

$$T(u+v) = 2(u+v) = 2u + 2v = T(u) + T(v),$$
$$T(\alpha v) = 2(\alpha v) = \alpha(2v) = \alpha T(v), \alpha \in \mathbb{R}.$$

Também podemos ter transformações lineares entre matrizes, como mostram os exemplos a seguir.

Exemplo 3. Considere a transformação de $M_{2\times 2}$ em $M_{2\times 2}$, ambos sobre $\mathbb{R}$, dada por

$$T\left(\begin{pmatrix} a_{11} & a_{12} \\ a_{21} & a_{22} \end{pmatrix}\right) = \begin{pmatrix} a_{12} & a_{22} \\ a_{11} & a_{21} \end{pmatrix}.$$

Ela é uma transformação linear, pois

$$\begin{aligned} T(A+B) &= T\left(\begin{pmatrix} a_{11} & a_{12} \\ a_{21} & a_{22} \end{pmatrix} + \begin{pmatrix} b_{11} & b_{12} \\ b_{21} & b_{22} \end{pmatrix}\right) \\ &= T\left(\begin{pmatrix} a_{11}+b_{11} & a_{12}+b_{12} \\ a_{21}+b_{21} & a_{22}+b_{22} \end{pmatrix}\right) \\ &= \begin{pmatrix} a_{12}+b_{12} & a_{22}+b_{22} \\ a_{11}+b_{11} & a_{21}+b_{21} \end{pmatrix} \\ &= \begin{pmatrix} a_{12} & a_{22} \\ a_{11} & a_{21} \end{pmatrix} + \begin{pmatrix} b_{12} & b_{22} \\ b_{11} & b_{21} \end{pmatrix} = T(A) + T(B), \end{aligned}$$

$$\begin{aligned} T(\alpha A) &= T\left(\begin{pmatrix} \alpha a_{11} & \alpha a_{12} \\ \alpha a_{21} & \alpha a_{22} \end{pmatrix}\right) = \begin{pmatrix} \alpha a_{12} & \alpha a_{22} \\ \alpha a_{11} & \alpha a_{21} \end{pmatrix} \\ &= \alpha \begin{pmatrix} a_{12} & a_{22} \\ a_{11} & a_{21} \end{pmatrix} = \alpha T(A). \end{aligned}$$

Exemplo 4. Considere a transformação traço de $M_{n\times n}$ em $\mathbb{R}$, ambos sobre $\mathbb{R}$, dada por

$$T\left(\begin{pmatrix} a_{11} & a_{12} & \cdots & a_{1n} \\ a_{21} & a_{22} & \cdots & a_{2n} \\ \vdots & \vdots & \ddots & \vdots \\ a_{n1} & a_{n2} & \cdots & a_{nn} \end{pmatrix}\right) = a_{11} + a_{22} + \cdots + a_{nn}.$$

Ela é uma transformação linear, pois

$$\begin{aligned} T(A+B) &= T\left(\begin{pmatrix} a_{11}+b_{11} & a_{12}+b_{12} & \cdots & a_{1n}+b_{1n} \\ a_{21}+b_{21} & a_{22}+b_{22} & \cdots & a_{2n}+b_{2n} \\ \vdots & \vdots & \ddots & \vdots \\ a_{n1}+b_{n1} & a_{n2}+b_{n2} & \cdots & a_{nn}+b_{nn} \end{pmatrix}\right) \\ &= a_{11} + b_{11} + a_{22} + b_{22} + \cdots + a_{nn} + b_{nn} \\ &= (a_{11} + a_{22} + \cdots + a_{nn}) + (b_{11} + b_{22} + \cdots + b_{nn}) \\ &= T(A) + T(B), \end{aligned}$$

$$T(\alpha A) = T\left(\begin{pmatrix} \alpha a_{11} & \alpha a_{12} & \cdots \alpha a_{1n} \\ \alpha a_{21} & \alpha a_{22} & \cdots & \alpha a_{2n} \\ \vdots & \vdots & \ddots & \vdots \\ \alpha a_{n1} & \alpha a_{n2} & \cdots & \alpha a_{nn} \end{pmatrix}\right)$$

$$= \alpha a_{11} + \alpha a_{22} + \cdots + \alpha a_{nn}$$

$$= \alpha(a_{11} + a_{22} + \cdots + a_{nn}) = \alpha T(A).$$

Exemplo 5. Considere a transformação do espaço vetorial $\mathcal{V}_3$ de todas as matrizes 3×1 para o espaço vetorial $\mathcal{V}_3$, ambos sobre o corpo $\mathbb{R}$, dada por

$$T(v) = T\left(\begin{pmatrix} v_1 \\ v_2 \\ v_3 \end{pmatrix}\right) = \begin{pmatrix} v_1 + v_2 \\ v_2 + v_3 \\ v_3 + v_1 \end{pmatrix}.$$

Esta é uma transformação linear, pois

$$T(u + v) = T\left(\begin{pmatrix} u_1 \\ u_2 \\ u_3 \end{pmatrix} + \begin{pmatrix} v_1 \\ v_2 \\ v_3 \end{pmatrix}\right) = T\left(\begin{pmatrix} u_1 + v_1 \\ u_2 + v_2 \\ u_3 + v_3 \end{pmatrix}\right)$$

$$= \begin{pmatrix} u_1 + v_1 + u_2 + v_2 \\ u_2 + v_2 + u_3 + v_3 \\ u_3 + v_3 + u_1 + v_1 \end{pmatrix} = \begin{pmatrix} u_1 + u_2 \\ u_2 + u_3 \\ u_3 + u_1 \end{pmatrix} + \begin{pmatrix} v_1 + v_2 \\ v_2 + v_3 \\ v_3 + v_1 \end{pmatrix}$$

$$= T\left(\begin{pmatrix} u_1 \\ u_2 \\ u_3 \end{pmatrix}\right) + T\left(\begin{pmatrix} v_1 \\ v_2 \\ v_3 \end{pmatrix}\right) = T(u) + T(v),$$

$$T(\alpha v) = T\left(\alpha \begin{pmatrix} v_1 \\ v_2 \\ v_3 \end{pmatrix}\right) = T\left(\begin{pmatrix} \alpha v_1 \\ \alpha v_2 \\ \alpha v_3 \end{pmatrix}\right)$$

$$= \begin{pmatrix} \alpha v_1 + \alpha v_2 \\ \alpha v_2 + \alpha v_3 \\ \alpha v_3 + \alpha v_1 \end{pmatrix} = \begin{pmatrix} \alpha(v_1 + v_2) \\ \alpha(v_2 + v_3) \\ \alpha(v_3 + v_1) \end{pmatrix}$$

$$= \alpha \begin{pmatrix} v_1 + v_2 \\ v_2 + v_3 \\ v_3 + v_1 \end{pmatrix} = \alpha T(v), \alpha \in \mathbb{R}.$$

Observe que essa transformação linear pode ser escrita como $T(v) = w$, onde

$$v = \begin{pmatrix} v_1 \\ v_2 \\ v_3 \end{pmatrix}, \quad w = \begin{pmatrix} w_1 \\ w_2 \\ w_3 \end{pmatrix} \quad \text{e} \quad \begin{cases} w_1 = v_1 + v_2, \\ w_2 = v_2 + v_3, \\ w_3 = v_3 + v_1, \end{cases}$$

que pode ser representada matricialmente se escrevermos

$$\begin{pmatrix} w_1 \\ w_2 \\ w_3 \end{pmatrix} = \begin{pmatrix} 1 & 0 & 1 \\ 1 & 1 & 0 \\ 0 & 1 & 1 \end{pmatrix} \begin{pmatrix} v_1 \\ v_2 \\ v_3 \end{pmatrix}.$$

O exemplo 5 mostra que, pelo menos para uma transformação linear do espaço vetorial $\mathcal{V}_3$ sobre ele mesmo, é possível representar a transformação linear por meio de uma matriz. A próxima seção elabora essa ideia.

4.1.3 Matriz canônica

Em geral, transformações lineares de vetores

$$v = \begin{pmatrix} v_1 \\ v_2 \\ \vdots \\ v_n \end{pmatrix}$$

em outros vetores

$$w = \begin{pmatrix} w_1 \\ w_2 \\ \vdots \\ w_m \end{pmatrix}$$

(onde m não precisa ser igual a n) podem ser escritas como

$$\begin{cases} w_1 = a_{11}v_1 + a_{12}v_2 + \cdots + a_{1n}v_n \\ w_2 = a_{21}v_1 + a_{22}v_2 + \cdots + a_{2n}v_n \\ \vdots \\ w_m = a_{m1}v_1 + a_{m2}v_2 + \cdots + a_{mn}v_n \end{cases}.$$

Em forma matricial, elas ficam

$$\begin{pmatrix} w_1 \\ w_2 \\ \vdots \\ w_m \end{pmatrix} = \begin{pmatrix} a_{11} & a_{12} & \cdots & a_{1n} \\ a_{21} & a_{22} & \cdots & a_{2n} \\ \vdots & \vdots & \ddots & \vdots \\ a_{m1} & a_{m2} & \cdots & a_{mn} \end{pmatrix} \begin{pmatrix} v_1 \\ v_2 \\ \vdots \\ v_n \end{pmatrix}.$$

A matriz

$$A = \begin{pmatrix} a_{11} & a_{12} & \cdots & a_{1n} \\ a_{21} & a_{22} & \cdots & a_{2n} \\ \vdots & \vdots & \ddots & \vdots \\ a_{m1} & a_{m2} & \cdots & a_{mn} \end{pmatrix}$$

é chamada *matriz canônica* da transformação linear T.

Definição 2

A **matriz canônica** de uma transformação linear T de um espaço vetorial $\mathcal{V}_n$ em um espaço vetorial $\mathcal{V}_m$, ambos sobre um corpo K, é uma matriz $m \times n$ tal que $Av = T(v)$, onde $v \in \mathcal{V}_n$ e $T(v) \in \mathcal{V}_m$.

Que essa transformação é linear pode ser provado da seguinte forma:

$$T(u + v) = A(u + v) = Au + Av = T(u) + T(v),$$
$$T(\alpha v) = A(\alpha v) = \alpha Av = \alpha T(v),$$

onde foram utilizadas propriedades das matrizes. Disto decorre o seguinte teorema:

Teorema 1

Dada uma matriz A $m \times n$, então Av é uma transformação linear de $v \in \mathcal{V}_n$ em $Av \in \mathcal{V}_m$.

Exemplo 1. Escreva a matriz canônica da transformação linear de $\mathcal{V}_3$ em $\mathcal{V}_2$ dada por $w_1 = 3v_1 - v_2$ e $w_2 = 2v_2 + v_3$.

podemos escrever

$$\begin{pmatrix} w_1 \\ w_2 \end{pmatrix} = \begin{pmatrix} 3 & -1 & 0 \\ 0 & 2 & 1 \end{pmatrix} \begin{pmatrix} v_1 \\ v_2 \\ v_3 \end{pmatrix},$$

de modo que a matriz canônica é dada por

$$A = \begin{pmatrix} 3 & -1 & 0 \\ 0 & 2 & 1 \end{pmatrix}.$$

Os efeitos das transformações lineares do exemplo 5 da seção anterior e do exemplo 1 desta seção sobre alguns vetores podem ser visualizados utilizando gráficos. O primeiro gráfico a seguir mostra o efeito da transformação linear do exemplo 5 da seção anterior, cuja matriz canônica é

$$A = \begin{pmatrix} 1 & 0 & 1 \\ 1 & 1 & 0 \\ 0 & 1 & 1 \end{pmatrix},$$

sobre o vetor

$$v = \begin{pmatrix} 1 \\ 3 \\ 2 \end{pmatrix}.$$

O resultado fica

$$\begin{pmatrix} 1 & 0 & 1 \\ 1 & 1 & 0 \\ 0 & 1 & 1 \end{pmatrix} \begin{pmatrix} 1 \\ 3 \\ 2 \end{pmatrix} = \begin{pmatrix} 3 \\ 4 \\ 5 \end{pmatrix}.$$

O primeiro vetor é representado na primeira figura a seguir e o segundo vetor é representado na segunda figura. A transformação linear não pode ser representada totalmente, pois, para isso, teríamos que desenhar infinitos vetores.

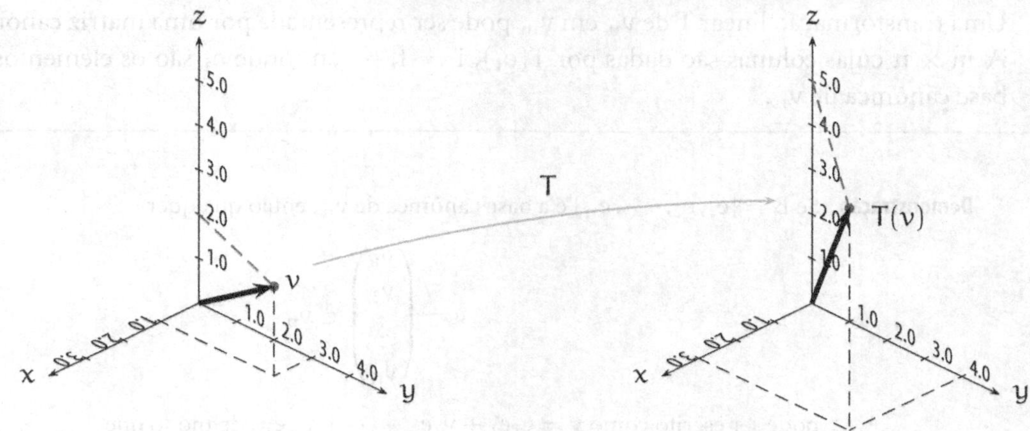

A transformação linear do exemplo 1 desta seção, cuja matriz canônica é

$$A = \begin{pmatrix} 3 & -1 & 0 \\ 0 & 2 & 1 \end{pmatrix},$$

sobre o mesmo vetor

$$v = \begin{pmatrix} 1 \\ 3 \\ 2 \end{pmatrix},$$

leva a um vetor no v_2:

$$\begin{pmatrix} 3 & -1 & 0 \\ 0 & 2 & 1 \end{pmatrix} \begin{pmatrix} 1 \\ 3 \\ 2 \end{pmatrix} = \begin{pmatrix} 0 \\ 8 \end{pmatrix}.$$

O primeiro vetor é representado na primeira figura a seguir (em três dimensões) e o segundo vetor é representado na segunda figura (em duas dimensões).

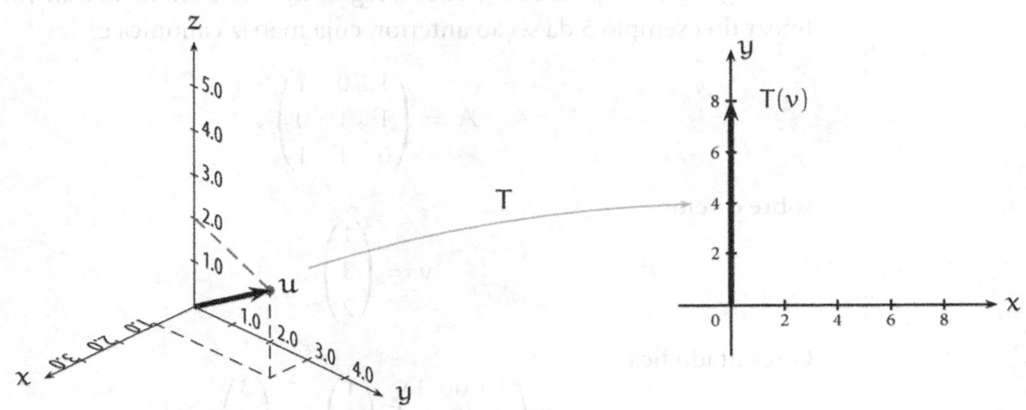

O Teorema 2 a seguir mostra uma forma simples de calcular a matriz canônica de uma transformação linear de v_n em v_m.

Teorema 2
Uma transformação linear T de v_n em v_m pode ser representada por uma matriz canônica A $m \times n$ cujas colunas são dadas por $T(e_i)$, $i = 1, \cdots, n$, onde e_i são os elementos da base canônica de v_n.

Demonstração. Se $B = \{e_1, e_2, \cdots, e_n\}$ é a base canônica de v_n, então qualquer

$$v = \begin{pmatrix} v_1 \\ v_2 \\ \vdots \\ v_n \end{pmatrix} \in v_n$$

pode ser escrito como $v = v_1 e_1 + v_2 e_2 + \cdots + v_n e_n$, de modo que

$$\begin{aligned} T(v) &= T(v_1 e_1 + v_2 e_2 + \cdots + v_n e_n) \\ &= v_1 T(e_1) + v_2 T(e_2) + \cdots + v_n T(e_n) \\ &= A \begin{pmatrix} v_1 \\ v_2 \\ \vdots \\ v_n \end{pmatrix} = Av, \end{aligned}$$

onde $A = \begin{pmatrix} T(e_1) & T(e_2) & \cdots & T(e_n) \end{pmatrix}$.

Exemplo 2. Calcule a matriz canônica A da transformação linear T de $\mathcal{V}_3$ em $\mathcal{V}_2$ dada por

$$T\left(\begin{pmatrix} x \\ y \\ z \end{pmatrix}\right) = \begin{pmatrix} x - y \\ 2z \end{pmatrix}.$$

SOLUÇÃO. Dada a base canônica

$$B = \{e_1, e_2, e_3\} = \left\{ \begin{pmatrix} 1 \\ 0 \\ 0 \end{pmatrix}, \begin{pmatrix} 0 \\ 1 \\ 0 \end{pmatrix}, \begin{pmatrix} 0 \\ 0 \\ 1 \end{pmatrix} \right\},$$

podemos calcular

$$T(e_1) = T\left(\begin{pmatrix} 1 \\ 0 \\ 0 \end{pmatrix}\right) = \begin{pmatrix} 1 \\ 0 \end{pmatrix}, \quad T\left(\begin{pmatrix} 0 \\ 1 \\ 0 \end{pmatrix}\right) = \begin{pmatrix} -1 \\ 0 \end{pmatrix} \quad \text{e} \quad T\left(\begin{pmatrix} 0 \\ 0 \\ 1 \end{pmatrix}\right) = \begin{pmatrix} 0 \\ 2 \end{pmatrix},$$

de modo que a matriz canônica fica

$$A = \begin{pmatrix} 1 & -1 & 0 \\ 0 & 0 & 2 \end{pmatrix}.$$

Um modo mais simples de fazer este cálculo é escrevendo

$$\begin{pmatrix} x - y \\ 2z \end{pmatrix} = x \begin{pmatrix} 1 \\ 0 \end{pmatrix} + y \begin{pmatrix} -1 \\ 0 \end{pmatrix} + z \begin{pmatrix} 0 \\ 2 \end{pmatrix},$$

de modo que

$$A = \begin{pmatrix} 1 & -1 & 0 \\ 0 & 0 & 2 \end{pmatrix}.$$

Exemplo 3. Calcule a matriz canônica A da transformação linear T de $\mathcal{V}_2$ em $\mathcal{V}_2$ dada por

$$T\left(\begin{pmatrix} x \\ y \end{pmatrix}\right) = \begin{pmatrix} 2y \\ 3x \end{pmatrix}.$$

SOLUÇÃO. Escrevendo $\begin{pmatrix} 2y \\ 3x \end{pmatrix} = x \begin{pmatrix} 0 \\ 3 \end{pmatrix} + y \begin{pmatrix} 2 \\ 0 \end{pmatrix}$, obtemos $A = \begin{pmatrix} 0 & 2 \\ 3 & 0 \end{pmatrix}$.

4.1.4 Um exemplo econômico

Como pudemos ver, existe uma variedade muito grande de transformações lineares. Veremos algumas com mais atenção no próximo capítulo, mas, antes de fazer isso, daremos um exemplo de como transformações lineares aparecem em problemas econômicos.

Exemplo 1. Consideremos, por exemplo, uma *matriz de insumo-produto de Leontief* (mais bem discutida na Leitura Complementar 1.1.3), que relaciona a produção de um país, dividida em setores, com os recursos que são utilizados por setor. Um exemplo disso é uma matriz de insumo-produto que pode ser conseguida dividindo a economia brasileira em 8 setores. Utilizando unidades adequadas, temos a seguinte tabela (fonte: Eduardo Grijó e Duilio de Avila Bêrni (PUCRS), *Metodologia Completa para a Estimativa de Matrizes de Insumo-Produto*, VIII Encontro de Economia da Região Sul – ANPEC SUL 2005):

Atividade	1	2	3	4	5	6	7	8
1	1,23	0,12	0,07	0,15	0,29	0,14	0,60	0,06
2	0,03	1,69	0,34	0,07	0,04	0,03	0,05	0,03
3	0,02	0,08	1,18	0,04	0,03	0,03	0,03	0,03
4	0,02	0,05	0,06	1,25	0,03	0,06	0,04	0,04
5	0,18	0,14	0,12	0,21	1,33	0,18	0,16	0,10
6	0,00	0,00	0,01	0,02	0,00	1,56	0,01	0,01
7	0,06	0,01	0,01	0,02	0,04	0,04	1,25	0,02
8	0,21	0,32	0,27	0,36	0,27	0,32	0,32	1,36

onde
1 = Agropecuária e indústria extrativa
2 = Siderurgia e metalurgia
3 = Indústria, máquinas, veículos e eletro-eletrônicos
4 = Indústria de madeira, papel e borracha
5 = Química, farmácia e plásticos
6 = Indústria têxtil e de vestuário
7 = Abate de animais e indústria de alimentos
8 = Serviços

Nesta tabela, a produção de um setor é distribuída através de uma linha, de modo que cada célula corresponde ao que é utilizado por outro setor como insumo. Por exemplo, do total produzido pela agropecuária e indústria extrativa (que é a soma dos números da primeira linha), 1,23 são usados pela própria indústria agrícola e extrativista e 0,12 é utilizada pela indústria siderúrgica e metalúrgica.

Tais modelos são muito importantes porque servem para ajudar o governo a balancear o que é produzido e o que é consumido pelo país, de modo que não ocorra nem sobra nem falta de insumos em algum dos setores da economia. Se chamarmos x_i $(i = 1, \cdots, 8)$ a produção total do setor i, então podemos montar um vetor

$$\begin{pmatrix} x_1 \\ x_2 \\ \vdots \\ x_8 \end{pmatrix}$$

que representa a produção total dos setores da economia. Multiplicando a matriz de Leontief por esse vetor, temos

$$\begin{pmatrix} 1,23 & 0,12 & 0,07 & 0,15 & 0,29 & 0,14 & 0,60 & 0,06 \\ 0,03 & 1,69 & 0,34 & 0,07 & 0,04 & 0,03 & 0,05 & 0,03 \\ 0,02 & 0,08 & 1,18 & 0,04 & 0,03 & 0,03 & 0,03 & 0,03 \\ 0,02 & 0,05 & 0,06 & 1,25 & 0,03 & 0,06 & 0,04 & 0,04 \\ 0,18 & 0,14 & 0,12 & 0,21 & 1,33 & 0,18 & 0,16 & 0,10 \\ 0,00 & 0,00 & 0,01 & 0,02 & 0,00 & 1,56 & 0,01 & 0,01 \\ 0,06 & 0,01 & 0,01 & 0,02 & 0,04 & 0,04 & 1,25 & 0,02 \\ 0,21 & 0,32 & 0,27 & 0,36 & 0,27 & 0,32 & 0,32 & 1,36 \end{pmatrix} \begin{pmatrix} x_1 \\ x_2 \\ x_3 \\ x_4 \\ x_5 \\ x_6 \\ x_7 \\ x_8 \end{pmatrix},$$

que é uma transformação linear do espaço vetorial $\mathcal{V}_8$ de todos os vetores 8×1 em $\mathcal{V}_8$, ambos sobre $\mathbb{R}$.

A transformação linear retratada pelo exemplo 1 não pode ser representada graficamente, pois necessitaria de um espaço de 8 dimensões. No entanto, podemos vê-la intuitivamente como uma operação que transforma um vetor em outro em um espaço octodimensional.

Na verdade, qualquer operação em economia que possa ser representada por uma matriz é uma transformação linear. Um exemplo disso são as matrizes de transição (Leitura Complementar 1.1.2). Um aluno de cursos de Economia ou de Administração encontrará muitos exemplos em seus estudos futuros.

Resumo

- **Transformações lineares:** uma *transformação linear* T de um espaço vetorial V em um espaço vetorial W, ambos sobre um corpo K, é uma função que associa elementos de V a elementos de W e que satisfaz as condições $T(u+v) = T(u) + T(v)$ para todo $u, v \in V$ e $T(\alpha v) = \alpha T(v)$ para todo $v \in V$ e $\alpha \in K$.
- **Matriz canônica:** dada uma transformação linear de um espaço vetorial v_n sobre um espaço vetorial v_m, ambos sobre um corpo K, que possa ser escrita como $T(v) = Av$, onde $v \in v_n$ e A é uma matriz $m \times n$, a matriz A é chamada *matriz canônica* da transformação linear T.
- **Teorema 1:** dada uma matriz A $m \times n$, então Av é uma transformação linear de $v \in v_n$ em $Av \in v_m$.
- **Teorema 2:** uma transformação linear T de v_n em v_m pode ser representada por uma matriz canônica A $m \times n$ cujas colunas são dadas por $T(e_i)$, $i = 1, \cdots, n$, onde e_i são os elementos da base canônica de v_n.

Exercícios

Nível 1

Transformações lineares

Exemplo 1. Dada a transformação linear $T\left(\begin{pmatrix} x \\ y \\ z \end{pmatrix}\right) = \begin{pmatrix} x-z \\ y \\ x+z \end{pmatrix}$, calcule $T(v)$, onde $v = \begin{pmatrix} 1 \\ -1 \\ 2 \end{pmatrix}$.

Solução. $T\left(\begin{pmatrix} 1 \\ -1 \\ 2 \end{pmatrix}\right) = \begin{pmatrix} 1-2 \\ -1 \\ 1+2 \end{pmatrix} = \begin{pmatrix} -1 \\ -1 \\ 3 \end{pmatrix}$.

E1) Calcule $T(v)$, onde T é uma transformação linear e v é um vetor, ambos dados a seguir.

a) $T\left(\begin{pmatrix} x \\ y \end{pmatrix}\right) = \begin{pmatrix} y \\ x \end{pmatrix}$ e $v = \begin{pmatrix} 2 \\ 1 \end{pmatrix}$.

b) $T((x, y, z)) = (2x + z, y - z)$ e $v = (2, -1, 1)$.

c) $T(v) = \operatorname{tr} v$ e $v = \begin{pmatrix} 3 & -1 \\ 1 & 2 \end{pmatrix}$.

Exemplo 2. Verifique se $T((x, y, z)) = (x - z, 2y, z)$ é uma transformação linear.

SOLUÇÃO. Temos que verificar se essa transformação satisfaz as condições necessárias:

$$\begin{aligned} T(u + v) &= T((x_1, y_1, z_1) + (x_2, y_2, z_2)) = T((x_1 + x_2, y_1 + y_2, z_1 + z_2)) \\ &= (x_1 + x_2 - z_1 - z_2, 2y_1 + 2y_2, z_1 + z_2) \\ &= (x_1 - z_1, 2y_1, z_1) + (x_2 - z_2, 2y_2, z_2) = T(u) + T(v), \\ T(\alpha u) &= T((\alpha x, \alpha y, \alpha z)) = (\alpha x - \alpha z, 2\alpha y, \alpha z) = \alpha(x - z, 2y, z) = \alpha T(u). \end{aligned}$$

Portanto, T é uma transformação linear.

E2) Verifique se as seguintes transformações são transformações lineares:

a) $T\left(\begin{pmatrix} x \\ y \end{pmatrix}\right) = \begin{pmatrix} x + y \\ x - y \end{pmatrix}$. b) $T\left(\begin{pmatrix} x \\ y \end{pmatrix}\right) = \begin{pmatrix} x \\ y^2 \end{pmatrix}$.

c) $T((x, y, z)) = (x - y, x + z, z + y)$.

d) $T\left(\begin{pmatrix} a_{11} & a_{12} \\ a_{21} & a_{22} \end{pmatrix}\right) = \begin{pmatrix} a_{11} + a_{22} \\ a_{21} - a_{12} \end{pmatrix}$.

e) $T((x, y, z)) = (xy, -y)$. f) $T\left(\begin{pmatrix} x \\ y \end{pmatrix}\right) = \begin{pmatrix} x + 1 \\ y + 1 \end{pmatrix}$.

MATRIZES CANÔNICAS

Exemplo 3. Determine a matriz canônica da transformação linear $T\left(\begin{pmatrix} x \\ y \\ z \end{pmatrix}\right) = \begin{pmatrix} 2x - y \\ y \\ y - z \end{pmatrix}$.

SOLUÇÃO. Um método simples de fazer isso é escrevendo

$$\begin{pmatrix} 2x - y \\ y \\ y - z \end{pmatrix} = x \begin{pmatrix} 2 \\ 0 \\ 0 \end{pmatrix} + y \begin{pmatrix} -1 \\ 1 \\ 1 \end{pmatrix} + z \begin{pmatrix} 0 \\ 0 \\ -1 \end{pmatrix},$$

sendo a matriz canônica constituída pelas colunas encontradas acima:

$$A = \begin{pmatrix} 2 & -1 & 0 \\ 0 & 1 & 0 \\ 0 & 1 & -1 \end{pmatrix}.$$

E3) Calcule as matrizes canônicas das seguintes transformações lineares:

a) $T\left(\begin{pmatrix} x \\ y \end{pmatrix}\right) = \begin{pmatrix} x-y \\ x+y \end{pmatrix}$. b) $T\left(\begin{pmatrix} x \\ y \\ z \end{pmatrix}\right) = \begin{pmatrix} y \\ x \\ z \end{pmatrix}$.

c) $T\left(\begin{pmatrix} x \\ y \\ z \end{pmatrix}\right) = \begin{pmatrix} x+z \\ y-z \end{pmatrix}$. d) $T\left(\begin{pmatrix} x \\ y \\ z \end{pmatrix}\right) = (x+y-2z)$.

Nível 2

E1) Considere a base $B = \{(1,-1,0),(0,1,1),(1,0,-1)\}$ de $\mathbb{R}^3$ sobre $\mathbb{R}$ e a transformação linear dada por $T : \mathbb{R}^3 \to \mathbb{R}^3$ tal que $T((1,-1,0)) = (1,0,0)$, $T((0,1,1)) = (0,-1,1)$ e $T((1,0,-1)) = (1,-1,-1)$. Determine essa transformação linear.

E2) Considere a base $B = \{1,x\}$ de $p_1(x)$ sobre $\mathbb{R}$ e a transformação linear $T : p_1(x) \to p_2(x)$ tal que $T(1) = x + x^2$ e $T(x) = -x$. Determine essa transformação linear.

E3) Considere a base

$$B = \left\{\begin{pmatrix} 1 \\ -2 \\ 0 \end{pmatrix}, \begin{pmatrix} 2 \\ 0 \\ -1 \end{pmatrix}, \begin{pmatrix} 1 \\ 1 \\ -2 \end{pmatrix}\right\}$$

de v_3 sobre $\mathbb{R}$ e a transformação linear dada por $T : v_3(x) \to v_2$ tal que

$$T\left(\begin{pmatrix} 1 \\ -2 \\ 0 \end{pmatrix}\right) = \begin{pmatrix} 3 \\ 0 \end{pmatrix}, \quad T\left(\begin{pmatrix} 2 \\ 0 \\ -1 \end{pmatrix}\right) = \begin{pmatrix} -1 \\ 4 \end{pmatrix} \quad \text{e} \quad T\left(\begin{pmatrix} 1 \\ 1 \\ -2 \end{pmatrix}\right) = \begin{pmatrix} -6 \\ 3 \end{pmatrix}.$$

Determine essa transformação linear e a sua matriz canônica.

E4) Mostre que a transposição de uma matriz é uma transformação linear.

E5) Dada uma transformação linear $T : V \to W$, onde V e W são espaços vetoriais sobre um corpo K, mostre que:

a) $T(0) = 0$. b) $T(-v) = -T(v), v \in V$.

c) $T(\alpha u + \beta v) = \alpha T(u) + \beta T(v), u, v \in V$.

E6) (Leitura Complementar 4.1.1) Mostre que $D^2 : F(x) \to F(x)$, onde $D^2 f = f''(x)$ (a derivada segunda de f em relação a x) e $F(x)$ é o espaço de todas as funções deriváveis até pelo menos a segunda ordem, é uma transformação linear.

E7) (Leitura Complementar 4.1.1) Mostre que $T : F(x) \to F(x)$, onde

$$Tf = \int_0^1 f(x)\, dx$$

(a integral definida de f de $x = 0$ a $x = 1$) e $F(x)$ é o espaço de todas as funções integráveis no intervalo $[0, 1]$, é uma transformação linear.

Nível 3

E1) Considere as transformações lineares U e T de um espaço vetorial V em um espaço vetorial W, ambas definidas sobre um corpo K. Podemos definir a soma $S = U + T$ como $S(v) = U(v) + T(v)$ para todo $v \in V$ e o produto por um escalar $P = \alpha T$ como $P(v) = \alpha T(v)$ para todo $v \in V$ e $\alpha \in K$.

a) Mostre que $S = U + T$ é uma transformação linear de V em W sobre o corpo K.

b) Mostre que $P = \alpha T$ é uma transformação linear de V em W sobre o corpo K.

c) Mostre que o conjunto de todas as transformações lineares do espaço vetorial V sobre o espaço vetorial W sobre um corpo K, $\mathcal{L}(V, W) = \{T \mid T : V \to W\}$, é um espaço vetorial.

E2) No caso particular de um conjunto $\mathcal{L}(V, W) = \{T \mid T : V \to W\}$ em que $W = K$, onde K é um corpo, o espaço vetorial $\mathcal{L}(V, W)$ é chamado *espaço dual* de V e é representado por $V^* = \mathcal{L}(V, K)$. Os elementos de V^* são chamados *funcionais lineares* de V. Dê um exemplo de um espaço dual e dois exemplos de funcionais lineares desse espaço vetorial.

Respostas

Nível 1

E1) a) $T\left(\begin{pmatrix} 2 \\ 1 \end{pmatrix}\right) = \begin{pmatrix} 1 \\ 2 \end{pmatrix}$. b) $T((2, -1, 1)) = (5, -2)$. c) $T\left(\begin{pmatrix} 3 & -1 \\ 1 & 2 \end{pmatrix}\right) = 5$.

E2) a) É. b) Não é. c) É. d) É. e) Não é. f) Não é.

E3) a) $A = \begin{pmatrix} 1 & -1 \\ 1 & 1 \end{pmatrix}$. b) $A = \begin{pmatrix} 0 & 1 & 0 \\ 1 & 0 & 0 \\ 0 & 0 & 1 \end{pmatrix}$. c) $A = \begin{pmatrix} 1 & 0 & 1 \\ 0 & 1 & -1 \end{pmatrix}$.

d) $A = (1 \quad 1 \quad -2)$.

Nível 2

E1) $T((x, y, z)) = (x, -x - y, z)$.

E2) $T(a_0 + a_1 x) = (a_0 - a_1)x + a_0 x^2$.

E3) $T\left(\begin{pmatrix} v_x \\ v_y \\ v_z \end{pmatrix}\right) = \begin{pmatrix} v_x - v_y + 3v_z \\ 2v_x + v_y \end{pmatrix}$ e $A = \begin{pmatrix} 1 & -1 & 3 \\ 2 & 1 & 0 \end{pmatrix}$.

E4) $T(A + B) = (A + B)^t = A^t + B^t = T(A) + T(B)$ e $T(\alpha A) = (\alpha A)^t = \alpha A^t = \alpha T(A)$, onde $A, B \in M_{m \times n}$ e $\alpha \in K$.

E5) a) $T(0) = T(0 \cdot v) = 0 \cdot T(v) = 0$ para qualquer $v \in V$. b) $T(-v) = T(-1 \cdot v) = -1 \cdot T(v)$ para qualquer $v \in V$. c) $T(\alpha u + \beta v) = T(\alpha u) + T(\beta v) = \alpha T(u) + \beta T(v)$ para qualquer $v \in V$ e quaisquer $\alpha, \beta \in K$.

E6) $[f(x) + g(x)]'' = f''(x) + g''(x)$ e $[\alpha f(x)]'' = \alpha f''(x)$, de modo que a operação $D^2 f = f''(x)$ é uma transformação linear.

E7) $\int_0^1 [f(x) + g(x)]\, dx = \int_0^1 f(x)\, dx + \int_0^1 g(x)\, dx$ e $\int_0^1 [\alpha f(x)]\, dx = \alpha \int_0^1 f(x)\, dx$, de modo que a operação $Tf = \int_0^1 f(x)\, dx$ é uma transformação linear.

NÍVEL 3

E1) a)

$$
\begin{aligned}
(u+v) &= U(u+v) + T(u+v) = U(u) + U(v) + T(u) + T(v) \\
&= [U(u) + T(u)] + [U(v) + T(v)] = S(u) + S(v) \quad \text{e} \\
S(\alpha v) &= U(\alpha v) + T(\alpha v) = \alpha U(v) + \alpha T(v) \\
&= \alpha\, [U(v) + T(v)] = \alpha S(v).
\end{aligned}
$$

b)

$$
\begin{aligned}
P(u+v) &= \alpha T(u+v) = \alpha\, [T(u) + T(v)] = \alpha T(u) + \alpha T(v) = P(u) + P(v) \quad \text{e} \\
P(\beta v) &= \alpha T(\beta v) = \alpha \beta T(v) = \beta\, [\alpha T(v)] = \beta P(v).
\end{aligned}
$$

c) Temos que provar que $\mathcal{L}(V, W)$ satisfaz as condições necessárias para que ele seja um espaço vetorial.

S1) Dadas quaisquer $U, T \in \mathcal{L}(V, W)$, então $(U + T) \in \mathcal{L}(V, W)$, o que foi mostrado no item a (fechado quanto à soma).

S2) $U + T = T + U$ para todo $U, T \in \mathcal{L}(V, W)$, pois $U(v) + T(v) = T(v) + T(u)$ para todo u, $v \in V$ (comutativa).

S3) $U + (T + S) = (U + T) + S$, pois $U(v) + [T(v) + S(v)] = [U(v) + T(v)] + S(v)$ para todo $v \in V$ (associativa).

S4) Para todos os espaços vetoriais V e W sobre K, existe uma transformação linear nula $T : V \to W$ tal que $T(v) = 0$ para todo $v \in V$, sendo 0 o vetor nulo do espaço vetorial W (existência do elemento neutro).

S5) Para toda transformação linear T existe uma transformação linear $-1 \cdot T$ tal que $T + (-T) = 0$, onde 0 é a transformação nula (existência do elemento inverso).

P1) Dada qualquer $T \in \mathcal{L}(V, W)$ e qualquer $\alpha \in K$, então $\alpha T \in \mathcal{L}(V, W)$, como foi mostrado no item b (fechado quanto ao produto por um escalar).

P2) Dada qualquer $T \in \mathcal{L}(V, W)$ e quaisquer $\alpha, \beta \in K$, então $\alpha(\beta T) = (\alpha\beta)T$ (associativa).

P3) Para toda $T \in \mathcal{L}(V, W)$ existe um $1 \in K$ tal que $1 \cdot T = T$ (existência do elemento neutro).

M1) $\alpha(T + U) = \alpha T + \alpha U$, $T, U \in \mathcal{L}(V, W)$ e $\alpha \in K$ (distributiva 1).

M2) $(\alpha + \beta)T = \alpha T + \beta T$, $T \in \mathcal{L}(V, W)$ e $\alpha, \beta \in K$ (distributiva 2).

E2) Esta questão pode ter um número infinito de respostas. Uma delas é dar como exemplo o espaço de todas as transformações lineares $T : M_{2\times 2} \to \mathbb{R}$ como o espaço dual de $M_{2\times 2}$ (em relação ao corpo $\mathbb{R}$). Exemplos de funcionais lineares desse espaço vetorial poderiam ser

$$
T(A) = \operatorname{tr} A \quad \text{e} \quad T\left(\begin{pmatrix} a_{11} & a_{12} \\ a_{21} & a_{22} \end{pmatrix}\right) = a_{21} - a_{12}.
$$

4.2 Matrizes de transformações lineares

Após termos introduzido o conceito de transformações lineares no capítulo anterior, trataremos agora de nos aprofundar nesse tópico, analisando algumas de suas características e examinando mais alguns exemplos. Também veremos como representar qualquer transformação linear em termos de matrizes.

4.2.1 Algumas transformações lineares particulares

Começaremos este capítulo revendo o conceito de transformação linear apresentando alguns tipos de transformações lineares mais interessantes.

(a) Transformação nula

A transformação linear nula de um espaço vetorial V em um espaço vetorial W sobre um corpo K é dada por $T(v) = 0$, onde v é um elemento do espaço vetorial V e 0 é o elemento neutro do espaço vetorial W. Neste capítulo, usaremos com frequência a notação $T : V \longrightarrow W$ para designar uma transformação linear de um espaço vetorial V em um espaço vetorial W e não faremos menção ao corpo K em que eles estão baseados. Isto será feito com o intuito de utilizar uma notação mais compacta e fiel aos demais autores.

Exemplo 1. A transformação linear nula $T : v_2 \rightarrow v_3$ (espaço dos vetores 2×1 nos vetores 3×1) é aquela que transforma qualquer vetor $v \in v_2$ no vetor nulo de v_3:

$$T\left(\begin{pmatrix} v_1 \\ v_2 \end{pmatrix}\right) = \begin{pmatrix} 0 \\ 0 \\ 0 \end{pmatrix}.$$

Exemplo 2. A transformação nula $T : p_2(x) \rightarrow p_2(x)$ (onde $p_2(x)$ é o espaço vetorial dos polinômios de graus menores ou iguais a 2) é dada por $T(p(x)) = 0$.

(b) Transformação identidade

A transformação identidade é aquela transformação linear que transforma um vetor nele mesmo. Por isso, ela é sempre do tipo $T : V \rightarrow V$.

Exemplo 1. A transformação identidade $T : \mathbb{R}^2 \rightarrow \mathbb{R}^2$ é tal que $T((x, y)) = (x, y)$.

Exemplo 2. A transformação identidade $T : \mathcal{V}_2 \to \mathcal{V}_2$ é dada por

$$T\left(\begin{pmatrix} v_1 \\ v_2 \end{pmatrix}\right) = \begin{pmatrix} v_1 \\ v_2 \end{pmatrix}$$

e pode ser representada sob a forma

$$\begin{pmatrix} v_1 \\ v_2 \end{pmatrix} \begin{pmatrix} 1 & 0 \\ 0 & 1 \end{pmatrix} = \begin{pmatrix} v_1 \\ v_2 \end{pmatrix},$$

de modo que a matriz canônica dessa transformação linear é dada por

$$A = \begin{pmatrix} 1 & 0 \\ 0 & 1 \end{pmatrix}.$$

(c) Reflexão

Quando se pensa em transformações lineares do tipo $T : \mathcal{V}_2 \to \mathcal{V}_2$ ou do tipo $T : \mathbb{R}^2 \to \mathbb{R}^2$, podemos pensar em uma transformação que faça a reflexão desse vetor ou ponto em relação a algum eixo, que pode ser um dos eixos cartesianos ou mesmo algum outro eixo, como nos exemplos a seguir.

Exemplo 1. Escreva a matriz canônica da transformação linear que reflete o vetor $v = \binom{2}{1}$ em relação ao eixo y de um sistema de coordenadas cartesianas e faça um gráfico do vetor e de sua reflexão.

Solução. A transformação linear tem que ser tal que

$$T\left(\begin{pmatrix} 2 \\ 1 \end{pmatrix}\right) = \begin{pmatrix} -2 \\ 1 \end{pmatrix} = \begin{pmatrix} -1 & 0 \\ 0 & 1 \end{pmatrix} \begin{pmatrix} 2 \\ 1 \end{pmatrix},$$

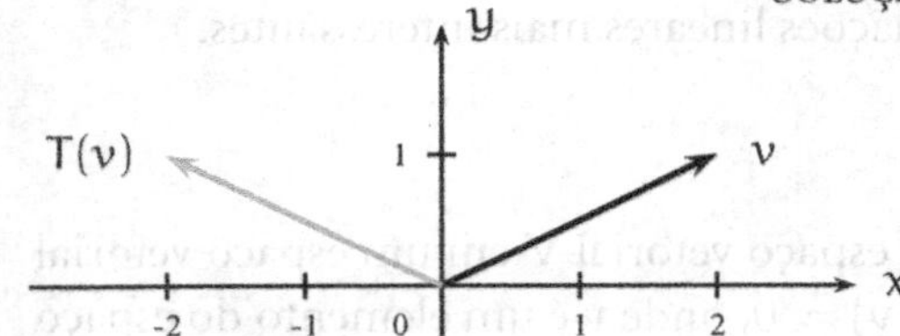

de modo que a matriz canônica é

$$A = \begin{pmatrix} -1 & 0 \\ 0 & 1 \end{pmatrix}.$$

O gráfico pedido está na figura acima.

Exemplo 2. Escreva a matriz canônica da transformação linear que reflete o vetor $v = \binom{2}{1}$ em relação ao eixo x de um sistema de coordenadas cartesianas e faça um gráfico do vetor e de sua reflexão.

Solução. A transformação linear tem que ser tal que

$$T\left(\begin{pmatrix} 2 \\ 1 \end{pmatrix}\right) = \begin{pmatrix} 2 \\ -1 \end{pmatrix} = \begin{pmatrix} 1 & 0 \\ 0 & -1 \end{pmatrix} \begin{pmatrix} 2 \\ 1 \end{pmatrix},$$

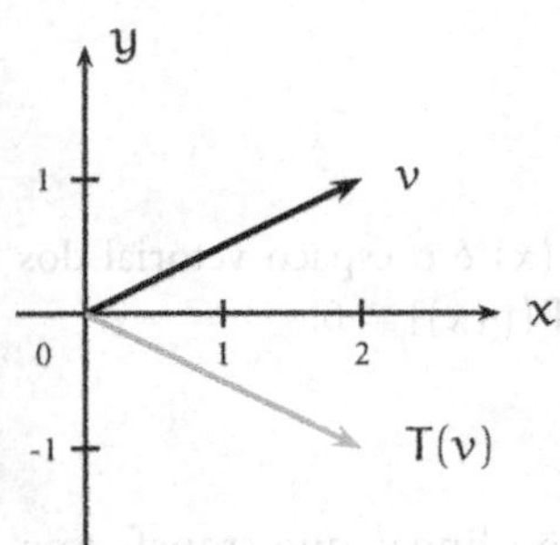

de modo que a matriz canônica é

$$A = \begin{pmatrix} 1 & 0 \\ 0 & -1 \end{pmatrix}.$$

O gráfico pedido está na figura ao lado.

As matrizes canônicas das transformações lineares dos exemplos 1 e 2 transformam não só $v = \binom{2}{1}$ em suas reflexões em relação aos eixos x e y, mas também farão o mesmo com qualquer vetor $v = \binom{v_1}{v_2} \in \mathcal{V}_2$:

$$\begin{pmatrix}-1 & 0\\ 0 & 1\end{pmatrix}\begin{pmatrix}v_1\\ v_2\end{pmatrix}=\begin{pmatrix}-v_1\\ v_2\end{pmatrix} \quad \text{e} \quad \begin{pmatrix}1 & 0\\ 0 & -1\end{pmatrix}\begin{pmatrix}v_1\\ v_2\end{pmatrix}=\begin{pmatrix}v_1\\ -v_2\end{pmatrix}.$$

Isto é uma regra geral: uma matriz canônica representa uma transformação linear $T: V \to W$ sobre qualquer vetor pertencente a V.

O exemplo a seguir mostra uma reflexão em relação a uma reta que não é um dos eixos cartesianos.

Exemplo 3. Escreva a matriz canônica da transformação linear que reflete o vetor $v = \binom{2}{1}$ em relação à reta $y = x$ de um sistema de coordenadas cartesianas e faça um gráfico do vetor e de sua reflexão.

SOLUÇÃO. Olhando a figura abaixo, podemos ver que a transformação linear tem que ser tal que

$$T\left(\begin{pmatrix}2\\1\end{pmatrix}\right)=\begin{pmatrix}1\\2\end{pmatrix}=\begin{pmatrix}0 & 1\\ 1 & 0\end{pmatrix}\begin{pmatrix}2\\1\end{pmatrix},$$

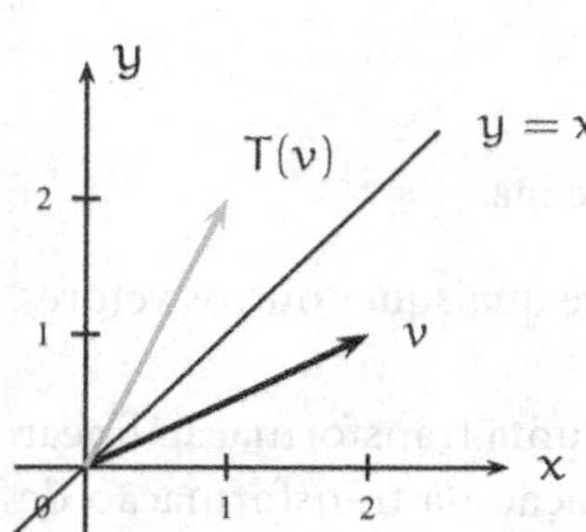

de modo que a matriz canônica é

$$A=\begin{pmatrix}0 & 1\\ 1 & 0\end{pmatrix}.$$

Em geral, podemos ter reflexões em torno de eixos tridimensionais ou mesmo em uma dimensão n, mesmo que não possamos visualizá-la. No entanto, a ideia de reflexão é definida em termos de um plano onde ela ocorre. Em exemplos de dimensões maiores que 2, esse plano (ou *hiperplano*, no caso de dimensões maiores que 3) tem que ser determinado pela definição.

(d) PROJEÇÃO

Uma transformação linear também pode ter o efeito de projetar um vetor sobre outro vetor, como nos exemplos a seguir.

Exemplo 1. Escreva a matriz canônica da transformação linear que projeta o vetor $v = \binom{2}{1}$ sobre o eixo x de um sistema de coordenadas cartesianas e faça um gráfico do vetor e de sua projeção.

SOLUÇÃO. A transformação linear tem que ser tal que

$$T\left(\begin{pmatrix}2\\1\end{pmatrix}\right)=\begin{pmatrix}2\\0\end{pmatrix}=\begin{pmatrix}1 & 0\\ 0 & 0\end{pmatrix}\begin{pmatrix}2\\1\end{pmatrix},$$

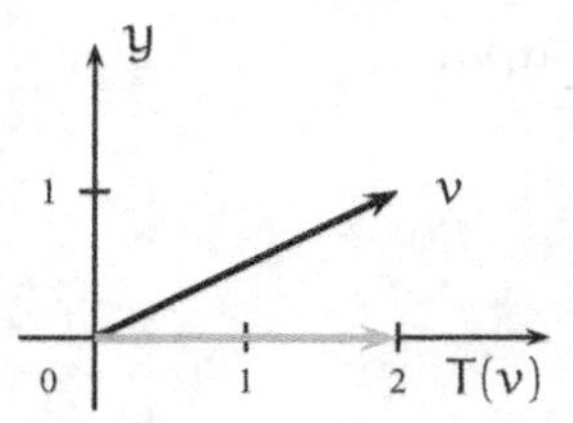

de modo que a matriz canônica é

$$A=\begin{pmatrix}1 & 0\\ 0 & 0\end{pmatrix}.$$

O gráfico pedido está na figura ao lado.

Exemplo 2. Escreva a matriz canônica da transformação linear que projeta o vetor $v = \binom{2}{1}$ sobre a reta $y = x$ de um sistema de coordenadas cartesianas e faça um gráfico do vetor e de sua projeção.

SOLUÇÃO. A projeção do vetor dado sobre a reta $y = x$ pode ser calculada projetando o vetor v sobre o vetor $u = \binom{1}{1}$, que tem a mesma direção da reta $y = x$. Isso é feito usando o produto interno:

$$v_u = \frac{\langle v, u\rangle}{\|u\|^2} u = \frac{2 \cdot 1 + 1 \cdot 1}{1^2 + 1^2} \begin{pmatrix} 1 \\ 1 \end{pmatrix} = \frac{3}{2} \begin{pmatrix} 1 \\ 1 \end{pmatrix} = \begin{pmatrix} 3/2 \\ 3/2 \end{pmatrix}.$$

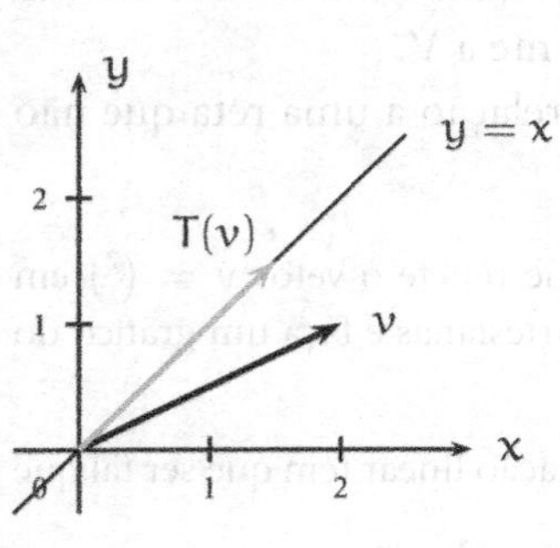

A matriz canônica dessa projeção pode ser calculada da seguinte forma:

$$\begin{pmatrix} a & b \\ c & d \end{pmatrix} \begin{pmatrix} 2 \\ 1 \end{pmatrix} = \begin{pmatrix} 3/2 \\ 3/2 \end{pmatrix} \Leftrightarrow \begin{cases} 2a + b = 3/2 \\ 2c + d = 3/2 \end{cases}.$$

Este é um sistema possível e indeterminado (com infinitas soluções), de modo que podemos escolher $b = d = 0$ obtendo assim a matriz canônica sob a forma

$$A = \begin{pmatrix} 3/4 & 0 \\ 3/4 & 0 \end{pmatrix}.$$

O vetor e a sua projeção estão representados na figura acima.

Também é possível projetar vetores no $\mathbb{R}^n$ sobre quaisquer outros vetores no $\mathbb{R}^n$ usando transformações lineares.

O exemplo 2 mostra que a matriz canônica de uma transformação linear nem sempre pode ser caracterizada pela identificação da transformação de somente um vetor (ao final das contas efetuadas, havia infinitas possibilidades para a matriz canônica). Isto significa que a própria transformação linear não pode sempre ser caracterizada pelo conhecimento da transformação de um só vetor. O teorema a seguir mostra como definir uma transformação linear por meio das transformações de alguns dos vetores de seu domínio.

Teorema 1

Dada uma transformação linear $T : V \to W$, onde V e W são espaços vetoriais sobre um corpo K, então ela é a única transformação linear tal que $T(v_i) = w_i$, $i = 1, \cdots, \dim V$, onde v_i são os elementos de uma base de V.

Demonstração. Se $B = \{v_1, v_2, \cdots, v_n\}$ é uma base de V, então qualquer $v \in V$ pode ser escrito como

$$v = \alpha_1 v_1 + \alpha_2 v_2 + \cdots + \alpha_n v_n = \sum_{i=1}^{n} \alpha_i v_i,$$

onde $\alpha_i \in K$. Portanto,

$$\begin{aligned} T(v) &= T(\alpha_1 v_1 + \alpha_2 v_2 + \cdots + \alpha_n v_n) \\ &= T(\alpha_1 v_1) + T(\alpha_2 v_2) + \cdots + T(\alpha_n v_n) \\ &= \alpha_1 T(v_1) + \alpha_2 T(v_2) + \cdots + \alpha_n T(v_n) = \sum_{i=1}^{n} \alpha_i T(v_i). \end{aligned}$$

Consideremos agora uma outra transformação linear $S : V \to W$ aplicada ao mesmo vetor $v \in V$. Teremos, por analogia,

$$S(v) = \sum_{i=1}^{n} \alpha_i S(v_i).$$

Agora, se $T(v_i) = S(v_i)$ para todo $i = 1, \cdots, n$, então $T(v) = S(v)$. Como isso é válido para todo $v \in V$, então as duas transformações são a mesma: $T = S$.

Observe que o Teorema 1 não diz que uma transformação linear não pode ser caracterizada por meio da transformação de menos vetores que o número de vetores da base. Ela só estabelece um número máximo de vetores linearmente independentes que são necessários para determinar uma transformação linear. Muitos dos exemplos utilizados até agora só necessitaram de uma transformação conhecida, mais algumas informações sobre o tipo de transformação requerida.

(e) DILATAÇÃO E CONTRAÇÃO

A dilatação ou a contração de um vetor se faz multiplicando esse vetor por um escalar. Caso o escalar seja maior que 1, temos uma dilatação; caso o escalar seja menor que 1, temos uma contração. O exemplo a seguir ilustra esse tipo de transformação linear.

Exemplo 1. Escreva a matriz canônica da contração do vetor $v = \binom{2}{1}$ à metade do seu comprimento original.

SOLUÇÃO. A transformação linear tem que ser tal que

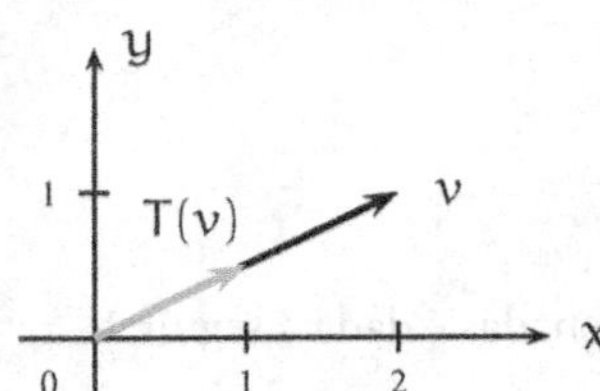

$$T\left(\begin{pmatrix}2\\1\end{pmatrix}\right) = \begin{pmatrix}1\\1/2\end{pmatrix} = \begin{pmatrix}1/2 & 0\\0 & 1/2\end{pmatrix}\begin{pmatrix}2\\1\end{pmatrix},$$

de modo que a matriz canônica é

$$A = \begin{pmatrix}1/2 & 0\\0 & 1/2\end{pmatrix}.$$

O gráfico pedido está na figura ao lado.

Outros três tipos de transformações lineares são a rotação em relação a algum eixo, a expansão em relação a um eixo e o *cisalhamento*, que é a distorção da figura em alguma direção, que são tratadas na Leitura Complementar 4.2.1. Também podemos fazer reflexões, projeções, dilatações e contrações de vetores de outros espaços vetoriais, como os pontos do espaço $\mathbb{R}^n$, os polinômios dos espaços $p_n(x)$ e as matrizes do espaço $M_{m\times n}$. Todas essas transformações lineares também podem ser expressas em termos de matrizes canônicas, como será visto na próxima seção. O caso de funções será considerado na Leitura Complementar 4.2.2.

4.2.2 Matriz de uma transformação linear

Nesta seção, desenvolveremos a teoria de como representar quaisquer transformações lineares em termos de matrizes. Começaremos com um exemplo para ajudar a esclarecer e a identificar alguns conceitos.

Exemplo 1. Consideremos a transformação $T: p_2(x) \rightarrow p_3(x)$ que transforma o polinômio $p(x) = 2 - 3x + x^2$ no polinômio $T(p(x)) = xp(x) = 2x - 3x^2 + x^3$.

Essa é uma transformação linear, pois

$$
\begin{aligned}
T(p_1(x)+p_2(x)) &= x\,[p_1(x)+p_2(x)] \\
&= xp_1(x)+xp_2(x) \\
&= T(p_1(x))+T(p_2(x)), \\
T(\alpha p(x)) &= x\cdot \alpha p(x) \\
&= \alpha\cdot xp(x) \\
&= \alpha T(p(x)).
\end{aligned}
$$

Para podermos escrever $T(p(x))$ sob a forma de um produto de matrizes, devemos considerar $p(x)$ e $T(p(x))$ em forma vetorial. Podemos fazê-lo escrevendo esses dois vetores em termos de bases de seus respectivos espaços vetoriais. O vetor $p(x)$ pertence ao espaço $p_2(x)$ de todos os polinômios de graus menores ou iguais a 2, que tem como base canônica $B=\{1,x,x^2\}$ e o vetor $xp(x)$ pertence ao espaço $p_3(x)$ de todos os polinômios de graus menores ou iguais a 3, que tem como base canônica $\bar{B}=\{1,x,x^2,x^2\}$.

As coordenadas do vetor $p(x)$ em relação à base B podem ser expressas em termos vetoriais como

$$[p(x)]_B=\begin{pmatrix}2\\-3\\1\end{pmatrix}$$

e as coordenadas do vetor $T(p(x))$ em relação à base $\bar{B}$ ficam

$$[T(p(x))]_{\bar{B}}=\begin{pmatrix}0\\2\\-3\\1\end{pmatrix}.$$

Uma matriz que relaciona esses dois vetores de coordenadas é dada a seguir:[1]

$$[T(p(x))]_{\bar{B}}=T_B^{\bar{B}}[p(x)]_B \Leftarrow \begin{pmatrix}0\\2\\-3\\1\end{pmatrix}=\begin{pmatrix}0&0&0\\1&0&0\\0&1&0\\0&0&1\end{pmatrix}\begin{pmatrix}2\\-3\\1\end{pmatrix}.$$

A matriz

$$T_B^{\bar{B}}=\begin{pmatrix}0&0&0\\1&0&0\\0&1&0\\0&0&1\end{pmatrix}$$

representa a transformação linear T de um vetor de $p_2(x)$ na base B para um vetor de $p_3(x)$ na base $\bar{B}$.

---

1. Observe o uso do sinal $\Leftarrow$ ("se ... então" ao contrário) e não do sinal $\Leftrightarrow$ ("se, e somente se") na expressão que determina a matriz $T_B^{\bar{B}}$. Isso ocorre porque a matriz encontrada não é a única matriz de transformação possível e, por isso, não vale a afirmação de que, se $[T(p(x))]_{\bar{B}}=T_B^{\bar{B}}[p(x)]_B$, então

$T_B^{\bar{B}}=\begin{pmatrix}0&0&0\\1&0&0\\0&1&0\\0&0&1\end{pmatrix}$. No entanto, se $T_B^{\bar{B}}=\begin{pmatrix}0&0&0\\1&0&0\\0&1&0\\0&0&1\end{pmatrix}$, então $[T(p(x))]_{\bar{B}}=T_B^{\bar{B}}[p(x)]_B$.

A matriz obtida no exemplo 1 representa uma transformação $T(p(x)) = xp(x)$ sobre qualquer polinômio $p(x) \in p_2(x)$ e não somente aquele apresentado no exemplo. A diferença principal entre ela e a matriz canônica de uma transformação linear é que ela depende da base B do espaço V e da base $\bar{B}$ do espaço W, onde $T: V \to W$. Essa matriz não foi completamente caracterizada (existiam infinitas possibilidades para ela) porque ela não foi definida sobre um número suficiente de vetores de seu domínio (como pede o teorema 1).

Antes de passarmos ao caso geral, vejamos outro exemplo, agora relacionando matrizes. Para isso, usaremos uma transformação linear já vista no capítulo anterior, de modo que não precisaremos provar aqui que ela é realmente uma transformação linear.

Exemplo 2. Considere a transformação linear de $M_{2\times2}$ em $M_{2\times2}$, ambos sobre $\mathbb{R}$, dada por

$$T\left(\begin{pmatrix} a_{11} & a_{12} \\ a_{21} & a_{22} \end{pmatrix}\right) = \begin{pmatrix} a_{12} & a_{22} \\ a_{11} & a_{21} \end{pmatrix}.$$

Escrevendo as coordenadas de

$$A = \begin{pmatrix} a_{11} & a_{12} \\ a_{21} & a_{22} \end{pmatrix} \quad \text{e} \quad T(A) = \begin{pmatrix} a_{12} & a_{22} \\ a_{11} & a_{21} \end{pmatrix}$$

em termos da base canônica

$$B = \left\{\begin{pmatrix} 1 & 0 \\ 0 & 0 \end{pmatrix}, \begin{pmatrix} 0 & 1 \\ 0 & 0 \end{pmatrix}, \begin{pmatrix} 0 & 0 \\ 1 & 0 \end{pmatrix}, \begin{pmatrix} 0 & 0 \\ 0 & 1 \end{pmatrix}\right\},$$

ficamos com

$$[A]_B = [a_{11}, a_{12}, a_{21}, a_{22}] \quad \text{e} \quad [T(A)]_{\bar{B}} = [a_{12}, a_{22}, a_{11}, a_{21}],$$

que, em forma matricial, ficam

$$[A]_B = \begin{pmatrix} a_{11} \\ a_{12} \\ a_{21} \\ a_{22} \end{pmatrix} \quad \text{e} \quad [T(A)]_{\bar{B}} = \begin{pmatrix} a_{12} \\ a_{22} \\ a_{11} \\ a_{21} \end{pmatrix}.$$

Uma matriz que relaciona $[T(A)]_{\bar{B}}$ e $[A]_B$ tem que ser 4×4 e é dada por

$$[T(A)]_{\bar{B}} = T_B^{\bar{B}}[A]_B \Leftarrow \begin{pmatrix} a_{12} \\ a_{22} \\ a_{11} \\ a_{21} \end{pmatrix} = \begin{pmatrix} 0 & 1 & 0 & 0 \\ 0 & 0 & 0 & 1 \\ 1 & 0 & 0 & 0 \\ 0 & 0 & 1 & 0 \end{pmatrix} \begin{pmatrix} a_{11} \\ a_{12} \\ a_{21} \\ a_{22} \end{pmatrix},$$

de modo que

$$T_B^{\bar{B}} = \begin{pmatrix} 0 & 1 & 0 & 0 \\ 0 & 0 & 0 & 1 \\ 1 & 0 & 0 & 0 \\ 0 & 0 & 1 & 0 \end{pmatrix}.$$

É bom salientar que a matriz $T_B^{\bar{B}}$ depende das bases B e $\bar{B}$ adotadas e que ela pode ser completamente diferente para outras bases, embora a dimensão da matriz tenha que ser a mesma para todas as bases.

Vamos agora estudar o caso geral de uma transformação linear $T: V \to W$, onde V é um espaço vetorial de dimensão m e W é um espaço vetorial de dimensão n. Dada uma base $B = \{v_1, v_2, \cdots, v_m\}$ de V, então podemos escrever qualquer vetor $v \in V$ como uma combinação linear dos elementos dessa base:

$$v = \alpha_1 v_1 + \alpha_2 v_2 + \cdots + \alpha_n v_m = \sum_{i=1}^{m} \alpha_i v_i.$$

Os escalares dessa combinação linear constituem as *coordenadas* do vetor v na base B e são escritas como $[v]_B = [\alpha_1, \alpha_2, \cdots, \alpha_m]$. Também podemos representar essas coordenadas em forma vetorial:

$$[v]_B = \begin{pmatrix} \alpha_1 \\ \alpha_2 \\ \vdots \\ \alpha_m \end{pmatrix}.$$

Vamos, agora, aplicar a transformação linear T sobre o vetor v: $T(v) = w$, onde $w \in W$. Devido às propriedades de uma transformação linear, temos

$$T(v) = T\left(\sum_{i=1}^{m} \alpha_i v_i\right) = \sum_{i=1}^{m} \alpha_i T(v_i).$$

Agora, sabemos que $T(v_i)$ corresponde a algum vetor $w_i \in W$. Dada uma base $\bar{B} = \{w_1, w_2, \cdots, w_n\}$ para o espaço vetorial W, então poderemos escrever

$$w_i = a_{i1} w_1 + a_{i2} w_2 + \cdots + a_{in} w_n = \sum_{j=1}^{n} a_{ij} w_j,$$

de modo que podemos escrever as coordenadas do vetor w_i em termos da base $\bar{B}$ como

$$[w_i]_{\bar{B}} = \begin{pmatrix} a_{i1} \\ a_{i2} \\ \vdots \\ a_{in} \end{pmatrix}.$$

Sendo assim, temos

$$T(v) = \sum_{i=1}^{m} \alpha_i T(v_i) = \sum_{i=1}^{m} \alpha_i w_i = \sum_{i=1}^{m} \alpha_i \sum_{j=1}^{n} a_{ij} w_j = \sum_{i=1}^{m} \sum_{j=1}^{n} \alpha_i a_{ij} w_j$$
$$= \sum_{j=1}^{n} \left(\sum_{i=1}^{m} \alpha_i a_{ij}\right) w_j,$$

de modo que podemos considerar $\sum_{i=1}^{m} \alpha_i a_{ij}$ como um elemento das coordenadas de $T(v)$ em relação à base $\bar{B}$. Essas coordenadas podem ser escritas como

$$[T(v)]_{\bar{B}} = \begin{pmatrix} \sum_{i=1}^{m} \alpha_i a_{i1} \\ \sum_{i=1}^{m} \alpha_i a_{i2} \\ \vdots \\ \sum_{i=1}^{m} \alpha_i a_{in} \end{pmatrix} = \begin{pmatrix} \alpha_1 a_{11} + \alpha_2 a_{21} + \cdots + \alpha_m a_{m1} \\ \alpha_1 a_{12} + \alpha_2 a_{22} + \cdots + \alpha_m a_{m2} \\ \vdots \\ \alpha_1 a_{1n} + \alpha_2 a_{2n} + \cdots + \alpha_m a_{mn} \end{pmatrix}$$

$$= \begin{pmatrix} a_{11} & a_{21} & \cdots & a_{m1} \\ a_{12} & a_{22} & \cdots & a_{m2} \\ \vdots & \vdots & \ddots & \vdots \\ a_{1n} & a_{2n} & \cdots & a_{mn} \end{pmatrix} \begin{pmatrix} \alpha_1 \\ \alpha_2 \\ \vdots \\ \alpha_m \end{pmatrix}.$$

Chamamos a matriz

$$T_B^{\bar{B}} = \begin{pmatrix} a_{11} & a_{21} & \cdots & a_{m1} \\ a_{12} & a_{22} & \cdots & a_{m2} \\ \vdots & \vdots & \ddots & \vdots \\ a_{1n} & a_{2n} & \cdots & a_{mn} \end{pmatrix}$$

de *matriz da transformação linear* T *em relação às bases* B *e* $\bar{B}$ e escrevemos

$$[T(v)]_{\bar{B}} = T_B^{\bar{B}}[v]_B,$$

ou seja, a aplicação da matriz $T_B^{\bar{B}}$ transforma as coordenadas do vetor v na base B nas coordenadas do vetor $T(v)$ na base $\bar{B}$.

Definição 1

Dada uma transformação linear $T: V \to W$, a **matriz da transformação linear** T em relação às bases B e $\bar{B}$ é a matriz $T_B^{\bar{B}}$ tal que $[T(v)]_{\bar{B}} = T_B^{\bar{B}}[v]_B$, onde $[v]_B$ é o vetor das coordenadas de um vetor $v \in V$ em termos de uma base B de V e $[T(v)]_{\bar{B}}$ é o vetor das coordenadas de $T(v) \in W$ em termos de uma base $\bar{B}$ de W.

Teorema 2

A matriz da transformação linear $T: V \to W$ em relação às bases B de V e $\bar{B}$ de W é dada por

$$T_B^{\bar{B}} = \begin{pmatrix} a_{11} & a_{21} & \cdots & a_{m1} \\ a_{12} & a_{22} & \cdots & a_{m2} \\ \vdots & \vdots & \ddots & \vdots \\ a_{1n} & a_{2n} & \cdots & a_{mn} \end{pmatrix}, \quad \text{onde} \quad [T(v_i)]_{\bar{B}} = \begin{pmatrix} a_{i1} \\ a_{i2} \\ \vdots \\ a_{in} \end{pmatrix}$$

são as coordenadas das transformações lineares $T(v_i)$ dos elementos v_i da base B de V em relação à base $\bar{B}$ de W.

O Teorema 2 foi provado antes da definição da matriz de transformação linear.

Antes de encerrar este capítulo, veremos outro exemplo de matriz de transformação linear, agora envolvendo um espaço vetorial de matrizes.

Exemplo 3. Considere a transformação linear $T : M_{2\times 2} \to \mathbb{R}$, ambos sobre $\mathbb{R}$, dada por $T(A) = \operatorname{tr} A$, $A \in M_{2\times 2}$. Escreva a matriz dessa transformação linear da base

$$B = \{e_1, e_2, e_3, e_4\}$$
$$= \left\{ \begin{pmatrix} 1/2 & 0 \\ 0 & -1/2 \end{pmatrix}, \begin{pmatrix} 1/2 & 0 \\ 0 & 1/2 \end{pmatrix}, \begin{pmatrix} 0 & 1/2 \\ 1/2 & 0 \end{pmatrix}, \begin{pmatrix} 0 & -1/2 \\ 1/2 & 0 \end{pmatrix} \right\}$$

na base $\bar{B} = \{1\}$.

SOLUÇÃO. Observe que a base B dada não é a base canônica de $M_{2\times 2}$. Podemos escrever uma matriz 2×2 qualquer

$$A = \begin{pmatrix} a_{11} & a_{12} \\ a_{21} & a_{22} \end{pmatrix}$$

em termos dessa base da seguinte forma:

$$\begin{aligned} A &= \begin{pmatrix} a_{11} & a_{12} \\ a_{21} & a_{22} \end{pmatrix} \\ &= a_{11}(e_1 + e_2) + a_{12}(e_3 - e_4) + a_{21}(e_3 + e_4) + a_{22}(e_2 - e_1) \\ &= (a_{11} - a_{22})e_1 + (a_{11} + a_{22})e_2 + (a_{12} + a_{21})e_3 + (a_{21} - a_{12})e_4, \end{aligned}$$

de modo que as suas coordenadas em termos da base B são, em forma vetorial,

$$[A]_B = \begin{pmatrix} a_{11} - a_{22} \\ a_{11} + a_{22} \\ a_{12} + a_{21} \\ a_{21} - a_{12} \end{pmatrix}.$$

A coordenada do traço da matriz A em termos da base canônica $\bar{B} = \{1\}$ fica $T(A) = \operatorname{tr} A = (a_{11} + a_{12})$. Portanto, precisamos de uma matriz $T_B^{\bar{B}}$ que, multiplicada por uma matriz 4×1 (coordenadas de A), resulte em uma matriz 1×1 (coordenada de tr A), isto é, $T_B^{\bar{B}}$ é uma matriz 1×4. Escrevendo

$$[T(A)]_{\bar{B}} = T_B^{\bar{B}}[A]_B \Leftarrow (a_{11} + a_{12}) = \begin{pmatrix} a & b & c & d \end{pmatrix} \begin{pmatrix} a_{11} - a_{22} \\ a_{11} + a_{22} \\ a_{12} + a_{21} \\ a_{21} - a_{12} \end{pmatrix},$$

obtemos a equação

$$\begin{aligned} &(a_{11} - a_{22})a + (a_{11} + a_{22})b + (a_{12} + a_{21})c \\ &\qquad + (a_{21} - a_{12})d = a_{11} + a_{22} \Leftrightarrow \\ &\Leftrightarrow (a + b)a_{11} + (c - d)a_{12} + (c + d)a_{21} + (-a + b)a_{22} = a_{11} + a_{22} \\ &\Leftrightarrow \begin{cases} a + b = 1 \\ c - d = 0 \\ c + d = 0 \\ -a + b = 1 \end{cases}. \end{aligned}$$

Somando a primeira linha com a quarta, temos $2b = 1 \Leftrightarrow b = 1$. Substituindo na primeira linha, temos $a + 1 = 1 \Leftrightarrow a = 0$. Somando a segunda e a terceira linhas, temos $2c = 0 \Leftrightarrow c = 0$ e, consequentemente, $d = 0$. Portanto, a matriz $T_B^{\bar{B}}$ é dada por $T_B^{\bar{B}} = \begin{pmatrix} 0 & 1 & 0 & 0 \end{pmatrix}$.

Resumo

- **Algumas transformações lineares:** a transformação nula, $T(v) = 0$ para todo $v \in V$, a transformação identidade, $T(v) = v$ para todo $v \in V$, a reflexão de um vetor em relação a um eixo, a projeção de um vetor sobre outro vetor e a dilatação ou contração de um vetor são exemplos de transformações lineares.
- **Matriz de uma transformação linear:** dada uma transformação linear $T : V \longrightarrow W$, a *matriz da transformação linear* T *em relação às bases* B *e* $\bar{B}$ é a matriz $T_B^{\bar{B}}$ tal que $[T(v)]_{\bar{B}} = T_B^{\bar{B}}[v]_B$, onde $[v]_B$ é o vetor das coordenadas de um vetor $v \in V$ em termos de uma base B de V e $[T(v)]_{\bar{B}}$ é o vetor das coordenadas de $T(v) \in W$ em termos de uma base $\bar{B}$ de W.
- **Teorema 1:** dada uma transformação linear $T : V \longrightarrow W$, onde V e W são espaços vetoriais sobre um corpo K, então ela é a única transformação linear tal que $T(v_i) = w_i$, $i = 1, \cdots, \dim V$, onde v_i são os elementos de uma base de V.
- **Teorema 2:** a matriz da transformação linear $T : V \longrightarrow W$ em relação às bases B de V e $\bar{B}$ de W é dada por

$$T_B^{\bar{B}} = \begin{pmatrix} a_{11} & a_{21} & \cdots & a_{m1} \\ a_{12} & a_{22} & \cdots & a_{m2} \\ \vdots & \vdots & \ddots & \vdots \\ a_{1n} & a_{2n} & \cdots & a_{mn} \end{pmatrix}, \quad \text{onde} \quad [T(v_i)]_{\bar{B}} = \begin{pmatrix} a_{i1} \\ a_{i2} \\ \vdots \\ a_{in} \end{pmatrix}$$

são as coordenadas das transformações lineares $T(v_i)$ dos elementos v_i da base B de V em relação à base $\bar{B}$ de W.

Exercícios

Nível 1

Transformação nula

Exemplo 1. Calcule $T\begin{pmatrix}2\\-1\\4\end{pmatrix}$, onde $T : \mathcal{V}_3 \to \mathcal{V}_2$ é a transformação nula.

Solução. $T\begin{pmatrix}2\\-1\\4\end{pmatrix} = \begin{pmatrix}0\\0\end{pmatrix}$.

E1) Calcule $T(v)$ para os vetores dados, onde T é a transformação linear nula indicada:

a) $v = \begin{pmatrix}-1\\1\end{pmatrix}$ e $T: \mathcal{V}_2 \to \mathcal{V}_2$. b) $v = (-1, 2, 6)$ e $T : \mathbb{R}^3 \to \mathbb{R}^4$.

c) $v = \begin{pmatrix}1 & 4\\3 & -5\end{pmatrix}$ e $T : M_{2\times 2} \to \mathbb{R}$.

Transformação identidade

Exemplo 2. Calcule $T\begin{pmatrix}2\\-1\\4\end{pmatrix}$, onde $T : \mathcal{V}_3 \to \mathcal{V}_3$ é a transformação identidade.

Solução. $T\begin{pmatrix}2\\-1\\4\end{pmatrix} = \begin{pmatrix}2\\-1\\4\end{pmatrix}$.

E2) Calcule $T(v)$ para os vetores dados, onde T é a transformação identidade:

a) $v = \begin{pmatrix}-1\\1\end{pmatrix}$. b) $v = (-1, 2, 6)$. c) $v = \begin{pmatrix}1 & 4\\3 & -5\end{pmatrix}$.

Reflexão

Exemplo 3. Escreva a matriz canônica da transformação linear que reflete um vetor $v \in \mathcal{V}_2$ em relação ao eixo x.

Solução. A transformação linear é dada por

$$T\left(\begin{pmatrix}x\\y\end{pmatrix}\right) = \begin{pmatrix}x\\-y\end{pmatrix},$$

de modo que a matriz canônica dessa transformação linear é

$$A = \begin{pmatrix} 1 & 0 \\ 0 & -1 \end{pmatrix},$$

pois

$$Av = \begin{pmatrix} 1 & 0 \\ 0 & -1 \end{pmatrix} \begin{pmatrix} x \\ y \end{pmatrix} = \begin{pmatrix} x \\ -y \end{pmatrix}.$$

E3) Escreva a matriz canônica da transformação linear que reflete um vetor $v \in \mathcal{V}_2$ em relação:
a) ao eixo y. b) ao eixo $y = x$.

PROJEÇÃO

Exemplo 4. Determine a matriz canônica da transformação linear que projeta um vetor $v \in \mathcal{V}_3$ sobre o vetor

$$u = \begin{pmatrix} 2 \\ 1 \\ -1 \end{pmatrix}.$$

SOLUÇÃO. Usando a fórmula da projeção de um vetor v sobre um vetor u, temos

$$v_u = \frac{\langle v, u \rangle}{\langle u, u \rangle} u = \frac{2v_x + v_y - v_z}{4+1+1} \begin{pmatrix} 2 \\ 1 \\ -1 \end{pmatrix} = \frac{2v_x + v_y - v_z}{6} \begin{pmatrix} 2 \\ 1 \\ -1 \end{pmatrix},$$

onde v_x, v_y e v_z são as componentes do vetor v. A matriz canônica pedida tem que ser tal que

$$Av = v_u \Leftrightarrow \begin{pmatrix} a_{11} & a_{12} & a_{13} \\ a_{21} & a_{22} & a_{23} \\ a_{31} & a_{32} & a_{33} \end{pmatrix} \begin{pmatrix} v_x \\ v_y \\ v_z \end{pmatrix} = \frac{2v_x + v_y - v_z}{6} \begin{pmatrix} 2 \\ 1 \\ -1 \end{pmatrix} \Leftrightarrow$$

$$\Leftrightarrow \begin{cases} a_{11}v_x + a_{12}v_y + a_{13}v_z = \frac{2}{3}v_x + \frac{1}{3}v_y - \frac{1}{3}v_z \\ a_{21}v_x + a_{22}v_y + a_{23}v_z = \frac{1}{3}v_x + \frac{1}{6}v_y - \frac{1}{6}v_z \\ a_{31}v_x + a_{32}v_y + a_{33}v_z = -\frac{1}{3}v_x - \frac{1}{6}v_y + \frac{1}{6}v_z \end{cases}.$$

Uma das soluções possíveis desse sistema de equações lineares é

$$A = \begin{pmatrix} 2/3 & 1/3 & -1/3 \\ 1/3 & 1/6 & -1/6 \\ -1/3 & -1/6 & 1/6 \end{pmatrix} = \frac{1}{6} \begin{pmatrix} 4 & 2 & -2 \\ 2 & 1 & -1 \\ -2 & -1 & 1 \end{pmatrix}.$$

E4) Determine a matriz canônica da transformação linear que projeta um vetor $v \in \mathcal{V}_2$ sobre os vetores dados a seguir:

a) $u = \begin{pmatrix} 0 \\ 1 \end{pmatrix}$. b) $u = \begin{pmatrix} -1 \\ 0 \end{pmatrix}$. c) $u = \begin{pmatrix} -1 \\ 1 \end{pmatrix}$.

Dilatação e contração

Exemplo 5. Determine a matriz canônica da transformação linear que contrai um vetor $v \in \mathcal{V}_3$ para metade do seu módulo.

Solução. A matriz canônica deve ser tal que

$$Av = \frac{1}{2}v \Leftrightarrow \begin{pmatrix} a_{11} & a_{12} & a_{13} \\ a_{21} & a_{22} & a_{23} \\ a_{31} & a_{32} & a_{33} \end{pmatrix} \begin{pmatrix} v_x \\ v_y \\ v_z \end{pmatrix} = \frac{1}{2} \begin{pmatrix} v_x \\ v_y \\ v_z \end{pmatrix},$$

o que pode ser conseguido se $A = \begin{pmatrix} 1/2 & 0 & 0 \\ 0 & 1/2 & 0 \\ 0 & 0 & 1/2 \end{pmatrix}$.

E5) Determine a matriz canônica da transformação linear que:

a) dilata um vetor $v \in \mathcal{V}_2$ para o dobro do seu módulo.

b) contrai um vetor $v \in \mathcal{V}_3$ para um quarto do seu módulo.

Matriz de uma transformação linear

Exemplo 6. Escreva a matriz da transformação linear

$$T: \mathbb{R}^3 \to \mathbb{R}^2,$$

onde

$$T((x, y, z)) = (x - z, y + z),$$

com relação às bases canônicas de $\mathbb{R}^3$ e de $\mathbb{R}^2$.

Solução. A base canônica de $\mathbb{R}^3$ é

$$B = \{e_1, e_2, e_3\} = \{(1,0,0), (0,1,0), (0,0,1)\}.$$

Podemos calcular

$$T(e_1) = (1 - 0, 0 + 0) = (1, 0),$$
$$T(e_2) = (0 - 0, 1 + 0) = (0, 1) \quad \text{e}$$
$$T(e_3) = (0 - 1, 0 + 1) = (-1, 1).$$

Em termos da base canônica $\bar{B} = \{(1,0),(0,1)\}$ de $\mathbb{R}^2$, podemos escrever as coordenadas dessas transformações como

$$[T(e_1)]_{\bar{B}} = \begin{pmatrix} 1 \\ 0 \end{pmatrix}, \quad [T(e_2)]_{\bar{B}} = \begin{pmatrix} 0 \\ 1 \end{pmatrix} \quad \text{e} \quad [T(e_3)]_{\bar{B}} = \begin{pmatrix} -1 \\ 1 \end{pmatrix}.$$

Essas coordenadas são as colunas da matriz da transformação linear dada, que fica dada por

$$A = \begin{pmatrix} 1 & 0 & -1 \\ 0 & 1 & 1 \end{pmatrix}.$$

E6) Escreva as matrizes das transformações lineares $T: V \to W$ a seguir em relação às bases canônicas de V e de W:

a) $T: \mathbb{R}^2 \to \mathbb{R}^2$ dada por $T((x,y)) = (x, 2y)$.

b) $T: \mathcal{V}_3 \to \mathbb{R}^3$ dada por $T\left(\begin{pmatrix} x \\ y \\ z \end{pmatrix}\right) = (y, x-y, -z)$.

c) $T: p_2(x) \to p_4(x)$ dada por $T(p(x)) = x^2 p(x)$.

d) $T: M_{2\times 2} \to \mathcal{V}_2$ dada por $T\left(\begin{pmatrix} a_{11} & a_{12} \\ a_{21} & a_{22} \end{pmatrix}\right) = \begin{pmatrix} a_{11} - a_{22} \\ a_{12} + a_{21} \end{pmatrix}$.

e) $T: M_{2\times 2} \to M_{2\times 2}$ dada por $T(A) = \operatorname{adj} A$.

Nível 2

E1) Determine a matriz canônica da transformação linear $T: \mathcal{V}_3 \to \mathcal{V}_3$ que leva um vetor

$$v = \begin{pmatrix} x \\ y \\ z \end{pmatrix}$$

à sua reflexão em relação ao plano:

a) xy. b) xz. c) yz.

E2) Determine a matriz canônica da transformação linear $T: \mathbb{R}^3 \to \mathbb{R}^3$ que leva um vetor

$$v = \begin{pmatrix} x \\ y \\ z \end{pmatrix}$$

à sua projeção sobre o vetor

$$u = \begin{pmatrix} 1 \\ -1 \\ 3 \end{pmatrix}.$$

E3) (Leitura Complementar 4.2.1) Determine a matriz canônica da transformação linear $T: \mathcal{V}_2 \to \mathcal{V}_2$ que gira um vetor $v = \binom{x}{y}$ de um ângulo (positivo, se for no sentido anti-horário, e negativo, se for no sentido horário) de:

a) $90°$. b) $30°$. c) $-45°$.

E4) (Leitura Complementar 4.2.1) Determine a matriz canônica da transformação linear $T: \mathcal{V}_3 \to \mathcal{V}_3$ que gira um vetor

$$v = \begin{pmatrix} x \\ y \\ z \end{pmatrix}$$

de um ângulo (positivo, se for no sentido anti-horário, e negativo, se for no sentido horário) de:

a) $90°$ em torno do eixo x. b) $90°$ em torno do eixo y.

c) $90°$ em torno do eixo z.

E5) (Leitura Complementar 4.2.1) Determine a matriz canônica da transformação linear $T: v_2 \to v_2$ que faça o cisalhamento de um vetor $v = \binom{x}{y}$ em um fator:

a) 2 na direção do eixo x. b) -1 na direção do eixo y.

E6) (Leitura Complementar 4.2.1) Determine a matriz canônica da transformação linear $T: v_2 \to v_2$ que corresponda à expansão ou contração de um vetor $v = \binom{x}{y}$ em um fator:

a) 2 na direção do eixo x. b) $1/2$ na direção do eixo y.

E7) (Leitura Complementar 4.2.1) Associe um efeito geométrico a cada uma das matrizes canônicas dadas a seguir quando aplicadas a um vetor apropriado:

a) $A = \begin{pmatrix} 2 & 0 \\ 0 & 2 \end{pmatrix}$. b) $A = \begin{pmatrix} 1 & 2 \\ 0 & 1 \end{pmatrix}$. c) $A = \begin{pmatrix} 1 & 0 \\ 0 & 3 \end{pmatrix}$.

d) $A = \begin{pmatrix} 1 & 0 & 0 \\ 0 & -1 & 0 \\ 0 & 0 & 1 \end{pmatrix}$. e) $A = \frac{1}{\sqrt{2}} \begin{pmatrix} 1 & 1 \\ -1 & 1 \end{pmatrix}$.

E8) Determine a matriz da transformação linear $T: M_{2\times 2} \to M_{2\times 2}$ dada pela projeção das matrizes $A \in M_{2\times 2}$ sobre a matriz

$$A = \begin{pmatrix} 1 & 0 \\ 0 & -1 \end{pmatrix}$$

da base canônica de $M_{2\times 2}$ na base canônica de $M_{2\times 2}$.

E9) Determine a matriz da transformação linear $T: M_{2\times 2} \to \mathbb{R}$ dada por $T(A) = \operatorname{tr} A$, $A \in M_{2\times 2}$, da base canônica de $M_{2\times 2}$ na base canônica de $\mathbb{R}$.

E10) Determine a transformação linear $T: p_1(x) \to p_1(x)$ que leva um polinômio $p(x) = a_0 + a_1 x$ ao seu reflexo em relação ao polinômio $q(x) = 1 + x$ e escreva a matriz dessa transformação linear, da base canônica de $p_1(x)$ na base canônica de $p_1(x)$.

E11) Determine a matriz da transformação linear $T: M_{2\times 2} \to M_{2\times 2}$ dada por $T(A) = A^t$, $A \in M_{2\times 2}$, da base canônica de $M_{2\times 2}$ na base canônica de $M_{2\times 2}$.

E12) Determine a matriz da transformação linear $T: p_3(x) \to p_2(x)$ dada por $T(p(x)) = p'(x)$ (a derivada de $p(x)$ em relação a x), onde $p(x) \in p_3(x)$, da base canônica de $p_3(x)$ na base canônica de $p_2(x)$.

Nível 3

E1) Dada uma transformação linear $T: V \to W$ e uma base $B = \{v_1, v_2, \cdots, v_n\}$ de V, mostre que, se $T(v_1) = T(v_2) = \cdots = T(v_n) = 0$, $0 \in W$, então T é a transformação linear nula.

E2) Dada uma transformação linear $T : V \to W$ e uma base $B = \{v_1, v_2, \cdots, v_n\}$ de V, mostre que, se $T(v_1) = v_1$, $T(v_2) = v_2$, $\cdots$, $T(v_n) = v_n$, então T é a transformação identidade.

E3) Encontre a equação da imagem da reta $y = ax + b$ pela reflexão em relação à reta $y = x$.

E4) Encontre a equação da imagem da reta $y = ax + b$ pela dilatação por um fator 2.

E5) (Leitura Complementar 4.2.1) Encontre a equação da imagem da reta $y = ax + b$ pela rotação de 60° com centro na origem.

E6) Determine a matriz canônica da transformação linear $T : \mathcal{V}_2 \to \mathcal{V}_2$ que leva um vetor $v = \binom{v_x}{v_y}$ à sua projeção sobre uma reta $y = ax$.

E7) Determine a matriz canônica da transformação linear $T : \mathcal{V}_2 \to \mathcal{V}_2$ que leva um vetor $v = \binom{v_x}{v_y}$ ao seu reflexo em relação a uma reta $y = ax$.

E8) (Leitura Complementar 4.2.1) Determine a matriz canônica da transformação linear $T : \mathcal{V}_3 \to \mathcal{V}_3$ que leva um vetor

$$v = \begin{pmatrix} v_x \\ v_y \\ v_y \end{pmatrix}$$

à sua rotação θ ao redor do eixo:

a) x. b) y. c) z.

Respostas

Nível 1

E1) a) $T(v) = \begin{pmatrix} 0 \\ 0 \end{pmatrix}$. b) $T(v) = (0,0,0,0)$. c) $T(v) = 0$.

E2) a) $T(v) = \begin{pmatrix} -1 \\ 1 \end{pmatrix}$. b) $T(v) = (-1,2,6)$. c) $T(v) = \begin{pmatrix} 1 & 4 \\ 3 & -5 \end{pmatrix}$.

E3) a) $A = \begin{pmatrix} 1 & 0 \\ 0 & -1 \end{pmatrix}$. b) $A = \begin{pmatrix} 0 & 1 \\ 1 & 0 \end{pmatrix}$.

E4) a) $A = \begin{pmatrix} 0 & 0 \\ 0 & 1 \end{pmatrix}$. b) $A = \begin{pmatrix} 1 & 0 \\ 0 & 0 \end{pmatrix}$. c) $A = \frac{1}{2}\begin{pmatrix} 1 & -1 \\ -1 & 1 \end{pmatrix}$.

E5) a) $A = \begin{pmatrix} 2 & 0 \\ 0 & 2 \end{pmatrix}$. b) $A = \begin{pmatrix} 1/4 & 0 & 0 \\ 0 & 1/4 & 0 \\ 0 & 0 & 1/4 \end{pmatrix}$.

E6) a) $T_B^{\bar{B}} = \begin{pmatrix} 1 & 0 \\ 0 & 2 \end{pmatrix}$. b) $T_B^{\bar{B}} = \begin{pmatrix} 0 & 1 & 0 \\ 1 & -1 & 0 \\ 0 & 0 & -1 \end{pmatrix}$. c) $T_B^{\bar{B}} = \begin{pmatrix} 0 & 0 & 0 \\ 0 & 0 & 0 \\ 1 & 0 & 0 \\ 0 & 1 & 0 \\ 0 & 0 & 1 \end{pmatrix}$.

d) $T_B^{\bar{B}} = \begin{pmatrix} 1 & 0 & 0 & -1 \\ 0 & 1 & 1 & 0 \end{pmatrix}$. e) $T_B^{\bar{B}} = \begin{pmatrix} 0 & 0 & 0 & 1 \\ 0 & -1 & 0 & 0 \\ 0 & 0 & -1 & 0 \\ 1 & 0 & 0 & 0 \end{pmatrix}$.

NÍVEL 2

E1) a) $A = \begin{pmatrix} 1 & 0 & 0 \\ 0 & 1 & 0 \\ 0 & 0 & -1 \end{pmatrix}$. b) $A = \begin{pmatrix} 1 & 0 & 0 \\ 0 & -1 & 0 \\ 0 & 0 & 1 \end{pmatrix}$. c) $A = \begin{pmatrix} -1 & 0 & 0 \\ 0 & 1 & 0 \\ 0 & 0 & 1 \end{pmatrix}$.

E2) $A = \frac{1}{11}\begin{pmatrix} 1 & -1 & 3 \\ -1 & 1 & -3 \\ 3 & -3 & 9 \end{pmatrix}$.

E3) a) $A = \begin{pmatrix} 0 & -1 \\ 1 & 0 \end{pmatrix}$. b) $A = \begin{pmatrix} \sqrt{3}/2 & -1/2 \\ 1/2 & \sqrt{3}/2 \end{pmatrix}$. c) $A = \begin{pmatrix} 1/\sqrt{2} & 1/\sqrt{2} \\ -1/\sqrt{2} & 1/\sqrt{2} \end{pmatrix}$.

E4) a) $A = \begin{pmatrix} 1 & 0 & 0 \\ 0 & 0 & -1 \\ 0 & 1 & 0 \end{pmatrix}$. b) $A = \begin{pmatrix} 0 & 0 & 1 \\ 0 & 1 & 0 \\ -1 & 0 & 0 \end{pmatrix}$. c) $A = \begin{pmatrix} 0 & -1 & 0 \\ 1 & 0 & 0 \\ 0 & 0 & 1 \end{pmatrix}$.

E5) a) $A = \begin{pmatrix} 1 & 2 \\ 0 & 1 \end{pmatrix}$. b) $A = \begin{pmatrix} 1 & 0 \\ -1 & 1 \end{pmatrix}$.

E6) a) $A = \begin{pmatrix} 2 & 0 \\ 0 & 1 \end{pmatrix}$. b) $A = \begin{pmatrix} 1 & 0 \\ 0 & 1/2 \end{pmatrix}$.

E7) a) Dilatação por um fator 2. b) Cisalhamento por um fator 2 ao longo do eixo y.
c) Expansão por um fator 3 ao longo do eixo y. d) Reflexão em relação ao plano xz.
e) Rotação de 45°.

E8) $T_B^{\bar{B}} = \frac{1}{2}\begin{pmatrix} 1 & -1 & 0 & 0 \\ 0 & 0 & 0 & 0 \\ 0 & 0 & 0 & 0 \\ -1 & 1 & 0 & 0 \end{pmatrix}$.

E9) $T_B^{\bar{B}} = \begin{pmatrix} 1 & 0 & 0 & 0 & 1 & 0 & 0 & 0 & 1 \end{pmatrix}$.

E10) $T(a_0 + a_1x) = a_1 + a_0x$ e $T_B^{\bar{B}} = \begin{pmatrix} 0 & 1 \\ 1 & 0 \end{pmatrix}$.

E11) $T_B^{\bar{B}} = \begin{pmatrix} 1 & 0 & 0 & 0 \\ 0 & 0 & 1 & 0 \\ 0 & 1 & 0 & 0 \\ 0 & 0 & 0 & 1 \end{pmatrix}$.

E12) $T_B^{\bar{B}} = \begin{pmatrix} 0 & 1 & 0 & 0 \\ 0 & 0 & 2 & 0 \\ 0 & 0 & 0 & 3 \end{pmatrix}$.

NÍVEL 3

E1) Consideremos um vetor $v \in V$ qualquer. Como B é uma base de V, então podemos escrever $v = \alpha_1 v_1 + \alpha_2 v_2 + \cdots + \alpha_n v_n$, onde $\alpha_1, \alpha_2, \cdots, \alpha_n \in K$, onde K é o corpo sobre o qual está definido V. Portanto,

$$\begin{aligned} T(v) &= T(\alpha_1 v_1 + \alpha_2 v_2 + \cdots + \alpha_n v_n) \\ &= \alpha_1 T(v_1) + \alpha_2 T(v_2) + \cdots + \alpha_n T(v_n) \\ &= \alpha_1 \cdot 0 + \alpha_2 \cdot 0 + \cdots + \alpha_n \cdot 0 \\ T(v) &= 0, \end{aligned}$$

o que mostra que T é a transformação linear nula.

E2) Consideremos um vetor $v \in V$ qualquer. Como B é uma base de V, então podemos escrever $v = \alpha_1 v_1 + \alpha_2 v_2 + \cdots + \alpha_n v_n$, onde $\alpha_1, \alpha_2, \cdots, \alpha_n \in K$, onde K é o corpo sobre o qual está definido V. Portanto,

$$\begin{aligned} T(v) &= T(\alpha_1 v_1 + \alpha_2 v_2 + \cdots + \alpha_n v_n) \\ &= \alpha_1 T(v_1) + \alpha_2 T(v_2) + \cdots + \alpha_n T(v_n) \\ &= \alpha_1 v_1 + \alpha_2 v_2 + \cdots + \alpha_n v_n = v, \end{aligned}$$

o que mostra que T é a transformação identidade.

E3) $y = \frac{1}{a}x - \frac{b}{a}$.

E4) $y = ax + 2b$.

E5) $y = \frac{\sqrt{3} + a}{1 - \sqrt{3}a}x - \frac{2b}{1 - \sqrt{3}a}$.

E6) $A = \frac{1}{1 + a^2}\begin{pmatrix} 1 & a \\ a & a^2 \end{pmatrix}$.

E7) $A = \frac{1}{1 + a^2}\begin{pmatrix} 1 - a^2 & 2a \\ 2a & a^2 - 1 \end{pmatrix}$.

E8) a) $A = \begin{pmatrix} \cos\theta & 0 & \operatorname{sen}\theta \\ 0 & 1 & 0 \\ -\operatorname{sen}\theta & 0 & \cos\theta \end{pmatrix}$. b) $A = \begin{pmatrix} \cos\theta & 0 & \operatorname{sen}\theta \\ 0 & 1 & 0 \\ -\operatorname{sen}\theta & 0 & \cos\theta \end{pmatrix}$.

c) $A = \begin{pmatrix} \cos\theta & -\operatorname{sen}\theta & 0 \\ \operatorname{sen}\theta & \cos\theta & 0 \\ 0 & 0 & 1 \end{pmatrix}$.

4.3 Núcleo e imagem de uma transformação linear

Neste capítulo, analisaremos um pouco melhor algumas estruturas que aparecem na teoria dessas transformações: o *núcleo* e a *imagem* de uma transformação linear. Esses dois conceitos facilitam a compreensão das transformações lineares.

4.3.1 Núcleo

Quando tratamos de transformações lineares, podemos fazer analogias delas com operações matriciais de sistemas de equações lineares. Isso ocorre porque qualquer sistema de equações lineares

$$\begin{cases} a_{11}x_1 + a_{12}x_2 + \cdots + a_{1n}x_n = b_1 \\ a_{21}x_1 + a_{22}x_2 + \cdots + a_{2n}x_n = b_2 \\ \vdots \\ a_{m1}x_1 + a_{m2}x_2 + \cdots + a_{mn}x_n = b_m \end{cases},$$

que pode ser escrito como $AX = B$, onde

$$A = \begin{pmatrix} a_{11} & a_{12} & \cdots & a_{1n} \\ a_{21} & a_{22} & \cdots & a_{2n} \\ \vdots & \vdots & \ddots & \vdots \\ a_{m1} & a_{m2} & \cdots & a_{mn} \end{pmatrix}, \quad X = \begin{pmatrix} x_1 \\ x_2 \\ \vdots \\ x_n \end{pmatrix} \quad \text{e} \quad B = \begin{pmatrix} b_1 \\ b_2 \\ \vdots \\ b_n \end{pmatrix},$$

é uma transformação linear $T : \mathbb{R}^n \to \mathbb{R}^m$. A matriz A é a matriz canônica dessa transformação linear.

Um tipo de sistemas de equações lineares importante é um *sistema homogêneo*, do tipo $AX = 0$. Isso acontece porque podemos aprender muito sobre um sistema $AX = B$ olhando para o sistema mais simples $AX = 0$. A solução desse sistema é o conjunto de vetores X que a transformação linear A leva a 0 (a matriz nula correspondente). Esse conceito pode ser generalizado para a ideia de *núcleo* de uma transformação linear, que é o conjunto de todos os vetores (no sentido amplo da palavra) que a transformação linear leva até o vetor 0.

Definição 1
Dada uma transformação linear $T: V \to W$, então $\text{Nuc}\, T = \{v \in V \mid T(v) = 0, 0 \in W\}$ é chamado **núcleo** da transformação linear T.

Exemplo 1. Escreva o núcleo da transformação linear $T: \mathbb{R}^3 \to \mathbb{R}^2$ dada por $T((x, y, z)) = (2x + z, y - z)$, onde $\mathbb{R}^3$ e $\mathbb{R}^2$ são espaços vetoriais sobre o corpo $\mathbb{R}$.

SOLUÇÃO. Temos que descobrir quais valores de (x, y, z) são levados a $(0, 0)$ por essa transformação linear, o que equivale a resolver o sistema

$$\begin{cases} 2x + z = 0 \\ y - z = 0 \end{cases} \Leftrightarrow \begin{cases} x = -(1/2)z \\ y = z \end{cases},$$

que tem infinitas soluções. O núcleo da transformação linear T dada é

$$\text{Nuc}\, T = \left\{ \left(-\frac{z}{2}, z, z\right) \mid z \in \mathbb{R} \right\}.$$

Exemplo 2. Escreva o núcleo da transformação linear $T: p_2(x) \to p_3(x)$ dada por $T(p(x)) = xp(x)$, onde $p_2(x)$ e $p_3(x)$ são espaços vetoriais sobre o corpo $\mathbb{R}$.

SOLUÇÃO. Temos que descobrir quais polinômios $p(x)$ são levados ao polinômio $o(x) = 0$ por essa transformação linear, o que equivale a resolver a equação $xp(x) = 0$, que deve valer para todos os valores de x. A única solução possível é $p(x) = 0$, de modo que o núcleo da transformação linear T dada é $\text{Nuc}\, T = \{0\}$.

Exemplo 3. Escreva o núcleo da transformação linear $T: v_2 \to \mathbb{R}$ dada por

$$T\left(\begin{pmatrix} x \\ y \end{pmatrix}\right) = x + y.$$

SOLUÇÃO. Devemos ter $x + y = 0 \Leftrightarrow y = -x$, de modo que o núcleo de T é

$$\text{Nuc}\, T = \left\{ \begin{pmatrix} x \\ -x \end{pmatrix} \mid x \in \mathbb{R} \right\}.$$

Exemplo 4. Escreva o núcleo da transformação linear $T: \mathbb{R}^3 \to \mathbb{R}^3$ dada por

$$T((x, y, 0)) = (x, 2y, 0).$$

SOLUÇÃO. Devemos ter $x = 0$, $2y = 0 \Leftrightarrow y = 0$ e $0 = 0$, de modo que o núcleo de T é

$$\text{Nuc}\, T = \{(0, 0, z) \mid z \in \mathbb{R}\}.$$

Exemplo 5. Escreva o núcleo da transformação linear $T: M_{m\times n} \to M_{n\times m}$ dada por $T(A) = A^t$, $A \in M_{m\times n}$.

SOLUÇÃO. Devemos ter $A^t = 0_{n\times m} \Leftrightarrow A = 0_{m\times n}$, lembrando que $0_{n\times m}$ é a matriz nula $n \times m$ e que $0_{m\times n}$ é a matriz nula $m \times n$. Portanto, $\text{Nuc}\, T = \{0_{m\times n}\}$.

O núcleo de uma transformação linear $T: V \to W$ é um subespaço vetorial de V. Para provar isso, temos que nos lembrar das regras para que um conjunto S sobre um corpo K seja um subespaço vetorial de um espaço vetorial V sobre K: primeiro, ele deve conter o elemento neutro do espaço vetorial V; segundo, ele deve ser fechado em relação à soma e ao produto por um escalar.

No caso do núcleo de uma transformação linear $T: V \to W$, temos o seguinte:

- como $T(0) = 0$, o vetor nulo pertence a Nuc T;
- se $u, v \in$ Nuc T, então $T(u + v) = T(u) + T(v) = 0$, de modo que $u + v \in$ Nuc T, ou seja, o núcleo de T é fechado quanto à soma;
- se $v \in$ Nuc T e $\alpha \in K$, então $T(\alpha v) = \alpha T(v) = \alpha \cdot 0 = 0$, de modo que $\alpha v \in$ Nuc T, ou seja, o núcleo de T é fechado quanto ao produto por um escalar.

Isto leva ao seguinte teorema.

Teorema 1
Dada uma transformação linear $T : V \to W$, então Nuc T é um subespaço vetorial de V.

4.3.2 Imagem

A *imagem* de uma transformação linear $T : V \to W$ é o subconjunto de todos os elementos de W que estão relacionados a algum elemento de V. A definição a seguir formaliza essa ideia.

Definição 2
Dada uma transformação linear $T : V \to W$, então $\text{Im } T = \{w \in W \mid T(v) = w, v \in V\}$ é chamado **imagem** da transformação linear T.

Exemplo 1. Escreva a imagem da transformação linear $T : \mathbb{R}^3 \to \mathbb{R}^2$ dada por $T((x, y, z)) = (2x + z, y - z)$, onde $\mathbb{R}^3$ e $\mathbb{R}^2$ são espaços vetoriais sobre o corpo $\mathbb{R}$.

Solução. Como qualquer número real pode ser escrito como $2x + z$, onde $x, z \in \mathbb{R}$, ou como $y - z$, onde $y, z \in \mathbb{R}$, então a imagem de T é $\text{Im } T = \{(x, y) \mid x, y \in \mathbb{R}\} = \mathbb{R}^2$.

Exemplo 2. Escreva a imagem da transformação linear $T : p_2(x) \to p_3(x)$ dada por $T(p(x)) = xp(x)$, onde $p_2(x)$ e $p_3(x)$ são espaços vetoriais sobre o corpo $\mathbb{R}$.

Solução. A imagem é dada por todos os polinômios de ordens menores ou iguais a 3 do tipo $x(a_0 + a_1x + a_2x^2) = a_0x + a_1x^2 + a_2x^3$, onde $a_0, a_1, a_2 \in \mathbb{R}$, ou seja, $\text{Im } T = \{a_0x + a_1x^2 + a_2x^3 \mid a_0, a_1, a_2 \in \mathbb{R}\}$

Exemplo 3. Escreva a imagem da transformação linear $T : v_2 \to \mathbb{R}$ dada por

$$T\left(\begin{pmatrix} x \\ y \end{pmatrix}\right) = x + y.$$

Solução. Como qualquer número real pode ser escrito como a soma de dois números reais, $z = x + y$ para todo $z \in \mathbb{R}$, $x, y \in \mathbb{R}$, a imagem é dada por $\text{Im } T = \mathbb{R}$.

Exemplo 4. Escreva a imagem da transformação linear $T : \mathbb{R}^3 \to \mathbb{R}^3$ dada por $T((x, y, 0)) = (x, 2y, 0)$.

Solução. $\text{Im } T = \{(x, y, 0) \mid x, y \in \mathbb{R}\}$.

Exemplo 5. Escreva a imagem da transformação linear $T : M_{m\times n} \to M_{m\times n}$ dada por $T(A) = A^t$, onde $A \in M_{m\times n}$.

SOLUÇÃO. Como a transposta de uma matriz A $m \times n$ é uma matriz A^t $n \times m$, a imagem de T é o conjunto de todas as matrizes $n \times m$, ou seja, Im T $= M_{n\times m}$.

A imagem de uma transformação linear $T : V \to W$ é um subespaço vetorial de W. Isso porque:

- como $0 = T(0)$ para qualquer transformação linear, o vetor nulo pertence a Im T;
- se $T(u), T(v) \in$ Im T, então $u, v \in V$, o que significa que $u + v \in V$ (um espaço vetorial tem que ser fechado quanto à soma). Sendo assim $T(u + v) \in$ Im T, ou seja, a imagem de T é fechada quanto à soma;
- se $T(v) \in$ Im T e $\alpha \in K$, então $v \in V$, o que significa que $\alpha v \in V$ (um espaço vetorial tem que ser fechado quanto ao produto por um escalar). Sendo assim, $T(\alpha v) \in$ Im T, ou seja, a imagem de T é fechada quanto ao produto por um escalar

Daí decorre o seguinte teorema.

Teorema 2
Dada uma transformação linear $T : V \to W$, então Im T é um subespaço vetorial de W.

4.3.3

Posto e nulidade

Como pudemos ver das duas seções anteriores, tanto o núcleo quanto a imagem de uma transformação linear $T : V \to W$ são subespaços vetoriais, respectivamente, do domínio V e do contradomínio W de T. Como tais, são gerados por alguma base, que pode ser descoberta. O número de elementos da base de um espaço vetorial é a dimensão desse espaço vetorial, de modo que podemos também calcular a dimensão de Nuc T e a dimensão da Im T. Essas dimensões recebem nomes especiais, em termos da transformação linear T, como mostram as duas definições a seguir.

Definição 3
Dada uma transformação linear $T : V \to W$, o **posto** de T é definido como sendo igual à dimensão da imagem de T, isto é, $p(T) = \dim \text{Im } T$.

Definição 4
Dada uma transformação linear $T : V \to W$, a **nulidade** de T é definida como sendo igual à dimensão do núcleo de T, isto é, $nul(T) = \dim \text{Nuc } T$.

Os exemplos a seguir baseiam-se nos exemplos mostrados nas duas seções anteriores para calcular o posto e a nulidade de cada uma das transformações lineares utilizadas naqueles exemplos.

Exemplo 1. Determine o posto e a nulidade da transformação linear $T : \mathbb{R}^3 \to \mathbb{R}^2$ dada por $T((x, y, z)) = (2x + z, y - z)$, onde $\mathbb{R}^3$ e $\mathbb{R}^2$ são espaços vetoriais sobre o corpo $\mathbb{R}$.

Solução. Sabemos que

$$\text{Nuc } T = \left\{ \left(-\frac{z}{2}, z, z \right) \mid z \in \mathbb{R} \right\} = \{ z(-1/2, 1, 1) \mid z \in \mathbb{R} \},$$

de modo que $B = \{(-1/2, 1, 1)\}$ é uma base de Nuc T. Portanto, $nul(T) = 1$.

A imagem de T é dada por Im $T = \mathbb{R}^2$, que tem base canônica $B = \{(1, 0), (0, 1)\}$ e, portanto, $p(T) = 2$.

Exemplo 2. Determine o posto e a nulidade da transformação linear $T : p_2(x) \to p_3(x)$ dada por $T(p(x)) = xp(x)$, onde $p_2(x)$ e $p_3(x)$ são espaços vetoriais sobre o corpo $\mathbb{R}$.

Solução. O núcleo dessa transformação linear é Nuc $T = \{0\}$, que tem dimensão 0, de modo que $nul(T) = 0$.

A imagem de T é Im $T = \{a_0 x + a_1 x^2 + a_2 x^3 \mid a_0, a_1 a_x \in \mathbb{R}\}$, que tem base canônica $B = \{x, x^2, x^3\}$, de modo que $p(T) = 3$.

Exemplo 3. Determine o posto e a nulidade da transformação linear $T : \nu_2 \to \mathbb{R}$ dada por

$$T\left(\begin{pmatrix} x \\ y \end{pmatrix} \right) = x + y.$$

Solução. O núcleo dessa transformação linear é

$$\text{Nuc } T = \left\{ \begin{pmatrix} x \\ -x \end{pmatrix} \mid x \in \mathbb{R} \right\} = \left\{ x \begin{pmatrix} 1 \\ -1 \end{pmatrix} \mid x \in \mathbb{R} \right\},$$

que pode ser gerado pela base

$$B = \left\{ \begin{pmatrix} 1 \\ -1 \end{pmatrix} \right\},$$

de modo que $nul(T) = 1$.

A imagem de T é Im $T = \mathbb{R}$, de dimensão 1, de modo que $p(T) = 1$.

Exemplo 4. Determine o posto e a nulidade da transformação linear $T : \mathbb{R}^3 \to \mathbb{R}^3$ dada por $T((x, y, 0)) = (x, 2y, 0)$.

Solução. O núcleo de T é

$$\text{Nuc } T = \{(0, 0, z) \mid z \in \mathbb{R}\} = \{z(0, 0, 1) \mid z \in \mathbb{R}\},$$

gerado pela base $B = \{(0, 0, 1)\}$, de modo que $nul(T) = 1$.

A imagem de T é

$$\text{Im } T = \{(x, y, 0) \mid x, y \in \mathbb{R}\} = \{x(1, 0, 0) + y(0, 1, 0) \mid x, y \in \mathbb{R}\},$$

que tem $B = \{(1, 0, 0), (0, 1, 0)\}$ como base, de modo que $p(T) = 2$.

Exemplo 5. Determine o posto e a nulidade da transformação linear $T : M_{m \times n} \to M_{n \times m}$ dada por $T(A) = A^t$, $A \in M_{m \times n}$.

SOLUÇÃO. Sabemos que Nuc T $= \{0_{m\times n}\}$, de modo que $nul(T) = 0$. A imagem de T é Im T $= M_{n\times m}$, que tem dimensão $n \cdot m$, de modo que $p(T) = nm$.

Se analisarmos os exemplos que acabamos de ver, poderemos notar uma estranha "coincidência": se somarmos o posto e a nulidade da transformação linear $T : V \to W$, obtemos exatamente a dimensão do espaço vetorial U:

- para o exemplo 1, $p(T) + nul(T) = 2 + 1 = 3$, que é a dimensão de $\mathbb{R}^3$;
- para o exemplo 2, $p(t) + nul(T) = 3 + 0 = 3$, que é a dimensão de $p_2(x)$;
- para o exemplo 3, $p(T) + nul(T) = 1 + 1 = 2$, que é a dimensão de v_2;
- para o exemplo 4, $p(t) + nul(T) = 2 + 1 = 3$, que é a dimensão de $\mathbb{R}^3$;
- para o exemplo 5, $p(t) + nul(T) = nm + 0 = nm = mn$, que é a dimensão de $M_{m\times n}$.

Como já podemos imaginar, esta não é uma coincidência, mas um teorema, provado na Leitura Complementar 4.3.1 e enunciado a seguir.

Teorema 3 – Teorema do posto
Dada uma transformação linear $T : V \to W$ onde V tem dimensão finita, então a dimensão de V é igual à soma do posto e da nulidade de T, isto é $p(T) + nul(T) = \dim V$.

Existe uma ligação entre o posto e a nulidade de uma transformação linear $T : v_m \to v_n$ com o posto de uma matriz canônica de uma transformação linear $T : \mathbb{R}^m \to \mathbb{R}^n$ da forma como ela é definida na Leitura Complementar 1.4.1 (Módulo 1). Essa conexão é feita na Leitura Complementar 4.3.2.

Resumo

- **Núcleo:** dada uma transformação linear $T : V \to W$, então Nuc T $= \{v \in V \mid T(v) = 0, 0 \in W\}$ é chamado *núcleo* da transformação linear T.
- **Imagem:** dada uma transformação linear $T : V \to W$, então Im T $= \{w \in W \mid T(v) = w, v \in V\}$ é chamado *imagem* da transformação linear T.
- **Núcleo e imagem como subespaços vetoriais:** dada uma transformação linear $T : V \to W$, então o núcleo de T é um subespaço vetorial de V e a imagem de T é um subespaço vetorial de W.
- **Posto:** dada uma transformação linear $T : V \to W$, o *posto* de T é definido como sendo igual à dimensão da imagem de T, isto é, $p(T) = \dim \text{Im } T$.
- **Nulidade:** dada uma transformação linear $T : V \to W$, a *nulidade* de T é definida como sendo igual à dimensão do núcleo de T, isto é, $nul(T) = \dim \text{Nuc } T$.
- **Teorema do posto:** dada uma transformação linear $T : V \to W$ onde V tem dimensão finita, então a dimensão de V é igual à soma do posto e da nulidade de T, isto é $p(T) + nul(T) = \dim V$.

Exercícios

Nível 1

Núcleo

Exemplo 1. Calcule o núcleo da transformação linear $T : \mathbb{R}^3 \to \nu_2$ dada por

$$T((x,y,z)) = \begin{pmatrix} x - y \\ y + z \end{pmatrix}.$$

Solução. O núcleo é dado pelo conjunto de elementos de $\mathbb{R}^3$ tais que $T(\nu) = 0$, onde $0 \in \nu_2$. Portanto,

$$x - y = 0 \Leftrightarrow x = y, \quad y + z = 0 \Leftrightarrow z = -y,$$

de modo que $\text{Nuc}\, T = \{(y, y, -y) \mid y \in \mathbb{R}\}$.

E1) Calcule o núcleo de cada uma das transformações lineares seguintes:

a) $T : \mathbb{R}^2 \to \mathbb{R}^2$ dada por $T((x,y)) = (x + y, x - y)$.

b) $T : \mathbb{R}^3 \to \nu_3$ dada por $T((x,y)) = \begin{pmatrix} -x + 2y - z \\ x - 2y + 3z \\ -2x + 4y + z \end{pmatrix}$.

c) $T : \mathbb{R}^2 \to \nu_3$ dada por $T((x,y)) = \begin{pmatrix} x \\ 0 \\ -y \end{pmatrix}$.

d) $T : \nu_3 \to p_2(x)$ dada por

$$T\left(\begin{pmatrix} \nu_x \\ \nu_y \\ \nu_z \end{pmatrix}\right) = (\nu_x + \nu_y - \nu_z) + (2\nu_x + \nu_y + \nu_z)x + (-\nu_x - \nu_y + \nu_z)x^2.$$

e) $T : M_{2\times 2} \to \mathbb{R}$ dada por $T(A) = \text{tr}\, A$, $A \in M_{2\times 2}$.

f) $T : \mathbb{R}^2 \to \mathbb{R}^3$ dada por $T((x,y)) = (0,0,0)$.

Imagem

Exemplo 2. Calcule a imagem da transformação linear $T : \mathbb{R}^3 \to \nu_2$ dada por

$$T((x,y,z)) = \begin{pmatrix} x - y \\ y + z \end{pmatrix}.$$

Solução. Como todo vetor $\nu \in \nu_2$ pode ser escrito em termos de combinações de três números reais, a imagem de T é o próprio espaço ν_2, isto é,

$$\text{Im}\, T = \nu_2 = \left\{ \begin{pmatrix} \nu_x \\ \nu_y \end{pmatrix} \mid \nu_x, \nu_y \in \mathbb{R} \right\}$$

E2) Calcule a imagem de cada uma das transformações lineares do exercício E1.

Posto e nulidade

Exemplo 3. Determine o posto e a nulidade da transformação linear do exemplo 1.

Solução. A imagem de T é dada por Im T = $\mathcal{V}_2$, que tem dimensão 2. Portanto, o posto de T é dado por $p(T) = \dim \operatorname{Im} T = 2$.
O núcleo de T é dado por $\operatorname{Nuc} T = \{(y, y, -y) \mid y \in \mathbb{R}\} = \{y(1,1,-1) \mid y \in \mathbb{R}\}$, que pode ser gerado pela base $B = \{(1,1,-1)\}$ e que, portanto, tem dimensão 1. Portanto, a nulidade de T é dada por $nul(T) = \dim \operatorname{Nuc} T = 1$.

E3) Determine o posto e a nulidade de cada transformação do exercício E1.

Exemplo 4. Verifique o teorema do posto para a transformação linear do exemplo 1.

Solução. A transformação linear do exemplo 1 tem como domínio o espaço vetorial $\mathbb{R}^3$, que tem dimensão 3. Portanto, $p(T) + nul(T) = 2 + 1 = 3 = \dim \mathbb{R}^3$.

E4) Verifique o teorema do posto para as transformações lineares do exercício E1.

Nível 2

E1) Considere a transformação linear $T : M_{2\times 2} \to M_{2\times 2}$ dada por $T(A) = A^t$.

a) Calcule o núcleo e a imagem de T.

b) Calcule o posto e a nulidade de T.

E2) Considere a transformação linear $T : M_{2\times 2} \to M_{2\times 2}$ dada por

$$T\left(\begin{pmatrix} a_{11} & a_{12} \\ a_{21} & a_{22} \end{pmatrix}\right) = \begin{pmatrix} a_{11} & 0 \\ 0 & a_{22} \end{pmatrix}.$$

a) Calcule o núcleo e a imagem de T.

b) Calcule o posto e a nulidade de T.

E3) (Leitura Complementar 4.1.1) Considere a transformação linear $T : p_3(x) \to p_2(x)$ dada pela expressão $T(p(x)) = p'(x)$.

a) Calcule o núcleo e a imagem de T.

b) Calcule o posto e a nulidade de T.

E4) (Leitura Complementar 4.1.1) Considere a transformação linear

$T : p_1(x) \to \mathbb{R}$ dada pela expressão $T(p(x)) = \int_0^1 p(x)\,dx$.

a) Calcule o núcleo e a imagem de T.

b) Calcule o posto e a nulidade de T.

E5) (Leitura Complementar 4.1.1) Considere a transformação linear $T : p_2(x) \to p_2(x)$ dada pela expressão $T(p(x)) = xp'(x)$.

a) Calcule o núcleo e a imagem de T.

b) Calcule o posto e a nulidade de T.

E6) Se $T: \mathbb{R}^3 \to \mathbb{R}^2$ tem posto 1, qual é a nulidade de T?

E7) Se $T: p_3(x) \to p_2(x)$ tem nulidade 1, qual é o posto de T?

E8) Se $T: \mathbb{R}^5 \to \mathbb{R}^3$ tem $\operatorname{Im} T = \mathbb{R}^3$, então qual é a sua nulidade?

Nível 3

E1) Determine uma transformação linear $\mathbb{R}^3 \to \mathbb{R}^3$ tal que a sua imagem seja gerada pela base $B = \{(1,-1,2),(3,1,-2)\}$.

E2) Dada uma $T: M_{2\times2} \to M_{2\times2}$ tal que $T(A) = AB - BA$, onde $A \in M_{2\times2}$ e $B = \begin{pmatrix} 1 & -1 \\ 2 & 0 \end{pmatrix}$, calcule:

a) o núcleo de T. b) uma base para o núcleo de T.
c) a nulidade de T. d) o posto de T.

E3) Dadas as transformações lineares $T: V \to U$ e $S: U \to W$, mostre que $p(T \circ S) \leqslant p(T)$.

E4) Considere a transformação linear $T: \mathbb{R}^4 \to \mathbb{R}^3$ dada por

$$T((x,y,z,w)) = (x-y+z+w, x+2z-w, x+y+3z-3w).$$

a) Calcule o núcleo de T.
b) Calcule uma base para o núcleo de T e a nulidade de T.
c) Calcule uma base para a imagem de T e o posto de T.

E5) (Leitura Complementar 4.3.2) Considere a transformação linear $T: \mathbb{R}^4 \to \mathbb{R}^3$ dada por $T(v) = Av$, onde $v \in \mathbb{R}^4$ e $A = \begin{pmatrix} 1 & 2 & -1 & 1 \\ -1 & 1 & 1 & 2 \\ 2 & 4 & -2 & 2 \end{pmatrix}$.

a) Determine o núcleo de T. b) Calcule uma base para Nuc T.
c) Calcule uma base para Im T.

E6) (Leitura Complementar 4.3.2) Considere uma transformação linear $T: \mathbb{R}^m \to \mathbb{R}^n$ dada por $T(v) = Av$, $v \in T$, onde $Av = 0$ só admite a solução trivial $v = 0$. Calcule o posto e a nulidade de T.

E7) (Leitura Complementar 4.3.2) Considere uma transformação linear $T: \mathbb{R}^m \to \mathbb{R}^n$ dada por $T(v) = Av$, $v \in T$. Se o posto de T é igual a s, determine a dimensão do espaço solução da equação $AX = 0$.

Respostas

Nível 1

E1) a) $\operatorname{Nuc} T = \{(0,0)\}$. b) $\operatorname{Nuc} T = \{(2y, y, 0) \mid y \in \mathbb{R}\}$. c) $\operatorname{Nuc} T = \{(0,0)\}$.

d) $\operatorname{Nuc} T = \{(-2z, 3z, z) \mid z \in \mathbb{R}\}$. e) $\operatorname{Nuc} T = \left\{\begin{pmatrix} a_{11} & a_{12} \\ a_{21} & -a_{11} \end{pmatrix} \mid a_{11}, a_{12}, a_{21} \in \mathbb{R}\right\}$.

f) $\operatorname{Nuc} T = \mathbb{R}^2$.

E2) a) $\text{Im}\,T = \mathbb{R}^2$.

b) $\text{Im}\,T = \left\{\begin{pmatrix} -x+2y-z \\ x-2y+3z \\ -2x+4y+z \end{pmatrix} \mid x,y,z \in \mathbb{R}\right\}$. c) $\text{Im}\,T = \left\{\begin{pmatrix} x \\ 0 \\ z \end{pmatrix} \mid x,z \in \mathbb{R}\right\}$.

d) $\text{Im}\,T = \{(v_x + v_y - v_z) + (2v_x + v_y + v_z)x + (-v_x - v_y + v_z)x^2 \mid v_x, v_y, v_z \in \mathbb{R}\}$.

e) $\text{Im}\,T = \mathbb{R}$. f) $\text{Im}\,T = \{(0,0,0)\}$.

E3) a) $p(T) = 2$ e $nul(T) = 0$. b) $p(T) = 2$ e $nul(T) = 1$. c) $p(T) = 2$ e $nul(T) = 0$.
d) $p(T) = 2$ e $nul(T) = 1$. e) $p(T) = 1$ e $nul(T) = 3$. f) $p(T) = 0$ e $nul(T) = 2$.

E4) a) $p(T) + nul(T) = 2 = \dim \mathbb{R}^2$. b) $p(T) + nul(T) = 3 = \dim \mathbb{R}^3$.
c) $p(T) + nul(T) = 2 = \dim \mathbb{R}^2$. d) $p(T) + nul(T) = 3 = \dim v_3$.
e) $p(T) + nul(T) = 4 = \dim M_{2\times 2}$. f) $p(T) + nul(T) = 2 = \dim \mathbb{R}^2$.

Nível 2

E1) a) $\text{Nuc}\,T = \{0_{2\times 2}\}$ e $\text{Im}\,T = M_{2\times 2}$. b) $p(T) = 4$ e $nul(T) = 0$.

E2) a) $\text{Nuc}\,T = \mathbb{R}$ e $\text{Im}\,T = \left\{\begin{pmatrix} a_{11} & 0 \\ 0 & a_{22} \end{pmatrix} \mid a_{11}, a_{22} \in \mathbb{R}\right\}$. b) $p(T) = 2$ e $nul(T) = 2$.

E3) a) $\text{Nuc}\,T = \left\{\begin{pmatrix} 0 & a_{12} \\ a_{21} & 0 \end{pmatrix} \mid a_{12}, a_{21} \in \mathbb{R}\right\}$ e $\text{Im}\,T = p_2(x)$. b) $p(T) = 3$ e $nul(T) = 1$.

E4) a) $\text{Nuc}\,T = \left\{-\frac{a_1}{2} + a_1 x \mid a_1 \in \mathbb{R}\right\}$ e $\text{Im}\,T = \mathbb{R}$. b) $p(T) = 1$ e $nul(T) = 1$.

E5) a) $\text{Nuc}\,T = \mathbb{R}$ e $\text{Im}\,T = \{a_1 x + 2a_2 x^2 \mid a_1, a_2 \in \mathbb{R}\}$. b) $p(T) = 2$ e $nul(T) = 1$.

E6) $nul(T) = 2$.

E7) $p(T) = 3$.

E8) $nul(T) = 2$.

Nível 3

E1) $T((x,y,z)) = (x + 3y, -x + y, 2x - 2y)$.

E2) a) $\text{Nuc}\,T = \left\{\begin{pmatrix} a_{11} & -a_{11} + a_{22} \\ 2a_{11} - 2a_{22} & a_{22} \end{pmatrix} \mid a_{11}, a_{22} \in \mathbb{R}\right\}$. b) $B = \left\{\begin{pmatrix} 1 & -1 \\ 2 & 0 \end{pmatrix}, \begin{pmatrix} 0 & 1 \\ -1 & 2 \end{pmatrix}\right\}$.

c) $nul(T) = 2$. d) $p(T) = 2$.

E3) Sabemos que $S(v) \subseteq U$ se $v \in V$, o que significa que $T \circ S(v) \subseteq T(u)$, $u \in U$. Portanto,

$$p(T \circ S) = \dim\,(T \circ S(v)) \leqslant \dim\,(T(u)) = p(T).$$

E4) a) $\text{Nuc}\,T = \{(x,y,z,w) \mid x - y + z + w = 0 \;\text{ e }\; y + z - 2w = 0\}$.
b) Uma das infinitas bases possíveis é $B = \{(-2,-1,1,0),(1,2,0,1)\}$. Portanto, $nul(T) = 2$.
b) Uma das bases possíveis é $B = \{(1,1,1),(0,1,2)\}$ e $p(T) = 2$.

E5) a) $\text{Nuc}\,T = \{(x,y,z,w) \mid x - z - w = 0 \;\text{ e }\; y + w = 0\}$.
b) Uma das bases possíveis é $B = \{(1,0,1,0),(1,-1,0,1)\}$. Portanto, $nul(T) = 2$.
b) Uma das bases possíveis é $B = \{(1,0,2),(0,1,0)\}$ e $p(T) = 2$.

E6) $p(T) = m$ e $nul(T) = 0$.

E7) $m - s$.

4.4 Composição e inversas de transformações lineares

Veremos agora como fazer a composição de transformações lineares e também como determinar suas inversas, caso existam. Isso encerrará nosso estudo das transformações lineares.

4.4.1 Composição de transformações lineares

No Capítulo 4.2, mostramos algumas transformações lineares que podem ser facilmente visualizadas graficamente, como a reflexão em relação a um eixo, a projeção sobre um vetor, a dilatação e a contração de vetores. Essas e outras transformações lineares podem ser encadeadas, contanto que haja compatibilidade entre elas, como mostra o exemplo a seguir.

Exemplo 1. Considere a transformação linear $T_1 : \mathbb{R}^2 \to \mathbb{R}^2$ que faz a reflexão de um vetor $v \in \mathbb{R}^2$ (aqui, usamos o nome *vetor* para designar um ponto no $\mathbb{R}^2$) em relação ao eixo vertical (eixo y) de um sistema cartesiano de coordenadas seguida de uma transformação linear $T_2 : \mathbb{R}^2 \to \mathbb{R}^2$ que faz a projeção de um vetor $v \in \mathbb{R}^2$ sobre o vetor $(1, 0)$. Para um vetor qualquer de $\mathbb{R}^2$ dado por (x, y), temos

$$\begin{aligned} T_1((x,y)) &= (-x,y) \quad \text{e} \\ T_2(T_1((x,y))) &= T_2((-x,y)) \\ &= \frac{\langle(-x,y),(1,0)\rangle}{\langle(1,0),(1,0)\rangle}(1,0) \\ &= \frac{-x\cdot 1 + y\cdot 0}{1^2+0^2}(1,0) = -x(1,0) = (-x,0). \end{aligned}$$

A composição dessas duas transformações lineares equivale à transformação linear $T : \mathbb{R}^2 \to \mathbb{R}^2$ dada por $T((x,y)) = (-x, 0)$. A sequência das duas transformações lineares é mostrada nas figuras a seguir para o vetor $v = (2, 1)$. Para facilitar a visualização, representamos os pontos no $\mathbb{R}^2$ como vetores.

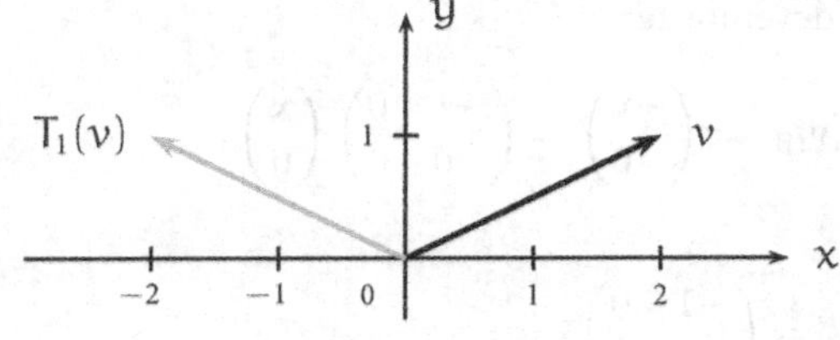

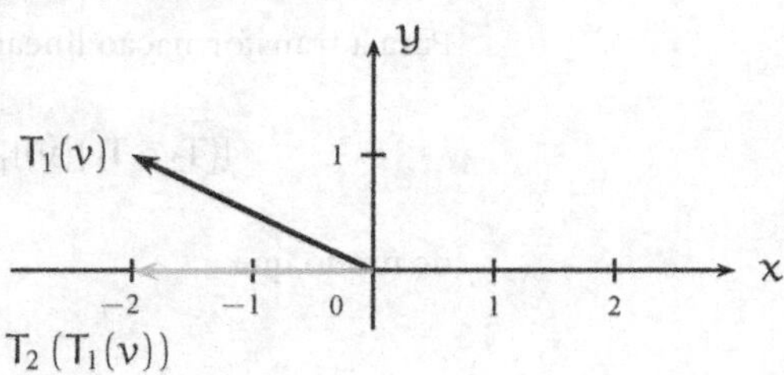

A definição formal de uma composição de duas transformações lineares é enunciada a seguir.

Definição 1
Dadas as transformações lineares $T_1 : U \to V$ e $T_2 : V \to W$, a **composição** de T_2 com T_1 é dada por $(T_2 \circ T_1)(v) = T_2(T_1(v))$, onde $v \in U$.

De acordo com a definição, para que possa ser feita a composição de uma transformação linear T_2 com uma transformação linear T_1, é necessário que o domínio de T_2 seja igual à imagem de T_1, o mesmo que ocorre na composição de funções.

Lembremo-nos de que toda transformação linear está associada a uma matriz. O próximo exemplo trata disso utilizando a mesma composição de transformações lineares do exemplo 1.

Exemplo 2. Escreva as matrizes das transformações lineares $T_1((x,y)) = (-x,y)$ e

$$T_2((x,y)) = \frac{\langle (x,y),(1,0)\rangle}{\langle (1,0),(1,0)\rangle}(1,0) = \frac{x}{1}(1,0) = (x,0)$$

e da transformação composta

$$(T_2 \circ T_1)((x,y)) = T_2(T_1((x,y))) = T_2((-x,y)) = (-x,0)$$

em relação à base $B = \{(1,0),(0,1)\}$ de $\mathbb{R}^2$.

SOLUÇÃO. As coordenadas do vetor $v = (x,y)$ em relação à base B são $[v]_B = \binom{x}{y}$. Para a transformação linear T_1, devemos ter

$$[T_1(v)]_B = T_{1B}^B[v]_B \Leftarrow \begin{pmatrix} -x \\ y \end{pmatrix} = \begin{pmatrix} -1 & 0 \\ 0 & 1 \end{pmatrix}\begin{pmatrix} x \\ y \end{pmatrix},$$

de modo que

$$T_{1B}^B = \begin{pmatrix} -1 & 0 \\ 0 & 1 \end{pmatrix}.$$

Para a transformação linear T_2, devemos ter

$$[T_2(v)]_B = T_{2B}^B[v]_B \Leftarrow \begin{pmatrix} x \\ 0 \end{pmatrix} = \begin{pmatrix} 1 & 0 \\ 0 & 0 \end{pmatrix}\begin{pmatrix} x \\ y \end{pmatrix},$$

de modo que

$$T_{2B}^B = \begin{pmatrix} 1 & 0 \\ 0 & 0 \end{pmatrix}.$$

Para a transformação linear $T_2 \circ T_1$, devemos ter

$$[(T_2 \circ T_1)(v)]_B = T_{12B}^B[v]_B \Leftarrow \begin{pmatrix} -x \\ 0 \end{pmatrix} = \begin{pmatrix} -1 & 0 \\ 0 & 0 \end{pmatrix}\begin{pmatrix} x \\ y \end{pmatrix},$$

de modo que

$$T_{12B}^B = \begin{pmatrix} -1 & 0 \\ 0 & 0 \end{pmatrix}.$$

Do exemplo 2, observe o seguinte:

$$T_{2B}^{\bar{B}} T_{1B}^{\bar{B}} = \begin{pmatrix} 1 & 0 \\ 0 & 0 \end{pmatrix} \begin{pmatrix} -1 & 0 \\ 0 & 1 \end{pmatrix} = \begin{pmatrix} -1 & 0 \\ 0 & 0 \end{pmatrix} = T_{12B}^{\bar{B}}.$$

Esta será uma característica geral de matrizes de transformações lineares. Antes de mostrarmos sua forma geral, vamos analisar mais um exemplo.

Exemplo 3. Considere a transformação linear $T_1 : M_{2\times 2} \to M_{2\times 1}$ dada por

$$T\left(\begin{pmatrix} a_{11} & a_{12} \\ a_{21} & a_{22} \end{pmatrix}\right) = \begin{pmatrix} a_{11} + a_{12} \\ a_{21} + a_{22} \end{pmatrix}$$

e a transformação linear $T_2 : M_{2\times 1} \to \mathbb{R}$ dada por

$$T_2\left(\begin{pmatrix} x \\ y \end{pmatrix}\right) = x - y.$$

Determine a transformação $T_2 \circ T_1$ e escreva matrizes de transformações lineares para T_1, T_2 e $T_2 \circ T_1$ em relação às bases canônicas dos espaços vetoriais $M_{2\times 2}$, $M_{2\times 1}$ e $\mathbb{R}$.

Solução. Primeiro, podemos escrever

$$(T_2 \circ T_1)(v) = T_2\,(T_1(v)) = T_2\left(\begin{pmatrix} a_{11} + a_{12} \\ a_{21} + a_{22} \end{pmatrix}\right) = a_{11} + a_{12} - a_{21} - a_{22}.$$

As coordenadas de uma matriz

$$A = \begin{pmatrix} a_{11} & a_{12} \\ a_{21} & a_{22} \end{pmatrix}$$

em termos da base canônica de $M_{2\times 2}$ são

$$[A]_{B_1} = \begin{pmatrix} a_{11} \\ a_{12} \\ a_{21} \\ a_{22} \end{pmatrix}$$

e as coordenadas de uma matriz $T_1(A) = \binom{x}{y}$ em termos da base canônica de $M_{2\times 1}$ são $[T_1(A)]_{B_2} = \binom{x}{y}$.

Uma matriz para a transformação linear T_1 em relação às bases canônicas B_1 de $M_{2\times 2}$ e B_2 de $M_{2\times 1}$ é

$$T_{1B_1}^{B_2} = \begin{pmatrix} 1 & 1 & 0 & 0 \\ 0 & 0 & 1 & 1 \end{pmatrix},$$

uma vez que

$$T_{1B_1}^{B_2}[A]_{B_1} = \begin{pmatrix} 1 & 1 & 0 & 0 \\ 0 & 0 & 1 & 1 \end{pmatrix} \begin{pmatrix} a_{11} \\ a_{12} \\ a_{21} \\ a_{22} \end{pmatrix} = \begin{pmatrix} a_{11} + a_{12} \\ a_{21} + a_{22} \end{pmatrix} = [T_1(A)]_{B_2}.$$

As coordenadas de uma matriz

$$T_2(v) = T_2\left(\begin{pmatrix} x \\ y \end{pmatrix}\right) = x - y$$

em relação à base canônica $B_3 = \{1\}$ de $\mathbb{R}$ são $[T_2(v)] = (x - y)$. Uma matriz para a transformação linear T_2 em relação às bases canônicas B_2 de $M_{2\times 1}$ e B_3 de $\mathbb{R}$ é $T_{2B_2}^{B_3} = (1 \quad -1)$, uma vez que

$$T_{2B_2}^{B_3}[v]_{B_2} = \begin{pmatrix} 1 & -1 \end{pmatrix} \begin{pmatrix} x \\ y \end{pmatrix} = \begin{pmatrix} x - y \end{pmatrix} = [T_2(v)]_{B_3}.$$

Para a transformação composta $T_2 \circ T_1$, devemos ter

$$T_{12B_1}^{B_3} = T_{2B_2}^{B_3} T_{1B_1}^{B_2} [A]_{B_1} = \begin{pmatrix} 1 & -1 \end{pmatrix} \begin{pmatrix} 1 & 1 & 0 & 0 \\ 0 & 0 & 1 & 1 \end{pmatrix} = \begin{pmatrix} 1 & 1 & -1 & -1 \end{pmatrix}.$$

Vamos verificar se este é realmente o caso:

$$\begin{aligned} T_{12B_1}^{B_3}[A]_{B_1} &= \begin{pmatrix} 1 & 1 & -1 & -1 \end{pmatrix} \begin{pmatrix} a_{11} \\ a_{12} \\ a_{21} \\ a_{22} \end{pmatrix} \\ &= \begin{pmatrix} a_{11} + a_{12} - a_{21} - a_{22} \end{pmatrix} \\ &= [T_2(T_1(A))]_{B_3}. \end{aligned}$$

Enunciaremos agora dois teoremas que generalizam e formalizam duas características da composição de transformações lineares que vimos nos exemplos dados até agora: a primeira é que a composição de transformações lineares é também uma transformação linear; a segunda é que a composição de duas transformações lineares pode ser representada por um produto entre as matrizes das transformações lineares que a compõe.

Teorema 1

Dadas as transformações lineares $T_1 : U \to V$ e $T_2 : V \to W$, a composição de T_2 com T_1, escrita $(T_2 \circ T_1)(v)$, é uma transformação linear.

Teorema 2

Dadas as transformações lineares $T_1 : U \to V$ e $T_2 : V \to W$ e as bases B_1 de U, B_2 de V e B_3 de W, então $(T_2 \circ T_1)_{B_1}^{B_3} = T_{2B_2}^{B_3} T_{1B_1}^{B_2}$.

Esses teoremas são provados na Leitura Complementar 4.4.1.

Para terminar esta seção, mostraremos que a composição de transformações lineares pode ser usada para modificar figuras, como exemplificado na sequência.

Exemplo 4. Considere a figura desenhada abaixo (primeira figura a seguir). Ela pode ser codificada determinando os pontos (1, 1), (2, 1) (2, 4), (1,7, 3), (1, 3, 3), (1, 4) e (1, 1) na segunda figura a seguir.

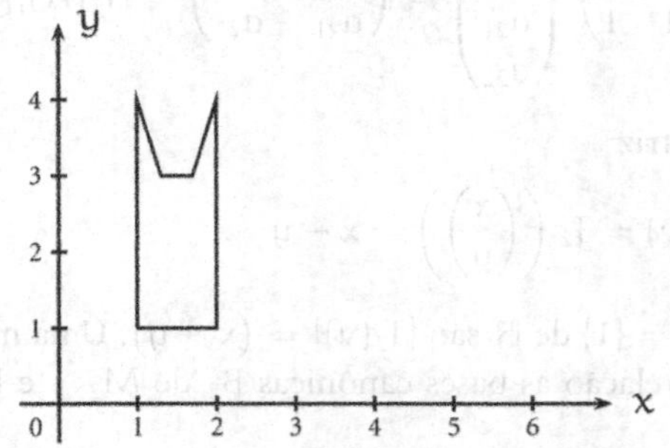

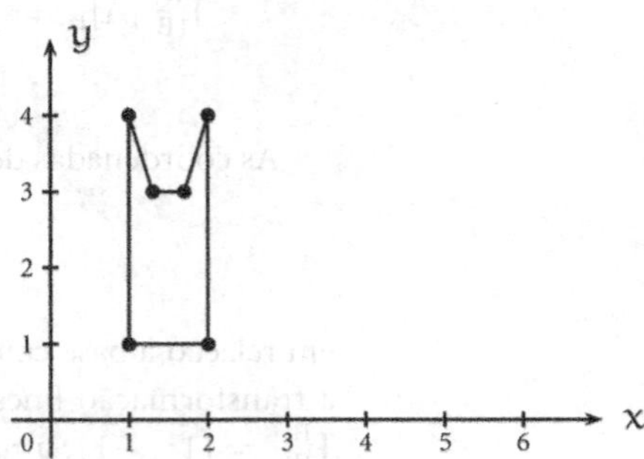

Consideremos agora a transformação linear $T_1 : \mathbb{R}^2 \to \mathbb{R}^2$ dada por $T_1((x, y)) = (x + y, y)$, que faz um *cisalhamento* da figura. Aplicando essa operação sobre os pontos da figura, ela fica com a aparência da primeira figura a seguir.

Podemos aplicar, a seguir, a transformação linear $T_2 : \mathbb{R}^2 \to \mathbb{R}^2$ dada pela projeção dos pontos da figura sobre o eixo $x = y$:

$$T_2((x, y)) = \frac{\langle (x, y), (x, x) \rangle}{\langle (x, x), (x, x) \rangle}(x, x)$$

$$= \frac{xy + x^2}{x^2 + x^2}(x, x) = \frac{x(y + x)}{2x^2}(x, x) = \frac{x + y}{2x}(x, x).$$

Aplicando essa operação sobre os pontos da primeira figura a seguir, ela fica com a aparência da segunda figura a seguir.

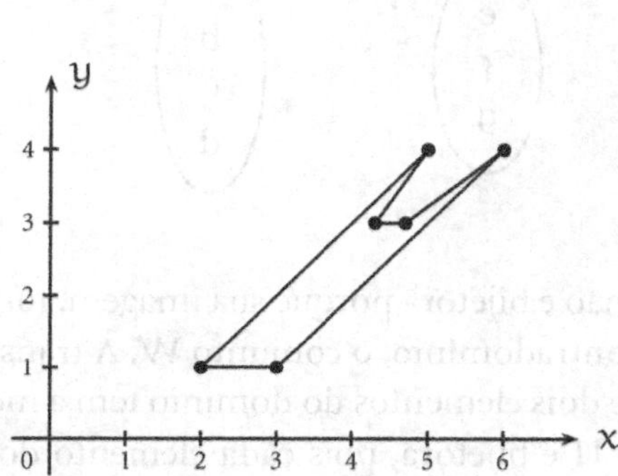

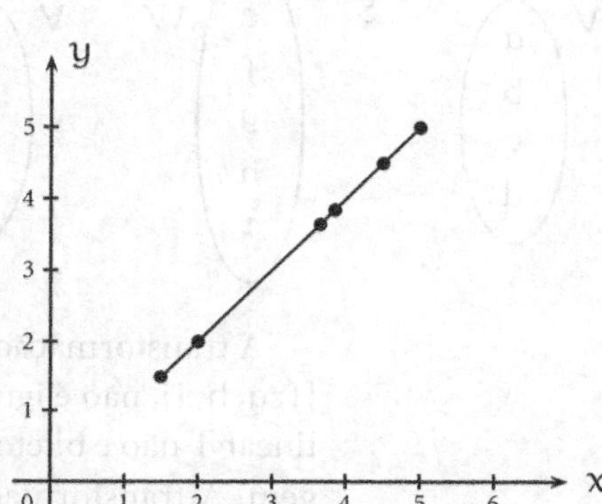

A composição de transformações lineares pode ser usada para modificar figuras de modo que elas só possam ser compreendidas por quem tiver a *chave*, que geralmente é um código secreto que permite decodificar a imagem. Em geral, isto envolve uma transformação mais complexa que a mostrada no exemplo que acabamos de ver.

No entanto, a fim de recuperar a imagem original, as transformações utilizadas têm que ser desfeitas e, para isso, é necessário que elas tenham inversas. Por exemplo, a transformação T_1 do exemplo que acabamos de ver tem inversa e a figura original pode ser recuperada a partir da figura deformada. Já a segunda transformação, T_2, não pode ser invertida e é impossível obter de volta a imagem anterior à projeção. Determinar quais são as transformações lineares que admitem inversa é o assunto da próxima seção.

4.4.2 Transformações lineares inversas

A *transformação linear inversa* T^{-1} de uma transformação linear $T : V \to W$ é uma transformação linear que desfaz o que a transformação linear T fez. Ela é melhor definida a seguir.

Definição 2

A **transformação linear inversa** T^{-1} de uma transformação linear $T : V \to W$ é uma transformação linear tal que $T^{-1} \circ T(v) = v$ e $T \circ T^{-1}(w) = w$, onde $v \in V$ e $w \in W$.

Exemplo 1. Dada a transformação linear $T(x) = x + 1$, sua transformação inversa é $T^{-1}(x) = x - 1$, pois

$$T^{-1} \circ T(x) = T^{-1}(x+1) = x + 1 - 1 = x \quad \text{e}$$
$$T \circ T^{-1}(x) = T(x-1) = x - 1 + 1 = x.$$

Nem toda transformação linear tem inversa. Para ter uma inversa, é necessário que ela seja *bijetora* (ou *um a um*), o que significa que todo elemento do domínio tem um elemento distinto na imagem, e a imagem deve ser igual ao contradomínio da função. Os exemplos seguintes ilustram alguns casos. Nestes, são analisadas três transformações lineares S, T e U cujos domínios são indicados por V e os contradomínios, indicados por W.

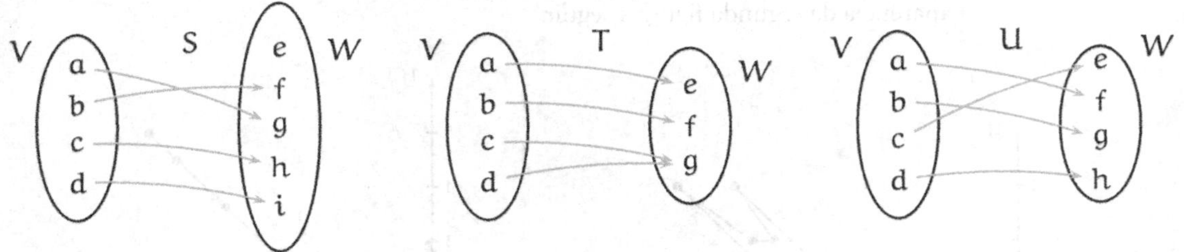

A transformação linear S não é bijetora porque sua imagem, formada por $\{f, g, h, i\}$, não é igual a seu contradomínio, o conjunto W. A transformação linear T não é bijetora porque dois elementos do domínio têm a mesma imagem. A transformação linear U é bijetora, pois cada elemento do domínio tem uma imagem distinta.

O fato de uma transformação linear ser bijetora é importante para que ela tenha uma inversa porque o domínio da inversa será a imagem W da transformação linear $T : V \rightarrow W$ e a imagem da inversa será o domínio V da transformação linear: $T^{-1} : W \rightarrow V$.

Para que uma transformação linear seja definida como tal é necessário que todos os elementos do domínio tenham uma imagem e que cada elemento do domínio tenha somente uma imagem. Isto tem que valer tanto para a transformação linear quanto para a transformação linear inversa, de modo que a condição de que a transformação linear deve ser bijetora é a única que garante que poderemos definir para ela uma transformação linear inversa.

As três definições a seguir determinam tipos importantes de transformações lineares e as suas características.

Definição 3
Uma transformação linear $T : V \rightarrow W$ é **injetora** se cada vetor $v \in V$ tiver uma imagem $T(v) \in W$ distinta.

Definição 4
Uma transformação linear $T : V \rightarrow W$ é **sobrejetora** se todo elemento de W for a imagem de algum elemento $v \in V$.

Definição 5
Uma transformação linear $T: V \to W$ é **bijetora** se ela for injetora e sobrejetora.

Exemplo 2. A transformação linear $T: p_2(x) \to p_3(x)$ dada por $T(p(x)) = xp(x)$ é injetora, pois associa a cada polinômio $p(x) = a_0 + a_1x + a_2x^2 \in p_2(x)$ um polinômio distinto $T(p(x)) = a_0x + a_1x^2 + a_2x^3 \in p_3(x)$. Ela não é sobrejetora e, portanto, não é bijetora, porque nem todo polinômio em $p_3(x)$ é imagem de algum polinômio em $p_2(x)$ (por exemplo, um polinômio $b_1 + b_2x + b_3x^2 + b_4x^3$ não é imagem de um polinômio de $p_2(x)$).

Exemplo 3. A transformação linear nula $T: \mathbb{R}^2 \to \mathbb{R}$ dada por $T((x, y)) = 0$ não é injetora, pois associa 0 a qualquer elemento $v \in \mathbb{R}^2$, mas é bijetora, pois o contradomínio de T, dado por $\{0\}$, é imagem de todo elemento de V. Portanto, ela não é bijetora.

Exemplo 4. A transformação linear $T: \mathbb{R}^3 \to \mathbb{R}^3$ dada por $T((x, y, z)) = (x + z, y + z, 2z)$ é injetora e sobrejetora, pois associa a cada elemento do domínio uma imagem distinta e todos os elementos do contradomínio são a imagem de algum elemento do domínio. Portanto, ela é bijetora.

É interessante enunciar um teorema que estabelece a condição necessária e suficiente para que uma transformação linear tenha inversa.

Teorema 3
Uma transformação linear $T: V \to W$ tem inversa se, e somente se, ela for bijetora.

Esse teorema é demonstrado na Leitura Complementar 4.4.1.

4.4.3 Matriz de uma transformação linear inversa

No caso de uma transformação linear $T: V \to W$, que pode ser representada por $[T(v)]_{\bar{B}} = T_B^{\bar{B}}[v]_B$, onde $[v]_B$ são as coordenadas de um vetor $v \in V$ em uma base B de V, $[T(v)]_{\bar{B}}$ são as coordenadas de $T(v) \in W$ em uma base $\bar{B}$ de W e $T_B^{\bar{B}}$ é a matriz da transformação linear T da base B para a base $\bar{B}$, existirá inversa se pudermos escrever

$$[T(v)]_{\bar{B}} = T_B^{\bar{B}}[v]_B \Leftrightarrow \left(T_B^{\bar{B}}\right)^{-1}[T(v)]_{\bar{B}} = [v]_B,$$

isto é, se a matriz $T_B^{\bar{B}}$ tiver inversa. Para que a matriz $T_B^{\bar{B}}$ tenha inversa é necessário que ela seja quadrada, o que significa que os espaços vetoriais V e W da transformação linear $T: V \to W$ têm que ter a mesma dimensão. Isso estabelece alguns bons critérios para saber se uma transformação linear tem ou não inversa e nos fornece meios para determinar essa inversa.

Teorema 4
Para que uma transformação linear $T: V \to W$ tenha inversa é necessário que $\dim V = \dim W$.

Teorema 5

Uma transformação linear $T : V \to W$ representada por uma matriz $T_B^{\bar{B}}$ de uma base B de V para uma base $\bar{B}$ de W tem inversa se, e somente se, $T_B^{\bar{B}}$ tiver inversa, isto é, se $\det T_B^{\bar{B}} \neq 0$.

Exemplo 1. Consideremos a transformação linear $T : \mathcal{V}_2 \to \mathcal{V}_2$ que reflete um vetor $v = \binom{v_x}{v_y}$ em relação ao eixo y de um sistema de coordenadas cartesianas (representada na primeira figura abaixo). Escolhendo a base canônica

$$B = \left\{ \begin{pmatrix} 1 \\ 0 \end{pmatrix}, \begin{pmatrix} 0 \\ 1 \end{pmatrix} \right\}$$

para o domínio e o contradomínio de T, podemos escrever a transformação linear em termos da matriz

$$T_B^B = \begin{pmatrix} -1 & 0 \\ 0 & 1 \end{pmatrix},$$

pois assim

$$T(v) = T_B^B v = \begin{pmatrix} -1 & 0 \\ 0 & 1 \end{pmatrix} \begin{pmatrix} v_x \\ v_y \end{pmatrix} = \begin{pmatrix} -v_x \\ v_y \end{pmatrix}.$$

A matriz T_B^B tem inversa, pois $\det T_B^B = -1 \neq 0$ e ela pode ser calculada usando a matriz adjunta, obtendo

$$(T_B^{\bar{B}})^{-1} = \frac{1}{\det T_B^{\bar{B}}} \operatorname{adj} T_B^{\bar{B}} = \frac{1}{-1} \begin{pmatrix} 1 & 0 \\ 0 & -1 \end{pmatrix} = \begin{pmatrix} -1 & 0 \\ 0 & 1 \end{pmatrix},$$

ou seja, a matriz T_B^B é a inversa dela mesma. Por isso, T tem inversa, que é representada pela matriz

$$(T_B^B)^{-1} = \begin{pmatrix} -1 & 0 \\ 0 & 1 \end{pmatrix}.$$

Na segunda figura a seguir, aplicamos a inversa ao vetor $T(v)$, obtendo v novamente.

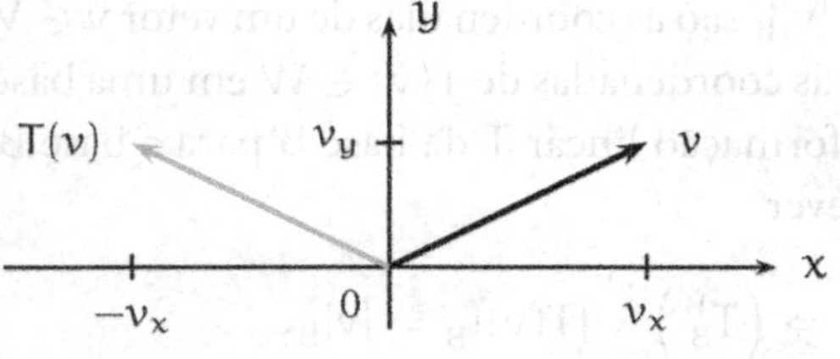

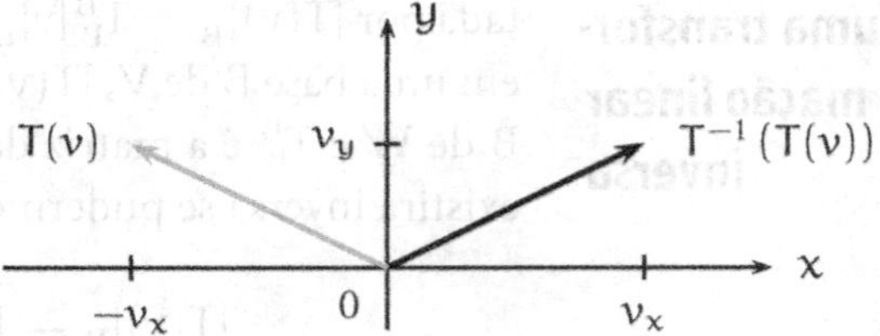

Exemplo 2. Consideremos a transformação linear $T : \mathcal{V}_2 \to \mathcal{V}_2$ que faz a projeção de um vetor $v = \binom{v_x}{v_y}$ sobre o eixo x de um sistema de coordenadas cartesianas (representada na figura ao lado). Escolhendo a base canônica

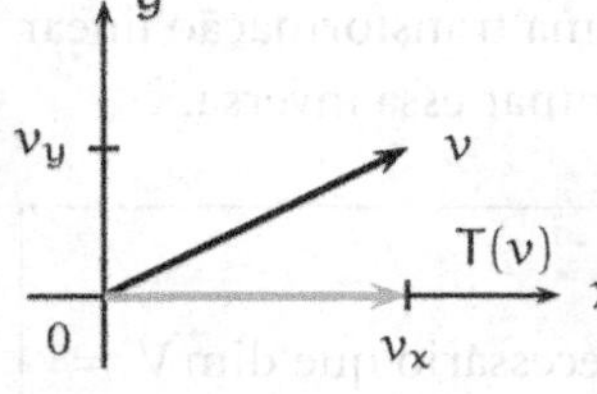

$$B = \left\{ \begin{pmatrix} 1 \\ 0 \end{pmatrix}, \begin{pmatrix} 0 \\ 1 \end{pmatrix} \right\}$$

para o domínio e o contradomínio de T, podemos escrever a transformação linear em termos da matriz

$$T_B^B = \begin{pmatrix} 1 & 0 \\ 0 & 0 \end{pmatrix},$$

pois assim

$$T(v) = T_B^B v = \begin{pmatrix} 1 & 0 \\ 0 & 0 \end{pmatrix} \begin{pmatrix} v_x \\ v_y \end{pmatrix} = \begin{pmatrix} v_x \\ 0 \end{pmatrix}.$$

A matriz T_B^B não tem inversa, pois $\det T_B^B = 0$, de modo que a transformação linear T também não tem inversa.

Os próximos exemplos consideram transformações lineares envolvendo domínios e imagens distintos uns dos outros.

Exemplo 3. Dada a transformação linear $T: p_2(x) \to \mathbb{R}^3$ tal que

$$T(a_0 + a_1 x + a_2 x^2) = (a_0 + a_1, a_1 - a_2, a_2 - a_0),$$

determine se essa transformação linear tem inversa e, se ela existir, qual é essa inversa.

SOLUÇÃO. Escolhendo as bases canônicas de $p_2(x)$ e $\mathbb{R}^3$, podemos escrever os vetores das coordenadas de um polinômio $p(x) = (a_0 + a_1 + a_2 x^2) \in p_2(x)$ e de uma terna ordenada $(x, y, z) = (a_0 + a_1, a_1 - a_2, a_2 + a_0) \in \mathbb{R}^4$:

$$[p(x)]_B = \begin{pmatrix} a_0 \\ a_1 \\ a_2 \end{pmatrix} \quad \text{e} \quad [(x, y, z)]_{\bar{B}} = \begin{pmatrix} a_0 + a_1 \\ a_1 - a_2 \\ a_2 + a_0 \end{pmatrix}.$$

A matriz que transforma um no outro tem que ser tal que

$$[(x, y, z)]_{\bar{B}} = T_B^{\bar{B}} [p(x)]_B$$

$$\Leftrightarrow \begin{pmatrix} a_0 + a_1 \\ a_1 - a_2 \\ a_2 + a_0 \end{pmatrix} = \begin{pmatrix} \alpha_{11} & \alpha_{12} & \alpha_{13} \\ \alpha_{21} & \alpha_{22} & \alpha_{23} \\ \alpha_{31} & \alpha_{32} & \alpha_{33} \end{pmatrix} \begin{pmatrix} a_0 \\ a_1 \\ a_2 \end{pmatrix} \Leftarrow T_B^{\bar{B}} = \begin{pmatrix} 1 & 1 & 0 \\ 0 & 1 & -1 \\ 1 & 0 & 1 \end{pmatrix}.$$

Como

$$\det T_B^{\bar{B}} = \begin{vmatrix} 1 & 1 & 0 \\ 0 & 1 & -1 \\ 1 & 0 & 1 \end{vmatrix} = (1 - 1 + 0) - (0 + 0 + 0) = 0,$$

essa matriz não tem inversa e, consequentemente, T também não tem inversa.

Exemplo 4. Dada a transformação linear $T: M_{2\times 2} \to M_{4\times 2}$ tal que

$$T\left(\begin{pmatrix} a_{11} & a_{12} \\ a_{21} & a_{22} \end{pmatrix}\right) = \begin{pmatrix} a_{11} \\ a_{12} \\ a_{21} \\ a_{22} \end{pmatrix},$$

determine se essa transformação linear tem inversa e, se ela existir, qual é essa inversa.

SOLUÇÃO. Utilizando as bases canônicas de $M_{2\times 2}$ e $M_{4\times 1}$, podemos escrever o vetor das coordenadas de uma matriz

$$A = \begin{pmatrix} a_{11} & a_{12} \\ a_{21} & a_{22} \end{pmatrix} \in M_{2\times 2} \quad \text{como} \quad [A]_B = \begin{pmatrix} a_{11} \\ a_{12} \\ a_{21} \\ a_{22} \end{pmatrix}$$

e o vetor das coordenadas de um vetor

$$v = \begin{pmatrix} a_{11} \\ a_{12} \\ a_{21} \\ a_{22} \end{pmatrix} \quad \text{como} \quad [v]_{\bar{B}} = \begin{pmatrix} a_{11} \\ a_{12} \\ a_{21} \\ a_{22} \end{pmatrix}.$$

A matriz que transforma uma coordenada na outra é

$$T_B^{\bar{B}} = \begin{pmatrix} 1 & 0 & 0 & 0 \\ 0 & 1 & 0 & 0 \\ 0 & 0 & 1 & 0 \\ 0 & 0 & 0 & 1 \end{pmatrix},$$

a matriz identidade, cuja inversa é ela mesma. Portanto, a transformação T dada não somente tem inversa, como ela é a inversa de si mesma.

O exemplo 4 mostra que os espaços vetoriais $M_{2\times 2}$ e $M_{4\times 1}$, ambos definidos sobre o mesmo corpo K, são ligados pela transformação linear dada. Como a transformação linear é bijetora, cada elemento do espaço $M_{2\times 2}$ está relacionado a um elemento distinto do espaço $M_{4\times 1}$ e vice-versa. Em casos como este, dizemos que os espaços vetoriais $M_{2\times 2}$ e $M_{4\times 1}$, definidos sobre o mesmo corpo, são *isomorfos* e T é chamada de *isomorfismo*.

Definição 6

Dada uma transformação linear $T: V \to W$ bijetora, então os espaços vetoriais V e W são **isomorfos** e T é um **isomorfismo.**

Exemplo 5. Espaços vetoriais isomorfos são, essencialmente, equivalentes. Por isso, é comum nos referirmos ao espaço vetorial v_n das matrizes $n \times 1$ como sendo o espaço $\mathbb{R}^n$, pois ambos estão ligados pela transformação bijetora T e por sua transformação linear inversa T^{-1}, dadas a seguir:

$$T\left(\begin{pmatrix} x_1 \\ x_2 \\ \vdots \\ v_n \end{pmatrix}\right) = (x_1, x_2, \cdots, x_n) \quad \text{e}$$

$$T^{-1}((x_1, x_2, \cdots, x_n)) = \begin{pmatrix} x_1 \\ x_2 \\ \vdots \\ x_n \end{pmatrix}.$$

Exemplo 6. Outros espaços vetoriais isomorfos são o espaço vetorial dos polinômios menores ou iguais a 3, $p_3(x)$, e o espaço vetorial v_4, ligados pela transformação linear bijetora T e sua transformação linear inversa T^{-1}, dadas a seguir:

$$T\left(a_0 + a_1x + a_2x^2 + a_3x^3\right) = \begin{pmatrix} a_0 \\ a_1 \\ a_2 \\ a_3 \end{pmatrix} \quad \text{e}$$

$$T^{-1}\left(\begin{pmatrix} a_0 \\ a_1 \\ a_2 \\ a_3 \end{pmatrix}\right) = a_0 + a_1x + a_2x^2 + a_3x^3.$$

Resumo

- **Composição de transformações lineares:** dadas as transformações lineares $T_1 : U \to V$ e $T_2 : V \to W$, a *composição* de T_2 com T_1 é dada por $(T_2 \circ T_1)(v) = T_2(T_1(v))$, onde $v \in U$.
- **Teorema 1:** dadas as transformações lineares $T_1 : U \to V$ e $T_2 : V \to W$, a composição de T_2 com T_1, escrita $(T_2 \circ T_1)(v)$, é uma transformação linear.
- **Teorema 2:** dadas as transformações lineares $T_1 : U \to V$ e $T_2 : V \to W$ e as bases B_1 de U, B_2 de V e B_3 de W, então $(T_2 \circ T_1)_{B_1}^{B_3} = T_{2B_2}^{B_3} T_{1B_1}^{B_2}$.
- **Transformação linear injetora:** uma transformação linear $T : V \to W$ é *injetora* se cada vetor $v \in V$ tem uma imagem $T(v) \in W$ distinta.
- **Transformação linear sobrejetora:** uma transformação linear $T : V \to W$ é *sobrejetora* se todo elemento de W é a imagem de algum elemento $v \in V$.
- **Transformação linear bijetora:** uma transformação linear $T : V \to W$ é *bijetora* se, e somente se, ela for injetora e sobrejetora.
- **Transformação linear inversa:** dada uma transformação linear $T : V \to W$ bijetora, então $T^{-1} : W \to V$ é a sua *transformação linear inversa* se $T \circ T^{-1} = T^{-1} \circ T = I$, onde I é a transformação identidade.
- **Teorema 3:** uma transformação linear $T : V \to W$ tem inversa se, e somente se, ela for bijetora.
- **Teorema 4:** para que uma transformação linear $T : V \to W$ tenha inversa é necessário que $\dim V = \dim W$.
- **Matriz de uma transformação linear inversa (teorema 5):** se uma transformação linear $T : V \to W$ pode ser representada por $[T(v)]_B = T_B^{\bar{B}}[v]_{\bar{B}}$, onde $[v]_B$ são as coordenadas de um vetor $v \in V$ em uma base B de V, $[T(v)]_{\bar{B}}$ são as coordenadas de $T(v) \in W$ em uma base $\bar{B}$ de W e $T_B^{\bar{B}}$ é a matriz da transformação linear T da base B para a base $\bar{B}$, existirá inversa se pudermos escrever $[T(v)]_B = T_B^{\bar{B}}[v]_{\bar{B}} \Leftrightarrow (T_B^{\bar{B}})^{-1}[T(v)]_B = [v]_{\bar{B}}$, isto é, se, e somente se, a matriz $T_B^{\bar{B}}$ tiver inversa ($\det T_B^{\bar{B}} \neq 0$).
- **Isomorfismo:** dada uma transformação linear $T : V \to W$ bijetora, então os espaços vetoriais V e W são *isomorfos* e T é um *isomorfismo*.

Exercícios

Nível 1

COMPOSIÇÃO DE TRANSFORMAÇÕES LINEARES

Exemplo 1. Dadas as transformações lineares $T_1 : \mathbb{R}^3 \to \nu_2$ dada por $T_1((x,y,z)) = \begin{pmatrix} x-y \\ y+z \end{pmatrix}$ e $T_2 : \nu_2 \to M_{2\times 2}$ dada por

$$T_2\left(\begin{pmatrix} \nu_x \\ \nu_y \end{pmatrix}\right) = \begin{pmatrix} \nu_x & \nu_x - \nu_y \\ \nu_x + \nu_y & \nu_y \end{pmatrix},$$

calcule $T_2 \circ T_1(\nu)$.

SOLUÇÃO. O cálculo é feito a seguir:

$$T_2 \circ T_1(\nu) = T_2(T_1((x,y,z))) = T_2\left(\begin{pmatrix} x-y \\ y+z \end{pmatrix}\right) = \begin{pmatrix} x-y & x-2y-z \\ x+z & y+z \end{pmatrix}.$$

E1) Considere as transformações lineares $T_1 : \mathbb{R}^2 \to \mathbb{R}^2$, $T_2 : \mathbb{R}^2 \to \nu_3$, $T_3 : \nu_3 \to p_2(x)$ e $T_4 : p_2(x) \to \mathbb{R}$, dadas por

$$T_1((a,b)) = (a+b, a-b),$$

$$T_2((a,b)) = \begin{pmatrix} a \\ 0 \\ -b \end{pmatrix}, \quad T_3\left(\begin{pmatrix} \nu_x \\ \nu_y \\ \nu_z \end{pmatrix}\right) = \nu_x + \nu_y x + \nu_z x^2 \quad \text{e}$$

$$T_4(a_0 + a_1 x + a_2 x^2) = a_0 + a_1 + a_2,$$

calcule:

a) $T_2 \circ T_1(\nu)$. b) $T_1 \circ T_2(\nu)$. c) $T_3 \circ T_2(\nu)$. d) $T_4 \circ T_3(\nu)$.
e) $T_4 \circ T_3 \circ T_2 \circ T_1(\nu)$.

Exemplo 2. Calcule as matrizes das transformações lineares do exemplo 1 sobre as bases canônicas B_1 de $\mathbb{R}^3$, B_2 de ν_2 e B_3 de $M_{2\times 2}$ e mostre que $T_{2B_3}^{B_2} T_{1B_1}^{B_2} = T_{12B_1}^{B_3}$, onde $T_{1B_1}^{B_2}$ é a matriz canônica de T_1 da base B_1 para a base B_2, $T_{2B_2}^{B_3}$ é a matriz canônica de T_2 da base B_2 para a base B_3 e $T_{12B_1}^{B_3}$ é a matriz canônica de $T_2 \circ T_1$ da base B_1 para a base B_3.

SOLUÇÃO. As coordenadas de um vetor $\nu_1 = (x,y,z) \in \mathbb{R}^3$ em termos da base $B_1 = \{(1,0,0),(0,1,0),(0,0,1)\}$ de $\mathbb{R}^3$ são

$$[\nu_1]_{B_1} = \begin{pmatrix} x \\ y \\ z \end{pmatrix}$$

e as coordenadas do vetor

$$T_1(\nu_1) = \begin{pmatrix} x-y \\ y+z \end{pmatrix} \in \nu_2$$

em termos da base canônica

$$B_2 = \left\{ \begin{pmatrix} 1 \\ 0 \end{pmatrix}, \begin{pmatrix} 0 \\ 1 \end{pmatrix} \right\}$$

são

$$[T_1(v_1)]_{B_2} = \begin{pmatrix} x-y \\ y+z \end{pmatrix}$$

e estão relacionadas por

$$[T_1(v_1)]_{B_2} = T_{1B_1}^{B_2}[v_1]_{B_1} \Leftarrow \begin{pmatrix} x-y \\ y+z \end{pmatrix} = \begin{pmatrix} 1 & -1 & 0 \\ 0 & 1 & 1 \end{pmatrix} \begin{pmatrix} x \\ y \\ z \end{pmatrix},$$

de modo que

$$T_{1B_1}^{B_2} = \begin{pmatrix} 1 & -1 & 0 \\ 0 & 1 & 1 \end{pmatrix}.$$

As coordenadas de um vetor

$$v_2 = \begin{pmatrix} v_x \\ v_y \end{pmatrix} \in v_2$$

em termos da base

$$B_2 = \left\{ \begin{pmatrix} 1 \\ 0 \end{pmatrix}, \begin{pmatrix} 0 \\ 1 \end{pmatrix} \right\}$$

de v_2 são

$$[v_2]_{B_2} = \begin{pmatrix} v_x \\ v_y \end{pmatrix}$$

e as coordenadas do vetor

$$T_2(v_2) = \begin{pmatrix} v_x & v_x - v_y \\ v_x + v_y & v_y \end{pmatrix} \in M_{2\times 2}$$

em termos da base

$$B_3 = \left\{ \begin{pmatrix} 1 & 0 \\ 0 & 0 \end{pmatrix}, \begin{pmatrix} 0 & 1 \\ 0 & 0 \end{pmatrix}, \begin{pmatrix} 0 & 0 \\ 1 & 0 \end{pmatrix}, \begin{pmatrix} 0 & 0 \\ 0 & 1 \end{pmatrix} \right\}$$

são

$$[T_2(v_2)]_{B_3} = \begin{pmatrix} v_x \\ v_x - v_y \\ v_x + v_y \\ v_y \end{pmatrix}$$

e estão relacionadas por

$$[T_2(v_2)]_{B_3} = T_{2B_2}^{B_3}[v_2]_{B_2} \Leftarrow \begin{pmatrix} v_x \\ v_x - v_y \\ v_x + v_y \\ v_y \end{pmatrix} = \begin{pmatrix} 1 & 0 \\ 1 & -1 \\ 1 & 1 \\ 0 & 1 \end{pmatrix} \begin{pmatrix} v_x \\ v_y \end{pmatrix},$$

de modo que

$$T_{2B_2}^{B_3} = \begin{pmatrix} 1 & 0 \\ 1 & -1 \\ 1 & 1 \\ 0 & 1 \end{pmatrix}.$$

Juntando essas duas matrizes, temos

$$T_{12B_1}^{B_3} = T_{2B_3}^{B_2} T_{1B_1}^{B_2} = \begin{pmatrix} 1 & 0 \\ 1 & -1 \\ 1 & 1 \\ 0 & 1 \end{pmatrix} \begin{pmatrix} 1 & -1 & 0 \\ 0 & 1 & 1 \end{pmatrix} = \begin{pmatrix} 1 & -1 & 0 \\ 1 & -2 & -1 \\ 1 & 0 & 1 \\ 0 & 1 & 1 \end{pmatrix}$$

tal que

$$T^{B_3}_{12B_1}[v_1]_{B_1} = \begin{pmatrix}1 & -1 & 0\\ 0 & 1 & 1\end{pmatrix} = \begin{pmatrix}1 & -1 & 0\\ 1 & -2 & -1\\ 1 & 0 & 1\\ 0 & 1 & 1\end{pmatrix}\begin{pmatrix}x\\ y\\ z\end{pmatrix} = \begin{pmatrix}x-y\\ x-2y-z\\ x+z\\ y+z\end{pmatrix},$$

que são as coordenadas de

$$T_2 \circ T_1(v_1) = \begin{pmatrix}x-y & x-2y-z\\ x+z & y+z\end{pmatrix}$$

na base canônica B_3.

E2) Considere as transformações lineares T_1 e T_2 do exercício E1.

a) Calcule as matrizes dessas transformações lineares baseadas nas bases canônicas

$$B_1 = \{(1,0),(0,1)\} \text{ de } \mathbb{R}^2 \quad \text{e} \quad B_2 = \left\{\begin{pmatrix}1\\0\end{pmatrix}, \begin{pmatrix}0\\1\end{pmatrix}\right\} \text{ de } v_2.$$

b) Mostre que $T^{B_2}_{2B_3} T^{B_2}_{1B_1} = T^{B_3}_{12B_1}$, onde $T^{B_2}_{1B_1}$ é a matriz canônica de T_1 da base B_1 para a base B_2, $T^{B_3}_{2B_2}$ é a matriz canônica de T_2 da base B_2 para a base B_3 e $T^{B_3}_{12B_1}$ é a matriz canônica de $T_2 \circ T_1$ da base B_1 para a base B_3.

TRANSFORMAÇÕES LINEARES INVERSAS

Exemplo 3. Determine se a transformação linear $T: v_3 \rightarrow v_3$ dada por

$$T\left(\begin{pmatrix}x\\ y\\ z\end{pmatrix}\right) = \begin{pmatrix}2x-y\\ y\\ y-z\end{pmatrix} \text{ é bijetora.}$$

SOLUÇÃO. Ela é bijetora, pois associa cada elemento do espaço vetorial v_3 em um elemento distinto de v_3 (é injetora) e todo elemento do contradomínio v_3 está associado a um elemento do domínio v_3 (é sobrejetora).

E3) Verifique se as seguintes transformações lineares são bijetoras.

a) $T_1((a,b)) = (a+b, a-b)$. b) $T_2((a,b)) = \begin{pmatrix}a\\ 0\\ -b\end{pmatrix}$.

c) $T_3\left(\begin{pmatrix}v_x\\ v_y\\ v_z\end{pmatrix}\right) = v_x + v_y x + v_z x^2$.

d) $T_4(a_0 + a_1 x + a_2 x^2) = a_0 + a_1 + a_2$.

e) $T_5((a,b,c)) = (2a, -b, 0)$.

f) $T_6(A) = \operatorname{adj} A$, onde $A \in M_{2\times 2}$.

g) $T_7(A) = \operatorname{tr} A$, onde $A \in M_{3\times 3}$.

Exemplo 4. Determine se a transformação linear do exemplo 3 tem inversa e, se ela existir, calcule essa inversa.

Solução. Ela tem inversa, pois é bijetora. A matriz da transformação linear em questão em relação à base canônica de v_3 é

$$T_{B_1}^{B_2} = \begin{pmatrix} 2 & -1 & 0 \\ 0 & 1 & 0 \\ 0 & 1 & -1 \end{pmatrix},$$

pois

$$\begin{pmatrix} 2 & -1 & 0 \\ 0 & 1 & 0 \\ 0 & 1 & -1 \end{pmatrix} \begin{pmatrix} x \\ y \\ z \end{pmatrix} = \begin{pmatrix} 2x - y \\ y \\ y - z \end{pmatrix}.$$

Calculamos a inversa dessa matriz usando o método de Gauss-Jordan:

$$\left(\begin{array}{ccc|ccc} 2 & -1 & 0 & 1 & 0 & 0 \\ 0 & 1 & 0 & 0 & 1 & 0 \\ 0 & 1 & -1 & 0 & 0 & 1 \end{array}\right) \begin{array}{l} L_1/2 \\ L_2 \\ L_3 \end{array} \sim \left(\begin{array}{ccc|ccc} 1 & -1/2 & 0 & 1/2 & 0 & 0 \\ 0 & 1 & 0 & 0 & 1 & 0 \\ 0 & 1 & -1 & 0 & 0 & 1 \end{array}\right) \begin{array}{l} L_1 + (1/2)L_2 \\ L_2 \\ L_3 - L_2 \end{array}$$

$$\sim \left(\begin{array}{ccc|ccc} 1 & 0 & 0 & 1/2 & 1/2 & 0 \\ 0 & 1 & 0 & 0 & 1 & 0 \\ 0 & 0 & -1 & 0 & -1 & 1 \end{array}\right) \begin{array}{l} L_1 \\ L_2 \\ L_3/(-1) \end{array} \sim \left(\begin{array}{ccc|ccc} 1 & 0 & 0 & 1/2 & 1/2 & 0 \\ 0 & 1 & 0 & 0 & 1 & 0 \\ 0 & 0 & 1 & 0 & 1 & -1 \end{array}\right).$$

Portanto,

$$\left(T_{B_1}^{B_2}\right)^{-1} = \begin{pmatrix} 1/2 & 1/2 & 0 \\ 0 & 1 & 0 \\ 0 & 1 & -1 \end{pmatrix}$$

e a transformação linear inversa é dada por

$$T^{-1}\left(\begin{pmatrix} x \\ y \\ z \end{pmatrix}\right) = \begin{pmatrix} (1/2)x + (1/2)y \\ y \\ y - z \end{pmatrix}.$$

E4) Verifique se as transformações lineares do exercício E3 têm inversas. Caso existam, calcule essas inversas.

Isomorfismos

Exemplo 5. Verifique se a transformação linear do exemplo 3 é um isomorfismo.

Solução. Como a transformação linear $T : v_3 \to v_3$ é bijetora, então ela é um isomorfismo entre o espaço vetorial v_3 e ele mesmo.

E5) Verifique se as transformações lineares do exercício E3 são isomorfismos e, caso o sejam, entre quais espaços vetoriais.

Nível 2

E1) (Leitura Complementar 4.1.1) Considere as transformações lineares $T_1 : p_2(x) \to p_3(x)$ e $T_2 : p_3(x) \to p_2(x)$ dadas por $T_1(p(x)) = xp(x)$ e $T_2(p(x)) = p'(x)$.

a) Calcule $T_2 \circ T_1(v), v \in p_2(x)$.

b) Calcule as matrizes das transformações lineares T_1 e T_2 em relação às bases canônicas B_1 de $p_2(x)$ e B_2 de $p_3(x)$.

c) Usando as matrizes calculadas no item b, calcule a matriz da transformação canônica $T_2 \circ T_1$ em relação à base B_1 já citada.

d) Calcule a transformação inversa de $T_2 \circ T_1$, se houver.

E2) (Leitura Complementar 4.2.1) Calcule a transformação linear resultante das seguintes operações sobre um vetor $v \in v_2$:

a) uma reflexão em torno do eixo x seguida de uma projeção sobre o eixo y.

b) uma rotação de 60° no sentido anti-horário seguida de uma reflexão em relação ao eixo $y = x$.

c) um cisalhamento de 2 na direção y seguido de uma rotação de 30° no sentido anti-horário.

d) uma expansão de fator 3 na direção x seguida de uma projeção sobre o eixo $y = x$.

Nível 3

E1) Dada uma $T : V \to V$ tal que $T \circ T = I$ (a transformação linear identidade), prove que v e $T(v)$ são linearmente dependentes se, e somente se, $T(v) = \pm v$.

E2) Dada uma $T : V \to V$ tal que $T \circ T = T$ (a transformação linear identidade), prove que v e $T(v)$ são linearmente dependentes se, e somente se, $T(v) = 0$ ou $T(v) = v$.

E3) Mostre que $P \circ P = P$ se P for uma projeção de um vetor $v \in v_2$ sobre uma reta $y = ax$.

E4) (Leitura Complementar 4.2.1) Mostre que, se R_θ é a rotação em torno da origem do $\mathbb{R}^2$ de um ângulo θ no sentido anti-horário, então $R_\alpha \circ R_\beta = R_{\alpha+\beta}$.

E5) (Leitura Complementar 4.2.1) Considere duas retas, $y = ax$ e $y = bx$ e as transformações lineares F_a e F_b, sendo elas as reflexões de um vetor $v \in v_2$ em relação à primeira e à segunda retas, respectivamente. Mostre que $F_a \circ F_b = R_{2\theta}$, onde θ é o ângulo entre essas duas retas.

Respostas

NÍVEL 1

E1) a) $T_2 \circ T_1((a, b)) = \begin{pmatrix} a+b \\ 0 \\ -a+b \end{pmatrix}$. b) Não é possível fazer a composição $T_1 \circ T_2(v)$.

c) $T_3 \circ T_2((a,b)) = a - bx^2$. d) $T_4 \circ T_3\left(\begin{pmatrix} v_x \\ v_y \\ v_z \end{pmatrix}\right) = v_x + v_y + v_z$.

e) $T_4 \circ T_3 \circ T_2 \circ T_1((a,b)) = 2b$.

E2) a) $T_{1B_1}^{B_2} = \begin{pmatrix} 1 & 1 \\ 1 & -1 \end{pmatrix}$ e $T_{2B_2}^{B_3} = \begin{pmatrix} 1 & 0 \\ 0 & 0 \\ 0 & -1 \end{pmatrix}$.

b) $T_{12B_1}^{B_3} = \begin{pmatrix} 1 & 1 \\ 0 & 0 \\ -1 & 1 \end{pmatrix}$ e $T_{12B_1}^{B_3}[v_1]_{B_1} = \begin{pmatrix} 1 & 1 \\ 0 & 0 \\ -1 & 1 \end{pmatrix}\begin{pmatrix} a \\ b \end{pmatrix} = \begin{pmatrix} a+b \\ 0 \\ -a+b \end{pmatrix}$,

que são as coordenadas de $T_2 \circ T_1 = \begin{pmatrix} a+b \\ 0 \\ -a+b \end{pmatrix}$ em termos da base canônica B_3.

E3) a) É bijetora. b) Não é bijetora. c) É bijetora. d) Não é bijetora. e) Não é bijetora. f) É bijetora. g) Não é bijetora.

E4) a) Tem inversa, dada por $T_1^{-1}((a,b)) = \left(\frac{a+b}{2}, \frac{a-b}{2}\right)$. b) Não tem inversa.

c) Tem inversa, dada por $T_3^{-1}(a_0 + a_1x + a_2x^2) = \begin{pmatrix} a_0 \\ a_1 \\ a_2 \end{pmatrix}$. d) Não tem inversa.

e) Não tem inversa. f) Tem inversa, dada por $T_6^{-1}(A) = \operatorname{adj} A$. g) Não tem inversa.

E5) a) É um isomorfismo entre o $\mathbb{R}^2$ e ele mesmo. b) Não é um isomorfismo.
c) É um isomorfismo entre v_3 e $p_2(x)$. d) Não é um isomorfismo.
e) Não é um isomorfismo. f) É um isomorfismo entre o $M_{2\times 2}$ e ele mesmo.
g) Não é um isomorfismo.

NÍVEL 2

E1) a) $T_2 \circ T_1(a_0 + a_1x + a_2x^2) = a_0 + 2a_1x + 3a_2x^2$.

b) $T_{1B_1}^{B_2} = \begin{pmatrix} 0 & 0 & 0 \\ 1 & 0 & 0 \\ 0 & 1 & 0 \\ 0 & 0 & 1 \end{pmatrix}$ e $T_{2B_2}^{B_1} = \begin{pmatrix} 0 & 1 & 0 & 0 \\ 0 & 0 & 2 & 0 \\ 0 & 0 & 0 & 3 \end{pmatrix}$.

c) $T_{12B_1}^{B_1} = \begin{pmatrix} 1 & 0 & 0 \\ 0 & 2 & 0 \\ 0 & 0 & 3 \end{pmatrix}$. d) $(T_2 \circ T_1)^{-1}(a_0 + a_1x + a_2x^2) = a_0 + \frac{a_1}{2}x + \frac{a_2}{3}x^2$.

E2) a) $T_2 \circ T_1\left(\begin{pmatrix} v_x \\ v_y \end{pmatrix}\right) = \begin{pmatrix} 0 \\ v_y \end{pmatrix}$. b) $T_2 \circ T_1\left(\begin{pmatrix} v_x \\ v_y \end{pmatrix}\right) = \frac{1}{2}\begin{pmatrix} -v_x + \sqrt{3}v_y \\ \sqrt{3}v_x + v_y \end{pmatrix}$.

c) $T_2 \circ T_1\left(\begin{pmatrix} v_x \\ v_y \end{pmatrix}\right) = \frac{1}{2}\begin{pmatrix} v_x + (2+\sqrt{3})v_y \\ -\sqrt{3}v_x - (2\sqrt{3}-1)v_y \end{pmatrix}$. d) $T_2 \circ T_1\left(\begin{pmatrix} v_x \\ v_y \end{pmatrix}\right) = \frac{1}{2}\begin{pmatrix} 3v_x + v_y \\ 3v_x + v_y \end{pmatrix}$.

NÍVEL 3

E1) Os vetores v e $T(v)$ serão linearmente dependentes se $\alpha v + \beta T(v) = 0$ para algum $\alpha \neq 0$ e/ou $\beta \neq 0$. Aplicando a transformação linear sobre essa combinação linear, temos

$$T(\alpha v) + T \circ T(v) = T(0) \Leftrightarrow \alpha T(v) + \beta v = 0,$$

porque $T \circ T = I$ (por hipótese) e $T(0) = 0$ para qualquer transformação linear. Portanto, para que v e $T(v)$ sejam linearmente dependentes, devemos ter

$$\begin{cases} \alpha v + \beta T(v) = 0 \\ \alpha T(v) + \beta v = 0 \end{cases}$$

para α e β não nulos simultaneamente. Este é um sistema de duas equações com duas incógnitas (α e β) cuja matriz expandida fica

$$\begin{pmatrix} v & T(v) & 0 \\ T(v) & v & 0 \end{pmatrix}.$$

Esse sistema homogêneo só não terá solução única $\alpha = \beta = 0$ se

$$\det\begin{pmatrix} v & T(v) \\ T(v) & v \end{pmatrix} = 0 \Leftrightarrow v^2 - T^2(v) = 0 \Leftrightarrow T^2(v) = v^2 \Leftrightarrow T(v) = \pm v.$$

E2) Os vetores v e $T(v)$ serão linearmente dependentes se $\alpha v + \beta T(v) = 0$ para algum $\alpha \neq 0$ e/ou $\beta \neq 0$. Aplicando a transformação linear sobre essa combinação linear, temos

$$T(\alpha v) + T \circ T(v) = T(0) \Leftrightarrow \alpha T(v) + \beta T(v) = 0 \Leftrightarrow (\alpha + \beta)T(v) = 0,$$

isto porque $T \circ T = T$ (por hipótese) e $T(0) = 0$ para qualquer transformação linear. Como α e β não podem ser ambos nulos, para que v e $T(v)$ sejam linearmente dependentes, devemos ter $T(v) = 0$ ou $\alpha = -\beta$, de modo que $\alpha v + \beta T(v) = 0 \Leftrightarrow -\beta v + \beta T(v) = 0 \Leftrightarrow T(v) = v$.

E3) A projeção P de um vetor $v \in \mathcal{V}_2$ sobre uma reta é dada (exercício E6 do nível 3 do capítulo anterior) pela matriz canônica $A = \frac{1}{1+a^2}\begin{pmatrix} 1 & a \\ a & a^2 \end{pmatrix}$. Aplicando essa matriz duas vezes sobre um vetor v, obtemos

$$AA = \frac{1}{1+a^2}\begin{pmatrix} 1 & a \\ a & a^2 \end{pmatrix} \cdot \frac{1}{1+a^2}\begin{pmatrix} 1 & a \\ a & a^2 \end{pmatrix} = \frac{1}{(1+a^2)^2}\begin{pmatrix} 1+a^2 & a+a^3 \\ a+a^3 & a^2+a^4 \end{pmatrix}$$

$$= \frac{1}{(1+a^2)^2}\begin{pmatrix} 1+a^2 & a(1+a^2) \\ a(1+a^2) & a^2(1++a^2) \end{pmatrix} = \frac{1}{1+a^2}\begin{pmatrix} 1 & a \\ a & a^2 \end{pmatrix} = A,$$

de modo que $P \circ P = P$.

E4) A rotação R_θ é representada pela matriz canônica $A_\theta = \begin{pmatrix} \cos\theta & \operatorname{sen}\theta \\ -\operatorname{sen}\theta & \cos\theta \end{pmatrix}$. Usando essa matriz, temos

$$A_\alpha A_\beta(v) = \begin{pmatrix} \cos\alpha & \operatorname{sen}\alpha \\ -\operatorname{sen}\alpha & \cos\alpha \end{pmatrix}\begin{pmatrix} \cos\beta & \operatorname{sen}\beta \\ -\operatorname{sen}\beta & \cos\beta \end{pmatrix}\begin{pmatrix} v_x \\ v_y \end{pmatrix}$$

$$= \begin{pmatrix} \cos\alpha\cos\beta - \operatorname{sen}\alpha\operatorname{sen}\beta & \cos\alpha\operatorname{sen}\beta + \operatorname{sen}\alpha\cos\beta \\ -\operatorname{sen}\alpha\cos\beta - \cos\alpha\operatorname{sen}\beta & -\operatorname{sen}\alpha\operatorname{sen}\beta + \cos\alpha\cos\beta \end{pmatrix}\begin{pmatrix} v_x \\ v_y \end{pmatrix}$$

$$= \begin{pmatrix} \cos(\alpha+\beta) & \operatorname{sen}(\alpha+\beta) \\ -\operatorname{sen}(\alpha+\beta) & \cos(\alpha+\beta) \end{pmatrix}\begin{pmatrix} v_x \\ v_y \end{pmatrix} = A_{\alpha+\beta}(v),$$

de modo que $R_\alpha \circ R_\beta = R_{\alpha+\beta}$.

E5) Já sabemos do exercício 7 (nível 3) do capítulo passado que a reflexão de um vetor $v \in \mathcal{V}_2$ em relação a uma reta $y = ax$ é representada pela matriz canônica

$$A = \frac{1}{1+a^2}\begin{pmatrix} 1-a^2 & 2a \\ 2a & a^2-1 \end{pmatrix}.$$

Uma reflexão em relação a uma reta $y = bx$ fica, então, representada por

$$B = \frac{1}{1+b^2}\begin{pmatrix} 1-b^2 & 2b \\ 2b & b^2-1 \end{pmatrix}.$$

Temos, então,

$$AB = \frac{1}{1+a^2}\begin{pmatrix} 1-a^2 & 2a \\ 2a & a^2-1 \end{pmatrix} \frac{1}{1+b^2}\begin{pmatrix} 1-b^2 & 2b \\ 2b & b^2-1 \end{pmatrix}$$

$$= \frac{1}{(1+a^2)(1+b^2)}\begin{pmatrix} 1-a^2-b^2+a^2b^2+4ab & 2b-2a^2b+2ab^2-2a \\ 2a-2ab^2+2a^2b-2b & 4ab+a^2b^2-a^2-b^2+1 \end{pmatrix}.$$

A primeira reta pode ser representada pelo vetor $r = \binom{1}{a}$ e a segunda reta pode ser representada pelo vetor $s = \binom{1}{b}$. O ângulo θ entre elas pode ser escrito por meio de

$$\cos\theta = \frac{\langle r, s\rangle}{||r||\,||s||} = \frac{1+ab}{\sqrt{1+a^2}\sqrt{1+b^2}} \Rightarrow \cos^2\theta = \frac{1+2ab+a^2b^2}{(1+a^2)(1+b^2)}.$$

O seno desse ângulo fica

$$\begin{aligned}
\operatorname{sen}\theta &= \sqrt{1-\cos^2\theta} = \sqrt{1-\frac{1+2ab+a^2b^2}{(1+a^2)(1+b^2)}} \\
&= \sqrt{\frac{1+a^2+b^2+a^2b^2-1-2ab-a^2b^2}{(1+a^2)(1+b^2)}} = \frac{\sqrt{a^2+b^2-2ab}}{\sqrt{1+a^2}\sqrt{1+b^2}} \\
&= \frac{\sqrt{(a-b)^2}}{\sqrt{1+a^2}\sqrt{1+b^2}} = \frac{|a-b|}{\sqrt{1+a^2}\sqrt{1+b^2}}.
\end{aligned}$$

Podemos considerar, sem perda de generalidade, que $a \geqslant b$, de modo que

$$\operatorname{sen}\theta = \frac{a-b}{\sqrt{1+a^2}\sqrt{1+b^2}}.$$

Agora, vamos calcular $\cos(2\theta)$ e $\operatorname{sen}(2\theta)$:

$$\begin{aligned}
\cos(2\theta) &= \cos\theta\cdot\cos\theta - \operatorname{sen}\theta\cdot\operatorname{sen}\theta = \cos^2\theta - \operatorname{sen}^2\theta \\
&= \frac{1+2ab+a^2b^2}{(1+a^2)(1+b^2)} - \frac{a^2+b^2-2ab}{(1+a^2)(1+b^2)} = \frac{1+4ab+a^2b^2-a^2-b^2}{(1+a^2)(a+b^2)}, \\
\operatorname{sen}(2\theta) &= \operatorname{sen}\theta\cdot\cos\theta + \cos\theta\operatorname{sen}\theta = 2\cos\theta\operatorname{sen}\theta \\
&= \frac{2(1+ab)(a-b)}{(1+a^2)(1+b^2)} = \frac{2(a-b+a^2b-ab^2)}{(1+a^2)(1+b^2)}.
\end{aligned}$$

A rotação R_θ pode, então, ser representada por

$$\begin{aligned}
C &= \begin{pmatrix} \cos(2\theta) & \operatorname{sen}(2\theta) \\ -\operatorname{sen}(2\theta) & \cos(2\theta)\end{pmatrix} \\
&= \frac{1}{(1+a^2)(1+b^2)}\begin{pmatrix} 1+4ab+a^2b^2-a^2-b^2 & 2(a-b+a^2b-ab^2) \\ -2(a-b+a^2b-ab^2) & 1+4ab+a^2b^2-a^2-b^2\end{pmatrix} \\
&= AB,
\end{aligned}$$

de modo que $F_a \circ F_b = R_{2\theta}$.

4.5 Autovalores e autovetores

Neste capítulo, veremos uma aplicação muito importante da álgebra linear: os autovalores e autovetores, que são usados desde a estatística e a dinâmica econômica até a mecânica quântica. Autovalores e autovetores também serão utilizados na diagonalização de matrizes (Capítulo 4.6) e na classificação de formas quadráticas (Módulo 5). Este capítulo e o próximo podem ser vistos sem a necessidade do estudo dos capítulos anteriores deste módulo.

4.5.1 Introdução

Como vimos nos quatro capítulos anteriores, transformações lineares podem ser visualizadas como a aplicação de uma matriz (a chamada *matriz da transformação linear*) sobre um vetor (um elemento de um espaço vetorial). A aplicação de uma transformação linear sobre um vetor pode ter diversos efeitos. Entre eles, ela pode girar o vetor ou mudar seu módulo. Um tipo especial de transformação linear tem o único efeito de mudar o módulo e talvez o sentido de um determinado conjunto de vetores. É esse tipo de situação que analisaremos neste capítulo.

Podemos falar sobre o produto de uma matriz por um vetor sem a necessidade de considerá-la o efeito da matriz de uma transformação linear sobre um vetor. Por isso, este capítulo e o próximo não exigem o conhecimento dos capítulos anteriores deste módulo e podem ser vistos de forma independente daqueles capítulos.

Consideremos o efeito de multiplicar uma matriz (pela esquerda) por um vetor. Os exemplos a seguir mostram o efeito disto para uma mesma matriz e dois vetores distintos.

Exemplo 1. Dada a matriz

$$A = \begin{pmatrix} 2 & -1 \\ 0 & 3 \end{pmatrix}$$

e o vetor $v = \binom{2}{1}$, calcule Av e represente v e Av no mesmo gráfico.

Solução. Temos $Av = \begin{pmatrix} 2 & -1 \\ 0 & 3 \end{pmatrix}\begin{pmatrix} 2 \\ 1 \end{pmatrix} = \begin{pmatrix} 3 \\ 3 \end{pmatrix}$.

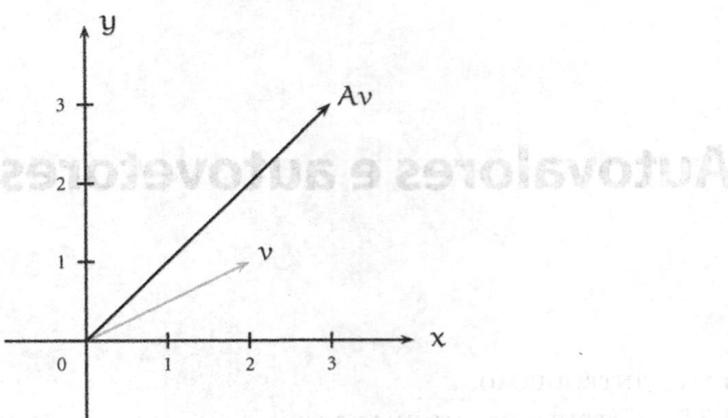

Exemplo 2. Dada a matriz

$$A = \begin{pmatrix} 2 & -1 \\ 0 & 3 \end{pmatrix}$$

e o vetor $v = \binom{1}{-1}$, calcule Av e represente v e Av no mesmo gráfico.

SOLUÇÃO. Temos $Av = \begin{pmatrix} 2 & -1 \\ 0 & 3 \end{pmatrix} \begin{pmatrix} 1 \\ -1 \end{pmatrix} = \begin{pmatrix} 3 \\ -3 \end{pmatrix}$.

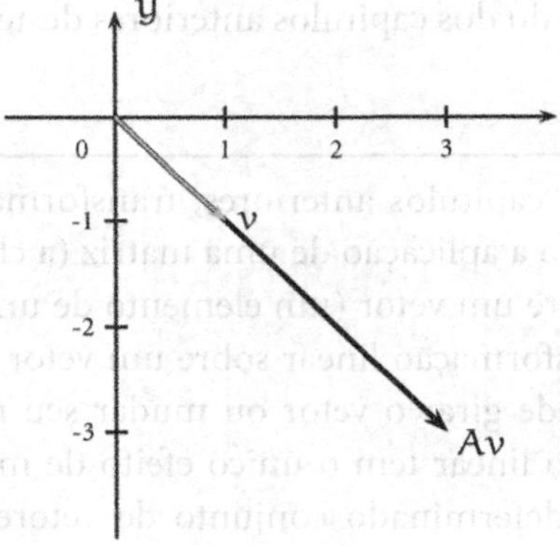

No exemplo 1, o efeito da matriz sobre o vetor v foi alterar tanto sua direção quanto seu módulo. É como se a matriz ao mesmo tempo girasse o vetor e o fizesse mais longo. No exemplo 2, o único efeito da matriz sobre o vetor foi mudar seu módulo: a direção do vetor permaneceu inalterada. Observe, então, que no exemplo 2, $Av = 3v$. Consideremos mais dois exemplos, envolvendo, dessa vez, uma matriz 3×3.

Exemplo 3. Dada a matriz

$$A = \begin{pmatrix} 1 & 2 & 0 \\ 0 & 2 & 0 \\ 3 & -4 & -1 \end{pmatrix}$$

e o vetor

$$v = \begin{pmatrix} 1 \\ -1 \\ 1 \end{pmatrix},$$

calcule Av e represente v e Av no mesmo gráfico.

Solução. Temos $Av = \begin{pmatrix} 1 & 2 & 0 \\ 0 & 2 & 0 \\ 3 & -4 & -1 \end{pmatrix} \begin{pmatrix} 3 \\ 1 \\ 1 \end{pmatrix} = \begin{pmatrix} 5 \\ 2 \\ 4 \end{pmatrix}$.

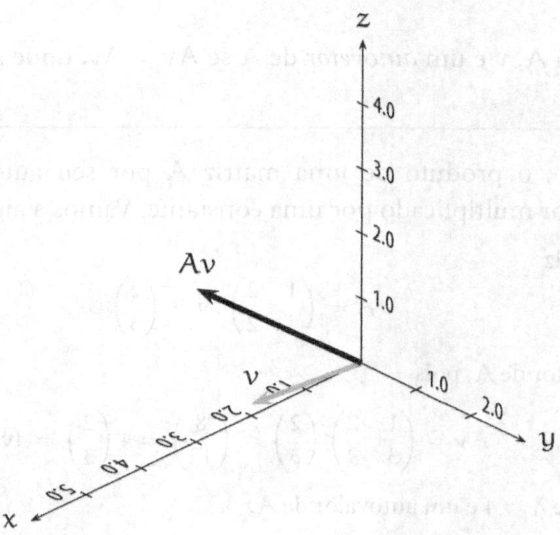

Exemplo 4. Dada a matriz

$$A = \begin{pmatrix} 1 & 2 & 0 \\ 0 & 2 & 0 \\ 3 & -4 & -1 \end{pmatrix}$$

e o vetor

$$v = \begin{pmatrix} 0 \\ 0 \\ 1 \end{pmatrix},$$

calcule Av e represente v e Av no mesmo gráfico.

Solução. Temos $Av = \begin{pmatrix} 1 & 2 & 0 \\ 0 & 2 & 0 \\ 3 & -4 & -1 \end{pmatrix} \begin{pmatrix} 0 \\ 0 \\ 1 \end{pmatrix} = \begin{pmatrix} 0 \\ 0 \\ -1 \end{pmatrix}$.

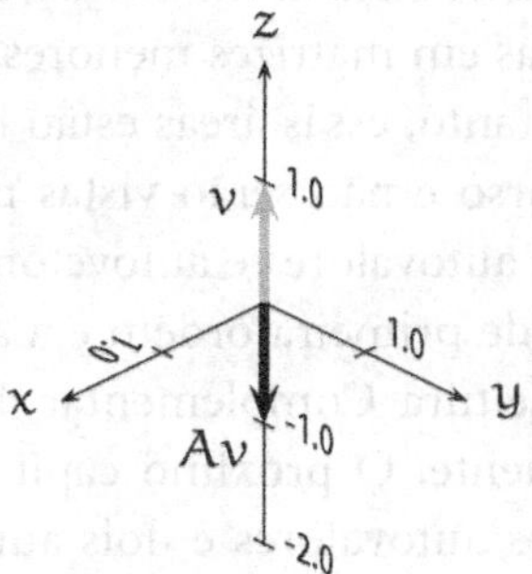

No primeiro caso (exemplo 3), a matriz A muda a direção, o sentido e o módulo do vetor v. No segundo caso (exemplo 4), somente o sentido do vetor é mudado: temos que $Av = -v$. Se aplicarmos a matriz A a diversos outros vetores, poderemos ver que somente em casos muito particulares teremos algo como $Av = \lambda v$, onde λ é um número real. A esses vetores especiais chamamos *autovetores* da matriz A e os números λ são chamados seus *autovalores*.

Definição 1
Dada uma matriz quadrada A, v é um *autovetor* de A se $Av = \lambda v$, onde λ é um número chamado *autovalor* de A.[1]

Portanto, o produto de uma matriz A por seu autovetor resulta no mesmo vetor multiplicado por uma constante. Vamos a alguns exemplos.

Exemplo 5. Dada a matriz

$$A = \begin{pmatrix} 1 & 2 \\ 3 & 2 \end{pmatrix}, v = \begin{pmatrix} 2 \\ 3 \end{pmatrix}$$

é um autovetor de A, pois

$$Av = \begin{pmatrix} 1 & 2 \\ 3 & 2 \end{pmatrix} \begin{pmatrix} 2 \\ 3 \end{pmatrix} = \begin{pmatrix} 8 \\ 12 \end{pmatrix} = 4 \begin{pmatrix} 2 \\ 3 \end{pmatrix} = 4v,$$

de modo que $\lambda = 4$ é um autovalor de A.

Exemplo 6. Dada a matriz

$$A = \begin{pmatrix} 4 & 1 & -1 \\ 2 & 5 & -2 \\ 1 & 1 & 2 \end{pmatrix}, \quad v = \begin{pmatrix} 1 \\ 2 \\ 1 \end{pmatrix}$$

é um autovetor de A, pois

$$Av = \begin{pmatrix} 4 & 1 & -1 \\ 2 & 5 & -2 \\ 1 & 1 & 2 \end{pmatrix} \begin{pmatrix} 1 \\ 2 \\ 1 \end{pmatrix} = \begin{pmatrix} 5 \\ 10 \\ 5 \end{pmatrix} = 5 \begin{pmatrix} 1 \\ 2 \\ 1 \end{pmatrix} = 5v,$$

sendo $\lambda = 5$ um autovalor de A.

Até agora não apresentamos aplicação alguma de autovalores e autovetores. No entanto, eles são muito importantes em modelos econômicos dinâmicos, na resolução de sistemas das chamadas equações diferenciais e de equações a diferenças, em análise estatística multivariada, na quebra de uma matriz com muitas linhas e colunas em matrizes menores, em econometria e em diversas outras áreas. No entanto, essas áreas estão bem acima do conhecimento adquirido até este curso e não serão vistas no texto principal deste capítulo. Duas aplicações de autovalores e autovetores, a resolução de sistemas de equações diferenciais de primeira ordem e a análise de componentes principais, são feitas na Leitura Complementar 4.5.1 e na Leitura Complementar 4.5.2, respectivamente. O próximo capítulo trata também de outra aplicação importante dos autovalores e dois autovetores, que é a diagonalização de matrizes.

1. Existe mais de uma tradução utilizada para as palavras originais *eigenvector* e *eigenvalue*, que são elas mesmas uma mistura do alemão *eigen* (auto, próprio) com as palavras inglesas *vector* (vetor) e *value* (valor). A palavra *eigenvector* às vezes é traduzida como "vetor próprio" ou "vetor característico", o mesmo valendo para *eigenvalue*, que também é traduzida como "valor próprio" ou "valor característico".

4.5.2 Cálculo de autovalores

Como calcular autovalores e autovetores de uma matriz? Nesta seção e na próxima, mostraremos como fazê-lo. Comecemos com a definição de um autovalor e de um autovetor de uma matriz A $n \times n$: $Av = \lambda v$. Podemos escrever $Av = \lambda v \Leftrightarrow Av - \lambda v = 0_n$, onde 0_n é o vetor nulo $n \times 1$:

$$0_n = \begin{pmatrix} 0 \\ 0 \\ \vdots \\ 0 \end{pmatrix}.$$

Para que possamos colocar v em evidência, temos que escrever $\lambda v = \lambda I_n v$, onde I_n é a matriz identidade. Como A é uma matriz $n \times n$, podemos escrever

$$Av = \lambda v \Leftrightarrow Av - \lambda v = 0_n \Leftrightarrow (A - \lambda I_n)v = 0_n.$$

Escrevemos $\lambda v = \lambda I_n v$ porque só podemos somar (ou subtrair) matrizes com outras matrizes de mesma ordem, sendo que λI_n é uma matriz, enquanto λ é um número.

Podemos encarar a última equação como um sistema de equações lineares, onde $A - \lambda I_n$ é a matriz dos coeficientes e v é o vetor das incógnitas. Como vimos no Capítulo 1.4, um sistema de equações lineares, que pode ser escrito em forma matricial $AX = B$, pode ser resolvido multiplicando os dois lados da expressão, pela esquerda, pela matriz inversa A^{-1}, quando A admite inversa, ficando com

$$AX = B \Leftrightarrow A^{-1}AX = A^{-1}B \Leftrightarrow I_n X = A^{-1}B \Leftrightarrow X = A^{-1}B.$$

No nosso caso particular, se $A - \lambda I_n$ admite inversa, então podemos escrever

$$(A-\lambda I_n)v = 0_n \Leftrightarrow (A-\lambda I_n)^{-1}(A-\lambda I_n)v = (A-\lambda I_n)^{-1}0_n \Leftrightarrow v = 0_n.$$

Portanto, se $A - \lambda I_n$ admite inversa, então a única solução possível é o vetor nulo (solução trivial).

Sendo assim, a única possibilidade de termos uma solução não trivial é se $A - \lambda I_n$ não admitir inversa, o que só ocorre se o determinante dessa matriz for nulo. Isto significa que devemos ter

$$\boxed{\det(A - \lambda I_n) = 0}.$$

Esta equação é chamada *equação característica* e envolve somente a matriz A e o número λ, sendo que o vetor v não está envolvido. Vejamos agora exemplos do uso dessa equação na determinação de autovalores de uma matriz.

Exemplo 1. Determine os autovalores da matriz $A = \begin{pmatrix} 1 & 2 \\ 3 & 2 \end{pmatrix}$.

Solução. Começamos calculando

$$A-\lambda I_2=\begin{pmatrix}1&2\\3&2\end{pmatrix}-\lambda\begin{pmatrix}1&0\\0&1\end{pmatrix}=\begin{pmatrix}1&2\\3&2\end{pmatrix}-\begin{pmatrix}\lambda&0\\0&\lambda\end{pmatrix}=\begin{pmatrix}1-\lambda&2\\3&2-\lambda\end{pmatrix}.$$

Agora, igualamos o determinante dessa matriz a zero:

$$\begin{aligned}\det(A-\lambda I_2)=0 &\Leftrightarrow \begin{vmatrix}1-\lambda&2\\3&2-\lambda\end{vmatrix}=0\\&\Leftrightarrow (1-\lambda)(2-\lambda)-6=0\\&\Leftrightarrow 2-\lambda-2\lambda+\lambda^2-6=0\Leftrightarrow \lambda^2-3\lambda-4=0.\end{aligned}$$

Resolvendo a equação do segundo grau, temos

$$\Delta=9+16=25,\quad \lambda=\frac{3\pm5}{2}\Leftrightarrow\begin{cases}\lambda=-1\\\text{ou}\\\lambda=4.\end{cases}.$$

Portanto, existem dois autovalores para a matriz A: $\lambda_1=-1$ e $\lambda_2=4$, isto é, existem autovetores v_1 e v_2 tais que $Av_1=-1v_1$ e $Av_2=4v_2$.

Exemplo 2. Determine os autovalores da matriz $A=\begin{pmatrix}2&-1\\0&3\end{pmatrix}$.

Solução. Começamos calculando

$$A-\lambda I_2=\begin{pmatrix}2&-1\\0&3\end{pmatrix}-\lambda\begin{pmatrix}1&0\\0&1\end{pmatrix}=\begin{pmatrix}2-\lambda&-1\\0&3-\lambda\end{pmatrix},$$

$$\begin{aligned}\det(A-\lambda I_2)=0 &\Leftrightarrow \begin{vmatrix}2-\lambda&-1\\0&3-\lambda\end{vmatrix}=0\\&\Leftrightarrow (2-\lambda)(3-\lambda)-0=0\\&\Leftrightarrow 6-2\lambda-3\lambda+\lambda^2=0\Leftrightarrow \lambda^2-5\lambda+6=0.\end{aligned}$$

Resolvendo a equação do segundo grau, temos

$$\Delta=25-24=1,\quad \lambda=\frac{5\pm1}{2}\Leftrightarrow\begin{cases}\lambda=2\\\text{ou}\\\lambda=3\end{cases}.$$

Portanto, existem dois autovalores para a matriz A: $\lambda_1=2$ e $\lambda_2=3$.

Exemplo 3. Determine os autovalores da matriz $A=\begin{pmatrix}1&2&0\\0&2&0\\3&-4&-1\end{pmatrix}$.

Solução.

$$A-\lambda I_3=\begin{pmatrix}1&2&0\\0&2&0\\3&-4&-1\end{pmatrix}-\lambda\begin{pmatrix}1&0&0\\0&1&0\\0&0&1\end{pmatrix}=\begin{pmatrix}1-\lambda&2&0\\0&2-\lambda&0\\3&-4&-1-\lambda\end{pmatrix},$$

$$\det(A - \lambda I_3) = 0 \Leftrightarrow \begin{vmatrix} 1-\lambda & 2 & 0 \\ 0 & 2-\lambda & 0 \\ 3 & -4 & -1-\lambda \end{vmatrix} = 0$$

$$\Leftrightarrow (1-\lambda)(2-\lambda)(-1-\lambda) = 0 \Leftrightarrow \begin{cases} 1-\lambda = 0 \\ 2-\lambda = 0 \\ -1-\lambda = 0 \end{cases} \Leftrightarrow \begin{cases} \lambda_1 = 1 \\ \lambda_2 = 2 \\ \lambda_3 = -1 \end{cases}.$$

Portanto, os autovalores de A são $\lambda_1 = 1$, $\lambda_2 = 2$ e $\lambda_3 = -1$.

4.5.3 Cálculo de autovetores

Calculados os autovalores de uma matriz, podemos calcular os autovetores usando a equação $Av = \lambda v$ e considerando v um vetor com n incógnitas, como nos exemplos a seguir.

Exemplo 1. Determine os autovetores da matriz $A = \begin{pmatrix} 1 & 2 \\ 3 & 2 \end{pmatrix}$.

Solução. Sabemos do exemplo 1 da seção anterior que os autovalores dessa matriz são $\lambda_1 = -1$ e $\lambda_2 = 4$. Considerando primeiro $\lambda_1 = -1$, temos

$$Av_1 = \lambda_1 v_1 \Leftrightarrow \begin{pmatrix} 1 & 2 \\ 3 & 2 \end{pmatrix}\begin{pmatrix} \alpha_1 \\ \beta_1 \end{pmatrix} = (-1)\begin{pmatrix} \alpha_1 \\ \beta_1 \end{pmatrix} \Leftrightarrow \begin{pmatrix} \alpha_1 + 2\beta_1 \\ 3\alpha_1 + 2\beta_1 \end{pmatrix} = \begin{pmatrix} -\alpha_1 \\ -\beta_1 \end{pmatrix}$$

$$\Leftrightarrow \begin{cases} \alpha_1 + 2\beta_1 = -\alpha_1 \\ 3\alpha_1 + 2\beta_1 = -\beta_1 \end{cases} \Leftrightarrow \begin{cases} 2\alpha_1 + 2\beta_1 = 0 \\ 3\alpha_1 + 3\beta_1 = 0 \end{cases}$$

$$\Leftrightarrow \begin{cases} \alpha_1 + \beta_1 = 0 \\ \alpha_1 + \beta_1 = 0 \end{cases} \Leftrightarrow \begin{cases} \beta_1 = -\alpha_1 \\ \beta_1 = -\alpha_1 \end{cases}.$$

Este é um sistema possível e indeterminado, onde temos infinitas soluções, com a condição $\beta_1 = -\alpha_1$. Sendo assim, qualquer vetor $v_1 = \binom{\alpha_1}{-\alpha_1} = \alpha_1\binom{1}{-1}$ é um autovetor de A com autovalor $\lambda = -1$. Em particular, escolhendo $\alpha_1 = 1$, temos que $v_1 = \binom{1}{-1}$ é um autovetor de A. Outra escolha de α_1, como por exemplo $\alpha_1 = -2$, leva ao autovetor $v_1 = \binom{-2}{2}$.

Para $\lambda_2 = 4$, temos

$$Av_2 = \lambda_2 v_2 \Leftrightarrow \begin{pmatrix} 1 & 2 \\ 3 & 2 \end{pmatrix}\begin{pmatrix} \alpha_2 \\ \beta_2 \end{pmatrix} = 4\begin{pmatrix} \alpha_2 \\ \beta_2 \end{pmatrix}$$

$$\Leftrightarrow \begin{cases} \alpha_2 + 2\beta_2 = 4\alpha_2 \\ 3\alpha_2 + 2\beta_2 = 4\beta_2 \end{cases} \Leftrightarrow \begin{cases} -3\alpha_2 + 2\beta_2 = 0 \\ 3\alpha_2 - 2\beta_2 = 0 \end{cases}$$

$$\Leftrightarrow \begin{cases} 2\beta_2 = 3\alpha_2 \\ 2\beta_2 = 3\alpha_2 \end{cases} \Leftrightarrow \begin{cases} \beta_2 = (3/2)\alpha_2 \\ \beta_2 = (3/2)\alpha_2 \end{cases}.$$

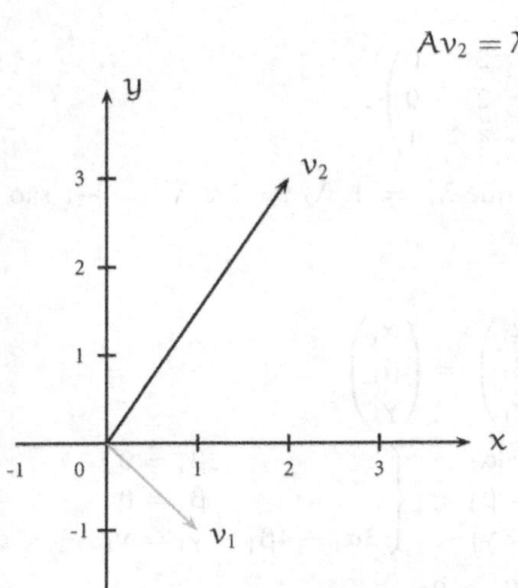

Este também é um sistema indeterminado, onde temos infinitas soluções, com a condição $\beta_2 = (3/2)\alpha_2$. Qualquer vetor do tipo $v_2 = \binom{\alpha_2}{3\alpha_2/2} = \alpha_2\binom{1}{3/2}$ é um autovetor de A com autovalor $\lambda = 4$. Em particular, escolhendo $\alpha_2 = 2$, $v_2 = \binom{2}{3}$ é um autovetor de A.

Os vetores $v_1 = \binom{1}{-1}$ e $v_2 = \binom{2}{3}$ são representados ao lado.

Na verdade, é de se esperar que a determinado autovalor de uma matriz correspondam infinitos autovetores, uma vez que, se v é um autovetor de A, então qualquer $k\nu$, onde $k \in \mathbb{R}$, também é um autovetor da mesma matriz com o mesmo autovalor, como é mostrado a seguir:

$$A\nu = \lambda\nu \Leftrightarrow kA\nu = k\lambda\nu \Leftrightarrow A(k\nu) = \lambda(k\nu),$$

onde utilizamos a propriedade comutativa do produto de uma matriz por um escalar.

Exemplo 2. Determine os autovetores da matriz $A = \begin{pmatrix} 2 & -1 \\ 0 & 3 \end{pmatrix}$.

SOLUÇÃO. Sabemos do exemplo 2 da seção anterior que os autovalores dessa matriz são $\lambda_1 = 2$ e $\lambda_2 = 3$. Considerando primeiro $\lambda_1 = 2$, temos

$$A\nu_1 = \lambda_2\nu_1 \Leftrightarrow \begin{pmatrix} 2 & -1 \\ 0 & 3 \end{pmatrix}\begin{pmatrix} \alpha_1 \\ \beta_1 \end{pmatrix} = 2\begin{pmatrix} \alpha_1 \\ \beta_1 \end{pmatrix}$$

$$\Leftrightarrow \begin{cases} 2\alpha_1 - \beta_1 = 2\alpha_1 \\ 3\beta_1 = 2\beta_1 \end{cases} \Leftrightarrow \begin{cases} -\beta_1 = 0 \\ \beta_1 = 0 \end{cases}.$$

Este é um sistema indeterminado, onde temos infinitas soluções, com a condição $\beta_1 = 0$. Sendo assim, qualquer vetor $\nu_1 = \binom{\alpha_1}{0} = \alpha_1\binom{1}{0}$ é um autovetor de A com autovalor $\lambda_1 = 2$. Em particular, escolhendo $\alpha_1 = 1$, $\nu_1 = \binom{1}{0}$ é um autovetor de A.

Para $\lambda_2 = 3$, temos

$$A\nu_2 = \lambda_2\nu_2 \Leftrightarrow \begin{pmatrix} 2 & -1 \\ 0 & 3 \end{pmatrix}\begin{pmatrix} \alpha_2 \\ \beta_2 \end{pmatrix} = 3\begin{pmatrix} \alpha_2 \\ \beta_2 \end{pmatrix}$$

$$\Leftrightarrow \begin{cases} 2\alpha_2 - \beta_2 = 3\alpha_2 \\ 3\beta_2 = 3\beta_2 \end{cases} \Leftrightarrow \begin{cases} -\beta_2 = \alpha_2 \\ \beta_2 = \beta_2 \end{cases}.$$

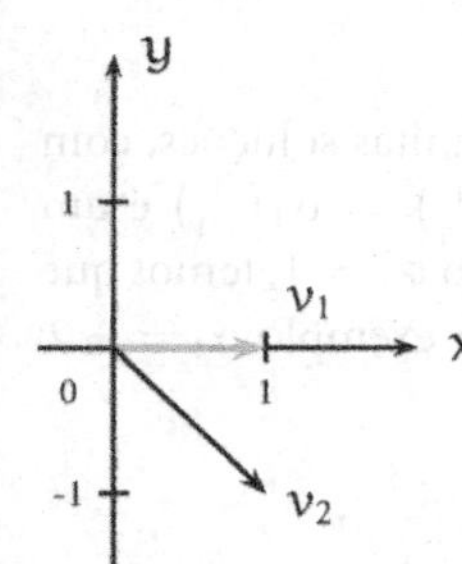

Este também é um sistema indeterminado, onde temos infinitas soluções, com a condição $\beta_2 = -\alpha_2$. Qualquer vetor $\nu_2 = \binom{\alpha_2}{-\alpha_2} = \alpha_2\binom{1}{-1}$ é um autovetor de A com autovalor $\lambda_2 = 3$. Em particular, escolhendo $\alpha_2 = 1$, $\nu_2 = \binom{1}{-1}$ é um autovetor de A.

Os vetores

$$\nu_1 = \begin{pmatrix} 1 \\ 0 \end{pmatrix} \quad \text{e} \quad \nu_2 = \begin{pmatrix} 1 \\ -1 \end{pmatrix}$$

são representados na figura ao lado.

Exemplo 3. Calcule os autovetores da matriz $A = \begin{pmatrix} 1 & 2 & 0 \\ 0 & 2 & 0 \\ 3 & -4 & -1 \end{pmatrix}$.

SOLUÇÃO. Do exemplo 3 da seção anterior, sabemos que $\lambda_1 = 1$, $\lambda_2 = 2$ e $\lambda_3 = -1$ são autovalores de A.

Tomando $\lambda_1 = 1$, temos

$$A\nu_1 = \lambda_1\nu_1 \Leftrightarrow \begin{pmatrix} 1 & 2 & 0 \\ 0 & 2 & 0 \\ 3 & -4 & -1 \end{pmatrix}\begin{pmatrix} \alpha_1 \\ \beta_1 \\ \gamma_1 \end{pmatrix} = \begin{pmatrix} \alpha_1 \\ \beta_1 \\ \gamma_1 \end{pmatrix}$$

$$\Leftrightarrow \begin{cases} \alpha_1 + 2\beta_1 = \alpha_1 \\ 2\beta_1 = \beta_1 \\ 3\alpha_1 - 4\beta_1 - \gamma_1 = \gamma_1 \end{cases} \Leftrightarrow \begin{cases} 2\beta_1 = 0 \\ \beta_1 = 0 \\ 3\alpha_1 - 4\beta_1 - \gamma_1 = \gamma_1 \end{cases}$$

$$\Leftrightarrow \begin{cases} \beta_1 = 0 \\ \beta_1 = 0 \\ 2\gamma_1 = 3\alpha_1 \end{cases} \Leftrightarrow \begin{cases} \beta_1 = 0 \\ \beta_1 = 0 \\ \gamma_1 = (3/2)\alpha_1 \end{cases}.$$

Portanto, qualquer vetor do tipo

$$v_1 = \begin{pmatrix} \alpha_1 \\ 0 \\ (3/2)\alpha_1 \end{pmatrix} = \alpha_1 \begin{pmatrix} 1 \\ 0 \\ 3/2 \end{pmatrix}$$

é um autovetor de A com autovalor $\lambda_1 = 1$.

Tomando $\lambda_2 = 2$, temos

$$Av_2 = \lambda_2 v_2 \Leftrightarrow \begin{pmatrix} 1 & 2 & 0 \\ 0 & 2 & 0 \\ 3 & -4 & -1 \end{pmatrix} \begin{pmatrix} \alpha_2 \\ \beta_1 \\ \gamma_2 \end{pmatrix} = 2 \begin{pmatrix} \alpha_2 \\ \beta_2 \\ \gamma_2 \end{pmatrix}$$

$$\Leftrightarrow \begin{cases} \alpha_2 + 2\beta_2 = 2\alpha_2 \\ 2\beta_2 = 2\beta_2 \\ 3\alpha_2 - 4\beta_2 - \gamma_2 = 2\gamma_2 \end{cases} \Leftrightarrow \begin{cases} 2\beta_2 = \alpha_2 \\ \beta_2 = \beta_2 \\ 3\alpha_2 - 4\beta_2 + 3\gamma_2 = 0 \end{cases}$$

$$\Leftrightarrow \begin{cases} \alpha_2 = 2\beta_2 \\ \beta_2 = \beta_2 \\ 6\beta_2 - 4\beta_2 + 3\gamma_2 = 0 \end{cases} \Leftrightarrow \begin{cases} \alpha_2 = 2\beta_2 \\ \beta_2 = \beta_2 \\ \gamma_2 = (2/3)\beta_2 \end{cases}.$$

Portanto, qualquer vetor do tipo

$$v_2 = \begin{pmatrix} 2\beta_2 \\ \beta_2 \\ (2/3)\beta_2 \end{pmatrix} = \beta_2 \begin{pmatrix} 2 \\ 1 \\ 2/3 \end{pmatrix}$$

é um autovetor de A com autovalor $\lambda_2 = 2$.

Para $\lambda_3 = -1$, temos

$$Av_3 = \lambda_3 v_3 \Leftrightarrow \begin{pmatrix} 1 & 2 & 0 \\ 0 & 2 & 0 \\ 3 & -4 & -1 \end{pmatrix} \begin{pmatrix} \alpha_3 \\ \beta_3 \\ \gamma_3 \end{pmatrix} = -1 \begin{pmatrix} \alpha_3 \\ \beta_3 \\ \gamma_3 \end{pmatrix}$$

$$\Leftrightarrow \begin{cases} \alpha_3 + 2\beta_3 = -\alpha_3 \\ 2\beta_3 = -\beta_3 \\ 3\alpha_3 - 4\beta_3 - \gamma_3 = -\gamma_3 \end{cases} \Leftrightarrow \begin{cases} 2\alpha_3 = -2\beta_3 \\ 3\beta_3 = 0 \\ 3\alpha_3 - 4\beta_3 = 0 \end{cases}$$

$$\Leftrightarrow \begin{cases} \alpha_3 = -\beta_3 \\ \beta_3 = 0 \\ 3\alpha_3 = 4\beta_3 \end{cases} \Leftrightarrow \begin{cases} \alpha_3 = 0 \\ \beta_3 = 0 \\ 0 = 0 \end{cases}.$$

Portanto, qualquer vetor do tipo

$$v_2 = \begin{pmatrix} 0 \\ 0 \\ \gamma_3 \end{pmatrix} = \gamma_3 \begin{pmatrix} 0 \\ 0 \\ 1 \end{pmatrix}$$

é um autovetor de A com autovalor $\lambda_3 = -1$.

Os autovetores

$$v_1 = \begin{pmatrix} 2 \\ 0 \\ 3 \end{pmatrix}, \quad v_2 = \begin{pmatrix} 6 \\ 3 \\ 2 \end{pmatrix} \quad \text{e} \quad v_3 = \begin{pmatrix} 0 \\ 0 \\ 1 \end{pmatrix},$$

que são casos particulares dos três tipos de autovetores encontrados, são representados a seguir.

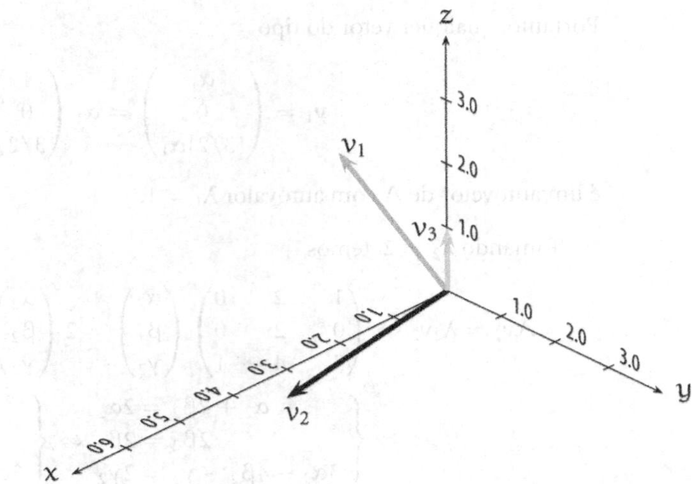

Na Leitura Complementar 4.5.2, mostramos uma aplicação muito importante de autovalores e autovetores na estatística, onde eles são usados para reduzir a quantidade de dados com que se tem que lidar. O capítulo seguinte trata de alguns outros detalhes de autovalores e autovetores e também uma outra importante aplicação deles: a diagonalização de matrizes.

Resumo

- **Autovalores e autovetores:** dada uma matriz quadrada A, v é um *autovetor* de A se $Av = \lambda v$, onde λ é um número chamado *autovalor* de A.
- **Equação característica:** usada para determinar os autovalores de uma matriz, que são as raízes da equação $\det(A - \lambda I_n) = 0$.

Exercícios

Nível 1

AUTOVALORES E AUTOVETORES

Exemplo 1. Verifique se o vetor

$$v = \begin{pmatrix} 1 \\ -1 \end{pmatrix}$$

é um autovetor da matriz

$$A = \begin{pmatrix} 2 & -1 \\ 0 & 3 \end{pmatrix}.$$

SOLUÇÃO. v é um autovetor de A se houver um número λ (o autovalor de A) tal que $Av = \lambda v$. Verifiquemos se isso é verdade:

$$Av = \begin{pmatrix} 2 & -1 \\ 0 & 3 \end{pmatrix} \begin{pmatrix} 1 \\ -1 \end{pmatrix} = \begin{pmatrix} 3 \\ -3 \end{pmatrix} = 3 \begin{pmatrix} 1 \\ -1 \end{pmatrix} = 3v.$$

Portanto, v é um autovetor de A (e 3 é um autovalor dessa matriz).

E1) Verifique se os seguintes vetores são autovetores das matrizes dadas:

a) $v = \begin{pmatrix} 2 \\ 1 \end{pmatrix}$ é um autovetor da matriz $A = \begin{pmatrix} 3 & -4 \\ 1 & -1 \end{pmatrix}$,

b) $v = \begin{pmatrix} 3 \\ 1 \end{pmatrix}$ é um autovetor da matriz $A = \begin{pmatrix} 5 & 6 \\ -1 & 2 \end{pmatrix}$,

c) $v = \begin{pmatrix} 2 \\ 1 \end{pmatrix}$ é um autovetor da matriz $A = \begin{pmatrix} 3 & 1 \\ 2 & 2 \end{pmatrix}$,

d) $v = \begin{pmatrix} 1 \\ -1 \end{pmatrix}$ é um autovetor da matriz $A = \begin{pmatrix} 1 & -1 \\ 1 & 3 \end{pmatrix}$,

e) $v = \begin{pmatrix} 1 \\ 2 \\ 1 \end{pmatrix}$ é um autovetor da matriz $A = \begin{pmatrix} 4 & 1 & -1 \\ 2 & 5 & -2 \\ 1 & 1 & 2 \end{pmatrix}$.

POLINÔMIO CARACTERÍSTICO

Exemplo 2. Calcule o polinômio característico da matriz $A = \begin{pmatrix} 2 & -1 \\ 0 & 3 \end{pmatrix}$.

SOLUÇÃO. O polinômio característico de uma matriz A é dado por $\Delta_A(\lambda) = \det(A - \lambda I_n)$, onde I_n é a matriz unitária correspondente ao posto da matriz A. No caso particular deste exemplo, temos

$$\begin{aligned} A - \lambda I_n &= \begin{pmatrix} 2 & -1 \\ 0 & 3 \end{pmatrix} - \lambda \begin{pmatrix} 1 & 0 \\ 0 & 1 \end{pmatrix} \\ &= \begin{pmatrix} 2 & -1 \\ 0 & 3 \end{pmatrix} \begin{pmatrix} \lambda & 0 \\ 0 & \lambda \end{pmatrix} \\ &= \begin{pmatrix} 2-\lambda & -1 \\ 0 & 3-\lambda \end{pmatrix}. \end{aligned}$$

Então,

$$\begin{aligned} \Delta_A(\lambda) = \det(A - \lambda I_n) &= \begin{vmatrix} 2-\lambda & -1 \\ 0 & 3-\lambda \end{vmatrix} = (2-\lambda)(3-\lambda) - 0 \\ &= 6 - 2\lambda - 3\lambda + \lambda^2 = \lambda^2 - 5\lambda + 6. \end{aligned}$$

E2) Calcule os polinômios característicos das seguintes matrizes:

a) $A = \begin{pmatrix} 3 & 0 \\ -2 & 4 \end{pmatrix}$, b) $B = \begin{pmatrix} 0 & 2 \\ -2 & 5 \end{pmatrix}$, c) $C = \begin{pmatrix} 1 & 2 \\ 3 & 2 \end{pmatrix}$,

d) $D = \begin{pmatrix} 4 & 2 \\ 3 & -1 \end{pmatrix}$, e) $E = \begin{pmatrix} -3 & 0 & 0 \\ 4 & 0 & 0 \\ 0 & -1 & 4 \end{pmatrix}$,

f) $F = \begin{pmatrix} -3 & 1 & -1 \\ -7 & 5 & -1 \\ -6 & 6 & -2 \end{pmatrix}$.

Cálculo de autovalores

Exemplo 3. Calcule os autovalores da matriz do exemplo 2.

Solução. Os autovalores da matriz são os valores para os quais o polinômio característico da matriz se anula, isto é, quando $\Delta_A(\lambda) = 0 \Leftrightarrow \det(A - \lambda I_n) = 0$. Do exemplo 2, temos que $\Delta_A(\lambda) = 0 \Leftrightarrow \lambda^2 - 5\lambda + 6 = 0$. Esta é uma equação do segundo grau que pode ser resolvida pela fórmula de Bháskara:

$$\Delta = (-5)^2 - 4 \cdot 1 \cdot 6 = 25 - 24 = 1,$$

$$\lambda = \frac{-(-5) \pm \sqrt{1}}{2 \cdot 1} = \frac{5 \pm 1}{2} = \begin{cases} \dfrac{5-1}{2} = \dfrac{4}{2} = 2 \\[2mm] \dfrac{5+1}{2} = \dfrac{6}{2} = 3 \end{cases}.$$

Portanto, $\lambda_1 = 2$ e $\lambda_2 = 3$ são autovalores da matriz A do exemplo 2.

E3) Calcule os autovalores das matrizes do exercício E2.

Cálculo de autovetores

Exemplo 4. Calcule os autovetores da matriz do exemplo 2.

Solução. Os autovetores v de matriz A são aqueles para os quais $Av = \lambda v$, onde λ é um autovalor da matriz. Temos, então, que

$$Av = \lambda v \Rightarrow Av - \lambda v = 0_n \Rightarrow (A - \lambda I_n)v = 0_n.$$

Portanto, os autovetores serão soluções dessas equações matriciais. No nosso caso particular, os autovalores da matriz A foram calculados no exemplo 3. Os dois autovalores dessa matriz são $\lambda_1 = 2$ e $\lambda_2 = 3$. Cada um deve ter um autovetor associado a ele.
Para $\lambda_1 = 2$, temos

$$\begin{aligned} & (A - \lambda_1 I_3)v_1 = 0 \\ \Leftrightarrow \ & \left[\begin{pmatrix} 2 & -1 \\ 0 & 3 \end{pmatrix} - 2\begin{pmatrix} 1 & 0 \\ 0 & 1 \end{pmatrix}\right] v = 0 \\ \Leftrightarrow \ & \begin{pmatrix} 0 & -1 \\ 0 & 1 \end{pmatrix}\begin{pmatrix} \alpha_1 \\ \beta_1 \end{pmatrix} = \begin{pmatrix} 0 \\ 0 \end{pmatrix} \end{aligned}$$

$$\Leftrightarrow \quad \begin{pmatrix} -\beta_1 \\ \beta_1 \end{pmatrix} = \begin{pmatrix} 0 \\ 0 \end{pmatrix}$$

$$\Leftrightarrow \quad \begin{cases} -\beta_1 = 0 \\ \beta_1 = 0 \end{cases}$$

$$\Leftrightarrow \quad \begin{cases} \beta_1 = 0 \\ \beta_1 = 0 \end{cases}.$$

Portanto, qualquer autovalor da forma

$$v_1 = \begin{pmatrix} \alpha_1 \\ 0 \end{pmatrix} = \alpha_1 \begin{pmatrix} 1 \\ 0 \end{pmatrix}$$

é um autovetor de A para $\lambda_1 = 2$. Em particular,

$$v_1 = \begin{pmatrix} 1 \\ 0 \end{pmatrix}$$

é um autovetor de A para $\lambda_1 = 2$.
Para $\lambda_2 = 3$, temos

$$(A - \lambda_2 I_3)v_2 = 0$$

$$\Leftrightarrow \quad \left[\begin{pmatrix} 2 & -1 \\ 0 & 3 \end{pmatrix} - 3 \begin{pmatrix} 1 & 0 \\ 0 & 1 \end{pmatrix} \right] v = 0$$

$$\Leftrightarrow \quad \begin{pmatrix} -1 & -1 \\ 0 & 0 \end{pmatrix} \begin{pmatrix} \alpha_2 \\ \beta_2 \end{pmatrix} = \begin{pmatrix} 0 \\ 0 \end{pmatrix}$$

$$\Leftrightarrow \quad \begin{pmatrix} -\alpha_2 - \beta_2 \\ 0 \end{pmatrix} = \begin{pmatrix} 0 \\ 0 \end{pmatrix}$$

$$\Leftrightarrow \quad \begin{cases} -\alpha_2 - \beta_2 = 0 \\ 0 = 0 \end{cases}$$

$$\Leftrightarrow \quad \beta_2 = -\alpha_2.$$

Portanto, qualquer vetor da forma

$$v = \begin{pmatrix} \alpha_2 \\ -\alpha_2 \end{pmatrix} = \alpha_2 \begin{pmatrix} 1 \\ -1 \end{pmatrix}$$

é um autovetor dessa matriz. Em particular, temos o autovetor

$$v_2 = \begin{pmatrix} 1 \\ -1 \end{pmatrix}.$$

E4) Calcule os autovetores das matrizes do exercício E2.

Nível 2

E1) Sabendo que $\lambda_1 = 5$ é um autovalor da matriz

$$A = \begin{pmatrix} 4 & 1 & -1 \\ 2 & 5 & -2 \\ 1 & 1 & 2 \end{pmatrix},$$

determine seus outros autovalores.

E2) Calcule os autovetores da matriz A do exercício anterior explicitando alguns valores destes.

Nível 3

E1) (Leitura Complementar 4.5.2) A matriz de covariância das notas das provas intermediária e final de uma determinada turma de matemática é dada por

$$A = \begin{pmatrix} 3{,}6 & 2{,}3 \\ 2{,}3 & 5{,}0 \end{pmatrix},$$

onde foi adotada uma precisão de uma casa decimal. Considerando que a média da prova intermediária é $\bar{x} = 5{,}5$ e que a média da prova final é $\bar{y} = 6{,}2$, escreva uma combinação linear dessas duas provas usando a análise de componentes principais, que permita substituir essas duas variáveis por uma só e indique qual é a porcentagem dos dados que seguem, aproximadamente, a nova variável obtida. Use, para isso, uma precisão de duas casas decimais.

E2) Mostre que, se λ é um autovalor de uma matriz A com autovetor v, então λ^n é um autovalor da matriz A^n, $n \in \mathbb{N}$.

E3) Mostre que, se $A^2 = 0$ (A é nilpotente), então o único autovalor de A é $\lambda = 0$.

E4) Mostre que, se A tem autovalor λ e autovetor v e A tem inversa A^{-1}, então $1/\lambda$ é um autovalor de A^{-1} com autovetor v.

E5) Considere a matriz $A = \begin{pmatrix} 3 & 1 & 1 \\ 2 & 4 & 2 \\ 1 & 1 & 3 \end{pmatrix}$.

a) Calcule os autovalores de A. b) Calcule os autovetores de A.

c) Verifique se $v = \begin{pmatrix} -1 \\ 2 \\ -1 \end{pmatrix}$ é um autovetor de A. Como isso é possível?

Respostas

NÍVEL 1

E1) a) Sim. b) Não. c) Não. d) Sim. e) Sim.

E2) a) $\lambda^2 - 7\lambda + 12$, b) $\lambda^2 - 5\lambda + 4$, c) $\lambda^2 - 3\lambda - 4$, d) $\lambda^2 - 3\lambda - 10$, e) $-\lambda^3 + \lambda^2 + 12\lambda$, f) $-\lambda^3 + 12\lambda + 16$.

E3) a) $\lambda_1 = 3, \lambda_2 = 4$; b) $\lambda_1 = 1, \lambda_2 = 4$; c) $\lambda_1 = -1, \lambda_2 = 4$; d) $\lambda_1 = -2, \lambda_2 = 5$; e) $\lambda_1 = 0, \lambda_2 = -3, \lambda_3 = 4$. f) $\lambda_1 = -2, \lambda_2 = 4$.

E4) a) $v_1 = \begin{pmatrix} 1 \\ 2 \end{pmatrix}, v_2 = \begin{pmatrix} 0 \\ 1 \end{pmatrix}$; b) $v_1 = \begin{pmatrix} 2 \\ 1 \end{pmatrix}, v_2 = \begin{pmatrix} 1 \\ 2 \end{pmatrix}$; c) $v_1 = \begin{pmatrix} 1 \\ -1 \end{pmatrix}, v_2 = \begin{pmatrix} 2 \\ 3 \end{pmatrix}$;

d) $v_1 = \begin{pmatrix} 1 \\ -3 \end{pmatrix}, v_2 = \begin{pmatrix} 2 \\ 1 \end{pmatrix}$; e) $v_1 = \begin{pmatrix} 0 \\ 4 \\ 1 \end{pmatrix}, v_2 = \begin{pmatrix} -21 \\ 28 \\ 4 \end{pmatrix}, v_3 = \begin{pmatrix} 0 \\ 0 \\ 1 \end{pmatrix}$;

f) $v_1 = \begin{pmatrix} 1 \\ 1 \\ 0 \end{pmatrix}, v_2 = \begin{pmatrix} 0 \\ 1 \\ 1 \end{pmatrix}$.

Observação: qualquer autovetor que seja múltiplo daqueles nessas respostas também é um autovetor da matriz dada.

Nível 2

E1) Só há mais um autovalor, dado por $\lambda_2 = 3$.

E2) Para $\lambda_1 = 3$, temos

$$v_1 = \begin{pmatrix} \alpha_1 \\ \beta_1 \\ \alpha_1 + \beta_1 \end{pmatrix} = \begin{pmatrix} \alpha_1 \\ 0 \\ \alpha_1 \end{pmatrix} + \begin{pmatrix} 0 \\ \beta_1 \\ \beta_1 \end{pmatrix} = \alpha_1 \begin{pmatrix} 1 \\ 0 \\ 1 \end{pmatrix} + \beta_1 \begin{pmatrix} 0 \\ 1 \\ 1 \end{pmatrix}$$

para quaisquer $\alpha_1, \beta_1 \in \mathbb{R}$. Em particular, $v_1 = \begin{pmatrix} 1 \\ 0 \\ 1 \end{pmatrix}$ é um autovetor de A com autovalor 3.

Para $\lambda_2 = 5$, temos

$$v_2 = \begin{pmatrix} \alpha_2 \\ 2\alpha_2 \\ \alpha_2 \end{pmatrix} = \alpha_2 \begin{pmatrix} 1 \\ 2 \\ 1 \end{pmatrix}$$

para qualquer $\alpha_2 \in \mathbb{R}$. Em particular, $v_2 = \begin{pmatrix} 1 \\ 2 \\ 1 \end{pmatrix}$ é um autovetor de A com autovalor 5.

Nível 3

E1) $z_i = x_i + 1,35y_i$, onde x_i são as notas da prova intermediária e y_i são as medidas da prova final. A porcentagem dos dados que seguem, aproximadamente, a nova variável obtida é de, aproximadamente, 78%.

E2) Se $Av = \lambda v$, então $A^n v = A^{n-1}Av = A^{n-1}\lambda v = \lambda A^{n-2}Av = \cdots = \lambda^n v$.

E3) Usando o resultado anterior, $A^2 v = \lambda^2 v$. Se $A^2 = 0$, então $0v = \lambda^2 v \Leftrightarrow \lambda^2 = 0 \Leftrightarrow \lambda = 0$.

E4) $A^{-1}A = I_n \Leftrightarrow A^{-1}Av = I_n v \Leftrightarrow A^{-1}\lambda v = v \Leftrightarrow \lambda A^{-1}v = v \Leftrightarrow A^{-1}v = \frac{1}{\lambda}v$.

E5) a) $\lambda_1 = 6$ e $\lambda_2 = 2$ (raiz dupla).

b) $v_1 = \begin{pmatrix} 1 \\ 2 \\ 1 \end{pmatrix}, v_2 = \begin{pmatrix} 1 \\ 0 \\ -1 \end{pmatrix}$ e $v_3 = \begin{pmatrix} 0 \\ 1 \\ -1 \end{pmatrix}$.

c) $v = \begin{pmatrix} -1 \\ 2 \\ -1 \end{pmatrix}$ é uma combinação linear dos autovetores v_2 e v_3: $v = -v_2 + 2v_3$.

4.6 Autovetores e diagonalização de matrizes

Neste capítulo, vamos completar o estudo de autovalores e autovetores mostrando o que acontece quando as raízes da equação característica têm multiplicidade maior que um e quando elas são números complexos. Também mostraremos uma importante aplicação de autovalores e autovetores na diagonalização de matrizes.

4.6.1 Autovalores repetidos

Começamos este capítulo voltando à ideia de autovalores e autovetores, mas desta vez considerando o que acontece quando temos raízes iguais para a equação característica $\det(A - \lambda I) = 0$. Os próximos três exemplos tratam desse caso.

Exemplo 1. Determine os autovalores e os autovetores da matriz

$$A = \begin{pmatrix} 2 & 0 \\ 1 & 2 \end{pmatrix}.$$

Solução.

$$A - \lambda I_2 = \begin{pmatrix} 2 & 0 \\ 1 & 2 \end{pmatrix} - \lambda \begin{pmatrix} 1 & 0 \\ 0 & 1 \end{pmatrix} = \begin{pmatrix} 2-\lambda & 0 \\ 1 & 2-\lambda \end{pmatrix},$$

$$\det(A - \lambda I_2) = 0 \Leftrightarrow (2-\lambda)^2 = 0 \Leftrightarrow \lambda = 2.$$

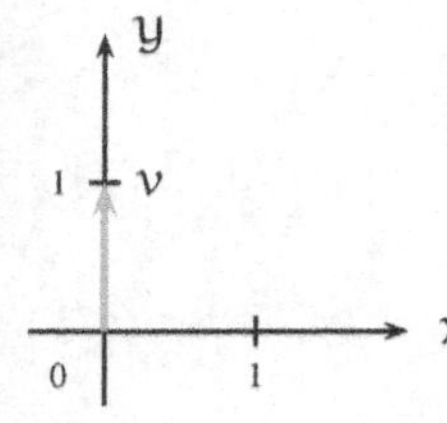

Portanto, existe somente um autovalor para a matriz A: $\lambda = 2$, que é uma raiz dupla da equação característica.

$$Av = \lambda v \Leftrightarrow \begin{pmatrix} 2 & 0 \\ 1 & 2 \end{pmatrix}\begin{pmatrix} \alpha \\ \beta \end{pmatrix} = 2\begin{pmatrix} \alpha \\ \beta \end{pmatrix} \Leftrightarrow \begin{cases} 2\alpha = 2\alpha \\ \alpha + 2\beta = 2\beta \end{cases} \Leftrightarrow \begin{cases} \alpha = \alpha \\ \alpha = 0 \end{cases}.$$

Este é um sistema indeterminado, onde temos infinitas soluções, com a condição $\alpha = 0$. Sendo assim, qualquer vetor $v = \binom{0}{\beta} = \beta\binom{0}{1}$ é um autovetor de A com autovalor $\lambda = 2$. Em particular, escolhendo $\beta = 1$, $v = \binom{0}{1}$ é um autovetor de A.

Exemplo 2. Determine os autovalores e os autovetores da matriz $A = \begin{pmatrix} -2 & 0 & 1 \\ 3 & 1 & 0 \\ 0 & 0 & -2 \end{pmatrix}$.

SOLUÇÃO.

$$\det(A - \lambda I_3) = 0 \Leftrightarrow \det\begin{pmatrix} -2-\lambda & 0 & 1 \\ 3 & 1-\lambda & 0 \\ 0 & 0 & -2-\lambda \end{pmatrix} = 0$$

$$\Leftrightarrow (-2-\lambda)(1-\lambda)(-2-\lambda) = 0 \Leftrightarrow \begin{cases} -2-\lambda = 0 \\ 1-\lambda = 0 \end{cases} \Leftrightarrow \begin{cases} \lambda_1 = -2 \\ \lambda_2 = 1 \end{cases}.$$

Portanto, os autovalores de A são $\lambda_1 = -2$ e $\lambda_2 = 1$.

Tomando $\lambda_1 = -2$, temos $Av_1 = \lambda_1 v_1$, de modo que

$$\begin{pmatrix} -2 & 0 & 1 \\ 3 & 1 & 0 \\ 0 & 0 & -2 \end{pmatrix}\begin{pmatrix} \alpha_1 \\ \beta_1 \\ \gamma_1 \end{pmatrix} = -2\begin{pmatrix} \alpha_1 \\ \beta_1 \\ \gamma_1 \end{pmatrix} \Leftrightarrow \begin{cases} -2\alpha_1 + \gamma_1 = -2\alpha_1 \\ 3\alpha_1 + \beta_1 = -2\gamma_1 \\ -2\gamma_1 = -2\gamma_1 \end{cases}$$

$$\Leftrightarrow \begin{cases} \gamma_1 = 0 \\ 3\alpha_1 = 3\beta_1 \\ \gamma_1 = \gamma_1 \end{cases} \Leftrightarrow \begin{cases} \gamma_1 = 0 \\ \beta_1 = \alpha_1 \\ \gamma_1 = \gamma_1 \end{cases}.$$

Portanto, qualquer vetor do tipo

$$v_1 = \begin{pmatrix} \alpha_1 \\ \alpha_1 \\ 0 \end{pmatrix} = \alpha_1\begin{pmatrix} 1 \\ 1 \\ 0 \end{pmatrix}$$

é um autovetor de A com autovalor $\lambda_1 = -2$.

Tomando $\lambda_2 = 1$, temos

$$Av_2 = \lambda_2 v_2 \Leftrightarrow \begin{pmatrix} -2 & 0 & 1 \\ 3 & 1 & 0 \\ 0 & 0 & -2 \end{pmatrix}\begin{pmatrix} \alpha_2 \\ \beta_2 \\ \gamma_2 \end{pmatrix} = \begin{pmatrix} \alpha_2 \\ \beta_2 \\ \gamma_2 \end{pmatrix}$$

$$\Leftrightarrow \begin{cases} -2\alpha_2 + \gamma_2 = \alpha_2 \\ 3\alpha_2 + \beta_2 = \beta_2 \\ -2\gamma_2 = \gamma_2 \end{cases} \Leftrightarrow \begin{cases} \gamma_2 = 3\alpha_2 \\ 3\alpha_2 = 0 \\ 3\gamma_2 = 0 \end{cases} \Leftrightarrow \begin{cases} \gamma_2 = 0 \\ \alpha_2 = 0 \\ \gamma_2 = 0 \end{cases}.$$

Portanto, qualquer vetor do tipo

$$v_2 = \begin{pmatrix} 0 \\ \beta_2 \\ 0 \end{pmatrix} = \beta_2\begin{pmatrix} 0 \\ 1 \\ 0 \end{pmatrix}$$

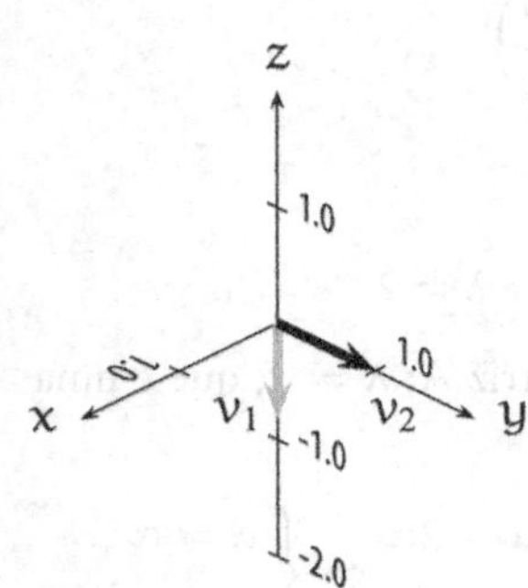

é um autovetor de A com autovalor $\lambda_2 = 1$.

Os autovetores

$$v_1 = \begin{pmatrix} 1 \\ 1 \\ 0 \end{pmatrix} \quad \text{e} \quad v_2 = \begin{pmatrix} 0 \\ 1 \\ 0 \end{pmatrix},$$

que são casos particulares dos autovetores encontrados, são representados ao lado.

Acabamos de ver dois exemplos em que um autovalor resultante de uma raiz dupla da equação característica $\det(A - \lambda I_n) = 0$ tem somente um autovetor associado a ele. Esta, no entanto, não é uma regra, como mostra o próximo exemplo.

Exemplo 3. Determine os autovalores e os autovetores da matriz

$$A = \begin{pmatrix} 4 & 1 & -1 \\ 2 & 5 & -2 \\ 1 & 1 & 2 \end{pmatrix}$$

sabendo que $\lambda_1 = 5$ é um de seus autovalores.

Solução.

$$\det(A - \lambda I_3) = 0 \Leftrightarrow \begin{vmatrix} 4-\lambda & 1 & -1 \\ 2 & 5-\lambda & -2 \\ 1 & 1 & 2-\lambda \end{vmatrix} = 0 \Leftrightarrow$$

$$\begin{aligned}
&\Leftrightarrow [(4-\lambda)(5-\lambda)(2-\lambda) - 2 - 2] \\
&\quad - [-2(4-\lambda) + 2(2-\lambda) - (5-\lambda)] = 0 \Leftrightarrow \\
&\Leftrightarrow (4-\lambda)(10 - 5\lambda - 2\lambda + \lambda^2) \\
&\quad - 4 + 2(4-\lambda) - 2(2-\lambda) + (5-\lambda) = 0 \Leftrightarrow \\
&\Leftrightarrow 40 - 28\lambda + 4\lambda^2 - 10\lambda + 7\lambda^2 - \lambda^3 \\
&\quad - 4 + 8 - 2\lambda - 4 + 2\lambda + 5 - \lambda = 0 \\
&\Leftrightarrow -\lambda^3 + 11\lambda^2 - 39\lambda + 45 = 0.
\end{aligned}$$

Sabemos que $\lambda = 5$ é um autovalor de A. Dividindo o polinômio do lado esquerdo da última equação anterior por $\lambda - 5$, temos

$$\begin{array}{r|l}
-\lambda^3 + 11\lambda^2 - 39\lambda + 40 & \lambda - 5 \\ \cline{2-2}
\lambda^3 - 5\lambda^2 & -\lambda^2 + 6\lambda - 9 \\ \hline
6\lambda^2 - 39\lambda + 45 & \\
-6\lambda^2 + 30\lambda & \\ \hline
-39\lambda + 45 & \\
9\lambda - 45 & \\ \hline
0 &
\end{array}$$

Portanto,

$$-\lambda^3 + 11\lambda^2 - 39\lambda + 45 = 0 \Leftrightarrow (-\lambda^2 + 6\lambda - 9)(\lambda - 5) = 0$$

$$\Leftrightarrow \begin{cases} -\lambda^2 + 6\lambda - 9 = 0 \\ \text{ou} \\ \lambda - 5 = 0 \Leftrightarrow \lambda = 5 \end{cases}.$$

Resolvendo a primeira equação, temos $-\lambda^2 + 6\lambda - 9 \Leftrightarrow \lambda^2 - 6\lambda + 9$ e

$$\Delta = 36 - 36 = 0, \quad \lambda = \frac{6 \pm 0}{2} = 3.$$

Portanto, os autovalores de A são $\lambda_1 = 3$ e $\lambda_2 = 5$.

Tomando $\lambda_1 = 3$, temos

$$\begin{pmatrix} 4 & 1 & -1 \\ 2 & 5 & -2 \\ 1 & 1 & 2 \end{pmatrix} \begin{pmatrix} \alpha_1 \\ \beta_1 \\ \gamma_1 \end{pmatrix} = 3 \begin{pmatrix} \alpha_1 \\ \beta_1 \\ \gamma_1 \end{pmatrix} \Leftrightarrow \begin{cases} 4\alpha_1 + \beta_1 - \gamma_1 = 3\alpha_1 \\ 2\alpha_1 + 5\beta_1 - 2\gamma_1 = 3\beta_1 \\ \alpha_1 + \beta_1 + 2\gamma_1 = 3\gamma_1 \end{cases}$$

$$\Leftrightarrow \begin{cases} \alpha_1 + \beta_1 - \gamma_1 = 0 \\ 2\alpha_1 + 2\beta_1 - 2\gamma_1 = 0 \\ \alpha_1 + \beta_1 - \gamma_1 = 0 \end{cases} \Leftrightarrow \begin{cases} \gamma_1 = \alpha_1 + \beta_1 \\ \gamma_1 = \alpha_1 + \beta_1 \\ \gamma_1 = \alpha_1 + \beta_1 \end{cases}.$$

Portanto, qualquer vetor do tipo

$$v_1 = \begin{pmatrix} \alpha_1 \\ \beta_1 \\ \alpha_1 + \beta_1 \end{pmatrix} = \begin{pmatrix} \alpha_1 \\ 0 \\ \alpha_1 \end{pmatrix} + \begin{pmatrix} 0 \\ \beta_1 \\ \beta_1 \end{pmatrix}$$

$$= \alpha_1 \begin{pmatrix} 1 \\ 0 \\ 1 \end{pmatrix} + \beta_1 \begin{pmatrix} 0 \\ 1 \\ 1 \end{pmatrix}$$

é um autovetor de A com autovalor $\lambda_1 = 3$. Em particular,

$$v_1 = \begin{pmatrix} 1 \\ 0 \\ 1 \end{pmatrix} \quad \text{e} \quad \bar{v}_1 = \begin{pmatrix} 0 \\ 1 \\ 1 \end{pmatrix}$$

são autovetores de A. Observe que pudemos montar dois tipos de autovetores, sendo que um não é múltiplo do outro, para o mesmo autovalor: $\lambda_1 = 3$. Isto pode ocorrer quando um autovalor for uma raiz dupla da equação característica da matriz A.

Tomando $\lambda_2 = 5$, temos $Av_2 = \lambda_2 v_2$, de modo que

$$\begin{pmatrix} 4 & 1 & -1 \\ 2 & 5 & -2 \\ 1 & 1 & 2 \end{pmatrix} \begin{pmatrix} \alpha_2 \\ \beta_2 \\ \gamma_2 \end{pmatrix} = 5 \begin{pmatrix} \alpha_2 \\ \beta_2 \\ \gamma_2 \end{pmatrix} \Leftrightarrow \begin{cases} 4\alpha_2 + \beta_2 - \gamma_2 = 5\alpha_2 \\ 2\alpha_2 + 5\beta_2 - 2\gamma_2 = 5\beta_2 \\ \alpha_2 + \beta_2 + 2\gamma_2 = 5\gamma_2 \end{cases}$$

$$\Leftrightarrow \begin{cases} -\alpha_2 + \beta_2 - \gamma_2 = 0 \\ \alpha_2 = \gamma_2 \\ \alpha_2 + \beta_2 - 3\gamma_2 = 0 \end{cases}$$

Substituindo $\gamma_2 = \alpha_2$ nas duas outras equações, temos

$$\begin{cases} -\alpha_2 + \beta_2 - \alpha_2 = 0 \\ \alpha_2 = \gamma_2 \\ \alpha_2 + \beta_2 - 3\alpha_2 = 0 \end{cases} \Leftrightarrow \begin{cases} \beta_2 = 2\alpha_2 \\ \alpha_2 = \gamma_2 \\ \beta_2 = 2\alpha_2 \end{cases}.$$

Portanto, qualquer vetor do tipo

$$v_2 = \begin{pmatrix} \alpha_2 \\ 2\alpha_2 \\ \alpha_2 \end{pmatrix} = \alpha_2 \begin{pmatrix} 1 \\ 2 \\ 1 \end{pmatrix}$$

é um autovetor de A com autovalor $\lambda_2 = 3$. Em particular,

$$v_2 = \begin{pmatrix} 1 \\ 2 \\ 1 \end{pmatrix}$$

é um autovetor de A.

Desenhamos, ao lado, os autovetores

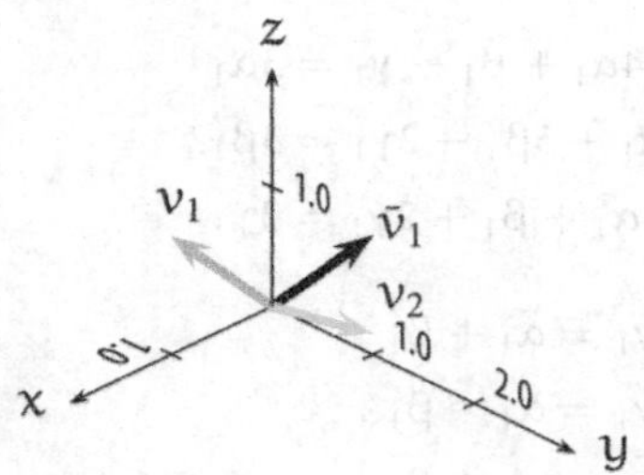

$$v_1 = \begin{pmatrix} 1 \\ 0 \\ 1 \end{pmatrix}, \quad \bar{v}_1 = \begin{pmatrix} 0 \\ 1 \\ 1 \end{pmatrix} \text{ (ambos com autovalor 3) e}$$

$$v_2 = \begin{pmatrix} 1 \\ 2 \\ 1 \end{pmatrix}, \text{ com autovalor 5.}$$

4.6.2 Autovalores complexos

Veremos agora um exemplo de quando os autovalores de uma determinada matriz composta por números reais são números complexos. Como eles são raízes de funções polinomiais com coeficientes reais, as raízes têm que vir em pares de números complexos conjugados: $z = a + bi$ e $\bar{z} = a - bi$, onde $i^2 = -1$.

Exemplo 1. Determine os autovalores e os autovetores da matriz

$$A = \begin{pmatrix} 1 & -5 \\ 1 & -1 \end{pmatrix}.$$

Solução.

$$\det(A - \lambda I_2) = 0 \Leftrightarrow \begin{vmatrix} 1-\lambda & -5 \\ 1 & -1-\lambda \end{vmatrix} = 0$$
$$\Leftrightarrow (1-\lambda)(-1-\lambda) + 5 = 0 \Leftrightarrow -1 - \lambda + \lambda + \lambda^2 + 5 = 0$$
$$\Leftrightarrow \lambda^2 + 4 = 0 \Leftrightarrow \lambda^2 = -4 \Leftrightarrow \lambda = \pm 2i.$$

Portanto, os autovalores da matriz A são $\lambda_1 = 2i$ e $\lambda_2 = -2i$.

Para $\lambda_1 = 2i$, temos

$$Av_1 = \lambda_1 v_1 \Leftrightarrow \begin{pmatrix} 1 & -5 \\ 1 & -1 \end{pmatrix}\begin{pmatrix} \alpha_1 \\ \beta_1 \end{pmatrix} = 2i\begin{pmatrix} \alpha_1 \\ \beta_1 \end{pmatrix}$$
$$\Leftrightarrow \begin{cases} \alpha_1 - 5\beta_1 = 2i\alpha_1 \\ \alpha_1 - \beta_1 = 2i\beta_1 \end{cases} \Leftrightarrow \begin{cases} (1-2i)\alpha_1 = 5\beta_1 \\ (1+2i)\beta_1 = \alpha_1 \end{cases}.$$

Substituindo a segunda expressão na primeira, temos

$$(1-2i)(1+2i)\beta_1 = 5\beta_1 \Leftrightarrow (1 + 2i - 2i - 4i^2)\beta_1 = 5\beta_1$$
$$\Leftrightarrow (1+4)\beta_1 = 5\beta_1$$
$$\Leftrightarrow 5\beta_1 = 5\beta_1 \Leftrightarrow \beta_1 = \beta_1.$$

Portanto, qualquer solução do tipo

$$v_1 = \begin{pmatrix} (1+2i)\beta_1 \\ \beta_1 \end{pmatrix} = \beta_1 \begin{pmatrix} 1+2i \\ 1 \end{pmatrix}$$

é um autovetor da matriz A com autovalor 2i.

Para $\lambda_2 = -2i$, temos

$$Av_2 = \lambda_2 v_2 \Leftrightarrow \begin{pmatrix} 1 & -5 \\ 1 & -1 \end{pmatrix}\begin{pmatrix} \alpha_2 \\ \beta_2 \end{pmatrix} = -2i\begin{pmatrix} \alpha_2 \\ \beta_2 \end{pmatrix}$$
$$\Leftrightarrow \begin{cases} \alpha_2 - 5\beta_2 = -2i\alpha_2 \\ \alpha_2 - \beta_2 = -2i\beta_2 \end{cases} \Leftrightarrow \begin{cases} (1+2i)\alpha_2 = 5\beta_2 \\ (1-2i)\beta_2 = \alpha_2 \end{cases}.$$

Substituindo a segunda expressão na primeira, temos

$$(1+2i)(1-2i)\beta_2 = 5\beta_2 \Leftrightarrow (1+4)\beta_2 = 5\beta_2 \Leftrightarrow \beta_2 = \beta_2.$$

Portanto, qualquer solução do tipo

$$v_2 = \begin{pmatrix} (1-2i)\beta_2 \\ \beta_2 \end{pmatrix} = \beta_2 \begin{pmatrix} 1-2i \\ 1 \end{pmatrix}$$

é um autovetor da matriz A com autovalor $-2i$.

Como esses autovetores são necessariamente números complexos, eles não podem ser representados em duas ou três dimensões.

Autovalores complexos aparecem na teoria de sistemas de equações diferenciais, que podem ser aplicados a processos dinâmicos em dinâmica econômica e estão sempre associados a oscilações como, por exemplo, os ciclos de crescimento e de recessão de uma economia.

4.6.3 Diagonalização de matrizes

Muitas matrizes podem, por meio de operações elementares, serem transformadas em matrizes diagonais, que são aquelas em que os únicos elementos não nulos estão na diagonal principal da matriz. Uma matriz diagonalizada pode resolver um sistema de equações lineares quase imediatamente. O teorema a seguir, provado no final desta seção, indica como provar se uma matriz é ou não diagonalizável.

Teorema 1
Uma matriz quadrada é diagonalizável se existir uma matriz P invertível tal que $P^{-1}AP = D$, onde D é uma matriz diagonal.

A matriz P que diagonaliza a matriz A pode ser construída como uma matriz cujas colunas são autovetores de A. A demonstração disto é feita na Leitura Complementar 4.6.1. Vamos utilizar esse conhecimento nos exemplos a seguir.

Exemplo 1. Verifique se a matriz

$$A = \begin{pmatrix} 1 & 2 \\ 3 & 2 \end{pmatrix}$$

é diagonalizável e, caso o seja, calcule a matriz diagonal semelhante a ela.

Solução. Do Capítulo 4.4, sabemos que a matriz A tem autovetores $v_1 = \binom{1}{-1}$ e $v_2 = \binom{2}{3}$, de modo que podemos montar a matriz

$$P = \begin{pmatrix} 1 & 2 \\ -1 & 3 \end{pmatrix}.$$

Como $\det P = 3 + 2 = 5$, essa matriz tem inversa. Calculando essa inversa usando a matriz adjunta (Módulo 1 deste curso), temos

$$P^{-1} = \frac{1}{5}\begin{pmatrix} 3 & -2 \\ 1 & 1 \end{pmatrix}$$

e a matriz A é diagonalizável. Aplicamos, então, P e sua inversa à matriz A:

$$\begin{aligned} P^{-1}AP &= \frac{1}{5}\begin{pmatrix} 3 & -2 \\ 1 & 1 \end{pmatrix}\begin{pmatrix} 1 & 2 \\ 3 & 2 \end{pmatrix}\begin{pmatrix} 1 & 2 \\ -1 & 3 \end{pmatrix} \\ &= \frac{1}{5}\begin{pmatrix} -3 & 2 \\ 4 & 4 \end{pmatrix}\begin{pmatrix} 1 & 2 \\ -1 & 3 \end{pmatrix} = \frac{1}{5}\begin{pmatrix} -5 & 0 \\ 0 & 20 \end{pmatrix} = \begin{pmatrix} -1 & 0 \\ 0 & 4 \end{pmatrix}. \end{aligned}$$

Obtivemos, então, a forma diagonalizada da matriz A.

Exemplo 2. Verifique se a matriz

$$A = \begin{pmatrix} 2 & -1 \\ 0 & 3 \end{pmatrix}$$

é diagonalizável e, caso o seja, calcule a matriz diagonal semelhante a ela.

Solução. Do Capítulo 4.4, a matriz A tem autovetores $v_1 = \binom{1}{0}$ e $v_2 = \binom{1}{-1}$, de modo que podemos montar a matriz

$$P = \begin{pmatrix} 1 & 1 \\ 0 & -1 \end{pmatrix}.$$

Como $\det P = -1 - 0 = -1$, essa matriz tem inversa. Calculando a inversa, temos

$$P^{-1} = \begin{pmatrix} 1 & 1 \\ 0 & -1 \end{pmatrix}$$

e a matriz A é diagonalizável. Calculando a forma diagonalizada de A, temos

$$\begin{aligned} P^{-1}AP &= \begin{pmatrix} 1 & 1 \\ 0 & -1 \end{pmatrix}\begin{pmatrix} 2 & -1 \\ 0 & 3 \end{pmatrix}\begin{pmatrix} 1 & 1 \\ 0 & -1 \end{pmatrix} \\ &= \begin{pmatrix} 2 & 2 \\ 0 & -3 \end{pmatrix}\begin{pmatrix} 1 & 1 \\ 0 & -1 \end{pmatrix} = \begin{pmatrix} 2 & 0 \\ 0 & 3 \end{pmatrix}. \end{aligned}$$

Obtivemos, então, a forma diagonalizada da matriz A.

O leitor já notou que os valores nas diagonais principais das formas diagonalizadas das matrizes dos exemplos 1 e 2 correspondem aos autovalores das matrizes originais? Vejamos agora se o mesmo acontece para a matriz do próximo exemplo.

Exemplo 3. Verifique se a matriz

$$A = \begin{pmatrix} 4 & 1 & -1 \\ 2 & 5 & -2 \\ 1 & 1 & 2 \end{pmatrix}$$

é diagonalizável e, caso o seja, calcule a matriz diagonal semelhante a ela.

Solução. Do exemplo 3 da seção anterior, a matriz A tem somente dois autovalores: $\lambda_1 = 3$ e $\lambda_2 = 5$. No entanto, $\lambda_1 = 3$ é uma raiz dupla, com dois tipos diferentes de autovetores. Com isto, podemos montar uma matriz

$$P = \begin{pmatrix} 1 & 0 & 1 \\ 0 & 1 & 2 \\ 1 & 1 & 1 \end{pmatrix}.$$

O determinante desta matriz é

$$\det P = \begin{vmatrix} 1 & 0 & 1 \\ 0 & 1 & 2 \\ 1 & 1 & 1 \end{vmatrix} = (1+0+0) - (2+0+1) = 1 - 3 = -2,$$

de modo que P tem inversa. Calculando essa inversa usando o método de Gauss--Jordan (Módulo 1), temos

$$\left(\begin{array}{ccc|ccc} \boxed{1} & 0 & 1 & 1 & 0 & 0 \\ 0 & 1 & 2 & 0 & 1 & 0 \\ 1 & 1 & 1 & 0 & 0 & 1 \end{array}\right) \begin{array}{l} L_1 \\ L_2 \\ L_3 - L_1 \end{array} \sim \left(\begin{array}{ccc|ccc} 1 & 0 & 1 & 1 & 0 & 0 \\ 0 & \boxed{1} & 2 & 0 & 1 & 0 \\ 0 & 1 & 0 & -1 & 0 & 1 \end{array}\right) \begin{array}{l} L_1 \\ L_2 \\ L_3 - L_2 \end{array}$$

$$\sim \left(\begin{array}{ccc|ccc} 1 & 0 & 1 & 1 & 0 & 0 \\ 0 & 1 & 2 & 0 & 1 & 0 \\ 0 & 0 & \boxed{-2} & -1 & -1 & 1 \end{array}\right) \begin{array}{l} L_1 + (1/2)L_3 \\ L_2 + L_3 \\ L_3/(-2) \end{array}$$

$$\sim \left(\begin{array}{ccc|ccc} 1 & 0 & 0 & 1/2 & -1/2 & 1/2 \\ 0 & 1 & 0 & -1 & 0 & 1 \\ 0 & 0 & 1 & 1/2 & 1/2 & -1/2 \end{array}\right).$$

Portanto,

$$P^{-1} = \frac{1}{2}\begin{pmatrix} 1 & -1 & 1 \\ -2 & 0 & 2 \\ 1 & 1 & -1 \end{pmatrix} \text{ e}$$

$$P^{-1}AP = \frac{1}{2}\begin{pmatrix} 1 & -1 & 1 \\ -2 & 0 & 2 \\ 1 & 1 & -1 \end{pmatrix}\begin{pmatrix} 4 & 1 & -1 \\ 2 & 5 & -2 \\ 1 & 1 & 2 \end{pmatrix}\begin{pmatrix} 1 & 0 & 1 \\ 0 & 1 & 2 \\ 1 & 1 & 1 \end{pmatrix}$$

$$= \frac{1}{2}\begin{pmatrix} 3 & -3 & 3 \\ -6 & 0 & 6 \\ 5 & 5 & -5 \end{pmatrix}\begin{pmatrix} 1 & 0 & 1 \\ 0 & 1 & 2 \\ 1 & 1 & 1 \end{pmatrix}$$

$$= \frac{1}{2}\begin{pmatrix} 6 & 0 & 0 \\ 0 & 6 & 0 \\ 0 & 0 & 10 \end{pmatrix} = \begin{pmatrix} 3 & 0 & 0 \\ 0 & 3 & 0 \\ 0 & 0 & 5 \end{pmatrix}.$$

Obtivemos, então, a forma diagonalizada da matriz A. Os elementos não nulos dessa forma diagonalizada correspondem aos autovalores da matriz original.

Exemplo 4. Verifique se a matriz

$$A = \begin{pmatrix} 2 & 0 \\ 1 & 2 \end{pmatrix}$$

é diagonalizável e, caso o seja, calcule a matriz diagonal semelhante a ela.

Solução. Do exemplo 1 da seção 3.4.1, a matriz A tem somente um autovalor, $\lambda = 2$, com autovetores que são múltiplos de $v = \binom{0}{1}$, de modo que montamos a matriz

$$P = \begin{pmatrix} 0 & 0 \\ 1 & 1 \end{pmatrix}.$$

Como $\det P = 0 - 0 = 0$, essa matriz não tem inversa. Sendo assim, a matriz A não pode ser diagonalizada.

O fato de matrizes diagonalizáveis serem transformadas em matrizes cuja diagonal principal é formada pelos autovalores da matriz original é um teorema, que é enunciado a seguir e provado na Leitura Complementar 4.6.1.

Teorema 2

Uma matriz quadrada A que é diagonalizável tem sua forma diagonalizada dada por uma matriz D diagonal cujos elementos da diagonal principal são todos autovalores da matriz A.

(a) Diagonalização e potências de matrizes

Para que serve colocar matrizes em suas formas diagonalizadas? A vantagem da forma diagonalizada é que é muito fácil calcular potências dela mesma. Consideremos, por exemplo, a forma diagonalizada da matriz do exemplo 1, que é dada por

$$D = \begin{pmatrix} -1 & 0 \\ 0 & 4 \end{pmatrix}.$$

Calculando D^2 e D^3, temos

$$D^2 = \begin{pmatrix} -1 & 0 \\ 0 & 4 \end{pmatrix}\begin{pmatrix} -1 & 0 \\ 0 & 4 \end{pmatrix} = \begin{pmatrix} (-1)^2 & 0 \\ 0 & 4^2 \end{pmatrix},$$

$$D^3 = D \cdot D^2 = \begin{pmatrix} -1 & 0 \\ 0 & 4 \end{pmatrix}\begin{pmatrix} (-1)^2 & 0 \\ 0 & 4^2 \end{pmatrix} = \begin{pmatrix} (-1)^3 & 0 \\ 0 & 4^3 \end{pmatrix}.$$

Não é difícil mostrar que

$$D^n = \begin{pmatrix} (-1)^n & 0 \\ 0 & 4^n \end{pmatrix}.$$

O seguinte teorema (demonstrado na Leitura Complementar 4.6.1) generaliza essa ideia.

Teorema 3
Sendo D uma matriz diagonal, então

$$D = \begin{pmatrix} \alpha_1 & 0 & \cdots & 0 \\ 0 & \alpha_2 & \cdots & 0 \\ \vdots & \vdots & \ddots & \vdots \\ 0 & 0 & \cdots & \alpha_n \end{pmatrix} \Rightarrow D^m = \begin{pmatrix} \alpha_1^m & 0 & \cdots & 0 \\ 0 & \alpha_2^m & \cdots & 0 \\ \vdots & \vdots & \ddots & \vdots \\ 0 & 0 & \cdots & \alpha_n^m \end{pmatrix}.$$

Agora, vejamos o seguinte: a relação entre uma matriz A diagonalizável e sua forma diagonalizada é $P^{-1}AP = D$, onde P é uma matriz formada pelos autovetores de A. Agora, é possível escrever a potência A^n da seguinte forma:

$$A^n = A \cdot A \cdot A \cdots A = PP^{-1}APP^{-1}APP^{-1}A \cdots PP^{-1}APP^{-1}.$$

Isto porque, como $PP^{-1} = I_n$, estamos efetivamente multiplicando as matrizes A, pela esquerda e pela direita, pela identidade. Substituindo $P^{-1}AP = D$ diversas vezes, temos, agora,

$$A^n = PD \cdot D \cdot D \cdot D \cdots DP^{-1} \Leftrightarrow \boxed{A^n = PD^nP^{-1}}.$$

Como é muito mais fácil calcular D^n do que A^n, esta forma da potência é muito mais eficiente que a primeira.

A fórmula obtida para a potência de uma matriz A diagonalizável pode ser muito útil, por exemplo, no cômputo de matrizes de transição de Markov (Leitura Complementar 1.1.2), onde frequentemente é necessário calcularmos o limite infinito das potências dessas matrizes para estudar efeitos assintóticos.

Exemplo 1. Calcule A^8, onde $A = \begin{pmatrix} 4 & 1 & -1 \\ 2 & 5 & -2 \\ 1 & 1 & 2 \end{pmatrix}$.

SOLUÇÃO. Do exemplo 3, sabemos que

$$P = \begin{pmatrix} 1 & 0 & 1 \\ 0 & 1 & 2 \\ 1 & 1 & 1 \end{pmatrix}, \qquad P^{-1} = \frac{1}{2}\begin{pmatrix} 1 & -1 & 1 \\ -2 & 0 & 2 \\ 1 & 1 & -1 \end{pmatrix}, \qquad D = \begin{pmatrix} 3 & 0 & 0 \\ 0 & 3 & 0 \\ 0 & 0 & 5 \end{pmatrix}.$$

Portanto,

$$A^n = PD^nP^{-1} = \begin{pmatrix} 1 & 0 & 1 \\ 0 & 1 & 2 \\ 1 & 1 & 1 \end{pmatrix} \cdot \begin{pmatrix} 3^8 & 0 & 0 \\ 0 & 3^8 & 0 \\ 0 & 0 & 5^8 \end{pmatrix} \cdot \frac{1}{2}\begin{pmatrix} 1 & -1 & 1 \\ -2 & 0 & 2 \\ 1 & 1 & -1 \end{pmatrix}$$

$$= \begin{pmatrix} 3^8 & 0 & 5^8 \\ 0 & 3^8 & 2\cdot 5^8 \\ 3^8 & 3^8 & 5^8 \end{pmatrix} \frac{1}{2}\begin{pmatrix} 1 & -1 & 1 \\ -2 & 0 & 2 \\ 1 & 1 & -1 \end{pmatrix}$$

$$= \frac{1}{2}\begin{pmatrix} 3^8 + 5^8 & -3^8 + 5^8 & 3^8 - 5^8 \\ -2\cdot 3^8 + 2\cdot 5^8 & 2\cdot 5^8 & 2\cdot 3^8 - 2\cdot 5^8 \\ -3^8 + 5^8 & -3^8 + 5^8 & 3^9 - 5^8 \end{pmatrix}$$

$$= \begin{pmatrix} 198593 & 192032 & -192032 \\ 384064 & 390625 & -384064 \\ 192032 & 192032 & -185471 \end{pmatrix}.$$

No próximo capítulo, começaremos a estudar algumas figuras no plano e no espaço. A diagonalização de matrizes terá um papel fundamental na classificação dessas figuras. A Leitura Complementar 4.6.1 traz as demonstrações dos três teoremas deste capítulo, a Leitura Complementar 4.6.2 traz uma revisão de números complexos, a Leitura Complementar 4.6.3 mostra um método de escolher um entre os infinitos autovetores de um determinado valor e a Leitura Complementar 4.6.4 trata da generalização de matrizes diagonalizadas que é válida para todas as matrizes com autovalores repetidos.

Resumo

- **Autovalores de raízes iguais:** caso algumas raízes da equação característica $\det(A - \lambda I_n)$ sejam múltiplas, podemos ter autovetores envolvendo mais de uma variável real.
- **Autovalores de raízes complexas:** caso algumas raízes da equação característica $\det(A - \lambda I_n)$ sejam complexas, então os respectivos autovetores deverão também ser complexos.

- **Diagonalização de matrizes:** uma matriz quadrada é diagonalizável se existir uma matriz P invertível tal que $P^{-1}AP = D$, onde D é uma matriz diagonal cujos elementos são os autovalores de A.
- **Potência de uma matriz diagonalizável:** dada uma matriz quadrada A que seja diagonalizável com forma diagonalizada D, então $A^n = PD^nP^{-1}$.

Exercícios

Nível 1

AUTOVALORES E AUTOVETORES

Exemplo 1. Calcule os autovalores e os autovetores da matriz $A = \begin{pmatrix} 3 & 0 \\ -1 & 3 \end{pmatrix}$.

SOLUÇÃO. $\det(A - \lambda I_2) = 0 \Leftrightarrow \begin{vmatrix} 3-\lambda & 0 \\ -1 & 3-\lambda \end{vmatrix} = 0 \Leftrightarrow (3-\lambda)(3-\lambda) = 0 \Leftrightarrow \lambda = 3.$

Portanto, $\lambda = 3$ é uma raiz dupla e a matriz só tem um autovalor.
Para esse autovalor, temos

$$Av = \lambda v \Leftrightarrow \begin{pmatrix} 3 & 0 \\ -1 & 3 \end{pmatrix}\begin{pmatrix} \alpha \\ \beta \end{pmatrix} = 3\begin{pmatrix} \alpha \\ \beta \end{pmatrix} \Leftrightarrow \begin{cases} 3\alpha = 3\alpha \\ -\alpha + 3\beta = 3\beta \end{cases} \Leftrightarrow \begin{cases} \alpha = \alpha \\ \alpha = 0 \end{cases}.$$

Portanto, qualquer vetor

$$v = \begin{pmatrix} 0 \\ \beta \end{pmatrix} = \beta\begin{pmatrix} 0 \\ 1 \end{pmatrix}, \quad \beta \in \mathbb{R},$$

é um autovetor de A com autovalor $\lambda = 3$.

E1) Calcule os autovalores e autovetores das seguintes matrizes:

a) $A = \begin{pmatrix} -3 & 0 \\ 1 & -3 \end{pmatrix}$, b) $A = \begin{pmatrix} 2 & 2 \\ 3 & 1 \end{pmatrix}$,

c) $A = \begin{pmatrix} 1 & 0 & 4 \\ 3 & 1 & 2 \\ 0 & 0 & -3 \end{pmatrix}$,

d) $A = \begin{pmatrix} -2 & 1 & 0 \\ 0 & -2 & 0 \\ -4 & 3 & -2 \end{pmatrix}$,

e) $A = \begin{pmatrix} 1 & 0 & 0 \\ -2 & 3 & 2 \\ 1 & 0 & -1 \end{pmatrix}$,

f) $A = \begin{pmatrix} 1 & -5 \\ 2 & -5 \end{pmatrix}$.

DIAGONALIZAÇÃO DE MATRIZES

Exemplo 2. Verifique se a matriz do exemplo 1 é diagonalizável e, caso o seja, calcule a matriz diagonal semelhante a ela.

SOLUÇÃO. Como a matriz só tem um autovalor e seus autovetores são todos múltiplos de

$$v = \begin{pmatrix} 0 \\ 1 \end{pmatrix},$$

só podemos montar uma matriz

$$P = \begin{pmatrix} 0 & 0 \\ 1 & 1 \end{pmatrix},$$

cujo determinante é $\det P = 0$. Portanto, a matriz A não pode ser diagonalizada.

E2) Para cada matriz do exercício E1, verifique se ela é diagonalizável e, caso o seja, calcule a matriz diagonal semelhante a ela.

Nível 2

E1) (Leitura Complementar 4.6.3) Calcule os autovetores normalizados das matrizes do exercício E1 do Nível 1.

Nível 3

E1) (Leitura Complementar 1.1.2) Em 1966, um trabalhador americano classificado como branco que estivesse empregado tinha uma probabilidade de 99,8% de permanecer empregado no ano seguinte e uma chance de 0,2% de perder seu emprego nesse mesmo ano. Se ele estivesse desempregado, haveria uma probabilidade de 13,6% de ele conseguir emprego em um ano e uma chance de 86,4% de arranjar emprego durante esse ano. Já para um trabalhador classificado como negro, se ele estava empregado no início do ano, haveria uma chance de 99,6% de permanecer empregado e uma probabilidade de 0,4% de perder seu emprego após um ano; se ele estivesse desempregado, a chance de conseguir emprego seria de 10,2% contra uma chance de 89,8% de permanecer desempregado. Com base nesses dados, podemos montar as seguintes matrizes de transição para trabalhadores brancos (T_B) e trabalhadores negros (T_N):

$$T_B = \begin{pmatrix} 0{,}998 & 0{,}002 \\ 0{,}136 & 0{,}864 \end{pmatrix} \quad \text{e} \quad T_N = \begin{pmatrix} 0{,}996 & 0{,}004 \\ 0{,}102 & 0{,}898 \end{pmatrix}.$$

a) Determine os autovalores e os autovetores das duas matrizes de transição. Use uma precisão de três casas decimais.

b) Usando a diagonalização de matrizes, determine o valor assintótico das matrizes de transição T_B e T_N. Use uma precisão de três casas decimais.

c) Partindo de uma taxa de desemprego de 4% para trabalhadores brancos ou negros em 1966, determine o valor assintótico da taxa de desemprego nos EUA, considerando uma porcentagem de 84% de brancos e 11% de negros na população do país. Use uma precisão de três casas decimais.

E2) (Leitura Complementar 1.1.2) Considere três firmas em competição pelo mesmo mercado. A fatia inicial do mercado (em porcentagem do total) de cada firma é dada pelo vetor

$$P_0 = \begin{pmatrix} 0{,}2 \\ 0{,}3 \\ 0{,}5 \end{pmatrix}.$$

A matriz de transição que indica a probabilidade de um comprador de i passar a comprar de j é dada por

$$T = \begin{pmatrix} 0{,}8 & 0{,}2 & 0{,}1 \\ 0{,}1 & 0{,}7 & 0{,}3 \\ 0{,}1 & 0{,}1 & 0{,}6 \end{pmatrix}.$$

Usando uma cadeia de Markov e a diagonalização de matrizes, calcule a participação no mercado de cada uma das firmas quando o sistema entrar em equilíbrio.

E3) (Leitura Complementar 4.6.4) Calcule as formas canônicas de Jordan das matrizes A a seguir e as matrizes P tais que $A = PJP^{-1}$.

a) $A = \begin{pmatrix} 2 & -1 & 1 \\ 0 & 2 & 1 \\ 0 & 0 & 3 \end{pmatrix}$, b) $A = \begin{pmatrix} 5 & 4 & 3 \\ -1 & 0 & -3 \\ 1 & -2 & 1 \end{pmatrix}$,

c) $A = \begin{pmatrix} 7 & 0 & 0 & 0 & 0 \\ 0 & 4 & 1 & 0 & 0 \\ 0 & 0 & 4 & 0 & 0 \\ 0 & 0 & 0 & 7 & 0 \\ 0 & 0 & 0 & 0 & 4 \end{pmatrix}$, d) $A = \begin{pmatrix} -2 & 1 & 0 \\ 0 & -2 & 0 \\ -4 & 3 & -2 \end{pmatrix}$.

Respostas

NÍVEL 1

E1) a) $\lambda = -3$ e $v = \begin{pmatrix} 0 \\ 1 \end{pmatrix}$. b) $\lambda_1 = -1$ e $\lambda_2 = 4$; $v_1 = \begin{pmatrix} 2 \\ -3 \end{pmatrix}$ e $v_2 = \begin{pmatrix} 1 \\ 1 \end{pmatrix}$.

c) $\lambda_1 = 1$ e $\lambda_2 = -3$; $v_1 = \begin{pmatrix} 0 \\ 1 \\ 0 \end{pmatrix}$ e $v_2 = \begin{pmatrix} -4 \\ 1 \\ 4 \end{pmatrix}$. d) $\lambda = -2$ e $v = \begin{pmatrix} 0 \\ 0 \\ 1 \end{pmatrix}$.

e) $\lambda_1 = 1, \lambda_2 = 3$ e $\lambda_3 = -1$; $\nu_1 = \begin{pmatrix} 2 \\ 1 \\ 1 \end{pmatrix}, \nu_2 = \begin{pmatrix} 0 \\ 1 \\ 0 \end{pmatrix}$ e $\nu_3 = \begin{pmatrix} 0 \\ 1 \\ -2 \end{pmatrix}$.

f) $\lambda_1 = -2 + i$ e $\lambda_2 = -2 - i$; $\nu_1 = \begin{pmatrix} 3+i \\ 2 \end{pmatrix}$ e $\nu_2 = \begin{pmatrix} 3-i \\ 2 \end{pmatrix}$.

Observação: multiplicando qualquer um dos autovetores dados como respostas resulta em um outro autovetor com o mesmo autovalor.

E2) a) Não é diagonalizável. b) $D = \begin{pmatrix} -1 & 0 \\ 0 & 4 \end{pmatrix}$. c) Não é diagonalizável.

d) Não é diagonalizável. e) $D = \begin{pmatrix} 1 & 0 & 0 \\ 0 & 3 & 0 \\ 0 & 0 & -1 \end{pmatrix}$. f) $D = \begin{pmatrix} -2+i & 0 \\ 0 & -2-i \end{pmatrix}$.

NÍVEL 2

E1) a) $\nu = \begin{pmatrix} 0 \\ 1 \end{pmatrix}$. b) $\nu_1 = \frac{1}{\sqrt{13}} \begin{pmatrix} 2 \\ -3 \end{pmatrix}$ e $\nu_2 = \frac{1}{\sqrt{2}} \begin{pmatrix} 1 \\ 1 \end{pmatrix}$.

c) $\nu_1 = \begin{pmatrix} 0 \\ 1 \\ 0 \end{pmatrix}$ e $\nu_2 = \frac{1}{\sqrt{33}} \begin{pmatrix} -4 \\ 1 \\ 4 \end{pmatrix}$

d) $\nu = \begin{pmatrix} 0 \\ 0 \\ 1 \end{pmatrix}$. e) $\nu_1 = \frac{1}{\sqrt{6}} \begin{pmatrix} 2 \\ 1 \\ 1 \end{pmatrix}$, $\nu_2 = \begin{pmatrix} 0 \\ 1 \\ 0 \end{pmatrix}$ e $\nu_3 = \frac{1}{\sqrt{5}} \begin{pmatrix} 0 \\ 1 \\ -2 \end{pmatrix}$.

f) $\nu_1 = \frac{1}{2\sqrt{6}} \begin{pmatrix} 3+i \\ 2 \end{pmatrix}$ e $\nu_2 = \frac{1}{2\sqrt{6}} \begin{pmatrix} 3-i \\ 2 \end{pmatrix}$.

NÍVEL 3

E1) a) Para a matriz de transição T_B, os autovalores são $\lambda_1 = 0{,}862$ e $\lambda_2 = 1$, com autovetores

$$\nu_1 = \alpha_1 \begin{pmatrix} 1 \\ -68 \end{pmatrix} \quad \text{e} \quad \nu_2 = \alpha_2 \begin{pmatrix} 1 \\ 1 \end{pmatrix},$$

para $\alpha_1, \alpha_2 \in \mathbb{R}$. Para a matriz de transição T_N, os autovalores são $\lambda_1 = 0{,}894$ e $\lambda_2 = 1$, com autovetores

$$\nu_1 = \alpha_1 \begin{pmatrix} 1 \\ -25{,}5 \end{pmatrix} \quad \text{e} \quad \nu_2 = \alpha_2 \begin{pmatrix} 1 \\ 1 \end{pmatrix},$$

para $\alpha_1, \alpha_2 \in \mathbb{R}$.

b) $T_B^\infty = \begin{pmatrix} 0{,}986 & 0{,}014 \\ 0{,}986 & 0{,}014 \end{pmatrix}$ e $T_N^\infty = \begin{pmatrix} 0{,}986 & 0{,}014 \\ 0{,}986 & 0{,}014 \end{pmatrix}$.

c) No limite assintótico, 98,2% da população estaria empregada e 1,8% dela estaria desempregada.

E2) $P_\infty = \begin{pmatrix} 0{,}45 \\ 0{,}35 \\ 0{,}20 \end{pmatrix}$.

E3) a) $J = \begin{pmatrix} 2 & 1 & 0 \\ 0 & 2 & 0 \\ 0 & 0 & 3 \end{pmatrix}$ e $P = \begin{pmatrix} \alpha_1 & \alpha_2 & 0 \\ 0 & -\alpha_1 & \beta_3 \\ 0 & 0 & \beta_3 \end{pmatrix} = \begin{pmatrix} 1 & 1 & 0 \\ 0 & -1 & 1 \\ 0 & 0 & 1 \end{pmatrix}$ para $\alpha_1 = \alpha_2 = \beta_3 = 1$.

b) $J = \begin{pmatrix} -2 & 0 & 0 \\ 0 & 4 & 1 \\ 0 & 0 & 4 \end{pmatrix}$ e

$$P = \begin{pmatrix} \alpha_1 & \alpha_3 + \beta_3 & \alpha_3 \\ -\alpha_1 & -\alpha_3 - \beta_3 & \alpha_3 + \beta_3 \\ \alpha_3 & \beta_3 & -\beta_3 \end{pmatrix} = \begin{pmatrix} 1 & 2 & 1 \\ -1 & -2 & 1 \\ -1 & 2 & -1 \end{pmatrix} \text{ para } \alpha_1 = \alpha_3 = \beta_3 = 1.$$

c) $J = A$ e $P = I_5$.

d) $J = \begin{pmatrix} -2 & 1 & 0 \\ 0 & -2 & 1 \\ 0 & 0 & -2 \end{pmatrix}$ e $P = \begin{pmatrix} 0 & -(1/4)\gamma_1 & -(5/16)\gamma_1 - (1/4)\gamma_2 \\ 0 & 0 & -(1/4)\gamma_1 \\ \gamma_1 & \gamma_2 & \gamma_3 \end{pmatrix} = \begin{pmatrix} 0 & -4 & -6 \\ 0 & 0 & -4 \\ 16 & 4 & 1 \end{pmatrix}$

para $\gamma_1 = 16$, $\gamma_2 = 4$ e $\gamma_3 = 1$.

MÓDULO 5

Formas lineares, formas quadráticas e geometria analítica

5.1 Retas, planos e formas lineares

Iniciaremos agora um breve estudo de algumas formas geométricas importantes. Isso tanto prepara o terreno para o estudo de funções de diversas variáveis quanto tem importância para a análise econométrica. Começamos analisando retas e planos e estabelecendo uma ligação entre essas figuras e as matrizes, introduzindo também noções da representação espacial de figuras.

5.1.1 Retas

O conceito de *reta* é considerado, em geometria, *primitivo*, isto é, sem definição. Em termos algébricos, uma reta é o conjunto de pontos (*ponto* é outro conceito primitivo) que satisfaz uma equação do tipo

$$\boxed{ax + by + c = 0},$$

onde a, b e c são constantes reais. Para $b \neq 0$, podemos obter uma outra equação para a reta isolando a variável y e renomeando algumas constantes:

$$ax + by = c \Leftrightarrow by = -ax - c \Leftrightarrow y = -\frac{a}{b}x - \frac{c}{b} \Leftrightarrow y = mx + n.$$

Nessa forma, o termo m é chamado *coeficiente angular* da reta e controla o ângulo de inclinação desta em relação ao eixo horizontal; o termo n é chamado *intercepto* e controla onde a reta intersecta o eixo vertical (veja figuras abaixo).

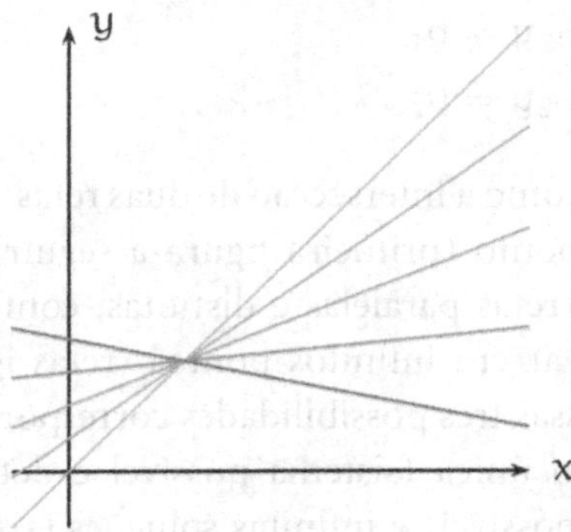

Efeito de mudanças em m (coeficiente angular).

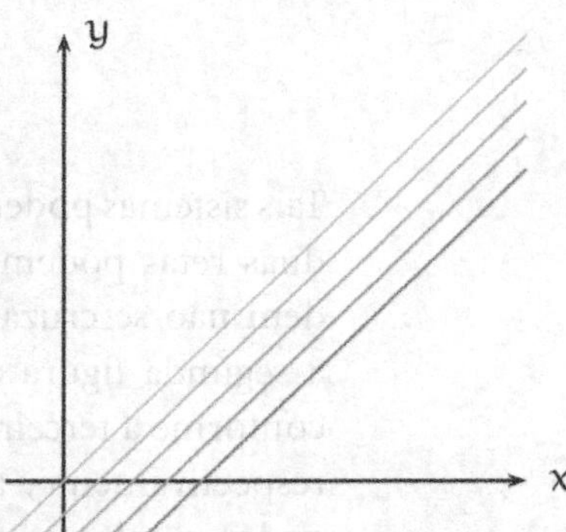

Efeito de mudanças em n (intercepto).

Para desenhar uma reta, bastam dois pontos, como mostra a figura do exemplo seguinte.

Exemplo 1. Faça o gráfico da reta dada por $x - y + 1 = 0$.

SOLUÇÃO. Para desenhar essa reta, podemos escolher $x = 0$, obtendo $-y + 1 = 0 \Leftrightarrow y = 1$ e depois escolher $y = 0$, obtendo $x + 1 = 0 \Leftrightarrow x = -1$. Os dois pontos são usados no gráfico a seguir para desenhar a reta dada.

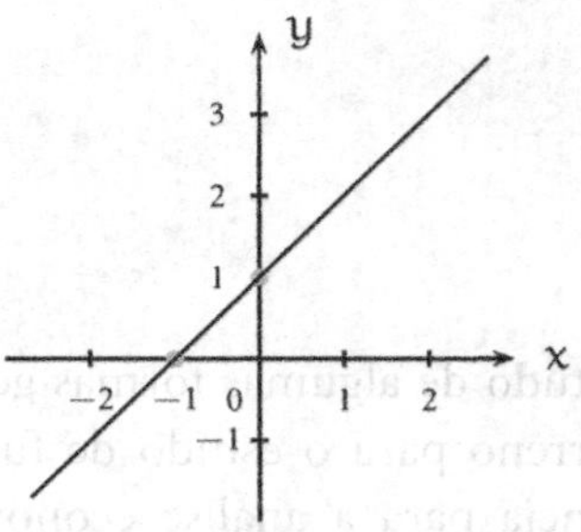

Exemplo 2. Faça o gráfico da reta dada por $x + 2y - 4 = 0$.

SOLUÇÃO. Para $x = 0$, temos $2y - 4 = 0 \Leftrightarrow 2y = 4 \Leftrightarrow y = 2$; para $y = 0$, $x - 4 = 0 \Leftrightarrow x = 4$. Os dois pontos são usados no gráfico a seguir para desenhar a reta dada.

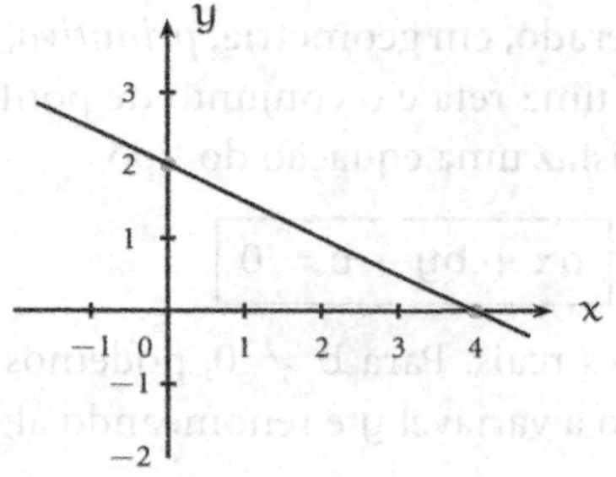

(a) INTERSECÇÃO DE RETAS

No estudo de sistemas de equações lineares, encontramos diversos sistemas de duas equações e duas incógnitas, do tipo

$$\begin{cases} a_{11}x + a_{12}y = b_1 \\ a_{21}x + a_{22}y = b_2 \end{cases}.$$

Tais sistemas podem ser interpretados como a intersecção de duas retas. Essas duas retas podem se cruzar em um ponto (primeira figura a seguir), podem não se cruzar em ponto algum (retas paralelas e distintas, conforme a segunda figura a seguir) ou se cruzar em infinitos pontos (retas iguais, conforme a terceira figura a seguir). Essas três possibilidades correspondem, respectivamente, aos casos de solução única (sistema possível e determinado), nenhuma solução (sistema impossível) e infinitas soluções (sistema possível e indeterminado).

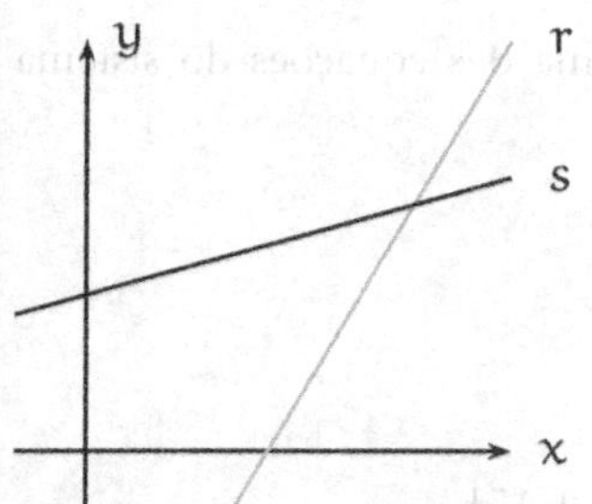

Intersecção entre duas retas.

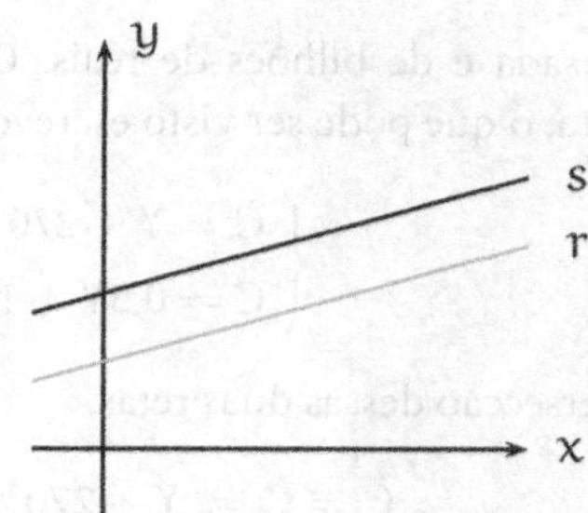

Duas retas paralelas.

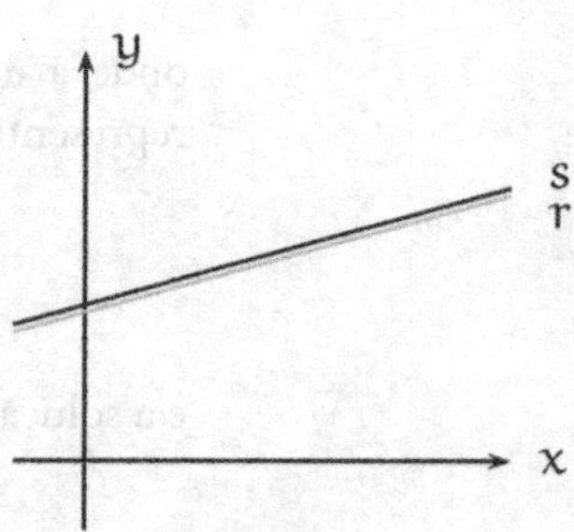

Duas retas coincidentes.

Exemplo 1. Calcule a intersecção das retas $x - y + 1 = 0$ e $x + 2y - 4 = 0$.

SOLUÇÃO. Temos que resolver o sistema $\begin{cases} x - y = -1 \\ x + 2y = 4 \end{cases}$. Por Gauss-Jordan,

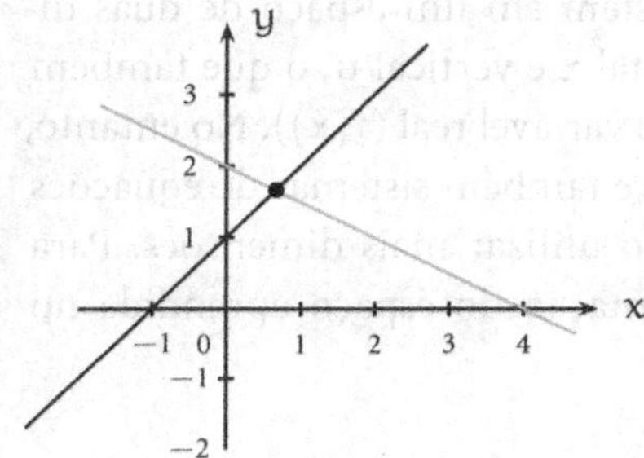

$$\left(\begin{array}{cc|c} \boxed{1} & -1 & -1 \\ 1 & 2 & 4 \end{array}\right) \begin{array}{l} L_1 \\ L_2 - L_1 \end{array} \sim \left(\begin{array}{cc|c} 1 & -1 & -1 \\ 0 & 3 & 5 \end{array}\right) \begin{array}{l} L_1 + (1/3)L_2 \\ L_2/3 \end{array} \sim \left(\begin{array}{cc|c} 1 & 0 & 2/3 \\ 0 & 1 & 5/3 \end{array}\right),$$

de modo que a intersecção se dá em $x = \dfrac{2}{3}$ e $y = \dfrac{5}{3}$. A intersecção é mostrada na figura ao lado.

Exemplo 2. Calcule a intersecção das retas $-2x + y - 1 = 0$ e $4x - 2y + 4 = 0$.

SOLUÇÃO. Temos que resolver o sistema $\begin{cases} -2x + y = 1 \\ 4x - 2y = -4 \end{cases}$. Por Gauss-Jordan,

$$\left(\begin{array}{cc|c} \boxed{-2} & 1 & 1 \\ 4 & -2 & -4 \end{array}\right) \begin{array}{l} L_1/(-2) \\ L_2 + 2L_1 \end{array} \sim \left(\begin{array}{cc|c} 1 & -1/2 & -1/2 \\ 0 & 0 & -2 \end{array}\right).$$

Da última linha, deveríamos ter $0 = -2$, o que mostra que o sistema não tem solução. Portanto, as retas nunca se cruzam, o que indica que elas são paralelas.

Exemplo 3. Modelo de Keynes da renda nacional. Um exemplo de intersecção entre retas é o modelo de Keynes da renda nacional, visto pela primeira vez no Capítulo 1.3 (ou em cursos de Macroeconomia), que relaciona a renda nacional Y de um país ao consumo C de sua população usando as seguintes equações: $Y = C + I_0 + G_0$, ou seja, a renda nacional é a soma do consumo da população mais os investimentos I_0 e os gastos G_0 do governo; $C = aY + b$, ou seja, o consumo varia linearmente com a renda nacional.

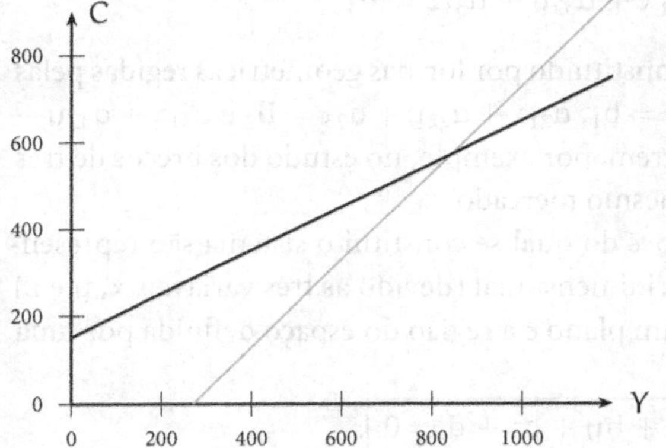

Para os dados do Brasil, temos o seguinte sistema de equações:

$$\begin{cases} Y - C = 270 \\ -0{,}5Y + C = 151 \end{cases},$$

onde a unidade usada é de bilhões de reais. Cada uma das equações do sistema representa uma reta, o que pode ser visto escrevendo

$$\begin{cases} C = Y - 270 \\ C = 0{,}5Y + 151 \end{cases},$$

e a solução é a intersecção dessas duas retas.

$$\begin{aligned} C = C &\Leftrightarrow Y - 270 = 0{,}5Y + 151 \\ &\Leftrightarrow 0{,}5Y = 421 \Leftrightarrow Y = 842, \\ C = Y - 270 &\Leftrightarrow C = 842 - 270 \\ &\Leftrightarrow C = 572. \end{aligned}$$

Esta solução corresponde ao ponto de intersecção das duas retas do sistema.

As retas que vimos até o momento existem em um espaço de duas dimensões, representadas pelos eixos horizontal x e vertical y, o que também é suficiente para representar funções de uma variável real ($f(x)$). No entanto, para podermos estudar funções mais gerais e também sistemas de equações com mais de duas variáveis, será necessário utilizar mais dimensões. Para as seções seguintes, utilizaremos a representação do espaço aprendida no Capítulo 2.2.

5.1.2 Planos

Como já vimos na seção anterior, um sistema de duas equações e duas variáveis,

$$\begin{cases} a_{11}x + a_{12}y = b_1 \\ a_{21}x + a_{22}y = b_2 \end{cases},$$

pode ser interpretado como composto por duas retas com equações $a_{11}x + a_{12}y = b_1$ e $a_{21}x + a_{22}y = b_2$.

Sistemas de três equações lineares com três incógnitas têm outra interpretação geométrica. Um sistema do tipo

$$\begin{cases} a_{11}x + a_{12}y + a_{13}z = b_1 \\ a_{21}x + a_{22}y + a_{23}z = b_2 \\ a_{31}x + a_{32}y + a_{33}z = b_3 \end{cases}$$

deve ser interpretado como constituído por formas geométricas regidas pelas equações $a_{11}x + a_{12}y + a_{13}z = b_1$, $a_{21}x + a_{22}y + a_{23} = b_2$ e $a_{31}x + a_{32}y + a_{33}z = b_3$. Tais sistemas ocorrem, por exemplo, no estudo dos preços de três produtos competindo pelo mesmo mercado.

Cada uma das três equações do qual se constitui o sistema são representadas por regiões do espaço tridimensional (devido às três variáveis x, y e z) chamadas *planos*. Portanto, um plano é a região do espaço definida por uma equação do tipo

$$\boxed{ax + by + cz + d = 0},$$

onde a, b, c e d são constantes reais. Mostramos a seguir como desenhar planos no espaço.

Exemplo 1. Faça o gráfico do plano dado por $3x + 2y + 2z = 6$.

Solução. Nas tabelas a seguir, escolhemos valores para as variáveis x e y e calculamos os valores correspondentes da coordenada z:

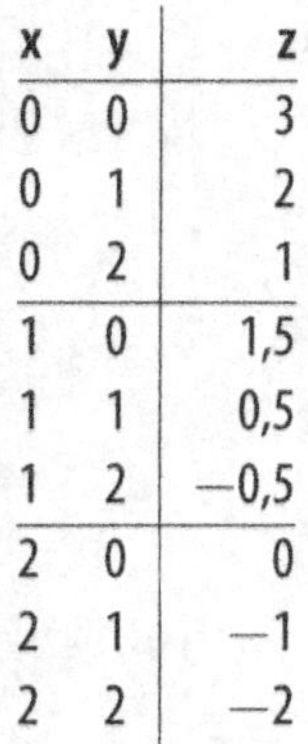

x	y	z
0	0	3
0	1	2
0	2	1
1	0	1,5
1	1	0,5
1	2	−0,5
2	0	0
2	1	−1
2	2	−2

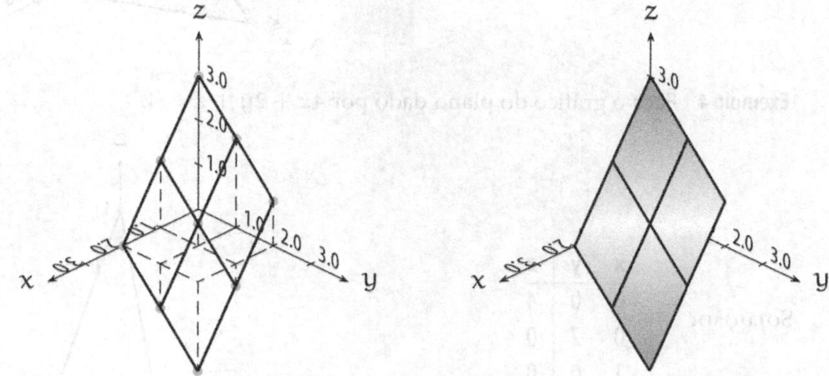

Existe uma forma mais fácil de desenhar um plano no espaço, bastando para isto calcular três pontos desse plano. Isso é mostrado no exemplo a seguir usando a mesma equação de plano do exemplo 1.

Exemplo 2. Faça o gráfico do plano dado por $3x + 2y + 2z = 6$.

Solução. Para desenhar o plano necessitamos somente de três pontos. Para isso, fixamos duas das variáveis e calculamos o valor correspondente da terceira variável:

$$x = y = 0 \Rightarrow z = 3$$
$$x = z = 0 \Rightarrow y = 2$$
$$y = z = 0 \Rightarrow x = 2$$

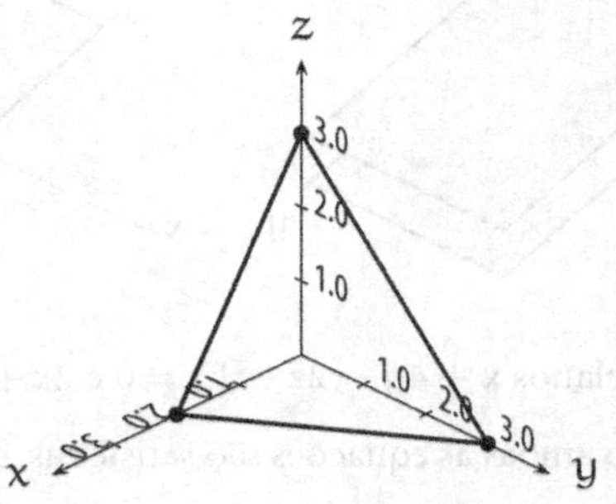

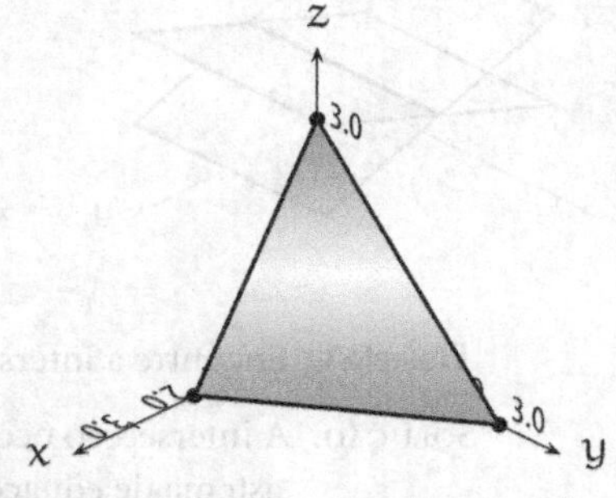

Apesar de não parecer o caso, as figuras dos exemplos 1 e 2 correspondem ao mesmo plano. Os próximos dois exemplos mostram mais dois planos representados no espaço.

Exemplo 3. Faça o gráfico do plano dado por $x + 2y + z = 3$.

Solução.

x	y	z
0	0	3
0	3/2	0
3	0	0

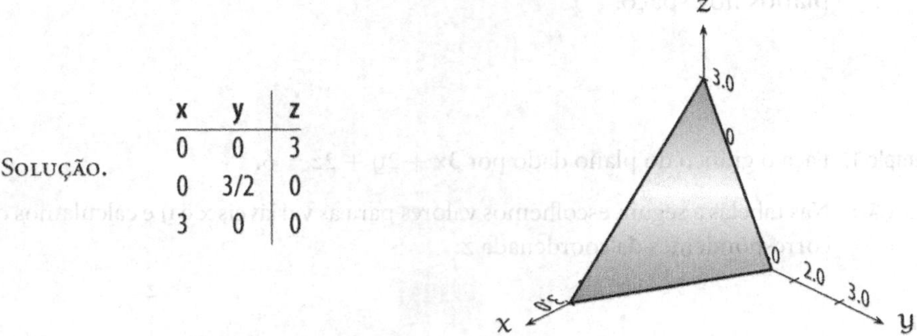

Exemplo 4. Faça o gráfico do plano dado por $4x + 2y + z = 4$.

Solução.

x	y	z
0	0	4
0	2	0
1	0	0

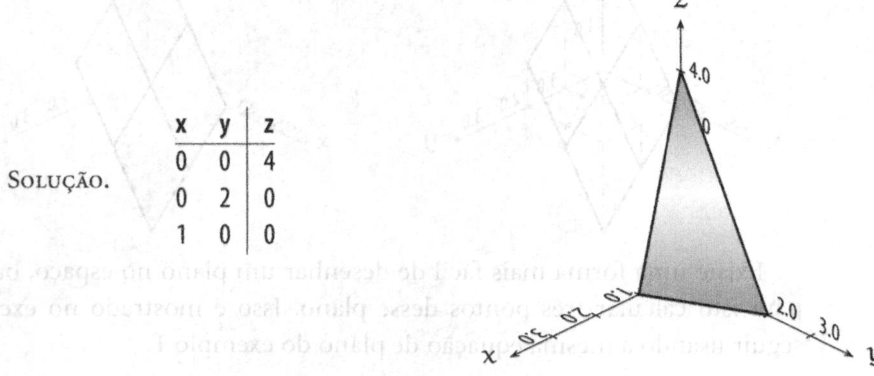

(a) Intersecção de dois planos

Consideremos agora a intersecção de dois planos. Conforme as figuras a seguir, elas podem ocorrer ao longo de uma reta (primeira figura), podem não ocorrer (planos paralelos e distintos, segunda figura) ou podem ocorrer em todo um plano (planos idênticos, terceira figura).

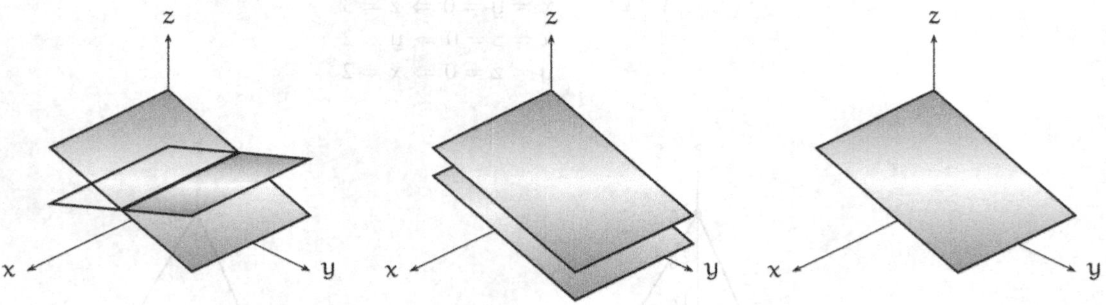

Exemplo 1. Encontre a intersecção dos planos $x + 4y - 2z - 13 = 0$ e $2x + 3y + z - 11 = 0$.

Solução. A intersecção ocorre quando ambas as equações são satisfeitas, de modo que temos o sistema de equações lineares

$$\begin{cases} x + 4y - 2z - 13 = 0 \\ 2x + 3y + z - 11 = 0 \end{cases} \Leftrightarrow \begin{cases} x + 4y - 2z = 13 \\ 2x + 3y + z = 11 \end{cases}.$$

Resolvendo por Gauss-Jordan, temos

$$\left(\begin{array}{ccc|c} \boxed{1} & 4 & -2 & 13 \\ 2 & 3 & 1 & 11 \end{array}\right) \begin{array}{l} L_1 \\ L_2 - 2L_1 \end{array}$$

$$\sim \left(\begin{array}{ccc|c} 1 & 4 & -2 & 13 \\ 0 & \boxed{-5} & 5 & -15 \end{array}\right) \begin{array}{l} L_1 + (4/5)L_2 \\ L_2/(-5) \end{array} \sim \left(\begin{array}{ccc|c} 1 & 0 & 2 & 1 \\ 0 & 1 & -1 & 3 \end{array}\right),$$

que é um sistema possível e indeterminado (tem infinitas soluções). No entanto, a solução está restrita pelas equações $x + 2z = 1$ e $y - z = 3$, que determinam uma reta no espaço.

(b) Intersecção de três planos

Um sistema com três equações e três incógnitas pode ser interpretado como consistindo em três planos. A solução desse sistema pode ser a intersecção desses três planos, que pode resultar em um ponto, em uma reta (infinitas soluções), em um plano (infinitas soluções), ou no conjunto vazio (não há intersecção). Os dois últimos casos ocorrem quando os dois ou três dos planos são paralelos.

Exemplo 1. Calcule a intersecção dos planos $x + 2y + 3z = 7$, $3x + y + 4z = 1$ e $2x - y + 3z = 4$.

Solução. Temos que resolver o sistema

$$\begin{cases} x + 2y + 3z = 7 \\ 3x + y + 4z = 1, \\ 2x - y + 3z = 4 \end{cases}$$

o que é feito a seguir usando o algoritmo de Gauss-Jordan.

$$\left(\begin{array}{ccc|c} \boxed{1} & 2 & 3 & 7 \\ 3 & 1 & 4 & 1 \\ 2 & -1 & 3 & 4 \end{array}\right) \begin{array}{l} L_1 \\ L_2 - 3L_1 \\ L_3 - 2L_1 \end{array} \sim \left(\begin{array}{ccc|c} 1 & 2 & 3 & 7 \\ 0 & \boxed{-5} & -5 & -20 \\ 0 & -5 & -3 & -10 \end{array}\right) \begin{array}{l} L_1 + (2/5)L_2 \\ L_2/(-5) \\ L_3 - L_2 \end{array}$$

$$\sim \left(\begin{array}{ccc|c} 1 & 0 & 1 & -1 \\ 0 & 1 & 1 & 4 \\ 0 & 0 & \boxed{2} & 10 \end{array}\right) \begin{array}{l} L_1 - (1/2)L_3 \\ L_2 - (1/2)L_3 \\ L_3/2 \end{array} \sim \left(\begin{array}{ccc|c} 1 & 0 & 0 & -6 \\ 0 & 1 & 0 & -1 \\ 0 & 0 & 1 & 5 \end{array}\right).$$

Portanto, a intersecção dos três planos ocorre no ponto $(-6, -1, 5)$.

As figuras seguintes ilustram os casos possíveis de intersecções (ou não) de três planos.

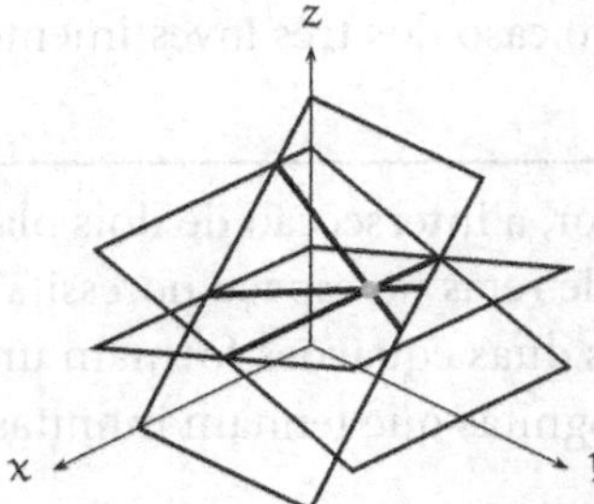

Três planos não paralelos: a intersecção é um ponto.

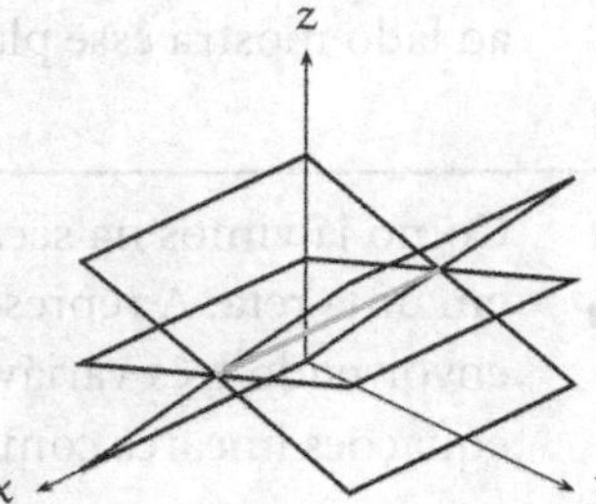

Três planos não paralelos: a intersecção é uma reta.

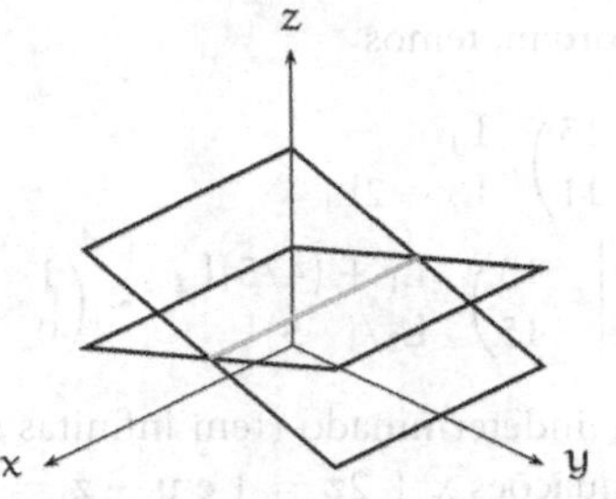

Três planos, sendo dois deles coincidentes: a intersecção é uma reta.

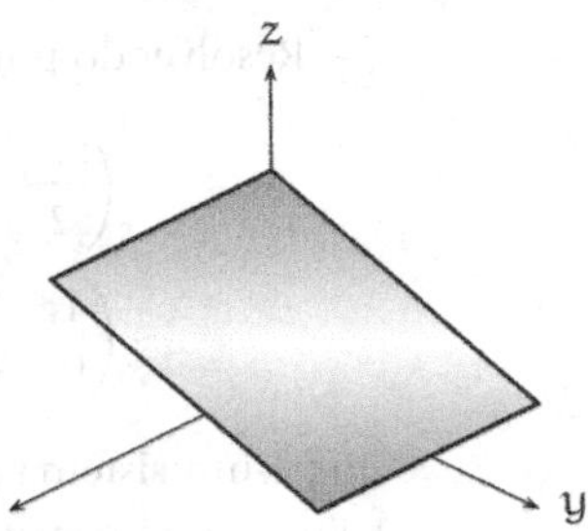

Três planos coincidentes: a intersecção é um plano.

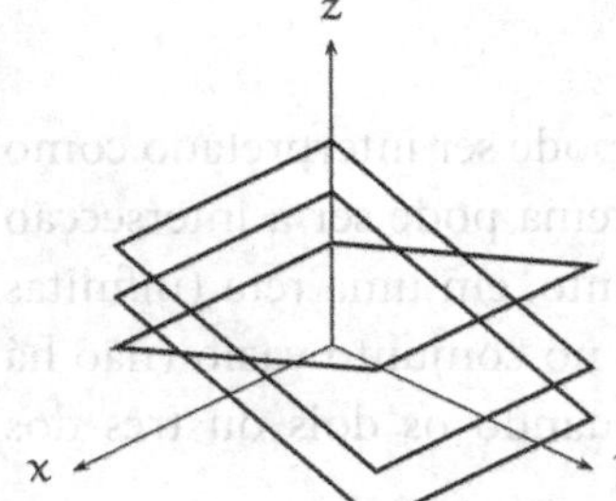

Três planos, sendo dois paralelos e não coincidentes: não há intersecção.

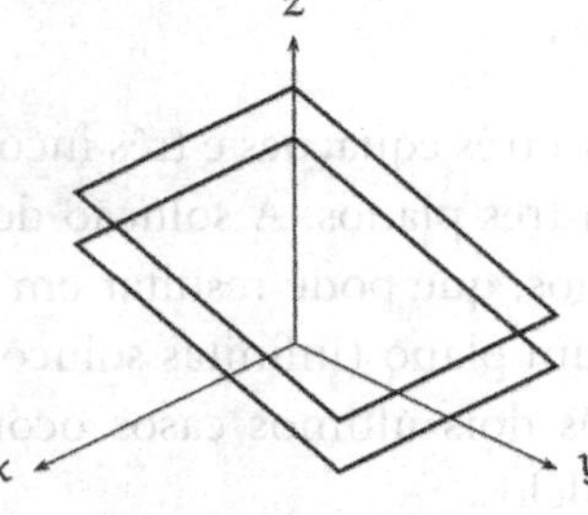

Três planos paralelos, sendo dois deles coincidentes: não há intersecção.

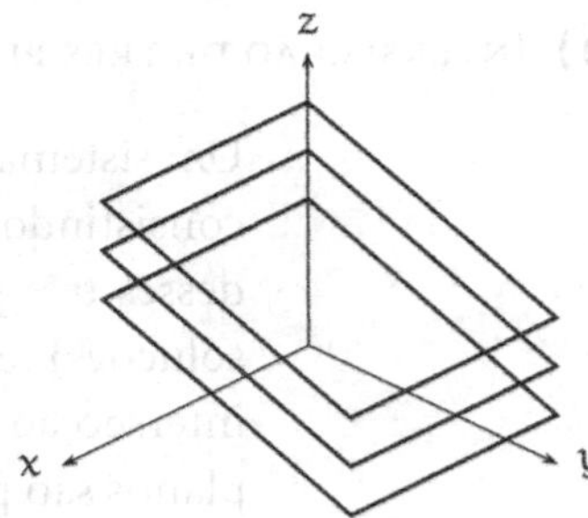

Três planos paralelos e não coincidentes: não há intersecção.

(c) Carteira de investimentos

Uma aplicação de planos em finanças é na escolha de uma carteira de investimentos. Considere, como exemplo, um investidor que tenha cem mil reais disponíveis e que ele queira distribuir esses investimentos entre um certo número de possibilidades de modo a minimizar o risco que ele corre caso um ou mais desses investimentos resulte em perdas. Por isso, ele escolhe investir uma porcentagem x_1 do total em ações da bolsa de valores, uma porcentagem x_2 em um fundo de investimentos e uma parte x_3 em uma poupança. O total dessas porcentagens deve perfazer 100%, ou seja, 1, de modo que temos $x_1 + x_2 + x_3 = 1$. Como essa divisão será feita depende do rendimento esperado e do risco associado a cada um desses investimentos, aliado ao perfil do investidor: cuidadoso ou agressivo. A equação corresponde a um plano no espaço das porcentagens possíveis para os investimentos. A figura ao lado mostra esse plano para o caso dos três investimentos distintos.

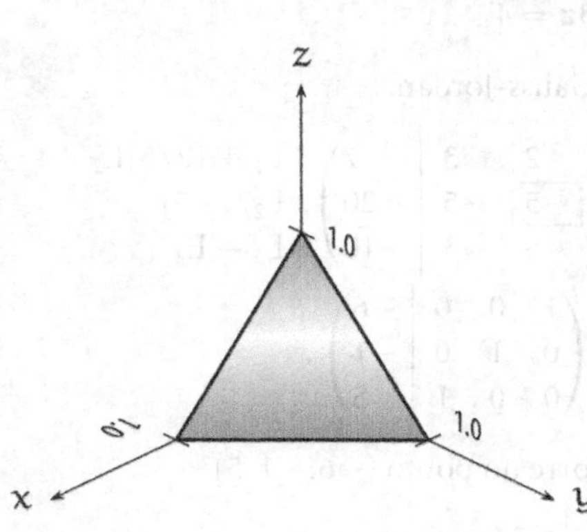

5.1.3 Retas no espaço

Como já vimos na seção anterior, a intersecção de dois planos pode resultar em uma reta. A representação de retas no espaço necessita de duas equações envolvendo três variáveis. Essas duas equações formam um sistema de duas equações lineares com três incógnitas que tenham infinitas soluções:

$$\begin{cases} a_1x + b_1y + c_1z = -d_1 \\ a_x + b_2y + c_2z = -d_2 \end{cases}.$$

O gráfico dessas retas pode ser obtido determinando dois pontos no espaço por onde elas passam e traçando uma reta que passe por eles. Os próximos exemplos mostram como isso pode ser feito.

Exemplo 1. Faça o gráfico da reta dada por $\begin{cases} x + 2y + 3z = 1 \\ 2x + 2y + 5z = 2 \end{cases}$.

Solução. Como as duas equações devem ser satisfeitas simultaneamente, temos que resolver o sistema de equações dado. Usando o algoritmo de Gauss-Jordan, temos

$$\left(\begin{array}{ccc|c} \boxed{1} & 2 & 3 & 1 \\ 2 & 2 & 5 & 2 \end{array}\right) \begin{array}{l} L_1 \\ L_2 - 2L_1 \end{array} \sim \left(\begin{array}{ccc|c} 1 & 2 & 3 & 1 \\ 0 & \boxed{-2} & -1 & 0 \end{array}\right) \begin{array}{l} L_1 + L_2 \\ L_2/(-2) \end{array} \sim \left(\begin{array}{ccc|c} 1 & 0 & 2 & 1 \\ 0 & 1 & 1/2 & 0 \end{array}\right),$$

o que leva às equações

$$x + 2z = 1, \quad y + \frac{1}{2}z = 0.$$

O sistema tem infinitas soluções, que cobrem uma reta no espaço. Variando os valores da variável z, temos os seguintes valores para as variáveis x e y.

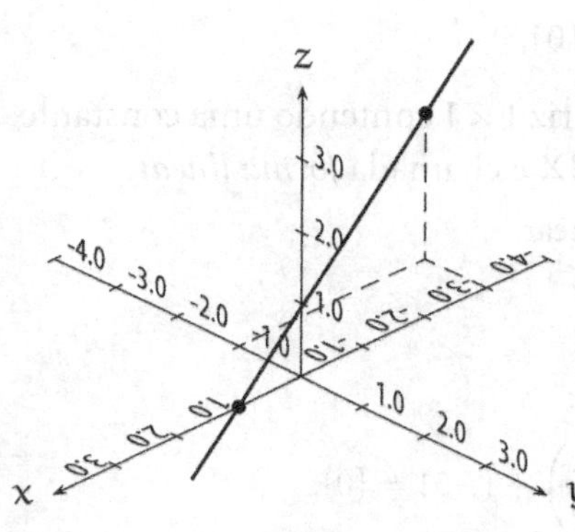

z	x	y
0	1	0
2	−3	−1

Representando esses dois pontos em um gráfico, podemos então delinear a reta no espaço (figura ao lado).

Exemplo 2. Faça o gráfico da reta dada por $\begin{cases} x + 4y + z = 4 \\ 3x + y + 3z = 1 \end{cases}$.

Solução. Como as duas equações devem ser satisfeitas simultaneamente, temos que resolver o sistema de equações dado. Usando o algoritmo de Gauss-Jordan, temos

$$\left(\begin{array}{ccc|c} \boxed{1} & 4 & 1 & 4 \\ 3 & 1 & 3 & 1 \end{array}\right) \begin{array}{l} L_1 \\ L_2 - 3L_1 \end{array} \sim \left(\begin{array}{ccc|c} 1 & 4 & 1 & 4 \\ 0 & \boxed{-11} & 0 & -11 \end{array}\right) \begin{array}{l} L_1 + (4/11)L_2 \\ L_2/(-11) \end{array}$$

$$\sim \left(\begin{array}{ccc|c} 1 & 0 & 1 & 0 \\ 0 & 1 & 0 & 1 \end{array}\right),$$

o que leva às equações

$$x + z = 0, \quad y = 1.$$

O sistema tem infinitas soluções, que cobrem uma reta no espaço. Variando os valores da variável z, temos os seguintes valores para as variáveis x e y.

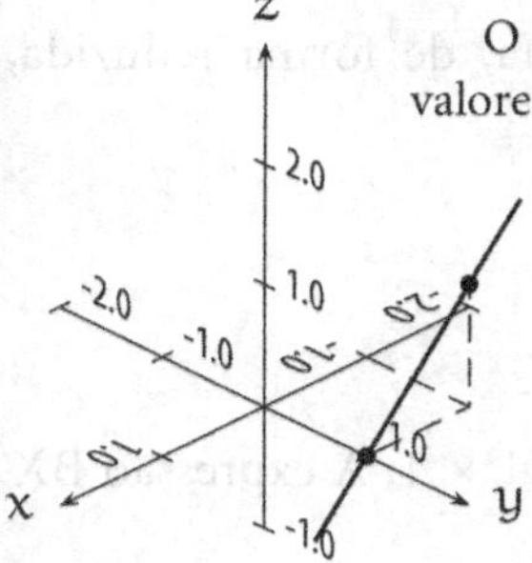

z	x	y
0	0	1
1	−1	1

Representando esses dois pontos em um gráfico, delineamos a reta no espaço (figura ao lado).

5.1.4 Formas lineares

Voltemos, agora, à equação de uma reta na forma $ax+by+c=0$, onde a, b e c são constantes. Podemos escrever essa equação na forma de um produto de matrizes:

$$\begin{pmatrix} a & b \end{pmatrix}\begin{pmatrix} x \\ y \end{pmatrix} + (c) = (0).$$

Isto é mostrado a seguir:

$$\begin{aligned} \begin{pmatrix} a & b \end{pmatrix}\begin{pmatrix} x \\ y \end{pmatrix} + (c) = (0) &\Leftrightarrow (ax+by)+(c)=(0) \\ &\Leftrightarrow (ax+by+c)=(0) \Leftrightarrow ax+by+c=0. \end{aligned}$$

Na expressão acima, escrevemos a constante e o zero como matrizes 1×1, uma vez que o resultado do produto das duas primeiras matrizes é uma matriz 1×1 e não um número. Podemos escrever essa equação como

$$BX + (c) = (0),$$

onde $B = \begin{pmatrix} a & b \end{pmatrix}$, $X = \binom{x}{y}$, (c) é uma matriz 1×1 contendo uma constante c e (0) é a matriz nula 1×1. A expressão BX é chamada *forma linear*.

Exemplo 1. Escreva $3x - 2y + 4 = 0$ usando uma forma linear.

Solução. $\begin{pmatrix} 3 & -2 \end{pmatrix}\begin{pmatrix} x \\ y \end{pmatrix} + (4) = (0).$

Exemplo 2. Escreva $y = -2x + 5$ usando uma forma linear.

Solução. $y = -2x+5 \Leftrightarrow 2x+y-5=0 \Leftrightarrow \begin{pmatrix} 2 & 1 \end{pmatrix}\begin{pmatrix} x \\ y \end{pmatrix} + (-5) = (0).$

De modo semelhante, podemos escrever a equação de um plano, dada por $ax + by + cy + d = 0$, onde a, b, c e d são constantes, sob a forma de um produto de matrizes:

$$\begin{pmatrix} a & b & c \end{pmatrix}\begin{pmatrix} x \\ y \\ z \end{pmatrix} + (d) = (0),$$

como mostrado a seguir:

$$\begin{aligned} \begin{pmatrix} a & b & c \end{pmatrix}\begin{pmatrix} x \\ y \\ z \end{pmatrix} + (c) = (0) &\Leftrightarrow (ax+by)+(c)=(0) \\ &\Leftrightarrow (ax+by+cz+d)=(0) \\ &\Leftrightarrow ax+by+cz+d=0. \end{aligned}$$

Essa equação matricial também pode ser escrita, de forma reduzida, como $BX + cI_1 = 0_{11}$, onde temos $B = \begin{pmatrix} a & b & c \end{pmatrix}$,

$$X = \begin{pmatrix} x \\ y \\ z \end{pmatrix},$$

I_1 é a matriz identidade 1×1 e 0_{11} é a matriz nula 1×1. A expressão BX também aqui é uma forma linear.

Exemplo 3. Escreva $2x + y - 2z + 6 = 0$ usando uma forma linear.

SOLUÇÃO. $\begin{pmatrix} 2 & 1 & -2 \end{pmatrix} \begin{pmatrix} x \\ y \\ z \end{pmatrix} + (6) = (0)$.

Exemplo 4. Escreva $3x - 5y - 4 = 0$ usando uma forma linear.

SOLUÇÃO. $\begin{pmatrix} 3 & -5 & 0 \end{pmatrix} \begin{pmatrix} x \\ y \\ z \end{pmatrix} + (-4) = (0)$.

O que acontece se usarmos matrizes-coluna (vetores) com mais que três linhas na montagem de uma forma linear? Obtemos, então, equações do tipo

$$\begin{pmatrix} a_1 & a_2 & \cdots & a_n \end{pmatrix} \begin{pmatrix} x_1 \\ x_2 \\ \vdots \\ x_n \end{pmatrix} + (k) = (0).$$

Tais expressões representam figuras análogas às retas e aos planos, mas em espaços com dimensões maiores que três. Como vivemos, aparentemente, em um mundo tridimensional, não podemos visualizar essas figuras, que são chamadas, em analogia ao caso tridimensional, de *hiperplanos*.

Hiperplanos aparecem em diversos problemas de economia. Alguns exemplos são o caso geral de uma carteira de n investimentos, com porcentagens x_i, $i = 1, \cdots, n$, investidas em n aplicações diferentes. Como a soma dessas porcentagens tem que resultar em 1, temos, então, o hiperplano $x_1 + x_2 + \cdots + x_n = 1$, limitado pelas condições $0 \leqslant x_i \leqslant 1$. Outros dois exemplos de aplicações de hiperplanos à economia e à estatística são dados nas leituras complementares deste capítulo.

Resumo

- **Retas no plano:** são regiões do plano descritas por equações do tipo $ax + by + c = 0$, onde a, b e c são constantes reais.
- **Retas no espaço:** são regiões do espaço descritas pelas equações simultâneas $a_1x+b_1y+c_1z + d_1 = 0$ e $a_2x + b_2y + c_2z + d_2 = 0$, onde a_1, b_1, c_1, d_1, a_2, b_2, c_2 e d_2 são constantes reais.
- **Sistemas de equações lineares e retas:** um sistema com duas equações lineares e duas incógnitas do tipo $\begin{cases} a_{11}x + a_{12}y = b_1 \\ a_{21}x + a_{22}y = b_2 \end{cases}$ pode ser interpretada como a tentativa de calcular a intersecção (quando esta existir) de duas retas cujas equações correspondam às duas linhas do sistema.
- **Planos:** um plano é uma região do espaço que satisfaz uma equação do tipo $ax + by + cz + d = 0$, onde a, b, c e d são constantes reais.

▶ **Sistemas de equações lineares e retas:** um sistema com três equações lineares e três incógnitas do tipo $\begin{cases} a_{11}x + a_{12}y + a_{13}z = b_1 \\ a_{21}x + a_{22}y + a_{23}z = b_2 \\ a_{31}x + a_{32}y + a_{33}z = b_3 \end{cases}$ pode ser interpretada como a tentativa de calcular a intersecção (quando esta existir) de três planos cujas equações correspondam às três linhas do sistema.

▶ **Formas lineares:** são expressões do tipo

$$BX + (c) = (0) \Leftrightarrow \begin{pmatrix} a_1 & a_2 & \cdots & a_n \end{pmatrix} \begin{pmatrix} x_1 \\ x_2 \\ \vdots \\ x_n \end{pmatrix} + (c) = (0).$$

Para $n = 2$, elas representam a equação de uma reta:

$$\begin{pmatrix} a_1 & a_2 \end{pmatrix} \begin{pmatrix} x \\ y \end{pmatrix} + (c) = (0) \Leftrightarrow a_1x + a_2y + c = 0.$$

Para $n = 3$, elas representam a equação de um plano:

$$\begin{pmatrix} a_1 & a_2 & a_3 \end{pmatrix} \begin{pmatrix} x \\ y \\ z \end{pmatrix} + (c) = (0) \Leftrightarrow a_1x + a_2y + a_3z + c = 0.$$

Para $n > 3$, elas representam hiperplanos em dimensões maiores que três.

Exercícios

Nível 1

RETAS NO PLANO

Exemplo 1. Esboce a reta dada pela equação $2x - y + 1 = 0$.

SOLUÇÃO. $x = 0 : -y + 1 = 0 \Leftrightarrow y = 1$
$y = 0 : 2x + 1 = 0 \Leftrightarrow 2x = -1 \Leftrightarrow x = 1/2$

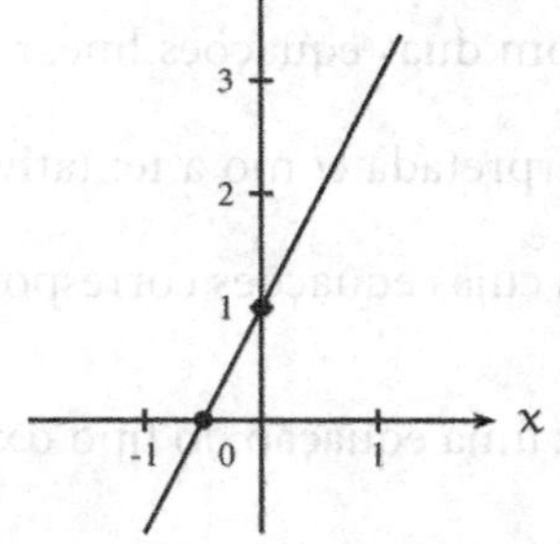

E1) Esboce as retas dadas pelas seguintes equações:

a) $x - y = 0$, b) $x - y + 1 = 0$, c) $2x - y = 0$,
d) $x - 2y = 0$, e) $x + y = 0$, f) $x + y - 3 = 0$,
g) $3x - y - 2 = 0$.

Pontos no espaço

Exemplo 2. Represente o ponto $P(2, 3, -2)$ no espaço.

Solução.

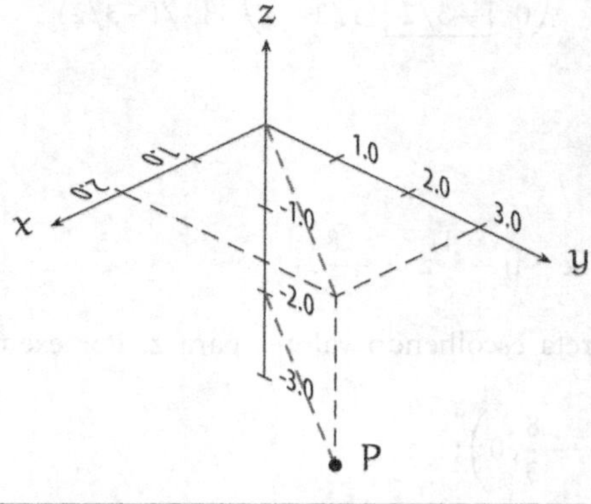

E2) Represente os seguintes pontos no espaço.

a) $A(2, 3, 2)$, b) $B(-2, 1, -2)$, c) $C(2, 0, 4)$,
d) $D(3, -2, 0)$.

Planos

Exemplo 3. Esboce o plano dado pela equação $z = 2x + y - 2$.

Solução.

$$x = y = 0 \Leftrightarrow z = -2$$
$$x = z = 0 \Leftrightarrow y = 2$$
$$y = z = 0 \Leftrightarrow x = 1$$

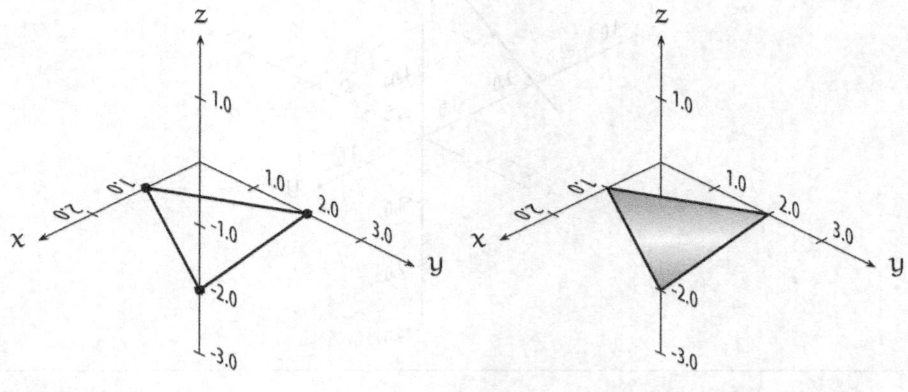

E3) Esboce os planos dados pelas seguintes equações:

a) $x + y + z - 2 = 0$, b) $x + 2y - z - 1 = 0$, c) $x + y - z = 0$,
d) $z = 4$.

RETAS NO ESPAÇO

Exemplo 4. Represente a reta no espaço dada pelas equações $\begin{cases} 2x - y + z = 0 \\ x - 2y + z = 4 \end{cases}$.

SOLUÇÃO. Precisamos descobrir dois pontos dessa reta. Para isso, resolvemos o sistema de equações formado pelas duas equações fornecidas:

$$\begin{pmatrix} \boxed{2} & -1 & 1 & 0 \\ 1 & -2 & 1 & 4 \end{pmatrix} \begin{matrix} L_1/2 \\ L_2 - (1/2)L_1 \end{matrix} \sim \begin{pmatrix} 1 & -1/2 & 1/2 & 0 \\ 0 & \boxed{-3/2} & 1/2 & 4 \end{pmatrix} \begin{matrix} L_1 - (1/3)L_2 \\ L_2/(-3/2) \end{matrix}$$

$$\sim \begin{pmatrix} 1 & 0 & 5/6 & -4/3 \\ 0 & 1 & -1/3 & -8/3 \end{pmatrix}$$

Temos, então, as equações

$$x + \frac{5}{6}z = -\frac{4}{3} \quad \text{e} \quad y - \frac{1}{3}z = -\frac{8}{3}.$$

Podemos determinar pontos dessa reta escolhendo valores para z. Por exemplo, para $z = 0$, temos o ponto

$$\left(-\frac{4}{3}, -\frac{8}{3}, 0\right);$$

para $z = 1$, temos

$$x = -\frac{4}{3} - \frac{5}{6} = -\frac{13}{6} \quad \text{e} \quad y = -\frac{8}{3} + \frac{1}{3} = -\frac{7}{3},$$

de modo que temos o ponto

$$\left(-\frac{13}{6}, -\frac{7}{3}, 0\right).$$

A reta resultante é representada na figura a seguir.

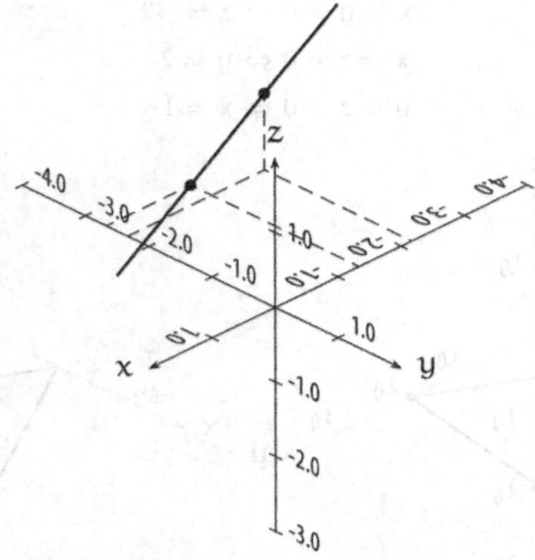

E4) Represente as seguintes retas no espaço.

a) $\begin{cases} x + y - z = 4 \\ x - y + 3z = 0 \end{cases}$, b) $\begin{cases} x + y - z = 1 \\ 2x + y - z = 2 \end{cases}$, c) $\begin{cases} x + y - z = 1 \\ x + 2y - 4z = 2 \end{cases}$.

Formas lineares

Exemplo 5. Represente o plano $3x + y - 5z + 4 = 0$ usando uma forma linear.

Solução. $\begin{pmatrix} 3 & -5 & 4 \end{pmatrix} \begin{pmatrix} x \\ y \\ z \end{pmatrix} + (4) = (0).$

E5) Represente as retas, planos e hiperplano a seguir usando formas lineares.

a) $x - 3y + 2 = 0$, b) $y = 2 - 3x$, c) $2x - 3y + 4z - 8 = 0$,
d) $z = 4 - 2x$, e) $2x - y + 4z - w + 5 = 0$.

Nível 2

E1) Determine a equação do plano que passa pelos pontos $(2, 1, 0)$, $(1, 4, 3)$ e $(-1, 4, 5)$.

E2) Encontre a equação do plano que é paralelo ao plano $x - 3y + 4z - 5 = 0$ e que passa pelo ponto $(2, 2, 0)$.

E3) Dadas as equações das retas $r \begin{cases} x - 2y + 2z = 4 \\ 2x + y - z = 8 \end{cases}$ e $s \begin{cases} x + 3y - 4z = 6 \\ 3x - y - 2z = 18 \end{cases}$,

a) calcule a intersecção dessas duas retas;

b) calcule a equação do plano pelo qual passam essas duas retas.

Nível 3

E1) Quais são as condições para que dois planos sejam idênticos?

E2) Quais são as condições para que dois planos sejam paralelos mas não idênticos?

E3) Dado um plano $ax + by + cz + d = 0$, encontre as equações de uma reta que esteja contida nele.

Respostas

Nível 1

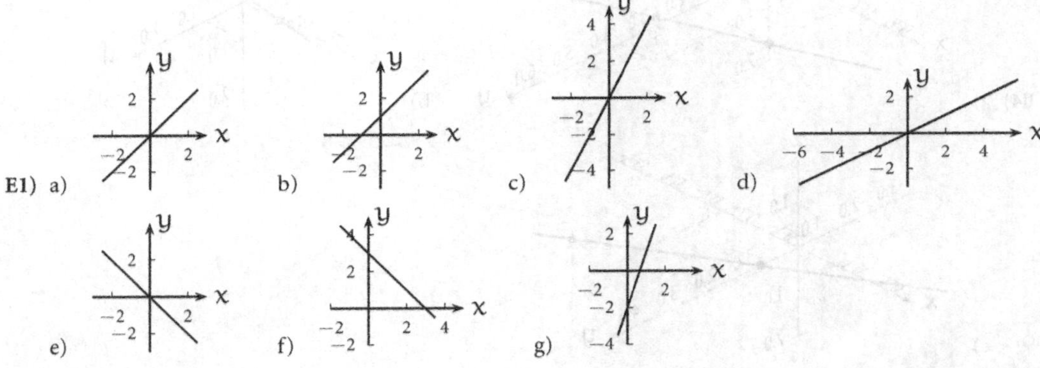

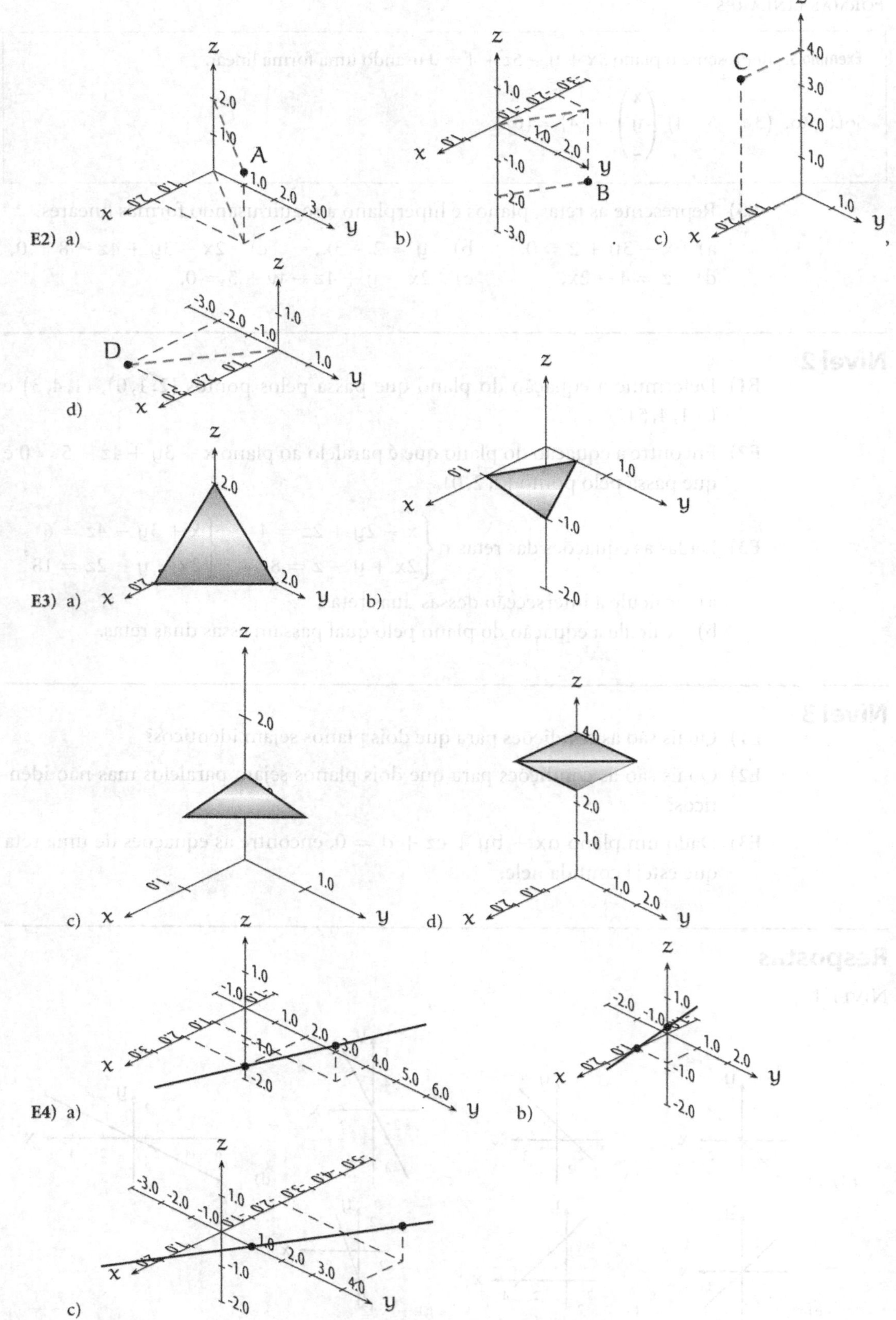
E2) a)
b)
c)
d)
E3) a)
b)
c)
d)
E4) a)
b)
c)
A
B
C
D

E5) a) $\begin{pmatrix}1 & -3\end{pmatrix}\begin{pmatrix}x\\ y\end{pmatrix} + (2) = (0)$, b) $\begin{pmatrix}3 & 1\end{pmatrix}\begin{pmatrix}x\\ y\end{pmatrix} + (-2) = (0)$,

c) $\begin{pmatrix}2 & -3 & 4\end{pmatrix}\begin{pmatrix}x\\ y\\ z\end{pmatrix} + (-8) = (0)$, d) $\begin{pmatrix}2 & 0 & 1\end{pmatrix}\begin{pmatrix}x\\ y\\ z\end{pmatrix} + (-4) = (0)$,

e) $\begin{pmatrix}2 & -1 & 4 & -1\end{pmatrix}\begin{pmatrix}x\\ y\\ z\\ w\end{pmatrix} + (5) = (0)$.

Nível 2

E1) $3x - 2y + 3z - 4 = 0$.

E2) $x - 3y + 4z + 4 = 0$.

E3) a) $(4, -2, -2)$, b) $y - z = 0$ (para isso, usam-se três pontos: o ponto de intersecção, um ponto pertencente à reta r e outro ponto pertencente à reta s), ambos distintos do ponto de intersecção.

Nível 3

E1) A condição de que dois planos sejam idênticos é que tenham a mesma equação ou que uma equação seja múltipla da outra. Portanto, os planos $a_1x + b_1y + c_1z + d_1 = 0$ e $a_2x + b_2y + c_2z + d_2 = 0$ são idênticos se $\{a_1, b_1, c_1, d_1\} = \{ka_2, kb_2, kc_2, kd_2\}$ para algum $k \in \mathbb{R}^*$ (um α real não nulo).

E2) A condição de que dois planos sejam paralelos, mas não idênticos, é que tenham a mesma equação ou que uma equação seja múltipla da outra, com exceção dos termos constantes de cada equação. Portanto, os planos $a_1x + b_1y + c_1z + d_1 = 0$ e $a_2x + b_2y + c_2z + d_2 = 0$ são paralelos, mas não idênticos, se $\{a_1, b_1, c_1\} = \{ka_2, kb_2, kc_2\}$ para algum $k \in \mathbb{R}^*$ mas $d_1 \neq kd_2$.

E3) Uma reta contida nesse plano seria a intersecção do plano em questão com qualquer outro plano que não seja paralelo a ele. Portanto, a equação de uma reta contida no plano dado seria

$$\begin{cases} ax + by + cz + d = 0 \\ ex + fy + gz + h = 0 \end{cases},$$

onde $\{a, b, c\} \neq \{ke, kf, kg\}$, $k \in \mathbb{R}^*$.

5.2 Cônicas

Estudaremos agora funções que envolvem termos quadráticos de variáveis independentes e são chamadas *cônicas* em duas dimensões ou *quádricas* em três dimensões. Todas podem ser representadas em termos matriciais utilizando o que chamamos *formas lineares* e *formas quadráticas*. Neste capítulo, estudaremos formas quadráticas ligadas a cônicas, generalizando depois esses conceitos para mais de duas dimensões nos capítulos seguintes.

5.2.1 Introdução

Cônicas são curvas planas que podem ser escritas sob a forma

$$\boxed{ax^2 + bxy + cy^2 + dx + ey + f = 0}.$$

Essas curvas incluem as *parábolas*, as *elipses* e as *hipérboles*, que serão descritas em maiores detalhes na próxima seção. Nesta introdução, nós mostraremos uma forma como essas curvas podem aparecer em um problema aplicado de administração e microeconomia.

Consideremos o problema de uma fábrica que produza dois tipos de produtos: relógios de mesa e relógios de parede. A demanda por esses dois tipos de produtos cai conforme o preço deles aumenta. Considerando que isto aconteça de forma linear, podemos escrever as demandas para os dois produtos como

$$Q_{d1} = 2.000 - 10p_1 \quad \text{e} \quad Q_{d2} = 1.500 - 5p_2,$$

onde Q_{d1} é a quantidade demandada de relógios de mesa, Q_{d2} é a quantidade demandada de relógios de parede, p_1 é o preço de venda dos relógios de mesa e p_2 é o preço de venda dos relógios de parede.

Considerando que a fábrica só produzirá o que for vender, podemos escrever sua receita da seguinte forma:

$$r = Q_{d1}p_1 + Q_{d2}p_2,$$

isto é, a receita será o produto da quantidade vendida de cada produto pelo preço de venda desse produto. Substituindo as equações para as quantidades vendidas, temos

$$r = (2.000 - 10p_1)p_1 + (1.500 - 5p_2)p_2$$
$$\Leftrightarrow r = 2.000p_1 - 10p_1^2 + 1.500p_2 - 5p_2^2$$
$$\Leftrightarrow 10p_1^2 + 5p_2^2 - 2.000p_1 - 1.500p_2 + r = 0.$$

Essa última expressão é exatamente a equação de uma cônica.

A maximização da receita da fábrica será feita no Capítulo 5.4, pois necessita de uma matemática que ainda será aprendida. A Leitura Complementar 5.3.1 mostra outra aplicação que leva a cônicas, relacionada à *regressão linear* utilizando o *método dos mínimos quadrados*.

Do ponto de vista geométrico, que é o que os gregos antigos adotavam, *cônicas* são figuras que podem ser conseguidas através do corte em diversos planos de um cone em três dimensões (figuras a seguir). Essas figuras são a circunferência, a elipse, a parábola e a hipérbole.

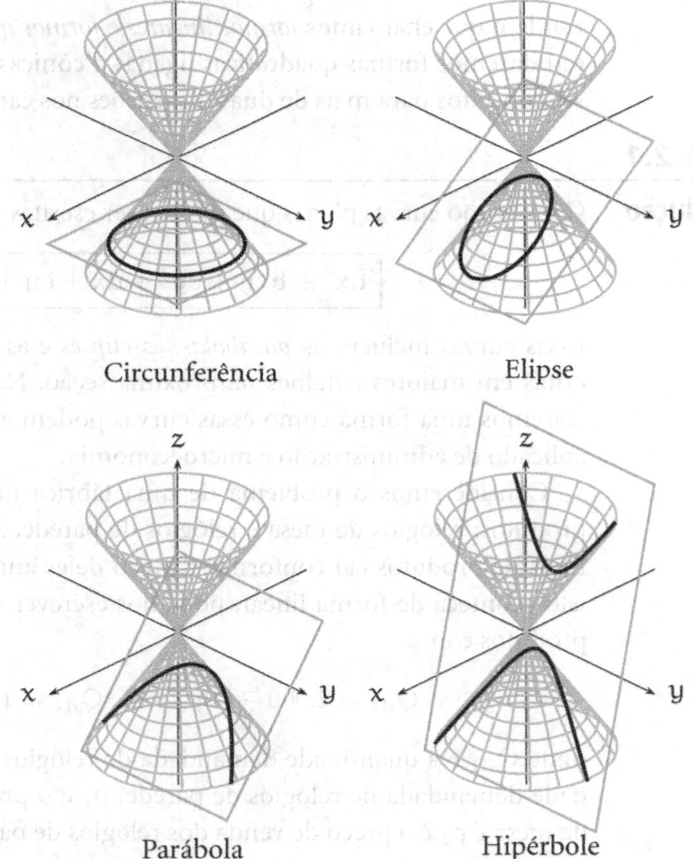

Circunferência Elipse

Parábola Hipérbole

Uma *circunferência* pode ser entendida como a intersecção do cone com um plano ortogonal ao eixo de simetria do cone; uma *elipse* é obtida pela intersecção do cone com um plano que tenha uma inclinação menor que o das paredes do cone; uma *parábola* é a intersecção do cone com um plano que tenha a mesma inclinação de suas paredes; uma *hipérbole* é a figura obtida (em dois ramos) da intersecção do cone com um plano que tenha uma inclinação maior que a das paredes do cone.

Para que possamos entender melhor as formas quadráticas, revisaremos a seguir alguns conceitos importantes sobre essas curvas.

5.2.2 Parábolas

Parábolas são dadas por equações do tipo

$$y = ax^2 + bx + c,$$

onde a, b e c são constantes e $a \neq 0$.

Exemplo 1. Faça o gráfico da parábola dada por $y = x^2 - x - 1$.

Solução.

x	y
−2	5
−1	1
0	−1
1	−1
2	1

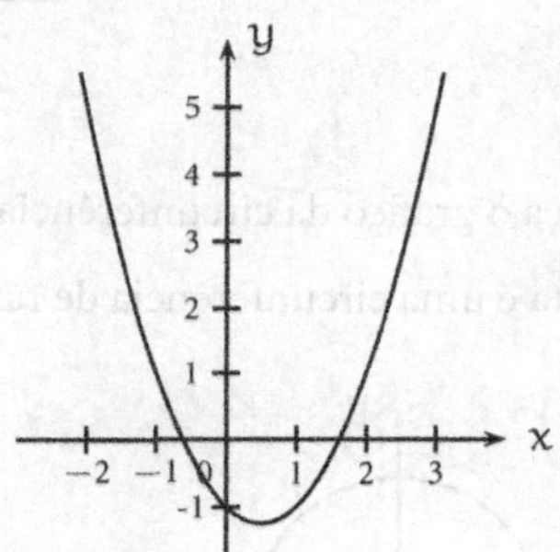

> ***Parábola***
>
> Vem do grego antigo παράβολη, que significa *comparação* ou *igualdade*. Essa palavra vem da junção de πάρα ("junto") e βολή ("lance"). Portanto, *lançar junto*. A explicação é que, na geometria, ela corresponde a um corte de um cone precisamente no mesmo ângulo de inclinação do cone. Na língua portuguesa e em diversas outras, parábola também significa ilustrar algo por meio de um exemplo similar, ou comparável, como nas parábolas dos evangelhos.

5.2.3 Circunferências

A equação de uma circunferência de raio r centrada em um ponto $(0,0)$ é dada por

$$x^2 + y^2 = r^2.$$

A equação de uma circunferência de raio r centrada em um ponto (x_0, y_0) é dada por

$$(x - x_0)^2 + (y - y_0)^2 = r^2,$$

onde o raio da circunferência é medido a partir do ponto (x_0, y_0).

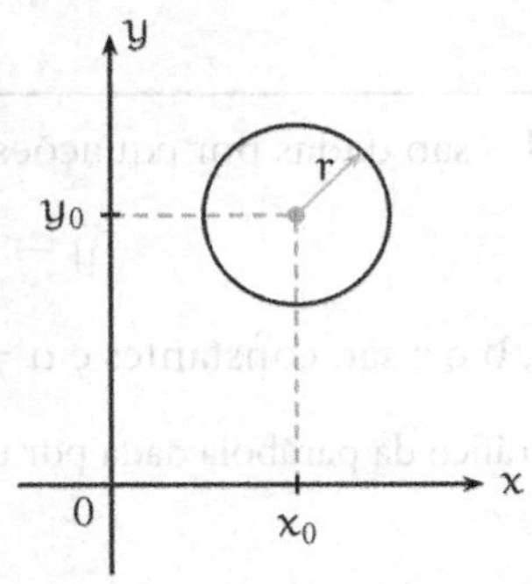

Exemplo 1. Faça o gráfico da circunferência dada por $x^2 + y^2 = 1$.

SOLUÇÃO. Esta é uma circunferência de raio 1 centrada em $(0, 0)$.

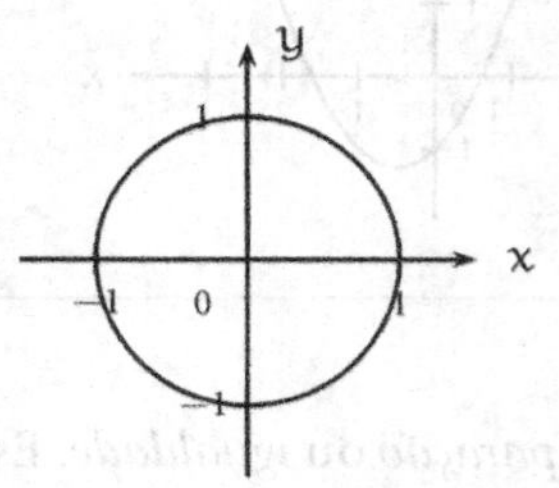

Exemplo 2. Faça o gráfico da circunferência dada por $(x - 1)^2 + (y - 2)^2 = 1$.

SOLUÇÃO. Esta é uma circunferência de raio 1 centrada em $(1, 2)$.

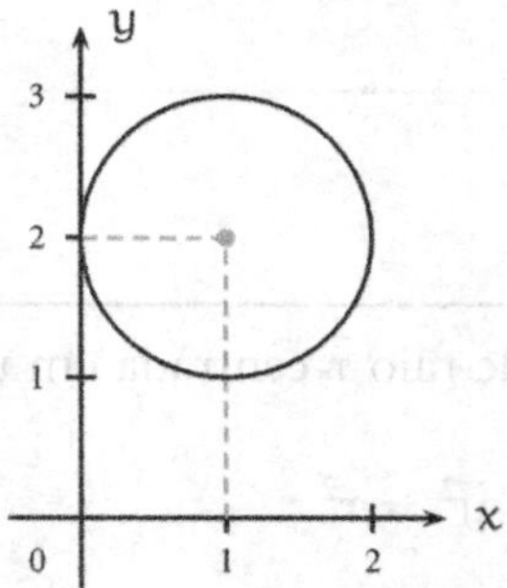

> ***Circunferência***
>
> Vem do latim *circumferentia*, de *circum* ("em torno de") e *ferre* ("carregar", "levar"); portanto, significa "levar em volta". O termo latino foi adaptado do grego περιφέρεια, *periferia*, de περί (*perí*) – acerca de, em volta de – e de φέρω (*féro*) – trazer, conduzir.

5.2.4

Elipses A equação de uma elipse de eixo horizontal a e eixo vertical b centrada em um ponto (x_0, y_0) é dada por

$$\frac{(x - x_0)^2}{a^2} + \frac{(y - y_0)^2}{b^2} = 1.$$

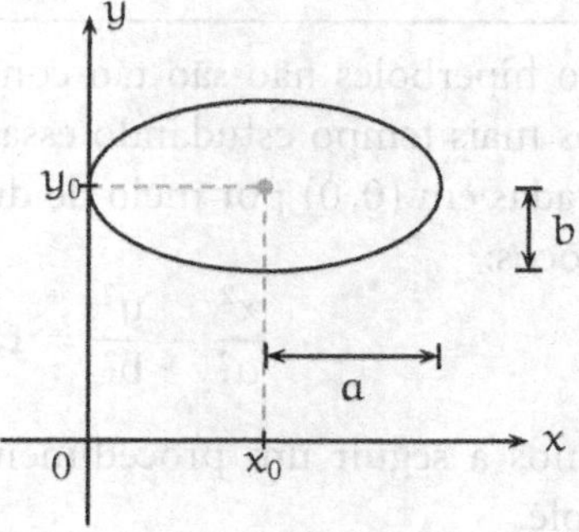

Exemplo 1. Faça o gráfico da elipse dada por $\frac{x^2}{9} + \frac{y^2}{4} = 1$.

Solução. Esta é uma elipse centrada em $(0, 0)$ com o eixo horizontal medindo 3 e o eixo vertical medindo 2.

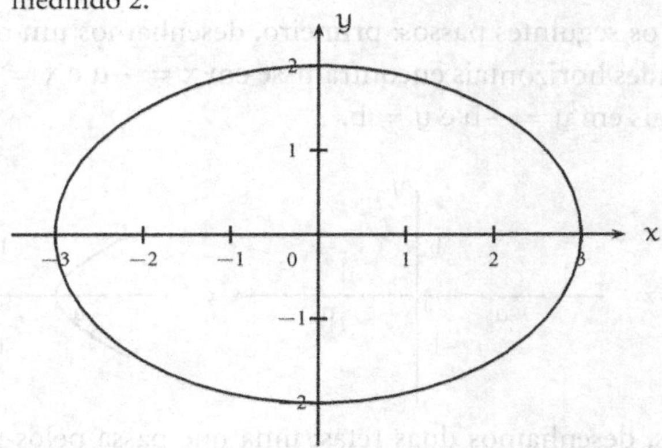

Exemplo 2. Faça o gráfico da elipse dada por $\frac{(x+2)^2}{1/4} + \frac{(y+1)^2}{4} = 1$.

Solução. Esta é uma elipse centrada em $(-2, -1)$ com eixo horizontal $\frac{1}{2}$ e eixo vertical 2.

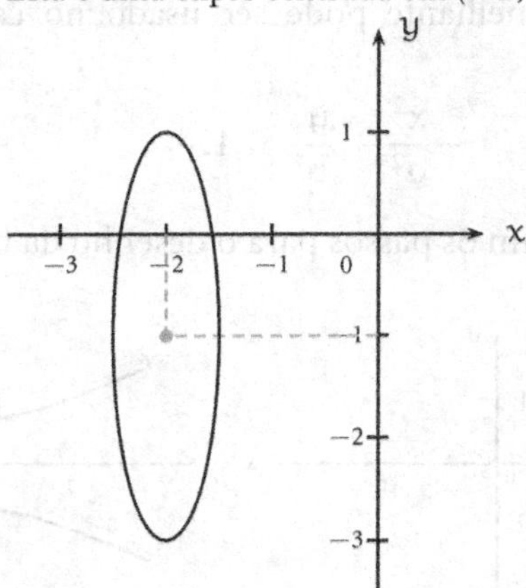

> ***Elipse***
> Vem do grego ἔλλειψη, *elipsi*, que significa "falta" ou "carência". Vem do fato de a elipse ser a intersecção do cone com um plano com um ângulo de inclinação menor que o das paredes do cone, uma *falta* de inclinação em relação a este.

5.2.5

Hipérboles

Como hipérboles não são tão conhecidas quanto as outras cônicas, passaremos mais tempo estudando essas curvas. É possível descrever hipérboles centradas em $(0,0)$ por meio de duas equações, dependendo da orientação dos focos:

$$\frac{x^2}{a^2} - \frac{y^2}{b^2} = 1, \qquad -\frac{x^2}{a^2} + \frac{y^2}{b^2} = 1.$$

Veremos a seguir um procedimento de como fazer o gráfico de uma hipérbole.

No caso de equações do tipo

$$\frac{x^2}{a^2} - \frac{y^2}{b^2} = 1,$$

seguimos os seguintes passos: primeiro, desenhamos um retângulo onde as extremidades horizontais encontram-se em $x = -a$ e $x = a$ e as extremidades verticais em $y = -b$ e $y = b$.

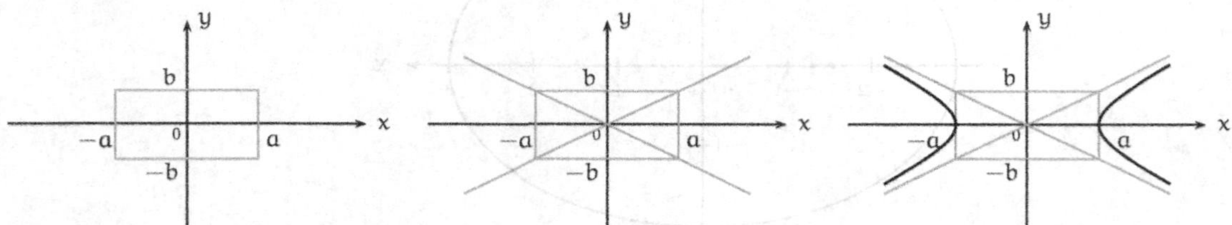

Depois, desenhamos duas retas: uma que passa pelos pontos $(-a, b)$ e $(0,0)$ e outra que passa pelos pontos (a, b) e $(0,0)$. Tendo essas retas, desenhamos hipérboles que vão se aproximando das retas conforme o módulo da variável x aumenta. Essas retas são chamadas *assíntotas* das hipérboles.

Um procedimento semelhante pode ser usado no caso das equações do tipo

$$-\frac{x^2}{a^2} + \frac{y^2}{b^2} = 1.$$

As figuras seguintes ilustram os passos para o desenho da hipérbole:

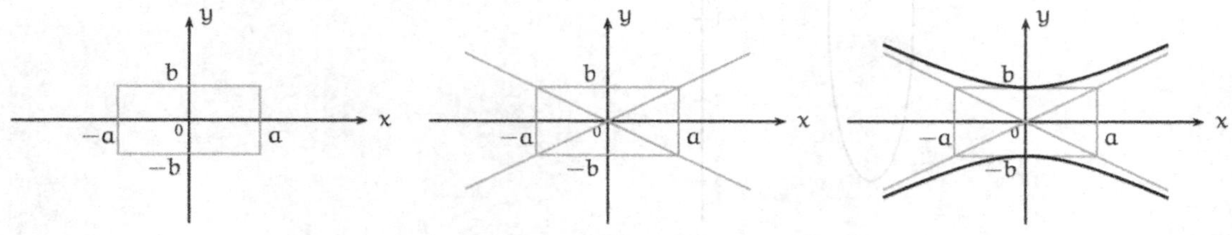

Exemplo 1. Faça o gráfico da hipérbole dada por $\frac{x^2}{1} - \frac{y^2}{4} = 1$.

Solução.

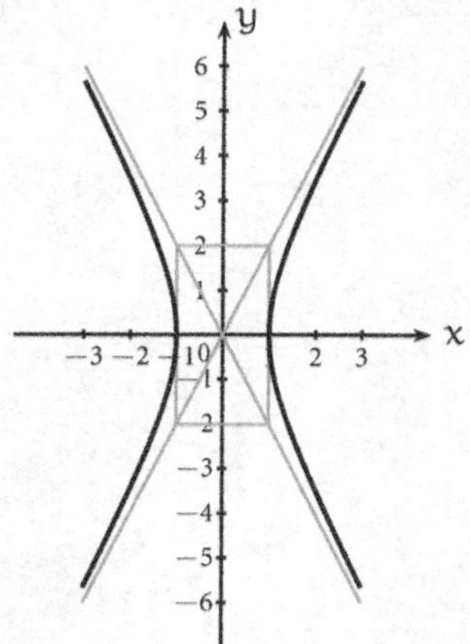

Exemplo 2. Faça o gráfico da hipérbole dada por $-\frac{x^2}{1} + \frac{y^2}{4} = 1$.

Solução.

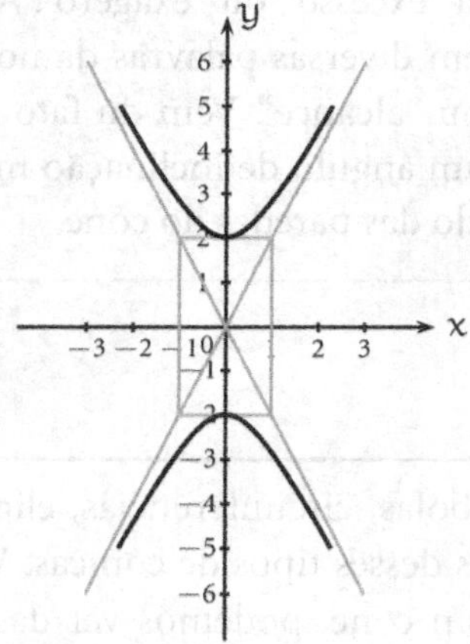

A generalização para equações que descrevem hipérboles centradas em um ponto arbitrário (x_0, y_0) é feita de modo semelhante ao das elipses:

$$\frac{(x - x_0)^2}{a^2} - \frac{(y - y_0)^2}{b^2} = 1 \quad \text{ou} \quad -\frac{(x - x_0)^2}{a^2} + \frac{(y - y_0)^2}{b^2} = 1.$$

Exemplo 3. Faça o gráfico da hipérbole dada por $\frac{(x-3)^2}{9} - \frac{(y-2)^2}{4} = 1$.

Solução.

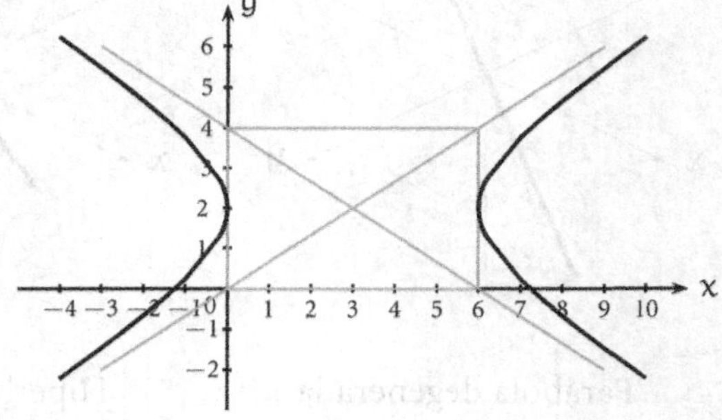

Exemplo 4. Faça o gráfico da hipérbole dada por $-\frac{(x+3)^2}{9} + \frac{(y-4)^2}{4} = 1$.

SOLUÇÃO.

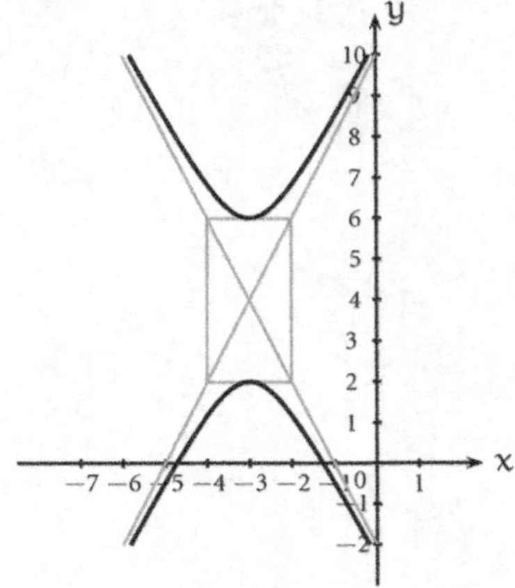

> ***Hipérbole***
>
> Vem do grego υπερβολή (*ipervolí*), que significa "excesso" ou "exagero". A palavra υπέρ (*ipér*) significa "além" e é um prefixo utilizado em diversas palavras da nossa e de várias outras línguas; βολή (*volí*) significa "disparo" ou "alcance". Vem do fato de a hipérbole ser a intersecção entre o cone e um plano com um ângulo de inclinação maior que o das paredes do cone, isto é, um ângulo que vai *além* do das paredes do cone.

5.2.6 Cônicas degeneradas

Além das cônicas comuns: parábolas, circunferências, elipses e hipérboles, podemos ter formas degeneradas desses tipos de cônicas. Voltando à figura da intersecção de planos com um cone, podemos ver das figuras a seguir que, quando o plano tem inclinação menor que a inclinação do cone, mas passa pelo vértice desse cone, então a intersecção entre o plano e o cone é um ponto (primeira figura anterior), que é chamado *elipse degenerada*. Caso consideremos a intersecção entre um plano e um cone onde o plano tenha a

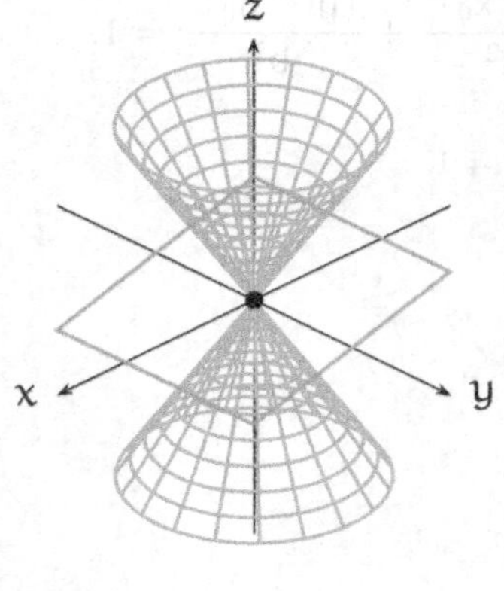

Elipse degenerada

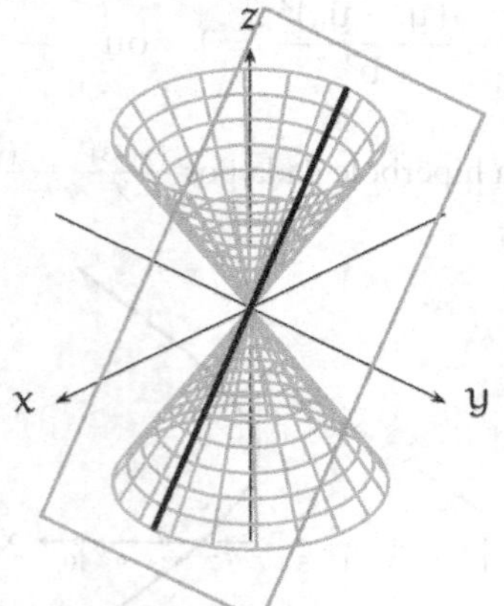

Parábola degenerada

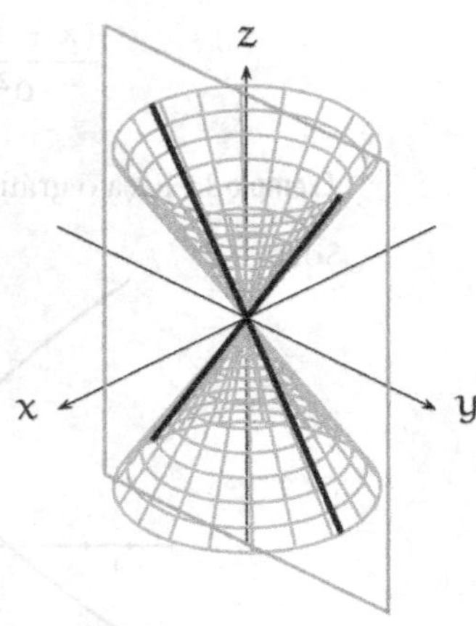

Hipérbole degenerada

mesma inclinação que as paredes do cone e passe pelo vértice deste, essa intersecção será uma reta (segunda figura anterior), considerada uma *parábola degenerada*. Caso a inclinação do plano seja vertical, então a intersecção dele com o cone sobre seu vértice será composta por duas retas que se cruzam na origem do cone. Esta curva (composta) é chamada *hipérbole degenerada*.

A equação de uma *elipse degenerada* é

$$\frac{x^2}{a^2} + \frac{y^2}{b^2} = 0 \quad \text{ou}$$

$$\frac{(x - x_0)^2}{a^2} + \frac{(y - y_0)^2}{b^2} = 0,$$

cuja interpretação é um ponto na origem – uma circunferência de raio zero – (primeira equação) ou um ponto em (x_0, y_0) (segunda equação).

A equação de uma parábola degenerada é dada por

$$0 = ax^2 + bx + c \Leftrightarrow ax^2 + bx + c \Leftrightarrow \begin{cases} x_1 = \dfrac{-b - \sqrt{b^2 - 4ac}}{2a} \\ x_2 = \dfrac{-b + \sqrt{b^2 - 4ac}}{2a} \end{cases}.$$

Isto corresponde a duas retas verticais caso $b^2 - 4ac \geqslant 0$ e a uma solução inexistente se $b^2 - 4ac < 0$.

A equação de uma *hipérbole degenerada* é

$$\frac{x^2}{a^2} - \frac{y^2}{b^2} = 0 \Leftrightarrow \frac{x^2}{a^2} = \frac{y^2}{b^2} \Leftrightarrow \frac{x}{a} = \pm\frac{y}{b} \quad \text{ou}$$

$$\frac{(x - x_0)^2}{a^2} - \frac{(y - y_0)^2}{b^2} = 0 \Leftrightarrow \frac{x - x_0}{a} = \pm\frac{y - y_0}{b},$$

que são as equações de duas retas que se cruzam em $(x, y) = (0, 0)$ (primeira equação) ou em $(x, y) = (x_0, y_0)$ (segunda equação).

As figuras a seguir mostram as cônicas degeneradas centradas em $(0, 0)$:

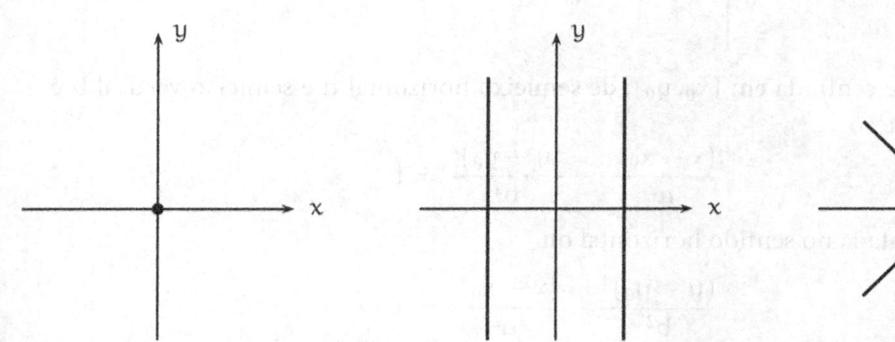

Elipse degenerada Parábola degenerada

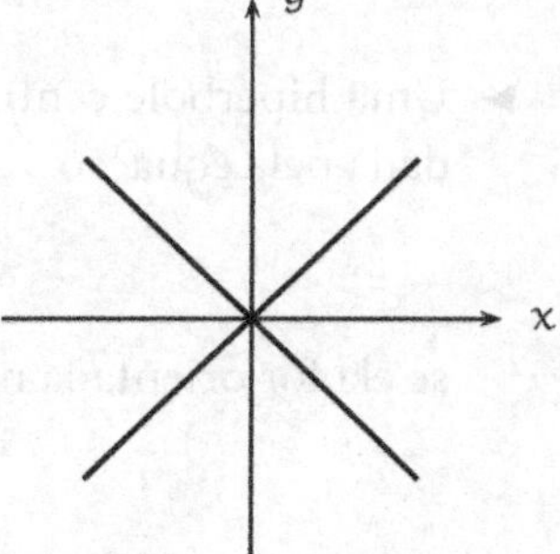

Hipérbole degenerada

Resumo

- Uma circunferência centrada em (x_0, y_0) e de raio r é dada por

$$(x - x_0)^2 + (y - y_0)^2 = r^2.$$

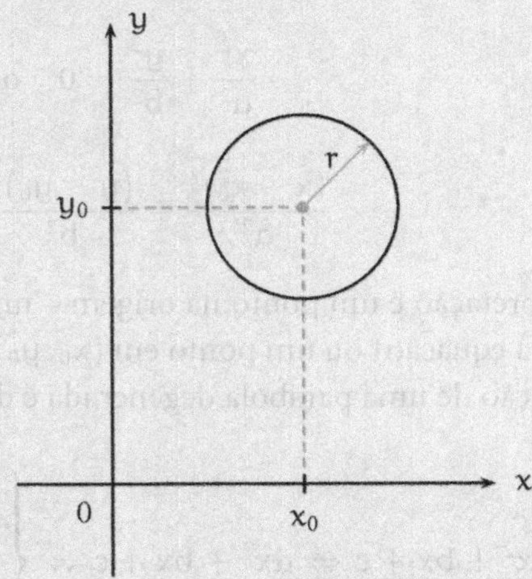

- Uma elipse centrada em (x_0, y_0) com semieixo horizontal a e semieixo vertical b é dada por

$$\frac{(x - x_0)^2}{a^2} + \frac{(y - y_0)^2}{b^2} = 1.$$

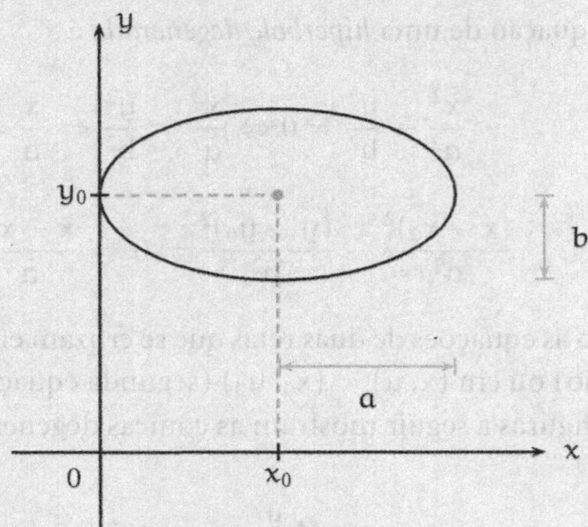

- Uma hipérbole centrada em (x_0, y_0), de semieixo horizontal a e semieixo vertical b é dada pela equação

$$\frac{(x - x_0)^2}{a^2} - \frac{(y - y_0)^2}{b^2} = 1$$

se ela for orientada no sentido horizontal ou

$$\frac{(y - y_0)^2}{b^2} - \frac{(x - x_0)^2}{a^2} = 1$$

se ela for orientada no eixo vertical.

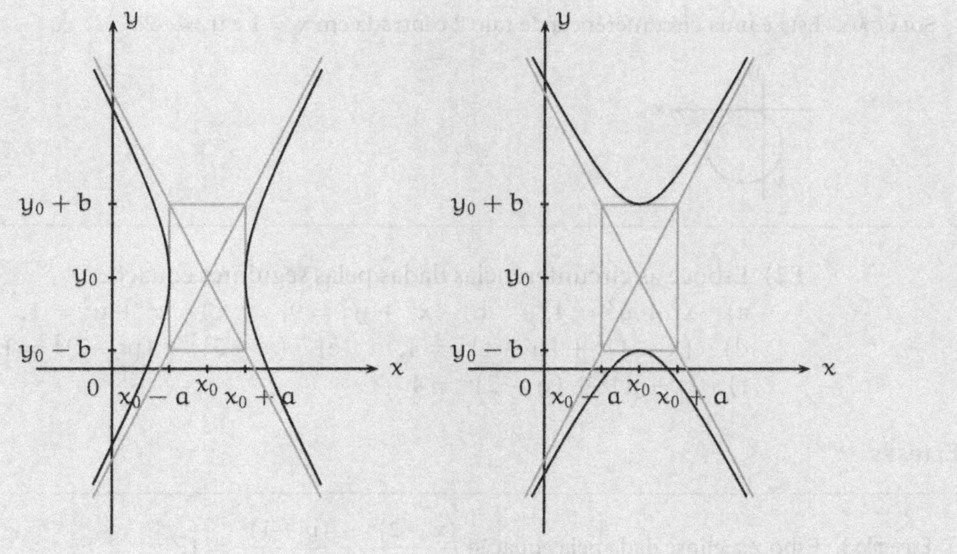

Exercícios

Nível 1

Parábolas

Exemplo 1. Esboce a parábola dada pela equação $y = -1 + x^2$.

Solução.

$$x = -2 : y = -1 + (-2)^2 = -1 + 4 = 3$$
$$x = -1 : y = -1 + (-1)^2 = -1 + 1 = 0$$
$$x = 0 : y = -1 + 0^2 = -1 + 0 = -1$$
$$x = 1 : y = -1 + 1^2 = -1 + 1 = 0$$
$$x = 2 : y = -1 + 2^2 = -1 + 4 = 3$$

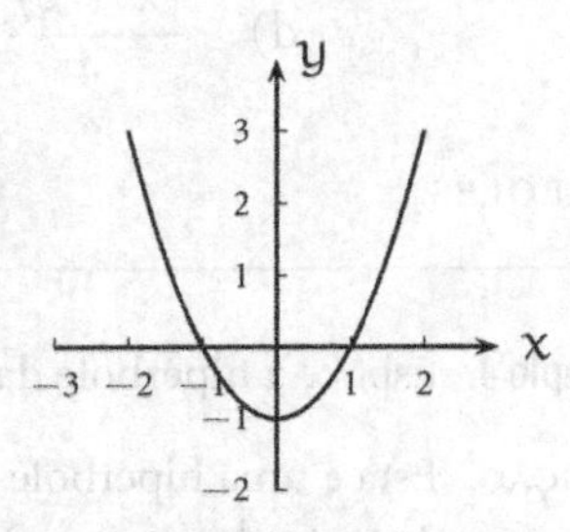

E1) Esboce as parábolas dadas pelas seguintes equações:

a) $y = x^2$, b) $y = 1 + x^2$,
c) $y = 2x^2$, d) $y = 0{,}5x^2$,
e) $y = -x^2$, f) $y = -2 + 2x^2$,
g) $y = 1 + (x - 2)^2$.

Circunferências

Exemplo 2. Esboce a circunferência dada pela equação $(x - 1)^2 + (y + 2)^2 = 4$.

SOLUÇÃO. Esta é uma circunferência de raio 2 centrada em $x = 1$ e $y = -2$.

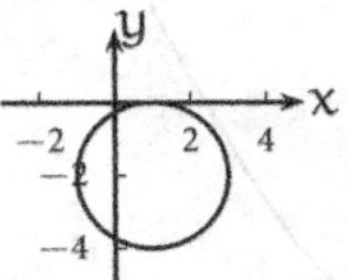

E2) Esboce as circunferências dadas pelas seguintes equações:

a) $x^2 + y^2 = 4$, b) $x^2 + y^2 = 9$, c) $x^2 + y^2 = 1$,

d) $(x-1)^2 + (y-1)^2 = 4$, e) $(x-3)^2 + (y-2)^2 = 1$,

f) $(x+1)^2 + (y-2)^2 = 4$.

ELIPSES

Exemplo 3. Esboce a elipse dada pela equação $\dfrac{(x-2)^2}{4} + \dfrac{(y+1)^2}{9} = 1$.

SOLUÇÃO. Esta é uma elipse de aresta 2 em x e aresta 3 em y, centrada em $x = 2$ e $y = -1$.

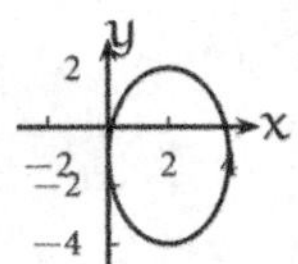

E3) Esboce as elipses dadas pelas seguintes equações:

a) $\dfrac{x^2}{9} + \dfrac{y^2}{4} = 1$, b) $\dfrac{x^2}{1} + \dfrac{y^2}{4} = 1$, c) $\dfrac{(x-1)^2}{9} + \dfrac{(y-2)^2}{1} = 1$,

d) $\dfrac{(x+2)^2}{4} + \dfrac{(y+1)^2}{9} = 1$, e) $\dfrac{x^2}{9} + \dfrac{y^2}{9} = 1$.

HIPÉRBOLES

Exemplo 4. Esboce a hipérbole dada pela equação $\dfrac{(x-2)^2}{4} - \dfrac{(y+1)^2}{9} = 1$.

SOLUÇÃO. Esta é uma hipérbole cujas assíntotas seguem as diagonais do retângulo de base 2 e altura 3, centrado em $x = 2$ e $y = -1$.

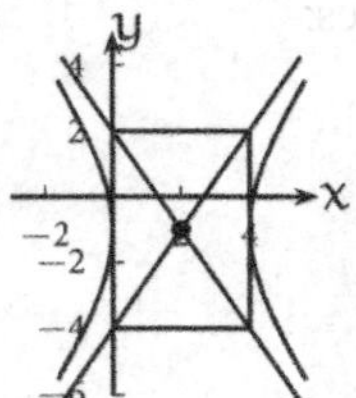

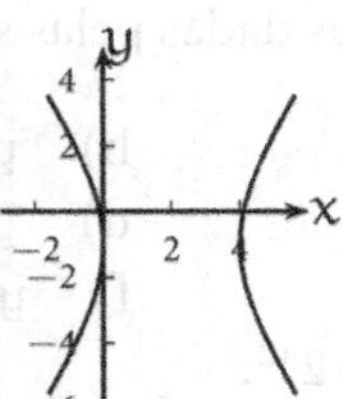

E4) Esboce as hipérboles dadas pelas seguintes equações:

a) $\dfrac{x^2}{9} - \dfrac{y^2}{4} = 1$, b) $\dfrac{x^2}{1} - \dfrac{y^2}{4} = 1$, c) $-\dfrac{x^2}{4} + \dfrac{y^2}{9} = 1$,

d) $\frac{x^2}{9} - \frac{y^2}{9} = 1$, e) $\frac{(x+2)^2}{9} - \frac{(y-1)^2}{4} = 1$,

f) $-\frac{(x+1)^2}{4} + \frac{(y-1)^2}{9} = 1$.

Nível 2

E1) Qual das seguintes equações representa uma circunferência com centro sobre um dos eixos mas não na origem?

a) $x^2 + (y-1)^2 = 9$ b) $x^2 + y^2 = 7$ c) $1 - x^2 = y^2$

d) $(x-2)^2 + (y-9)^2 = 16$ e) $x^2 + (2y-3)^2 = 1$

E2) Qual é o ponto da circunferência $(x-4)^2 + (y+3)^2 = 1$ que tem a ordenada máxima?

E3) A equação $\frac{x^2}{a^2} + \frac{y^2}{b^2} = c^2$, onde $a \cdot b \cdot c \neq 0$ e $a \neq b$),

a) só é a equação de uma elipse se $c = 1$.
b) é a equação de uma circunferência.
c) é a equação de uma parábola se $c = 0$.
d) é a equação de uma elipse.
e) nenhuma das respostas anteriores.

E4) Sabendo-se que a elipse

$$\frac{x^2}{a^2} + \frac{y^2}{b^2} = 1, \quad a > 0 \quad \text{e} \quad b > 0,$$

passa pelos pontos $(2,3)$ e $(0, 3\sqrt{2})$, então quanto vale $a + b$?

E5) O conjunto dos pontos do plano xy que satisfazem o sistema $\begin{cases} x^2 + y^2 = 1 \\ x^2 - y^2 = 1 \end{cases}$

a) é a reunião de uma elipse com uma hipérbole.
b) é a intersecção de uma circunferência com uma hipérbole.
c) é formado por quatro pontos.
d) é vazio.
e) nenhuma das respostas anteriores.

E6) Escreva a equação $3x^2 + 2y^2 = 5$ em termos da equação padrão de uma elipse $\frac{x^2}{a^2} + \frac{y^2}{b^2} = 1$.

E7) Escreva a equação $-x^2 + 8y^2 = 3$ em termos da equação padrão de uma hipérbole $-\frac{x^2}{a^2} + \frac{y^2}{b^2} = 1$.

Nível 3

E1) Assinale, entre as alternativas abaixo, a correta:

a) a equação $x^2 + y^2 + Ax + By + C = 0$ representa uma circunferência, quaisquer que sejam A, B e C.

b) a equação $x^2 + y^2 + Ax + By + C = 0$ representa uma circunferência se $A^2 + B^2 - 4C > 0$.

c) a equação $x^2 + y^2 + 1 = 0$ representa uma circunferência de raio 1 e centro no ponto $P(0, 0)$.

d) os pontos $A(0, 0)$, $B(1, 3)$ e $C(2, 0)$ estão sobre a circunferência da equação $x^2 - 10x + y^2 = 0$.

e) uma circunferência de centro na origem e raio unitário passa pelo ponto $A(1, 1)$.

E2) Quais são os valores de m e k para os quais a equação $mx^2 + y^2 + 4x - 6y + k = 0$ representa uma circunferência real?

E3) Qual a distância do ponto $(-4, 3)$ à circunferência de equação $x^2 + y^2 - 16x - 6y + 24 = 0$?

E4) A equação $9x^2 + 4y^2 - 18x - 16y - 11 = 0$ é de uma elipse. Quanto medem os semieixos maior e menor dessa elipse?

E5) A equação de uma das assíntotas da hipérbole $\frac{x^2}{16} - \frac{y^2}{64} = 1$ é:

a) $y = 2x - 1$ b) $y = 4x$ c) $y = x$
d) $y = 2x + 1$ e) $y = 2x$

E6) Escreva a equação $x^2 + y^2 - 6x + 2y - 26 = 0$ em termos da equação padrão de uma elipse

$$\frac{(x - x_0)^2}{a^2} + \frac{(y - y_0)^2}{b^2} = 1.$$

Sugestão: complete quadrados.

E7) Escreva a equação $4x^2 - y^2 - 8x - 2y - 1 = 0$ em termos da equação padrão de uma hipérbole

$$\frac{(x - x_0)^2}{a^2} - \frac{(y - y_0)^2}{b^2} = 1.$$

Sugestão: complete quadrados.

Respostas

NÍVEL 1

E1)

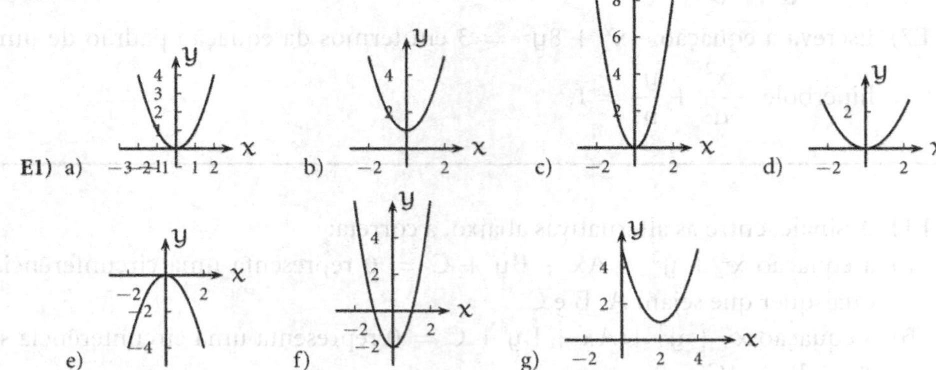

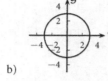

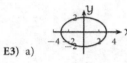

E2) a)
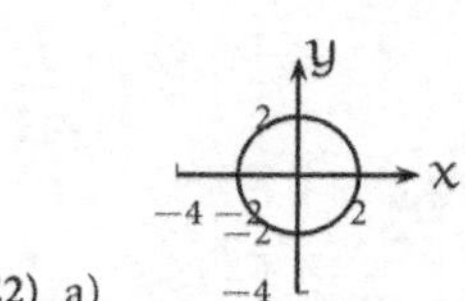
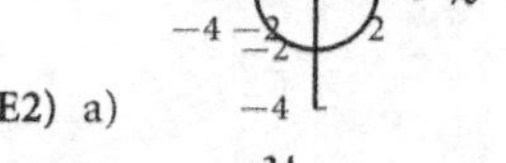
b) c) d)
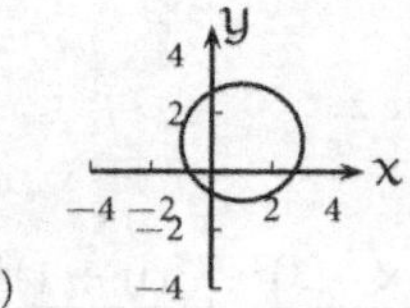
e) f)

E3) a) b)
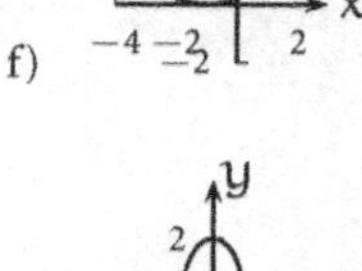
c)
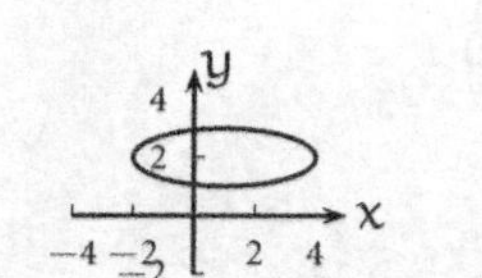
d)
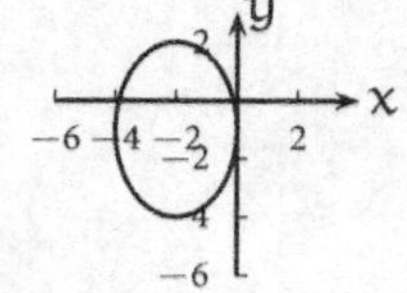
e)
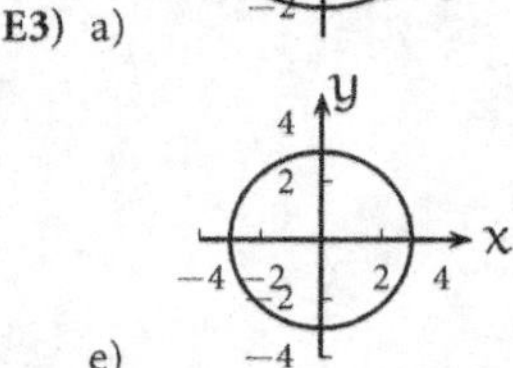

E4) a)
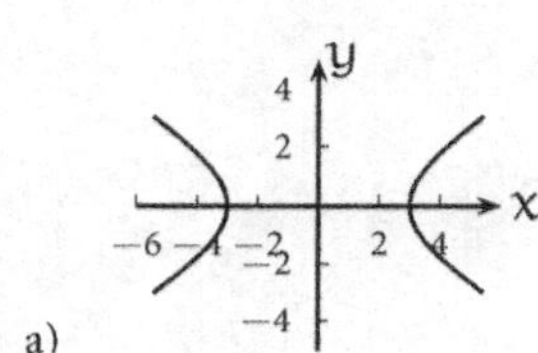
b)
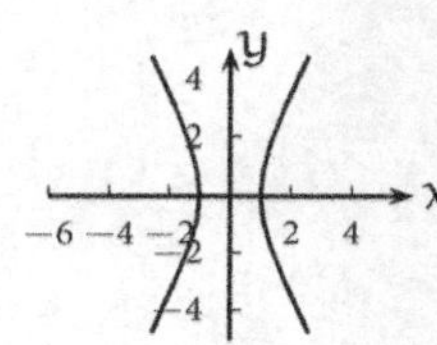
c)
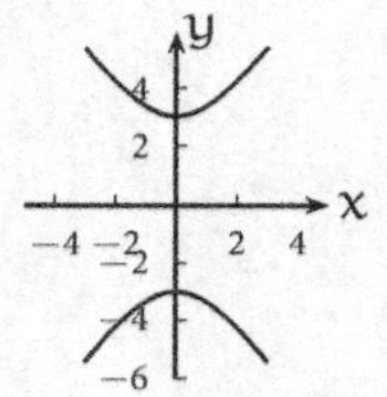
d)
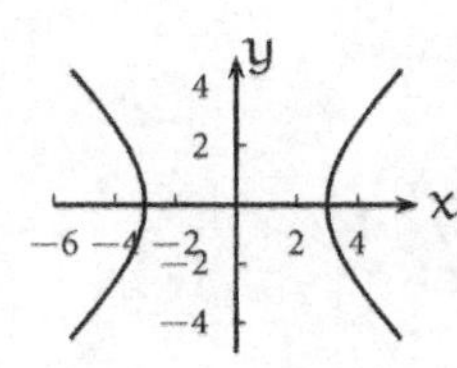
e)
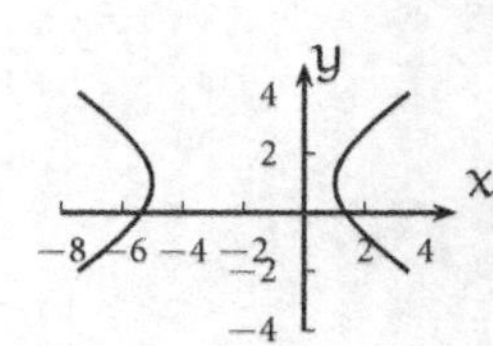
f)
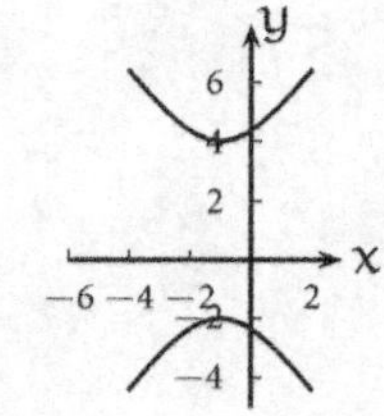

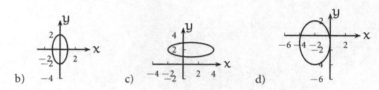

Nível 2

E1) a

E2) $(4,-2)$

E3) b

E4) $5\sqrt{2}$

E5) b

E6) $\dfrac{x^2}{5/3} + \dfrac{y^2}{5/2} = 1.$

E7) $-\dfrac{x^2}{1/8} + \dfrac{y^2}{3/8} = 1.$

Nível 3

E1) b

E2) $m = 1$ e $k < 13$

E3) 5

E4) 3 e 2

E5) e

E6) $\dfrac{(x-3)^2}{4} + \dfrac{(y+1)^2}{9} = 1.$

E7) $(x-1)^2 + \dfrac{(y+1)^2}{4} = 1.$

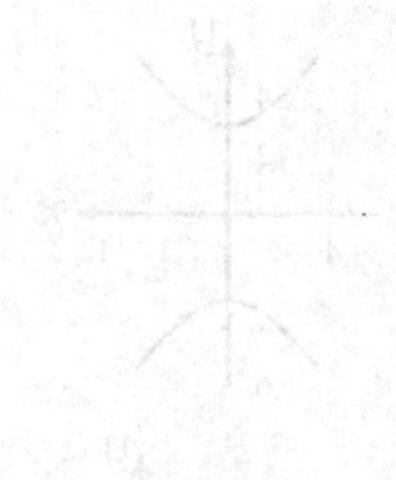

5.3 Cônicas e formas quadráticas

Em cursos de matemática avançados, estuda-se a maximização e minimização de funções que envolvem mais de uma variável. Para isso, é necessário avaliar a concavidade dessas funções, o que será feito aproximando-as pelo equivalente a parábolas em mais de duas dimensões. Essas funções envolvem termos quadráticos de variáveis independentes e são chamadas *cônicas* em duas dimensões ou *quádricas* em três dimensões. Todas podem ser representadas em termos matriciais utilizando o que chamamos *formas lineares* e *formas quadráticas*. Neste capítulo, estudaremos formas quadráticas ligadas a cônicas, generalizando depois esses conceitos para mais de duas dimensões no capítulo seguinte.

5.3.1 Cônicas não alinhadas

Cônicas podem estar alinhadas ao eixo horizontal ou ao eixo vertical, como as que vimos no capítulo anterior, mas também podem não estar alinhadas a esses eixos, como mostram as figuras a seguir.

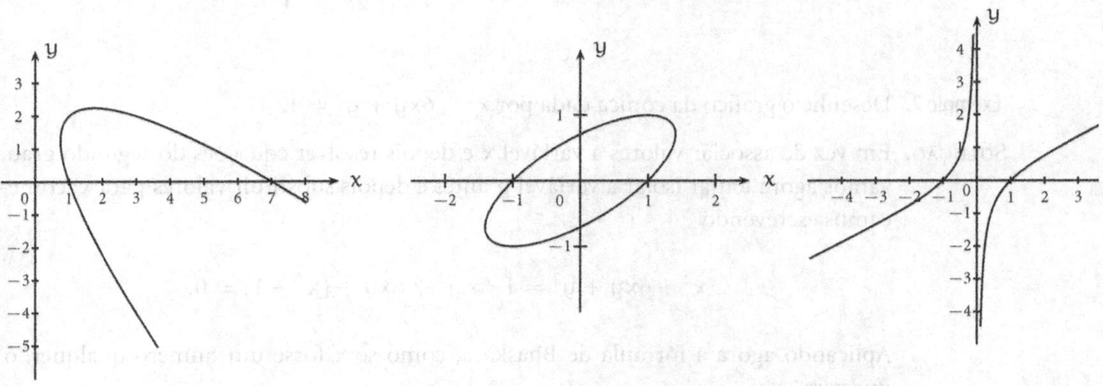

Exemplo 1. Desenhe o gráfico da cônica dada por $5x^2 + 4xy + 2y^2 - 5x + 2y = 4$.

Solução. Para cada valor da variável x, teremos um ou dois valores da coordenada y. Por exemplo, para $x = 0$, teremos

$$x = 0: \quad 5 \cdot 0^2 + 4 \cdot 0 \cdot y + 2y^2 - 5 \cdot 0 + 2y = 4 \Leftrightarrow 2y^2 + 2y = 4$$

$$\Leftrightarrow y^2 + y - 2 = 0, \quad \Delta = 1 + 8 = 9, \quad y = \frac{-1 \pm 3}{2} \Leftrightarrow \ y = -2 \quad \text{ou} \quad y = 2.$$

Para $x = 1$ e $x = 2$, ficamos, respectivamente, com

$$x = 1: \quad 5 + 4y + 2y^2 - 5 + 2y = 4 \Leftrightarrow 2y^2 + 6y - 4 = 0$$
$$\Leftrightarrow y^2 + 3y - 2 = 0, \quad \Delta = 9 + 8 = 17 \; y = \frac{-3 \pm \sqrt{17}}{2}$$
$$\Leftrightarrow \; y \approx -3{,}561 \quad \text{ou} \quad y \approx 0{,}562\,;$$

$$x = 2: \quad 20 + 8y + 2y^2 - 10 + 2y = 4 \Leftrightarrow 2y^2 + 10y + 6 = 0$$
$$\Leftrightarrow y^2 + 5y + 3 = 0, \quad \Delta = 25 - 12 = 13,$$
$$y \approx -4{,}303 \quad \text{ou} \quad y \approx -0{,}697.$$

Escolhendo diversos valores para a variável x, podemos chegar ao conjunto de pontos na primeira figura a seguir, que podem ser prontamentes identificados a uma elipse (segunda figura a seguir).

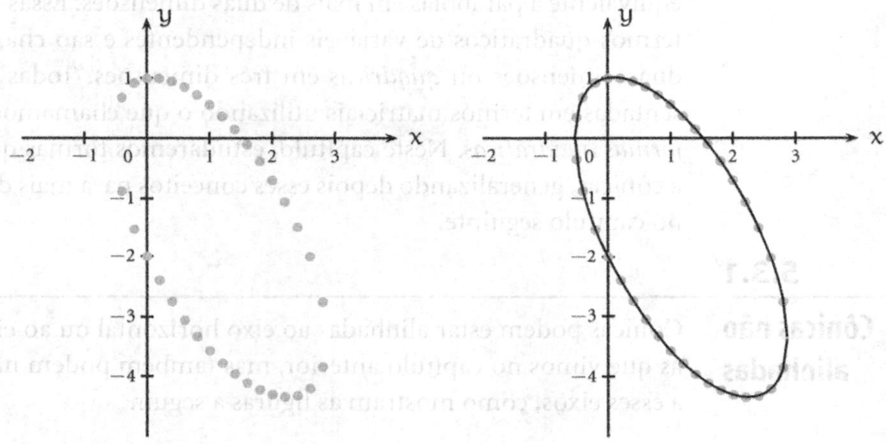

Exemplo 2. Desenhe o gráfico da cônica dada por $x^2 + 6xy + y^2 = 1$.

SOLUÇÃO. Em vez de associar valores à variável x e depois resolver equações do segundo grau, vamos agora tentar isolar a variável y antes e depois substituir valores para x: começamos escrevendo

$$x^2 + 6xy + y^2 = 1 \Leftrightarrow y^2 + 6xy + (x^2 - 1) = 0.$$

Aplicando agora a fórmula de Bháskara, como se x fosse um número qualquer, o que gera

$$\Delta = 36x^2 - 4(x^2 - 1) = 36x^2 - 4x^2 + 4 = 32x^2 + 4 = 4(8x^2 + 1),$$
$$y = \frac{-6x \pm \sqrt{4(8x^2 - 1)}}{2} = \frac{-6x \pm 2\sqrt{8x^2 + 1}}{2} = -3x \pm \sqrt{8x^2 + 1}.$$

Como o valor dentro da raiz é sempre positivo, o domínio das duas soluções é o conjunto dos números reais.

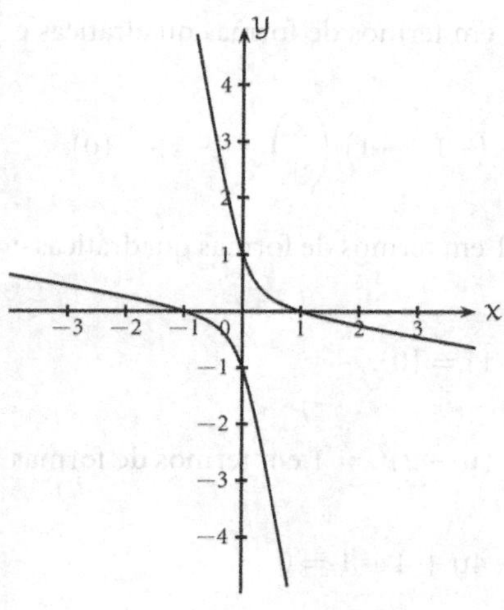

Escolhendo diversos valores para a variável x, podemos então traçar as duas soluções no mesmo gráfico, obtendo a figura de uma hipérbole não alinhada aos eixos cartesianos (figura ao lado).

Como pudemos ver desses dois exemplos, cônicas não alinhadas aos eixos horizontal e vertical têm *termos cruzados* do tipo xy. Por isso, a equação mais geral de uma cônica é

$$ax^2 + bxy + cy^2 + dx + ey + f = 0,$$

onde a, b, c, d, e e f são constantes reais. O problema é que, ao contrário do que acontece quando as curvas estão alinhadas aos eixos, não é possível determinar o tipo de cônica a partir de uma equação com termos cruzados diretamente dessa equação.

5.3.2 Formas quadráticas

Uma forma de classificar o tipo de cônica representado por uma equação $ax^2 + bxy + cy^2 + dx + ey + f = 0$ é escrevendo essa equação na forma matricial

$$\begin{pmatrix} x & y \end{pmatrix} \begin{pmatrix} a & b/2 \\ b/2 & c \end{pmatrix} \begin{pmatrix} x \\ y \end{pmatrix} + \begin{pmatrix} d & e \end{pmatrix} \begin{pmatrix} x \\ y \end{pmatrix} + (f) = (0).$$

Que esta expressão é válida é mostrado a seguir:

$$\begin{aligned} \begin{pmatrix} x & y \end{pmatrix} \begin{pmatrix} a & b/2 \\ b/2 & c \end{pmatrix} \begin{pmatrix} x \\ y \end{pmatrix} &= \begin{pmatrix} ax + (b/2)y & (b/2)x + cy \end{pmatrix} \begin{pmatrix} x \\ y \end{pmatrix} \\ &= \left(ax^2 + \frac{b}{2}xy + \frac{b}{2}xy + cy^2 \right), \end{aligned}$$

de modo que

$$\begin{aligned} &\begin{pmatrix} x & y \end{pmatrix} \begin{pmatrix} a & b/2 \\ b/2 & c \end{pmatrix} \begin{pmatrix} x \\ y \end{pmatrix} + \begin{pmatrix} d & e \end{pmatrix} \begin{pmatrix} x \\ y \end{pmatrix} + (f) = (0) \Leftrightarrow \\ &\Leftrightarrow (ax^2 + bxy + cy^2) + (dx + ey) + (f) = (0) \\ &\Leftrightarrow ax^2 + bxy + cy^2 + dx + ey + f = 0. \end{aligned}$$

Podemos escrever a equação geral de uma cônica como

$$X^t AX + BX + cI_1 = 0_{11},$$

onde

$$X = \begin{pmatrix} x \\ y \end{pmatrix}, \quad A = \begin{pmatrix} a & b/2 \\ b/2 & c \end{pmatrix} \quad \text{e} \quad B = \begin{pmatrix} a & b \end{pmatrix}.$$

O produto $X^t AX$ é chamado *forma quadrática*.

Vamos escrever algumas das equações das curvas utilizadas nos exemplos do Capítulo 5.2 em termos de formas quadráticas e de formas lineares.

Exemplo 1. Escreva a equação da parábola $y = x^2 - x - 1$ em termos de formas quadráticas e formas lineares.

SOLUÇÃO. $x^2 - x - y - 1 = 0 \Leftrightarrow \begin{pmatrix} x & y \end{pmatrix} \begin{pmatrix} 1 & 0 \\ 0 & 0 \end{pmatrix} \begin{pmatrix} x \\ y \end{pmatrix} + \begin{pmatrix} -1 & -1 \end{pmatrix} \begin{pmatrix} x \\ y \end{pmatrix} + (-1) = (0).$

Exemplo 2. Escreva a equação da circunferência $x^2 + y^2 = 1$ em termos de formas quadráticas e formas lineares.

SOLUÇÃO. $x^2 + y^2 - 1 = 0 \Leftrightarrow \begin{pmatrix} x & y \end{pmatrix} \begin{pmatrix} 1 & 0 \\ 0 & 1 \end{pmatrix} \begin{pmatrix} x \\ y \end{pmatrix} + (-1) = (0).$

Exemplo 3. Escreva a equação da circunferência $(x - 1)^2 + (y - 2)^2 = 1$ em termos de formas quadráticas e formas lineares.

SOLUÇÃO.
$$(x-1)^2 + (y-2)^2 = 1 \Leftrightarrow x^2 - 2x + 1 + y^2 - 4y + 4 - 1 = 0$$
$$\Leftrightarrow x^2 + y^2 - x - 4y + 4 = 0$$
$$\Leftrightarrow \begin{pmatrix} x & y \end{pmatrix} \begin{pmatrix} 1 & 0 \\ 0 & 1 \end{pmatrix} \begin{pmatrix} x \\ y \end{pmatrix} + \begin{pmatrix} -2 & -4 \end{pmatrix} \begin{pmatrix} x \\ y \end{pmatrix} + (4) = (0).$$

Exemplo 4. Escreva a equação da elipse $\frac{x^2}{9} + \frac{y^2}{4} = 1$ em termos de formas quadráticas e formas lineares.

SOLUÇÃO.
$$\frac{x^2}{9} + \frac{y^2}{4} = 1 \Leftrightarrow 4x^2 + 9y^2 = 36$$
$$\Leftrightarrow 4x^2 + 9y^2 - 36 = 0$$
$$\Leftrightarrow \begin{pmatrix} x & y \end{pmatrix} \begin{pmatrix} 4 & 0 \\ 0 & 9 \end{pmatrix} \begin{pmatrix} x \\ y \end{pmatrix} + (-36) = (0).$$

Exemplo 5. Escreva a equação da elipse $\frac{(x+2)^2}{1/4} + \frac{(y+1)^2}{4} = 1$ em termos de formas quadráticas e formas lineares.

SOLUÇÃO.
$$\frac{(x+2)^2}{1/4} + \frac{(y+1)^2}{4} = 1 \Leftrightarrow 4(x+2)^2 + \frac{1}{4}(y+1)^2 = 1$$
$$\Leftrightarrow 4(x^2 + 4x + 4) + \frac{1}{4}(y^2 + 2y + 1) - 1 = 0$$
$$\Leftrightarrow 16(x^2 + 4x + 4) + (y^2 + 2y + 1) - 4 = 0$$
$$\Leftrightarrow 16x^2 + 64x + 64 + y^2 + 2y + 1 - 4 = 0$$
$$\Leftrightarrow \begin{pmatrix} x & y \end{pmatrix} \begin{pmatrix} 16 & 0 \\ 0 & 1 \end{pmatrix} \begin{pmatrix} x \\ y \end{pmatrix} + \begin{pmatrix} 64 & 2 \end{pmatrix} \begin{pmatrix} x \\ y \end{pmatrix} + (61) = (0).$$

Exemplo 6. Escreva a equação da hipérbole $\frac{x^2}{1} - \frac{y^2}{4} = 1$ em termos de formas quadráticas e formas lineares.

SOLUÇÃO.
$$\frac{x^2}{1} - \frac{y^2}{4} = 1 \Leftrightarrow 4x^2 - y^2 = 4 \Leftrightarrow 4x^2 - y^2 - 4 = 0$$
$$\Leftrightarrow \begin{pmatrix} x & y \end{pmatrix} \begin{pmatrix} 4 & 0 \\ 0 & -1 \end{pmatrix} \begin{pmatrix} x \\ y \end{pmatrix} + (-4) = (0).$$

Exemplo 7. Escreva a equação da hipérbole $-\frac{(x+3)^2}{9} + \frac{(y-4)^2}{4} = 1$ em termos de formas quadráticas e formas lineares.

SOLUÇÃO.
$$-\frac{(x+3)^2}{9} + \frac{(y-4)^2}{4} = 1 \Leftrightarrow -4(x+3)^2 + 9(y-4)^2 = 36$$
$$\Leftrightarrow -4(x^2 + 6x + 9) + 9(y^2 - 8y + 16) - 36 = 0$$

$$\Leftrightarrow -4x^2 - 24x - 36 + 9y^2 - 72y + 144 - 36 = 0$$
$$\Leftrightarrow (x \quad y)\begin{pmatrix} -4 & 0 \\ 0 & 9 \end{pmatrix}\begin{pmatrix} x \\ y \end{pmatrix} + (-24 \quad -72)\begin{pmatrix} x \\ y \end{pmatrix} + (72) = (0).$$

Observe que nenhuma das expressões tem termos cruzados. Veremos, agora, como escrever as formas mais gerais das cônicas alinhadas aos eixos horizontal ou vertical em termos de formas quadráticas e de formas lineares.

Uma parábola pode ser escrita como

$$y = ax^2 + bx + c \Leftrightarrow ax^2 + bx - y + c = 0 \quad \text{ou}$$
$$x = ay^2 + by + c \Leftrightarrow ay^2 - x + by + c = 0,$$

dependendo se estiver alinhada ao eixo vertical (no primeiro caso) ou ao horizontal (no segundo caso). Essas equações podem ser escritas em termos de formas lineares e formas quadráticas da seguinte forma:

$$(x \quad y)\begin{pmatrix} a & 0 \\ 0 & 0 \end{pmatrix}\begin{pmatrix} x \\ y \end{pmatrix} + (b \quad -1)\begin{pmatrix} x \\ y \end{pmatrix} + (c) = (0),$$
$$(x \quad y)\begin{pmatrix} 0 & 0 \\ 0 & a \end{pmatrix}\begin{pmatrix} x \\ y \end{pmatrix} + (-1 \quad b)\begin{pmatrix} x \\ y \end{pmatrix} + (c) = (0).$$

Observe que, nas parábolas, sempre há um termo nulo na diagonal principal da matriz central da forma quadrática.

Como uma circunferência é apenas uma elipse com os eixos horizontal e vertical de mesmo tamanho, consideraremos agora somente a equação geral de uma elipse alinhada aos eixos horizontal e vertical:

$$\frac{(x - x_0)^2}{a^2} + \frac{(y - y_0)^2}{b^2} = 1 \Leftrightarrow b^2(x - x_0)^2 + a^2(y - y_0)^2 = a^2b^2 \Leftrightarrow$$
$$\Leftrightarrow b^2(x^2 - 2x_0x + x_0^2) + a^2(y^2 - 2y_0y + y_0^2) - a^2b^2 = 0 \Leftrightarrow$$
$$\Leftrightarrow b^2x^2 - 2b^2x_0x + b^2x_0^2 + a^2y_2 - 2a^2y_0y + a^2y_0^2 - a^2b^2 \Leftrightarrow$$
$$\Leftrightarrow (x \quad y)\begin{pmatrix} b^2 & 0 \\ 0 & a^2 \end{pmatrix}\begin{pmatrix} x \\ y \end{pmatrix}$$
$$+ (-2b^2x_0 \quad -2a^2y_0)\begin{pmatrix} x \\ y \end{pmatrix} + (b^2x_0^2 + a^2y_0^2 - a^2b^2) = (0).$$

Note que os termos da diagonal principal da matriz central da forma quadrática são ambos positivos.

A equação geral de uma elipse alinhada aos eixos horizontal e vertical fica

$$\frac{(x - x_0)^2}{a^2} - \frac{(y - y_0)^2}{b^2} = 1 \Leftrightarrow b^2(x - x_0)^2 - a^2(y - y_0)^2 = a^2b^2 \Leftrightarrow$$
$$\Leftrightarrow b^2(x^2 - 2x_0x + x_0^2) - a^2(y^2 - 2y_0y + y_0^2) - a^2b^2 = 0 \Leftrightarrow$$
$$\Leftrightarrow b^2x^2 - 2b^2x_0x + b^2x_0^2 - a^2y_2 + 2a^2y_0y - a^2y_0^2 - a^2b^2 \Leftrightarrow$$
$$\Leftrightarrow (x \quad y)\begin{pmatrix} b^2 & 0 \\ 0 & -a^2 \end{pmatrix}\begin{pmatrix} x \\ y \end{pmatrix}$$
$$+ (-2b^2x_0 \quad 2a^2y_0)\begin{pmatrix} x \\ y \end{pmatrix} + (b^2x_0^2 - a^2y_0^2 - a^2b^2) = (0)$$

ou

$$-\frac{(x-x_0)^2}{a^2}+\frac{(y-y_0)^2}{b^2}=1 \Leftrightarrow -b^2(x-x_0)^2+a^2(y-y_0)^2=a^2b^2 \Leftrightarrow$$
$$\Leftrightarrow -b^2(x^2-2x_0x+x_0^2)+a^2(y^2-2y_0y+y_0^2)-a^2b^2=0 \Leftrightarrow$$
$$\Leftrightarrow -b^2x^2+2b^2x_0x-b^2x_0^2+a^2y_2-2a^2y_0y+a^2y_0^2-a^2b^2 \Leftrightarrow$$
$$\Leftrightarrow (x \quad y)\begin{pmatrix}-b^2 & 0\\ 0 & a^2\end{pmatrix}\begin{pmatrix}x\\ y\end{pmatrix}$$
$$+\left(2b^2x_0 \quad -2a^2y_0\right)\begin{pmatrix}x\\ y\end{pmatrix}+(-b^2x_0^2+a^2y_0^2-a^2b^2)=(0).$$

Observe que os termos da diagonal principal das matrizes centrais de cada uma das duas formas quadráticas têm sinais opostos.

Assim, estabelecemos regras para classificar as cônicas que estão alinhadas aos eixos cartesianos analisando somente suas formas quadráticas: quando um dos elementos da diagonal principal da matriz central da forma quadrática associada a uma determinada equação for zero, então a equação é de uma parábola; se os dois elementos forem positivos, então a equação é de uma elipse (ou de uma circunferência, se os dois elementos forem iguais); se os dois elementos da diagonal principal tiverem sinais opostos, então a equação é de uma hipérbole. Mas o que fazer quando houver um termo cruzado do tipo xy na equação de uma cônica? Este é um assunto que será visto na próxima seção.

Como vimos aqui, quando a matriz A de uma forma quadrática X^tAX é dada por

$$A=\begin{pmatrix}\alpha_1 & 0\\ 0 & \alpha_2\end{pmatrix},$$

onde α_1 e β_2 são constantes, então a cônica é alinhada a um dos eixos cartesianos. Podemos, então classificá-la usando as seguintes regras:

- se $\alpha_1 \cdot \alpha_2 > 0$, então a equação é de uma elipse ou de sua forma degenerada (um ponto);
- se $\alpha_1 \cdot \alpha_2 < 0$, então a equação é de uma hipérbole ou de sua forma degenerada (duas retas concorrentes);
- se $\alpha_1 \cdot \alpha_2 = 0$, então a equação é de uma parábola ou de sua forma degenerada (duas retas paralelas).

5.3.3 Diagonalização de formas quadráticas

Agora vamos ver o que podemos fazer quando existirem termos cruzados. Nesses casos, temos a equação geral de uma cônica, $ax^2 + bxy + cy^2 + dx + ey + f = 0$, que, em termos de uma forma linear e de uma forma quadrática, fica

$$(x \quad y)\begin{pmatrix}a & b/2\\ b/2 & c\end{pmatrix}\begin{pmatrix}x\\ y\end{pmatrix}+(d \quad e)\begin{pmatrix}x\\ y\end{pmatrix}+(f)=(0),$$

ou seja, $X^tAX + BX + C = 0$, onde

$$X = \begin{pmatrix} x \\ y \end{pmatrix}, \quad A = \begin{pmatrix} a & b/2 \\ b/2 & c \end{pmatrix}, \quad B = \begin{pmatrix} d & e \end{pmatrix} \quad \text{e} \quad C = (f).$$

Nosso problema é escrever a forma quadrática, que determina o tipo de cônica, em forma diagonalizada. Relembrando agora o Capítulo 4.6 sobre autovetores e diagonalização de matrizes, é precisamente isso o que pode ser conseguido se utilizarmos uma matriz P cujas colunas são autovetores independentes da matriz A e sua inversa. Veremos isso, primeiramente, através de um exemplo.

Exemplo 1. Diagonalize a matriz dos coeficientes da forma quadrática da cônica dada pela equação $5x^2 + 4xy + 2y^2 - 5x + 2y = 4$.

Solução. A forma quadrática dessa cônica é X^tAX, onde $A = \begin{pmatrix} 5 & 2 \\ 2 & 2 \end{pmatrix}$. Começaremos calculando os autovalores dessa matriz:

$$\det(A - \lambda I) = 0 \Leftrightarrow \begin{vmatrix} 5-\lambda & 2 \\ 2 & 2-\lambda \end{vmatrix} = 0$$

$$\Leftrightarrow (5-\lambda)(2-\lambda) - 4 = 0$$

$$\Leftrightarrow 10 - 5\lambda - 2\lambda + \lambda^2 - 4 = 0 \Leftrightarrow \lambda^2 - 7\lambda + 6 = 0\,;$$

$$\Delta = 49 - 24 = 25, \quad \lambda = \frac{-7 \pm 5}{2} \Leftrightarrow \begin{cases} \lambda_1 = 1 \\ \lambda_2 = 6 \end{cases}.$$

Como já foi visto no Capítulo 4.6, a forma diagonalizada da matriz A terá os dois autovalores calculados na diagonal principal e zeros na diagonal secundária:

$$D = \begin{pmatrix} 1 & 0 \\ 0 & 6 \end{pmatrix}.$$

Como já foi visto no exemplo 1 da seção 4.3.1, trata-se de uma elipse.

Exemplo 2. Diagonalize a matriz dos coeficientes da forma quadrática da cônica dada pela equação $x^2 + 6xy + y^2 = 1$.

Solução. A forma quadrática dessa cônica é X^tAX, onde $A = \begin{pmatrix} 1 & 3 \\ 3 & 1 \end{pmatrix}$. Os autovalores dessa matriz são calculados a seguir:

$$\det(A - \lambda I) = 0 \Leftrightarrow \begin{vmatrix} 1-\lambda & 3 \\ 3 & 1-\lambda \end{vmatrix} = 0$$

$$\Leftrightarrow (1-\lambda)(1-\lambda) - 9 = 0$$

$$\Leftrightarrow 1 - \lambda - \lambda + \lambda^2 - 9 = 0 \Leftrightarrow \lambda^2 - 2\lambda - 8 = 0\,;$$

$$\Delta = 4 + 32 = 36, \quad \lambda = \frac{2 \pm 6}{2} \Leftrightarrow \begin{cases} \lambda_1 = -2 \\ \lambda_2 = 4 \end{cases}.$$

Portanto, a forma diagonalizada da matriz A fica

$$D = \begin{pmatrix} -2 & 0 \\ 0 & 4 \end{pmatrix}.$$

Como já foi visto no exemplo 2 da seção 4.3.1, trata-se de uma hipérbole.

Como podemos inferir (mas não provar) dos exemplos que acabamos de ver, é possível classificar cônicas não alinhadas aos eixos por meio das formas diagonalizadas das matrizes dos coeficientes de suas formas quadráticas. A classificação se faz da mesma forma que com as cônicas alinhadas. Na Leitura Complementar 5.3.2, mostramos como provar essa conjectura, ao mesmo tempo que mostramos como determinar as equações alinhadas dessas cônicas não alinhadas aos eixos cartesianos, mas que podem ser alinhadas a outros eixos, que podem ser determinados usando as técnicas mostradas naquela Leitura Complementar.

Formalizamos, então, as regras para a classificação de cônicas a seguir. Dada a matriz A de uma forma quadrática X^tAX cuja forma diagonalizada é dada por

$$D = \begin{pmatrix} \lambda_1 & 0 \\ 0 & \lambda_2 \end{pmatrix},$$

onde λ_1 e λ_2 são os autovalores de A, então podemos classificá-la usando as seguintes regras:

- se $\lambda_1 \cdot \lambda_2 > 0$, então a equação é de uma elipse ou de sua forma degenerada (um ponto);
- se $\lambda_1 \cdot \lambda_2 < 0$, então a equação é de uma hipérbole ou de sua forma degenerada (duas retas concorrentes);
- se $\lambda_1 \cdot \lambda_2 = 0$, então a equação é de uma parábola ou de sua forma degenerada (duas retas paralelas).

Nos próximos dois capítulos, utilizaremos o conceito de formas quadráticas para estudar algumas superfícies no espaço.

Resumo

- A equação geral de uma cônica é dada por $ax^2 + bxy + cy^2 + dx + ey + f = 0$, onde a, b, c, d, e, f são constantes. Essa cônica pode ser representada matricialmente como

$$(x \quad y)\begin{pmatrix} a & b/2 \\ b/2 & c \end{pmatrix}\begin{pmatrix} x \\ y \end{pmatrix} + (d \quad e)\begin{pmatrix} x \\ y \end{pmatrix} + (f) = (0),$$

isto é,

$$X^tAX + BX + fI_1 = 0_{11},$$

onde

$$X = \begin{pmatrix} x \\ y \end{pmatrix}, \quad A = \begin{pmatrix} a & b/2 \\ b/2 & c \end{pmatrix} \quad \text{e} \quad B = (d \quad e).$$

- O termo X^tAX é chamado *forma quadrática* e o termo BX é chamado *forma linear*.

- Quando a matriz A de uma forma quadrática X^tAX assume uma forma diagonalizada dada por

$$D = \begin{pmatrix} \alpha_1 & 0 \\ 0 & \alpha_2 \end{pmatrix},$$

onde α_1 e α_2 são constantes, então a cônica é alinhada a um dos eixos cartesianos. Se não, ela assume uma posição não alinhada a esses eixos.

- **Classificação.** Dada uma cônica cuja forma quadrática seja escrita como X^tAX, onde a matriz A tem uma forma diagonalizada dada por $D = \begin{pmatrix} \lambda_1 & 0 \\ 0 & \lambda_2 \end{pmatrix}$, onde λ_1 e λ_2 são os autovalores de A, então podemos classificá-la usando as seguintes regras:
- se $\lambda_1 \cdot \lambda_2 > 0$, então a equação é de uma elipse ou de sua forma degenerada (um ponto);
- se $\lambda_1 \cdot \lambda_2 < 0$, então a equação é de uma hipérbole ou de sua forma degenerada (duas retas concorrentes);
- se $\lambda_1 \cdot \lambda_2 = 0$, então a equação é de uma parábola ou de sua forma degenerada (duas retas paralelas).
- No caso de A já ser uma matriz diagonal, então teremos $A = D$.

Exercícios

Nível 1

FORMAS LINEARES E QUADRÁTICAS

Exemplo 1. Escreva a cônica $4x^2 - 2xy + y^2 - 2x + 4y - 5 = 0$ usando uma forma linear e uma forma quadrática.

SOLUÇÃO. Podemos escrever a expressão como

$$\begin{pmatrix} x & y \end{pmatrix} \begin{pmatrix} 4 & -1 \\ -1 & 1 \end{pmatrix} \begin{pmatrix} x \\ y \end{pmatrix} + \begin{pmatrix} -2 & 4 \end{pmatrix} + (-5) = (0).$$

E1) Escreva as seguintes cônicas usando formas lineares e formas quadráticas:
a) $x^2 + 4xy - y^2 + 2x - y + 4 = 0$, b) $2x^2 - xy + y^2 + 2x + y = 0$,
c) $2xy + y^2 - 2 = 0$, d) $x^2 + 2xy + y^2 + 2x - 4 = 0$.

CLASSIFICAÇÃO DE CÔNICAS

Exemplo 2. Classifique a cônica $4x^2 + y^2 - 2x + 4y - 5 = 0$.

SOLUÇÃO. A forma quadrática desta cônica tem matriz de coeficientes $A = \begin{pmatrix} 4 & 0 \\ 0 & 1 \end{pmatrix}$, de modo que ela corresponde a uma elipse.

E2) Classifique as seguintes cônicas:
a) $3x^2 - 2y^2 + 4x - 3y + 8 = 0$, b) $x^2 - 2x + y - 4 = 0$,
c) $x^2 + 5y^2 - 2 = 0$.

Nível 2

E1) Diagonalize as matrizes dos coeficientes das formas quadráticas e classifique as cônicas dadas pelas equações a seguir.
a) $3x^2 - 2xy + 3y^2 - 2x + 4y + 5 = 0$
b) $-3x^2 + 8xy + 3y^2 - x + 8y - 3 = 0$
c) $x^2 - 2xy + y^2 + 2x - y = 0$
d) $2xy - 4x + 8y - 4 = 0$
e) $9x^2 - 4xy + 6y^2 + 2x + 8y - 12 = 0$
f) $32x^2 - 60xy + 7y^2 + x - y + 4 = 0$
g) $6x^2 - 4xy + 9y^2 - 20x - 10y - 5 = 0$
h) $x^2 + 2xy + y^2 = 0$

Nível 3

E1) Escreva as equações das cônicas do exercício E1 do Nível 2 em termos do formato padrão de parábolas, elipses e hipérboles, alinhadas a novos eixos.

E2) Considere a cônica dada pela equação $x^2 + y^2 + 2x + 2y + 3 = 0$.

a) Usando a forma quadrática X^tAX, identifique essa cônica a uma circunferência.

b) Qual é o raio da circunferência encontrada? Como isto é possível?

Respostas

Nível 1

E1) a) $(x \quad y)\begin{pmatrix} 1 & 2 \\ 2 & -1 \end{pmatrix}\begin{pmatrix} x \\ y \end{pmatrix} + (2 \quad -1)\begin{pmatrix} x \\ y \end{pmatrix} + (4) = (0)$,

b) $(x \quad y)\begin{pmatrix} 2 & -1/2 \\ -1/2 & 1 \end{pmatrix}\begin{pmatrix} x \\ y \end{pmatrix} + (2 \quad 1)\begin{pmatrix} x \\ y \end{pmatrix} = (0)$,

c) $(x \quad y)\begin{pmatrix} 0 & 1 \\ 1 & 1 \end{pmatrix}\begin{pmatrix} x \\ y \end{pmatrix} + (-2) = (0)$,

d) $(x \quad y)\begin{pmatrix} 1 & 1 \\ 1 & 1 \end{pmatrix}\begin{pmatrix} x \\ y \end{pmatrix} + (2 \quad 0)\begin{pmatrix} x \\ y \end{pmatrix} + (-4) = (0)$.

E2) a) Hipérbole. b) Parábola. c) Elipse.

Nível 2

E1) a) $D = \begin{pmatrix} 2 & 0 \\ 0 & 4 \end{pmatrix}$, elipse. b) $D = \begin{pmatrix} -5 & 0 \\ 0 & 5 \end{pmatrix}$, hipérbole. c) $D = \begin{pmatrix} 0 & 0 \\ 0 & 2 \end{pmatrix}$, parábola.

d) $D = \begin{pmatrix} -1 & 0 \\ 0 & 1 \end{pmatrix}$, hipérbole. e) $D = \begin{pmatrix} 5 & 0 \\ 0 & 10 \end{pmatrix}$, elipse. f) $D = \begin{pmatrix} -13 & 0 \\ 0 & 52 \end{pmatrix}$, hipérbole.

g) $D = \begin{pmatrix} 5 & 0 \\ 0 & 10 \end{pmatrix}$, elipse. h) $D = \begin{pmatrix} 0 & 0 \\ 0 & 2 \end{pmatrix}$, parábola.

Nível 3

E1) a) $\dfrac{[\bar{x} + 1/(2\sqrt{2})]^2}{39/8} + \dfrac{[\bar{y} - 3/(4\sqrt{2})]^2}{39/16} = 1.$

b) $\dfrac{[\bar{x} + 3/(2\sqrt{5})]^2}{17/20} - \dfrac{(\bar{y} - 1/\sqrt{5})^2}{17/20} = 1.$

c) $\bar{x} = -2\sqrt{2}\bar{y}^2 + 3\bar{y}.$

d) $\dfrac{(\bar{x} + 6/\sqrt{2})^2}{12} - \dfrac{(\bar{y} + 2/\sqrt{2})^2}{12} = 1.$

e) $\dfrac{[\bar{x} - 7/(5\sqrt{3})]^2}{256/75} + \dfrac{[\bar{y} - 3/(5\sqrt{2})]^2}{256/150} = 1.$

f) $\dfrac{[\bar{x} + 1/(26\sqrt{13})]^2}{815/2.704} + \dfrac{[\bar{y} + 15/(104\sqrt{13})]^2}{10.595/140.608} = 1.$

g) $\dfrac{(\bar{x} - 5/\sqrt{5})^2}{6} + \dfrac{\bar{y}^2}{3} = 1.$

h) $y = 0$ (parábola degenerada).

E2) a) $A = \begin{pmatrix} 1 & 0 \\ 0 & 1 \end{pmatrix}$, característica de uma circunferência.

b) O raio deveria ser imaginário. A figura é uma circunferência degenerada. No caso, o conjunto vazio.

5.4 Quádricas e formas quadráticas

No capítulo anterior, vimos como classificar as figuras chamadas *cônicas* no plano cartesiano quando as suas *formas quadráticas* assumem formas diagonalizadas. Neste capítulo, generalizaremos os conceitos aprendidos no capítulo anterior para o espaço, apresentando algumas das *quádricas*, que são o equivalente tridimensional das cônicas. O capítulo seguinte terminará a nossa exposição.

5.4.1 Introdução

Começamos este capítulo voltando ao primeiro exemplo mostrado no capítulo anterior, em que se desejava maximizar a receita de dois produtos (relógios de mesa e relógios de parede) fabricados por uma empresa. As equações das quantidades demandadas dos dois produtos foram dadas por

$$Q_{d1} = 2.000 - 10p_1 \quad \text{e} \quad Q_{d2} = 1.500 - 5p_2,$$

onde Q_{d1} é a quantidade demandada de relógios de mesa, Q_{d2} é a quantidade demandada de relógios de parede, p_1 é o preço de venda dos relógios de mesa e p_2 é o preço de venda dos relógios de parede.

Considerando que a fábrica só produzirá o que ela for vender, podemos escrever sua receita da seguinte forma:

$$\begin{aligned} r = Q_{d1}p_1 + Q_{d2}p_2 &\Leftrightarrow r = (2.000 - 10p_1)p_1 + (1.500 - 5p_2)p_2 \\ &\Leftrightarrow r = 2.000p_1 - 10p_1^2 + 1.500p_2 - 5p_2^2 \\ &\Leftrightarrow 10p_1^2 + 5p_2^2 - 2.000p_1 - 1.500p_2 + r = 0. \end{aligned}$$

Este foi o ponto em que paramos no capítulo anterior. Vamos agora transformar essa última equação na equação de uma elipse. Para fazer isso, começamos reorganizando os termos da equação da seguinte forma:

$$(10p_1^2 - 2.000p_1) + (5p_2^2 - 1.500p_2) + r = 0 \Leftrightarrow 10(p_1^2 - 200p_1) + 5(p_2^2 - 300p_2) + r = 0.$$

Agora, vamos utilizar uma técnica chamada *completar quadrados*, que consiste em escrever uma expressão do tipo $x^2 + bx$ como um quadrado

$$\left(x + \frac{b}{2}\right)^2 - \frac{b^2}{4}.$$

Isso porque

$$\left(x+\frac{b}{2}\right)^2-\frac{b^2}{4}=x^2+2\cdot\frac{b}{2}+\frac{b^2}{4}-\frac{b^2}{4}=x^2+bx.$$

No caso da equação da receita, podemos fazer isto adicionando e subtraindo termos dentro daquela equação:

$$\begin{aligned}&10(p_1^2-200p_1+100^2-100^2)+5(p_2^2-300p_2+150^2-150^2)+r=0\Leftrightarrow\\&\Leftrightarrow 10\left[(p_1-100)^2-100^2\right]+5\left[(p_2-150)^2-150^2\right]+r=0\Leftrightarrow\\&\Leftrightarrow 10(p_1-100)^2-10\cdot 10.000+5(p_2-150)^2-5\cdot 22.500+r=0\Leftrightarrow\\&\Leftrightarrow 10(p_1-100)^2-100.000+5(p_2-150)^2-112.500+r=0\Leftrightarrow\\&\Leftrightarrow 10(p_1-100)^2+5(p_2-150)^2=212.500-r.\end{aligned}$$

Para continuar a transformação dessa equação na equação padrão de uma elipse, precisamos deixar o lado direito igual a 1. Fazemos isto dividindo os dois lados da equação por 212.500 − r:

$$\frac{10(p_1-100)^2}{212.500-r}+\frac{5(p_2-150)^2}{212.500-r}=1.$$

Lembrando que multiplicar por 10 é o mesmo que dividir por 1/10, o mesmo valendo para a multiplicação por 5, temos

$$\frac{(p_1-100)^2}{(212.500-r)/10}+\frac{(p_2-150)^2}{(212.500-r)/5}=1,$$

que é a equação de uma elipse centrada em $p_{10}=100$, e $p_{20}=150$, com semieixo horizontal dado por

$$a=\sqrt{\frac{212.500-r}{10}}$$

e semieixo horizontal

$$b=\sqrt{\frac{212.500-r}{5}}.$$

O tamanho dos semieixos depende, então, do valor adotado para r. A tabela a seguir mostra diversos valores para o eixo horizontal a e para o eixo vertical b, variando de acordo com o valor adotado para a receita r. Com esses valores é possível desenhar um gráfico em três dimensões onde os eixos são os preços p_1 e p_2 e a receita r (figura a seguir ao lado da tabela).

r	a	b
0	145,77	206,16
20.000	138,74	196,21
40.000	131,34	185,74
60.000	123,49	174,64
80.000	115,11	162,79
100.000	106,07	150,00
120.000	96,18	136,01
140.000	85,15	120,42
160.000	72,46	102,47
180.000	57,01	80,62
200.000	35,36	50,00

Da figura, pode-se ver que o maior valor de r ocorre para $r = 212.500$ reais, e que os preços que maximizam a renda são $p_1 = 100$ reais e $p_2 = 150$ reais.

Para calcularmos as quantidades que devem ser produzidas de cada um dos dois tipos de relógios, podemos utilizar as equações originais de demanda:

$$\begin{aligned} Q_{d1} &= 2.000 - 10 \cdot 100 \\ &= 2.000 - 1.000 = 1.000, \\ Q_{d2} &= 1.500 - 5 \cdot 150 = 1.500 - 750 = 750, \end{aligned}$$

ou seja, devem ser produzidas 1.000 unidades de relógios de mesa e 750 unidades de relógios de parede.

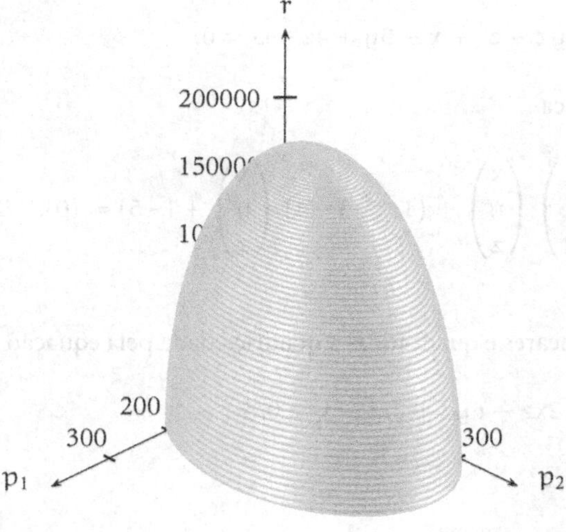

Observe, agora, a figura tridimensional formada quando desenhamos as diversas elipses para cada valor da renda. Se desenharmos a figura resultante da escolha de uma continuidade de valores para r (figura ao lado), o resultado é metade de uma superfície tridimensional chamada *elipsoide*, que é um caso particular de uma classe de superfícies chamadas *quádricas*. O estudo dessas superfícies e a sua relação com formas quadráticas (vistas no capítulo anterior) é o tema deste capítulo e dos próximos.

5.4.2 Formas lineares e formas quadráticas no espaço

Vamos, agora, generalizar o conceito de forma quadrática para três dimensões. Relembrando, uma cônica pode, em sua forma mais geral, ser representada pela equação matricial

$$X^t AX + BX + fI_1 = 0_{11} \Leftrightarrow$$

$$(x \quad y)\begin{pmatrix} a & b/2 \\ b/2 & c \end{pmatrix}\begin{pmatrix} x \\ y \end{pmatrix} + (d \quad e)\begin{pmatrix} x \\ y \end{pmatrix} + (f) = (0).$$

Uma generalização direta para três dimensões seria escrever

$$\begin{pmatrix} x & y & z \end{pmatrix} \begin{pmatrix} a & b/2 & c/2 \\ b/2 & d & e/2 \\ c/2 & e/2 & f \end{pmatrix} \begin{pmatrix} x \\ y \\ z \end{pmatrix} + \begin{pmatrix} g & h & i \end{pmatrix} \begin{pmatrix} x \\ y \\ z \end{pmatrix} + (j) = (0).$$

Note que a letra i está sendo usada aqui como coeficiente e não como número imaginário. O termo BX continua sendo denominado forma linear e o termo X^tAX, forma quadrática.

Esta equação matricial pode ser escrita como

$$ax^2 + bxy + cxz + dy^2 + eyz + fz^2 + gx + hy + iz + j = 0.$$

A equação acima representa um conjunto de superfícies no espaço chamadas quádricas, que serão estudadas a partir da próxima seção. O nome *quádrica* é devido a essas superfícies serem escritas em termos dos quadrados de variáveis independentes e também é utilizado para figuras em dimensões maiores que três.

Exemplo 1. Represente em termos de formas lineares e quadráticas a quádrica dada pela equação

$$x^2 - 3xy + y^2 + 2yz - z^2 + x - 3y + 4z - 5 = 0.$$

SOLUÇÃO. Em forma matricial, esta equação fica

$$\begin{pmatrix} x & y & z \end{pmatrix} \begin{pmatrix} 1 & -3/2 & 0 \\ -3/2 & 1 & 1 \\ 0 & 1 & -1 \end{pmatrix} \begin{pmatrix} x \\ y \\ z \end{pmatrix} + \begin{pmatrix} 1 & -3 & 4 \end{pmatrix} \begin{pmatrix} x \\ y \\ z \end{pmatrix} + (-5) = (0).$$

Exemplo 2. Represente em termos de formas lineares e quadráticas a quádrica dada pela equação

$$2x^2 - 4xy + 2xz - 6yz + 2z^2 - x = 0.$$

SOLUÇÃO. Em forma matricial, esta equação fica

$$\begin{pmatrix} x & y & z \end{pmatrix} \begin{pmatrix} 2 & -2 & 1 \\ -2 & 0 & -3 \\ 1 & -3 & 2 \end{pmatrix} \begin{pmatrix} x \\ y \\ z \end{pmatrix} + \begin{pmatrix} -1 & 0 & 0 \end{pmatrix} \begin{pmatrix} x \\ y \\ z \end{pmatrix} = (0).$$

Existem vários tipos de superfícies que podem ser descritas por equações de quádricas. Veremos, a seguir, cada uma delas com mais detalhes

5.4.3 Superfícies cilíndricas

Começaremos o estudo mais detalhado das quádricas com as figuras cilíndricas, que têm equações idênticas às das cônicas quando em forma diagonalizada, mas consideradas agora no espaço.

(a) Cilindro parabólico

Um cilindro parabólico pode ser escrito como uma parábola, mas agora vista do ponto de vista do espaço:

$$y = ax^2 + bx + c.$$

Agora, z é uma variável livre e, portanto, pode ser variada em infinitos valores possíveis, funcionando como se varrêssemos o eixo z com uma parábola. As figuras a seguir ilustram alguns cilindros parabólicos e suas respectivas equações.

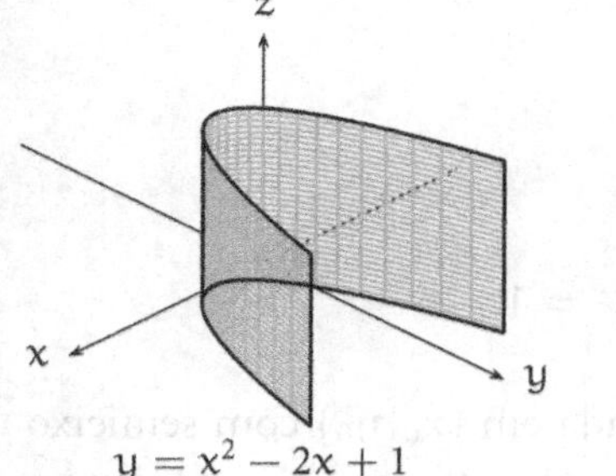

$y = x^2 - 2x + 1$

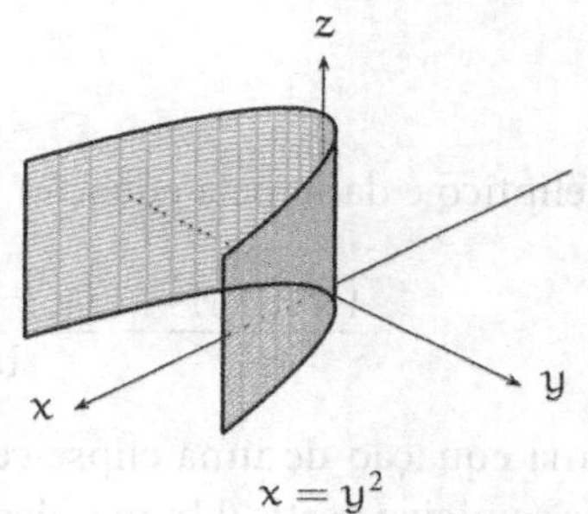

$x = y^2$

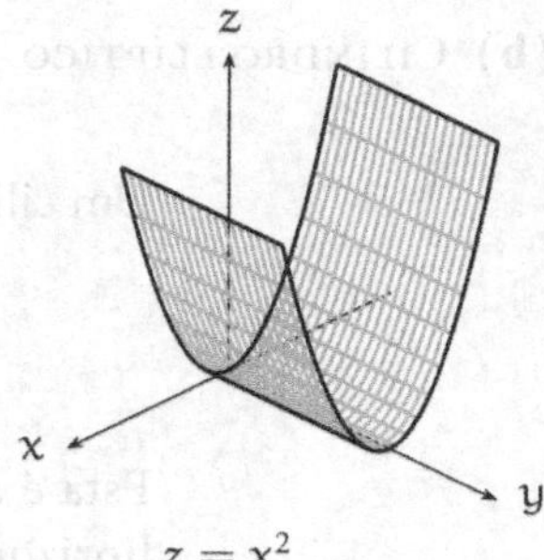

$z = x^2$

Nas figuras acima usamos variantes da equação básica do cilindro parabólico em que o eixo livre muda. Essas equações podem assumir qualquer uma das seguintes formas:

$$x = ay^2 + by + c\,, \quad x = az^2 + bz + c,$$
$$y = ax^2 + by + c\,, \quad y = az^2 + bz + c,$$
$$z = ax^2 + bx + c\,, \quad z = ay^2 + by + c.$$

Por economia de notação, sempre representaremos as formas gerais de superfícies no espaço em termos de uma determinada orientação em relação aos eixos coordenados, ficando as demais orientações subentendidas.

No próximo exemplo, mostraremos como desenhar um cilindro parabólico.

Exemplo 1. Faça o gráfico do cilindro parabólico dado por $y = x^2 + 2x + 1$.

Solução. Começamos desenhando uma parábola no plano xy (em que $z = 0$) e outra no plano onde $z = 3$. Para isso, usamos as tabelas a seguir.

x	−3	−2	−1	0	1	2
y	4	1	0	1	3	9
z	0	0	0	0	0	0

x	−3	−2	−1	0	1	2
y	4	1	0	1	3	9
z	3	3	3	3	3	3

Depois, determinamos esses pontos no espaço e produzimos duas parábolas, interligadas por retas.

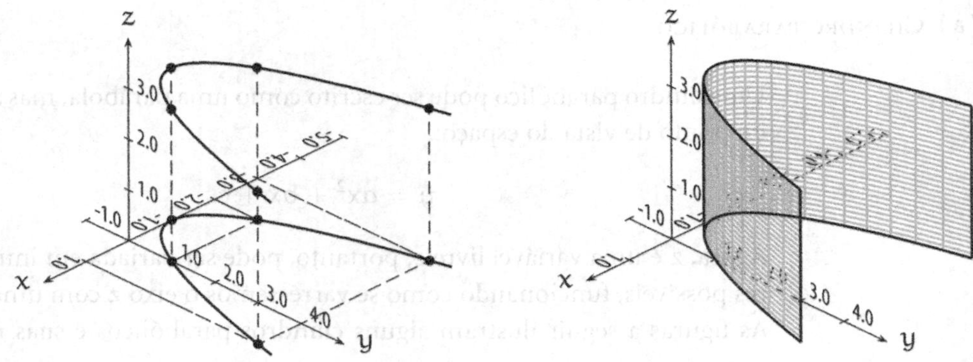

(b) Cilindro elíptico

Um cilindro elíptico é dado pela equação

$$\frac{(x-x_0)^2}{a^2}+\frac{(y-y_0)^2}{b^2}=1.$$

Esta é a mesma equação de uma elipse centrada em (x_0, y_0) com semieixo horizontal a e semieixo vertical b, mas desta vez ela está no espaço, com uma variável z livre. Também podemos ter variantes dessa mesma equação, com o cilindro elíptico orientado ao longo dos outros eixos coordenados. Alguns desses cilindros e suas respectivas equações estão representados a seguir.

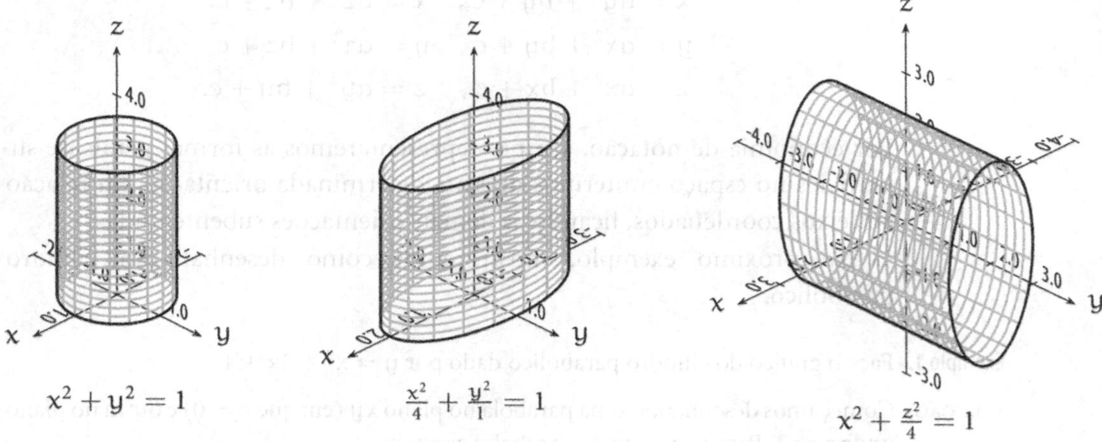

$x^2+y^2=1$ $\frac{x^2}{4}+\frac{y^2}{1}=1$ $x^2+\frac{z^2}{4}=1$

A primeira figura acima mostra um cilindro padrão, cuja secção transversal é uma circunferência. Este é um caso particular do cilindro elíptico para quando os dois semieixos são iguais. Mostraremos, a seguir, como montar um cilindro elíptico.

Exemplo 1. Faça o gráfico do cilindro elíptico dado por $\frac{x^2}{1}+\frac{y^2}{4}=1$

Solução. Esta é a equação de uma elipse centrada em $(0,0)$ com semieixo em x igual a 1 e semieixo em y igual a 2. Desenhamos duas elipses, uma para $z=0$ e outra para $z=3$, e as ligamos por meio de retas.

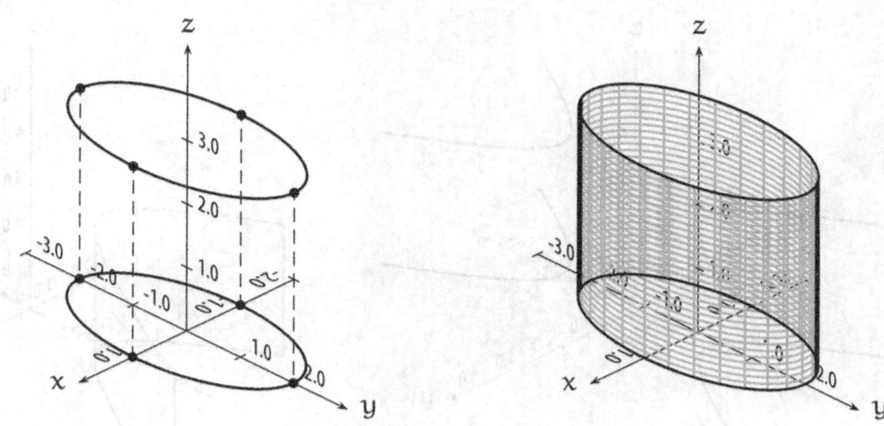

(c) Cilindro hiperbólico

Um cilindro hiperbólico é dado por uma equação do tipo

$$\frac{(x-x_0)^2}{a^2}-\frac{(y-y_0)^2}{b^2}=1.$$

Esta é a mesma equação de uma hipérbole centrada em (x_0, y_0) e pode ter diversas variações, dependendo da orientação que o cilindro hiperbólico segue. As figuras a seguir ilustram alguns cilindros hiperbólicos e suas respectivas equações.

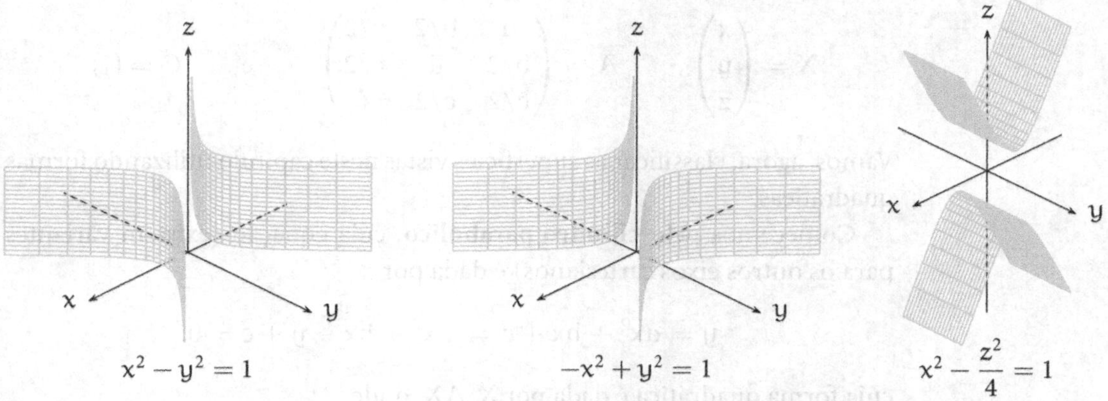

A seguir, mostraremos como desenhar um cilindro hiperbólico.

Exemplo 1. Faça o gráfico do cilindro hiperbólico dado por

$$\frac{x^2}{4}-y^2=1$$

Solução. Desenhamos a seguir as assíntotas para $z = 0$ e $z = 3$, desenhando depois duas hipérboles, que são então ligadas por linhas retas.

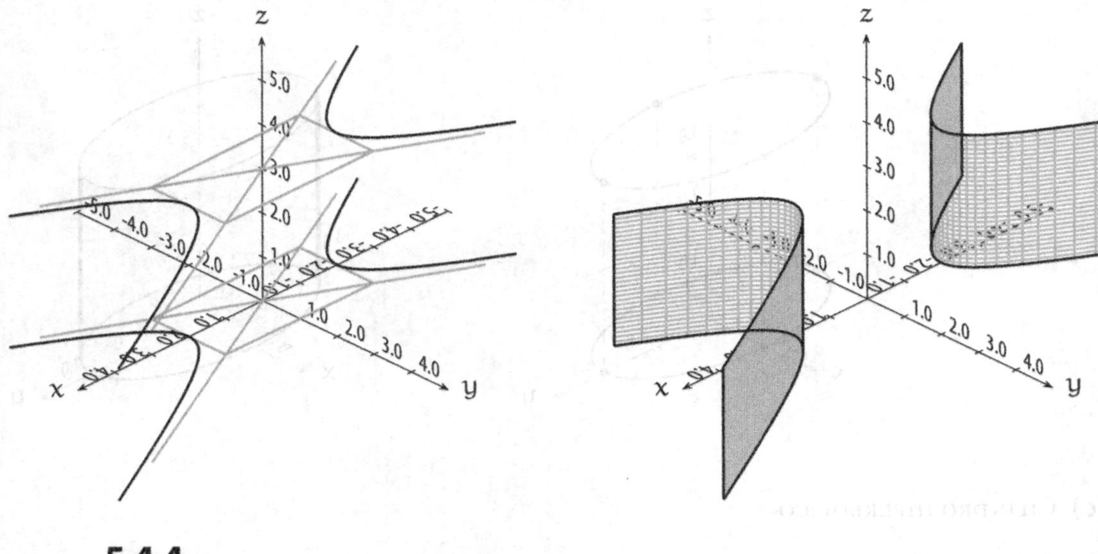

5.4.4 Cilindros e formas quadráticas

Vamos, agora, representar os cilindros vistos neste capítulo em termos de formas lineares e de formas quadráticas. Isto será feito com a intenção de identificar o tipo de cilindro representado por determinada equação, mesmo quando ele não estiver alinhado a um dos eixos cartesianos.

Relembrando o início deste capítulo, uma forma quadrática geral é descrita por uma equação do tipo

$$ax^2 + bxy + cxz + dy^2 + eyz + fz^2 + gx + hy + iz + j = 0,$$

que pode ser escrita como $X^tAX + BX + C = 0$, onde

$$X = \begin{pmatrix} x \\ y \\ z \end{pmatrix}, \quad A = \begin{pmatrix} a & b/2 & c/2 \\ b/2 & d & e/2 \\ c/2 & e/2 & f \end{pmatrix} \quad \text{e} \quad C = (j).$$

Vamos, agora, classificar as superfícies vistas neste capítulo utilizando formas quadráticas.

Comecemos pelo **cilindro parabólico**, cuja equação (existem variantes para os outros eixos cartesianos) é dada por

$$y = ax^2 + bx + c \Leftrightarrow ax^2 + bx - y + c = 0,$$

cuja forma quadrática é dada por X^tAX, onde

$$A = \begin{pmatrix} a & 0 & 0 \\ 0 & 0 & 0 \\ 0 & 0 & 0 \end{pmatrix}.$$

Caso sejam escolhidas equações alinhadas aos outros eixos cartesianos, como, por exemplo, $z = ay^2 + by + c$, o único efeito será mudar a posição que a constante a assume dentro da diagonal principal da matriz dos coeficientes de sua forma quadrática.

A equação de um **cilindro elíptico** fica

$$\frac{(x-x_0)^2}{a^2}+\frac{(y-y_0)^2}{b^2}=1 \Leftrightarrow b^2(x-x_0)^2+a^2(y-y_0)^2=a^2b^2 \Leftrightarrow$$
$$\Leftrightarrow b^2(x^2-2x_0x+x_0^2)+a^2(y^2-2y_0y+y_0^2)=a^2b^2 \Leftrightarrow$$
$$\Leftrightarrow b^2x^2-2b^2x_0x+b^2y_0^2+a^2y^2-2a^2y_0y+a^2y_0^2-a^2b^2=0,$$

com uma forma quadrática X^tAX, onde

$$A=\begin{pmatrix} b^2 & 0 & 0\\ 0 & a^2 & 0\\ 0 & 0 & 0\end{pmatrix}.$$

Aqui também outros alinhamentos de eixos dão origem a posições distintas dos coeficientes a^2 e b^2 dentro da matriz dos coeficientes da forma quadrática, mas sempre teremos dois valores positivos e um nulo na diagonal principal da matriz A de um cilindro elíptico. Caso escrevamos

$$\frac{(x-x_0)^2}{a^2}\frac{(y-y_0)^2}{b^2}=-1,$$

também teremos um cilindro elíptico com matriz dos coeficientes da forma quadrática

$$A=\begin{pmatrix} -b^2 & 0 & 0\\ 0 & -a^2 & 0\\ 0 & 0 & 0\end{pmatrix},$$

de modo que este tipo de matriz também indica um cilindro elíptico.

Para um **cilindro hiperbólico**, temos

$$\frac{(x-x_0)^2}{a^2}-\frac{(y-y_0)^2}{b^2}=1 \Leftrightarrow b^2(x-x_0)^2-a^2(y-y_0)^2=a^2b^2 \Leftrightarrow$$
$$\Leftrightarrow b^2x^2-2b^2x_0x+b^2y_0^2-a^2y^2+2a^2y_0y-a^2y_0^2-a^2b^2=0,$$

com uma forma quadrática X^tAX, onde

$$A=\begin{pmatrix} b^2 & 0 & 0\\ 0 & -a^2 & 0\\ 0 & 0 & 0\end{pmatrix}.$$

Novamente, outros alinhamentos de eixos dão origem a posições distintas dos coeficientes a^2 e b^2 dentro da matriz dos coeficientes da forma quadrática, mas sempre teremos um valor positivo, um valor negativo e um valor nulo na diagonal principal da matriz A de um cilindro hiperbólico.

Para determinar o tipo de cilindro representado por quádricas cilíndricas que não estão alinhadas aos eixos cartesianos, usamos o mesmo procedimento do Capítulo 5.3, que é diagonalizar a matriz A dos coeficientes da forma quadrática da quádrica em questão e depois classificá-la usando as regras que acabamos de deduzir para cilindros alinhados aos eixos coordenados. O exemplo a seguir ilustra um desses casos.

Exemplo 1. Classifique a superfície cilíndrica dada por $x^2 + 2xy - y^2 + 6x - 2y - 3 = 0$.

Solução. A forma quadrática associada a essa superfície tem matriz de coeficientes

$$A = \begin{pmatrix} 1 & 1 & 0 \\ 1 & -1 & 0 \\ 0 & 0 & 0 \end{pmatrix}.$$

Seus autovalores são calculados a seguir:

$$\det(A - \lambda I) = 0 \Leftrightarrow \begin{vmatrix} 1-\lambda & 1 & 0 \\ 1 & -1-\lambda & 0 \\ 0 & 0 & -\lambda \end{vmatrix} = 0$$

$$\Leftrightarrow (1-\lambda)(-1-\lambda)(-\lambda) + \lambda = 0$$

$$\Leftrightarrow (\lambda^2 - 1)(-\lambda) + \lambda = 0$$

$$\Leftrightarrow -\lambda^3 + \lambda + \lambda = 0 \Leftrightarrow \lambda^3 - 2\lambda = 0$$

$$\Leftrightarrow \lambda(\lambda^2 - 2) = 0 \Leftrightarrow \begin{cases} \lambda = 0 \\ \text{ou} \\ \lambda^2 = 2 \end{cases} \Leftrightarrow \begin{cases} \lambda_1 = 0 \\ \lambda_2 = -\sqrt{2} \\ \lambda_3 = \sqrt{2} \end{cases}.$$

Portanto, a forma diagonalizada da matriz A fica

$$D = \begin{pmatrix} 0 & 0 & 0 \\ 0 & -\sqrt{2} & 0 \\ 0 & 0 & \sqrt{2} \end{pmatrix},$$

o que indica que a superfície é um cilindro hiperbólico.

Podemos, então, utilizar a seguinte regra para classificar uma superfície cilíndrica. Se ela tem uma forma diagonalizada D, então ela pode ser classificada da seguinte forma: ela será um cilindro parabólico se a matriz A tiver dois autovalores nulos, ela será um cilindro elíptico se a matriz A tiver dois autovalores positivos e um nulo ou dois autovalores negativos e um nulo e será um cilindro hiperbólico se a matriz A tiver um autovalor positivo, um autovalor negativo e um autovalor nulo.

A demonstração de que a diagonalização da matriz dos coeficientes de uma forma quadrática é suficiente para classificar uma superfície cônica é feita na Leitura Complementar 5.3.2. Além disso, também é mostrado ali como utilizar a diagonalização para reescrever uma quádrica não alinhada a um dos eixos cartesianos em forma alinhada.

Resumo

- **Quádricas** são superfícies no espaço tridimensional cujas equações algébricas são dadas por

$$ax^2 + bxy + cxz + dy^2 + eyz + fz^2 + gx + hy + iz + j = 0,$$

onde a, b, c, d, e, f, g, h, i, j são constantes reais.

- A equação de uma quádrica pode ser escrita como $X^tAX + BX + jI_1 = 0_{11}$, ou seja,

$$\begin{pmatrix} x & y & z \end{pmatrix} \begin{pmatrix} a & b/2 & c/2 \\ b/2 & d & e/2 \\ c/2 & e/2 & f \end{pmatrix} \begin{pmatrix} x \\ y \\ z \end{pmatrix} + \begin{pmatrix} g & h & i \end{pmatrix} \begin{pmatrix} x \\ y \\ z \end{pmatrix} + (j) = (0).$$

- **Exemplos de quádricas cilíndricas:**

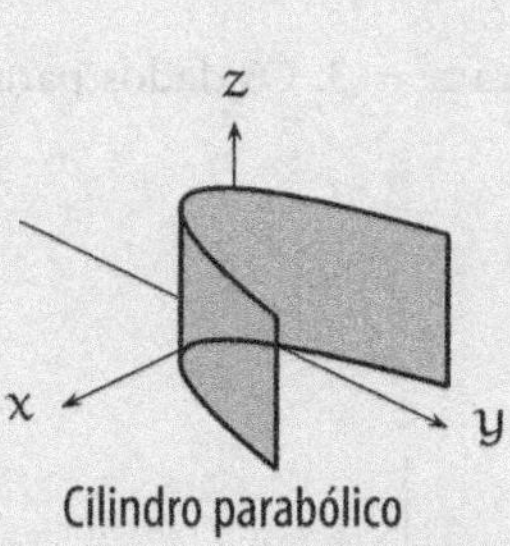

Cilindro parabólico

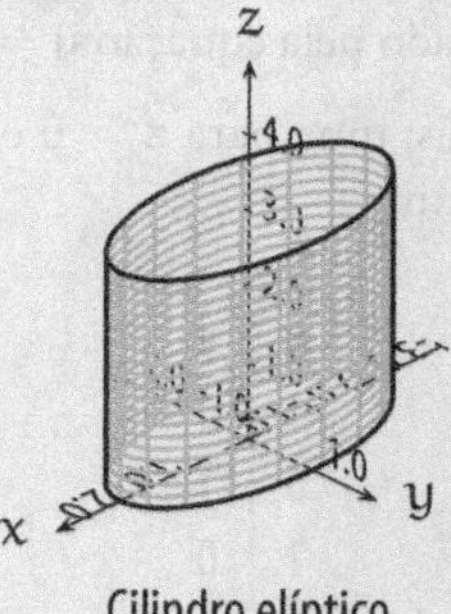

Cilindro elíptico

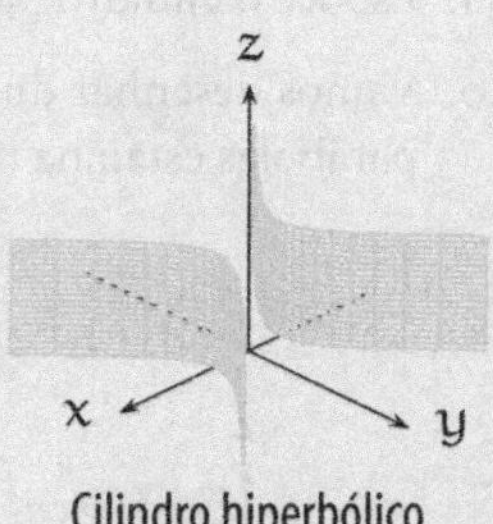

Cilindro hiperbólico

- **Equações algébricas das quádricas cilíndricas.**

Cilindros parabólicos: $y = ax^2 + bx + c$.

Cilindros elípticos: $\dfrac{(x - x_0)^2}{a^2} + \dfrac{(y - y_0)^2}{b^2} = 1$.

Cilindros hiperbólicos: $\dfrac{(x - x_0)^2}{a^2} - \dfrac{(y - y_0)^2}{b^2} = 1$.

- **Classificação de quádricas cilíndricas.**

Se uma superfície cilíndrica tem uma forma diagonalizada D, então ela pode ser classificada da seguinte forma:

$$D = \begin{pmatrix} a & 0 & 0 \\ 0 & 0 & 0 \\ 0 & 0 & 0 \end{pmatrix} \quad \text{(cilindro parabólico)},$$

$$D = \begin{pmatrix} a^2 & 0 & 0 \\ 0 & b^2 & 0 \\ 0 & 0 & 0 \end{pmatrix} \quad \text{(cilindro elíptico)},$$

$$D = \begin{pmatrix} a^2 & 0 & 0 \\ 0 & -b^2 & 0 \\ 0 & 0 & 0 \end{pmatrix} \quad \text{(cilindro hiperbólico)}.$$

A ordem em que os termos aparecem nas matrizes diagonalizadas pode variar. De forma geral, uma superfície cilíndrica que tenha uma forma quadrática X^tAX será um cilindro parabólico se a matriz A tiver dois autovalores nulos; ela será um cilindro elíptico se a matriz A tiver dois autovalores positivos e um nulo ou dois autovalores negativos e um nulo e será um cilindro hiperbólico se a matriz A tiver um autovalor positivo, um autovalor negativo e um autovalor nulo.

Exercícios

Nível 1

CILINDROS PARABÓLICOS

Exemplo 1. Esboce o cilindro parabólico dado pela equação $y = x^2 - 2x + 1$.

SOLUÇÃO. Vamos desenhar duas parábolas: uma para $z = 0$ e outra para $z = 3$. Os dados para as parábolas estão na tabela a seguir.

x	y
−1	4
0	1
1	0
2	1
3	4

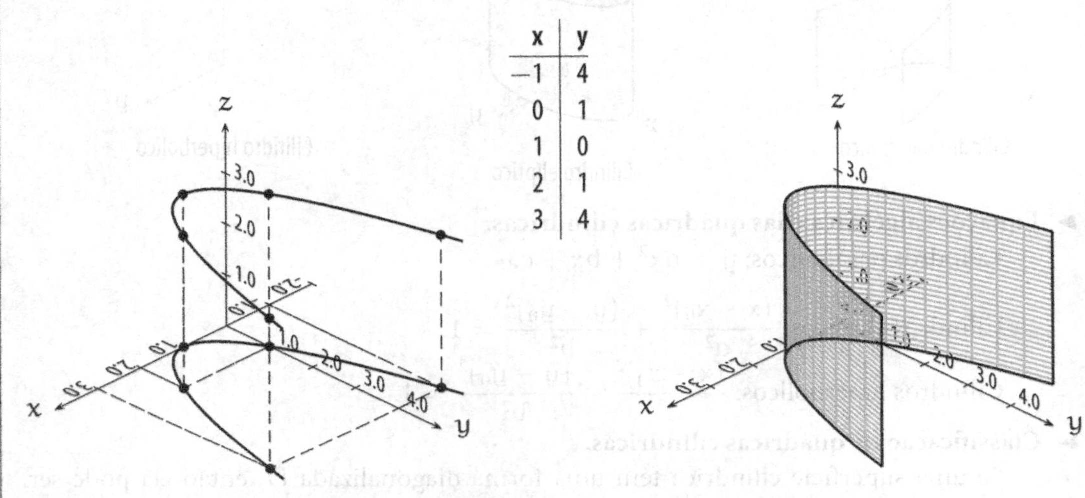

E1) Esboce os cilindros parabólicos dados pelas seguintes equações:

a) $y = x^2$, b) $z = x^2$, c) $x = 1 + y^2$.

CILINDROS

Exemplo 2. Esboce o cilindro dado pela equação $x^2 + y^2 = 4$.

SOLUÇÃO. Temos, para $z = 0$ e $z = 3$, circunferências de raio 2 centradas em $(0, 0)$.

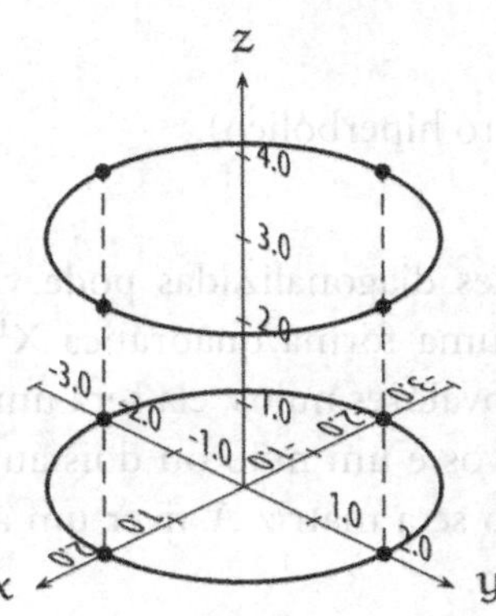

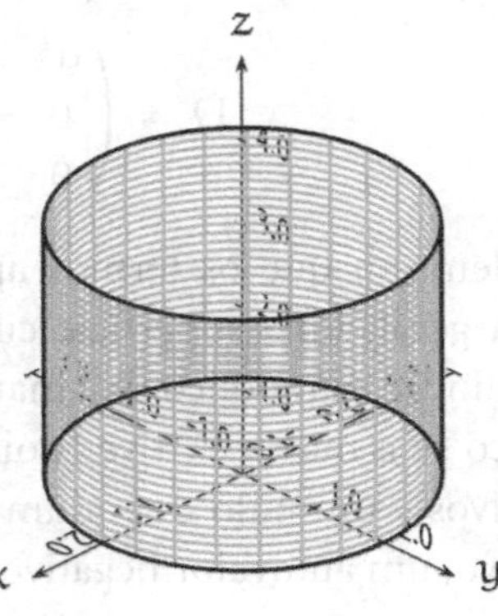

E2) Esboce os cilindros dados pelas seguintes equações:

a) $x^2 + y^2 = 1$, b) $(x + 1)^2 + (y - 2)^2 = 1$, c) $y^2 + z^2 = 1$,

d) $x^2 + z^2 = 1$.

Cilindros elípticos

Exemplo 3. Esboce o cilindro elíptico dado pela equação $x^2 + \frac{y^2}{4} = 1$.

Solução. Como base da figura, desenhamos elipses centradas em $(0,0)$ com semieixos 1 (em x) e 4 (em y), para $z = 0$ e $z = 3$.

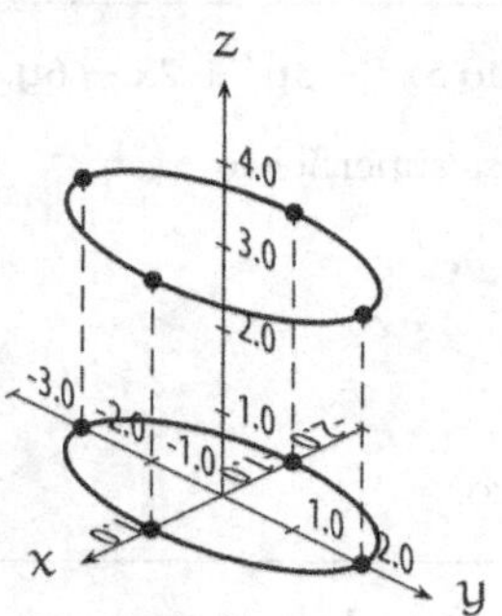

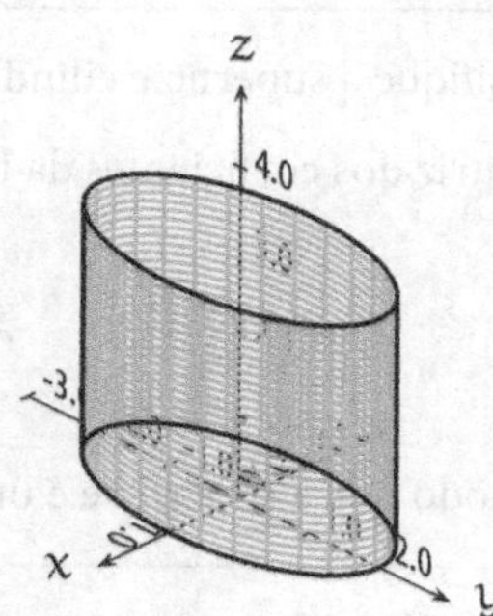

E3) Esboce os cilindros elípticos dados pelas seguintes equações:

a) $\frac{x^2}{4} + \frac{y^2}{9} = 1$, b) $\frac{x^2}{4} + y^2 = 1$, c) $x^2 + \frac{z^2}{4} = 1$.

Cilindros hiperbólicos

Exemplo 4. Esboce o cilindro hiperbólico dado pela equação $-x^2 + \frac{y^2}{4} = 1$.

Solução. Desenhamos duas hipérboles para dois valores distintos de z ($z = 0$ e $z = 3$) e unimos essas hipérboles.

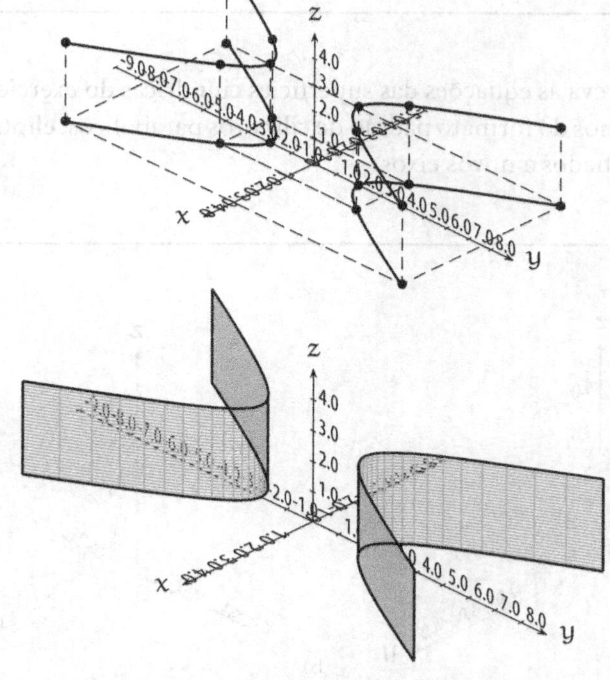

E4) Esboce os cilindros hiperbólicos dados pelas seguintes equações:

a) $-x^2 + y^2 = 1$, b) $x^2 - y^2 = 1$, c) $-x^2 + \dfrac{z^2}{4} = 1$.

Classificação de superfícies cilíndricas

Exemplo 5. Classifique a superfície cilíndrica dada pela equação $5x^2 - 3y^2 + 2x - 6y + 4 = 0$.

Solução. A matriz dos coeficientes da forma quadrática dessa superfície é

$$A = \begin{pmatrix} 5 & 0 & 0 \\ 0 & -3 & 0 \\ 0 & 0 & 0 \end{pmatrix},$$

de modo que a superfície é um cilindro hiperbólico.

E5) Classifique as superfícies cilíndricas dadas pelas seguintes equações.

a) $x^2 + 3y^2 - 2x + y = 0$ b) $-x^2 - y^2 + 2x - 4y - 6 = 0$
c) $y^2 - 2z^2 + 4y - 2z - 4 = 0$ d) $x^2 - 3z + 4x - 8 = 0$

Nível 2

E1) Calcule as formas diagonalizadas das seguintes superfícies cilíndricas e utilize essas formas diagonalizadas para classificá-las.

a) $x^2 - 2xy + y^2 + x - 4 = 0$ b) $-x^2 + 6xy - y^2 + 8x - 8y - 10 = 0$
c) $y^2 + 2yz + z^2 + y - z - 2 = 0$

Nível 3

E1) Escreva as equações das superfícies cilíndricas do exercício E1 do Nível 2 em termos do formato padrão de cilindros parabólicos, elípticos ou hiperbólicos, alinhados a novos eixos.

Respostas

Nível 1

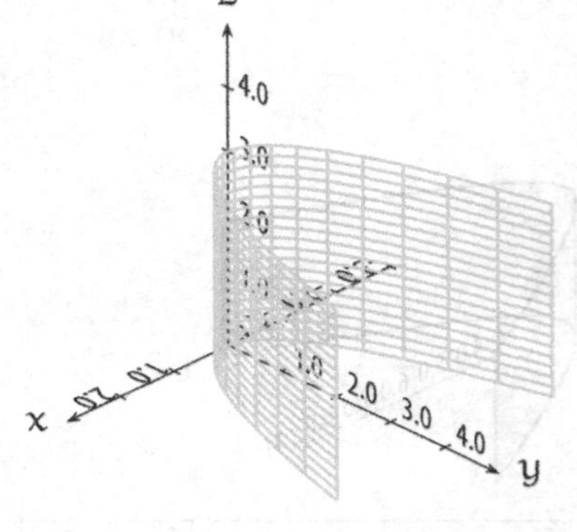

E1) a)

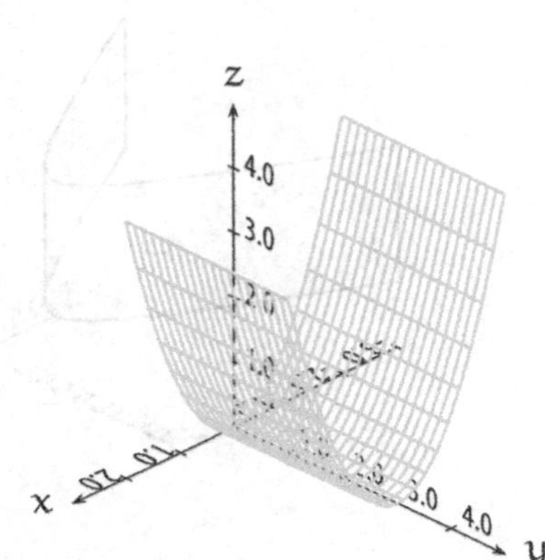

b)

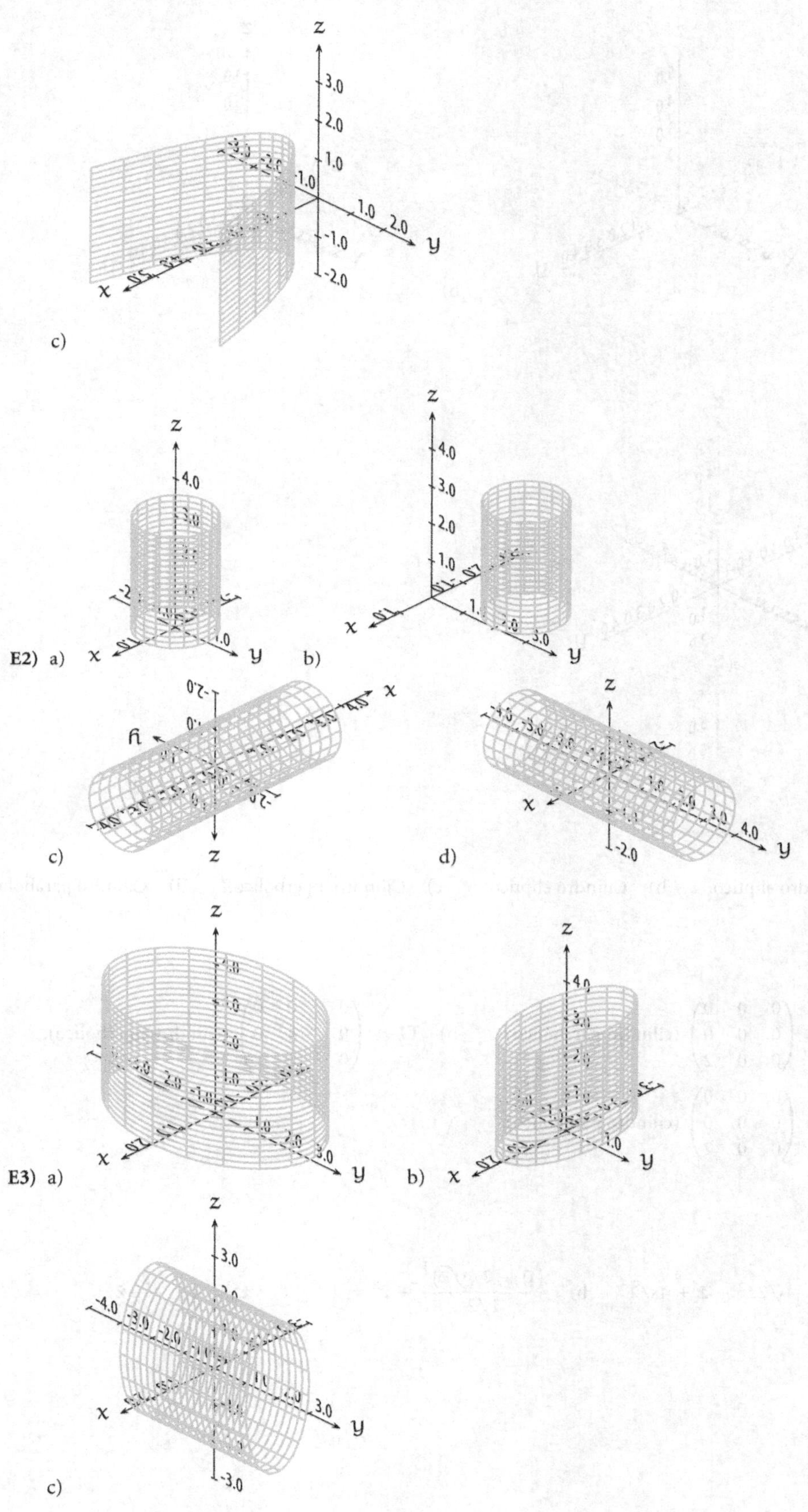
c)
E2) a)
b)
c)
d)
E3) a)
b)
c)

E4) a)

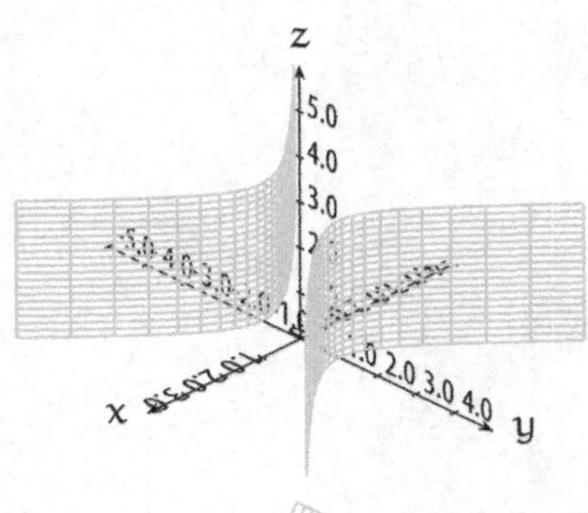

b)

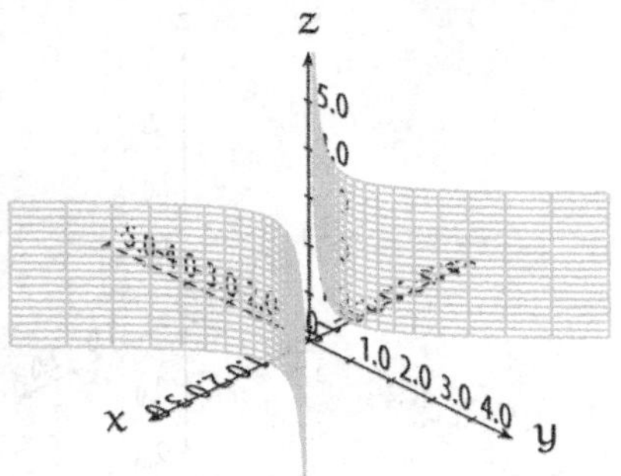

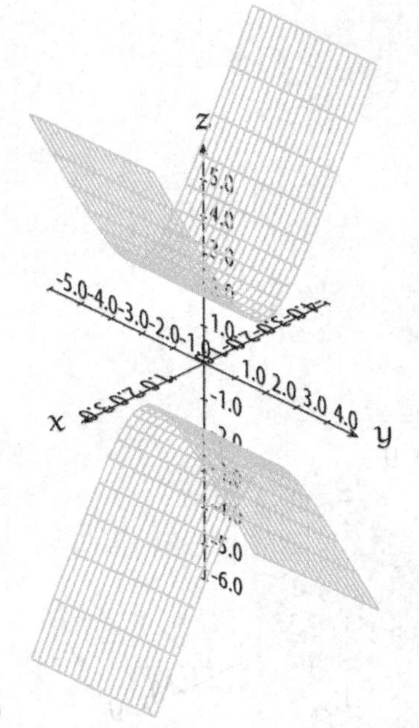

c)

E5) a) Cilindro elíptico. b) Cilindro elíptico. c) Cilindro hiperbólico. d) Cilindro parabólico.

Nível 2

E1) a) $D = \begin{pmatrix} 0 & 0 & 0 \\ 0 & 0 & 0 \\ 0 & 0 & 2 \end{pmatrix}$ (cilindro parabólico). b) $D = \begin{pmatrix} 0 & 0 & 0 \\ 0 & -4 & 0 \\ 0 & 0 & 2 \end{pmatrix}$ (cilindro hiperbólico).

c) $D = \begin{pmatrix} 0 & 0 & 0 \\ 0 & 0 & 0 \\ 0 & 0 & 2 \end{pmatrix}$ (cilindro parabólico).

Nível 3

E1) a) $\bar{x} = -\sqrt{2}\bar{z}^2 - \bar{z} + 4\sqrt{2}$ b) $\dfrac{\left(\bar{y} - 2/\sqrt{2}\right)^2}{1/2} - \bar{z}^2 = 1$ c) $\bar{z}^2 = 2 - \dfrac{2}{\sqrt{2}}\bar{x}$

5.5 Quádricas e classificação de quádricas

5.5.1 Paraboloides

Paraboloides têm a forma geral

$$c(z - z_0) = \frac{(x - x_0)^2}{a^2} \pm \frac{(y - y_0)^2}{b^2},$$

onde a, b e c são constantes reais. Veremos a seguir as formas que um paraboloide pode assumir.

(a) Paraboloide

Chamamos de paraboloide a figura dada por uma equação do tipo

$$c(z - z_0) = \frac{(x - x_0)^2}{a^2} + \frac{(y - y_0)^2}{a^2}.$$

Essa superfície pode ser obtida através da rotação de uma parábola em torno de um eixo vertical centrado em (x_0, y_0).

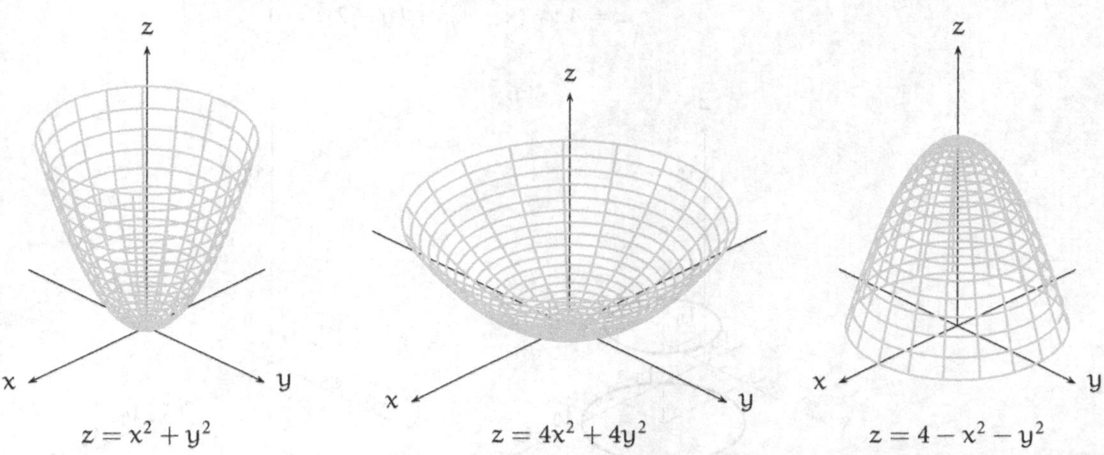

Veremos a seguir como construir dois paraboloides, usando o fato de que as secções transversais dessa figura em relação ao eixo z são circunferências.

Exemplo 1. Faça o gráfico do paraboloide $z = x^2 + y^2$.

SOLUÇÃO. Vamos fixar diversos valores de z. Para $z = 0$, temos $x^2 + y^2 = 0$, que é a equação de uma circunferência de raio 0 centrada em $(0, 0)$, ou seja, um ponto. Para $z = 1$, $x^2 + y^2 = 1$, que é uma circunferência centrada em $(0, 0)$ com raio $\sqrt{1} = 1$. Para $z = 2$, temos $x^2 + x^2 = 2$, uma circunferência de raio $\sqrt{2}$ centrada em $(0, 0)$ e assim por diante. Podemos desenhar um certo número dessas circunferências no espaço para então delinear os contornos do paraboloide (as duas figuras a seguir). As circunferências usadas são dadas na sequência:

$$\begin{array}{lll} z = 0: & x^2 + y^2 = 0 & \text{(raio 0)} \\ z = 1: & x^2 + y^2 = 1 & \text{(raio 1)} \\ z = 2: & x^2 + y^2 = 2 & \text{(raio } \sqrt{2} \approx 1{,}41) \\ z = 3: & x^2 + y^2 = 3 & \text{(raio } \sqrt{3} \approx 1{,}73) \\ z = 4: & x^2 + y^2 = 4 & \text{(raio 2)} \end{array}$$

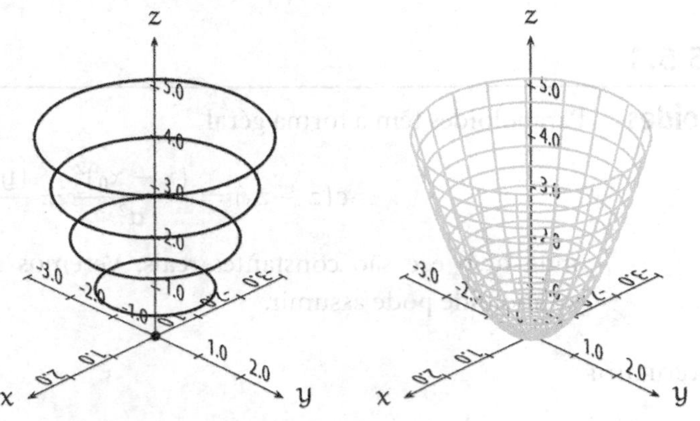

Exemplo 2. Faça o gráfico do paraboloide $z = 4 - (x - 1)^2 - (y - 2)^2$.

SOLUÇÃO. Fixando valores para z, obtemos as circunferências centradas em (1,2) a seguir:

$$\begin{array}{ll} z = 0: & (x-1)^2 + (y-2)^2 = 4 \\ z = 3: & (x-1)^2 + (y-2)^2 = 1 \\ z = 4: & (x-1)^2 + (y-2)^2 = 0 \end{array}$$

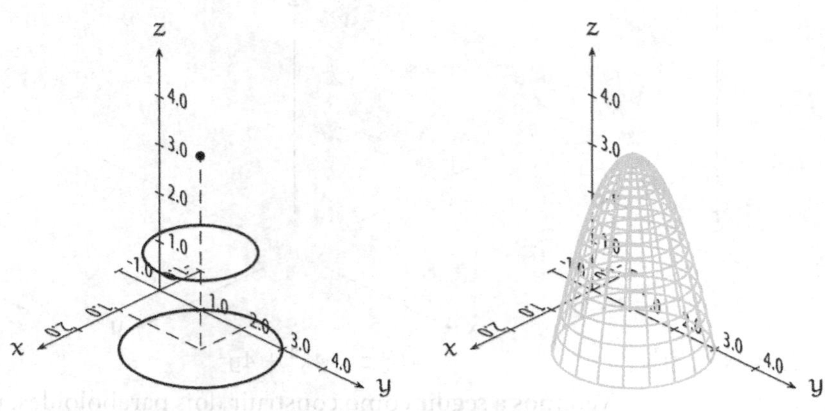

(b) Paraboloide elíptico

Uma generalização do paraboloide é o chamado *paraboloide elíptico*, que tem equação dada por

$$c(z - z_0) = \frac{(x - x_0)^2}{a^2} + \frac{(y - y_0)^2}{b^2}.$$

No caso em que $a = b$, temos o paraboloide comum. A superfície pode ser construída com uma sucessão de elipses centradas em (x_0, y_0). As figuras a seguir ilustram alguns desses paraboloides elípticos.

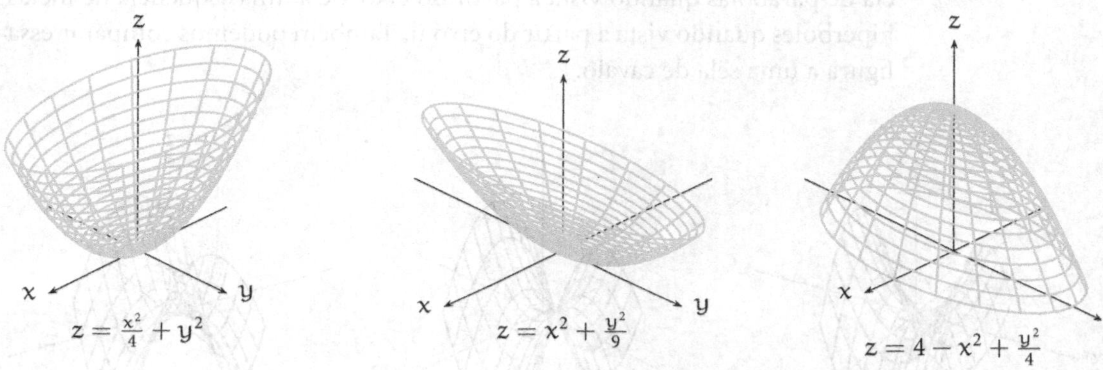

Exemplo 1. Faça o gráfico do paraboloide elíptico $z = 4x^2 + y^2$.

Solução. Vamos fixar diversos valores de z e analisar o tipo de curva que obtemos. Para $z = 0$, devemos ter $4x^2 + y^2 = 0 \Leftrightarrow y^2 = -4x^2$, que só tem solução se $x = y = 0$. Para outros valores de z, temos:

$z = 1: \; 4x^2 + y^2 = 1 \Leftrightarrow \frac{x^2}{1/4} + y^2 = 1$ (elipse centrada em $(0,0)$ de semieixos $1/2$ e 1),

$z = 2: \; 4x^2 + y^2 = 2 \Leftrightarrow \frac{x^2}{2/4} + \frac{y^2}{2} = 1$ (elipse centrada em $(0,0)$ de semieixos $\sqrt{1/2}$ e $\sqrt{2}$),

$z = 3: \; 4x^2 + y^2 = 3 \Leftrightarrow \frac{x^2}{3/4} + \frac{y^2}{3} = 1$ (elipse centrada em $(0,0)$ de semieixos $\sqrt{3}/2$ e $\sqrt{3}$),

$z = 4: \; 4x^2 + y^2 = 4 \Leftrightarrow \frac{x^2}{4/4} + \frac{y^2}{4} = 1 \Leftrightarrow x^2 + \frac{y^2}{4} = 1$ (elipse centrada em $(0,0)$ de semieixos 1 e 2).

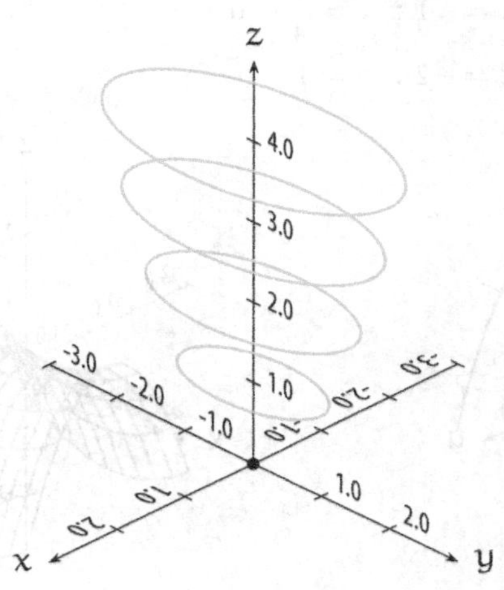

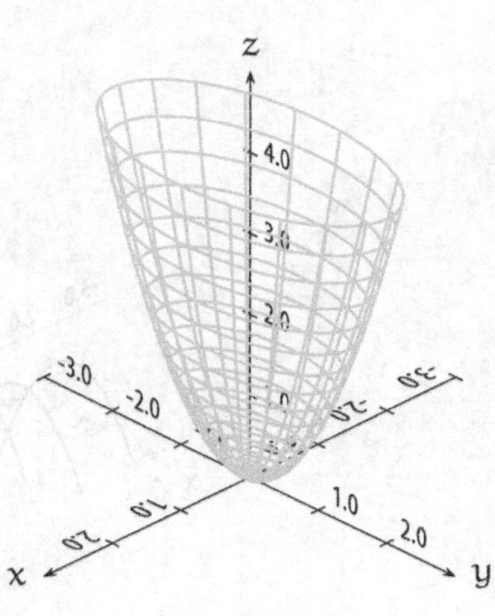

(c) PARABOLOIDE HIPERBÓLICO

Um *paraboloide hiperbólico* tem equação dada por

$$c(z - z_0) = \frac{(x - x_0)^2}{a^2} - \frac{(y - y_0)^2}{b^2}.$$

Esta superfície pode ser construída com uma sucessão de hipérboles centradas em (x_0, y_0).

As figuras a seguir ilustram o paraboloide hiperbólico $z = x^2 - y^2$ de três pontos de vista diferentes. Observe que a figura se assemelha a uma sequência de parábolas quando vista a partir do eixo x e a uma sequência de meias hipérboles quando vista a partir do eixo y. Também podemos comparar essa figura a uma sela de cavalo.

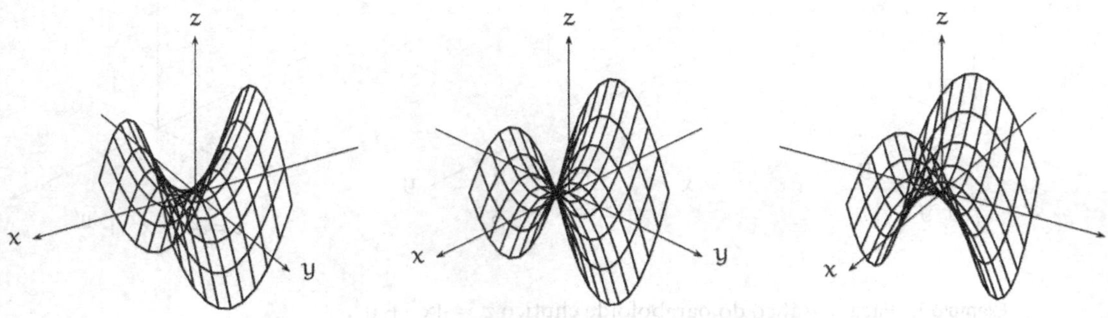

Exemplo 1. Faça o gráfico do paraboloide hiperbólico $z = \frac{x^2}{4} - y^2$.

SOLUÇÃO. A melhor forma de visualizar esse tipo de superfície é fixando valores para x e obtendo diversas equações de parábolas no espaço:

$$\begin{aligned} x = 0 &: \ z = -y^2, \\ x = 1 &: \ z = \frac{1}{4} - y^2, \\ x = 2 &: \ z = 1 - y^2, \\ x = -1 &: \ z = \frac{1}{4} - y^2, \\ x = -2 &: \ z = 1 - y^2. \end{aligned}$$

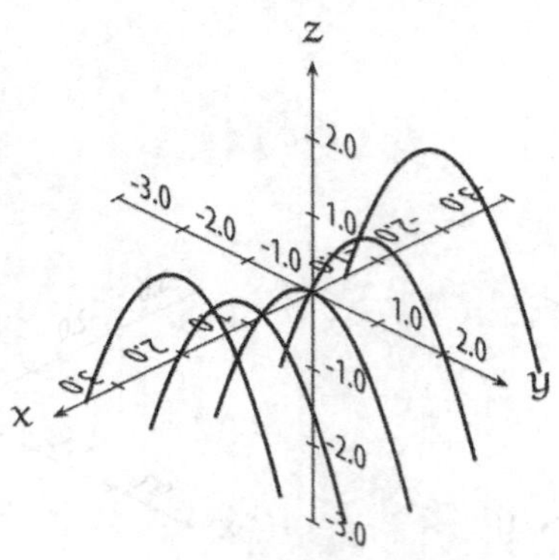

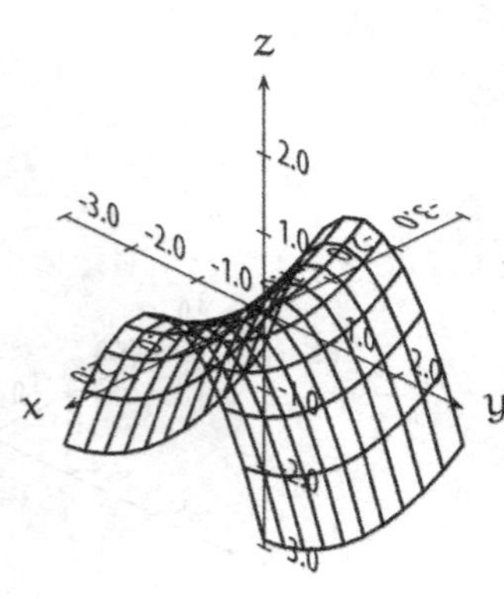

5.5.2 Elipsoides

Veremos agora uma outra classe de quádricas, que envolve esferas e elipsoides. Estas são superfícies que podem ser escritas por equações do tipo

$$\frac{(x-x_0)^2}{a^2}+\frac{(y-y_0)^2}{b^2}+\frac{(z-z_0)^2}{c^2}=1.$$

A seguir, veremos cada uma dessas superfícies em maiores detalhes.

(a) Esfera

Uma esfera é descrita por uma equação do tipo

$$(x-x_0)^2+(y-y_0)^2+(z-z_0)^2=r^2,$$

onde (x_0, y_0, z_0) são as coordenadas do centro da esfera e r é o seu raio. O gráfico da esfera pode ser feito desenhando duas circunferências – uma no plano xy ($z = 0$) e outra no plano yz ($x = 0$).

Exemplo 1. Faça o gráfico da esfera $x^2 + y^2 + z^2 = 4$.

Solução. Fixando $z = 0$, temos a circunferência $x^2 + y^2 = r^2$; fixando $x = 0$, temos a circunferência $y^2 + z^2 = r^2$.

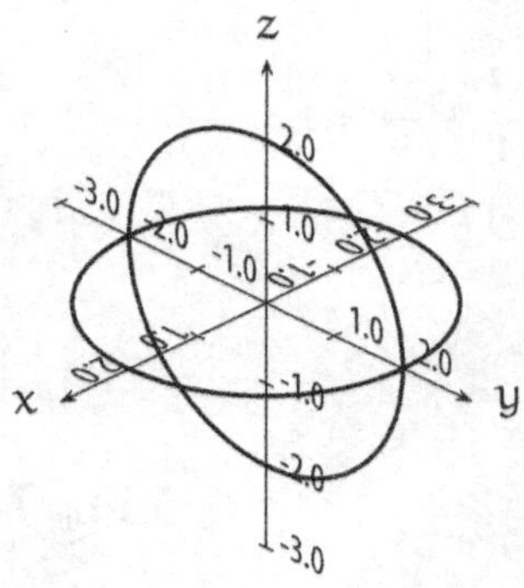

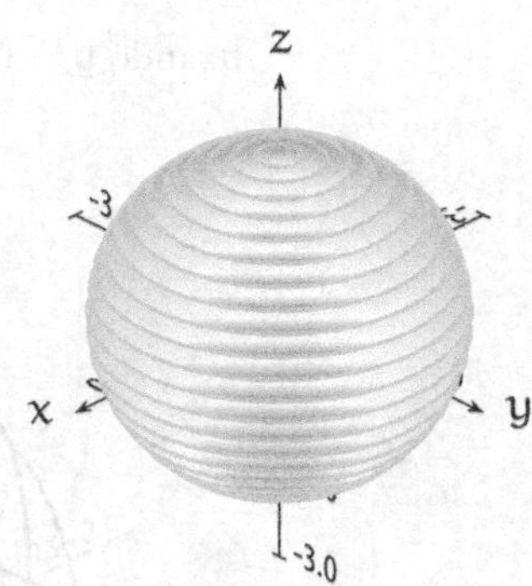

Exemplo 2. Faça o gráfico da esfera $(x-2)^2 + (y-1)^2 + (z-2)^2 = 1$.

Solução. Esta é uma esfera de raio 1 centrada em $(x_0, y_0, z_0) = (2, 1, 2)$.

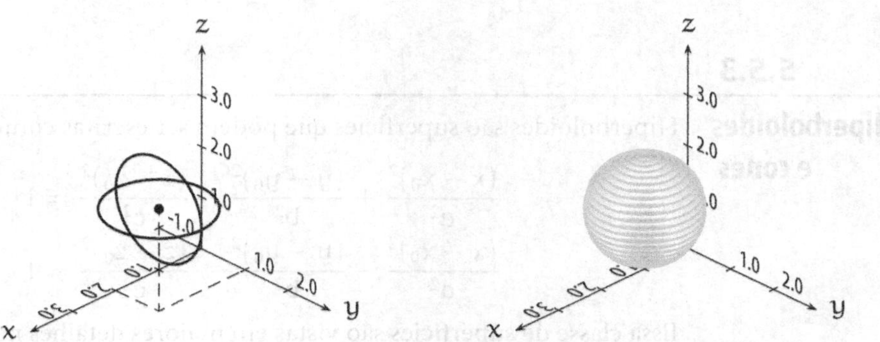

(b) Elipsoide

Os elipsoides têm equações algébricas dadas por

$$\frac{(x-x_0)^2}{a^2}+\frac{(y-y_0)^2}{b^2}+\frac{(z-z_0)^2}{c^2}=1,$$

onde (x_0, y_0, z_0) são as coordenadas do centro de elipsoide e a, b e c são os seus semieixos. O seu gráfico pode ser feito desenhando elipses para $x = 0$, $y = 0$ e $z = 0$:

$$\frac{(y-y_0)^2}{b^2}+\frac{(z-z_0)^2}{c^2}=1,$$

$$\frac{(x-x_0)^2}{a^2}+\frac{(z-z_0)^2}{c^2}=1,$$

$$\frac{(x-x_0)^2}{x^2}+\frac{(y-y_0)^2}{b^2}=1.$$

Exemplo 1. Faça o gráfico do elipsoide

$$\frac{x^2}{4}+y^2+\frac{z^2}{9}=1.$$

Solução. Fixando $z = 0$, temos a elipse

$$\frac{x^2}{4}+y^2=1;$$

fixando $x = 0$, temos a elipse

$$y^2+\frac{z^2}{9}=1;$$

fixando $y = 0$, temos

$$\frac{x^2}{4}+\frac{z^2}{9}=1.$$

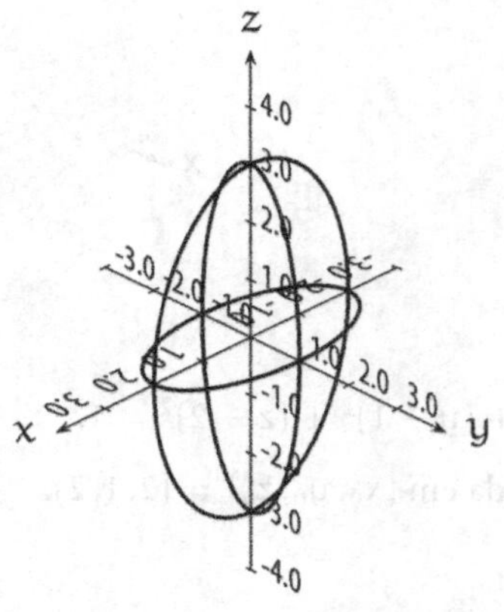

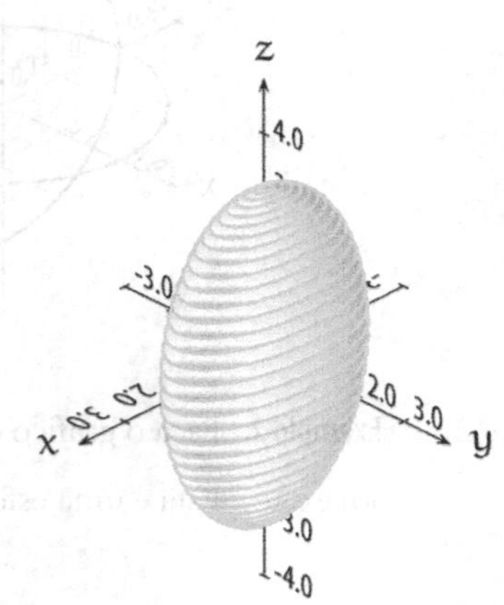

5.5.3 Hiperboloides e cones

Hiperboloides são superfícies que podem ser escritas como

$$\frac{(x-x_0)^2}{a^2}+\frac{(y-y_0)^2}{b^2}-\frac{(z-z_0)^2}{c^2}=1 \quad \text{ou}$$

$$\frac{(x-x_0)^2}{a^2}-\frac{(y-y_0)^2}{b^2}-\frac{(z-z_0)^2}{c^2}=1.$$

Essa classe de superfícies são vistas em maiores detalhes na sequência.

(a) Hiperboloide de uma folha

A equação de um hiperboloide de uma folha pode ser escrita de uma das seguintes formas:

$$\frac{(x-x_0)^2}{a^2}+\frac{(y-y_0)^2}{b^2}-\frac{(z-z_0)^2}{c^2}=1,$$
$$\frac{(x-x_0)^2}{a^2}-\frac{(y-y_0)^2}{b^2}+\frac{(z-z_0)^2}{c^2}=1,$$
$$-\frac{(x-x_0)^2}{a^2}+\frac{(y-y_0)^2}{b^2}+\frac{(z-z_0)^2}{c^2}=1.$$

Exemplo 1. Faça o gráfico do hiperboloide de uma folha

$$\frac{x^2}{4}+y^2-\frac{z^2}{9}=1.$$

Solução. Vamos fixar alguns valores para a variável z e verificar os tipos de equações encontrados: para $z=0$, temos

$$\frac{x^2}{4}+y^2-\frac{0^2}{9}=1 \Leftrightarrow \frac{x^2}{4}+y^2=1,$$

que é uma elipse de semieixos 2 e 1; para $z=\pm 3$, temos

$$\begin{aligned}&\frac{x^2}{4}+y^2-\frac{9}{9}=1\\ \Leftrightarrow\ &\frac{x^2}{4}+y^2-1=1\\ \Leftrightarrow\ &\frac{x^2}{4}+y^2=2\\ \Leftrightarrow\ &\frac{x^2}{8}+\frac{y^2}{2}=1,\end{aligned}$$

que é uma elipse de semieixos $2\sqrt{2}\approx 2{,}828$ e $\sqrt{2}\approx 1{,}414$. Desenhamos as três elipses no espaço (primeira figura a seguir) e depois construímos o hiperboloide de uma folha (segunda figura a seguir).

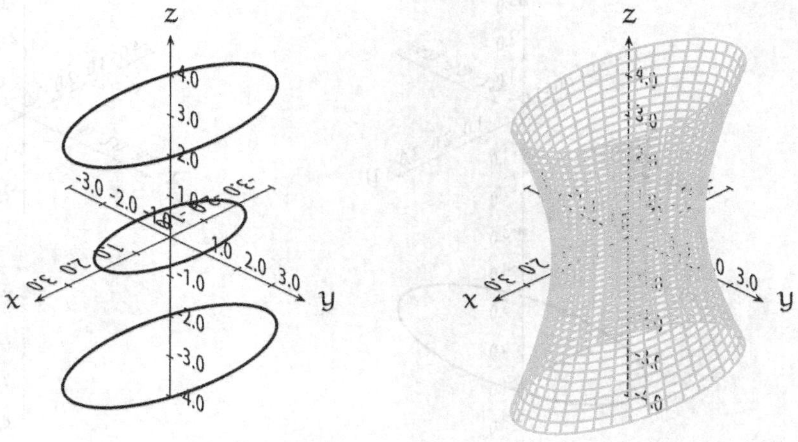

(b) Hiperboloide de duas folhas

A equação de um hiperboloide de duas folhas alinhado a um dos eixos cartesianos envolve dois termos negativos (em vez de somente um, no caso do hiperboloide de uma folha) e pode ser escrita como

$$\frac{(x-x_0)^2}{a^2}-\frac{(y-y_0)^2}{b^2}-\frac{(z-z_0)^2}{c^2}=1,$$
$$-\frac{(x-x_0)^2}{a^2}-\frac{(y-y_0)^2}{b^2}+\frac{(z-z_0)^2}{c^2}=1,$$
$$-\frac{(x-x_0)^2}{a^2}+\frac{(y-y_0)^2}{b^2}-\frac{(z-z_0)^2}{c^2}=1.$$

Exemplo 1. Faça o gráfico do hiperboloide de duas folhas $-\frac{x^2}{4}-y^2+\frac{z^2}{9}=1$.

Solução. Vamos fixar alguns valores da variável z. Para $z=0$, temos

$$-\frac{x^2}{4}-y^2+\frac{0^2}{9}=1 \Leftrightarrow -\frac{x^2}{4}-y^2=1 \Leftrightarrow \frac{x^2}{4}+y^2=-1,$$

o que não é possível para x e y reais; para $z=\pm 3$, temos

$$-\frac{x^2}{4}-y^2+\frac{9}{9}=1 \Leftrightarrow -\frac{x^2}{4}-y^2+1=1 \Leftrightarrow \frac{x^2}{4}+y^2=0.$$

o que só é possível se $x=y=0$; para $z=\pm 6$, temos

$$-\frac{x^2}{4}-y^2+\frac{36}{9}=1 \Leftrightarrow -\frac{x^2}{4}-y^2+4=1 \Leftrightarrow -\frac{x^2}{4}-y^2=-3 \Leftrightarrow \frac{x^2}{12}+\frac{y^2}{3}=1,$$

que é a equação de uma elipse de semieixos $\sqrt{12}\approx 3{,}46$ e $\sqrt{3}\approx 1{,}73$. A figura é desenhada nos gráficos a seguir.

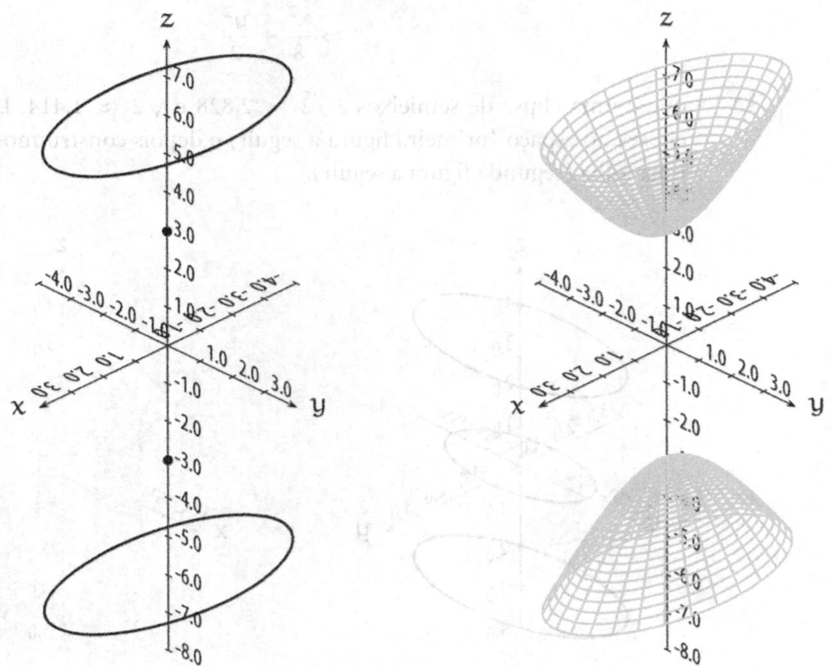

(c) Cone

Cones podem ser considerados hiperboloides degenerados e podem ser escritos usando equações do tipo

$$\frac{(x-x_0)^2}{a^2}+\frac{(y-y_0)^2}{b^2}-\frac{(z-z_0)^2}{c^2}=0,$$

onde x_0, y_0, z_0, a, b e c são constantes. Essa equação pode ser reescrita como

$$\frac{(z-z_0)^2}{c^2}=\frac{(x-x_0)^2}{a^2}+\frac{(y-y_0)^2}{b^2} \Leftrightarrow \frac{z-z_0}{c}=\pm\sqrt{\frac{(x-x_0)^2}{a^2}+\frac{(y-y_0)^2}{b^2}},$$

que é a forma mais usual da equação de um cone. Os exemplos a seguir ilustram algumas dessas superfícies.

Exemplo 1. Faça o gráfico do cone $z^2 = x^2 + y^2$.

Solução. $z = 0 : x^2 + y^2 = 0$ (raio 0),
$z = 1 : x^2 + y^2 = 1$ (raio 1),
$z = 2 : x^2 + y^2 = 4$ (raio 2),
$z = -1 : x^2 + y^2 = 1$ (raio 1),
$z = -2 : x^2 + y^2 = 4$ (raio 2).

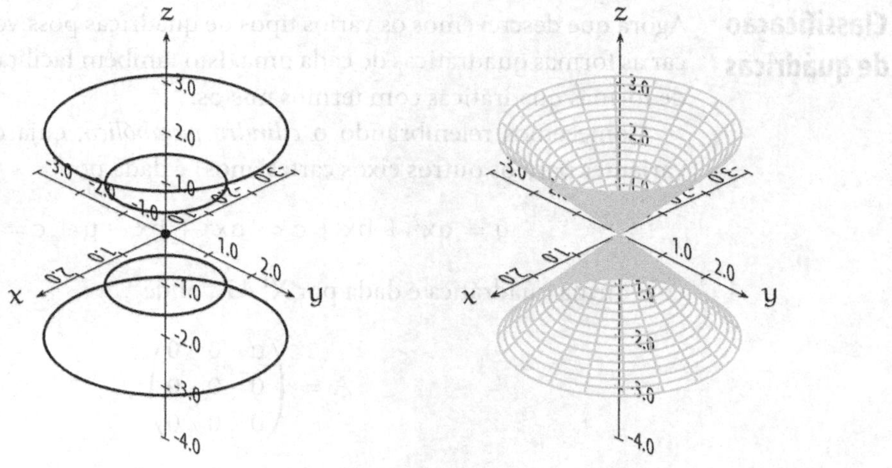

Exemplo 2. Faça o gráfico do cone elíptico $(z-4)^2 = 4(x-1)^2 + (y-2)^2$.

Solução. Fixando valores para z, obtemos as elipses centradas em $(1, 2)$ a seguir:

$$z = 0 : 4(x-1)^2 + (y-2)^2 = 16 \Leftrightarrow \frac{(x-1)^2}{4} + \frac{(y-2)^2}{16} = 1\,;$$

$$z = 3 : 4(x-1)^2 + (y-2)^2 = 1 \Leftrightarrow \frac{(x-1)^2}{1/4} + (y-2)^2 = 1\,;$$

$$z = 4 : 4(x-1)^2 + (y-2)^2 = 0 \Leftrightarrow x = 1\,, y = 2\,;$$

$$z = -3 : 4(x-1)^2 + (y-2)^2 = 1 \Leftrightarrow \frac{(x-1)^2}{1/4} + (y-2)^2 = 1\,;$$

$$z = -4 : 4(x-1)^2 + (y-2)^2 = 0 \Leftrightarrow x = 1\,, y = 2.$$

As figuras são desenhadas a seguir.

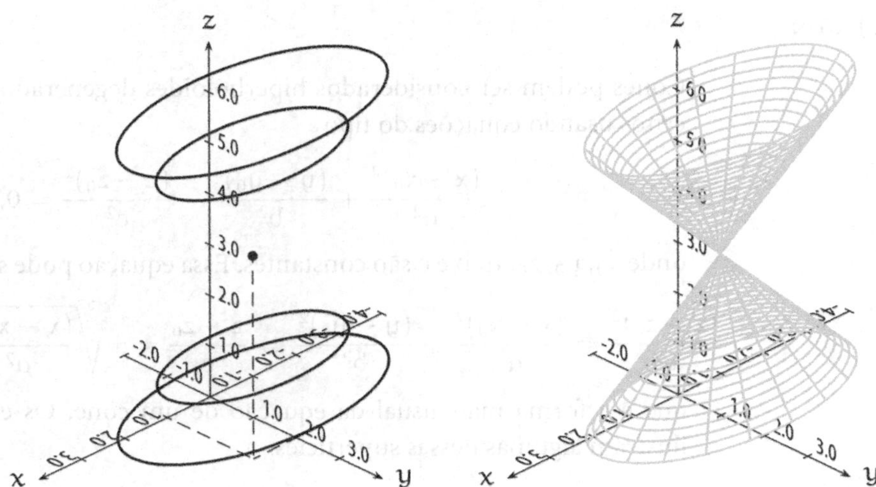

Podemos, ainda, ter quádricas degeneradas que podem ser planos ou pontos, ou mesmo resultar em curvas inexistentes, dependendo da equação de onde são tiradas.

5.5.4 Classificação de quádricas

Agora que descrevemos os vários tipos de quádricas possíveis, vamos classificar as formas quadráticas de cada uma. Isto também facilitará a identificação de formas quadráticas com termos mistos.

Comecemos relembrando o *cilindro parabólico*, cuja equação (existem variantes para os outros eixos cartesianos) é dada por

$$y = ax^2 + bx + c \Leftrightarrow ax^2 + bx - y + c = 0,$$

cuja forma quadrática é dada por X^tAX, onde

$$A = \begin{pmatrix} a & 0 & 0 \\ 0 & 0 & 0 \\ 0 & 0 & 0 \end{pmatrix}.$$

Lembremos que a forma linear não é determinante para a classificação de uma cônica ou de uma quádrica.

A equação de um *cilindro elíptico* fica

$$\frac{(x-x_0)^2}{a^2} + \frac{(y-y_0)^2}{b^2} = 1 \Leftrightarrow b^2(x-x_0)^2 + a^2(y-y_0)^2 = a^2b^2 \Leftrightarrow$$

$$\Leftrightarrow b^2(x^2 - 2x_0x + x_0^2) + a^2(y^2 - 2y_0y + y_0^2) = a^2b^2 \Leftrightarrow$$

$$\Leftrightarrow b^2x^2 - 2b^2x_0x + b^2y_0^2 + a^2y^2 - 2a^2y_0y + a^2y_0^2 - a^2b^2 = 0,$$

com uma forma quadrática X^tAX, onde

$$A = \begin{pmatrix} b^2 & 0 & 0 \\ 0 & a^2 & 0 \\ 0 & 0 & 0 \end{pmatrix}.$$

Para um *cilindro hiperbólico*, temos

$$\frac{(x-x_0)^2}{a^2} - \frac{(y-y_0)^2}{b^2} = 1 \Leftrightarrow b^2(x-x_0)^2 - a^2(y-y_0)^2 = a^2b^2 \Leftrightarrow$$
$$\Leftrightarrow b^2x^2 - 2b^2x_0x + b^2y_0^2 - a^2y^2 + 2a^2y_0y - a^2y_0^2 - a^2b^2 = 0,$$

com uma forma quadrática X^tAX, onde

$$A = \begin{pmatrix} b^2 & 0 & 0 \\ 0 & -a^2 & 0 \\ 0 & 0 & 0 \end{pmatrix}.$$

Vamos agora aos paraboloides. Para um *paraboloide elíptico*, que inclui o paraboloide circular, temos

$$c(z-z_0) = \frac{(x-x_0)^2}{a^2} + \frac{(y-y_0)^2}{b^2}$$
$$\Leftrightarrow b^2(x-x_0)^2 + a^2(y-y_0)^2 - a^2b^2c(z-z_0) = 0.$$

Agora, já devemos conseguir ler os elementos da matriz A da forma quadrática X^tAX sem ter que expandir os quadrados das fórmulas. O resultado é

$$A = \begin{pmatrix} b^2 & 0 & 0 \\ 0 & a^2 & 0 \\ 0 & 0 & 0 \end{pmatrix}.$$

Observe que a matriz tem uma forma idêntica à de um cilindro parabólico. No entanto, há diferenças entre as duas figuras quando são analisadas as respectivas formas lineares: a forma linear de um cilindro parabólico não envolve uma das três variáveis dos eixos coordenados (neste caso, a variável z).

Para um *paraboloide hiperbólico*, temos a equação

$$c(z-z_0) = \frac{(x-x_0)^2}{a^2} - \frac{(y-y_0)^2}{b^2}$$
$$\Leftrightarrow b^2(x-x_0)^2 - a^2(y-y_0)^2 - a^2b^2c(z-z_0) = 0,$$

com

$$A = \begin{pmatrix} b^2 & 0 & 0 \\ 0 & -a^2 & 0 \\ 0 & 0 & 0 \end{pmatrix}.$$

A matriz tem uma forma idêntica à de um cilindro hiperbólico.

Um *elipsoide* (e um de seus casos particulares, que é uma esfera) é dado pela equação

$$\frac{(x-x_0)^2}{a^2} + \frac{(y-y_0)^2}{b^2} + \frac{(z-z_0)^2}{c^2} = 1$$
$$\Leftrightarrow b^2c^2(x-x_0)^2 + a^2c^2(y-y_0)^2 + a^2b^2(z-z_0)^2 - a^2b^2c^2 = 0,$$

que tem

$$A = \begin{pmatrix} b^2c^2 & 0 & 0 \\ 0 & a^2c^2 & 0 \\ 0 & 0 & a^2b^2 \end{pmatrix}.$$

Um *hiperboloide de uma folha* é dado por

$$\frac{(x-x_0)^2}{a^2}+\frac{(y-y_0)^2}{b^2}-\frac{(z-z_0)^2}{c^2}=1$$
$$\Leftrightarrow b^2c^2(x-x_0)^2+a^2c^2(y-y_0)^2-a^2b^2(z-z_0)^2-a^2b^2c^2=0,$$

que tem

$$A=\begin{pmatrix} b^2c^2 & 0 & 0 \\ 0 & a^2c^2 & 0 \\ 0 & 0 & -a^2b^2 \end{pmatrix}.$$

Um *hiperboloide de duas folhas* é dado por

$$\frac{(x-x_0)^2}{a^2}-\frac{(y-y_0)^2}{b^2}-\frac{(z-z_0)^2}{c^2}=1$$
$$\Leftrightarrow b^2c^2(x-x_0)^2-a^2c^2(y-y_0)^2-a^2b^2(z-z_0)^2-a^2b^2c^2=0,$$

que tem

$$A=\begin{pmatrix} b^2c^2 & 0 & 0 \\ 0 & -a^2c^2 & 0 \\ 0 & 0 & -a^2b^2 \end{pmatrix}.$$

Um *cone* é dado pela equação

$$\frac{(x-x_0)^2}{a^2}+\frac{(y-y_0)^2}{b^2}-\frac{(z-z_0)^2}{c^2}=0$$
$$\Leftrightarrow b^2c^2(x-x_0)^2+a^2c^2(y-y_0)^2-a^2b^2(z-z_0)^2=0,$$

com

$$A=\begin{pmatrix} b^2c^2 & 0 & 0 \\ 0 & a^2c^2 & 0 \\ 0 & 0 & -a^2b^2 \end{pmatrix},$$

a mesma de um hiperboloide de uma folha. A diferença agora pode ser encontrada nos termos constantes de cada equação.

Como vimos nos capítulos anteriores, superfícies quádricas dadas pela equação geral $ax^2+bxy+cxz+dy^2+eyz+fz^2+gx+hy+iz+j=0$ – que podem ser escritas como $X^tAX+BX+C=0$ – representam quádricas não alinhadas aos eixos cartesianos caso os termos mistos não sejam nulos. Nesses casos, pode-se calcular a forma diagonalizada da matriz dos coeficientes A da forma quadrática dessa superfície e então classificá-la do mesmo modo que uma quádrica alinhada.

Vamos, agora, organizar essas informações de forma mais coerente. Consideremos uma superfície quádrica que tenha uma forma quadrática X^tAX, onde a matriz A tem uma forma diagonalizada

$$D=\begin{pmatrix} \lambda_1 & 0 & 0 \\ 0 & \lambda_2 & 0 \\ 0 & 0 & \lambda_3 \end{pmatrix},$$

onde λ_1, λ_2 e λ_3 são os autovalores da matriz A. Esses autovalores podem ocorrer em qualquer ordem ao longo da diagonal principal de D.

- Se $\lambda_1 \neq 0$ e $\lambda_2 = \lambda_3 = 0$, então a quádrica é um cilindro parabólico (ou sua forma degenerada).

- Se λ_1 e $\lambda_2 > 0$ têm o mesmo sinal e $\lambda_3 = 0$, então a quádrica é um cilindro elíptico ou um paraboloide elíptico (ou suas formas degeneradas).

- Se λ_1 e $\lambda_2 > 0$ têm sinais opostos e $\lambda_3 = 0$, então a quádrica é um cilindro hiperbólico ou um paraboloide hiperbólico (ou suas formas degeneradas).

- Se λ_1, λ_2 e λ_3 têm o mesmo sinal, então a quádrica é um elipsoide (ou sua forma degenerada).

- Se λ_1 e λ_2 têm o mesmo sinal e λ_3 tem sinal oposto a eles, então a quádrica é um hiperboloide (ou sua forma degenerada: um cone).

Algumas das regras vêm do fato de que, por exemplo, podemos escrever a equação de um elipsoide como

$$-b^2c^2(x - x_0)^2 - a^2c^2(y - y_0)^2 - a^2b^2(z - z_0)^2 + a^2b^2c^2 = 0,$$

que tem

$$A = \begin{pmatrix} -b^2c^2 & 0 & 0 \\ 0 & -a^2c^2 & 0 \\ 0 & 0 & -a^2b^2 \end{pmatrix}.$$

Como pudemos ver, não é possível diferenciar um cilindro elíptico de um paraboloide elíptico somente por meio de suas formas quadráticas, ou diferenciar entre um hiperboloide de uma folha, um hiperboloide de suas folhas e um cone. Para fazê-lo, é necessário alinhar primeiro a superfície a um dos eixos cartesianos e reescrever sua equação em termos de novos eixos aos quais ela está alinhada.

Resumo

- **Quádricas:** são superfícies no espaço tridimensional cujas equações algébricas são dadas por

$$ax^2 + bxy + cxz + dy^2 + eyz + fz^2 + gx + hy + iz + j = 0,$$

onde $a, b, c, d, e, f, g, h, i, j$ são constantes reais.

- A equação de uma quádrica pode ser escrita como $X^tAX + BX + jI_1 = 0_{11}$, ou seja,

$$\begin{pmatrix} x & y & z \end{pmatrix} \begin{pmatrix} a & b/2 & c/2 \\ b/2 & d & e/2 \\ c/2 & e/2 & f \end{pmatrix} \begin{pmatrix} x \\ y \\ z \end{pmatrix} + \begin{pmatrix} g & h & i \end{pmatrix} \begin{pmatrix} x \\ y \\ z \end{pmatrix} + (j) = (0).$$

► Exemplos de quádricas:

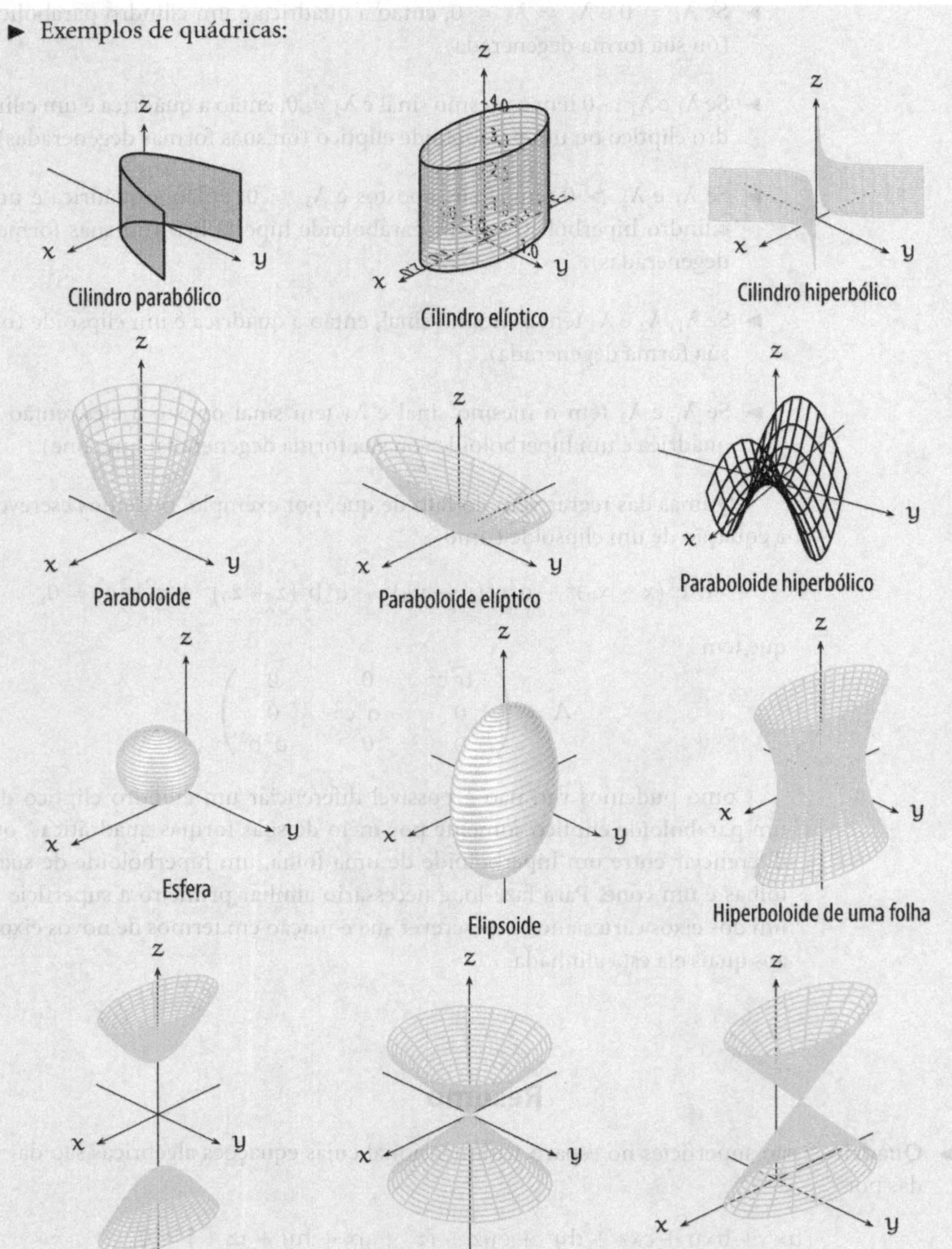

► Equações algébricas das quádricas.

Cilindros parabólicos: $y = ax^2 + bx + c$.

Cilindros elípticos: $\dfrac{(x - x_0)^2}{a^2} + \dfrac{(y - y_0)^2}{b^2} = 1$.

Cilindros hiperbólicos: $\dfrac{(x-x_0)^2}{a^2} - \dfrac{(y-y_0)^2}{b^2} = 1.$

Paraboloides elípticos: $c(z-z_0) = \dfrac{(x-x_0)^2}{a^2} + \dfrac{(y-y_0)^2}{b^2}.$

Paraboloides hiperbólicos: $c(z-z_0) = \dfrac{(x-x_0)^2}{a^2} - \dfrac{(y-y_0)^2}{b^2}.$

Esferas: $(x-x_0)^2 + (y-y_0)^2 + (z-z_0)^2 = r^2.$

Elipsoides: $\dfrac{(x-x_0)^2}{a^2} + \dfrac{(y-y_0)^2}{b^2} + \dfrac{(z-z_0)^2}{c^2} = 1.$

Hiperboloides de uma folha: $\dfrac{(x-x_0)^2}{a^2} + \dfrac{(y-y_0)^2}{b^2} - \dfrac{(z-z_0)^2}{c^2} = 1.$

Hiperboloides de duas folhas: $\dfrac{(x-x_0)^2}{a^2} - \dfrac{(y-y_0)^2}{b^2} - \dfrac{(z-z_0)^2}{c^2} = 1.$

Cones: $\dfrac{(x-x_0)^2}{a^2} + \dfrac{(y-y_0)^2}{b^2} - \dfrac{(z-z_0)^2}{c^2} = 0.$

- **Classificação das quádricas usando formas quadráticas.** Consideremos uma superfície quádrica que tenha uma forma quadrática X^tAX, onde a matriz A tem uma forma diagonalizada

$$D = \begin{pmatrix} \lambda_1 & 0 & 0 \\ 0 & \lambda_2 & 0 \\ 0 & 0 & \lambda_3 \end{pmatrix},$$

onde λ_1, λ_2 e λ_3 são os autovalores da matriz A. Esses autovalores podem ocorrer em qualquer ordem ao longo da diagonal principal de D.

- Se $\lambda_1 \neq 0$ e $\lambda_2 = \lambda_3 = 0$, então a quádrica é um *cilindro parabólico* (ou sua forma degenerada).
- Se λ_1 e $\lambda_2 > 0$ têm o mesmo sinal e $\lambda_3 = 0$, então a quádrica é um *cilindro elíptico* ou um *paraboloide elíptico* (ou suas formas degeneradas).
- Se λ_1 e $\lambda_2 > 0$ têm sinais opostos e $\lambda_3 = 0$, então a quádrica é um *cilindro hiperbólico* ou um *paraboloide hiperbólico* (ou suas formas degeneradas).
- Se λ_1, λ_2 e λ_3 têm o mesmo sinal, então a quádrica é um *elipsoide* (ou sua forma degenerada).
- Se λ_1 e λ_2 têm o mesmo sinal e λ_3 tem sinal oposto a eles, então a quádrica é um *hiperboloide* (ou sua forma degenerada: um *cone*).

Exercícios

Nível 1

PARABOLOIDES ELÍPTICOS

Exemplo 1. Esboce o paraboloide dado pela equação $z = \dfrac{x^2}{2} + \dfrac{y^2}{2}$.

SOLUÇÃO. Escolhemos alguns valores para z e desenhamos as circunferências correspondentes.

$$z = 0 : \ x^2 + y^2 = 0 \qquad z = 1 : \ x^2 + y^2 = 2 \qquad z = 2 : \ x^2 + y^2 = 4$$

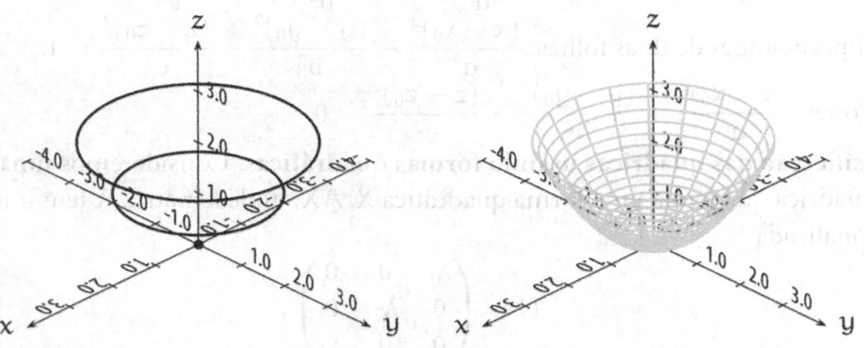

E1) Esboce os paraboloides elípticos dados pelas seguintes equações:

a) $z = x^2 + y^2$, b) $z = \frac{x^2}{4} + \frac{y^2}{4}$,

c) $z = 4x^2 + y^2$, d) $z = x^2 + 9y^2$.

PARABOLOIDES HIPERBÓLICOS

Exemplo 2. Esboce o paraboloide hiperbólico dado pela equação $z = \dfrac{x^2}{2} - \dfrac{y^2}{2}$.

SOLUÇÃO. Escolhemos alguns valores para x e desenhamos as parábolas correspondentes.

$$x = 0 : z = -\frac{y^2}{2} \qquad x = \pm 1 : \ z = \frac{1}{2} - \frac{y^2}{2} \qquad x = \pm 2 : \ z = 2 - \frac{y^2}{2}$$

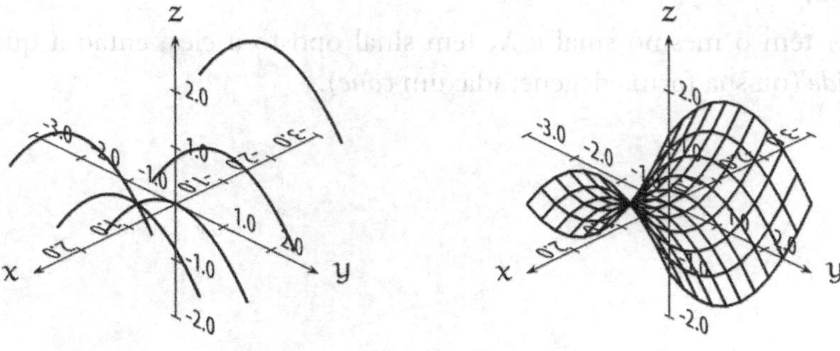

E2) Esboce os paraboloides hiperbólicos dados pelas seguintes equações:

a) $z = x^2 - y^2$,

b) $z = -\frac{x^2}{4} + \frac{y^2}{4}$,

c) $z = 2x^2 - y^2$.

Esferas

Exemplo 3. Esboce a esfera dada pela equação $x^2 + y^2 + z^2 = 1$.

Solução. Esta é uma esfera centrada em $(0, 0)$ de raio 1.

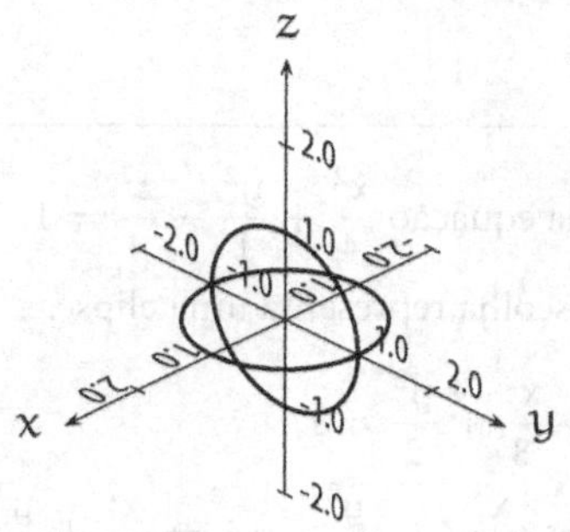

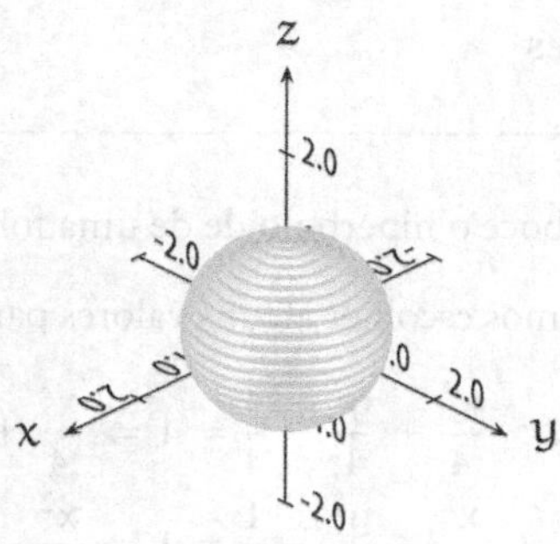

E3) Esboce as esferas dadas pelas seguintes equações:
a) $x^2 + y^2 + z^2 = 4$ b) $x^2 + y^2 + z^2 = \frac{1}{4}$,
c) $(x - 1)^2 + (y - 3)^2 + (z - 1)^2 = 1$.

Elipsoides

Exemplo 4. Esboce o elipsoide dado pela equação $\dfrac{x^2}{4} + \dfrac{y^2}{1} + \dfrac{z^2}{4} = 1$.

Solução. Este é um elipsoide onde o semieixo $x = 2$, o semieixo $y = 1$ e o semieixo $z = 2$. Fixando $z = 0$, temos a elipse

$$\frac{x^2}{4} + y^2 = 1;$$

fixando $x = 0$, temos a elipse

$$y^2 + \frac{z^2}{4} = 1;$$

fixando $y = 0$, temos a circunferência

$$\frac{x^2}{4} + \frac{z^2}{4} = 1 \Leftrightarrow x^2 + z^2 = 4.$$

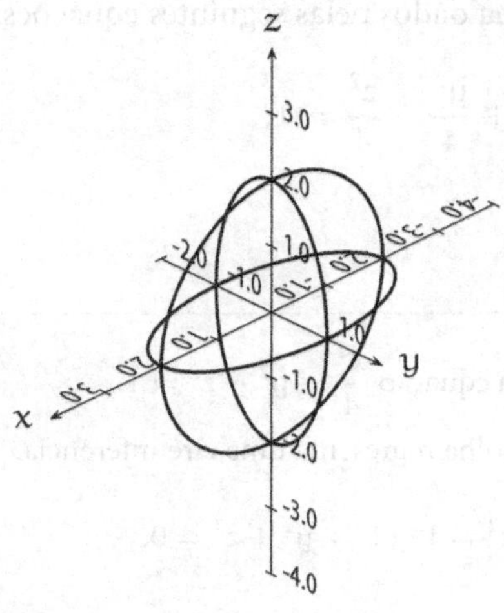

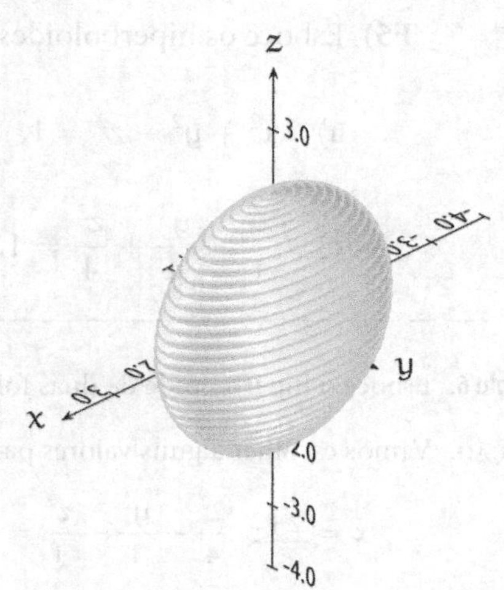

E4) Esboce os elipsoides dados pelas seguintes equações:

a) $\dfrac{x^2}{1} + \dfrac{y^2}{4} + \dfrac{z^2}{4} = 1$, b) $\dfrac{x^2}{4} + \dfrac{y^2}{1} + \dfrac{z^2}{1} = 1$.

Hiperboloides

Exemplo 5. Esboce o hiperboloide de uma folha dado pela equação $\dfrac{x^2}{4} + \dfrac{y^2}{1} - \dfrac{z^2}{4} = 1$.

Solução. Vamos escolher alguns valores para z. Cada escolha representa uma elipse.

$$z = \pm 2: \quad \frac{x^2}{4} + \frac{y^2}{1} - \frac{4}{4} = 1 \Rightarrow \frac{x^2}{4} + \frac{y^2}{1} = 2 \Rightarrow \frac{x^2}{8} + \frac{y^2}{2} = 1,$$

$$z = \pm 1: \quad \frac{x^2}{4} + \frac{y^2}{1} - \frac{1}{4} = 1 \Rightarrow \frac{x^2}{4} + \frac{y^2}{1} = \frac{5}{4} \Rightarrow \frac{x^2}{4 \cdot \frac{5}{4}} + \frac{y^2}{1 \cdot \frac{5}{4}} = 1 \Rightarrow \frac{x^2}{5} + \frac{y^2}{\frac{5}{4}} = 1,$$

$$z = 0: \quad \frac{x^2}{4} + \frac{y^2}{1} = 1.$$

Agora, desenhamos essas elipses de modo a formar o contorno da figura.

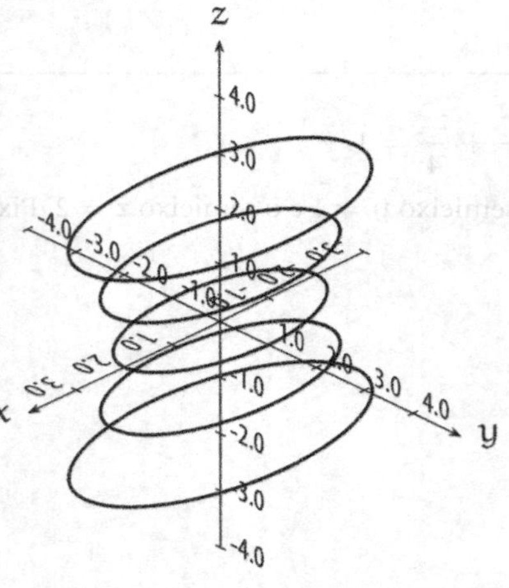

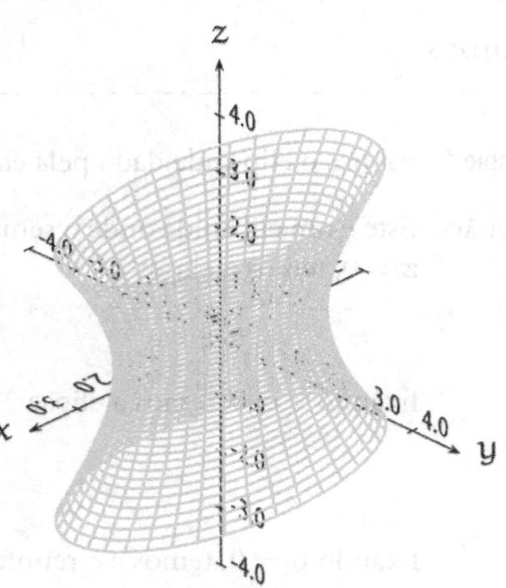

E5) Esboce os hiperboloides de uma folha dados pelas seguintes equações:

a) $x^2 + y^2 - z^2 = 1$, b) $\dfrac{x^2}{1} + \dfrac{y^2}{4} - \dfrac{z^2}{4} = 1$,

c) $\dfrac{x^2}{1} - \dfrac{y^2}{4} + \dfrac{z^2}{4} = 1$.

Exemplo 6. Esboce o hiperboloide de duas folhas dado pela equação $\dfrac{x^2}{4} - y^2 - z^2 = 1$.

Solução. Vamos escolher alguns valores para x. Cada escolha representa uma circunferência.

$$x = \pm 2: \quad \frac{2^2}{4} - \frac{y^2}{1} - \frac{z^2}{1} = 1 \Rightarrow -y^2 - z^2 = 1 - 1 \Rightarrow y^2 + z^2 = 0,$$

$$x = \pm 3: \quad \frac{3^2}{4} - \frac{y^2}{1} - \frac{z^2}{1} = 1 \Rightarrow -\frac{y^2}{1} - \frac{z^2}{1} = 1 - \frac{9}{4}$$
$$\Rightarrow -y^2 - z^2 = -\frac{5}{4} \Rightarrow y^2 + z^2 = \frac{5}{4},$$
$$x = \pm 4: \quad \frac{4^2}{4} - \frac{y^2}{1} - \frac{z^2}{1} = 1 \Rightarrow -\frac{y^2}{1} - \frac{z^2}{1} = 1 - 4$$
$$\Rightarrow -y^2 - z^2 = -3 \Rightarrow y^2 + z^2 = 3,$$

Agora, desenhamos essas circunferências de modo a formar o contorno da figura.

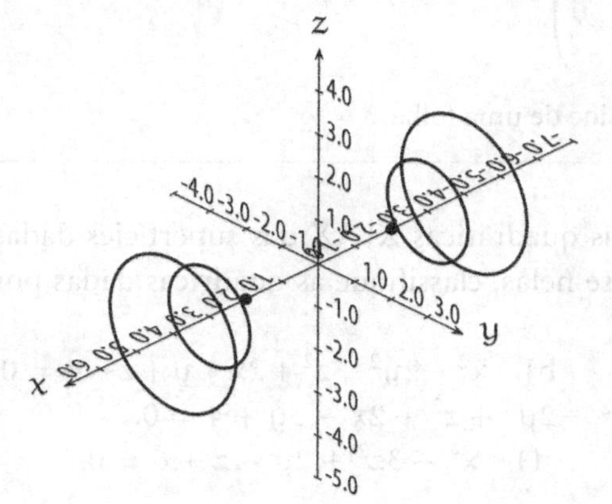

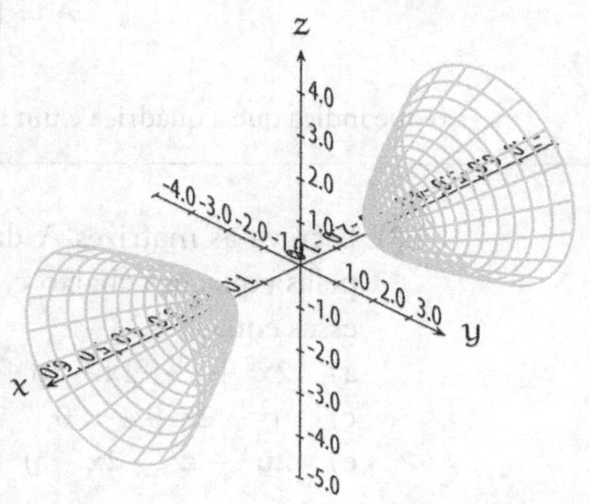

E6) Esboce os hiperboloides de duas folhas dados pelas seguintes equações:

a) $-x^2 + y^2 - z^2 = 1,$

b) $-x^2 - y^2 + z^2 = 1,$

c) $\dfrac{x^2}{1} - \dfrac{y^2}{4} - \dfrac{z^2}{4} = 1.$

CONES

Exemplo 7. Esboce o cone dado pela equação algébrica $z^2 = \dfrac{x^2}{2} + \dfrac{y^2}{2}$.

SOLUÇÃO. Escolhemos alguns valores para z e desenhamos as circunferências correspondentes.

$z = 0: \ x^2 + y^2 = 0 \qquad z = \pm 1: \ x^2 + y^2 = 2 \qquad z = \pm 2: \ x^2 + y^2 = 8$

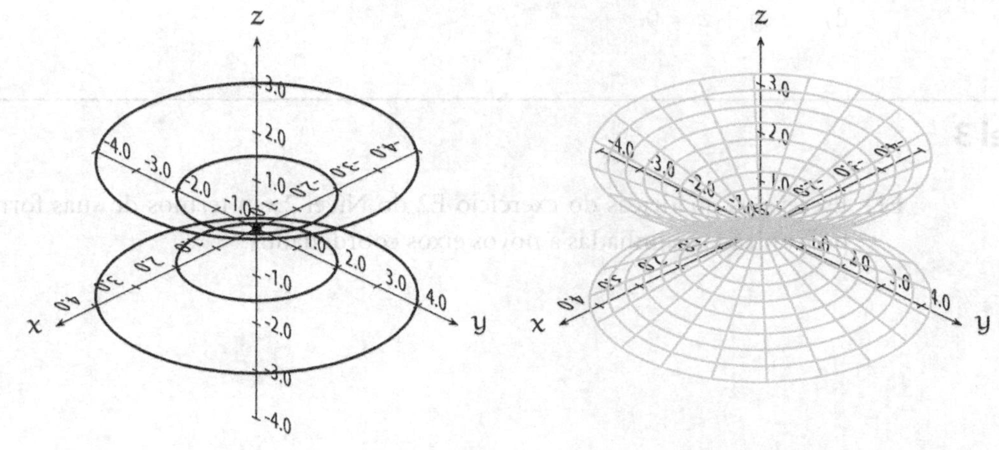

E7) Esboce os cones dados pelas seguintes equações:
a) $x^2 + y^2 = z^2$, b) $x^2 + y^2 = 4z^2$.

Classificação de formas quadráticas

Exemplo 8. Escreva a matriz A da forma quadrática X^tAX da superfície dada pela equação $x^2 + y^2 - 3z^2 + 2x - y + z - 9 = 0$ e, com base nela, classifique essa quádrica.

Solução. Temos
$$A = \begin{pmatrix} 1 & 0 & 0 \\ 0 & 1 & 0 \\ 0 & 0 & -3 \end{pmatrix},$$
o que indica que a quádrica é um hiperboloide de uma folha.

E8) Escreva as matrizes A das formas quadráticas X^tAX das superfícies dadas pelas equações abaixo e, com base nelas, classifique as quádricas dadas por essas equações.
a) $2x^2 + z^2 + 2x - 2y + z = 0$, b) $x^2 - 2y^2 - z^2 + 2x + y + z - 4 = 0$,
c) $y^2 - 2z + 4 = 0$, d) $x^2 + 2y^2 + z^2 + 2x - 3y + 4 = 0$,
e) $2y^2 - z^2 + 2x - y + z = 0$, f) $x^4 - 3z^2 + 2y - z + 6 = 0$.

Nível 2

E1) Discuta, em termos de λ, as superfícies seguintes:
a) $x^2 + \lambda y^2 + 5z^2 - 3x - y + 2z - 4 = 0$.
b) $x^2 - \lambda y^2 - 3\lambda z^2 + 2x - y = 0$.

E2) Calcule a forma diagonalizada da matriz dos coeficientes da forma quadrática de cada uma das superfícies a seguir e utilize essa forma diagonalizada para classificá-las, o tanto quanto for possível.
a) $-4xz + y^2 - 4x + 2y - 3 = 0$
b) $2x^2 - 4xy - 2xz + 2y^2 + 2yz + 5z^2 - 10x + 6y - 2z - 7 = 0$
c) $3x^2 - 2xy + 2xz + 5y^2 - 2yz + 3z^2 - x + 2y + z - 9 = 0$
d) $2xy + z = 0$.

Nível 3

E1) Escreva as quádricas do exercício E2 do Nível 2 em termos de suas formas padronizadas, alinhadas a novos eixos coordenados.

Respostas

Nível 1

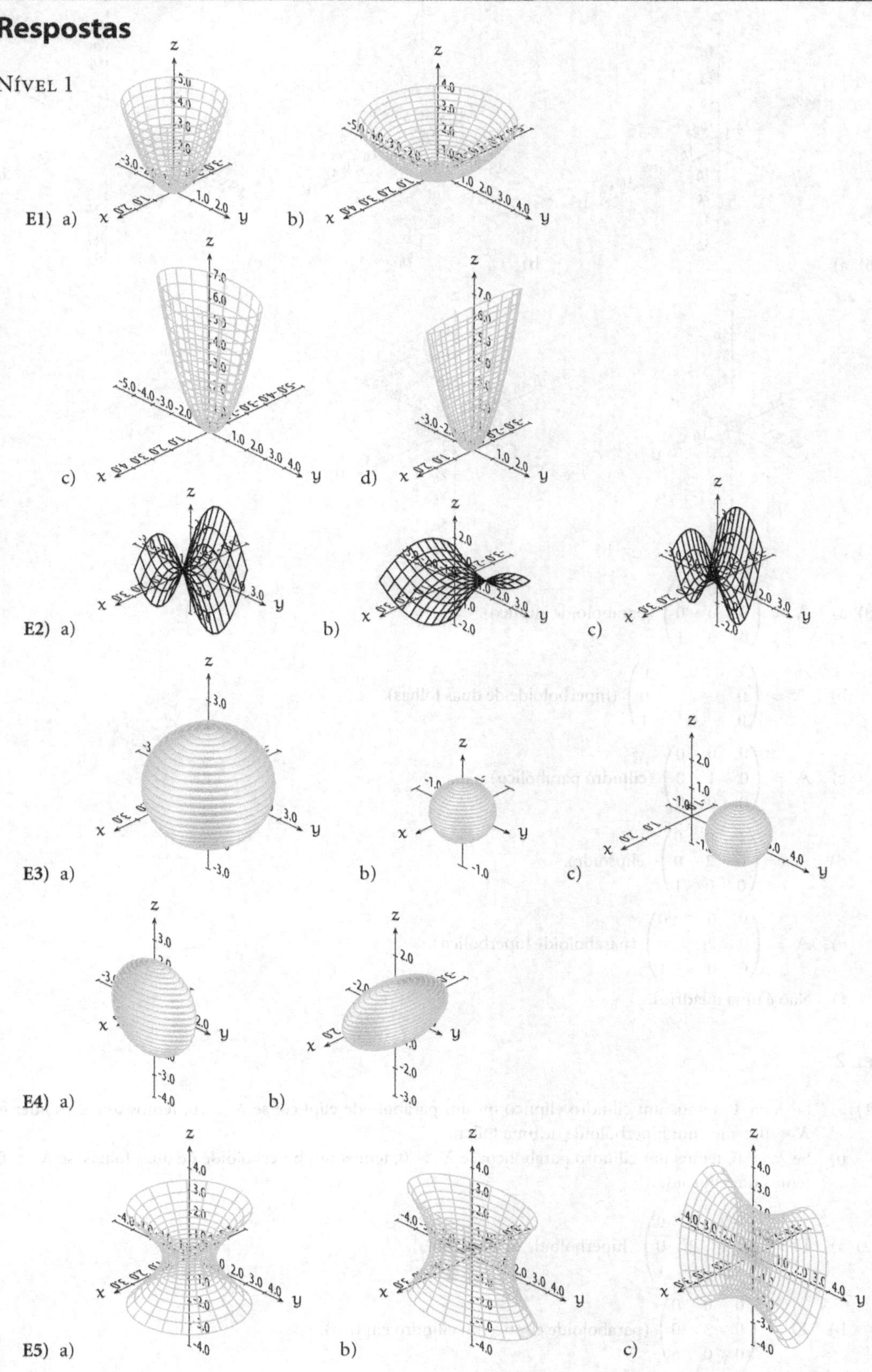

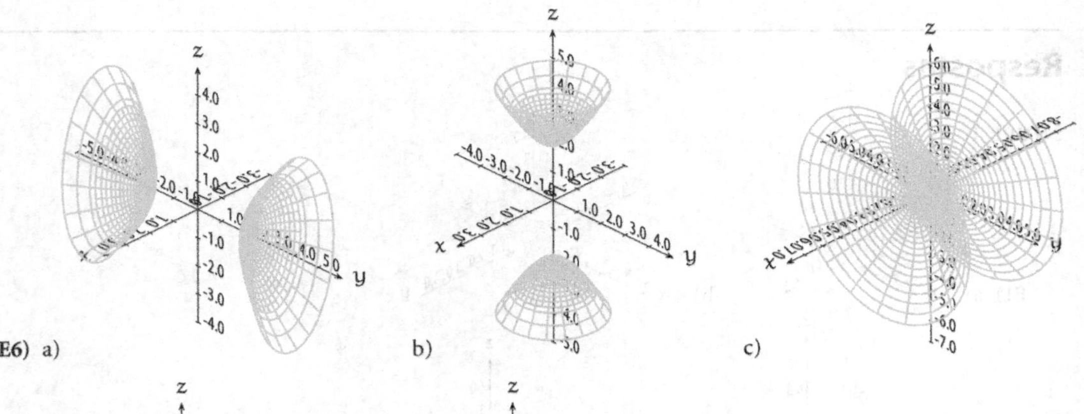

E6) a) b) c)

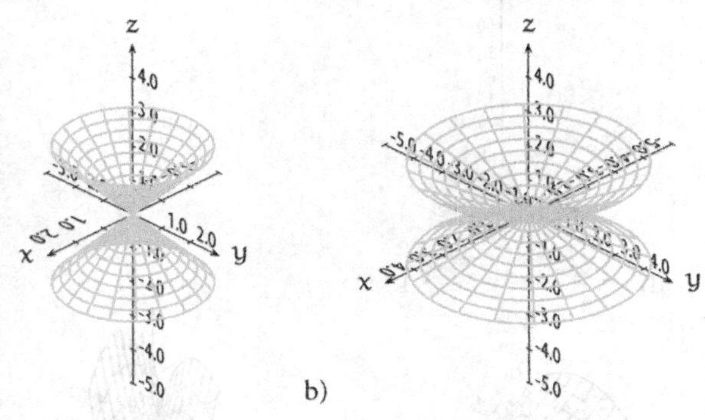

E7) a) b)

E8) a) $A = \begin{pmatrix} 2 & 0 & 0 \\ 0 & 0 & 0 \\ 0 & 0 & 1 \end{pmatrix}$ (paraboloide elíptico).

b) $A = \begin{pmatrix} 1 & 0 & 0 \\ 0 & -2 & 0 \\ 0 & 0 & -1 \end{pmatrix}$ (hiperboloide de duas folhas).

c) $A = \begin{pmatrix} 0 & 0 & 0 \\ 0 & 1 & 0 \\ 0 & 0 & 0 \end{pmatrix}$ (cilindro parabólico).

d) $A = \begin{pmatrix} 1 & 0 & 0 \\ 0 & 2 & 0 \\ 0 & 0 & 1 \end{pmatrix}$ (elipsoide).

e) $A = \begin{pmatrix} 0 & 0 & 0 \\ 0 & 2 & 0 \\ 0 & 0 & -1 \end{pmatrix}$ (paraboloide hiperbólico).

f) Não é uma quádrica.

Nível 2

E1) a) Se $\lambda = 0$, temos um cilindro elíptico ou um paraboloide elíptico; se $\lambda > 0$, temos um elipsoide; se $\lambda < 0$, temos um hiperboloide de uma folha.

b) Se $\lambda = 0$, temos um cilindro parabólico; se $\lambda > 0$, temos um hiperboloide de duas folhas; se $\lambda < 0$, temos um elipsoide.

E2) a) $D = \begin{pmatrix} -2 & 0 & 0 \\ 0 & 2 & 0 \\ 0 & 0 & 1 \end{pmatrix}$ (hiperboloide de uma folha).

b) $D = \begin{pmatrix} 0 & 0 & 0 \\ 0 & 3 & 0 \\ 0 & 0 & 6 \end{pmatrix}$ (paraboloide elíptico ou cilindro elíptico).

c) $D = \begin{pmatrix} 2 & 0 & 0 \\ 0 & 3 & 0 \\ 0 & 0 & 6 \end{pmatrix}$ (elipsoide).

d) $D = \begin{pmatrix} 0 & 0 & 0 \\ 0 & -1 & 0 \\ 0 & 0 & 1 \end{pmatrix}$ (paraboloide hiperbólico ou cilindro hiperbólico).

Nível 3

E1) a) $-\dfrac{(\tilde{x} - 1/\sqrt{2})^2}{1/2} + \dfrac{(\tilde{y} - 1/\sqrt{2})^2}{1/2} + \tilde{z}^2 = 1.$

b) $\tilde{x} = \dfrac{3\sqrt{2}}{4}\tilde{y}^2 + \dfrac{3\sqrt{2}}{2}\tilde{z}^2 - \dfrac{9\sqrt{2}}{2\sqrt{3}}\tilde{y} - \dfrac{10\sqrt{2}}{2\sqrt{3}}\tilde{z} - \dfrac{7\sqrt{2}}{4}.$

c) $\dfrac{[\tilde{x} - 1/(2\sqrt{3})]^2}{51/54} + \dfrac{[\tilde{y} - 1/(3\sqrt{3})]^2}{17/27} + \dfrac{[\tilde{z} - 1/(3\sqrt{6})]^2}{17/54} = 1.$

d) $\tilde{x} = \tilde{y}^2 - \tilde{z}^2.$

Bibliografia

LIPSCHUTZ, Seymour. *Álgebra Linear*. 3.ed. São Paulo: Makron Books, 1994.

STEINBRUCH, Alfredo e WINTERLE, Paulo. *Álgebra Linear*. 2.ed. São Paulo: Makron Books, 1987.

ANTON, Howard e RORRES, Chris. *Álgebra Linear com Aplicações*. 8.ed. Bookman, 2008.

SANTOS, Reginaldo J. *Matrizes, Vetores e Geometria Analítica*. Rio de Janeiro: Imprensa UFMG, 2006.

SANTOS, Reginaldo J. *Álgebra Linear e Aplicações*. Rio de Janeiro: Imprensa UFMG, 2007.

POOLE, David. *Álgebra Linear*. São Paulo: Thompson, 2003.

NOBLE, Ben e DANIEL, James W. *Applied Linear Algebra*. 3.ed. Prentice Hall, 1987.

BOLDRINI, COSTA, FIGUEIREDO e WETZLER. *Álgebra Linear*. 3.ed. Goiânia: Harbra, 1986.

DOMINGUES, Hygino e IEZZI, Gerson. *Álgebra Moderna*. 3.ed. Ribeirão Preto: Atual Editora, 1982.

VENTURI, Jaci J. *Cônicas e Quádricas*. 4.ed. Porto Alegre: Unificado Artes Gráficas e Editora, 1994.

SIMON, Carl P. e BLUME, Lawrence. *Matemática para Economistas*. Porto Alegre: Bookman, 1994.

HEIJ, BOER, FRANSES, KLOEK e DIJK. *Econometric Methods with Applications in Business and Economics*. Oxford University Press, 2004.

SHONE, Ronald. *Economic Dynamics: Phase Diagrams and their Economic Application*. 2.ed. Cambridge University Press, 2003.

Índice remissivo

A Deus eu dedico
a última página,
a última pedra,
a mais importante.
Sinal do trabalho concluído.
Gloria in excelsis Deo!

Impresso por